万水 MSC 技术丛书

MSC Nastran 动力分析指南

（第二版）

李保国　黄晓铭　裴延军　李　伟　等编著

中国水利水电出版社
www.waterpub.com.cn
·北京·

内 容 提 要

本书介绍了 MSC Nastran 软件在动力学领域的基本理论和使用方法。内容包括动力学分析方法及 MSC Nastran 基本使用介绍，模态分析，频率响应分析，瞬态响应分析，响应谱与随机响应分析，复特征值分析，使用超单元的正则模态分析，动力学建模选项，非线性正则模态，动力优化设计，实验-分析的相关性，动力学设计分析方法 DDAM，噪声分析，高级非线性求解序列 SOL 400，显式非线性分析 SOL 700。本书配有详细的实例操作过程说明，所选实例均使用 Patran 软件作为前后处理器来创建分析模型和对分析结果进行后处理。

本书内容全面，案例丰富，既可作为汽车、航空航天、军工、电子、土木工程、船舶、水利、石油、机械制造和建筑等行业工程技术人员应用 MSC Nastran 软件进行仿真分析的基础教程，也可作为理工科院校相关专业的学生、教师学习和使用 MSC Nastran 的参考书。

图书在版编目（CIP）数据

MSC Nastran动力分析指南 / 李保国等编著. -- 2版. -- 北京 : 中国水利水电出版社, 2018.6
（万水MSC技术丛书）
ISBN 978-7-5170-6486-2

Ⅰ. ①M… Ⅱ. ①李… Ⅲ. ①动力学－分析－应用软件－指南 Ⅳ. ①O313-39

中国版本图书馆CIP数据核字(2018)第114862号

责任编辑：杨元泓　　加工编辑：孙　丹　　封面设计：李　佳

	万水 MSC 技术丛书
书　　名	MSC Nastran 动力分析指南（第二版）
	MSC Nastran DONGLI FENXI ZHINAN
作　　者	李保国　黄晓铭　裴延军　李　伟　等编著
出版发行	中国水利水电出版社
	（北京市海淀区玉渊潭南路 1 号 D 座　100038）
	网址：www.waterpub.com.cn
	E-mail：mchannel@263.net（万水）
	sales@waterpub.com.cn
	电话：（010）68367658（营销中心）、82562819（万水）
经　　售	全国各地新华书店和相关出版物销售网点
排　　版	北京万水电子信息有限公司
印　　刷	三河航远印刷有限公司
规　　格	184mm×260mm　16 开本　30 印张　741 千字
版　　次	2012 年 3 月第 1 版　2012 年 3 月第 1 次印刷 2018 年 5 月第 2 版　2018 年 5 月第 1 次印刷
印　　数	0001—4000 册
定　　价	89.00 元

再版前言

近年来，有限元仿真分析在工程领域中得到了非常广泛的应用，在某些行业已成为产品研发不可或缺的手段和方法。各大理工科院校和研究机构也都开展了对有限元分析方法的深入研究。MSC Nastran 软件是当今最为著名的有限元求解程序，拥有最为广泛的用户群，其输入/输出格式及计算结果已成为当前 CAE 界的工业标准。2012 年《MSC Nastran 动力学分析指南》一书出版后，在市场上热销，受到读者的大力欢迎。应广大读者的要求，现对该书进行再版。

本书在第一版的基础上，对原版中少量的错误进行了修正，对结构进行了调整，删除了隐式非线性 SOL 600 一章。同时对原版的内容进行了补充和完善，增加了近几年 MSC Nastran 在动力学方面新的技术和案例。具体增加的章节有频响函数装配、残余向量、瞬态分析中的直接法、MSC Nastran 大模型高性能计算、非线性瞬态响应分析的时间积分方法等。补充了优化案例、显式非线性的欧拉法案例、流固耦合案例等。

MSC Nastran 功能强大、应用广泛，并且有很多的前后处理器可供用户选择。本书从动力学基础理论着手，详细讲解了 MSC Nastran 在动力学分析方面的基本使用方法和流程，并结合实际，给出了许多典型例题及说明。本书可以帮助初学者系统地掌握 MSC Nastran 的使用方法和基本技巧，使其学以致用。由于书中理论部分有些是以 MSC Nastran 卡片介绍为主，所以建议初学者在学习本书之前，先了解一些 MSC Nastran 的基础应用知识，遇到难以理解的部分可以参考《MSC Nastran 快速参考手册》。

本书编者从事有限元分析应用多年，有丰富的 MSC Nastran 应用经验。在本书的编写过程中，得到了 MSC Software 中国区各位同事的大力支持和帮助，在此深表谢意。本书由李保国、黄晓铭、裴延军、李伟编著，参加编写和整理工作的还有卞文杰、田利思、陈火红、姜正旭、郭茵等。

由于编者水平有限，书中错误之处在所难免，敬请广大读者批评指正。

编　者

2018 年 3 月

第一版前言

近年来，有限元仿真分析在工程领域中的应用得到了很大发展，各大理工科院校、研究机构都开展了对有限元分析方法的深入研究。Nastran 解算器是当今最为著名的有限元求解程序，拥有最为广泛的用户群，其输入输出格式及计算结果已成为当前 CAE 界的工业标准。但当今市场上针对该部分内容的书并不是很多，为了便于广大用户更好地掌握和使用 MSC Nastran，本书将针对 MSC Nastran 在动力学分析方面的仿真应用做详细介绍。

本书主要从讲解 MSC Nastran 动力学分析基础理论入手，详细讲述 MSC Nastran 在动力学分析方面的基本功能和应用方法。内容包括动力学分析方法及 Nastran 基本功能介绍，模态分析，频率响应分析，瞬态响应分析，响应谱与随机响应分析，复特征值分析，使用超单元算法的正则模态分析，动力学建模选项，非线性正则模态，动力优化设计，试验−分析的相关性，动力学设计分析方法 DDAM，噪声分析，非线性求解序列 SOL 400、隐式非线性求解序列 SOL 600、显式非线性求解序列 SOL 700 的基本理论、求解方法及其在动力学分析中的应用。本书中有大量的 Nastran 应用实例，读者可以在最短的时间内掌握 Nastran 的应用特点，并学以致用。本书可以作为汽车、航空航天、军工、电子、土木工程、造船、水利、石油、制造和建筑等行业工程技术人员应用 Nastran 软件进行仿真分析的基础教程。

MSC Nastran 功能强大应用广泛，并且有很多的前后处理器可供用户选择。本书编者从事有限元分析应用多年，有丰富的 FEA 软件使用经验。本书从动力学基础理论着手，详细讲解了 MSC Nastran 在动力学分析方面的基本使用方法和流程，并结合实际，给出了许多典型例题及说明。通读本书，可以帮助初学者系统掌握 MSC Nastran 的使用方法和基本技巧，并进一步学以致用。由于书中理论部分多以 Nastran 卡片介绍为主，所以建议读者在学习本书之前先要了解一些 Nastran 的基础应用知识，如果遇到难以理解的部分可以参考软件中的“MSC Nastran 快速帮助手册”。

在本书的编写过程中，得到了 MSC.Software 中国各办事处的很多同志的大力支持，编者借此机会对 Nastran 资深工程师陈火红、仰莼雯、姜正旭在书籍编写过程中给与的指导和建议表示感谢，并对北京办事处孙丹丹、陈志伟、李保国以及郭茵女士在编书过程给予的各种协助深表谢意。

由于编者水平有限，书中缺点和错误在所难免，敬请读者批评指正。

作者

2017 年 1 月于北京

目　　录

第 1 章　动力学分析方法及 MSC Nastran 基本使用介绍

1.1　有限元分析方法介绍

计算机软硬件技术的迅猛发展，给工程分析、科学研究以至人类社会带来急剧的革命性变化，数值模拟即为这一技术革命在工程分析、设计和科学研究中的具体表现。数值模拟技术通过汲取当今计算数学、力学、计算机图形学和计算机硬件发展的最新成果，根据不同行业的需求，不断扩充、更新和完善。

近五十年来，计算机计算能力的飞速提高和数值计算技术的长足进步，诞生了商业化的有限元数值分析软件，并发展成为一门专门的学科——计算机辅助工程（Computer Aided Engineering，CAE）。这些商品化的 CAE 软件具有越来越人性化的操作界面和易用性，使得这一工具的使用者由学校或研究所的专业人员逐步扩展到企业的产品设计人员和分析人员，CAE 在各个工业领域的应用也得到不断普及，并逐步向纵深发展，CAE 工程仿真在工业设计中的作用变得日益重要。许多行业中已经将 CAE 分析方法和计算要求设置在产品研发流程中，作为产品上市前必不可少的环节。CAE 仿真在产品开发、研制与设计及科学研究中已显示出明显的优越性：

（1）CAE 仿真可以有效缩短新产品的研发周期。

（2）虚拟样机的引入减少了实物样机的试验次数。

（3）大幅度降低了产品的研发成本。

（4）在精确的分析结果指导下制造出高质量的产品。

（5）能够快速地对设计变更作出反应。

（6）能充分地与 CAD 模型相结合，并对不同类型的问题进行分析。

（7）能够精确地预测出产品的性能。

（8）增加产品和工程的可靠性。

（9）采用优化设计，降低材料的消耗或成本。

（10）在产品制造或工程施工前预先发现潜在的问题。

（11）模拟各种试验方案，减少试验时间和经费。

（12）进行机械事故分析，查找事故原因等。

当前流行的商业化 CAE 软件有很多种，国际上早在 20 世纪 50 年代末、60 年代初就投入大量的人力和物力开发具有强大功能的有限元分析程序。其中最为著名的是由美国国家宇航局（NASA）在 1965 年委托美国计算机科学公司（Computer Science Corporation）和 MacNeal-Scherndler Corporation（即 MSC）开发的 Nastran 有限元分析系统。该系统发展至今已有几十个版本，是目前世界上规模最大、功能最强的有限元分析系统。到现在，世界各地的研究机构和大学也开发了一批专用或通用有限元分析软件。除了 Nastran 以外，主要有德国的 ASKA，英国的 PAFEC，法国的 SYSTUS，美国的 ABAQUS、ADINA、ANSYS、BERSAFE、

BOSOR、COSMOS、ELAS、MARC 和 STARDYNE 等产品。虽然软件种类繁多，但是万变不离其宗，其核心求解方法都是有限单元法，也简称为有限元法（Finite Element Method）。

1.1.1 有限单元法的基本思路

有限元法的基本思路可以归结为：将连续系统分割成有限个分区或单元，对每个单元提出一个近似解，再将所有单元按标准方法加以组合，从而形成原有系统的一个数值近似系统，也就是形成相应的数值模型。

下面用在自重作用下的等截面直杆来说明有限元法的思路。

1. 等截面直杆在自重作用下的材料力学解答

受自重作用的等截面直杆如图 1-1 所示，杆的长度为 L，截面积为 A，弹性模量为 E，单位长度的重量为 q，杆的内力为 N。试求：杆的位移分布，杆的应变和应力。

$$N(x) = q(L-x)$$

$$\mathrm{d}L(x) = \frac{N(x)\mathrm{d}x}{EA} = \frac{q(L-x)\mathrm{d}x}{EA}$$

$$u(x) = \int_0^x \frac{N(x)\mathrm{d}x}{EA} = \frac{q}{EA}(Lx - \frac{x^2}{2})$$

$$\varepsilon_x = \frac{\mathrm{d}u}{\mathrm{d}x} = \frac{q}{EA}(L-x)$$

$$\sigma_x = E\varepsilon_x = \frac{q}{A}(L-x)$$

2. 等截面直杆在自重作用下的有限元法解答

（1）连续系统离散化。

如图 1-2 所示，将直杆划分成 n 个有限段，有限段之间通过公共点相连接。在有限元法中，将两段之间的公共连接点称为节点，将每个有限段称为单元。节点和单元组成的离散模型就称为对应于连续系统的“有限元模型”。

有限元模型中的第 i 个单元，其长度为 L_i，包含第 i 和第 i+1 个节点。

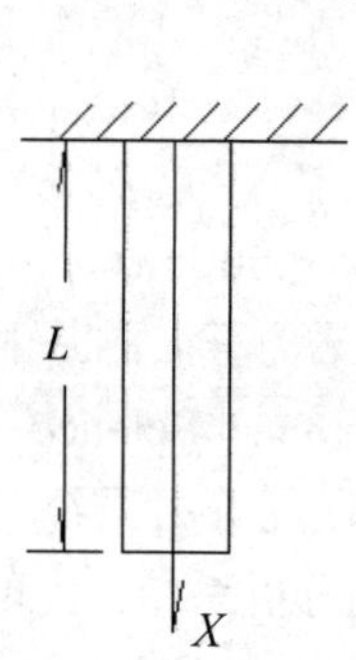

图 1-1 受自重作用的等截面直杆

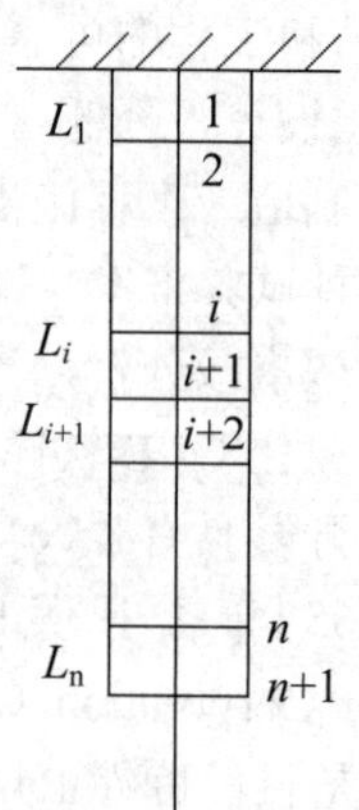

图 1-2 离散后的直杆

（2）用单元节点位移表示单元内部位移。

第 i 个单元中的位移用所包含的节点位移来表示：

$$u(x)=u_i+\frac{u_{i+1}-u_i}{L_i}(x-x_i)$$

其中，u_i 为第 i 节点的位移，x_i 为第 i 节点的坐标。第 i 个单元的应变为 ε_i，应力为 σ_i，内力为 N_i，则

$$\varepsilon_i=\frac{\mathrm{d}u}{\mathrm{d}x}=\frac{u_{i+1}-u_i}{L_i}$$

$$\sigma_i=E\varepsilon_i=\frac{E(u_{i+1}-u_i)}{L_i}$$

$$N_i=A\sigma_i=\frac{EA(u_{i+1}-u_i)}{L_i}$$

（3）把外载荷归集到节点上。

把第 i 单元和第 i+1 单元重量的一半 $\frac{q(L_i+L_{i+1})}{2}$ 归集到第 i+1 节点上，如图 1-3 所示。

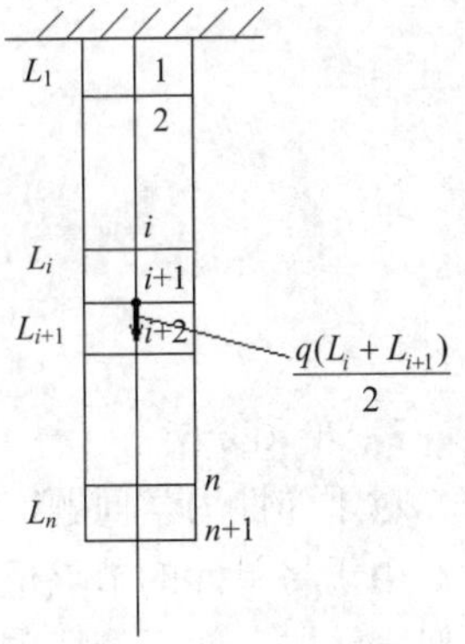

图 1-3　集中单元重量

（4）建立节点的力平衡方程

对于第 i+1 节点，由力的平衡方程可得：

$$N_i-N_{i+1}=\frac{q(L_i+L_{i+1})}{2}$$

令 $\lambda_i=\frac{L_i}{L_{i+1}}$，并将式 $N_i=\frac{EA(u_{i+1}-u_i)}{L_i}$ 代入得：

$$-u_i+(1+\lambda_i)u_{i+1}-\lambda_i u_{i+2}=\frac{q}{2EA}\left(1+\frac{1}{\lambda_i}\right)L_i^2$$

根据约束条件，$u_1=0$。

对于第 n+1 个节点，

$$N_n=\frac{qL_n}{2}\quad -u_n+u_{n+1}=\frac{qL_n^2}{2EA}$$

建立所有节点的力平衡方程，可以得到由 n+1 个方程构成的方程组，可解出 n+1 个未知的节点位移。

1.1.2　有限元法的计算步骤

有限元法的计算步骤可归纳为网格划分、单元分析、整体分析。

1．网格划分

有限元法的基本做法是用有限个单元体的集合来代替原有的连续体。因此首先要对弹性体进行必要的简化，再将弹性体划分为有限个单元组成的离散体。单元之间通过节点相连接。由单元、节点、节点连线构成的集合称为网格。

通常把三维实体划分成四面体或六面体单元的实体网格，平面问题划分成三角形或四边形单元的面网格，如图 1-4 至图 1-6 所示。

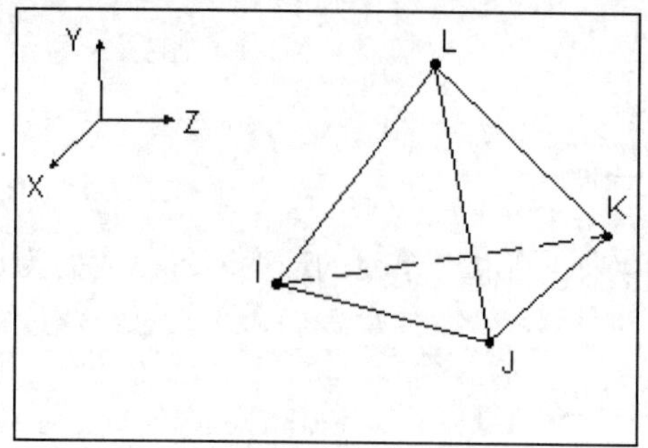

图 1-4　四面体四节点单元

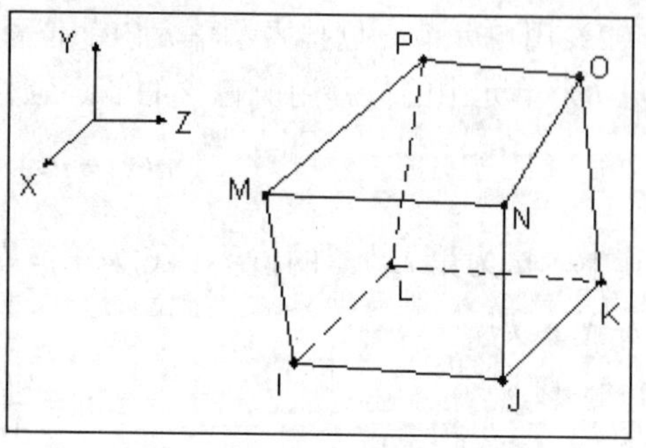

图 1-5　六面体八节点单元

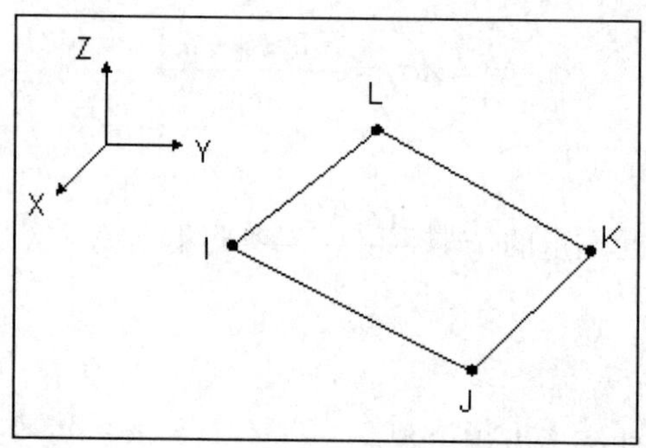

图 1-6　四边形四节点单元

2．单元分析

对于弹性力学问题，单元分析就是建立各个单元的节点位移和节点力之间的关系式。

由于将单元的节点位移作为基本变量，进行单元分析时首先要为单元内部的位移确定一个近似表达式，然后计算单元的应变、应力，再建立单元中节点力与节点位移的关系式。

以平面问题的三角形三节点单元为例，如图 1-7 所示。单元有三个节点 I、J、M，每个节点有两个位移 u、v 和两个节点力 U、V。

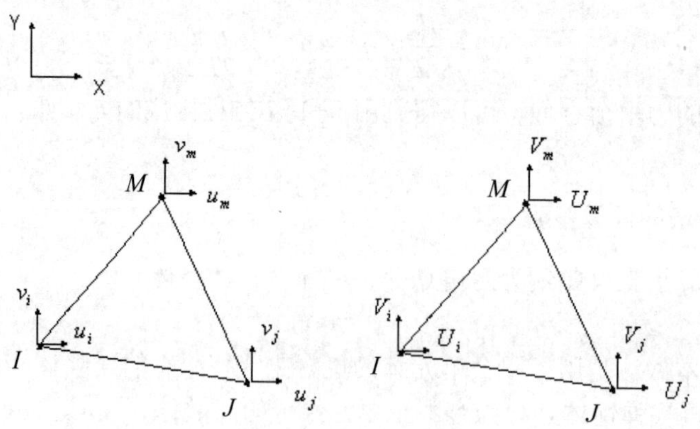

图 1-7　三角形三节点单元

单元所有节点位移和节点力可以表示为节点位移向量和节点力向量（vector）：

$$节点位移\{\delta\}^e=\begin{Bmatrix}u_i\\v_i\\u_j\\v_j\\u_m\\v_m\end{Bmatrix}，节点力\{F\}^e=\begin{Bmatrix}U_i\\V_i\\U_j\\V_j\\U_m\\V_m\end{Bmatrix}$$

单元的节点位移和节点力之间的关系用张量（tensor）来表示：

$$\{F\}^e=[K]^e\{\delta\}^e$$

3. 整体分析

对由各个单元组成的整体进行分析，建立节点外载荷与节点位移的关系，以解出节点位移，这个过程称为整体分析。同样以弹性力学的平面问题为例，如图 1-8 所示，在边界节点 i 上受到集中力 P_x^i、P_y^i 作用。节点 i 是三个单元的结合点，因此要把这三个单元在同一节点上的节点力汇集在一起建立平衡方程。

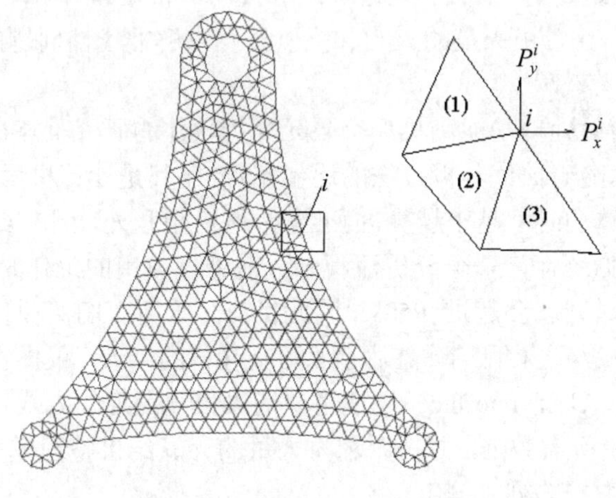

图 1-8　整体分析

i 节点的节点力：

$$U_i^{(1)}+U_i^{(2)}+U_i^{(3)}=\sum_e U_i^{(e)}$$

$$V_i^{(1)}+V_i^{(2)}+V_i^{(3)}=\sum_e V_i^{(e)}$$

i 节点的平衡方程：

$$\left.\begin{aligned}\sum_e U_i^{(e)}=P_x^i\\\sum_e V_i^{(e)}=P_y^i\end{aligned}\right\}$$

1.1.3　有限元法的进展与应用

有限元法不仅能应用于结构分析，还能解决归结为场问题的工程问题。20 世纪 60 年代中期以来，有限元法得到了巨大的发展，为工程设计和优化提供了有力的工具。当今国际上FEA方法和软件发展呈现出以下趋势特征：

（1）从单纯的结构力学计算发展到求解许多物理场问题。有限元分析法最早是从结构化矩阵分析发展而来的，逐步推广到板、壳和实体等连续体固体力学分析。实践证明，这是一种非常有效的数值分析方法。而且从理论上也已经证明，只要用于离散求解对象的单元足够小，所得的解就可足够逼近于精确值。所以近年来有限元方法已发展到流体力学、温度场、电传导、磁场、渗流和声场等问题的求解计算，最近又发展到求解多个交叉学科的问题。例如比较常见的是将温度场和结构场之间进行耦合计算，确定由温度场分布不均匀引起的结构应力和变形等。

（2）由求解线性工程问题进展到分析非线性问题。随着科学技术的发展，线性理论已经远远不能满足设计的要求。例如建筑行业中的高层建筑和大跨度悬索桥的出现，就要求考虑结构的大位移和大应变等几何非线性问题；航天和动力工程的高温部件存在热变形和热应力，也要考虑材料的非线性问题；诸如塑料、橡胶和复合材料等各种新材料的出现，仅靠线性计算理论不足以解决遇到的问题，只有采用非线性有限元算法才能解决。众所周知，非线性的数值计算是很复杂的，它涉及到很多专门的数学问题和运算技巧，很难为一般工程技术人员所掌握。为此，近年来国外一些公司花费了大量的人力和投资开发求解非线性问题的分析功能，并广泛应用于工程实践。

（3）增强可视化的前后处理功能。早期有限元分析软件的研究重点在于推导新的高效率求解方法和高精度的单元。随着数值分析方法的逐步完善，尤其是计算机运算速度的飞速发展，整个计算系统用于求解运算的时间越来越少，而准备数值模型和处理计算结果的时间占整个分析工程的比例越来越高。据统计，整个分析流程中，前处理占用的工作时间大致在 80%，而加上后处理部分，占用的时间就要超过 95%。因此目前几乎所有的商业化有限元程序系统都有功能很强的前后处理模块与之相配合。在强调“可视化”的今天，很多程序都建立了对用户非常友好的 GUI（Graphics User Interface），使用户能以可视图形的方式直观快速地进行网格自动划分，生成有限元分析所需数据，并按要求将大量的计算结果整理成变形图、等值分布云图，便于极值搜索和所需数据的列表输出。

（4）与 CAD 软件的无缝集成。当今有限元分析系统的另一个特点是与通用 CAD 软件的集成使用——在用 CAD 软件完成部件和零件的造型设计后，自动生成有限元网格并进行计算，如果分析的结果不符合设计要求则重新进行造型和计算，直到满意为止，从而极大地提高了设计水平和效率。如今，工程师可以在集成的 CAD 和 FEA 软件环境中快捷地解决一个在以前无法应付的复杂工程分析问题。所以当今所有的商业化有限元系统商都开发了著名的 CAD 软件（如 Unigraphics、Pro/ENGINEER、SolidEdge、SolidWorks 等）的接口。

1.2 动力学分析概述

1.2.1 动力分析过程浏览

动力分析过程如图 1-9 所示。

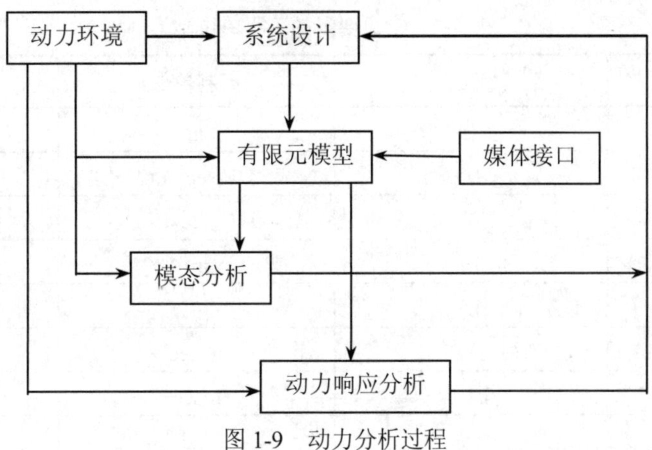

图 1-9　动力分析过程

1.2.2　单自由度系统

1. *动力学方程*

$$m\ddot{u}(t)+b\dot{u}(t)+ku(t)=p(t)+n(\dot{u},u)$$

式中：m 为质量（惯性）；b 为阻尼（能量耗散）；k 为刚度（恢复力）；n 为非线性恢复力；p 为作用力；u 为位移；$\ddot{u}$ 为加速度；$\dot{u}$ 为速度。

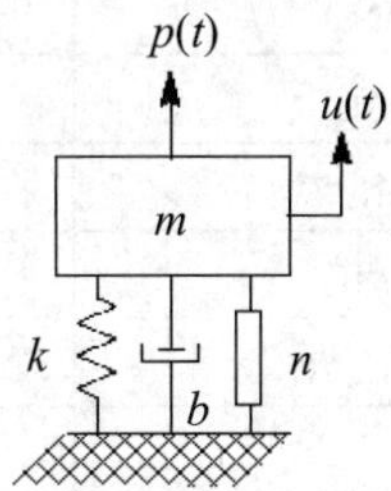

通常，作用力 p、位移 u、速度 $\dot{u}$、加速度 $\ddot{u}$ 为时间函数，m、b、k 为常数，非线性恢复力 n 为 u、$\dot{u}$ 的函数。

2. 单位

（1）基本单位。

基本单位：长度 L（英寸，米），质量 M（SLUG，千克），时间 T（秒）。

基本单位和推导单位的量纲如下：

m　　M

b　　MT^{-1}

k　　MT^{-2}

p　　MT^{-2}

u　　L

$\dot{u}$　　LT^{-1}

$\ddot{u}$　　LT^{-2}

（2）常用变量的工程单位制。

常用变量的工程单位制如表 1-1 所示。

表 1-1　常见变量的工程单位制

变量	量纲	英制单位	国际单位
长度	L	in	m
质量	M	lb-sec^2/in	kg
时间	T	sec	sec
面积	L^2	in^2	m^2
体积	L^3	in^3	m^3
速度	LT^{-1}	in/sec	m/sec
加速度	LT^{-2}	in/sec^2	m/sec^2
转角	—	rad	rad
角速度	T^{-1}	rad/sec	rad/sec
角加速度	T^{-2}	rad/sec^2	rad/sec^2
圆频率	T^{-1}	rad/sec	rad/sec
频率	T^{-1}	rad/sec	rad/sec
特征值	T^{-2}	rad^2/sec^2	rad^2/sec^2
相角	—	deg	deg
力	MLT^{-2}	lb	N
重力	MLT^{-2}	lb	N
弯矩	ML^2T^{-2}	in-lb	N-m
密度	ML^{-3}	ib-sec^2/in^4	kg/m^3
杨氏模量	$ML^{-1}T^{-2}$	lb/in^2	Pa；N/m^2
泊松比	—	—	—
剪切模量	$ML^{-1}T^{-2}$	lb/in^2	Pa；N/m^2
面积惯量	L^4	in^4	m^4
扭转常量	L^4	in^4	m^4
质量惯量	ML^2	in-lb-sec^2	kg · m^2
刚度	MT^{-2}	lb/in	N/m
粘性阻尼系数	MT^{-1}	lb-sec/in	N · sec/m
扭转常量	—	—	—

注　L 表示长度，M 表示质量，T 表示时间，一表示无量纲。

注意：首先，计算中注意单位制要统一；其次，动力学分析中质量与阻尼单位制最容易出错；最后，MSC Nastran 不内置检验单位的功能，分析人员需要自行核实单位的统一性。

1.2.3　单自由度系统无阻尼自由振动

1. 动力学方程

$$m\ddot{u}(t)+ku(t)=0$$

2. 解的形式

$$u(t) = A\sin\omega_n t + B\cos\omega_n t$$

$$\omega_n = \sqrt{\frac{k}{m}} = \text{自然频率（弧度/秒）}$$

$$f_n = \frac{\omega_n}{2\pi} = \text{自然频率（周/秒）}$$

3. 初始条件

$u(0)$ 和 $\dot{u}(0)$ 均已知

$$B = u\ (t=0)$$

$$A = \frac{\dot{u}}{\omega_n}\ (t=0)$$

最后解为：

$$u(t) = \frac{\dot{u}(0)}{\omega_n}\sin\omega_n t + u(0)\cos\omega_n t$$

无阻尼自由振动波形如图 1-10 所示。

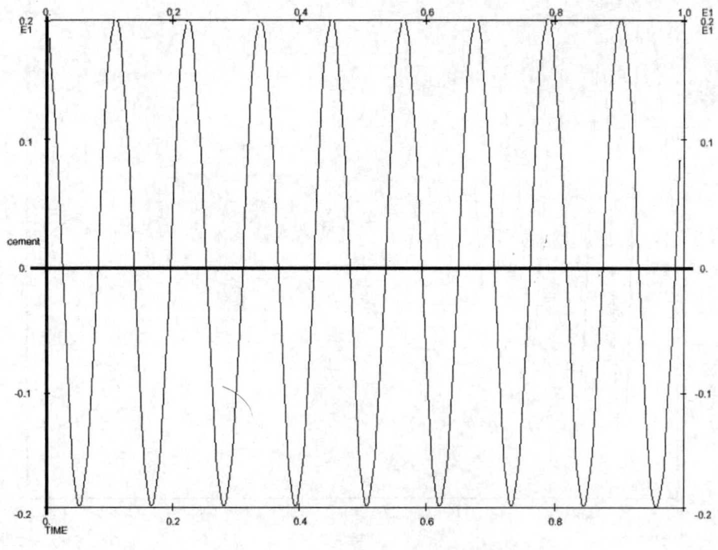

图 1-10　无阻尼自由振动图

1.2.4　单自由度系统有阻尼自由振动

1. 动力学方程

$$m\ddot{u}(t) + b\dot{u}(t) + ku(t) = 0$$

临界阻尼

$$b_c = 2\sqrt{km} = 2m\omega_n$$

临界阻尼比

$$\zeta = \frac{b}{b_c}$$

2. 解的形式

（1）欠阻尼情况。

$$b < b_c，\quad u(t) = \mathrm{e}^{-bt/2m}(A\sin\omega_d t + B\cos\omega_d t)$$

式中：ω_d 为阻尼固有频率。

$$\omega_d = \omega_n\sqrt{1-\zeta^2}$$

（2）临界阻尼情况（无振荡发生）。

$$b = b_c，\quad u(t) = (A + Bt)\mathrm{e}^{-bt/2m}$$

（3）过阻尼情况。

$$b > b_c$$

无振荡发生，系统逐渐回到平衡位置（至少不会扩散）。

（4）通常分析欠阻尼情况，结构的粘性阻尼一般在 0%～10%范围内。

欠阻尼自由振动波形如图 1-11 所示。

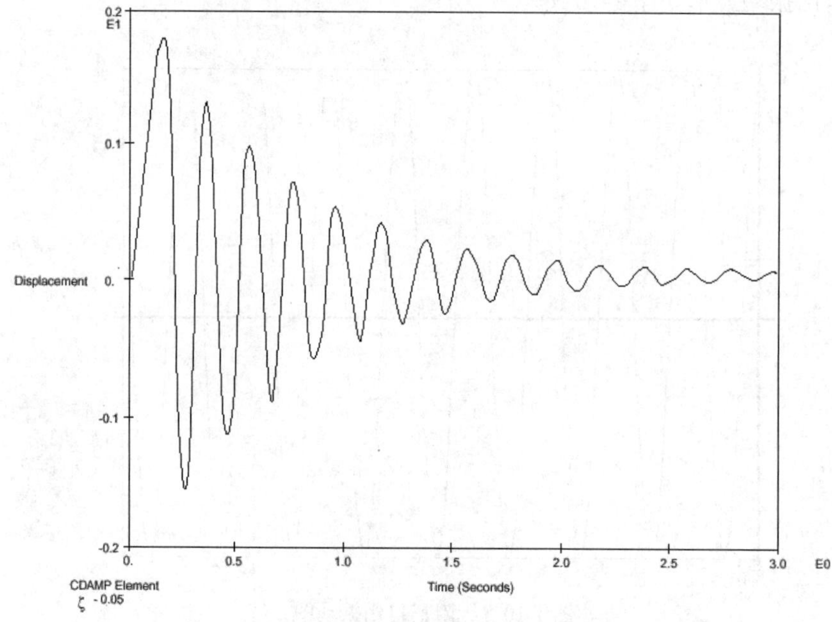

图 1-11　欠阻尼自由振动图

1.2.5　单自由度系统无阻尼简谐振动

1. 动力学方程

$$m\ddot{u}(t) + k\dot{u}(t) = P\sin\omega t$$

式中：ω 为激励力频率。

2. 解的形式

$$u(t) = A\sin\omega_n t + B\cos\omega_n t + \frac{P/k}{1-\omega^2/\omega_n^2}\sin\omega t$$

式中：

$$B = u\ (t=0)$$

$$A = \frac{\dot{u}\ (t=0)}{\omega_n} - \frac{\omega P/k}{(1-\omega^2/\omega_n^2)\omega_n}$$

P/k 是静力响应，$\dfrac{1}{1-\omega^2/\omega_n^2}$ 是动力放大因子。

无阻尼简谐振动波形如图 1-12 所示。

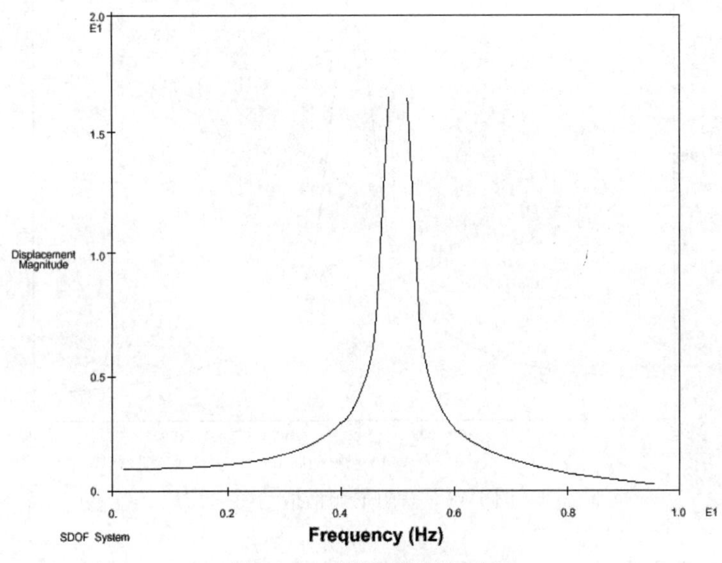

图 1-12　无阻尼简谐振动图

1.2.6　单自由度系统有阻尼简谐振动

1. 动力学方程

$$m\ddot{u}(t) + b\dot{u}(t) + ku(t) = P\sin\omega t$$

2. 解的形式

（1）瞬态解迅速衰减，可以不考虑。

（2）稳态解为：

$$u(t) = P/k \frac{\sin(\omega t + \theta)}{\sqrt{(1-\omega^2/\omega_n^2)^2 + (2\zeta\omega/\omega_n)^2}}$$

$$\theta = -\tan^{-1}\frac{2\zeta\omega/\omega_n}{1-\omega^2/\omega_n^2}$$

式中：θ 为相位角。

（3）讨论。

1）$\dfrac{\omega}{\omega_n} \ll 1$，放大因子 $\to 1$（静态解），相位角 $\to 360°$（响应的相位为激励相位）。

2）$\frac{\omega}{\omega_n} \gg 1$，放大因子$\to 0$（无响应），相位角$\to 180°$（响应的相位与激励相位相反）。

3）$\frac{\omega}{\omega_n} \approx 1$（共振），放大因子$\to 1/2\zeta$，相位角$\to 270°$（响应的相位和激励相位相差90°）。

有阻尼简谐振动波形如图 1-13 所示。

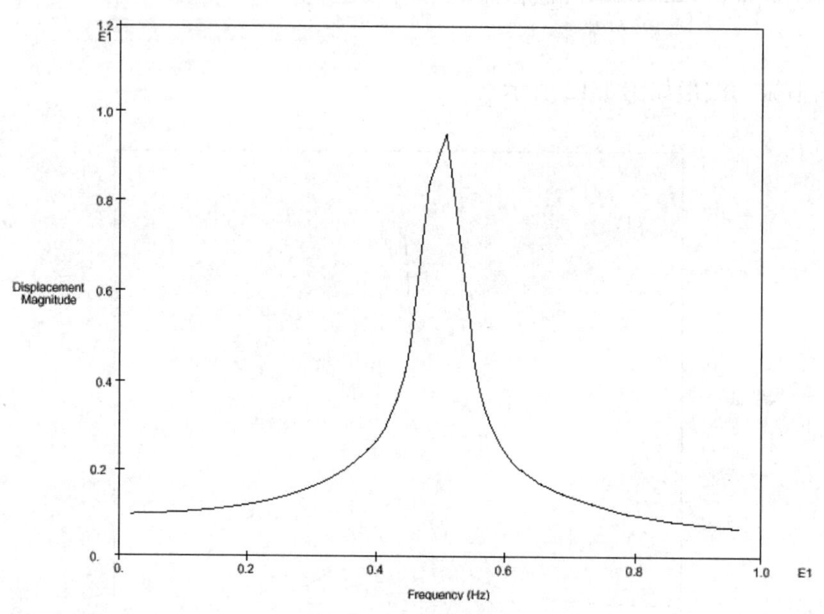

图 1-13　有阻尼简谐振动图

1.2.7　多自由度系统

1. 概述

动力学方程为

$$[M]\{\ddot{u}\}+[B]\{\dot{u}\}+[K]\{u\}=\{P\}+\{N\}$$

其中：$\{u\}$为位移向量；$\{M\}$为质量矩阵；$\{B\}$为阻尼矩阵；$\{K\}$为刚度矩阵；$\{P\}$为外力函数；$\{N\}$为外力非线性向量。

2. 动力学环境分类

动力学环境类型如图 1-14 所示。

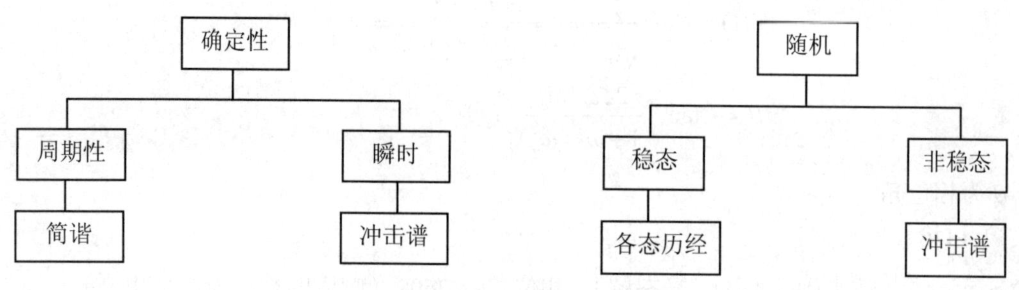

图 1-14　动力学环境类型

动态激励类型如图 1-15 所示。

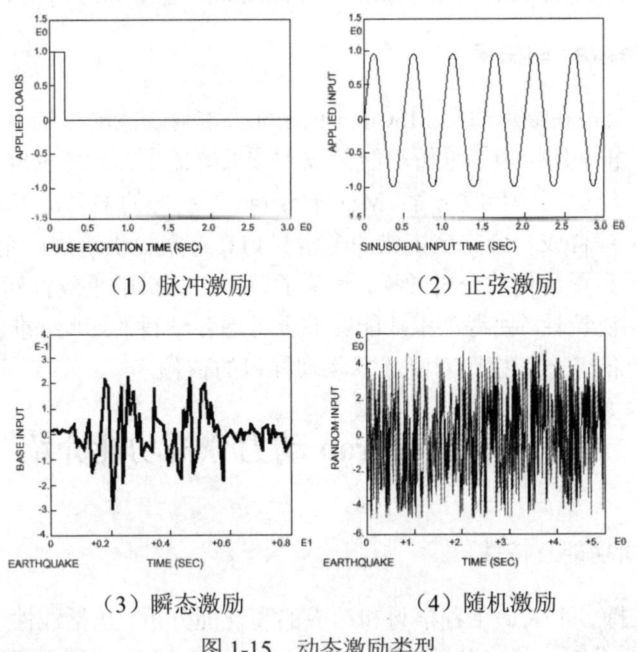

（1）脉冲激励　（2）正弦激励

（3）瞬态激励　（4）随机激励

图 1-15　动态激励类型

1.2.8　有限元动力学建模需要考虑的问题

（1）结构分析的频率范围。

（2）节点/约束/单元的分配方案及其相互关系。

（3）线性与非线性行为的区别，问题的定性考虑。

（4）整体系统与超单元模型的关系。

（5）相邻介质的相互作用。

（6）测试/测量数据的综合考虑。

（7）阻尼的影响。

1.3　MSC Nastran 的由来

1.3.1　MSC Nastran 程序的起源

Nastran，即 NASA 结构分析系统（NASA Structual Analysis System），是 20 世纪 60 年代初美国宇航局为满足登月需求，决定使用有限元法开发大型结构分析系统，并能在当时所有大型计算机上运行。为此，以虚构名 Tom Butler 命名的 NASA 小组制定了一套全新的通用分析系统规范。它采用了当时唯一但并不成熟的高级语言 Fortran，在计算机计算速度并不快的情况下，创造性地完成了该系统的研制。当时的开发小组包括 Computer Science Corporation 和 MacNeal-Scherndler Corporation（即 MSC 公司）。Nastran 程序最早在 1969 年通过 COSMIC（Computer Software Management and Information Center）对外发行，一般称为 COSMIC.Nastran。

之后又有各种版本的 Nastran 程序相继发行，其中以 MSC 公司开发的 MSC Nastran 程序的用户最为广泛。如今 MSC Nastran 已成为标准版的 Nastran，是全球应用最广泛的分析程序之一。

1.3.2 MSC Nastran 的由来

2006 年，MSC 公司在继承原有 MSC Nastran 强大求解功能的基础上，又将高级非线性、显式非线性、链式分析、外噪声等分析功能集成到该求解器中，使得 MSC Nastran 成为目前业界最强大并得到最广泛应用的仿真方案。MSC Nastran 把最好的解算器 Nastran、Marc、Dytran、Adams 和 LS-DYNA 综合成一个完全集成的多学科仿真方案提供给生产企业。这些高度协调、世界一流的解算器提高了数倍的分析效率，消除了单学科分析的重复性建模工作，可以大幅度提高企业内部工作的协调性，使得工程师能够综合考虑各学科的影响，准确地模拟设计产品在真实环境条件下的性能，真正摆脱对高成本物理样机的依赖。

1.4 MSC Nastran 动力分析功能介绍

1.4.1 动力分析功能及特性

MSC Nastran 支持多个关键工程学科和相应的高性能分析，包括线性/非线性静力分析、线性/非线性结构动力学分析、稳态和瞬态热力学分析、线性/非线性屈曲分析、设计灵敏度及优化分析、转子动力学特性分析、气动弹性及颤振分析、复合材料分析、流固耦合和声场分析、动力设计分析方法（DDAM）、并行计算能力（SMP 和 DMP）、直接矩阵提取编程（DMAP）、装配体建模分析、多级超单元分析、高级对称分析、非线性分析功能（包含隐式非线性以及显示非线性功能模块）、内嵌疲劳分析。

结构动力学分析是 MSC Nastran 最主要的强项之一，其有非常多的技术特点，具有其他有限元分析软件所无法比拟的强大分析功能。结构动力分析不同于静力分析，常用来确定时变载荷对整个结构或部件的影响，同时还要考虑阻尼及惯性效应的作用。

全面的 MSC Nastran 动力学分析功能包括：正则模态及复特征值分析、频率及瞬态响应分析、（噪）声学分析、随机响应分析、响应及冲击谱分析、动力灵敏度分析等。针对于中小型及超大型问题不同的解题规模，用户可选择 MSC Nastran 不同的动力学方法加以求解。在处理大型结构动力学问题时如不利用特征缩减技术，将会使解题效率大大降低，而 MSC Nastran 的通用动力缩减算法（GDR 法）在运算时可自动略去对分析影响不大的自由度，而不必像其他缩减法那样更多地需要由用户进行手工干预。此外，速度更快、磁盘空间更节省的稀疏矩阵解算器适用于所有的动力分析类型，半带宽缩减时的自动内部重排序功能及并行向量化的运算方法可使动力解算效率大大提高。

为求解动力学问题，MSC Nastran 提供了求解所需齐备的动力和阻尼单元，如瞬态响应分析的非线性弹性单元、各类阻尼单元、（噪）声学阻滞单元及吸收单元等。阻尼类型包括结构阻尼、材料阻尼、不同的模态阻尼（含等效粘性阻尼）、（噪）声阻滞阻尼和吸收阻尼、可变的模态阻尼（等效粘性阻尼，临界阻尼比，品质因数）、离散的粘性阻尼单元、随频率变化的非线性阻尼器以及动力传递函数，直接矩阵输入、动力传递函数定义等。MSC Nastran 可在时域或频域内定义各种动力学载荷，包括动态定义所有的静载荷、强迫位移、速度和加速度、初始速度和位移、延时、时间窗口、解析显式时间函数、实复相位和相角、作为结构响应函数的非线性载荷、基于位移和速度的非线性瞬态加载、随载荷或受迫运动不同而不同的时间历程等。模态凝聚法有 Guyan 凝聚（静凝聚）、广义动态凝聚、部分模态综合、精确分析的残余向量等。

MSC Nastran 的高级动力学功能还可分析更深层、更复杂的工程问题，如控制系统、流固耦合分析、传递函数计算、输入载荷的快速傅立叶变换、陀螺及进动效应分析（需 DMAP 模块）、模态综合分析（需 Superelement 模块）。所有动力计算数据可利用矩阵法、位移法或模态加速法快速地恢复，或直接输出到机构仿真或相关性测试分析系统中去。

MSC Nastran 的主要动力学分析功能包括特征模态分析、直接复特征值分析、直接瞬态响应分析、模态瞬态响应分析、响应谱分析、模态复特征值分析、直接频率响应分析、模态频率响应分析、非线性瞬态分析、模态综合、动力灵敏度分析等。

1. 正则模态分析

正则模态分析用于求解结构的自然频率和相应的振动模态，计算广义质量，正则化模态节点位移，约束力和正则化的单元力及应力，并可同时考虑刚体模态。具体包括：

（1）线性模态分析，又称实特征值分析。实特征值求解方法包括 Lanczos 法、增强逆迭代法、Givens 法、改进 Givens 法、Householder 法，并可进行 Givens 和改进 Givens 法自动选择、带 Sturm 序列检查的逆迭代法，所有的特征值解法均适用于无约束模型。

（2）考虑拉伸刚化效应的非线性特征模态分析，或称预应力状态下的模态分析。

2. 复特征值分析

复特征值分析主要用于求解具有阻尼效应的结构特征值和振型，分析过程与实特征值分析类似。此外 Nastran 的复特征值计算还可考虑阻尼、质量及刚度矩阵的非对称性。复特征值分析方法包括直接复特征值分析和模态复特征值分析两种。

（1）直接复特征值分析。通过复特征值分析可求得含有粘性阻尼和结构阻尼的结构自然频率和模态，给出正则化的复特征矢量和节点的约束力及复单元内力和单元应力。主要算法有 Determinated 法、Hossen-bery 法、新 Hossenbery、逆迭代法、复 Lanczos 法，适用于集中质量和分布质量、对称与反对称结构，并可利用 DMAP 工具检查与测试分析的相关性。

（2）模态复特征值分析。此分析与直接复特征值分析有相同的功能。本分析先忽略阻尼进行实特征值分析，得到模态向量。然后采用广义模态坐标，求出广义质量矩阵和广义刚度矩阵，再计算出广义阻尼矩阵，形成模态坐标下的结构控制方程，求出复特征值。模态复特征值分析得到的输出类型与用直接复特征值分析得到的输出类型相同。

3. 瞬态响应分析（时间—历程分析）

瞬态响应分析在时域内计算结构在随时间变化的载荷作用下的动力响应，分为直接瞬态响应分析和模态瞬态响应分析。两种方法均可考虑刚体位移作用。

（1）直接瞬态响应分析。该分析给出一个结构对随时间变化的载荷的响应。结构可以同时具有粘性阻尼和结构阻尼。该分析在节点自由度上直接形成耦合的微分方程，并对这些方程进行数值积分，直接瞬态响应分析求出随时间变化的位移、速度、加速度、约束及单元应力。

（2）模态瞬态响应分析。在此分析中，直接瞬态响应问题用上面所述的模态分析进行相同的变换，对问题的规模进行压缩，再对压缩了的方程进行数值积分，从而得出与用直接瞬态响应分析类型相同的输出结果。

4. 随机振动分析

该分析考虑结构在某种统计规律分布的载荷作用下的随机响应。对于地震波、海洋波、飞机飞过建筑物的气压波动，以及火箭和喷气发动机的噪音激励，通常人们只能得到按概率分布的函数，如功率谱密度（PSD）函数，激励的大小在任何时刻都不能明确给出。在这种载荷作用下，结构的响应就需要用随机振动分析来计算。MSC Nastran 中的 PSD 可输入自身或交叉谱密度，分别表示单个或多个时间历程的交叉作用的频谱特性，计算出响应功率谱密度、自相关函数及响应的 RMS 值等。计算过程中，MSC Nastran 不仅可以像其他有限元分析软件那样利用已知谱，还可以自行生成用户所需的谱。

5. 响应谱分析

响应谱分析（有时称为冲击谱分析）提供了一个有别于瞬态响应的分析功能，在分析过程中，结构的激励用各个小的分量来表示，结构对这些分量的响应是该结构每个模态的最大响应的组合。

6. 频率响应分析

频率响应分析主要用于计算结构在周期载荷作用下对每一个计算频率的动响应。计算结果分实部和虚部两部分。实部代表响应的幅度，虚部代表响应的相角。

（1）直接频率响应分析。直接频率响应通过求解整个模型的阻尼耦合方程，得出各频率对外载荷的响应。该类分析在频域中主要求解两类问题。

第一类问题是求结构在一个稳定的周期性正弦外力谱作用下的响应。结构可以具有粘性阻尼和结构阻尼，分析得到复位移、速度、加速度、约束力、单元力和单元应力。这些量可以进行正则化以获得传递函数。

第二类问题是求结构在一个稳态随机载荷作用下的响应。此载荷由其功率谱密度定义。而结构载荷由上面所提到的传递函数来表征，分析得出位移、加速度、约束力或单元应力的自相关系数。该分析也对自功率谱进行积分而获得响应的均方根值。

（2）模态频率响应。模态频率响应分析和随机响应分析在频域中解决的两类问题与直接频率响应分析解决的问题相同。结构矩阵用忽略阻尼的实特征值分析进行了压缩，然后用模态坐标建立广义刚度和质量矩阵。该分析的输出类型与直接频率响应分析得到的输出类型相同。

MSC Nastran 的模态扩张法（残余矢量法）可以补偿高阶模态的作用，以确保参加计算的频率数足以使模态法响应分析的计算结果具有足够的精度。

此外，在众多的应用里，结构模态分析同时考虑几何刚化和材料非线性也是非常重要的。这一功能在 MSC Nastran 中叫做非线性正则模态分析。

7. 多级超单元分析

超单元分析是求解大型问题时的一种十分有效的手段，特别是当工程师打算对现有结构件做局部修改和重分析时。超单元分析主要是通过把整体结构分化成很多小的子部件来进行分析，即将结构的特征矩阵（刚度、传导率、质量、比热、阻尼等）压缩成一组主自由度类似于子结构的方法，但具有更强的功能且更易于使用。子结构可使问题表达简单、计算效率提高、计算机的存储量降低。超单元分析在子结构的基础上增加了重复、镜像映射及多层子结构功能，不仅可以单独运算，而且可以与整体模型混合使用。结构中的非线性与线性部分分开处理，可以减小非线性问题的规模。应用超单元时，工程师仅需对那些所关心的受影响大的超单元部分进行重新计算，从而使分析过程更经济、更高效，避免了总体模型的修改和对整个结构的重新计算。MSC Nastran 优异的多级超单元分析功能在大型工程项目国际合作中得到了广泛使用，如飞机的发动机、机头、机身、机翼、垂尾、舱门等在最终装配出厂前，可由不同地区和不同国家分别进行设计和生产，期间每一项目分包商不但可利用超单元功能独立进行各种结构分析，而且可通过数据通信在某地利用模态综合技术，通过计算机模拟整个飞机的结构特性。

多级超单元分析是 MSC Nastran 的主要强项之一，适用于所有的分析类型，如线性静力分析，刚体静力分析，正则模态分析，几何和材料非线性分析，响应谱分析，直接特征值、频率响应、瞬态响应分析，模态特征值，频率响应，瞬态响应分析，模态综合分析（混合边界方法和自由边界方法），设计灵敏度分析，稳态、非稳态、线性、非线性传热分析等。

模态综合分析需要使用超单元，可对每个受到激励作用的超单元分别进行分析，然后把各个结果综合起来，从而获得整个结构的完整动态特性。超单元的刚度阵、质量阵和载荷阵可以从经验或计算推导得出。结构的高阶模态先被截去，而后用静力柔度或刚度数据恢复。该分析对大型复杂结构更有效。

1.4.2 MSC Nastran 支持的硬件平台

MSC Nastran 具有广泛的平台适用性，可在 PC 机、工作站、小型机、超级计算机、计算机集群等通用和专用计算机的不同操作系统下运行，主要机种如 PC、SUN、DEC、HP、IBM、SGI、NEC、HITACHI、SIEMENS、CRAY、CONVEX 等。MSC Nastran 的并行处理技术保证其在诸如 CRAY、CONVEX、IBM、SUN、DEC、SGI 等具有多处理器的大中型计算机上高效运行。

1.5 MSC Nastran 基本应用流程

有限元分析是对结构几何及载荷工况的模拟，是对真实情况的数值近似。通过对分析对象划分网格，求解有限个数值来近似模拟真实环境的无限个未知量。

一般来说，有限元在软件中的实现过程包含三个主要步骤。不论使用哪种分析工具，这三个步骤都应该是大致相同的，即前处理、求解、后处理。

1.5.1 前处理

前处理的功能主要有三个：创建或从某种 CAD 软件中读入几何模型；定义材料属性和相关参数及特性；划分网格，得到离散的有限元模型。另外还有一些小的功能，如模型修补等。

1. 几何模型的创建或读入

对于常用的有限元工具来说，有两种途径可以得到几何模型，并作为后续生成有限元网格的基础。目前最流行的途径是从 CAD 模型中输入几何模型。这种方法得以流行的原因有很多，最重要的是 CAD 建模的便利性和避免重复建模的时间浪费。通常来说，常用的 CAD 工具相对于 CAE 软件自带的建模功能而言，在建模便利性和功能强大性方面都有着非常大的优势，因此许多用户都会选择将 CAD 的建模优势和 CAE 的分析长处结合起来，从而最大限度地提高分析工作的效率。另外，用户的模型很多都是在 CAD 系统中已经建立好的，很少有人愿意将其在 CAE 前处理环境下再重新建立几何模型。目前，虽然常见 CAE 软件的前处理器也有一定的几何建模能力，但是实际应用中多用来进行针对 CAD 模型的一些简化和修补。

另外一个可以选择的方案就是以参数方式直接在CAE前处理器中创建几何模型。如上面提到的直接在 CAE 前处理器中建立几何模型这种做法目前已经越来越少，而通过一些 CAE 软件的参数化编程语言建立参数模型这种做法目前还有许多用户在使用。这种做法以其自动化和参数化为许多人所喜爱，而且针对某些重复性的建模工作而言，这种方法有着简便快捷和容易修改的优点。但某些出色的前处理器可以做到与CAD软件的参数化传递，因此根本不需要再对已有的CAD模型以参数化的形式在CAE软件中再现。可以说这是一种更加高明和高效率的做法。在CAD/CAE软件协同性越来越受重视的今天，在CAE前处理器中进行参数化建模的方式也将逐渐被淘汰。

2. 定义属性

在划分网格之前，通常要定义若干属性，如材料特性、单元类型、单元属性表等。用户根据这些不同的属性设置，区分模型中不同的结构特性。

（1）材料特性。所有的有限元分析模型都需要指定材料特性。例如在结构线性静力分析中至少要输入材料的弹性模量，动力分析中还需要输入材料密度，热传导分析中至少需要输入材料的导热系数，结构和热耦合分析中需要输入材料的热膨胀系数等。

（2）单元类型。在网格划分之前，需要确定使用什么单元类型进行网格划分。一般软件中都有几百种单元类型供用户选择。这些单元类型又可以分为几类，如按照维数可以分为0-D、1-D、2-D、3-D单元，按照单元阶次又可以分为线性元、二次元、p单元等。

（3）单元属性（表）。对于一些特殊单元类型，如梁单元、质量元等，还需要定义一些特殊属性。这些特殊属性和单元类型、材料特性等一起组成了单元属性表。如梁截面尺寸和物理特性、质点质量、壳单元厚度和算法选择、自由度设置等。

3. 划分网格，得到FEA模型

这一步是前处理器的核心功能。区分前处理软件的功能是否强大，这一部分功能之间的差别至关重要。对于MSC Nastran这个成熟的求解器而言，几乎所有的前处理器都有输入/输出MSC Nastran标准文件的功能，而行业特点的不同及对处理不同模型的不同需求，决定了哪种前处理工具最适合用户使用。

在网格划分过程中，需要注意以下几个方面：

（1）网格密度。有限元方法是数值近似计算方法，一般来说，网格越密集，计算结果与精确解的近似程度就越高。密网格在多数情况下可以获得更精确的结果，但如果网格密度的求解结果已经非常接近于理论解，则再加密网格对计算结果精度的提高意义不大。

在实际应用中，在网格加密程度和计算工作量之间有个权衡问题。显而易见，网格密度越高，需要的计算量就越大。因此，对于计算精度要求不高的产品分析，应以计算速度为主，选择密度较低的网格划分，并可以做大量的模型简化；而对于可靠性要求高的产品分析，就应把计算结果精度放在首位，选择较密的网格划分。另外，分析类型和实际边界条件也对单元网格密度和形式有很大的影响。

（2）网格形状。对于平面网格而言，有三角形网格、四边形网格和混合网格划分可以选择。对于三维网格，可以选择的网格形状有四面体、金字塔、六面体及混合网格。选择网格形状，很大程度上取决于计算所使用的分析类型。例如线性分析和非线性分析对网格形状的要求不同，模态分析和应力分析对网格形状的要求也不同。

（3）网格维数。在网格维数方面，一般有三种方案可供选择。一是线性单元，有时也称为低阶单元。其形函数是线性形式，表现在单元结构上，可以用是否具有中间节点来判断是否是线性单元。无中间节点的单元即线性单元。在实际应用中，线性单元的求解精度一般不如阶次高的单元，尤其是要求峰值应力结果时，低阶单元往往不能得到比较精确的结果。第二种是二次单元，有时也称为高阶单元。其形函数是非线性形式，表现在单元结构上，带有中间节点的单元即二次单元。如果要求得到精确的峰值应力结果，高阶单元往往更能够满足要求。而且，一般来说，二次单元对非线性特性的支持比低阶单元要好，如果求解涉及到较复杂的非线性状态，则选择二次单元可以得到更好的收敛特性。第三种是选择所谓的 p 单元，其形函数一般是大于 2 阶的，但阶次一般不会大于 8 阶。这种单元应用局限性较大，这里就不详细讲述了。

4. 支持 MSC Nastran 的前、后处理软件及其特点

MSC Nastran 作为应用最广泛的有限元独立求解器，已经成为国际公认的工业标准。其输入、输出格式及结果数据可作为中间文件被几乎所有的 CAD/CAE/CAM 和相关软件很容易地移植到不同的平台上，可以任意读取而不受应用软件的版本限制。MSC Nastran 同时全面支持国际认可的其他各类图形和数据传递标准，如 IGES、STL、VDA、STEP 等，而且，目前几乎所有的 CAD/CAE/CAM 软件厂商为方便其图形和数据与 MSC Nastran 的传递，开发了专用的数据接口。就应用广泛程度来看，主要有下面一些流行的前后处理软件。

（1）Patran。MSC 公司的产品，对 MSC Nastran 有着最完善的界面支持，如图 1-16 所示。设计者可以方便地根据自己的需求进行多学科的工程分析和数据交换。因此被广泛应用于航空、航天、汽车、船舶、铁道、机械、制造业、电子、建筑、土木、国防、生物力学、食品包装、教学研究等各个行业。本书中的例题均采用 Patran 进行演示。

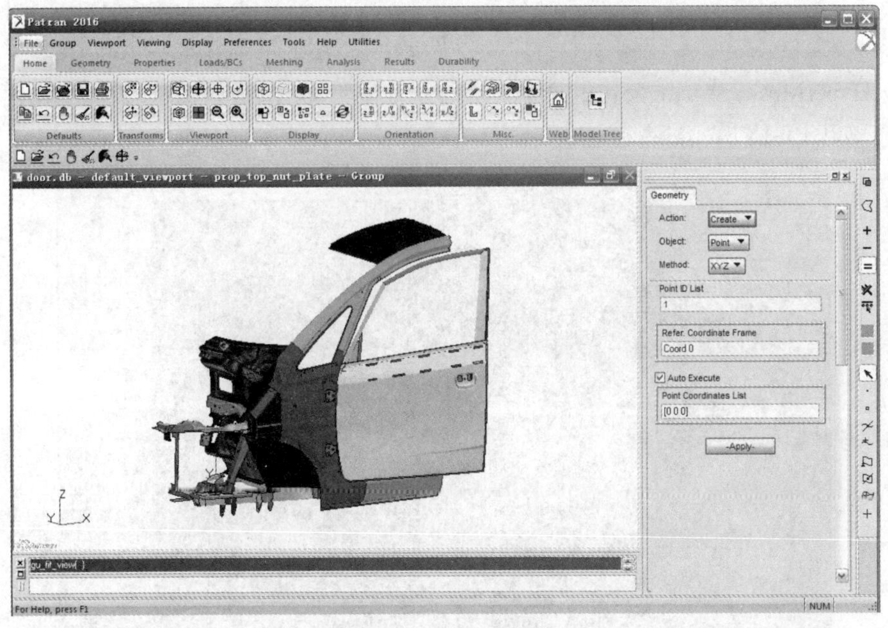

图 1-16　Patran 界面

（2）SimXpert。不同于传统单点分析工具造成的多重用户环境，MSC SimXpert 致力于构建统一的用户环境和操作界面，使得不同学科的分析，如结构分析、机构动力学、传热、碰撞等都能够在同一完整的分析环境下完成，这无疑方便了用户，节省了学习不同软件所需

的大量时间，降低了软件起步门槛。SimXpert 的多学科分析环境，是通过集成多个学科各自对应的 Workspace 实现的，如图 1-17 所示。分析工程师在 SimXpert 中就可以完成仿真分析的全过程，即完成建模、求解、结果后处理、报告生成，这些都在一个集成的 Workspace 环境中完成。通过内部集成的高级结构分析、高级机构动力学分析、高级热分析、高级碰撞分析、高级显式非线性分析等功能，分析工程师可以针对共同的分析模型，无须来回切换界面，在统一的用户界面中方便地执行多种学科耦合分析，如热机耦合分析、刚弹耦合分析等。这种高效直观的界面操作风格使得分析工程师可以在更短的时间内实现更大型、更复杂的真实问题的数值仿真和求解。

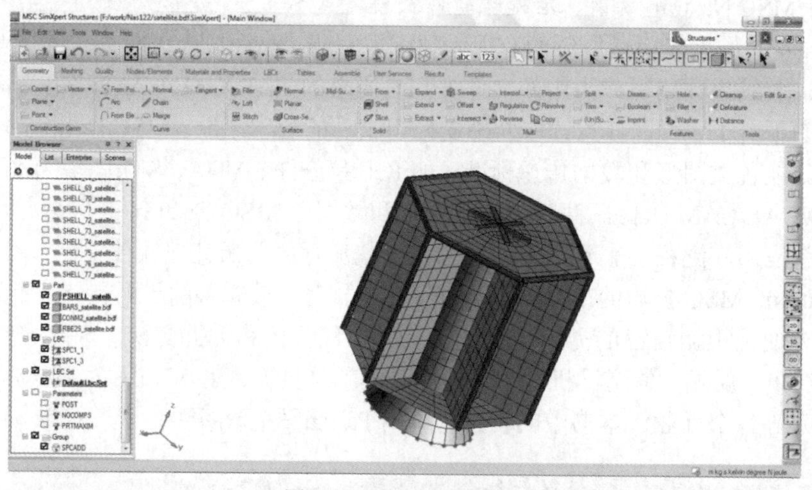

图 1-17　SimXpert 界面

（3）HyperMesh。Altair 公司的产品，流行于北美汽车行业，以处理板壳类构件的功能强大而著称，如图 1-18 所示。

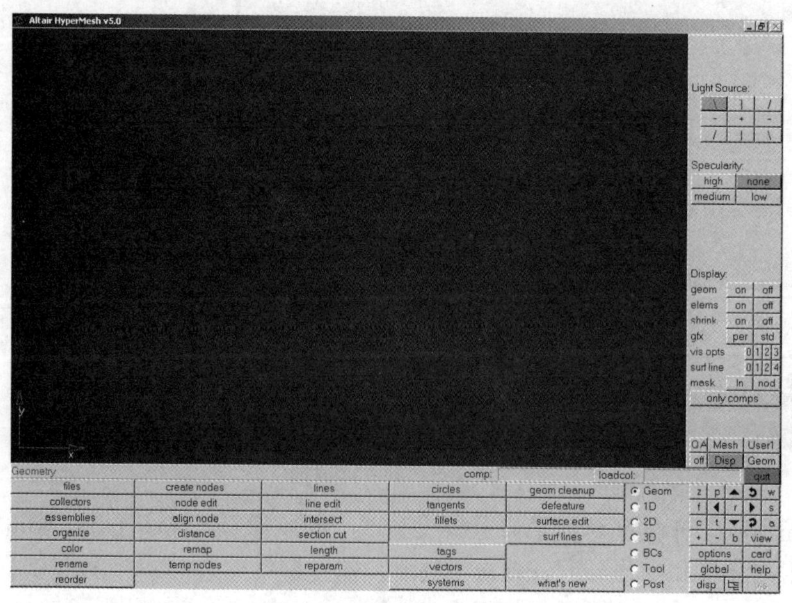

图 1-18　HyperMesh 界面

（4）MEDINA。T-systems 公司的产品，流行于欧洲，擅长处理大型模型和装配模型，在汽车行业中应用广泛，如图 1-19 所示。

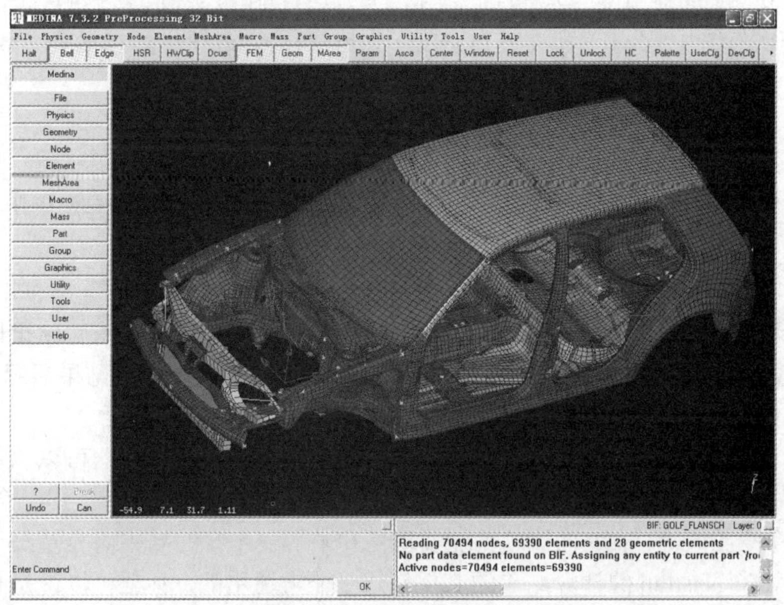

图 1-19　MEDINA 界面

（5）FEMAP。桌面级的前后处理器，灵活易用，如图 1-20 所示。

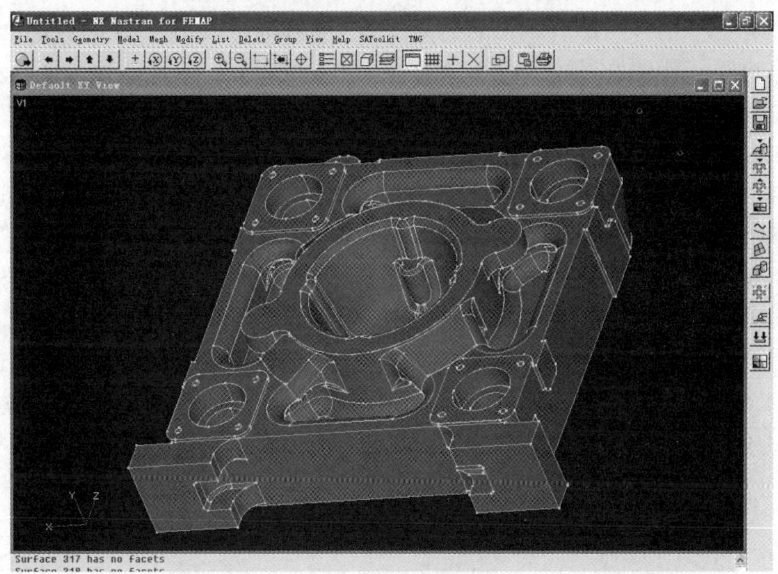

图 1-20　FEMAP 界面

1.5.2　求解

通过前处理器得到有限元网格后，就可以进入求解步骤了。一般来说，求解部分主要完成两个基本功能：边界条件的施加和求解。

1. 边界条件的施加

通常边界条件主要分为两部分：一是模型的约束条件，二是施加在模型上的载荷。约束主要是指施加在节点上的自由度（DOF）约束，指定节点的自由度数值。常见的有固定自由度（指定某个或某些节点自由度为 0）和非零自由度（强迫位移）。载荷主要包括集中载荷、面载荷、体积载荷、惯性载荷等。

2. 求解

求解器的功能是求解关于结构自由度的联立线性方程组，这个过程花费的时间取决于所用计算机的速度和求解问题的类型与规模。MSC Nastran 中提供了多个求解器供用户选择。

1.5.3 后处理

得到计算结果以后，另外一个重要的步骤就是后处理。一般来说，求解结果以一定的形式存放在硬盘上，此时需要使用后处理软件直观地按照用户要求的方式将结果显示出来。对于常用的前处理软件来说，都带有自己的后处理器，完成常用的后处理功能。

后处理器首先要具备的功能就是直观显示结果的能力，好的后处理器可以以各种方式对结果进行显示和处理。基本功能有云图、动画、列表、曲线等，高级功能有数据组合、结果叠加、计算报告生成等。应该说，后处理器的功能实现性和求解器本身的结果内容及结果兼容性有很密切的关系。MSC Nastran 的计算结果的文件格式是非常通用的，甚至可以说是有限元软件标准化的格式，可以为几乎所有通用后处理软件所识别和处理，这就为用户的使用带来了很大的方便。另外，MSC Nastran 求解功能的强大还在于它可以输出一些特殊的、其他分析软件无法输出的结果，这些结果信息也可以被通用后处理软件显示。前面我们罗列了市场上常见的前处理软件，这些软件无一例外的都有自己的后处理器，而且都可以作为 MSC Nastran 的后处理器使用。当然，每个软件其后处理能力在细节上会有一定的差别，但是这种差别并不像前处理功能和适用性的差别这么明显，在这里也就不一一赘述了。

后处理器中完成的另外一个功能就是结果准确性的判断。其实这种提法并不十分准确，结果准确性的判断主要还是依靠软件使用者本身的力学知识和工程经验，只不过通过后处理器中一些特殊的结果显示功能来实现而已。比较常见的方法有通过显示单元不平均结果数据来判断网格密度是否足够，通过误差估计方法和各种误差数值来判断网格离散误差，通过各种曲线和结果比较来判断结果分布趋势是否合理等。

总之，后处理器就如软件本身一样只是一个工具，是否能够合理有效地利用这个工具取决于软件使用者本身的应用水平，而这个应用水平又和使用者本身的力学素养和实际工程经验、对分析过程的理解、对分析目标的准确认识息息相关。软件使用者应当在提高自身力学理论知识水平的基础上，在实际分析项目中不断积累经验、汲取营养，这样软件应用水平才能取得长足的进步。

1.6 动力学模型输入

1.6.1 MSC Nastran 输入文件结构

1. FMS 和 Nastran 语句（负责文件管理与系统资源分配）

2. 执行控制段（求解类型、时间容许、系统诊断）

CEND 限定符（必需）

3. 工况控制段（输出要求、选择模型数据集项目）

BEGIN BULK 限定符（必需）

4. 模型数据段（结构模型定义，求解条件参数）

ENDDATA——限定符（必需）

1.6.2 MSC Nastran 数据卡片格式

1. 固定格式

如：GRID^^^^2^^^^^^^^3^^^^^^^^1.0^^^^^-2.0^^^^3.0^^^^^^^^^^^^^^316

2. 自由格式，对于同一张卡

如：GRID,2,3,1.0,-2.0,3.0,,316

3. 重复输入的复制格式

如：GRID,1,,0.,0.,0.,,126

=,*(5),=,=,*(1.),= =

=(3)

这里“=”表示与上一张卡片字段相同，“*(b)”表示上一张卡片的值增加 b，“=(n)”表示重复次数。因此这张卡等价的输入如下所示：

GRID	1		0.	0.	0.		126		
GRID	6		0.	1.	0.		126		
GRID	11		0.	2.	0.		126		
GRID	16		0.	3.	0.		126		
GRID	21		0.	4.	0.		126		

注意：重复输入采用自由格式。

1.6.3 有限元分析手段

- 现实世界不完全由单自由度系统组成。
- 有限元用于模拟复杂系统和结构的质量、阻尼、刚度。
- 自由度是独立的坐标，它描述结构在任何时刻的运动，与系统基本坐标系无关。
- 用离散节点模拟连续结构。
- 每节点有 6 个自由度，3 个沿 X、Y、Z 轴的平动自由度，3 个绕 X、Y、Z 轴的转动自由度。

1.6.4 MSC Nastran 常用单元形式

每个单元名前的字母 C 代表 connection。

1. 弹簧元（性质像简单拉伸或扭转弹簧）

CELAS1～4

2 自由度弹簧单元：**CELASi（2）**(i=1,2,3,4)

多至 6 自由度频变弹簧/阻尼器单元：**CBUSH（6）**

2. 线单元（性质像杆、棒或梁）

杆元：CROD（4），CONROD（4）

直梁元：CBAR（12），CBEAM（14）

曲梁元：CBEND（12）

3. 面单元（性质像膜或薄板）

三节点三角形板元：CTRIA 3（15）

六节点三角形板元：CTRIA 6（30）

四节点四边形板元：CQUAD 4（20）

八节点四边形板元：CQUAD 8（40）

四节点剪力板元：CSHEAR（8）

4. 体单元（性质像块料或厚板材）

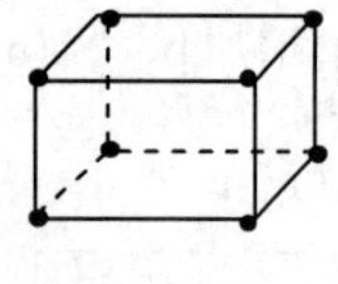

六面体元 CHEXA（24-80）

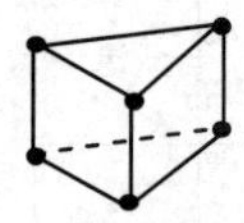

五面体元 CPENTA（18-45）

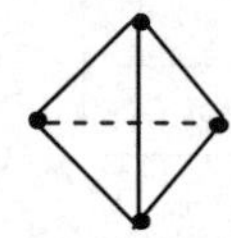

四面体元 CTETRA（12-30）

5. 约束元（无限刚硬，称为刚性元，在数学模型中不引起数值困难）

刚性杆：RROD

刚性梁：RBAR

刚性三角板：RTRPLT

刚性体：RBE 1，RBE 2

均方加权约束元：RBE 3

内插约束元：RSPLINE

1.6.5 耦合质量与集中质量

1. 概述

（1）一般地，耦合质量比集中质量更精确。

（2）集中质量比耦合质量计算效率更高。在动力分析中出于对计算速度的考虑，更倾向于使用集中质量。

（3）MSC Nastran 中默认为集中质量，用如下语句选择耦合质量矩阵：PARAM, COUPMASS,1。

（4）可用集中质量和耦合质量的单元有 BAR、BEAM、CONROD、HEXA、PENTA、QUAD4、QUAD8、ROD、TETRA、TRIA3、TRIA6、TRIAX6、TUBE。

（5）仅能用集中质量的单元有 CONEAX、SHEAR。

（6）仅能用耦合质量的单元有 BEND、HEX20、TRAPRG、TRIARG。

（7）集中质量矩阵仅包含对角元素，因此仅有平动分量，而无转动分量。

（8）耦合质量矩阵包含非对角元素，因此对于 BAR（即使无扭转）、BEAM、BEND 单元等，它们既有平动分量又有转动分量。

2. 例子：杆单元质量矩阵

有如下杆单元，其参数包括长度 L、面积 A、转动惯量 J、杨氏模量 E、剪切模量 G、密度 ρ、极惯性矩 I_ρ。

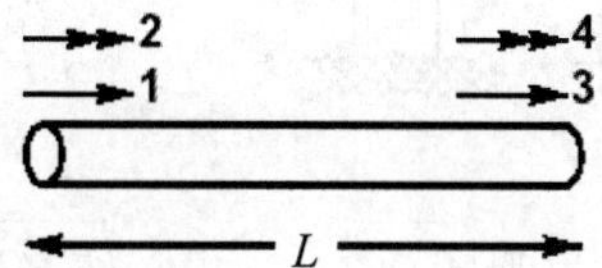

其刚度矩阵为：

$$k=\begin{bmatrix}\frac{AE}{L} & 0 & \frac{-AE}{L} & 0\\ 0 & \frac{GJ}{L} & 0 & \frac{-GJ}{L}\\ \frac{-AE}{L} & 0 & \frac{AE}{L} & 0\\ 0 & \frac{GJ}{L} & 0 & \frac{-GJ}{L}\end{bmatrix}$$

使用经典一致质量矩阵：

$$m=\rho AL\begin{bmatrix}\frac{1}{3} & 0 & \frac{1}{6} & 0\\ 0 & \frac{I_\rho}{3A} & 0 & \frac{I_\rho}{6A}\\ \frac{1}{6} & 0 & \frac{1}{3} & 0\\ 0 & \frac{I_\rho}{6A} & 0 & \frac{I_\rho}{3A}\end{bmatrix}$$

使用经典 Nastran 集中质量矩阵：

$$m=\rho AL\begin{bmatrix}1/2 & 0 & 0 & 0\\ 0 & 0 & 0 & 0\\ 0 & 0 & 1/2 & 0\\ 0 & 0 & 0 & 0\end{bmatrix}$$

使用 Nastran 耦合质量矩阵：

$$m=\rho AL\begin{bmatrix}5/12 & 0 & 1/12 & 0\\ 0 & 0 & 0 & 0\\ 1/12 & 0 & 5/12 & 0\\ 0 & 0 & 0 & 0\end{bmatrix}$$

其平动项描述集中质量（经典一致质量）的平均，用于 BAR 和 ROD 单元时效果最好。

3. MSC Nastran 耦合质量矩阵的检验

考虑如下图所示杆的耦合质量矩阵的检验。

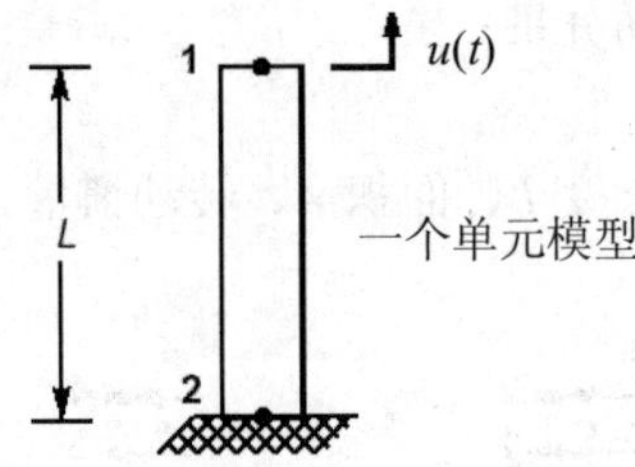

精确的 1/4 波固有频率为：

$$\omega_{1/4}=\frac{\pi\sqrt{E/\rho}}{2L}=1.5708\frac{\sqrt{E/\rho}}{2L}$$

使用集中质量矩阵的相应频率：

$$\omega_{LM}=\sqrt{2}\frac{\sqrt{E/\rho}}{L}=1.414\frac{\sqrt{E/\rho}}{2L}\quad(-10\%)$$

使用经典一致质量矩阵的相应频率：

$$\omega_{C}=\sqrt{3}\frac{\sqrt{E/\rho}}{L}=1.732\frac{\sqrt{E/\rho}}{L}\quad(+10\%)$$

使用 Nastran 耦合质量矩阵的相应频率：

$$\omega_{N}=\sqrt{12/5}\frac{\sqrt{E/\rho}}{L}=1.549\frac{\sqrt{E/\rho}}{L}$$

此时误差为-1.4%。

4. 质量单位

（1）Nastran 默认用户的单位一致，用户必须确认单位统一。

（2）可以用重量单位，但是应该使用 PARAM,WTMASS 将其转化为质量单位。

（3）质量、重量的转换关系为：

质量=(1/G)重量（G=重力加速度）

质量密度=(1/G)重量密度

（4）PARAM,WTMASS 执行转化操作。转化因子=1/G，默认为 1.0。例如：输入 RHO=0.3 为钢的重量密度。

对于 G=386.4in/sec^2，应使用 PARAM,WTMASS,0.00259 去乘 0.3。

（5）每次运行一旦使用了 PARAM,WTMASS，所有输入的质量/重量都乘以该因子（包括 MASSi,CONMi 和输入的非结构质量）。注意不要混合输入，最好全部使用质量输入或者全部使用重量输入。

5. 质量的输入

（1）材料密度。

MATi 卡：

1	2	3	4	5	6	7	8	9	10
MAT1	MID	E	G	NU	RHO	A	TREF	GE	
MAT1	2	30.0E6		0.3	7.76E-4				

（2）标量质量。

CMASSi,PMASS

（3）节点质量。

CONM1（6×6 质量矩阵）——假设矩阵对称，用户定义一半的项数。

CONM2（集中质量）

$$\begin{bmatrix} M & & & & & \\ & M & & & \text{SYM.} & \\ & & M & & & \\ & & & I11 & & \\ & & & -I21 & I22 & \\ & & & -I31 & -I32 & I33 \end{bmatrix}$$

（4）非结构质量。

在单元性质卡中输入的质量与单元的几何性质不相关联。对线单元输入质量/长度，对 2D 几何单元输入质量/面积。

6. CONM2 卡片 —— 集中质量单元的连接，刚体形式

作用：定义节点的集中质量。

格式：

1	2	3	4	5	6	7	8	9	10
CONM2	EID	G	CID	M	X1	X2	X3		
	I11	I21	I22	I31	I32	I33			

示例：

CONM2	2	15	6	49.7					
	16.2		16.2		7.8				

域	内容
EID	单元识别号（大于 0 的整数）。
G	节点识别号（大于 0 的整数）。
CID	CID = -1 的坐标系的识别号，见下面的 X1,X2,X3（大于-1 的整数，默认值为 0）。

M　　　质量值（实数）。

X1,X2,X3　在域 4 中定义的 CID≠−1 的坐标系，为从节点到质量重心的偏移距离。当 CID = −1 时，X1,X2,X3 是基础坐标系下的重心坐标，而不是偏移量（实数）。

Iij　　在域 4 中定义的坐标系下，用于重心位置度量的质量惯矩。如果 CID = −1，则基础坐标系是隐含的（对于 I11、I22 和 I33 是大于 0 的实数；对于 I21、I31 和 I32 为实数）。

注释：

（1）单元识别号对于所有其他单元识别号应是唯一的。

（2）定义节点集中质量的更一般的方法，参见 COMM1 卡的描述。

（3）附加部分是可选的。

（4）如果 CID=−1，偏移量在内部计算为节点的位置与 X1,X2,X3 的差值。节点位置可以定义为在一个非基础坐标系上。在这种情况下，Iij 的数值必须是在平行于基础坐标系的一个坐标系里。

（5）相对于中心的惯性矩阵的形式按照下面的式子选取：

$$\begin{bmatrix} M & & & & & \\ & M & & & \text{symmetric} & \\ & & M & & & \\ & & & I11 & & \\ & & & -I21 & I22 & \\ & & & -I31 & -I32 & I33 \end{bmatrix}$$

$$\begin{aligned} M &= \int \rho \mathrm{d}V \\ I11 &= \int \rho (x_2^2 + x_3^2) \mathrm{d}V \\ I22 &= \int \rho (x_1^2 + x_3^2) \mathrm{d}V \\ I33 &= \int \rho (x_1^2 + x_2^2) \mathrm{d}V \\ I21 &= \int \rho x_1 x_2 \mathrm{d}V \\ I31 &= \int \rho x_1 x_3 \mathrm{d}V \\ I32 &= \int \rho x_2 x_3 \mathrm{d}V \end{aligned}$$

并且，X1,X2,X3 是在域 4 内定义的坐标系下重心的距离分量。对非对角线元素加负号是自动支持的。如果质量矩阵是非正定的，会有警告信息出现。这时，在动力学分析模块内会导致致命错误。

（6）如果 CID 大于或等于 0，则 X1,X2,X3 是由局部笛卡尔坐标系定义，即使 CID 使用的是球坐标系或柱坐标系。这与位移坐标系的定义方式类似。

（7）细节可以参考 MSC Nastran Reference Manual 中关于坐标系定义的术语。

1.6.6 MSC Nastran 基本集合的运算

- 总体节点集合（G）= N + M　　通过多点约束
- 独立的自由度集合（N）= F + S　　通过约束条件
- 非约束的自由度集合（F）= A + O　　通过静态凝聚
- 分析集合 A = L + R　　通过自由体分区
- 求解 A 集合的模态
- 数据恢复到 G 集合的反向处理

1.6.7 MSC Nastran 基本集合的定义

（1）每一个自由度都是某互斥“集合”的一个元素。基本集合的定义如表 1-2 所示。

表 1-2 基本集合的定义

集合名	定义
m	由多点约束消除的自由度集合
sb*	由边界条件中的单点约束，以及由 AUTOSPEC 在自动约束特性来消除的自由度集合
sg*	由 GRID 数据集卡中 PS 域定义的单点约束消除的自由度集合
o	由结构矩阵缩减分区所忽略的自由度集合
q	动力缩减或部件模态综合中的广义自由度集合
r	用于决定自由体运动的参考自由度集合
c	在动力缩减或部件模态综合过程中自由的自由度集合
b	在动力缩减或部件模态综合过程中被固定的自由度集合
e	动力分析里引入的附加自由度集合
sa	永久约束气动自由度集合
k	气动自由度集合

（2）每一个自由度也是一个或多个被称为“超集”的组合集合的元素。超集有如下定义：

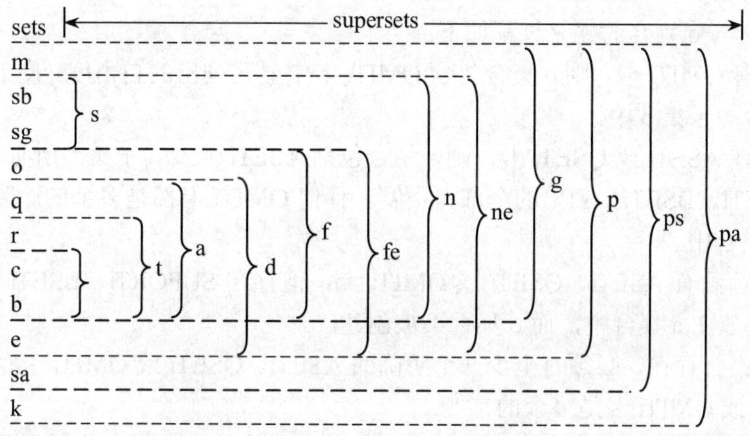

（3）严格地讲，sb 和 sg 并不是互斥的。自由度会在这两个集合中同时存在。由于这些集合不是显式地用在求解序列里，所以这一点与用户无关。然而，对于在他们自己的 DMAP 中使用这些集合的人，在使用这些集合进行分区与合并运算时，应当避免冗余的定义。集合的合并意义如表 1-3 所示。即一个自由度不能同时在 PS 域、GRID 卡（sg 集合）及被选中的 SPC 卡（sb 集合）中同时说明。多余的说明将导致 VEC 模块中的 UFM2120 错误，以及在 MSC Nastran DMAP 模块词典的 UPARTN 模块中列出的行为。不管怎样，这些集合是独立于其他互斥集合的。

表 1-3 集合的合并意义

集合名	意义
s=sb+sg	由单点约束消除的所有自由度集合
l=b+c	移去参考自由度后剩余的结构自由度集合（剩余自由度）
t=l+f	超单元的物理边界自由度的总集
a=t+q	在超单元分析中组装的集合
d=a+e	动力分析中由直接方法使用的集合
f=a+o	无约束的（自由）结构自由度集合
fe=f+e	自由结构自由度加附加自由度集合
n=f+s	没有被多点约束的所有结构自由度集合
ne=n+e	没有被多点约束的所有结构自由度加附加自由度集合
g=n+m	包括标量自由度在内的所有结构（节点）自由度集合
p=g+e	所有的物理自由度集合
ps=p+sa	物理和气动约束的自由度集合
pa=ps+k	气动的物理集合
fr=o+l	静态独立集合减去静态确定支撑
v=o+c+r	在动力缩减和部件模态综合中振动的自由度集合

“+”表示两个集合的并集

（4）a 集合与 o 集合的建立过程如下：

1）如果只有 OMITi 卡，则 o 集合包含 OMITi 卡中显式列出的自由度。剩下的 f 集合自由度被放在 a 集合的子集 b 中。

2）如果存在 ASETi 或 QSETi 卡，则 a 集合包括 ASETi 卡及其子集的所有卡（如 QSETi、SUPORTi、CSETi、BSETi）列出的全部自由度。任何 OMITi 卡都是多余的。剩下的 f 集合自由度被放在 o 集合中。

3）如果当前没有 ASETi、QSETi 或 OMITi 卡，但存在 SUPORTi、BSETi 或 CSETi 卡，则整个 f 集合被放在 a 集合中，而 o 集合不被创建。

4）想要 o 集合存在，必须有至少一个明确的 ASETi、QSETi 或 OMITi 卡存在，即使这个 ASETi、QSETi 或 OMITi 卡是多余的。

（5）动力分析中，附加向量集通过模态变换从 a 集合的实特征值分析中得到。这些集合如下：

ξ_0 = 刚体模态（零频率）自由度

ξ_f = 有限频率模态自由度

$\xi_i = \xi_0 + \xi_f$，所有模态自由度集合

（6）一个向量集被定义为物理与模态自由度的组合：

$U_k = \xi_i + U_e$

（7）对于每一个自由度的成员关系，可以用模型数据集卡中的 PARAM,USEPRT 卡和 PARAM,USETSEL 卡打印。

（8）模型数据集卡定义的自由度集合。置于集合中的自由度是由用户按照下面的数据集输入卡来定义的，如表 1-4 所示。

表 1-4 数据集卡

名称	数据集卡名称
m	MPC，MPCADD，MPCAX，POINTAX，RBAR，RBE1，RBE2，RBE3，RROD，RSPLINE，RTRPLT，GMBC，GMSPC*
sb	SPC，SPC1，SPCADD，SPCAX，FLSYM，GMSPC*，BNDGRID，（PARAM，AUTOSPC，YES）
sg	GRID，GRIDB，GRDSET（PS field）
o	OMIT，OMIT1，OMITAX，GRID（SEID field），SESET
q	QSET，QSET1
r	SUPORT，SUPORT1，SUPAX
c	CSET，CSET1
b	BSET，BSET1
e	EPOINT
sa	CAEROi
k	CAEROi
a	ASET，ASET1，超单元外部自由度，CSUPEXT

*：只有当约束没有在基础坐标系被说明时才放入集合。

（9）在超单元分析中，需要在相应的卡名前加 SE（Super Elements）字符，并有一个超单元识别号的保留域。使用识别号是因为边界（外部）节点在一个超单元中可能属于某个互斥的集合，而在与其邻近另一个超单元中则属于另外一个不同的集合。对指定的超单元，SE 类型的输入卡在程序内部被自动翻译成如表 1-5 所示的等价形式。

表 1-5 使用识别号

输入方式	等价方式
SEQSETi	QSETi
SESUP	SUPORT
SECSETi	CSETi
SEBSETi	BSETi

1.6.8 模型检查的提示

（1）PARAM,GRDPNT,V1（V1> 0），节点重量生成器检查。

（2）PARAM,USETPRT,V1（V1 = 0,1,2），Nastran 集合列表检查。

（3）使用 DMAP 选项，进行多种刚体模式与平衡状态的检查。

（4）通过工程判断进行检查。

第 2 章　模态分析

2.1　模态分析目的

（1）评估结构的动力学特性。如安装在结构上的旋转设备，为避免其产生过大的振动，必须看转动部件的频率是否接近结构的任何一阶固有频率。

（2）评估载荷的可能放大因子。

（3）使用固有频率和正则模态，可以指导后续动态分析（如瞬态分析中时间步长的选取、频率响应分析中计算频域范围的指定等）。

（4）指导实验分析，如加速度传感器的布置位置。

（5）评估设计中的变化和改进。

2.2　模态分析理论

考虑

$$[M]\{\ddot{x}\}+[K]\{x\}=0$$

假设其解为

$$\{x\}=\{\phi\}e^{i\omega t}$$

代入得到特征方程

$$([K]-\omega^2[M])\{\phi\}=0$$

或

$$\det([K]-\lambda[M])=0$$

式中 $\lambda=\omega^2$ 。

（1）对 N 自由度系统，有 N 个固有频率（i=1,2,...,N）、特征频率、基本频率或共振频率。

（2）与固有频率对应的特征向量称为自然模态或模态振型，模态振型对应于结构扰度图。

（3）当结构振动时，在任意时刻，结构的形状是其模态的线性组合。

如图 2-1 所示为简支梁的各阶模态振型。

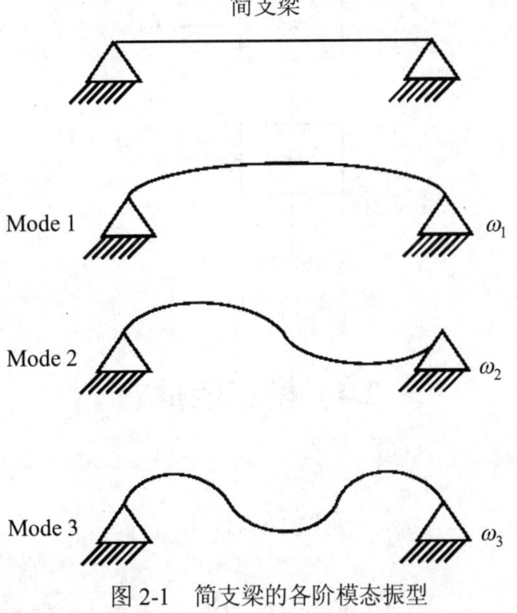

图 2-1　简支梁的各阶模态振型

2.3　自然模态与固有频率性质

1. 正交性

当[K]和[M]都是实对称时（这一点对常规结构有限元严格成立），有下面的正交性质：

$$\{\phi_i\}^T[M]\{\phi_j\}=0 \qquad (i\neq j)$$

$$\{\phi_i\}^T[K]\{\phi_j\}=0 \qquad (i\neq j)$$

同时，$\omega_j^2=\dfrac{\{\phi_j\}^T[K]\{\phi_j\}}{\{\phi_j\}^T[M]\{\phi_j\}}$

2. ω_j 的单位

ω_j 的单位为 rad/s，也可以表示为 Hz，二者换算关系为：

$$f_j=\frac{\omega_j}{2\pi}$$

3. 自然模态的倍数依然为自然模态

如图 2-2 所示结构的三个振型 $\{\phi_1\}=\begin{Bmatrix}1\\0.5\end{Bmatrix}$，$\{\phi_1\}=\begin{Bmatrix}300\\150\end{Bmatrix}$，$\{\phi_1\}=\begin{Bmatrix}0.66\\0.33\end{Bmatrix}$ 表示的是同一个“振动模态”。

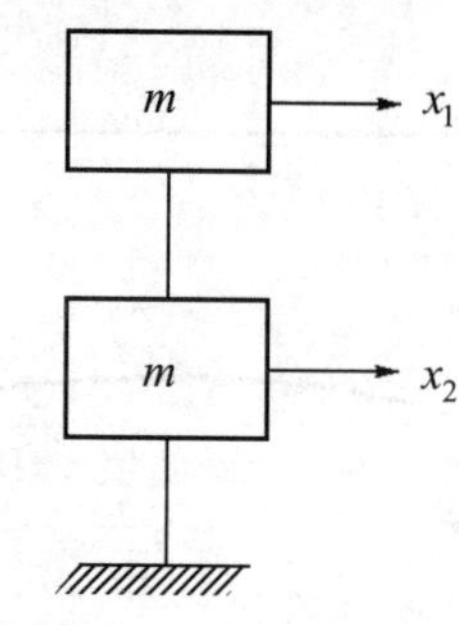

图 2-2　二自由度结构

2.4　模态能量

应变－位移关系

$$\{\varepsilon\}=[K_{\varepsilon u}]\{u\}$$

应力－应变关系

$$\{\sigma\}=[K_{\sigma\varepsilon}]\{\varepsilon\}$$

静力－位移关系

$$\{P_{st}\}=[K]\{u\}$$

单元应变能

$$V_e=1/2\{u_e\}^T[K_{ee}]\{u_e\}$$

因此，对给定的模态位移

$$\{u\}=[\phi_i]\xi_i$$

模态应变为

$$\{\varepsilon_\phi\}_i=\{[K_{\varepsilon u}]\{\phi_i\}\}\xi_i$$

模态应力为

$$\{\sigma_\phi\}_i=\{[K_{\sigma\varepsilon}][K_{\varepsilon u}]\{\phi_i\}\}\xi_i$$

模态力为

$$\{P_\phi\}_i=\{[K]\{\phi_i\}\}\xi_i$$

模态应变能为

$$V_{e_{\phi i}}=\left(\frac{1}{2}\right)\{\phi_{e_i}\}^T[K_{ee}]\{\phi_{e_i}\}\xi_i^2$$

2.5　特征值解法

对于方程

$$([K]-\lambda[M])\{\phi\}=0$$

MSC Nastran 提供三类解法：跟踪法（Tracking method）；变换法（Tromsformation method）；兰索士法（Lamczos method）。

2.5.1 跟踪法

用跟踪法解特征值问题，实质是迭代法。当仅求几个特征值（或固有频率）的问题时，跟踪法是一种方便的方法。

MSC Nastran 提供两种迭代解法，即逆幂法（INV）和移位逆幂法（SINV）。前者存在丢根现象；后者采用 STRUM 系列，避免丢根，改善收敛性。

逆幂法和移位逆幂法均用模型数据卡 EIGR 来定义，并用工况控制指令 METHOD 来选取。

2.5.2 变换法

特征方程变换为：

$$[A]\{\phi\} = \lambda\{\phi\}$$

式中矩阵$[A]$是用 Givens（GIV）法或 Householder（HOU）法变换得到的三角矩阵，一次求解可得全部特征值。

（1）对于维数小、元素满的矩阵，且需要求解全部或大部分特征值问题十分有效。

（2）MSC Nastran 提供 Givens（GIV）法和修正 MGIV 法。

（3）MSC Nastran 提供 Householder（HOU）法和修正 House holder（MHOU）法。

（4）Givens（GIV）法和 Householder（HOU）法要求$[M]$矩阵正定；修正 MGIV 法与修正 House holder（MHOU）法允许$[M]$是奇异的，从而可求解刚体模态。

变换法用模型数据卡 EIGR 来描述，用工况控制命令 METHOD 选取。

2.5.3 兰索士法

兰索士（Lanczos）法是一种将跟踪法和变换法组合起来的新的特征值解法。对计算非常大的稀疏矩阵几个特征值问题最有效。兰索士法用模型数据卡 EIGRL 描述，用工况控制命令 METHOD 选取。

2.5.4 特征值方法的比较

根据使用的具体情况，上面介绍的特征值解法各有用处。相比较而言，兰索士法是我们首先推荐的。

如表 2-1 所示是对变换法、跟踪法和兰索士法的比较，包括使用范围、求解特性、求解选项方面的对比。

表 2-1 特征值方法的比较

比较项目	变换法		跟踪法		兰索士法
最有效的应用	小的密的矩阵 许多特征值		大而稀疏的矩阵 许多特征值		非常大的特征值问题
是否会丢根	HOU GIV	MHOU MGIV	INV	SINV	不会
	不会	不会	会	不会	

续表

比较项目	变换法		跟踪法		兰索士法
是否允许奇异质量矩阵	否	是	是	是	是
得到的特征值数量	一次求解得全部特征值		一个，接近移位点		几个，接近移位点
计算量级	N^3		NB^2E		NB^2E

注：N 为刚度矩阵的维数，B 为半带宽，E 为特征值个数。

2.5.5 兰索士法卡片

格式：

1	2	3	4	5	6	7	8	9	10
EIGRL	SID	V1	V2	ND	MSGLVL	MAXSET	SHFSCL	NORM	
EIGRL	1	0.1	3.2	10					

域	内容
SID	集合识别号（唯一，大于 0 的整数）。
V1，V2	振动分析：感兴趣的频率范围。 屈曲分析：感兴趣的 λ 范围（V1<V2，实数）。
ND	希望得到的根数目（大于 0，整数或空白）。
MSGLVL	诊断等级（从 1 到 3 的整数，或空白）。
MAXSET	块或集合中的向量数（从 1 到 15 的整数，或空白）。
SHFSCL	第一阶柔性模态频率的估计值（实数，或空白）。
NORM	标准化方法（质量法或最大元素法）。

2.5.6 模态分析求解控制

1．执行控制

SOL 103

2．工况控制

METHOD（必需，选择 EIGRL 卡）

3．数据模型

EIGRL 输入卡（兰索士法）

4．输出控制

（1）节点输出。

节点位移 DISPLACEMENT（或 VECTOR）

节点力 GPFORCE

节点应力 GPSTRESS

约束反力 SPCFORCE

（2）单元输出。

单元应力 ELSTRESS（或 STRESS）

单元应变能 ESE

单元力 ELFORCE（或 FORCE）

单元应变 STRAIN

（3）其他。

模态 MODES——被当作单独子工况来处理的每个特征值的结果

2.5.7 例子

问题描述：平板的模态分析。

（1）有限元模型：节点和单元情况如图 2-3 所示。

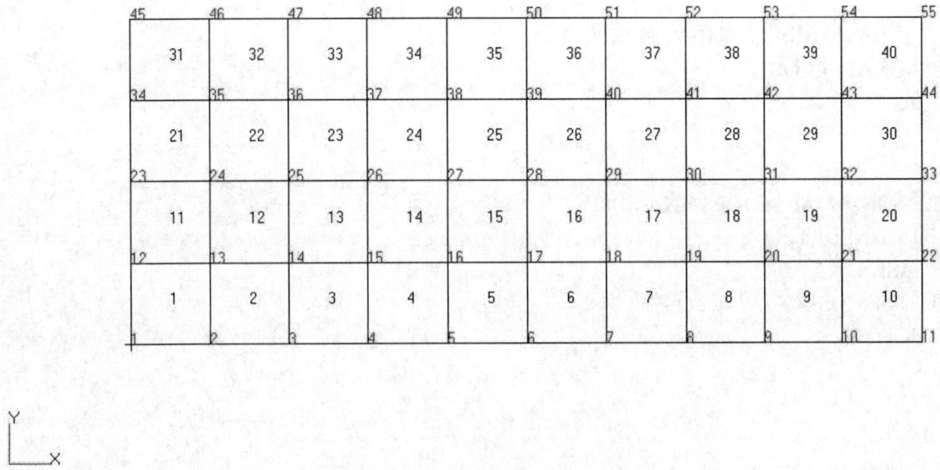

图 2-3 平板的节点和单元情况

（2）载荷与边界条件如图 2-4 所示。

图 2-4 平板的载荷与边界条件

（3）材料特性和几何尺寸如表 2-2 所示。

表 2-2 平板的材料特性和几何尺寸

长度（a）	5in
高度（b）	2in
厚度	0.1in
重量密度	0.282lbs/in^3
质量/重量因子	2.59E^{-3}sec^2/in
弹性模量	30.0E^{6}lbs/in^2
泊松比	0.3

（4）相应的 MSC Nastran 输入文件。

```
ID SEMINAR, PROB1
SOL 103
TIME 600
CEND
TITLE = NORMAL MODES EXAMPLE
ECHO = UNSORTED
SUBCASE 1
SUBTITLE= USING LANCZOS
METHOD = 1
SPC = 1
VECTOR=ALL
BEGIN BULK
PARAM COUPMASS 1
PARAM WTMASS .00259
EIGRL 1 10 0
PSHELL 1 1 .1 1 1
CQUAD4 1 1 1 2 13 12
=,*1,=,*1,*1,*1,*1
=8
CQUAD4 11 1 12 13 24 23
=,*1,=,*1,*1,*1,*1
=8
CQUAD4 21 1 23 24 35 34
=,*1,=,*1,*1,*1,*1
=8
CQUAD4 31 1 34 35 46 45
=,*1,=,*1,*1,*1,*1
=8
MAT1 1 3.+7 .3 .282
GRID 1 0. 0. 0.
=,*1,=,*0.5,==
=9
GRID 12 0. .5 0.
=,*1,=,*0.5,==
=9
```

```
GRID 23 0. 1. 0.
=,*1,=,*0.5,==
=9
GRID 34 0. 1.5 0.
=,*1,=,*0.5,==
=9
GRID 45 0. 2. 0.
=,*1,=,*0.5,==
=9
SPC1 1 12345 1 12 23 34 45
ENDDATA
```

2.6 动力分析的缩减

2.6.1 概述

1. 定义

动力缩减指将给定的动力学数学模型，用具有较少自由度的动力学模型（缩减模型）加以替代。

2. 动力学降阶的目的

（1）数学模型太大，不使用缩减模型无法求解。

（2）数学模型过于详细，超过实际需要，完全求解代价太大。

（3）动力学缩减对建立一个单独的、相对较小的动力学模型而言，分析结果更加精确，也更加经济。

2.6.2 MSC Nastran 中使用的降阶方法

MSC Nastran 中使用的降阶方法包括古演缩减法（静态缩聚）、广义动力缩减法（GDR）、模态缩减法、部件模态综合法（超单元中的选项）。

1. 静态缩聚

（1）理论。

若 $\{u_f\}$ 为结构的未约束（自由）自由度集合，将刚度矩阵分为 A 集合和 O 集合，这里 u_o=省略集合，u_a=分析集合，如图 2-5 所示。

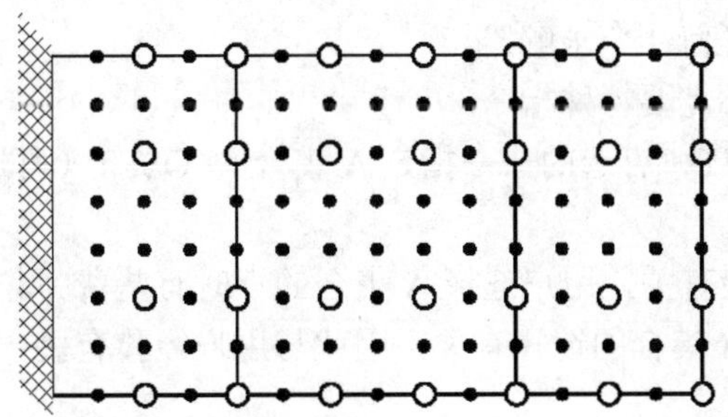

●－古演缩减中用户删去的自由度；○－用户选择的分析自由度

图 2-5 静态缩聚描述

$$\{u_f\}=\begin{Bmatrix}u_a\\u_o\end{Bmatrix}$$

得到：

$$\left[\begin{array}{c:c}K_{oo} & K_{oa}\\ \hdashline K_{oa}^T & K_{aa}\end{array}\right]\begin{Bmatrix}u_o\\ \hdashline u_a\end{Bmatrix}=\begin{Bmatrix}P_o\\ \hdashline P_a\end{Bmatrix}$$

如果 $P_o=0$，求解 u_o 得到：

$$\{u_o\}=[G_{oa}]\{u_a\}$$

其中 $\left[G_{oa}\right]=-\left[K_{oo}\right]^{-1}\left[K_{oa}\right]$。

从 A 集合到 F 集合的变换为

$$\left\{u_f\right\}=\begin{Bmatrix}u_o\\u_a\end{Bmatrix}=\begin{Bmatrix}G_{oa}\\I\end{Bmatrix}\{u_a\}=\psi\left\{u_a\right\}$$

O 集合是 A 集合的线性组合，因此 F 集合的运动方程用 A 集合的形式写为：

$$\Psi^T M_f\Psi\{\ddot{u}_a\}+\Psi^T B_f\Psi\{\dot{u}_a\}+\Psi^T K_f\Psi\{u_a\}=\Psi^T P_f$$

或者

$$M_{aa}\ddot{u}_a+B_{aa}\dot{u}_a+K_{aa}u_a=P_a$$

矩阵 M_{aa}、B_{aa}、K_{aa} 和 P_a 的维数比原方程相应维数小。

（2）Nastran 卡片。

ASET	ID	C	ID	C	ID	C	ID	C	
ASET	1	123	2	12	4	1	5	1	

或者：

ASET1	C	G	G	G	G	G	G	G	
ASET1	123	1	2	3	4	5			

或者使用 OMIT、OMIT1 卡。

注意：指定 A 集合用 ASET 卡片，指定 O 集合用 OMIT 卡片；同一节点的同一自由度不能同时指定为 A 集合与 O 集合。

（3）静态（Guyan）缩聚求解控制。

1）执行控制部分：任何一个求解器。

2）工况控制部分：不需要特殊指令。

3）数据集部分：ASET（可选的——指定 A 集合）；OSET（可选的——指定 O 集合）。

（4）特点。

1）A 集合选择与经验有关，用户选择 A 集合的点时有些费力。

2）分析结果精度与 A 集合的选择有关，因此与用户经验有关。

3）局部模态可能丢失。

4）高阶模态可能出现较大误差。

5）不考虑用户水平影响，比较高的精度仍然需要更多的 A 集合点（又考虑到计算费用），所以需要 2～5 倍于精确模态数量的 A 集合点。

6）刚度缩减是精确的；质量与阻尼缩减只能是近似的。

7）当省略无质量的自由度时，模态的精确性不会有任何损失。

2. 模态缩减

MSC Nastran 求解线性动力问题有两种方法：①直接法：根据 A-SET 中的坐标直接求解；②模态法：在模态坐标下进行求解（H-SET）（A 集合的运动方程以模态坐标表示，成为 H 集合）。

（1）模态降阶理论。

将质量矩阵和刚度矩阵分为 A-SET 和 O-SET，并进行模态分析得到模态矩阵：

$$[M_{aa}]\{\ddot{u}_a\}+[K_{aa}]\{u_a\}=0$$

进行模态变换：

$$\{u_a\}=[\phi_a]\{\xi\}$$

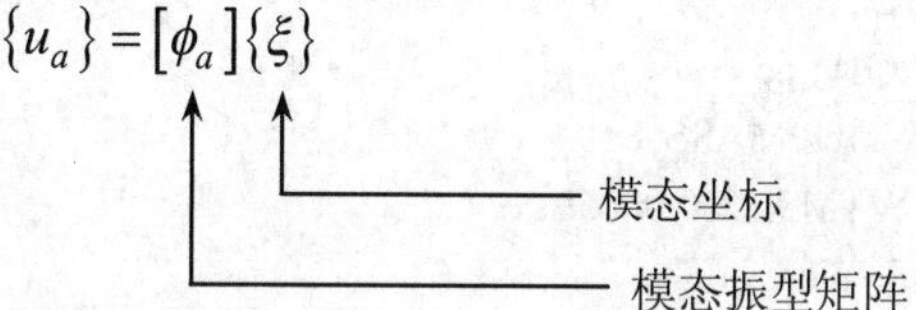

如果$[\phi_a]$为质量标准化模态矩阵，则得到：

$$[I]\{\ddot{\xi}\}+[\phi_a^T]B_{aa}\{\phi_a\}\{\dot{\xi}\}+[W^2]\{\xi\}=[\phi_a^T]\{P_a\}$$

（2）模态缩减求解控制。

1）执行控制部分：任何一个求解器。

2）工况控制部分：METHOD（必需——选择数据集中的 EIGR 或 EIGRL 卡）。

3）数据集部分：EIGR 或 EIGRL（必需——选择特征值分析的参数）。

3. 例子

问题描述：使用静态缩聚方法对平板（如图 2-3 所示）进行模态分析。

在这个例子中，使用 Guyan 缩减法进行缩减，然后使用自动 Givens 方法求解其前 5 阶自然频率和振动模态。使用指定的点作为 A 集合。

载荷边界条件如图 2-6 所示，圆圈标出的是要保留的节点。

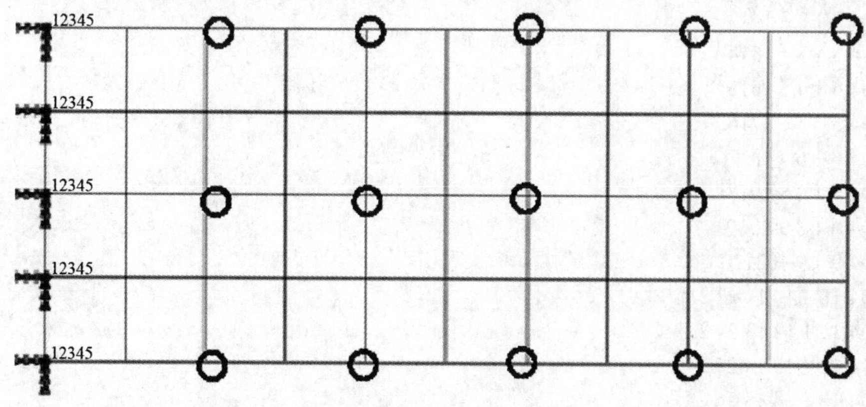

图 2-6 平板载荷边界条件

该例题的输入文件如下：

```
ID SEMINAR，PROB2
SOL 103
TIME 10
CEND
TITLE = REDUCTION PROCEDURES,NORMAL MODES EXAMPLE
SUBTITLE = USING STATIC REDUCTION
ECHO = UNSORTED
SUBCASE 1
SUBTITLE=USING GIVENS
METHOD = 1
SPC = 1
VECTOR=ALL
BEGIN BULK
EIGR,1,AGIV,,,,5
PARAM,COUPMASS,1
PARAM,WTMASS,0.00259
INCLUDE 'plate.bdf'
$
$ SELECT A-SET,STATIC REDUCTION IS DONE AUTOMATICALLY
$
ASET1, 345, 3, 5, 7, 9, 11
ASET1, 345, 25, 27, 29, 31, 33
ASET1, 345, 47, 49, 51, 53, 55
ENDDATA
```

plate.bdf 文件如下：

```
$
$ plate.bdf
$
$ geometric input file for plate model
$
PSHELL 1 1 .1 1 1
CQUAD4 1 1 1 2 1312
CQUAD4 2 1 2 3 1413
CQUAD4 3 1 3 4 1514
CQUAD4 4 1 4 5 1615
CQUAD4 5 1 5 6 1716
CQUAD4 6 1 6 7 1817
CQUAD4 7 1 7 8 1918
CQUAD4 8 1 8 9 2019
CQUAD4 9 1 9 102120
CQUAD4 10 1 10 11 22 21
CQUAD4 11 1 12 13 24 23
CQUAD4 12 1 13 14 25 24
CQUAD4 13 1 14 15 26 25
CQUAD4 14 1 15 16 27 26
```

```
CQUAD4 15 1 16 17 28 27
CQUAD4 16 1 17 18 29 28
CQUAD4 17 1 18 19 30 29
CQUAD4 18 1 19 20 31 30
CQUAD4 19 1 20 21 32 31
CQUAD4 20 1 21 22 33 32
CQUAD4 21 1 23 24 35 34
CQUAD4 22 1 24 25 36 35
CQUAD4 23 1 25 26 37 36
CQUAD4 24 1 26 27 38 37
CQUAD4 25 1 27 28 39 38
CQUAD4 26 1 28 29 40 39
CQUAD4 27 1 29 30 41 40
CQUAD4 28 1 30 31 42 41
CQUAD4 29 1 31 32 43 42
CQUAD4 30 1 32 33 44 43
CQUAD4 31 1 34 35 46 45
CQUAD4 32 1 35 36 47 46
CQUAD4 33 1 36 37 48 47
CQUAD4 34 1 37 38 49 48
CQUAD4 35 1 38 39 50 49
CQUAD4 36 1 39 40 51 50
CQUAD4 37 1 40 41 52 51
CQUAD4 38 1 41 42 53 52
CQUAD4 39 1 42 43 54 53
CQUAD4 40 1 43 44 55 54
$
MAT1 1 3.+7 .3 .282
$
GRID 1 0. 0. 0.
GRID 2 .5 0. 0.
GRID 3 1. 0. 0.
GRID 4 1.5 0. 0.
GRID 5 2. 0. 0.
GRID 6 2.5 0. 0.
GRID 7 3. 0. 0.
GRID 8 3.5 0. 0.
GRID 9 4. 0. 0.
GRID 10 4.5 0. 0.
GRID 11 5. 0. 0.
GRID 12 0. .5 0.
GRID 13 .5 .5 0.
GRID 14 1. .5 0.
GRID 15 1.5 .5 0.
GRID 16 2. .5 0.
GRID 17 2.5 .5 0.
```

```
GRID 18 3. .5 0.
GRID 19 3.5 .5 0.
GRID 20 4. .5 0.
GRID 21 4.5 .5 0.
GRID 22 5. .5 0.
GRID 23 0. 1. 0.
GRID 24 .5 1. 0.
GRID 25 1. 1. 0.
GRID 26 1.5 1. 0.
GRID 27 2. 1. 0.
GRID 28 2.5 1. 0.
GRID 29 3. 1. 0.
GRID 30 3.5 1. 0.
GRID 31 4. 1. 0.
GRID 32 4.5 1. 0.
GRID 33 5. 1. 0.
GRID 34 0. 1.5 0.
GRID 35 .5 1.5 0.
GRID 36 1. 1.5 0.
GRID 37 1.5 1.5 0.
GRID 38 2. 1.5 0.
GRID 39 2.5 1.5 0.
GRID 40 3. 1.5 0.
GRID 41 3.5 1.5 0.
GRID 42 4. 1.5 0.
GRID 43 4.5 1.5 0.
GRID 44 5. 1.5 0.
GRID 45 0. 2. 0.
GRID 46 .5 2. 0.
GRID 47 1. 2. 0.
GRID 48 1.5 2. 0.
GRID 49 2. 2. 0.
GRID 50 2.5 2. 0.
GRID 51 3. 2. 0.
GRID 52 3.5 2. 0.
GRID 53 4. 2. 0.
GRID 54 4.5 2. 0.
GRID 55 5. 2. 0.
$
SPC1 1 12345 1 12 23 34 45
```

2.7 刚体模态

2.7.1 刚体模态的概念

如果结构的约束条件不充足，结构就在不产生内部应力载荷的情况下发生位移，整个结构会作为一个刚体进行运动。

图 2-7 中的（a）和（b）两种情况下，结构能够发生刚体位移。

刚体位移或机构模态的存在可以由如下特征方程有 0 频率值说明，其特征方程：

$$[K]\{\phi\}=[M]\{\phi\}\lambda$$

质量矩阵、刚度矩阵满足（刚度矩阵奇异）：

$$\{\phi\}_{RIG}^{T}[M]\{\phi_{RIG}\}>0$$

$$\{\phi\}_{RIG}^{T}[K]\{\phi_{RIG}\}=0$$

SUPPORT 卡并不对结构产生约束，它仅仅是定义 R 集合的元素。在正则模态分析中，刚体模态是用 R 集作为参考自由度来计算的。

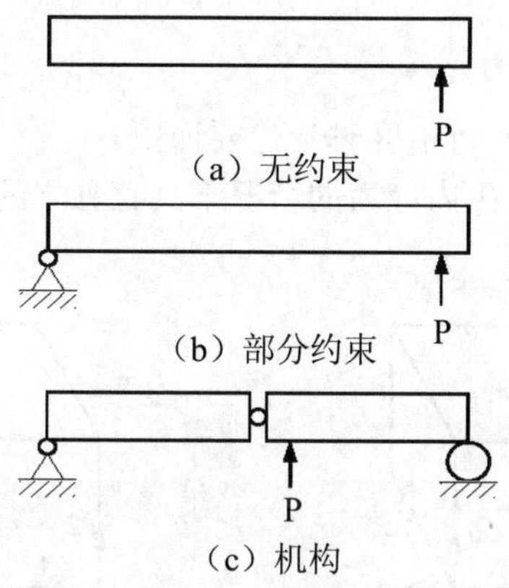

图 2-7 结构约束条件不充足的示例

2.7.2 刚体模态的计算

如果存在 R 集合，刚体模态在 MSC Nastran 中使用如下计算方法：

第一步：a 集合分块。

$$\{u_a\}=\begin{bmatrix} u_l \\ u_r \end{bmatrix}$$

第二步：求解 u_l。

$$\begin{bmatrix} K_{ll} & K_{lr} \\ K_{rl} & K_{rr} \end{bmatrix}\begin{bmatrix} u_l \\ u_r \end{bmatrix}=\begin{bmatrix} 0 \\ P_r \end{bmatrix}$$

$$\{u_l\}=[D_m]\{u_r\}$$

其中，

$$[D_m]=-K_{ll}^{-1}K_{lr}$$

第三步：构造刚体向量。

$$[\Psi_{RIG}]=\begin{bmatrix} D_m \\ I_r \end{bmatrix}$$

第四步：质量矩阵变换。

$$[M_r]=\begin{bmatrix} D_m \\ I_r \end{bmatrix}^T[M_{aa}]\begin{bmatrix} D_m \\ I_r \end{bmatrix}$$

通常$[M_r]$不是对角矩阵，进行正交化得到：

$$[M_o]=[\phi_{ro}^T][M_r][\phi_{ro}]$$

第五步：构造刚体模态。

$$[\phi_a]_{RIG}=\begin{bmatrix} D_m\phi_{ro} \\ \phi_{ro} \end{bmatrix}$$

具有性质：

$$[\phi_a]_{RIG}^T[K_{aa}][\phi_a]_{RIG}=K_{rr}=0^*$$
$$[\phi_a]_{RIG}^T[M_{aa}][\phi_a]_{RIG}=[M_o]$$

2.7.3 支撑自由度的选择

（1）选择支撑（SUPPORT）自由度时一定要谨慎。

（2）支撑自由度必须在不产生内应力的情况下具有独立的位移（即必须是静定的），如图 2-8 所示。

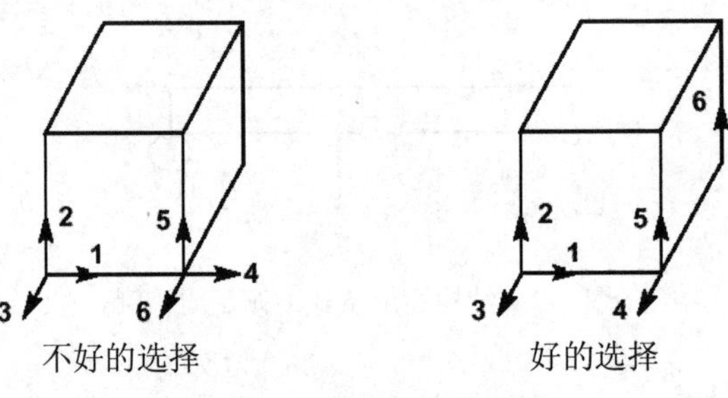

图 2-8 支撑自由度的选择

2.7.4 支撑自由度的检验

（1）MSC Nastran 为每一个刚体向量计算内应变能（功）。

（2）如果实际存在刚体模态，则应变能近似为零。

（3）MSC Nastran 也给出刚体误差比率的计算。如果不考虑截断误差的影响，并且用户选择了一系列协调的静定支撑，那么刚体误差比率和应变能应当为零。但由于下列因素的存在，这些数值可能会成为非零值：

1）截断误差的累积。

2）u_r 集合被过多定义而导致出现多余的约束（出现很高的应变能）。

3）u_r 集合指定不足而导致出现奇异的退化刚度矩阵（出现高刚体误差比）。

4）多点约束不协调（同时出现高应变能和高刚体误差比）。

5）单点约束太多（同时出现高应变能和高刚体误差比）。

6）K_{rr}（l 集合的刚体向量）为空（导致刚体误差比为单位值，而应变能很小）。这是一个可以接受的状态，并且会在使用广义动力缩减时出现。

2.7.5 MSC Nastran 对刚体模态和刚体向量的计算

（1）在 MSC Nastran 中，计算与分析集合（A 集合）的质量和刚度矩阵相关的柔体模态向量。

舍弃特征值分析算得的前 N 个柔体模态（N 为刚体运动集合 R 中自由度数），并在它的位

置用 N 个刚体模态代替。

$$\{u_a\}=[\phi_{aRIG}\mid\phi_{aFLEX}]=\begin{Bmatrix}\xi_{RIG}\\ \xi_{FLEX}\end{Bmatrix}$$

（2）模态变换。

$$\begin{bmatrix}I_{RIG} & 0\\ 0 & I_{FLEX}\end{bmatrix}\begin{Bmatrix}\ddot{\xi}_{RIG}\\ \ddot{\xi}_{FLEX}\end{Bmatrix}+[\phi^T B\phi]\begin{bmatrix}\dot{\xi}_{RIG}\\ \dot{\xi}_{FLEX}\end{bmatrix}+\begin{bmatrix}0 & 0\\ 0 & \omega_{FLEX}^2\end{bmatrix}\begin{bmatrix}\xi_{RIG}\\ \xi_{FLEX}\end{bmatrix}=\begin{bmatrix}\phi_{RIG}^T P\\ \phi_{FLEX}^T P\end{bmatrix}+\begin{bmatrix}\phi_{RIG}^T\\ \phi_{FLEX}^T\end{bmatrix}\{N+Q\}$$

（3）结果。

约束力在外部无效，即

$$\begin{bmatrix}\phi_{RIG}^T\\ \phi_{FLEX}^T\end{bmatrix}\{Q\}=\{0\}$$

如果阻尼单元不接地，则有

$$\phi_{RIG}^T[B]=[0]$$

$$\begin{bmatrix}\phi_{RIG}^T\\ \phi_{FLEX}^T\end{bmatrix}[B][\phi_{RIG}\phi_{FLEX}]=\begin{bmatrix}0 & 0\\ 0 & \phi_{FLEX}^T[B]\phi_{FLEX}\end{bmatrix}$$

因此，不接地的阻尼单元不影响系统的刚体模态。

如果阻尼是成比例的，则

$$\begin{bmatrix}\phi_{RIG}^T\\ \phi_{FLEX}^T\end{bmatrix}[B][\phi_{RIG}\phi_{FLEX}]=\begin{bmatrix}0 & 0\\ 0 & 2\xi_i\omega_i\end{bmatrix}$$

因此，模态动力方程是完全解耦的。

2.8　模态分析实例

本例采用兰索士法计算悬挂电机支架的前 10 阶固有频率和振型。如图 2-9 所示，电机质心位于悬挂孔中心右侧 35mm 处，电机质量为 20kg，支架右侧下方四个孔通过螺栓固定在刚体上。模型长度单位为 mm，支架厚度为 4mm，支架材料的弹性模量为 200GPa，泊松比为 0.295，密度为 $7.83e^{-6}kg/mm^3$。具体内容见资源文件中的 bracket_Sheet.x_t。

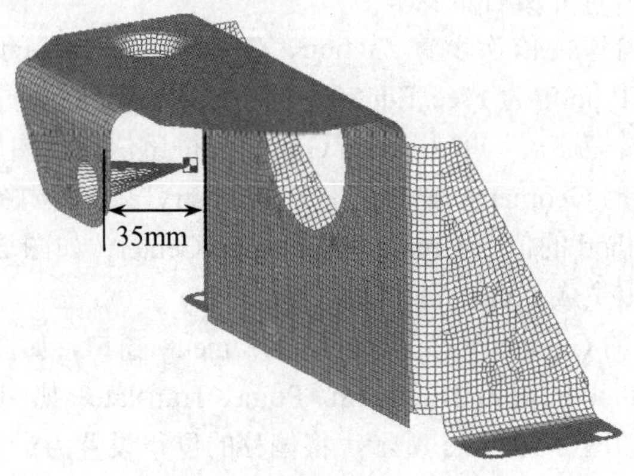

图 2-9　悬挂电机支架示意图

1. 建立模型

（1）新建 Patran 空数据文件。单击菜单栏 File→New 命令，输入数据文件名 Bracket.db。

（2）单击菜单栏 File→Import 命令，打开 CAD 模型导入窗口，如图 2-10 中 a 所示，设置导入模型的格式为 Parasolid xmt，在相应路径下选取 bracket_Sheet.x_t 模型文件，单击 Parasolid xmt Options…按钮，在弹出的对话框中单击 Model Units…按钮，将单位改为 1000.0（Millimeters），单击 OK 按钮，最后单击 Apply 按钮，将模型导入到 Patran。

（3）单击工具栏中的 Element 按钮，打开 Element 窗口，如图 2-11 中 a 所示，依次设置 Action、Object 及 Type 的值为 Create、Mesh、Surface；如图 2-11 中 b 所示，设置使用 Paver 方法划分网格；如图 2-11 中 c 所示，在 Surface List 框中选取所有曲面；如图 2-11 中 d 所示，设置单元长度为 2，单击 Apply 按钮，生成网格。

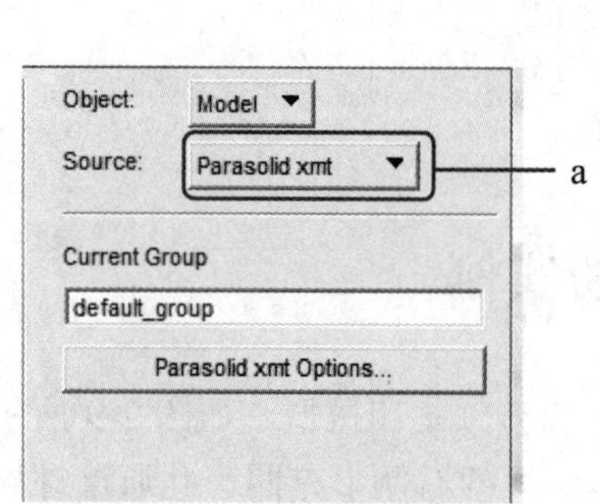

图 2-10　导入 CAD 模型

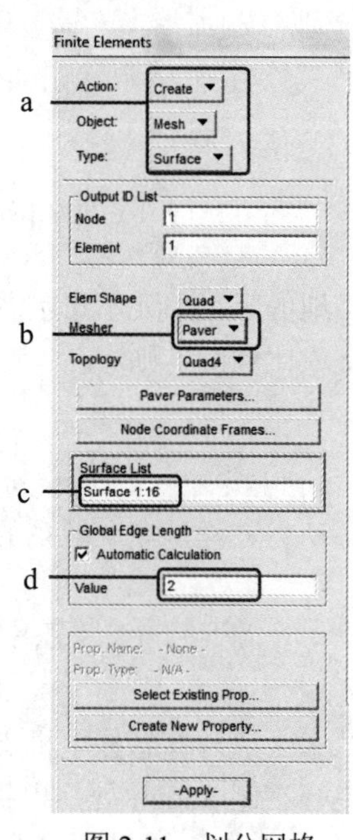

图 2-11　划分网格

（4）在 Element 窗口，依次设置 Action、Object 及 Type 的值为 Equivalence、All、Tolerance Cube，单击 Apply 按钮，合并所有重复节点。

（5）在 Element 窗口，依次设置 Action、Object 及 Type 的值为 Verify、Element、Boundaries，将 Display Type 选为 Free Edges，单击 Apply 按钮，查看模型的自由边，避免模型内部有重复节点。查看完成后，单击 Reset Graphics 按钮，恢复图形显示。

（6）单击工具栏中的 Geometry 按钮，打开 Geometry 窗口，如图 2-12 中 a 所示，依次设置 Action、Object 及 Method 的值为 Create、Point、ArcCenter；如图 2-12 中 b 所示，选中圆孔边缘线，在孔中心位置上生成 Point。

（7）单击工具栏中的 Geometry 按钮，打开 Geometry 窗口，如图 2-13 中 a 所示，依次设置 Action、Object 及 Method 的值为 Transform、Point、Translate；如图 2-13 中 b 所示，将 Point 的 ID 号设置为 1000；如图 2-13 中 c 所示，将偏移的位移设置为沿 Y 轴负向 35；如图 2-13 中 d 所示，在 Point List 框中选中上一步生成的 Point。

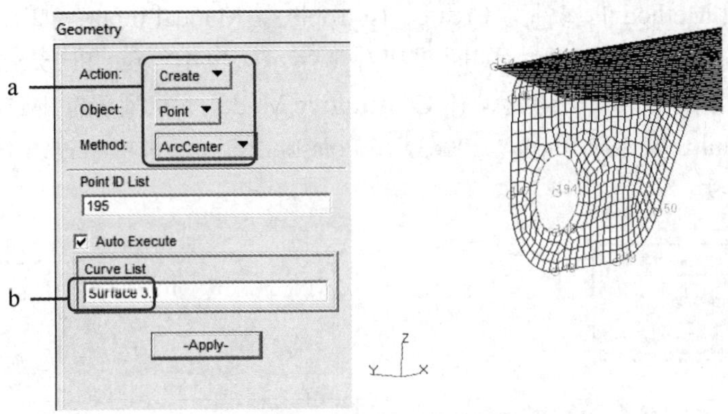

图 2-12　生成质心位置参考点

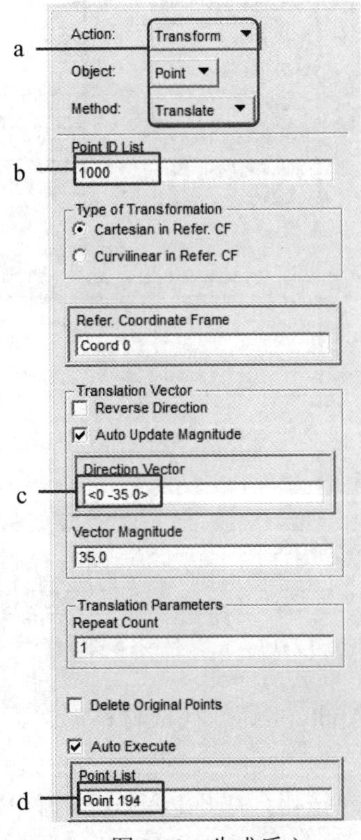

图 2-13　生成质心

（8）单击工具栏中的 Element 按钮，在 Element 窗口依次设置 Action、Object 及 Type 的值为 Create、Node、Edit，将 Node ID List 设置为 10000，在 Node Location List 框中选中新生成的 Point 1000。

（9）在 Element 窗口，依次设置 Action、Object 及 Type 的值为 Create、Element、Edit，设置 Node 1 = Node 10000，在 Node 10000 位置生成集中质量单元。

2. 定义材料本构关系

（1）单击工具栏中的 Materials 按钮，打开 Materials 窗口，如图 2-14 中 a 所示，依次设置 Action、Object 及 Method 的属性为 Create、Isotropic 及 Manual Input；如图 2-14 中 b 所示，在 Material Name 文本框中输入 mat；如图 2-14 中 c 所示，单击 Input Properties…按钮，弹出 Input Options 菜单；如图 2-14 中 d 所示，在 Constitutive Model 下拉列表框中选择 Linear Elastic 选项，在 Elastic Modulus 文本框中输入 200e3，在 Poisson Ratio 文本框中输入 0.295，在 Density 文本框中输入 7.83e-9。

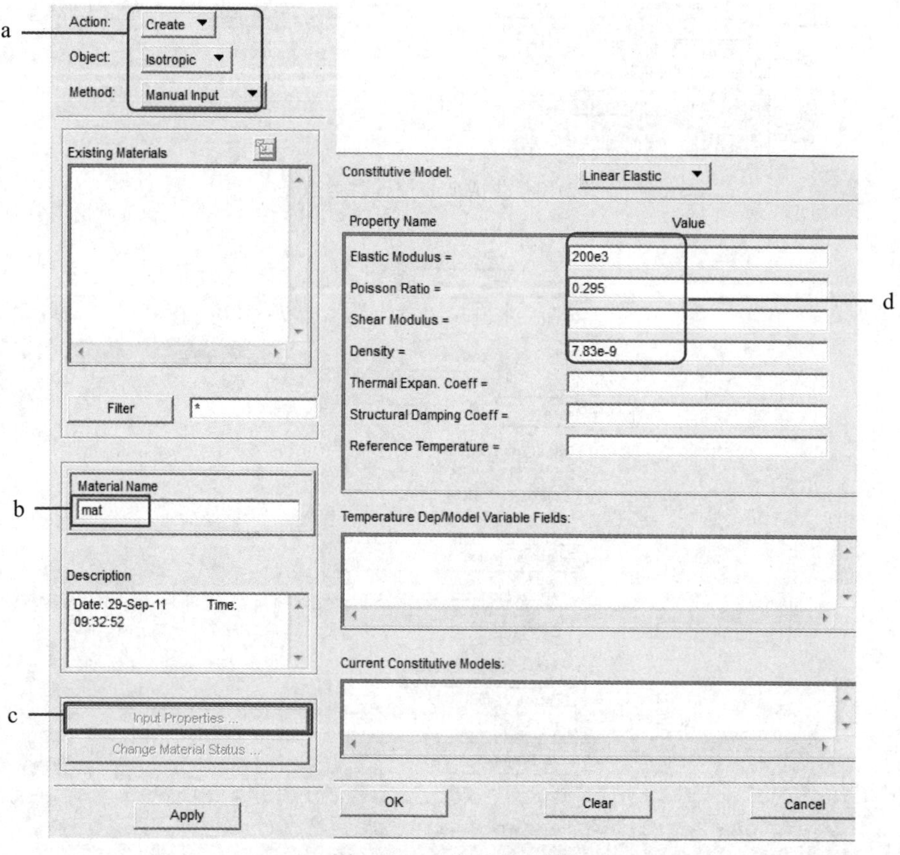

图 2-14 定义材料参数

（2）单击 OK 按钮，再单击 Apply 按钮，完成材料定义。

3. 定义单元属性

（1）单击工具栏中的 Properties 按钮，打开 Properties 窗口，如图 2-15 中 a 所示，依次设置 Action、Object 及 Type 的属性为 Create、2D 及 Shell；如图 2-15 中 b 所示，在 Property Set Name 文本框中输入 plate；如图 2-15 中 c 所示，单击 Input Properties…按钮，打开 Input Properties 窗口；如图 2-15 中 d 所示，单击 Material Name 右侧的按钮，打开 Select Material 窗口，单击列表中的 mat；如图 2-15 中 e 所示，在 Thickness 文本框中输入 4，单击 OK 按钮；如图 2-15 中 f 所示，单击 Select Application Region 按钮，进入下一级菜单，单击 Select Members 输入框，在 Picking Filters 工具栏中单击 Shell Element 按钮，选取所有 2D 单元，单击 Add 按钮，将其添加到 Application Region 中，单击 OK 按钮。

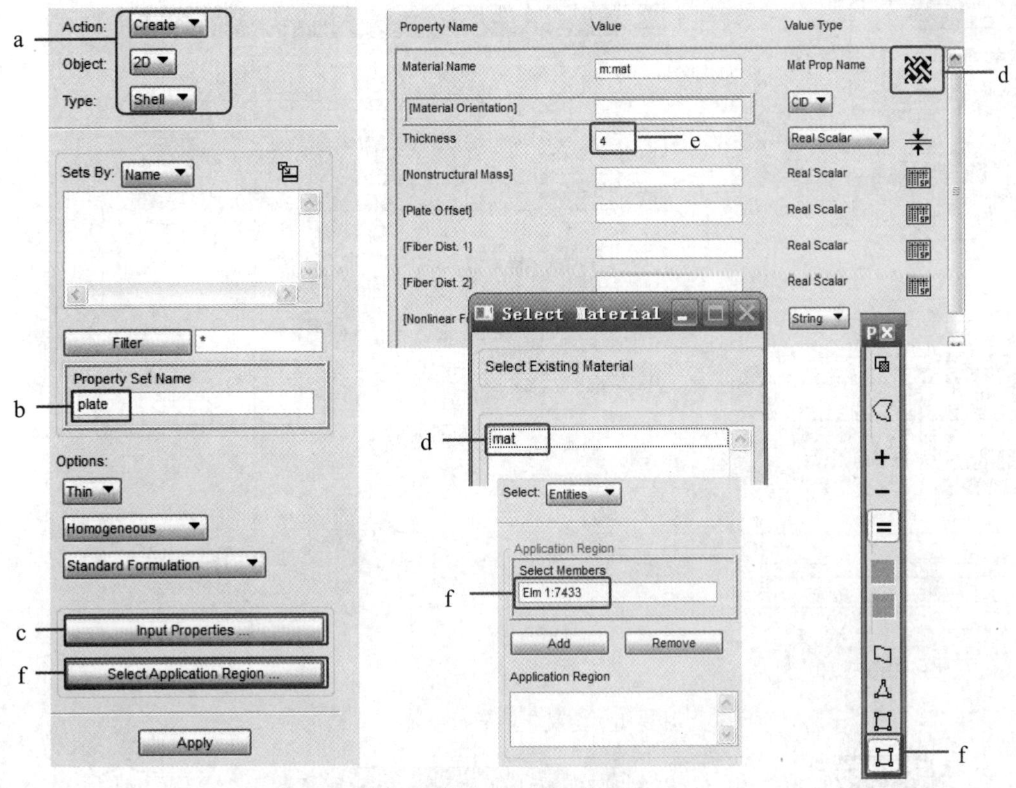

图 2-15　定义 2D 单元属性

（2）单击 Apply 按钮，完成单元属性的定义。

（3）在 Properties 窗口，如图 2-16 中 a 所示，依次设置 Action、Object 及 Type 的属性为 Create、0D 及 Mass；如图 2-16 中 b 所示，在 Property Set Name 文本框中输入 dianji，将 Options 设置为 Lumped；如图 2-16 中 c 所示，单击 Input Properties...按钮，打开 Input Properties 窗口，输入 Mass 值为 $20e^{-3}$，单击 OK 按钮；如图 2-16 中 d 所示，单击 Select Application Region 按钮，进入下一级菜单，单击 Select Members 输入框，在 Picking Filters 工具栏中单击 Point Element 按钮，选择集中质量单元，单击 Add 按钮，将其添加到 Application Region 中，单击 OK 按钮。

4. 定义位移边界

电机悬挂在支架上，支架四个螺栓孔位置固支。

（1）在 Element 窗口，如图 2-17 中 a 所示，依次设置 Action、Object 及 Type 的值为 Create、MPC、RBE2；如图 2-17 中 b 所示，单击 Define Terms...按钮，在弹出的下一级菜单里，选中 DOF List 下的所有自由度方向；如图 2-17 中 c 所示，在 Picking Filters 工具栏中单击 Polygon Pick 使用多义线框选，选取电机悬挂孔边缘上的所有节点作为 Dependent Terms，单击 Apply 按钮，跳到 Independent Terms 选取界面；如图 2-17 中 d 所示，选取集中质量点作为独立点，单击 Apply 按钮后，单击 Cancel 按钮，关闭 Define Terms 对话框，单击 Apply 按钮。

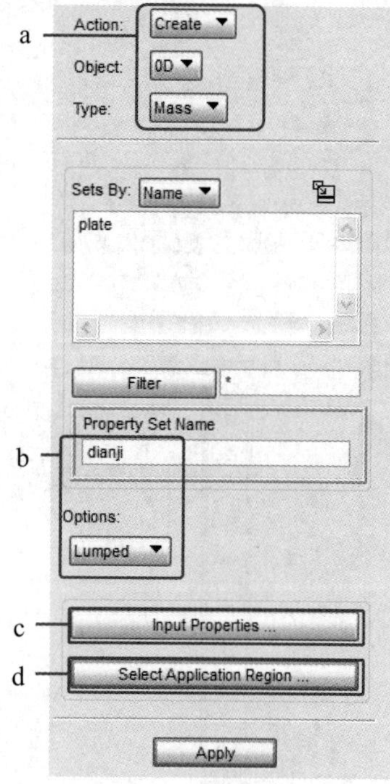

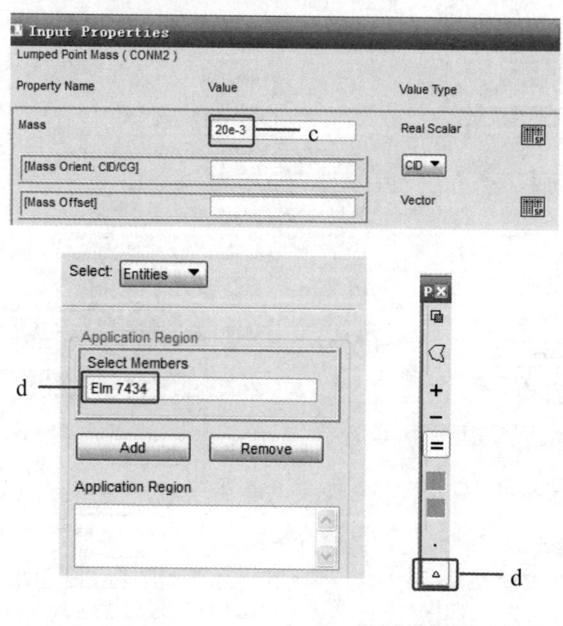

图 2-16　定义集中质量单元

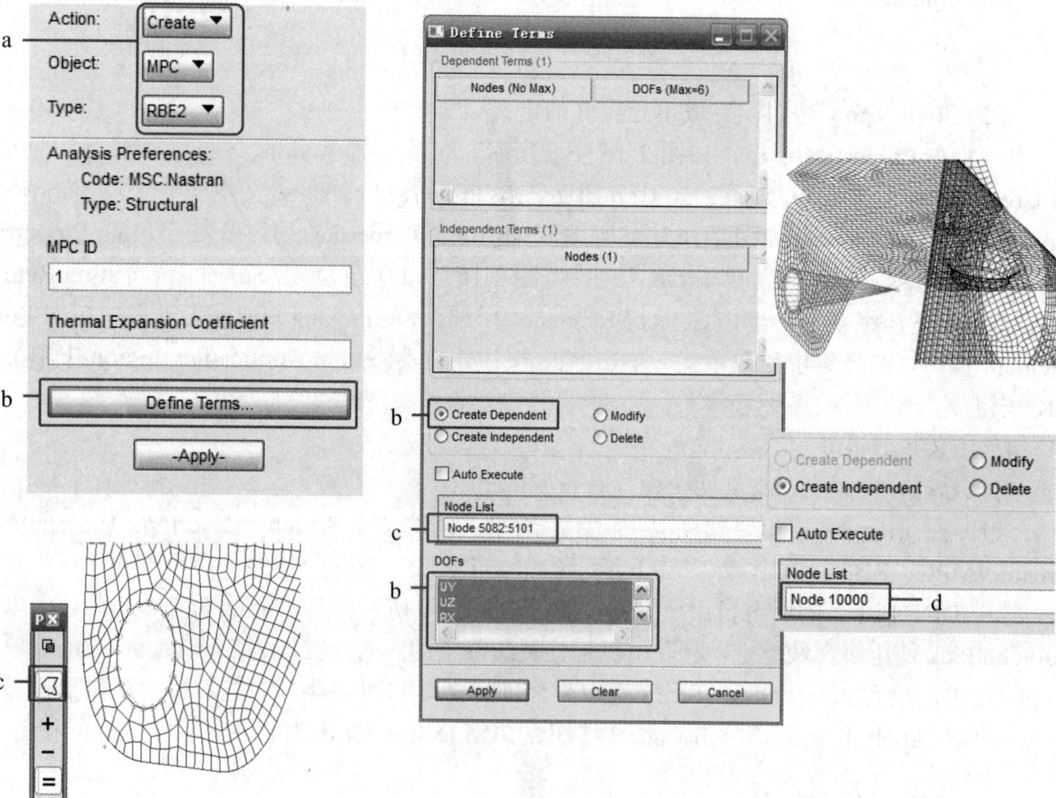

图 2-17　定义多点约束 RBE2

（2）单击工具栏中的 Loads/BCs 按钮，打开 Load/Boundary Conditions 对话框，如图 2-18 中 a 所示，依次设置 Action、Object 及 Type 的值为 Create、Displacement 及 Nodal；如图 2-18 中 b 所示，在 New Set Name 文本框中输入 fixed；如图 2-18 中 c 所示，单击 Input Data…按钮，打开 Input Data 窗口，在 Translations<T1 T2 T3>文本框中输入<0 0 0>，在 Rotations<R1 R2 R3>文本框中输入<0 0 0>，单击 OK 按钮；如图 2-18 中 d 所示，单击 Select Application Region…按钮，进入 Select Application Region 窗口，在 Select 下拉列表框中选择 Geometry，单击 Select Geometry Entities 输入框，在 Picking Filters 工具栏中单击 Curve or Edge 按钮，在图形区选取支架右侧下方四个螺栓孔，单击 Add 按钮，将其添加到 Application Region 文本框中，单击 OK 按钮，再单击 Apply 按钮。

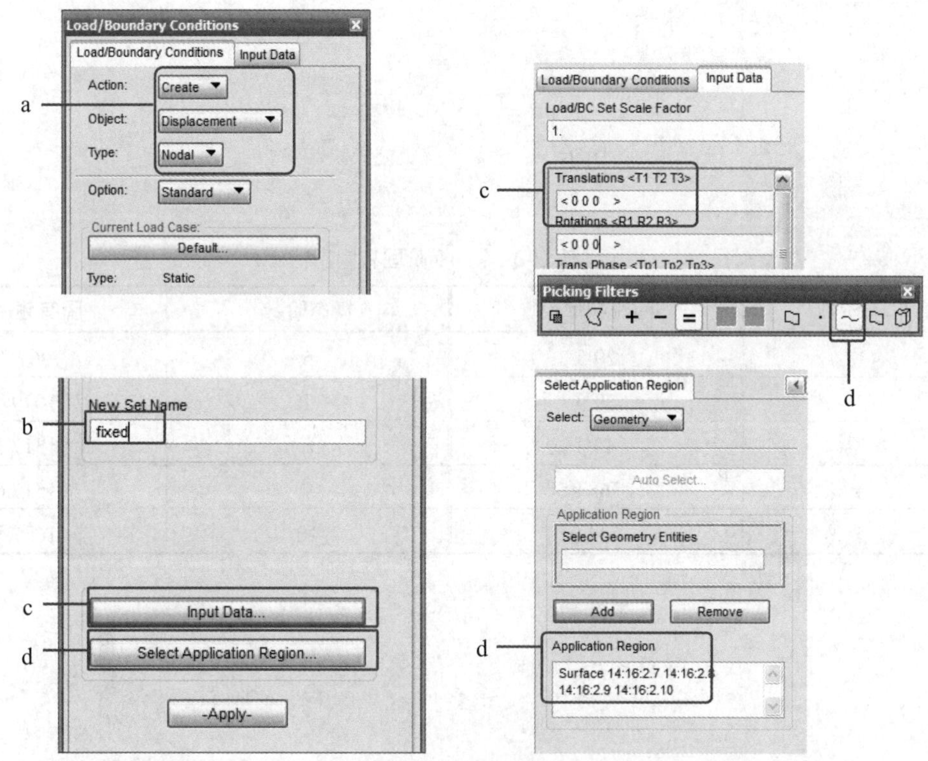

图 2-18 定义固定约束

5. 设置分析参数并提交分析作业

（1）单击工具栏中的 Analysis 按钮，依次设置 Action、Object 及 Method 的值为 Analyze、Entire Model 及 Full Run。

（2）单击 Solution Type…按钮，打开 MD Nastran Solution Type 窗口，选中 NORMAL MODES 单选按钮，如图 2-19 所示，单击 OK 按钮返回，再单击 Apply 按钮提交运算。

6. 结果查看

单击工具栏中的 Analysis 按钮，依次设置 Action、Object 及 Method 的值为 Access Results、Attach XDB 及 Results Entities，选择相应结果文件关联。在结果中可以看到模型的 1～10 阶固有频率和振型，表 2-3 列出了 10 阶固有频率值，图 2-20 为支架前 4 阶模态振型。

MSC Nastran 默认的特征值解法是兰索士方法，默认求解前 10 阶固有频率。

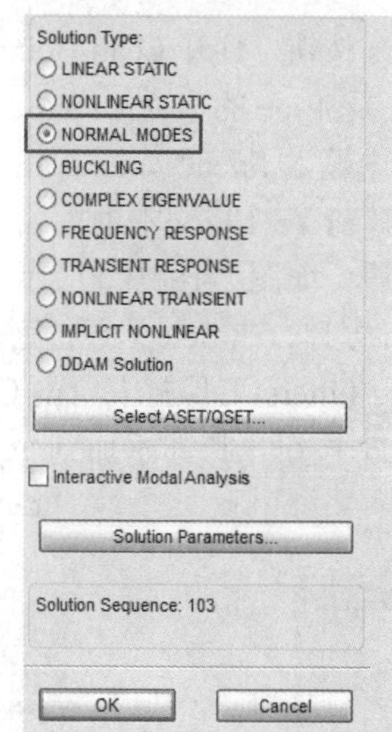

图 2-19 设置求解类型模块和参数

表 2-3 前 10 阶固有频率值

模态阶数	固有频率值	模态阶数	固有频率值
1	29.5	6	967.7
2	39.9	7	1039.4
3	44.4	8	1317.2
4	368.2	9	1517.6
5	634.9	10	1637.8

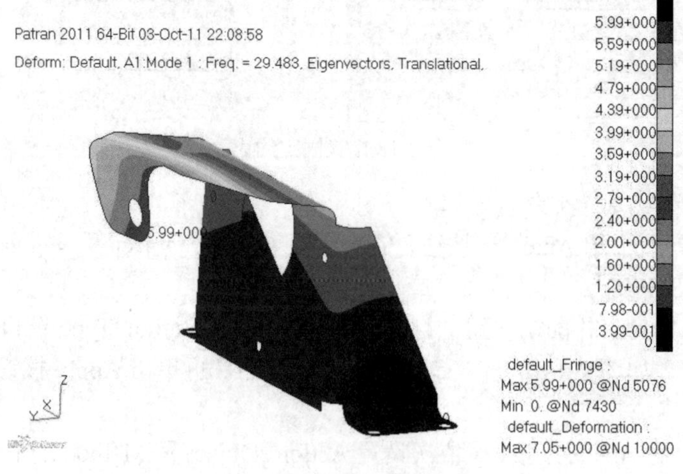

（a）第 1 阶模态

图 2-20 支架前 4 阶模态振型

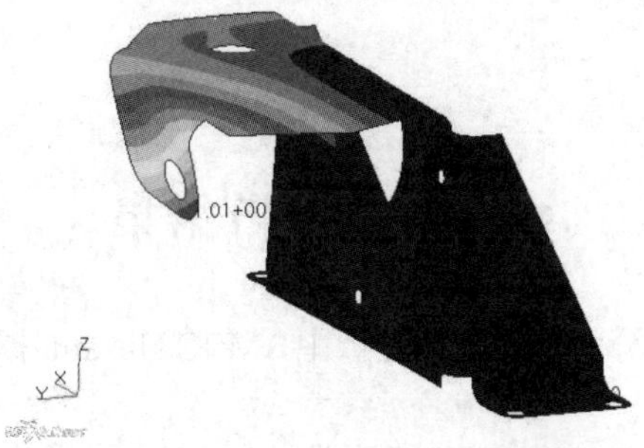

（b）第2阶模态

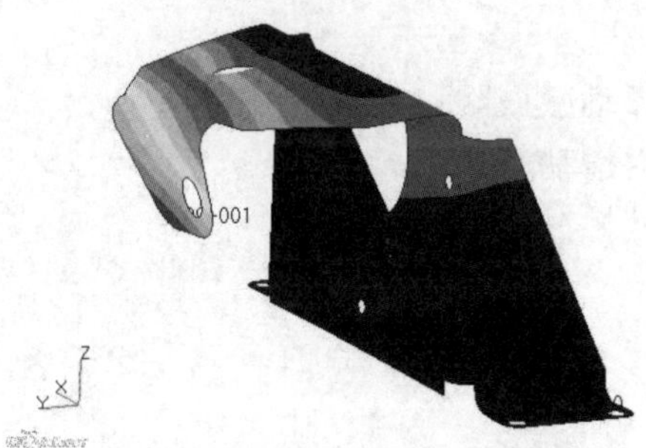

（c）第3阶模态

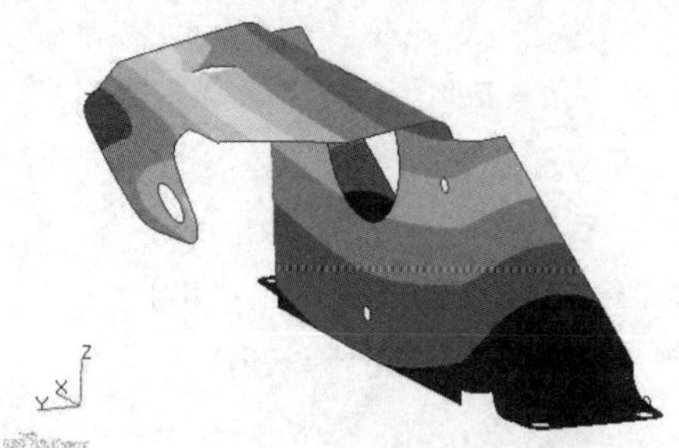

（d）第4阶模态

图2-20　支架前4阶模态振型（续图）

第 3 章　频率响应分析

3.1　动力学分析中的矩阵组集

- 在瞬态响应分析、频率响应分析、复模态分析中，MSC Nastran 提供了两种计算方法：直接法和模态法。
- 根据动力学分析类型和计算方法的不同，动力学矩阵组集也不一样。

3.1.1　阻尼矩阵

1. 阻尼概述

（1）阻尼反映结构内部能量的耗散。

（2）阻尼产生的机理：

1）粘性效应（如粘性阻尼器、振动减振器引起）。

2）外摩擦（如结构连接处的相对滑动）。

3）内摩擦（取决于不同的材料特性）。

4）结构非线性（如塑性效应）。

（3）阻尼的模拟。

1）粘性阻尼力

$$f_v = b\dot{u}$$

2）结构阻尼力

$$f_s = igku$$

式中：$i = \sqrt{-1}$；g 为结构阻尼系数。

2. 结构阻尼与粘性阻尼

假设结构简谐响应为：

$$u = \bar{u}\mathrm{e}^{i\omega t}$$

对粘性阻尼：

$$m\ddot{u} + b\dot{u} + ku = p(t)$$

$$m(-\omega^2\bar{u}\mathrm{e}^{i\omega t}) + b(i\omega\bar{u}\mathrm{e}^{i\omega t}) + k\bar{u}\mathrm{e}^{i\omega t} = p(t)$$

$$-\omega^2 m\bar{u}\mathrm{e}^{i\omega t} + ib\omega\bar{u}\mathrm{e}^{i\omega t} + k\bar{u}\mathrm{e}^{i\omega t} = p(t)$$

对结构阻尼：

$$m\ddot{u} + (1+ig)ku = p(t)$$

$$m(-\omega^2\bar{u}\mathrm{e}^{i\omega t}) + (1+ig)k\bar{u}\mathrm{e}^{i\omega t} = p(t)$$

$$-\omega^2 m\bar{u}\mathrm{e}^{i\omega t} + igk\bar{u}\mathrm{e}^{i\omega t} + k\bar{u}\mathrm{e}^{i\omega t} = p(t)$$

可以得到

$$gk = b\omega \rightarrow b = \frac{gk}{\omega}$$

如果

$$\omega = \omega_n = \sqrt{\frac{k}{m}}$$

那么

$$b = \frac{gk}{\omega_n} = g\omega_n m$$

但因为

$$b_c = 2m\omega_n$$

得到

$$\frac{b}{b_c} = \zeta = \frac{g}{2}$$

式中：ζ 为临界阻尼比率（临界阻尼百分比）；$g = \frac{1}{Q}$，为结构阻尼因子；Q 为品质因子或放大因子。

结论：

（1）粘性阻尼力与速度成比例。

（2）结构阻尼力与位移成比例。

（3）临界阻尼比 $b/b_{cr} = \zeta$。

（4）品质因子与能量耗散成反比。

（5）在共振点（$\omega \cong \omega_n$）有如下关系：

$$\zeta = g/2$$
$$Q = 1/(2\zeta)$$
$$Q = 1/g$$

3. 阻尼输入

（1）单元结构阻尼/材料阻尼。

MATi 卡片：

1	2	3	4	5	6	7	8	9	10
MAT1	MID	E	G	NU	RHO	A	TREF	GE	
MAT1	2	30.0E6		0.3				0.10	

PARAM,G,factor (Default = 0.0)

定义分析模型的总体结构阻尼，计算时用该结构阻尼系数乘以整个系统刚度矩阵。

PARAM,W3,factor (Default = 0.0)

将结构阻尼转化为等效粘性阻尼。

PARAM,W4,factor (Default = 0.0)

将单元结构阻尼转化为等效粘性阻尼。

W3、W4 的单位为弧度/单位时间。

如果使用 PARAM,G，则 PARAM,W3 的 factor 必须大于 0；否则，瞬态响应分析中将忽略 PARAM,G 所定义的总体结构阻尼。同理，如果定义了单元结构阻尼，则 PARAM,W4 的 factor 也必须大于 0；否则，瞬态响应分析中将忽略 MAT1 中所定义的单元结构阻尼。

（2）标量粘性阻尼。

CDAMP1：两自由度间的数值阻尼器，需属性卡 PDAMP。

CDAMP2：两自由度间的数值阻尼器，不需要属性卡 PDAMP。

CDAMP3：两自由度间的数值阻尼器，需属性卡 PDAMP。

CDAMP4：两自由度间的数值阻尼器，不需要属性卡 PDAMP。

CVISC：两节点间的单元阻尼器，需属性卡 PVISC。

CBUSH：广义弹簧和阻尼器单元，允许与频率相关。

（3）模态阻尼。

SDAMP=N：在工况控制段中选择，写在模型数据段的 TABDMP1 卡中。

TABDMP1 定义阻尼值与频率之间关系的表格。

3.1.2 直接法

1. 直接的矩阵输入

DMIG 模型数据卡用来输入与指定自由度相关的一个质量、阻尼或者刚度矩阵。

（1）G 类矩阵。

1）G 类矩阵是属于 *G* 集合的矩阵。

2）G 类矩阵在系统级上应用，并优先于其他任何约束操作。

3）G 类矩阵是实对称矩阵。它们在工况控制段中通过下面的命令选用：

M2GG=质量矩阵的名称

B2GG=阻尼矩阵的名称

K2GG=刚度矩阵的名称

4）G 类矩阵既能在超单元中添加，也能在剩余结构中添加。

（2）P 类矩阵。

1）P 类矩阵和 P 集合大小一致（G 集合加上附加点的 E 集合）。

2）P 类矩阵在系统级上的应用不优先于约束操作。P 类的直接输入的矩阵在进行分析操作之前，要先通过与 G 类矩阵平级的约束和缩减过程的处理，然后叠加到缩减后的模型上去（A 集合或 H 集合）。注意广义动力缩减（GDR）和模态缩减（模态解法）操作不包括 P 类矩阵的影响；并且，对分析集的载荷缩减操作也不包括 P 类矩阵的影响。

3）P 类矩阵不一定是实对称矩阵。它们在工况控制段中通过下面的命令选用：

M2PP=质量矩阵的名称

B2PP=阻尼矩阵的名称

K2PP=刚度矩阵的名称

4）P 类矩阵仅能在剩余结构中添加，而不能在超单元中添加。

5）PARAM,WTMASS 不影响直接输入的 M2GG 矩阵或 M2PP 矩阵。PARAM,CM2 能用作 M2GG 矩阵的比例参数。对 M2PP 矩阵，没有可供利用的比例参数。

2. 直接解法

直接法中使用的动力学方程为：

$$[M_{dd}P^2 + B_{dd}P + K_{dd}]\{u_d\} = \{P_d\}$$

其中：P=微分算子；u_d=分析集 u_a 和附加节点 u_e 的联合。

对频率响应和复特征值分析，动力学矩阵为：

$$[K_{dd}] = (1+ig)[K_{dd}^1] + [K_{dd}^2] + i[K_{dd}^4]$$

$$[B_{dd}] - [B_{dd}^1] + [B_{dd}^2]$$

$$[M_{dd}] = [M_{dd}^1] + [M_{dd}^2]$$

对瞬态响应，动力学矩阵为：

$$[K_{dd}] = [K_{dd}^1] + [K_{dd}^2]$$

$$[B_{dd}] = [B_{dd}^1] + [B_{dd}^2] + \frac{g}{\omega_3}[K_{dd}^1] + \frac{1}{\omega_4}[K_{dd}^4]$$

$$[M_{dd}] = [M_{dd}^1] + [M_{dd}^2]$$

3. 动力矩阵的定义

（1）$[K_{dd}^1]$ 是缩减的结构刚度矩阵加缩减的直接输入矩阵 K2GG（对称）。

（2）$[K_{dd}^2]$ 是缩减的直接输入矩阵 K2PP 加缩减的传递函数输入（对称的或不对称的）。

（3）$[K_{dd}^4]$ 是缩减的结构阻尼矩阵，是通过每个结构单元的刚度矩阵$[K_e]$乘以各自的单元阻尼系数 g_e，然后组装所有单元的结果而得到的（对称）。

（4）$[B_{dd}^1]$ 是缩减的粘性阻尼矩阵加缩减的直接输入矩阵 B2GG（对称）。

（5）$[B_{dd}^2]$ 是缩减的直接输入矩阵 B2PP 加缩减的传递函数输入（对称的或不对称的）。

（6）$[M_{dd}^1]$ 是缩减的质量矩阵加缩减的直接输入矩阵 M2GG（对称）。

（7）$[M_{dd}^2]$ 是缩减的直接输入矩阵 M2PP 加缩减的传递函数输入（对称的或不对称的）。

（8）g、ω_3、ω_4 是用户指定的常量。

（9）将结构矩阵$[K_{aa}]$、$[K_{dd}^4]$、$[K_{aa}]$及$[B_{aa}]$按照附加点的位置在相应的行和列上添加零元素进行扩展，便形成$[K_{dd}^1]$、$[K_{dd}^4]$、$[M_{dd}^1]$及$[B_{dd}^1]$矩阵。

（10）仅有$[K_{dd}^2]$、$[B_{dd}^2]$、$[M_{dd}^2]$矩阵能够引用附加点。

（11）直接输入矩阵$[K_{pp}^2]$、$[B_{pp}^2]$、$[M_{pp}^2]$需要通过多点和单点约束以及任何缩减过程的处理。注：附加点不受任何约束或缩减过程的影响。约束和缩减过程仅能消除节点或者标量点的自由度而不包括附加点。

（12）通过对矩阵$[K_{dd}]$、$[M_{dd}]$、$[B_{dd}]$进行检查，识别出在这三个矩阵中同时为零的行和列。对瞬态和频率响应分析，在$[K_{dd}]$的每个空行和空列放置单位向量进行扩展；在复特征值分析时，空的行和列从$[K_{dd}]$、$[M_{dd}]$、$[B_{dd}]$中简单删除。

3.1.3 模态法

（1）用于模态法中的广义动力学方程。

$$[M_{hh}P^2 + B_{hh}P + K_{hh}]\{U_h\} = \{P_h\}$$

式中：P= 微分算子；U_h= 模态坐标ξ_i和附加节点U_e的组合。

（2）ξ_i和U_a之间的转换。

$$\{U_a\}=[\phi_{ai}]\{\xi_i\}$$

式中：$[\phi_{ai}]$是在实特征值分析中获得的特征向量矩阵。

（3）从U_h到U_d的转换是通过扩展$[\phi_{ai}]$以包括附加节点来获得的。

$$\{U_d\}=[\phi_{dh}]\{U_h\}$$

式中：$[\phi_{dh}]=\begin{bmatrix}\phi_{ai} & 0\\ 0 & I_{ee}\end{bmatrix}$；$\{U_h\}=\begin{bmatrix}\xi_i\\ U_e\end{bmatrix}$。

（4）对于频率响应和复特征值分析的动力矩阵。

$$[K_{hh}]=[k_i]+[\phi_{dh}]^T(ig[K_{dd}^1]+[K_{dd}^2]+i[K_{dd}^4])[\phi_{dh}]$$

$$[B_{hh}]=[b_i]+[\phi_{dh}]^T([B_{dd}^1]+[B_{dd}^2])[\phi_{dh}]$$

$$[M_{hh}]=[m_i]+[\phi_{dh}]^T[M_{dd}^2][\phi_{dh}]$$

式中：$[m_i]$=一个对角矩阵，其对角项为$M_{ii}=[\phi_{ai}]^T[M_{aa}][\phi_{ai}]$；

$[b_i]$=一个对角矩阵，其对角项为$b_{ii}=\omega_{ig}g(\omega_i)M_{ii}$，$\omega_i$是第$i$个正则模态的角频率，$g(\omega_i)$是从用户提供的输入卡（TABDMP1）进行插值得到的阻尼因子；

$[k_i]$=一个对角矩阵，其对角项是$k_{ii}=\omega_i^2 m_{ii}$。

如果参数 KDAMP = -1，那么

$$m_{ii}=m_{ii}$$

$$b_{ii}=0$$

$$k_{ii}=[1+ig(\omega_i)]k_{ii}$$

式中：$g(\omega_i)$是从用户提供的卡片（TABDMP1）的插值中获得的阻尼因子。

（5）$[m_i]$、$[b_i]$、$[k_i]$通过在与附加节点（U_e）相关的行和列添加零来实现扩展。

（6）瞬态响应问题的动力矩阵。

$$[K_{hh}]=[k_i]+[\phi_{dh}]^T[K_{dd}^2][\phi_{dh}]$$

$$[B_{hh}]=[b_i]+[\phi_{dh}]^T\left(B_{dd}^1+B_{dd}^2+\frac{g}{\omega_3}[K_{dd}^1]+\frac{1}{\omega_4}[K_{dd}^1]\right)[\phi_{dh}]$$

$$[M_{hh}]=[m_i]+[\phi_{dh}]^T[M_{dd}^2][\phi_{dh}]$$

在任何使用模态方法的动力分析中，如果仅有$[m_i]$、$[b_i]$、$[k_i]$出现，那么这些模态动力方程就是非耦合的。

3.2 频率响应分析

3.2.1 概述

（1）频率响应分析是计算在稳态激励下结构动力响应的方法（例如，偏心旋转部件在一组转动频率下的旋转分析）。

（2）在频率响应分析中，激励载荷是在频域中明确定义的，所有的外力在每一个指定的频率上已知。力的形式可以是外力，也可以是强迫运动（位移、速度、加速度等）。

（3）计算的响应结果通常包括节点位移、加速度、单元力和应力等。

（4）计算的响应为以实部和虚部形式表示的复数，或由振幅和相位形式定义。

（5）频率响应分析中有两类不同的分析方法可以选择——直接法和模态法。直接法按照给定的频率直接求解耦合的运动方程；而模态法利用结构的模态振型来对耦合的运动方程进行缩减和解耦，同时由单个模态响应的叠加得到某一给定频率下的响应结果。

3.2.2 直接法频率响应

（1）动力学方程。

$$[-\omega^2 M + i\omega B + K]\{u(\omega)\} = \{P(\omega)\}$$

（2）在 MATi 卡中的 GE 和 PARAM,G 不形成阻尼矩阵，而是形成复刚度矩阵。

$$K = (1+iG)K^1 + i\sum G_E K_E$$

式中：K^1 为总体刚度矩阵；G 为总体结构的阻尼系数（PARAM,G）；K_E 为单元刚度矩阵；G_E 为单元的结构阻尼系数（MATi 卡的 G_E 域）。

而在瞬态响应分析中，阻尼矩阵具有如下形式：

$$B_{TRANS} = B^1 + B^2 + \frac{G}{W_3}K^1 + \frac{1}{W_4}\sum G_E K_E$$

通过插入 ω 形成一个复数形式的左端项，然后用类似于静态问题的方法对其进行求解（需要使用复数运算）。

3.2.3 模态法频率响应

（1）转化到模态坐标中，求解解耦的单自由度系统。

$$\xi_i = \frac{P_i}{-m_i\omega^2 + ib_i\omega + k_{ii}}$$

（2）求解该方程比直接法更快。

（3）如无阻尼或仅有模态阻尼（TABDMP1 定义），方程才能解耦；否则，如果出现非模态阻尼（VISC,DAMP 定义），就要使用低效率的直接频响法来求解（转换到模态坐标系下，对小的模态坐标矩阵进行求解）。

3.2.4 激励的确定

（1）定义外力为频率的函数。

（2）MSC Nastran 中的几种定义：

1）RLOAD1：用实部和虚部定义频变载荷。

2）RLOAD2：用幅值和相位定义频变载荷。

3）LSEQ：由静态载荷产生动态载荷。

（3）用 DLOAD 数据集卡组合频变力。

（4）RLOADi 卡由 DLOAD 工况控制卡选择。

1. RLOAD1 卡片

定义如下频变载荷：

$$\{P(f)\} = \{A[C(f) + iD(f)]e^{i(\theta - 2\pi f\tau)}\}$$

格式：

1	2	3	4	5	6	7	8	9	10
RLOAD1	SID	DAREA	DELAY	DPHASE	TC	TD			

示例：

RLOAD1	5	3			1				

其中：

SID=集合识别号（大于零的整数）；

DAREA=定义参数 A 的 DAREA 卡的识别号（大于或等于零的整数）；

DELAY=定义参数 τ 的 DELAY 卡的识别号（大于或等于零的整数）；

DPHASE=定义参数 θ 的 DPHASE 卡的识别号（大于或等于零的整数）；

TC=给定 $C(f)$ 的 TABLEDi 卡的集合识别号，见说明（2）（大于或等于零的整数）；

TD=给定 $D(f)$ 的 TABLEDi 卡的集合识别号，见说明（2）（大于或等于零的整数）。

说明：

（1）动力载荷集合必须由工况控制命令 DLOAD=SID 选取。

（2）如果 DELAY、DPHASE、TC 或 TD 中的任何一个为空或零，则相应的 τ、θ、$C(f)$ 或 $D(f)$ 也将是零。TC 或 TD 两者之中可以有一个是空或零，但不允许两者同时为零。

（3）可以通过规定一个 DLOAD 卡，将 RLOAD1 的载荷与 RLOAD2 的载荷组合在一起。即，RLOAD1 卡的 SID 与 RLOAD2 卡的 SID 不能相同。

（4）SID 对于所有的 RLOAD1、RLOAD2、TLOAD1 和 TLOAD2 卡一定是唯一的，即每个卡均有自己唯一的 SID 号。

2. RLOAD2 卡片

定义如下频变载荷：

$$\{P(f)\} = \{A \cdot B(f)e^{i\{\phi(f) + \theta - 2\pi f\tau\}}\}$$

格式：

1	2	3	4	5	6	7	8	9	10
RLOAD2	SID	DAREA	DELAY	DPHASE	TB	TP			

示例：

RLOAD2	5	3			7				

其中：

SID=集合识别号（大于零的整数）；

DAREA=定义参数 A 的 DAREA 卡的识别号（大于或等于零的整数）；

DELAY=定义参数 τ 的 DELAY 卡的识别号（大于或等于零的整数）；

DPHASE=以度为单位定义参数 θ 的 DPHASE 卡的识别号（大于或等于零的整数）。

TB=给定 $B(f)$ 的 TABLEDi 卡的集合识别号，见说明（2）（大于或等于零的整数）。

TP=以度为单位给定 $\phi(f)$ 的 TABLEDi 卡的集合识别号，见说明（2）（大于或等于零的整数）。

说明：

（1）动力载荷集合必须由工况控制命令 DLOAD=SID 选取。

（2）如果 DELAY、DPHASE、TC 中的任何一个为空或零，则相应的 τ、θ、$B(f)$ 或 $\phi(f)$ 也是零。

（3）可以通过规定一个 DLOAD 卡，将 RLOAD1 的载荷与 RLOAD2 的载荷组合在一起，即 RLOAD1 卡的 SID 与 RLOAD2 卡的 SID 不能相同。

（4）SID 对于所有的 RLOAD1、RLOAD2、TLOAD1 和 TLOAD2 卡一定是唯一的，即每个卡均有自己唯一的 SID 号。

3. 频响分析的几点考虑

（1）以 0Hz 频率激励一个无阻尼（或只有模态阻尼）系统，将产生与静力分析完全相同的结果。因此，如果激励的最高频率比系统的最低谐振频率小很多，那么使用静态分析就足够了。

（2）阻尼很小的结构在激励频率接近于谐振频率的时候，会表现出很大的动力响应。在这样的响应问题中，模型上一个小的改动（或者仅仅换另外一台计算机来运行它）就可能产生响应上的明显变化。

（3）如果希望对峰值响应进行充分的预测，必须使用足够小的频率步长。对每个半功率带宽，至少需要使用 5 个频率点。

（4）为了得到高的计算效率，应使用非均匀频率步长。在谐振频率区域使用较小的频率步长，在离开谐振频率的区域使用较大的频率步长。

4. FREQ 卡片

（1）选择频率步长大小。

（2）FREQ 卡片定义离散的激励频率。

（3）FREQ1 定义 fSTART、频率增量、增量数目。

（4）FREQ2 定义 fSTART、fEND 及对数间隔数。

（5）FREQ3 定义 F1、F2 和在二者间线性或对数插值数目（基于频率向两端点聚集或中心聚集）。

（6）FREQ4 指定一个在共振频率附近的区域，等间隔分布的激励频率数（在激励频率内）。

（7）FREQ5 指定一个频率范围和频率范围内的固有频率的分数。

（8）FREQ3、FREQ4、FREQ5 仅对模态法有效。

（9）FREQi 数据卡由 FREQUENCY =SID 工况控制卡选取。

（10）所有 FREQi 数据卡用相同的 ID。

（11）FREQ、FREQ1、FREQ2、FREQ3、FREQ4 和 FREQ5 卡可以在同一分析中使用，以定义频率响应分析中的频率集。

格式：

1	2	3	4	5	6	7	8	9	10
FREQ	SID	F1	F2	F3	F4	F5	F6	F7	
	F8	F9	F9	-etc.-					

示例：

FREQ	3	2.98	3.05	17.9	21.3	25.6	28.8	31.2	
	29.2	22.4	19.3						

其中：

SID=集合识别号（大于零的整数）；

Fi=频率值，以单位时间圆周数为单位。

说明：

（1）由工况控制卡 FREQUENCY = SID 选取该频率集合。

（2）所有具有相同频率集合识别号的 FREQi 卡都会被选用。重复的频率将被忽略。如果 $\left|f_N - f_{N-1}\right| < DFREQ \cdot \left|f_{\max} - f_{\min}\right|$，那么就认为 f_N 和 f_{N-1} 是重复的。这里的 $DFREQ$ 是用户参数，其默认值为 10^{-5}。$f_{\max}$ 和 $f_{\min}$ 是组合后 FREQi 卡的最大和最小频率。

（3）在模态分析里，在零激振频率下，从刚体模态得到的模态自由度解是可以丢掉的，非零模态解会被保留。

5. FREQ1 卡

定义频率响应问题中的频率集，通过开始频率、频率增量、增量数目来定义。

格式：

1	2	3	4	5	6	7	8	9	10
FREQ1	SID	F1	DF	NDF					

示例：

FREQ1	6	2.9	0.5	13					

其中：

SID=集合识别号（大于零的整数）；

F1=启始频率设置（大于零的实数）；

DF=频率增量（大于零的实数）；

NDF=频率增量的数量（大于零的整数，默认值为 1）。

说明：

（1）由工况控制卡 FREQUENCY = SID 选取。

（2）F1 和 DF 的单位是赫兹。

（3）由此卡定义的频率为 $f_i = \mathrm{F1} + \mathrm{DF} \cdot (i-1)$，式中 i=1～(NDF+1)；

（4）所有具有相同频率集合识别号的 FREQi 卡都会被选用。重复的频率将被忽略。如果

$|f_N - f_{N-1}| < DFREQ \cdot |f_{max} - f_{min}|$，那么就认为 f_N 和 f_{N-1} 是重复的。这里的 DFREQ 是用户参数，其缺省值为 10^{-5}。f_{max} 和 f_{min} 是组合后 FREQi 卡的最大和最小频率。

（5）在模态分析里，在零激振频率下，从刚体模态得到的模态自由度解是可以丢掉的，非零模态解会被保留。

6. FREQ2

定义频率响应问题中的频率集，通过开始频率、结束频率、对数增量数目来定义。

格式：

1	2	3	4	5	6	7	8	9	10
FREQ2	SID	F1	F2	NF					

示例：

FREQ2	6	1.0	8.0	6					

其中：

SID=集合识别号（大于零的整数）；

F1=启始频率设置（大于零的实数）；

F2=最终频率（大于零的实数，F2>F1）；

NF=对数区间的个数（大于零的整数，默认值为 1）。

说明：

（1）由工况控制卡 FREQUENCY = SID 选取。

（2）F1 和 DF 的单位是 Hz。

（3）由此卡定义的频率给出如下：

$$f_i = \mathrm{F1} \cdot e^{(i-1)d} \quad i = 1, 2, \cdots, \mathrm{NF} + 1$$

$$d = (1/\mathrm{NF}) \cdot \ln(\mathrm{F2}/\mathrm{F1})$$

（4）所有具有相同频率集合识别号的 FREQi 卡都会被选用。重复的频率将被忽略。如果 $|f_N - f_{N-1}| < DFREQ \cdot |f_{max} - f_{min}|$，那么就认为 f_N 和 f_{N-1} 是重复的。这里的 DFREQ 是用户参数，其缺省值为 10^{-5}。f_{max} 和 f_{min} 是组合后 FREQi 卡的最大和最小频率。

（5）在模态分析里，在零激振频率下，从刚体模态得到的模态自由度解是可以丢掉的，非零模态解会被保留。

7. FREQ3 卡

通过指定两模态频率间的激励频率数来定义频率响应问题中的频率集。

格式：

1	2	3	4	5	6	7	8	9	10
FREQ3	SID	F1	F2	TYPE	NEF	CLUSTER			

示例：

FREQ3	6	20.0	200.0	LINEAR	10	2.0			

其中：

SID=集合识别号（大于零的整数）；

F1=以单位时间的圆周数表示的模态频率范围的下限（大于零的实数）；

F2=以单位时间的圆周数表示的模态频率范围的上限（大于零的实数）；

TYPE=LINEAR 或 LOG，规定了两频率之间的线性或对数插值方式（其默认值为LINEAR）；

NEF=包含端点在内的每一个频率范围内激振频率的数量，第一子范围是在 F1 和边界内的第一个模态频率之间，第二子范围是在边界内的第一个和第二个模态频率之间，最后一个子范围是在边界内的最后一个模态频率与 F2 之间（大于 1 的整数，默认值为 10）；

CLUSTER=规定频率区间内激振频率的聚集特征。见说明 6（大于 0 的实数，默认值为1.0）。

说明：

（1）仅用于模态法频率响应求解（SOL 11、SOL 111、SOL 146、SOL 200），而在直接法频率响应求解中被忽略。

（2）由工况控制卡 FREQUENCY = SID 选取。

（3）在上面的例子中，20 到 200 范围内的每个模态区间内有 10 个频率；20 与最低模态之间有 10 个频率；2000 与最高模态之间有 10 个频率。

（4）如果激励频率接近结构的固有频率，则定义一定大小的阻尼值是必要的。

（5）所有具有相同频率集合识别号的 FREQi 卡都会被选用。重复的频率将被忽略。如果 $|f_N - f_{N-1}| < DFREQ \cdot |f_{\max} - f_{\min}|$，那么就认为 f_N 和 f_{N-1} 是重复的。这里的 DFREQ 是用户参数，其默认值为 10^{-5}。$f_{\max}$ 和 $f_{\min}$ 是组合后 FREQi 卡的最大和最小频率。

（6）CLUSTER 用来在响应变化最大的模态频率附近获得较好的结果。CLUSTER>1 将在频率子范围端点附近给出更小的激振频率间隔；CLUSTER<1 将在频率子范围中点附近给出更小的激振频率间隔。其计算公式为：

$$\hat{f}_k = 1/2(\hat{f}_1 + \hat{f}_2) + 1/2(\hat{f}_2 + \hat{f}_1)\,|\xi|^{1/\text{CLUSTER}}\ \text{SIGN}(\xi)$$

其中，$\xi = -1 + 2(k-1)/(\text{NEF}-1)$ 是-1 到 1 之间的参数坐标；k = 从 1 到 NEF 的变量（1,2,...,NEF）；$\hat{f}_1$ = 频率子范围的下限；$\hat{f}_2$ = 频率子范围的上限；$\hat{f}_k$ = 第 k 阶激振频率；$\hat{f}$ = 频率或对数频率，取决于由 TYPE 规定的值。

例如 F1=10，F2=20，NEF=11，TYPE=LINEAR，不同 CLUSTER 值的激振频率如表 3-1 所示。

表 3-1 不同 CLUSTER 值的激励频率

激励频率号码	ξ	CLUSTER				
		C = 0.25	C = 0.50	C = 1.0	C = 2.0	C = 4.0
		激励频率（Hz）				
1	−1.0	10.00	10.0	10.0	10.00	10.00
2	−0.8	12.95	11.8	11.0	10.53	10.27
3	−0.6	14.35	13.2	12.0	11.13	10.60

续表

激励频率号码	ξ	CLUSTER				
		$C = 0.25$	$C = 0.50$	$C = 1.0$	$C = 2.0$	$C = 4.0$
		激励频率（Hz）				
4	−0.4	14.87	14.2	13.0	11.84	11.02
5	−0.2	14.99	14.8	14.0	12.76	11.66
6	0.0	15.00	15.0	15.0	15.00	15.00
7	0.2	15.01	15.2	16.0	17.24	18.34
8	0.4	15.13	15.8	17.0	18.16	18.98
9	0.6	15.65	16.8	18.0	18.87	19.40
10	0.8	17.05	18.2	19.0	19.47	19.73
11	1.0	20.00	20.0	20.0	20.00	20.00

（7）在设计优化中（SOL 200），由此卡产生的激振频率是由第一个设计周期中计算出的自然频率得到的，并且在后续的设计周期中保持固定不变。换句话说，即使自然频率在优化过程中有了新的变化，激振频率也不再调整。

（8）在模态分析中，在零激振频率下，从刚体模态得到的模态自由度解是可以丢掉的，非零模态会被保留。

8. FREQ4 卡

定义频率响应问题中的频率集，通过指定范围内每阶固有频率附近的激励频率数来定义。

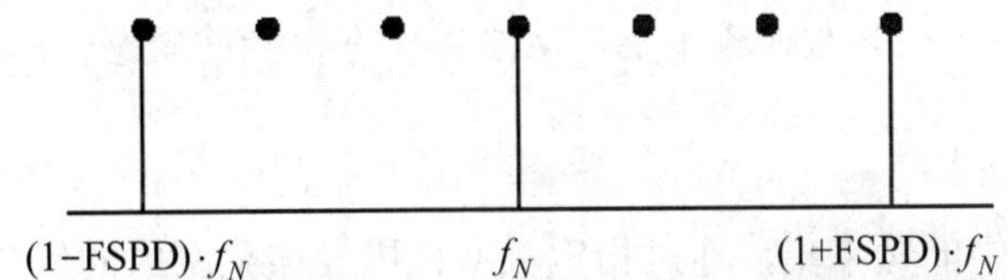

格式：

1	2	3	4	5	6	7	8	9	10
FREQ4	SID	F1	F2	FSPD	NFM				

示例：

FREQ4	6	20.0	200.0	0.30	21				

其中：

SID=集合识别号（大于零的整数）；

F1=以单位时间的圆周数表示的模态频率范围的下限（大于零的实数）；

F2=以单位时间的圆周数表示的模态频率范围的上限（大于零的实数，F2>F1，默认值为1.0E20）；

FSPD=频率延展量，为每一个出现在 F1 到 F2 之间的模态频率规定+（−）延展量（大于 0 小于 1 的实数；默认值为 0.10）；

NFM=每个模态延展频率区间内的均匀间隔数（大于 0 的整数，默认值为 3，如果 NFM 是偶数，则 NFM+1 将被用到）。

说明：

（1）仅用于模态频率响应求解（SOL 11、SOL 111、SOL 146、SOL 200），而在直接频率响应求解中被忽略。

（2）由工况控制卡 FREQUENCY = SID 选取。

（3）对于 F1 到 F2 内的每个自然频率，将在 $(1-\text{FSPD})\cdot f_N$ 与 $(1+\text{FSPD})\cdot f_N$ 之间产生 NFM 个激振频率。

（4）在上边的例子中，对于每个出现在 20 到 2000 之间的固有频率 f_N，在 $0.7f_N$ 到 $1.3f_N$ 的频率范围内将产生 21 个等间距的激振频率。激振频率也可以基于不包括在范围（F1 到 F2）内的固有频率来计算，只要计算出的激振频率在求解范围内就可以了。类似地，即使基于 F1～F2 范围内的固有频率计算的激振频率，如果它落在求解范围之外，也会被舍弃。

（5）频率延展也能用于半功率带宽。半功率带宽由 $2\varsigma f_N$ 给出，这里的 ς 是模态阻尼比。因此，如果指定 FSPD 等于模态阻尼比，那么 NFM 就规定了半功率带宽内激振频率的数量。

（6）由于激励频率接近结构的固有频率，所以定义一定大小的阻尼值是必要的。

（7）所有具有相同频率集合识别号的 FREQi 卡都会被选用。重复的频率将被忽略。如果 $|f_N - f_{N-1}| < DFREQ \cdot |f_{\max} - f_{\min}|$，那么就认为 f_N 和 f_{N-1} 是重复的。这里的 DFREQ 是用户参数，其缺省值为 10^{-5}。$f_{\max}$ 和 $f_{\min}$ 是组合后 FREQi 卡的最大和最小频率。

（8）在设计优化中（SOL 200），由此卡产生的激振频率是由第一个设计周期中计算出的自然频率得到的，并且在后续的设计周期中保持固定不变。换句话说，即使自然频率在优化过程中有了新的变化，激振频率也不再调整。

（9）在模态分析中，在零激振频率下，从刚体模态得到的模态自由度解是可以丢掉的，非零模态会被保留。

9. FREQ5 卡

定义频率响应问题中的频率集，通过指定频率范围及该范围内的位置来定义。

格式：

1	2	3	4	5	6	7	8	9	10
FREQ5	SID	F1	F2	FR1	FR2	FR3	FR4	FR5	
	FR6	FR7	-etc.-						

示例：

FREQ5	6	20.0	200.0	1.0	0.6	0.8	0.9	0.95	
	1.05	1.1	1.2						

其中：

SID=集合识别号（大于零的整数）；

F1=以单位时间的圆周数表示的模态频率范围的下限（大于零的实数，默认值为 0）；

F2=以单位时间的圆周数表示的模态频率范围的上限（大于零的实数，F2>F1，默认值为 1.0E20）；

Fri=F1 到 F2 范围内的固有频率倍数（大于零的实数）。

说明：

（1）仅用于模态频率响应求解（SOL 11、SOL 111、SOL 146、SOL 200），而在直接频率响应求解中被忽略。

（2）由工况控制卡 FREQUENCY = SID 选取。

（3）如 f_{N1} 为 F1 和 F2 间的固有频率，则：

$$f_i = \mathrm{FR}_i \cdot f_{N_i}$$

（4）在上边的例子中，频率列表为 20～2000 范围内每个固有频率的 0.6、0.8、0.9、0.95、1.0、1.05、1.1、1.2 倍。如果计算结果导致激振频率小于 F1 或者大于 F2，那么这些计算的频率将被忽略。

（5）由于激励频率接近结构的固有频率，所以定义某些阻尼是必要的。

（6）所有具有相同频率集合识别号的 FREQi 卡都会被选用。重复的频率将被忽略。如果 $\left|f_N - f_{N-1}\right| < DFREQ \cdot \left|f_{\max} - f_{\min}\right|$，那么就认为 f_N 和 f_{N-1} 是重复的。这里的 DFREQ 是用户参数，其默认值为 10^{-5}。$f_{\max}$ 和 $f_{\min}$ 是组合后 FREQi 卡的最大和最小频率。

（7）在设计优化中（SOL 200），由此卡产生的激振频率是由第一个设计周期中计算出的自然频率得到的，并且在后续的设计周期中保持固定不变。换句话说，即使自然频率在优化过程中有了新的变化，激振频率也不再调整。

（8）在模态分析中，在零激振频率下，从刚体模态得到的模态自由度解是可以丢掉的，非零模态会被保留。

10. *动力数据复原*

（1）矩阵法和模态位移法用来复原模态法频率响应分析中的数据。

$$\frac{\text{矩阵法的耗费}}{\text{模态位移法的耗费}} = \frac{H}{F}$$

式中：H=模态的数量；F=激振频率的数量。

（2）矩阵法是默认方法。当 $H<F$ 时，矩阵法更经济一些。

（3）模态位移法通过 PARAM,DDRMM,-1 命令选择。为了绘制“频率冻结”的变形结构图，应当选择这一项。

3.2.5 模态法频率响应与直接法频率响应的比较

模态法频率响应与直接法频率响应的比较如表 3-2 所示。

表 3-2 模态法频率响应与直接法频率响应的比较

类型	模态法	直接法
小模型		×
大模型	×	
少数几个激振频率的求解		×
许多激振频率的求解	×	

注“×”表示其适用这种分析。

3.2.6 SORT1 和 SORT2 输出的对比

SORT1 和 SORT2 输出的对比如表 3-3 所示。

表 3-3 SORT1 和 SORT2 输出的对比

类型	瞬态响应		频率响应	
	直接法	模态法	直接法	模态法
默认值	SORT2	SORT2	SORT1	SORT2
绘制变形图需要	SORT1	SORT1	SORT1	SORT1
绘制 XY 图需要	SORT2	SORT2	SORT2	SORT2

（1）SORT1 按每一个激励频率点顺序输出节点、单元的计算结果。

（2）SORT2 按节点、单元的顺序输出每个激励频率下的计算结果。

（3）对于频率响应分析来说，SORT1 和 SORT2 是相当有用的。

（4）SORT1 和 SORT2 不能混合使用。使用完一个，再重新启动才能使用另一个。

3.2.7 频率响应求解控制

1. 执行控制段

求解序列 SOL 的输入：直接法使用 SOL108；模态法使用 SOL111。

2. 工况控制段

DLOAD （两种方法中都是必需项）
LOADSET （两种方法中都是可选项）
METHOD （模态法必需项）
SDAMPING （模态法可选项）
FREQUENCY （两种方法中都是必需项）

3. 数据模型集段

ASET,OMIT （两种方法中都是可选项）
EIGRL 或 EIGR （模态法必需项）
FREQ （两种方法中都是必需项）
RLOADi （两种方法中都是必需项）
LSEQ （两种方法中都是可选项）
DAREA （两种方法中都是必需项）
DELAY （两种方法中都是可选项）
DPHASE （两种方法中都是可选项）
TABDMP1 （模态法可选项）
DLOAD （两种方法中都是可选项）

4. 输出控制

（1）节点输出结果卡片。

ACCELERATION

DISPLACEMENT（或 VECTOR）
OLOAD
SACCELERATION
SDISPLACEMENT
SVELOCITY
SVECTOR
SPCFORCES
VELOCITY
MPCFORCE

（2）单元输出结果卡片。

ELSTRESS（或 STRESS）
ELFORCE（或 FORCE）
STRAIN

5. 其他

OFREQUENCY——控制解答的输出频率。

3.2.8 频变弹簧和阻尼器

（1）弹簧刚度和阻尼器阻尼系数为频变函数。

（2）CBUSH 定义一般弹簧、阻尼连接。

（3）PBUSH 定义名义上的弹簧、阻尼连接。

（4）PBUSHT 定义频变弹簧、阻尼器的值。

1. CBUSH 卡片

定义广义弹簧－阻尼器结构单元，其刚度和阻尼可以是非线性的或随频率变化的。

格式：

1	2	3	4	5	6	7	8	9	10
CBUSH	EID	PID	GA	GB	GO/X1	X2	X3	CID	
	S	OCID	S1	S2	S3				

例 1：非一致节点。

CBUSH	39	6	1	100	75				

例 2：GB 未被规定的情况。

CBUSH	39	6	1					0	

例 3：一致节点（GA=GB）。

CBUSH	39	6	1	100				6	

例 4：域 6 到域 9 为空和弹簧－阻尼偏移的非一致节点。

CBUSH	39	6	1	600				6	
	0.25	10	0	10	10				

其中：

EID=单元识别号（大于零的整数）；

PID=PBUSH 卡的属性识别号（大于零的整数，缺省值为 EID）；

GA,GB=弹簧阻尼器单元连接点的节点识别号，见说明（6）（大于零的整数）；

Xi=在 GA 点位移坐标系下，从 GA 点开始的方向矢量的分量（实数）；

GO=使用节点 GO 提供向量 v 的替代方法。向量 v 的方向是从 GA 到 GO；

CID=单元坐标系识别号。0 表示基本坐标系。如果 CID 为空，则单元坐标系决定于 GO 或 Xi，见图 3-1 及说明（3）（大于或等于零的整数或为空）；

S=弹簧－阻尼器单元力的计算位置，参考图 3-2（大于或等于 0、小于或等于 1 的实数，默认值为 0.5）；

OCID=弹簧－阻尼偏移的坐标系标识号，见说明（9）（大于或等于 0 的整数，缺省值-1 代表的是单元坐标系）；

S1,S2,S3=OCID 大于或等于零时在 OCID 坐标系中弹簧－阻尼偏移的分量，见图 3-2 及说明（9）（实数）。

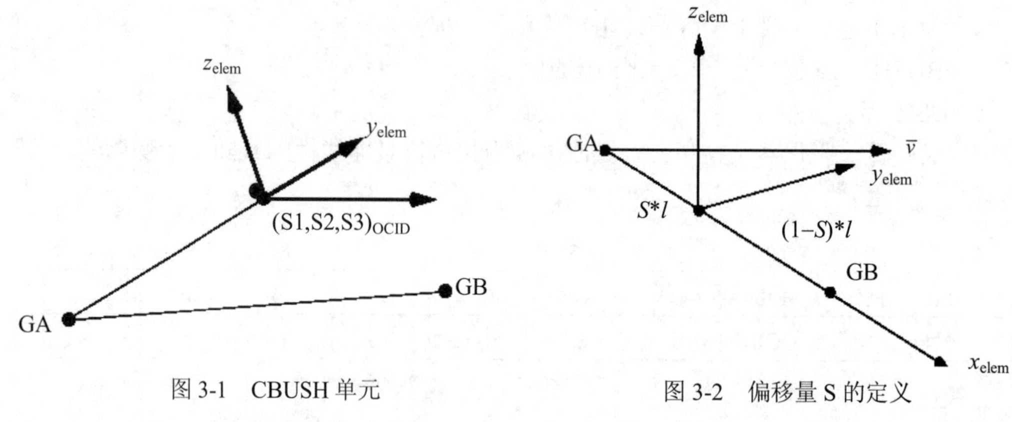

图 3-1　CBUSH 单元　　图 3-2　偏移量 S 的定义

说明：

（1）单元识别号对于所有其他单元识别号必须是唯一的。

（2）图 3-1 画出了 BUSH 单元的几何形状。

（3）CID 大于或等于零会覆盖 GO 和 Xi。

（4）对于非一致节点（GA≠GB），当 GO 或（X1,X2,X3）给定且没有规定 CID 时，直线 AB 是单元的 X 轴，而且方向矢量位于 X-Y 平面内（类似 CBEAM 单元）。

（5）对于非一致节点（GA≠GB），当 GO 或（X1,X2,X3）和 CID 都没有指定，直线 AB 是单元的 X 轴。这一选项只有当 K1（或 B1）或 K4（或 B4）或两者同时在 PBUSH 卡上被规定时（但是 K2,K3,K5,K6 或 B2,B3,B5,B6 均未被规定）才是有效的，如果 K2,K3,K5,K6（或

B2,B3,B5,B6）也被规定，则将产生致命错误信息。

（6）如果 GA 和 GB 是一致的或 GB 为空，则必须规定 CID。

（7）如果 PID 参考一个 PBUSHT 卡，则 CBUSH 单元只能在剩余结构中定义且附属于任何被省略的自由度。

（8）单元阻抗输出是在 CID 坐标系下计算的，那么该坐标系下的结构阻抗是解耦的。

（9）如果 OCID=-1 或为空（默认值），则使用 S 而将 S1、S2、S3 忽略；如果 OCID 大于或等于零，则 S 将被忽略，而使用 S1、S2、S3。

2. PBUSH 卡片

定义广义弹簧－阻尼器结构单元性质。

格式：

1	2	3	4	5	6	7	8	9	10
PBUSH	PID	"K"	K1	K2	K3	K4	K5	K6	
		"B"	B1	B2	B3	B4	B5	B6	
		"GE"	GE1						
		"RCV"	SA	ST	EA	ET			

例 1：规定刚度和结构阻尼。

PBUSH	35	K	4.35	2.4				3.1	
		GE	0.06					0.03	
		RCV	7.3	3.3					

例 2：规定单位速度的阻尼力

PBUSH	35	B	2.3						

其中：

PID=属性识别号（大于零的整数）；

"K"=指示下面的 1 到 6 域是刚度值的标志（字符）；

Ki=从 1 到 6 方向的名义刚度值（实数，默认值为 0）；

"B"=指示下面的 1 到 6 域是粘性阻尼的标志（字符）；

Bi=以单位速度力为单位的名义阻尼系数（实数，默认值为零）；

"GE"=指示后续域是结构阻尼的标志（字符）；

GE1=名义结构阻尼常数（实数，默认值为 0）；

"RCV"=指定后面 1 到 4 域是应力或应变系数的标志（字符）；

SA=从 1 到 3 平动分量的应力恢复系数（实数，默认值为 1.0）；

ST=从 4 到 6 旋转分量的应力恢复系数（实数，默认值为 1.0）；

EA=从 1 到 3 平动分量的应变恢复系数（实数，默认值为 1.0）；

ET=从 4 到 6 平动分量的应变恢复系数（实数，默认值为 1.0）。

说明：

（1）对于直接法和模态法频率响应分析，通过使用 PBUSHT 卡，都可以使 Ki、Bi 或 GE1 随频率变化。

（2）名义值用于除频率响应外所有类型的分析。对于模态法频率响应，正交模态使用名义 Ki 值计算。频变量可以用于所有激振频率。

（3）如果未指定 PARAM,W4，则在瞬态分析里忽略 GE1。

（4）单元应力是由应力系数与恢复的单元力相乘得到的。

（5）"K" "B" "GE"或"RCV"卡可以以任意顺序规定。

3.3 频率响应分析实例

本例计算如图 3-3 所示汽车底盘在周期性载荷作用下的频率响应。外载为一单位集中载荷，作用在发动机支架上，计算频率范围为 1～100Hz，求解使用的频率步长是 1Hz，分别采用直接法和模态法求解。直接法求解，结构阻尼系数为 0.02；模态法求解，模态阻尼系数为 0.01。

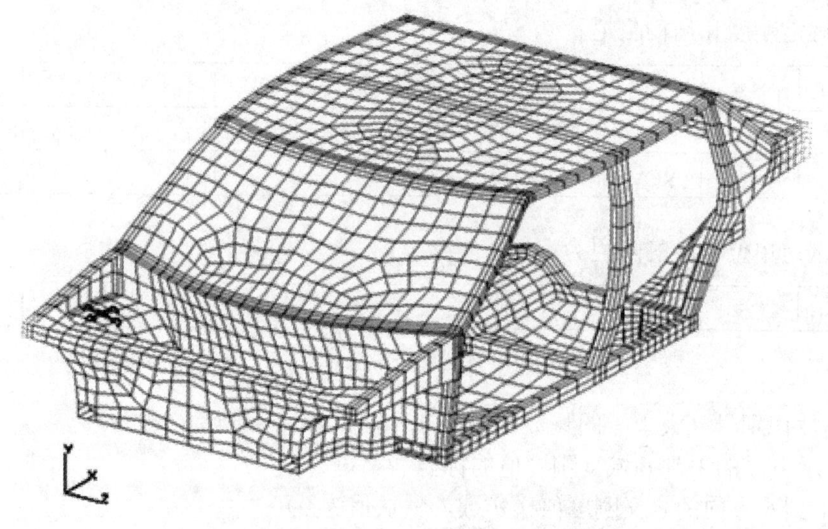

图 3-3　汽车底盘

1. 建立模型

（1）新建 MSC Patran 的空数据文件。单击菜单栏 File→New，输入数据文件名 car.db。

（2）单击菜单栏中的 File→Import 命令，打开模型导入窗口，如图 3-4 中 a 所示，设置导入模型的格式为 MSC Nastran Input，在相应路径下选取 car.bdf 模型文件，单击 Apply 按钮。

（3）单击工具栏中的 Element 按钮，打开 Element 窗口，如图 3-5 中 a 所示，依次设置 Action、Object 及 Method 的值为 Transform、Node、Translate；如图 3-5 中 b 所示，设置节点的 ID 号为 10000；如图 3-5 中 c 所示，设置 Direction Vector 为<0 1 0>；如图 3-5 中 d 所示，在 Node List 下选取 Node 5691。

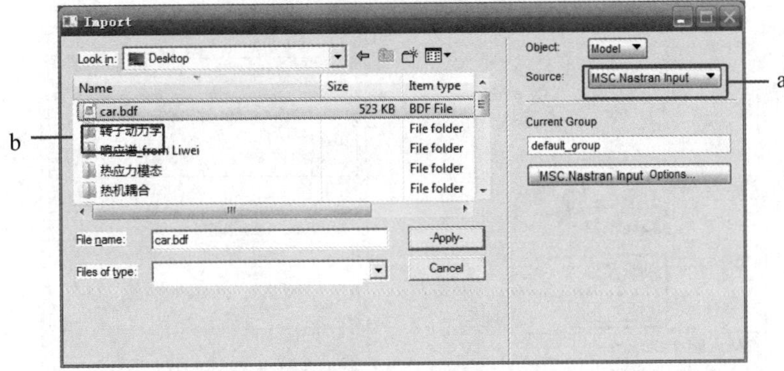

图 3-4　导入模型

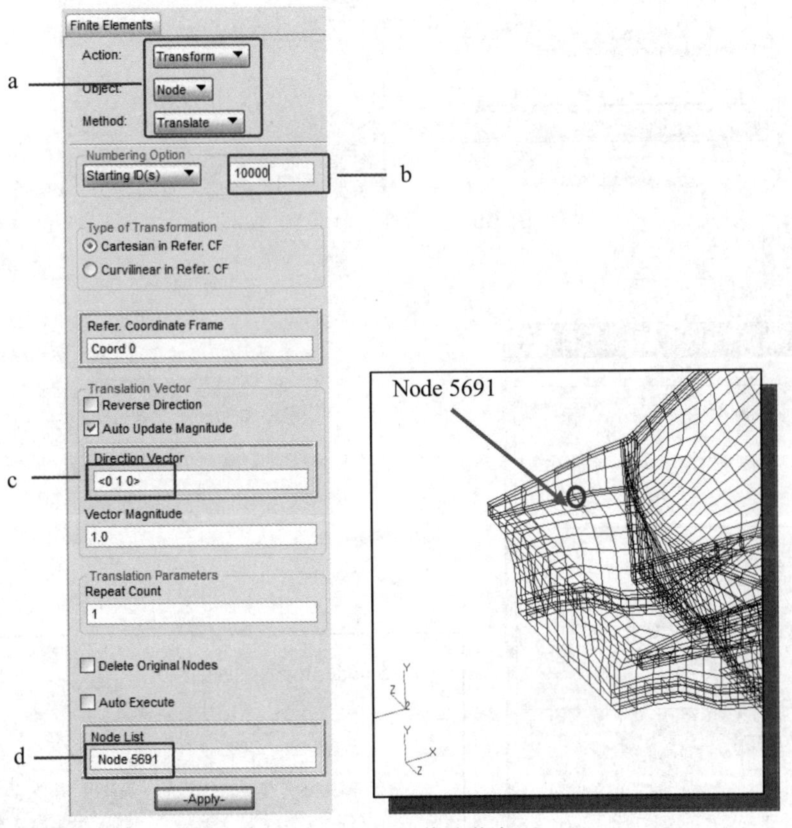

图 3-5　偏移节点

（4）在 Element 窗口，如图 3-6 中 a 所示，依次设置 Action、Object 及 Type 的值为 Create、MPC、RBE2；如图 3-6 中 b 所示，单击 Define Terms...按钮，打开多点约束定义界面；如图 3-6 中 c 所示，选中 Create Independent 单选项；如图 3-6 中 d 所示，在 Node List 下面选取 Node 10000，单击 Apply 按钮。

（5）如图 3-7 中 a 所示，选中 Create Dependent 单选项；如图 3-7 中 b 所示，在 Node List 下选取 node 5632 5693 5672 5688 5691；如图 3-7 中 c 所示，选中 DOFs 列表框中列出的所有自由度，单击 Apply 按钮，关闭多点约束定义窗口，单击 Apply 按钮，生成多点约束。

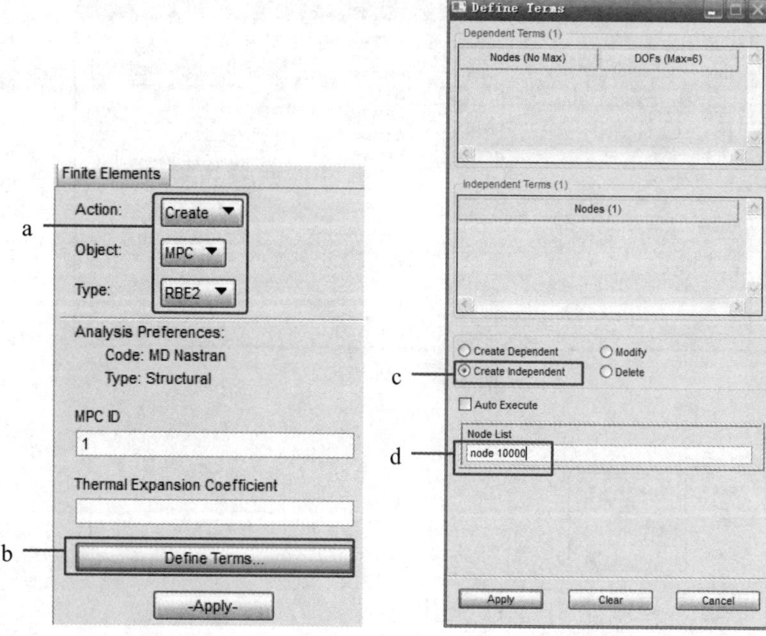

图 3-6　定义独立节点

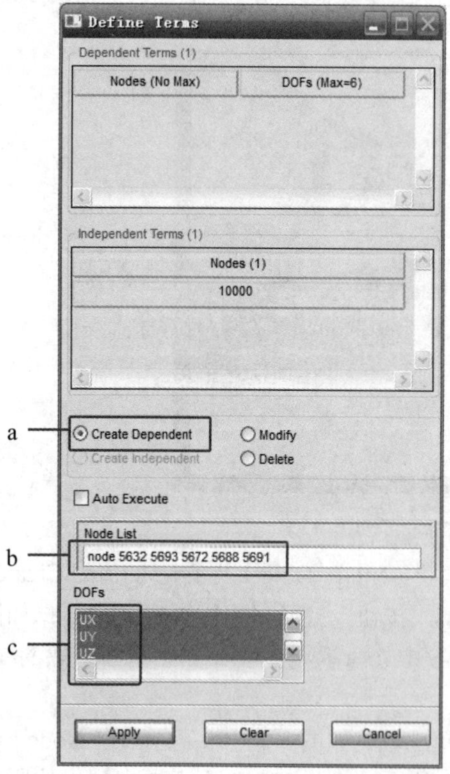

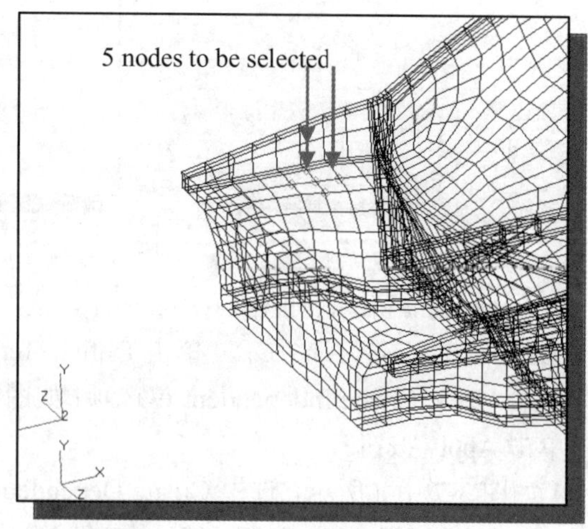

图 3-7　定义从属节点

2. 定义载荷

（1）单击工具栏中的 Loads/BCs 按钮，如图 3-8 中 a 所示，单击 Create Load Case 按钮；如图 3-8 中 b 所示，设置 Load Case Name 为 frequency_response；如图 3-8 中 c 所示，选取 Type 的类型为 Time Dependent，单击 Apply 按钮。

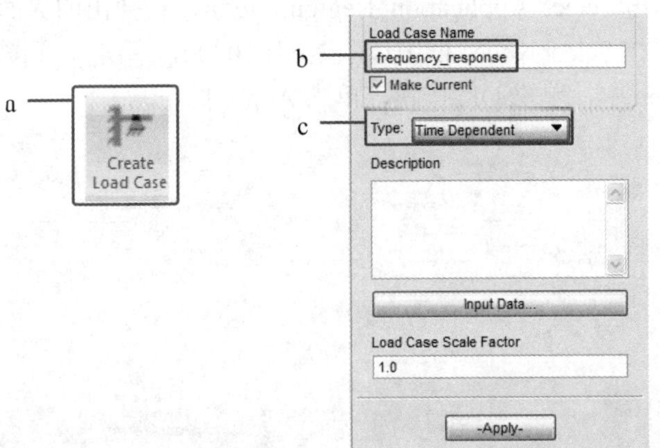

图 3-8　定义动态载荷集

（2）单击工具栏的 Properties 按钮，打开 Fields 窗口，如图 3-9 中 a 所示，依次设置 Action、Object 及 Method 的值为 Create、Non Spatial、Tabular Input；如图 3-9 中 b 所示，定义 Field Name 为 unit_load；如图 3-9 中 c 所示，选取 Frequency 复选项；如图 3-9 中 d 所示，单击 Input Data…按钮，在界面中定义频率与力的关系，并定义频率在 1～100Hz 时力的幅值为 1，单击 OK 按钮，单击 Apply 按钮。

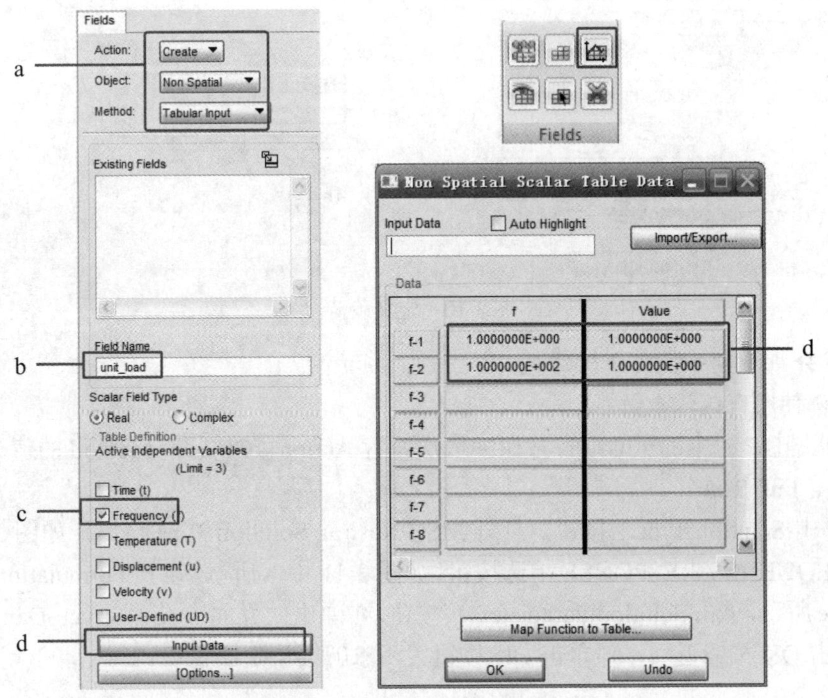

图 3-9　定义随频率变化的场

（3）单击工具栏的 Loads BCs 按钮，打开载荷定义窗口，如图 3-10 中 a 所示，依次设置 Action、Object 及 Type 的值为 Create、Force、Nodal；如图 3-10 中 b 所示，定义载荷的名称为 unit_force；如图 3-10 中 c 所示，单击 Input Data…按钮，在弹出的界面内定义载荷<F1 F2 F3>为<0 -1 0>，即 Y 轴负向。在 Time/Freq. Dependence Fields 列表框中选取 unit_load，单击 OK 按钮；如图 3-10 中 d 所示，单击 Select Application Region…按钮，在弹出的界面中在 Select 下拉列表框中选取 FEM 选项，在 Select Nodes 框中选取 Node 10000，单击 Add 按钮，将选取的节点加入到 Application Region 中，单击 OK 按钮，单击 Apply 按钮。

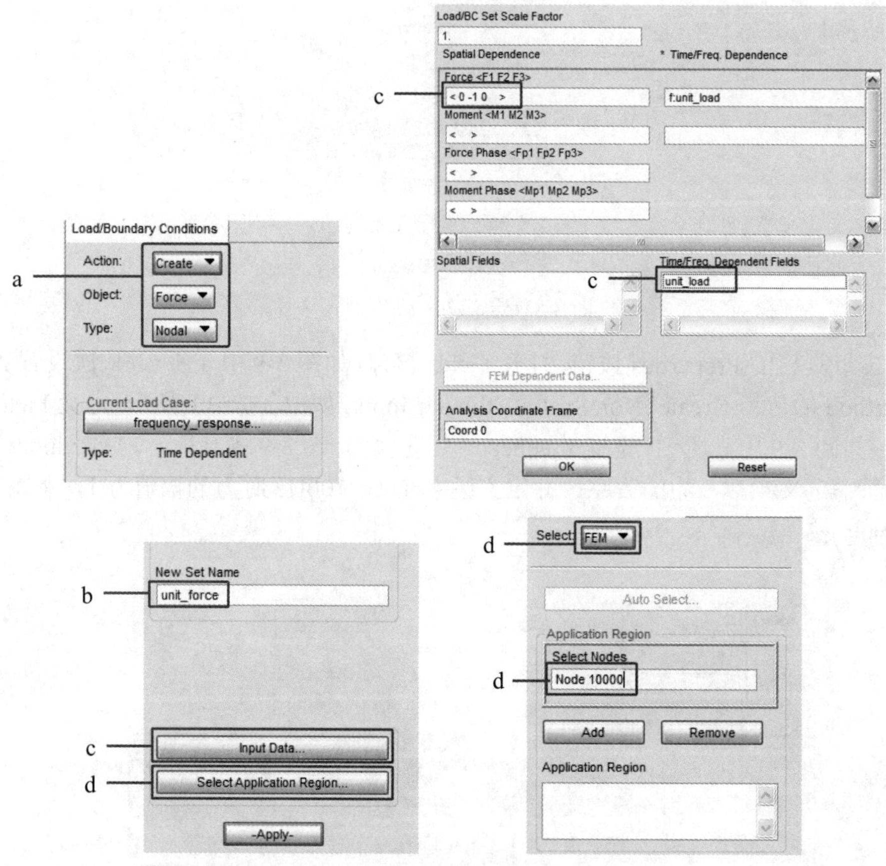

图 3-10　定义载荷

3. 设置分析参数并提交分析作业

首先讲解使用直接法求解。

（1）单击工具栏中的 Analysis 按钮，依次设置 Action、Object、Method 的值为 Analyze、Entire Model、Full Run。

（2）单击 Solution Type…按钮，打开 MSC Nastran Solution Type 窗口，如图 3-11 中 a 所示，选中 FREQUENCY RESPONSE 单选按钮；如图 3-11 中 b 所示，设置 Formulation 为 Direct；如图 3-11 中 c 所示，单击 Solution Parameters…按钮，在弹出的界面中设置 Struct. Damping Coeff. 为 0.02，单击 OK 按钮返回，再单击 OK 按钮关闭求解类型定义窗口。

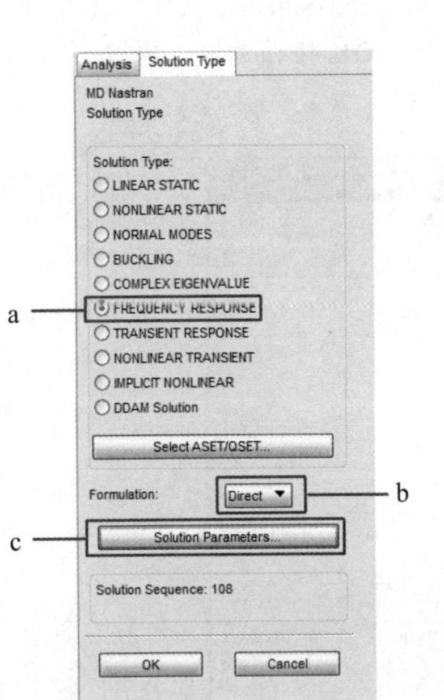

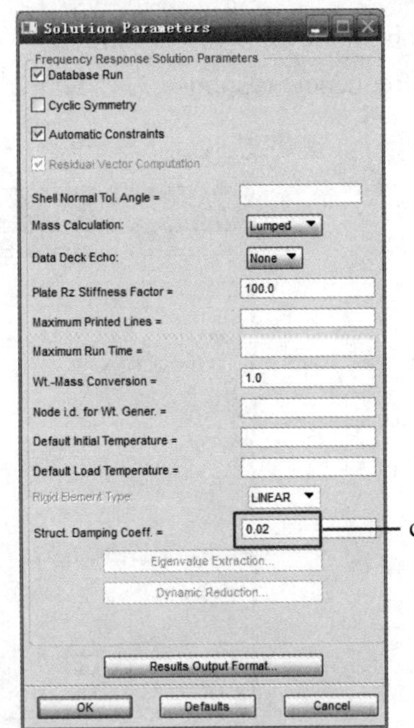

图 3-11 定义直接频响分析

（3）单击 Subcases…按钮，如图 3-12 中 a 所示，选择 frequency_response，将 Subcase Name 设置为相同的名字；如图 3-12 中 b 所示，单击 Subcase Parameters…按钮，在弹出的界面中单击 DEFINE FREQUENCES…按钮；如图 3-12 中 c 所示，定义起始频率为 1，结束频率为 100，步数为 100，连续单击 OK 按钮，回到分析设置界面。

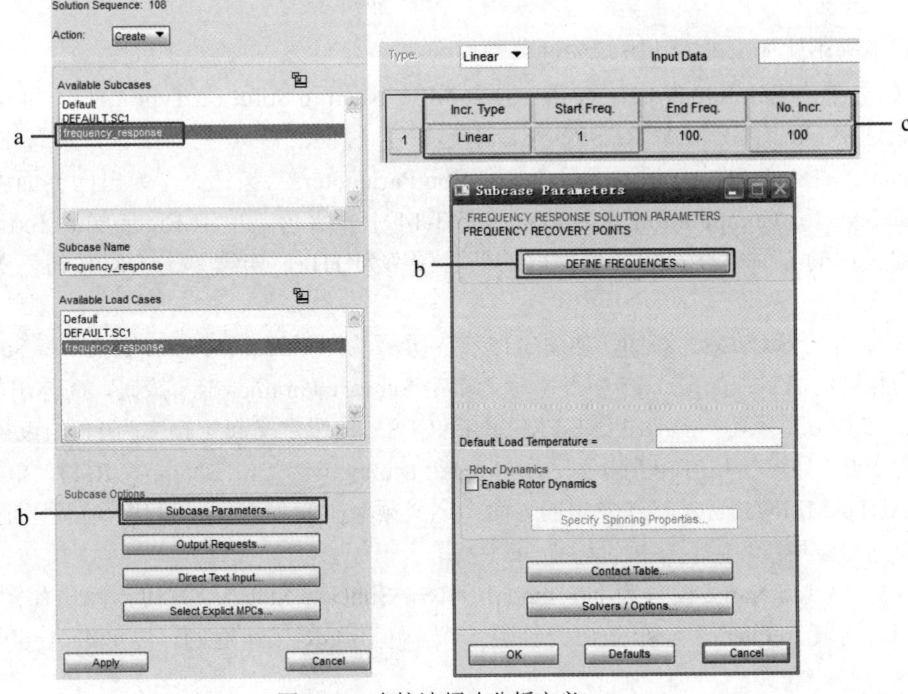

图 3-12 直接法频响分析定义

（4）将 Job Name 设置为 car_direct，单击 Subcase Select...按钮，弹出如图 3-13 所示的窗口，选取 frequency_response 为计算工况，单击 OK 按钮返回，再单击 Apply 按钮递交计算。

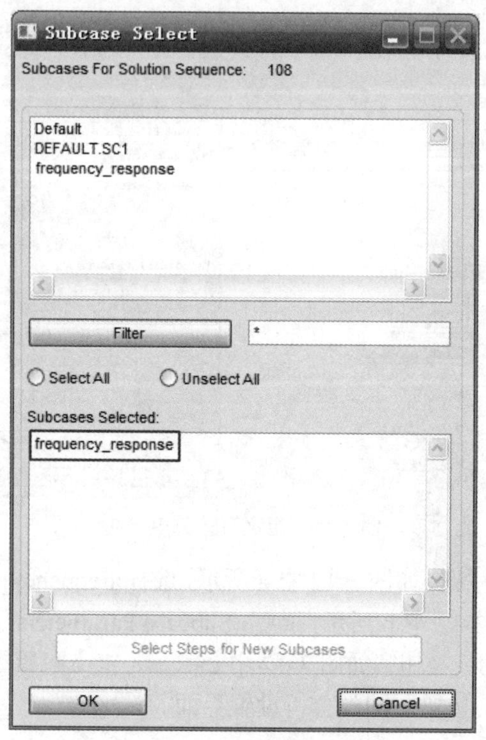

图 3-13 选取 Subcases

接下来讲解使用模态法求解的过程。

（1）单击 Solution Type...按钮，打开 MSC Nastran Solution Type 窗口，如图 3-14 中 a 所示，选中 FREQUENCY RESPONSE 单选按钮；如图 3-14 中 b 所示，设置 Formulation 为 Modal；如图 3-14 中 c 所示，单击 Solution Parameters...按钮，在弹出的界面中取消选中 Residual Vector Computation 复选框；如图 3-14 中 d 所示，单击 Eigenvalue Extraction...按钮，在弹出的界面中设置特征值提取的低阶频率为 1Hz，连续单击 OK 按钮，关闭求解类型定义窗口。

（2）单击 Subcases...按钮，如图 3-15 中 a 所示，选取 frequency_response，将 Subcase Name 设置为相同的名字；如图 3-15 中 b 所示，单击 Subcase Parameters...按钮，在弹出的界面中，如图 3-15 中 c 所示，单击 DEFINE FREQUENCES...按钮定义起始频率为 1，结束频率为 100，步数为 100；如图 3-15 中 d 所示，选择 Modal Damping 为 Crit. Damp.(CRIT)，单击 DEFINE MODAL DAMPING...按钮，在弹出的界面内定义频率在 1～100Hz 区间内，临界阻尼比为 0.01，连续单击 OK 按钮，回到分析设置界面。

（3）将 Job Name 设置为 car_modal，单击 Subcase Select...按钮，弹出如图 3-16 所示的窗口，选取 frequency_response 为计算工况，单击 OK 按钮返回，再单击 Apply 按钮递交计算。

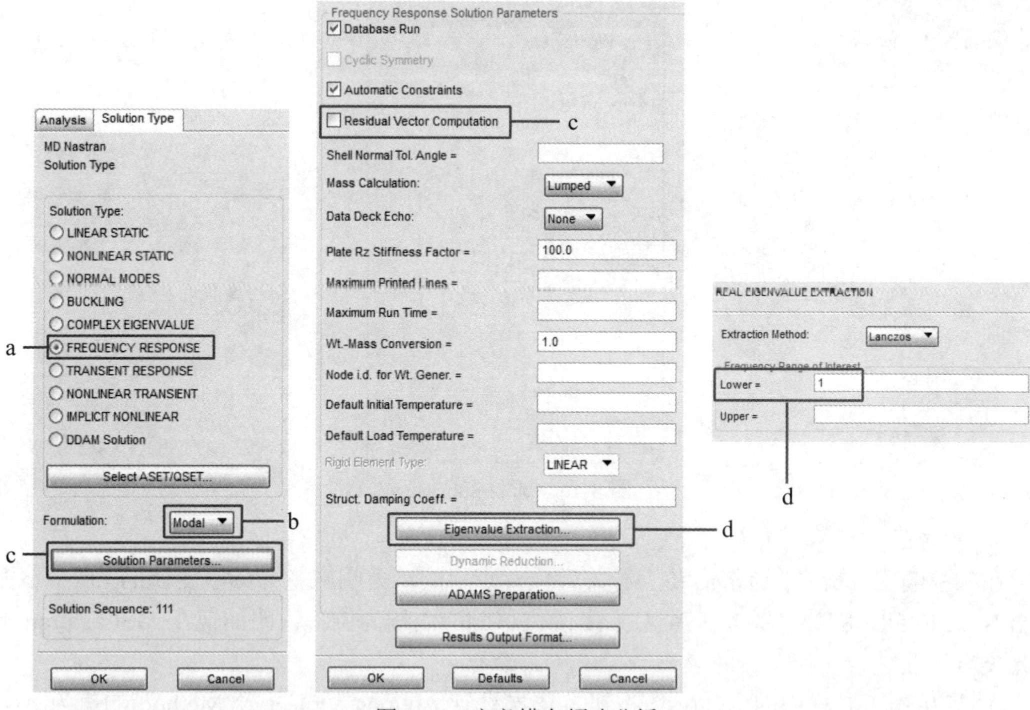

图 3-14　定义模态频响分析

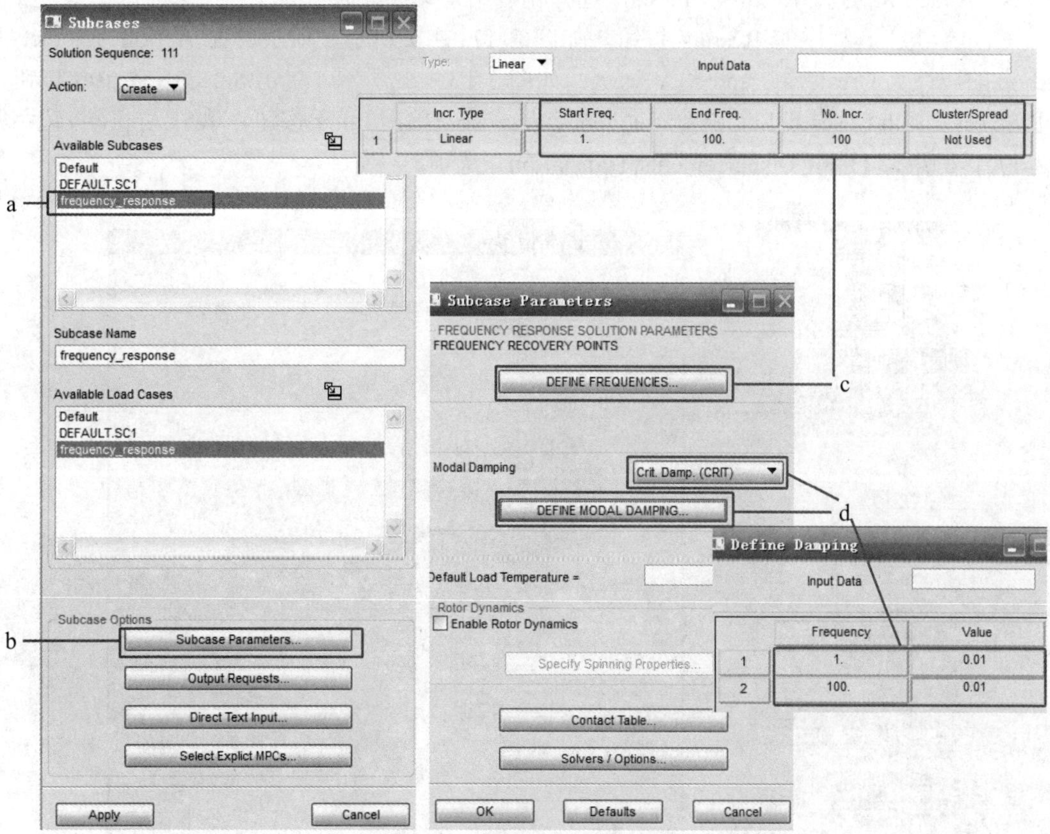

图 3-15　模态法频响分析定义

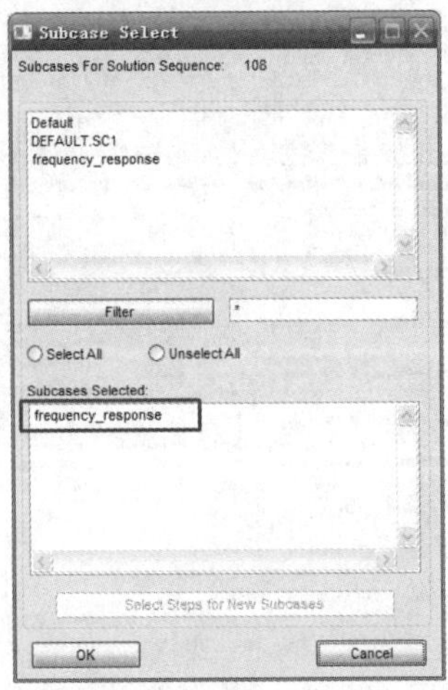

图 3-16　选取 Subcases

4. 结果查看

在频率响应分析中，通常需要查看关键位置点上的动力响应量与频率变化的关系，下面以输出 Node 7858、8796、8640 三个节点上的位移响应曲线为例，说明如何在 MSC Patran 下进行此类后处理。

（1）单击工具栏中的 Analysis 按钮，依次设置 Action、Object 及 Method 的值为 Access Results、Attach XDB 及 Results Entities，选择相应结果文件关联。

（2）单击工具栏中的 Results 按钮，如图 3-17 中 a 所示，依次设置 Action、Object 及 Method 的属性为 Create、Graph 及 Y vs X；如图 3-17 中 b 所示，单击 Select Subcases 按钮，弹出 Select Result Cases 窗口，选中 frequency_respose，单击 Filter 按钮，单击 Apply 按钮；如图 3-17 中 c 所示，选中 Displacements,Translational 选项。

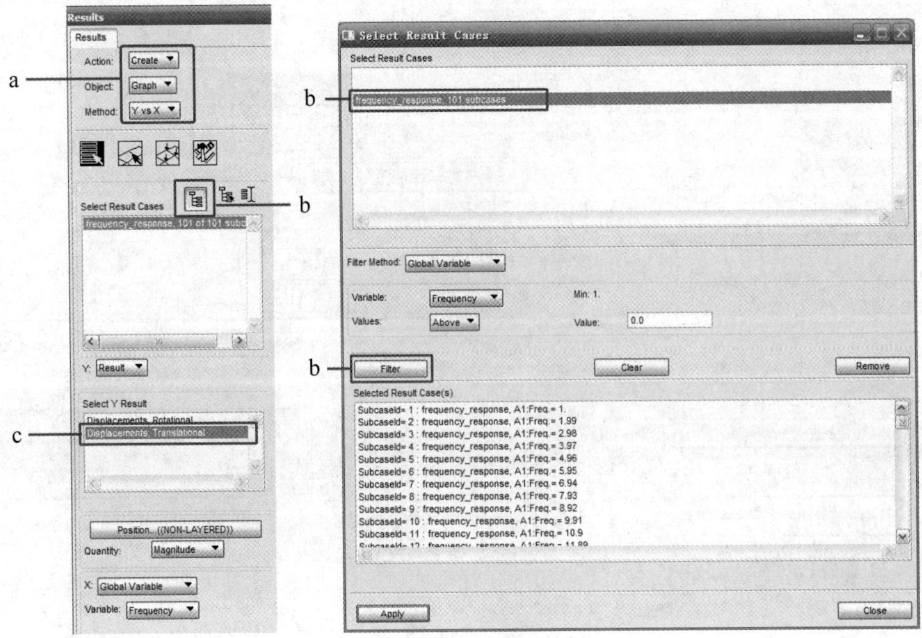

图 3-17　选取结果

（3）如图 3-18 中 a 所示，单击 Target Entities 按钮，选取节点 Node 7858 8796 8640；如图 3-18 中 b 所示，单击 Display Attributes 按钮，将 Y Axis Scale 设置为 Log 显示，单击 Apply 按钮。

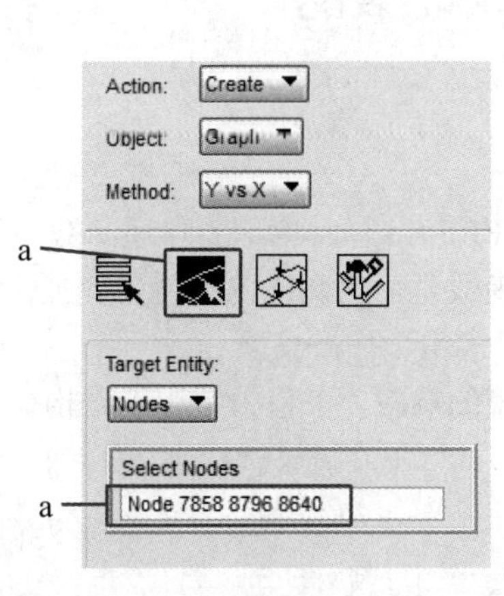

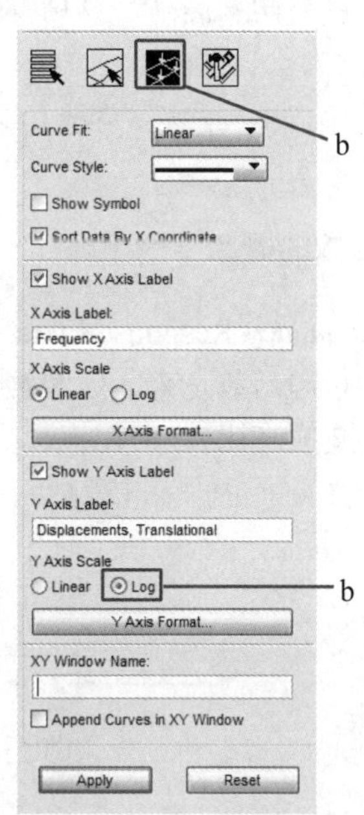

图 3-18　设置结果曲线参数

（4）直接法和模态法生成的结果曲线分别如图 3-19 和图 3-20 所示。

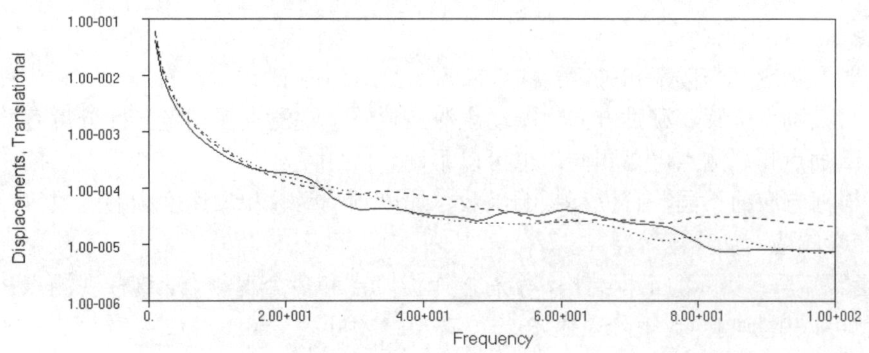

图 3-19　三个关键位置点在频域下的位移响应结果（直接法）

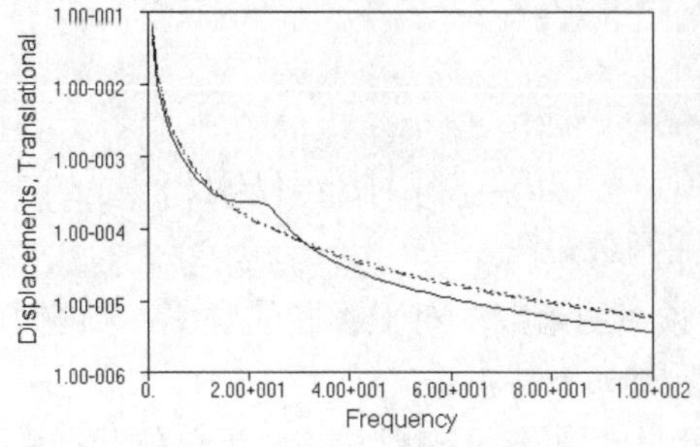

图 3-20　三个关键位置点在频域下的位移响应结果（模态法）

比较图 3-19 和 3-20 可以看到，在本例中，模态法和频率法的计算结果有所差异，因为在模态法的计算中，由模态截断产生了误差。模态法计算结果的改进可通过增加参与计算的模态数目及使用残余向量补偿来提高计算精度。

3.4　频率函数装配

3.4.1　频响函数的概念

频响函数（Frequency Response Function，FRF），有时也称为传递函数。虽然从数学定义上来讲频响函数和传递函数是有区别的（频响函数是输出和输入的傅氏变换之比，传递函数是输出和输入的拉氏变换之比），但在工程实际中常常不作严格区分。

频响函数的定义：单位输入（激励）下系统的响应，工程中常用于结构振动的研判。频响函数示意如图 3-21 所示。

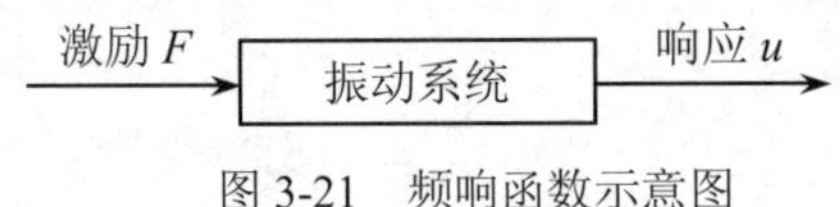

图 3-21　频响函数示意图

则振动系统的频响函数为 $H = u / F$ 。

振动分析中，频响函数的工程意义在于能反映工程结构的动力学特性，其物理意义为结构件上的加载点在单位载荷作用下，该结构上观测点在频域中的振动响应。因此可以用频响函数来表征部件。

频响函数具有如下特征：

（1）频域响应，与频率相关。

（2）与激励点位置、激励方向、振动观测点位置、观测点振动量坐标分量有关。

（3）激励点和观测点可以相同，也可以不同。

（4）根据响应的不同，有位移频响函数、速度频响函数和加速度频响函数等。另外响应也可以是声学响应，如声压等。

频响函数矩阵：实际的工程结构，常有多个激励点和多个观测点，这样观测点和激励点之间的关系就可以用频响函数矩阵来描述。

对于振动系统，其频响分析的运动方程可写成如下形式：

$$(-\omega^2[M] + i\omega[B] + [K])\{u\} = [Z]\{u\} = \{P\}$$

式中$[Z]$是动刚度矩阵。

求解上面的方程，得到位移响应：

$$\{u\} = [Z]^{-1}\{P\} = [H]\{P\}$$

式中$[H]$就是系统的位移频响函数矩阵。

上面的频响函数矩阵是频率的函数，对于不同的频率，频响函数矩阵中的数值是不同的。

频响函数（FRF）矩阵具有如下特点：

（1）某频率下的 FRF 矩阵，代表了该激励频率下单位载荷的系统响应。

（2）FRF 矩阵中的行代表了观测响应的自由度，列代表单位载荷作用的自由度。

（3）FRF 矩阵中的元素 H_{ij} 的含义为在 j 自由度施加单位载荷，在 i 自由度上产生的响应。因此，FRF 矩阵中第 j 列代表了单位载荷作用在 j 自由度上系统所有观测自由度的响应。同样，FRF 矩阵中第 i 行代表了单位载荷作用在所有激励自由度下系统观测自由度 i 的响应。

（4）由互易性定理：$H_{ij} = H_{ji}$，因此 FRF 矩阵是一个对称矩阵。

（5）在实际中，FRF 矩阵可以通过在每个自由度施加单位载荷，然后计算各个自由度的响应得到。

（6）一般情况下，FRF 矩阵是个方阵。

1）假设响应是在所有的自由度上计算。

2）单位载荷作用到所有的自由度上。

（7）在大多数工程实际中。

1）响应仅仅在系统的某些点上计算。

2）载荷也是仅仅作用到某些自由度，不是所有的自由度。

3）实际用于分析处理的 FRF 矩阵是一个 $r\,x\,e$ 形式的矩阵，r 是观测响应的自由度数，e 是实际激励的自由度数。

3.4.2 频响函数装配的概念

频响函数装配（FRF Based Assembly，FBA）是指通过装配获得装配件（结构）的频响函数。

装配件的频响函数除了直接计算外，也可以由组成装配件的各零件的频响函数通过装配计算得到，这个计算过程就叫频响函数装配。频响函数的装配是通过满足在连接自由度上的位移协调和力平衡条件来实现的。

（1）位移协调条件。组成装配件的零件在连接自由度上的位移都相同。

（2）力平衡条件某个零件在某连接自由度的力是其他零件在该连接自由度的合力。

（3）使用上面两个条件，在 MSC Nastran 中就可以从组成装配件的各零件的频响函数以及零件间的装配信息计算得到装配件的频响函数，而无需其他的信息。

（4）频响函数装配过程假设：

1）所有零件的频响函数都具有相同的激励频率。

2）频响函数的装配也是在这些激励频率下进行装配，即装配结果和各零件具有相同的激励频率。

频响函数装配的目的是应用于传递路径分析（Transfer Path Analysis，TPA）。实际结构受多种振动源的激励，每种激励都可能通过不同的路径，把激励载荷或者能量传递到多个响应点。传递路径分析就是通过分析研究载荷或能量的传递路径，采取有效措施，达到减振降噪的目的。

传递路径分析是基于叠加原理的，即结构某点的响应是由所有激励通过所有可能的路径在该点所产生的响应叠加。因此，在 TPA 中有部件贡献量的概念。通过传递路径分析可以准确地判断出各主要激励源和传递路径的贡献量，进而对贡献量大的激励源和传递路径作相应的优化改进。TPA 的基础是频响函数，可以是计算的频响函数，也可以是测试得到的频响函数。

目前，TPA 是汽车行业应用比较广泛的 NVH 研究方法，其方法可扩展到其他行业，如飞机、船舶等。

TPA 的基本原理：假设有多个载荷构成载荷向量$\{P\}$作用到结构系统上，其中一个载荷P_j在j点的位移响应分量$\{u\}_j$可由下式计算得到

$$\{u\}_j = P_j\{H\}_j$$

式中$\{H\}_j$是 FRF 矩阵$[H]$的第j列元素。

则由载荷向量$\{P\}$所产生的总的位移响应$\{u\}$为

$$\{u\} = \sum_{j=1}^{n}\{u\}_j = \sum_{j=1}^{n}P_j\{H\}_j = [H]\{P\}$$

零件的 TPA 分析要计算所有载荷的响应分量和总响应，装配件的 TPA 分析要计算所有零件的响应分量、总响应以及连接零件之间的力。

频响函数装配的优点：

（1）分析载荷或能量传递的路径。

（2）促进部件间耦合动力学的研究，为隔振减震提供指导。

（3）节约装配件频响计算时间，特别是零件结构更改时。

（4）可以实现分析和测试混合建模。

1）部分零件有计算的频响函数。

2）测试零件有测试的频响函数。

3）上述部件计算的频响函数和测试的频响函数可以装配在一起，得到整个装配件的频响函数。

（5）提供一个简单的方法从单个零件的频响函数得到装配件的频响函数。

3.4.3 频响函数装配在 MSC Nastran 中的实现

频响函数装配和频响函数计算一样，在 MSC Nastran 中可以使用两种求解序列来进行分析：Direct Frequency Response Analysis（SOL 108）和 Modal Frequency Response Analysis（SOL 111）。

1. 频响函数装配的应用过程

（1）FRF 生成。

1）使用求解序列 SOL 108 或 SOL 111，在工况控制段使用 FRF 工况控制参数计算单个零件的 FRF。

- 定义零件之间的连接点。
- 零件的 FRF 和其他信息将被存储到指定的数据库或 OP2 文件中。生成装配（.asm）文件，其中包含 FRFCOMP 卡片数据用于后续的装配分析。

2）单位载荷定义：使用 FRFXIT 或者 FRFXIT1 卡片指定载荷作用点和载荷方向。FRFXIT 和 FRFXIT1 可以直接定义多个单位载荷，每个单位载荷自动产生一个工况，比常规的工况定义和使用 DLOADs 和 RLOADi 的载荷定义更加方便。

3）用户定义的载荷：使用标准的 DLOAD 工况控制命令指向 DLOAD/RLOADi 数据卡片。

4）自动产生下列各点的频响数据。

- 使用 DISP，VELO 或者 ACCE 输出请求卡片定义的所有点。
- 与 PLOTEL 卡片相关的所有网格点。
- 与 STRESS/FORCE 输出所指定的单元相连接的点。
- 所有施加载荷的点，包括单位载荷和用户指定的载荷。
- 所有连接节点。

（2）FBA 过程。

1）在求解序列 SOL108 和 SOL111 中，使用工况控制命令 FRF 装配步骤 1 得到的零件的频响函数

2）需要装配的零件 FRF 由 FRFCOMP 卡片指定。该卡片内容在计算零件的 FRF 时自动产生（.asm 文件），只需在 FBA 计算中包含进来即可。

3）零件 FRF 之间的连接节点由 MSC Nastran 程序自动确定也可使用 FRFCONN 卡片指定标量点间的连接或一致节点之间的显式连接关系。

4）零件之间的连接通常被处理成刚性连接。

- 也可以使用 FRFFLEX 卡片定义一致网格点自由度之间的柔性连接，可指定柔性连接的刚度和阻尼。这些值可以是常数，也可以随频率变化。
- 使用 FRFRELS 卡片可定义网格点连接自由度之间的释放。

5）连接自由度有约束，需要使用 FRFSPC1 卡片指定。FRFSPC1 在工况控制段由 SPC 工况控制命令来选择。

6）单位载荷：已经在零件的 FRF（步骤 1）中定义，本步骤无须再定义。

7）用户定义的载荷：使用卡片 FBALOAD、FBADLAY 和 FBAPHAS 来定义。

- 这些卡片本质上是定义复杂的载荷系数，以便得到用户所需要的载荷。载荷定义后，其对应的响应将被相应地放大或缩小。
- 这些卡片由 RLOAD1/RLOAD2 卡片调用。
- 这些卡片在 MSC Nastran 内部将分别被转换成等效的 DAREA、DELAY 和 DPHASE 卡片。

2. FRF 和 FBA 中用户定义载荷的计算结果

（1）如果用户在 FRF/FBA 分析（SOL 108 或者 SOL 111）中使用工况控制命令 DLOAD 指定了动态载荷作用到模型的 N 个自由度上。

1）MSC Nastran 将自动生成（N+1）个载荷工况的结果。

2）前 N 个工况是每个自由度作用载荷的结果。

3）第（N+1）个工况是所有载荷共同作用的结果。

（2）也有可选项控制仅输出第（N+1）个工况的结果。

（3）对于标准的 SOL 108/SOL 111 分析工作，仅产生总载荷的结果输出，也就是上面提到的第（N+1）荷工况的结果。

（4）上面所描述的 FRF 和 FBA 中用户定义载荷的结果输出非常适合 TPA 的研究。它既可检查单个载荷对系统响应的影响，也可以检查总载荷对系统响应的影响。

3. FRF 和 FBA 用到的卡片

（1）FRF/FBA 工况控制段卡片。FRF 定义分析类型、零件编号和零件名称、输出方法等。

（2）FRF 生成模型数据段卡片。定义单位载荷激励：FRFXIT 和 FRFXIT1。

（3）计算 FBA 模型数据段卡片。

1）FBA 时指定装配的零件，如 FRFCOMP。

2）指定零件间的连接关系，如 FRFCONN、FRFFLEX、FRFRELS、FRFSPC1。

3）用户载荷定义，如 FBADLAY、FBALOAD、FBAPHAS。

4. FRF 工况控制命令和参数

FRF 工况控制命令的命令格式和参数如图 3-22 所示。

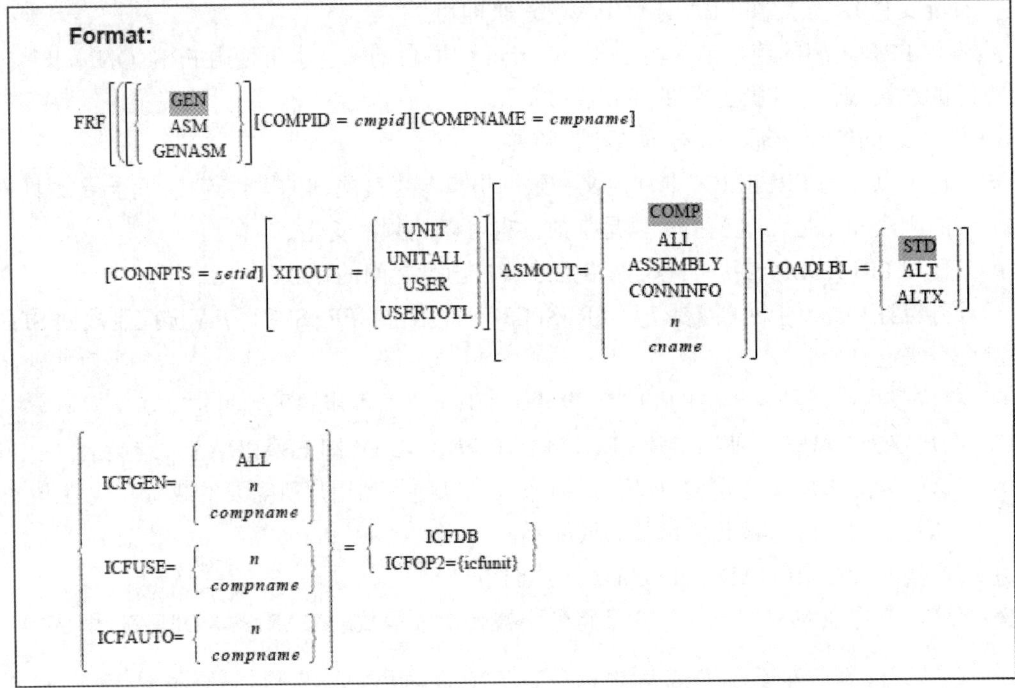

图 3-22 FRF 工况控制命令的命令格式和参数

其中主要参数含义如下：

（1）生成/装配参数。

1）GEN 产生指定零件的 FRF（默认）。

2）ASM 对零件的 FRF 进行装配。

3）GENASM 产生零件的 FRF 并进行装配。

（2）零件 ID/命名参数。

1）COMPID = cmpid，指定零件 FRF 的编号。

2）COMPNAME = cmpname，指定部件 FRF 的名称。

（3）连接参数。

CONNPTS= SETID 指定零件连接点的集合。

（4）FRF 输出控制参数。

1）XITOUT=unit，输出单位载荷激励的 FRF 结果。

2）XITOUT=unitall，输出单位载荷激励的 FRF 结果以及连接点单位载荷激励的 FRF 结果。

3）XITOUT=USER，输出用户定义的载荷激励的结果。

4）XITOUT=USERTOT，输出用户定义的总载荷的结果。

（5）ASMOUT 参数。

1）FRF (…ASMOUT= COMP)。FBA 分析时，仅输出单个的 FRF 部件。

2）FRF (…ASMOUT=ASSEMBLY)。产生装配 FRF 的输出。

3）FRF (…ASMOUT=ALL)。输出单个 FRF 部件和装配 FRF。

4）FRF (…ASMOUT=CONNINFO)。产生 FRF 部件连接信息后就终止运行，相当于运行测试。

5）FRF (…ASMOUT=cname)。仅产生指定名称部件的 FRF。

（6）LOADLBL 参数。

1）该参数用来控制 FRF 和 FBA 输出中的载荷标签。

2）具体参数及含义可参考 *MSC Nastran Quich Reference Guide* 中的说明。

（7）ICFGEN 界面载荷参数。

1）FRF (…ICFGEN = ALL)。产生所有零件的 ICF 信息。

2）FRF (…ICFGEN = *n*)。

- $n>0$，产生指定的零件集的 ICF 信息。
- $n<0$，产生指定零件号的 ICF 信息。

3）FRF (…ICFGEN = compname)。产生指定名称的零件的 ICF 信息。

4）FRF (…ICFUSE = ALL)。使用所有零件的 ICF 信息。

5）FRF (…ICFUSE = *n*)。

- $n>0$，使用指定零件集的 ICF 信息。
- $n<0$，使用指定零件号的 ICF 信息。

6）FRF (…ICFUSE = compname)。使用指定名称的零件的 ICF 信息。

7）FRF (…ICFAUTO = *n*)。

- $n>0$，产生和使用指定零件集的 ICF 信息。
- $n<0$，产生和使用指定零件号的 ICF 信息。

8）FRF (…ICFUSE = compname)。产生和使用指定零件名称的 ICF 信息。

（8）ICF 界面载荷存储方法。

1）FRF (…ICFDB)。ICF 信息存储在数据库中（默认选项）。

2）FRF (…ICFOP2= xx)。ICF 信息存储在指定的文件中。

FRF 和 FBA 模型数据段其他卡片的格式和内容读者可参考 *MSC Nastran Quick Reference Guide*，这里不再作一一介绍。

3.4.4 频响函数装配实例

模型描述：3 个零件，装配到一起，通过装配单个零件的 FRF，得到整个装配件的 FRF。模型图如图 3-23 所示。

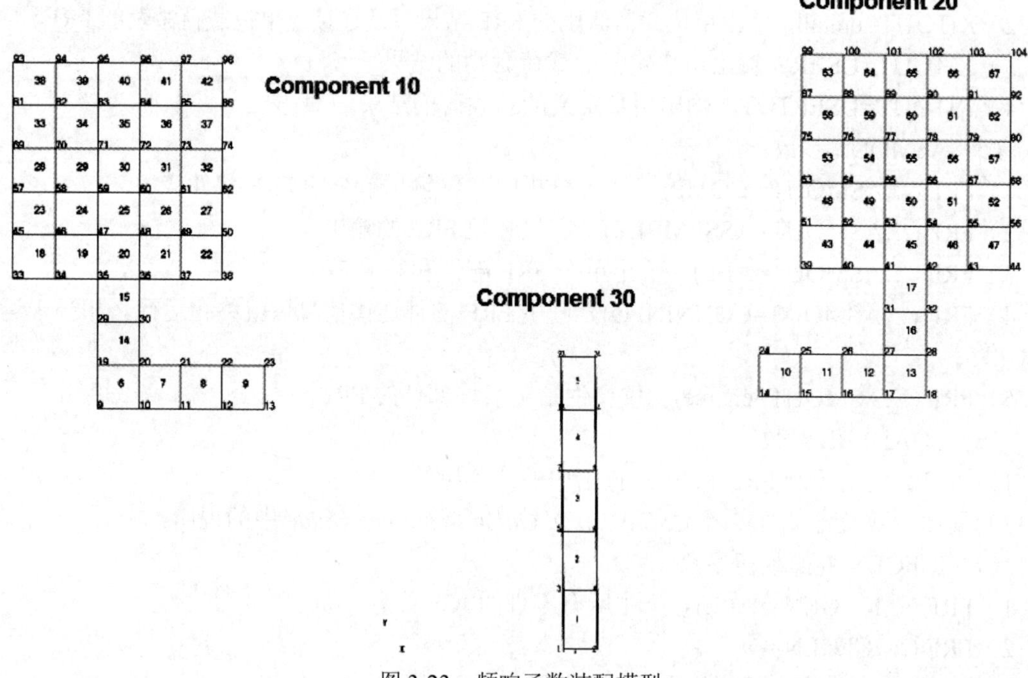

图 3-23　频响函数装配模型

在进行频响函数装配前，首先要计算单个零件的频响函数，产生单个零件频响函数的计算设置如下。

产生 Component 10 的 FRF 计算设置如图 3-24 所示。

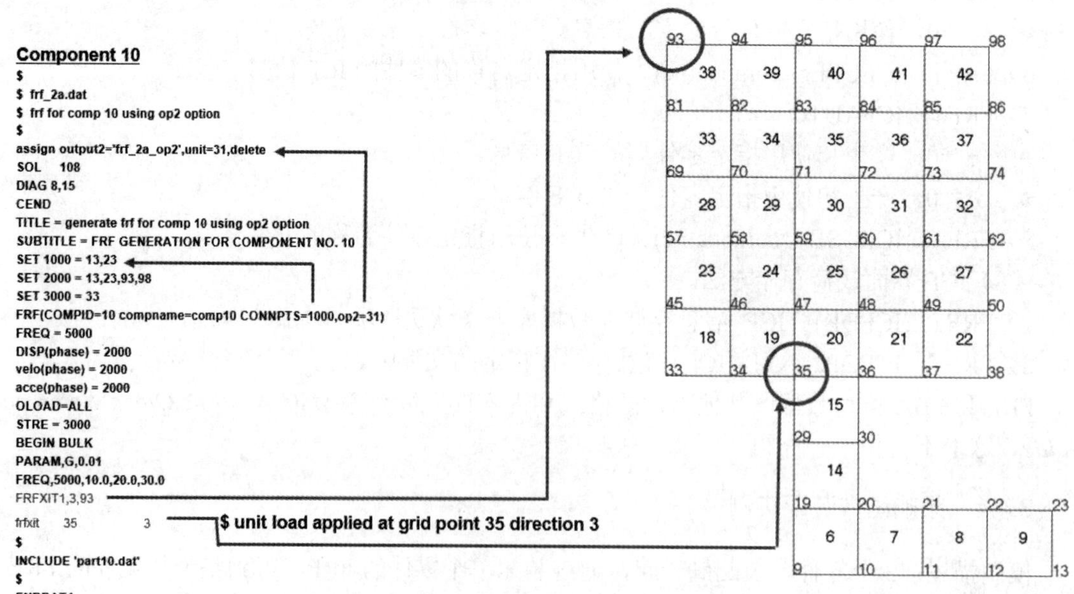

图 3-24　Component 10 的 FRF 计算设置

产生 Component 20 的 FRF 计算设置如图 3-25 所示。

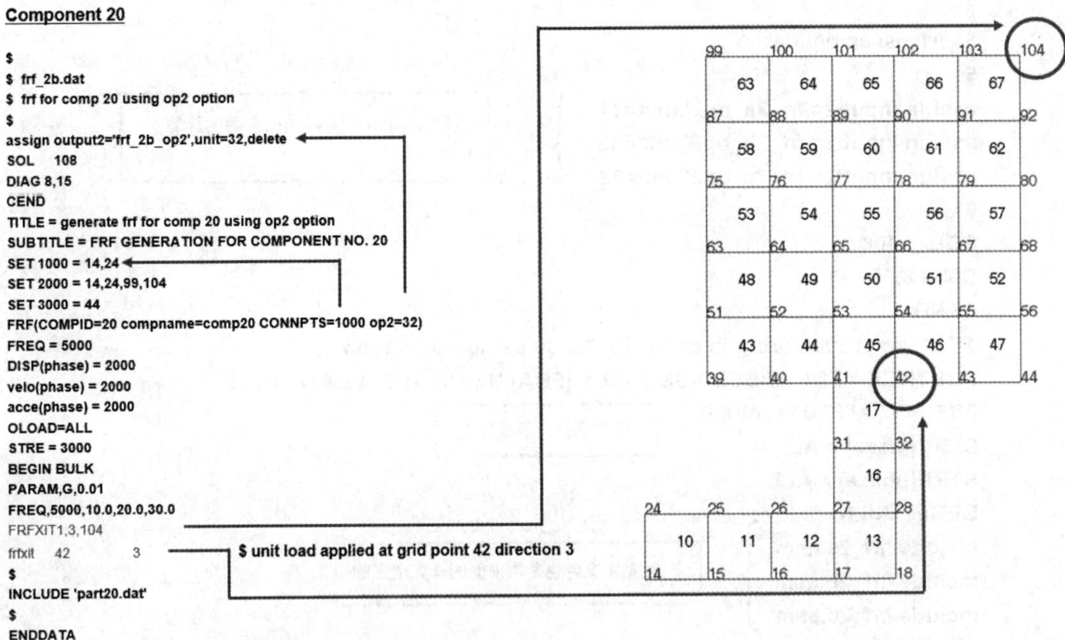

图 3-25 Component 20 的 FRF 计算设置

产生 Component 30 的 FRF 计算设置如图 3-26 所示。

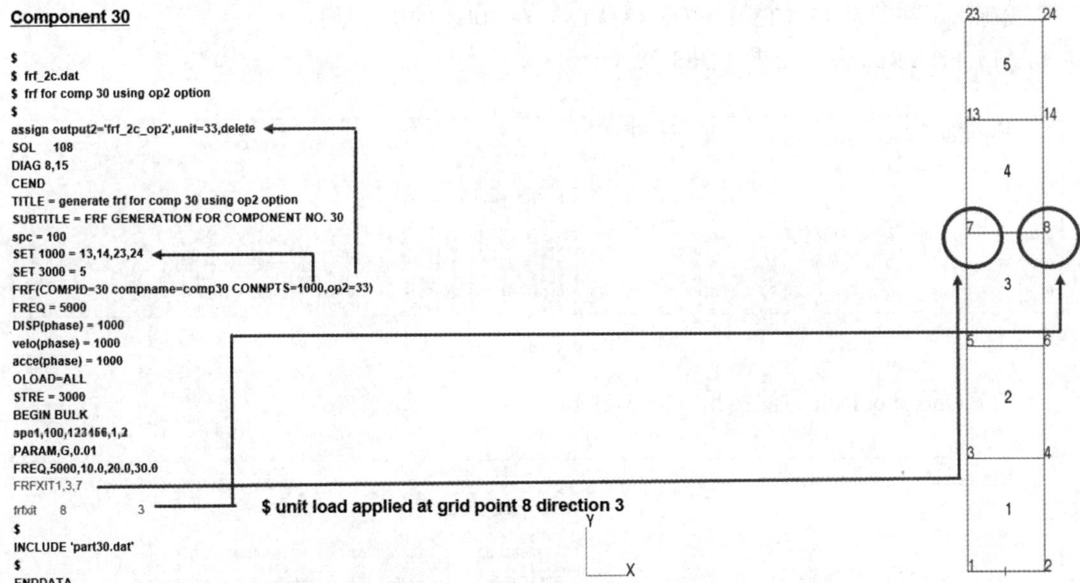

图 3-26 Component 30 的 FRF 计算设置

频响函数装配计算设置如图 3-27 所示。

Assemby Run

```
$
$ frf_assembly.dat
$
assign inputt2='frf_2a_op2',unit=31
assign inputt2='frf_2b_op2',unit=32
assign inputt2='frf_2c_op2',unit=33
$
SOL    108
DIAG 8,15
CEND
TITLE = sol 108 - bring in comp 10, 20, 30 using op2 option
SUBTITLE = FRF BASED ASSEMBLY (FBA) USING THE ASM OPTION
FRF(ASM XITOUT=unitall)
DISP(phase) = ALL
STRE(phase) = ALL
BEGIN BULK
include 'frf_2a.asm'
include 'frf_2b.asm'
include 'frf_2c.asm'
ENDDATA
```

这些 output2 文件是由前面的计算产生的

ASM 表示执行装配分析

这些 ASM 文件也是由前面的计算产生的

图 3-27 频响函数装配计算设置

结果比较：频响函数装配的结果和直接对装配件进行建模分析的结果。

载荷作用在节点 13（T3）：节点 13（T3）在 20Hz 的位移响应。

（1）FBA Run 方法结果（图 3-28）。

```
1    SOL 108 - BRING IN COMP 10, 20, 30 USING OP2 OPTION                    DECEMBER  19, 2011  MSC.NASTRAN 11/25/11   PAGE    35
      FRF BASED ASSEMBLY (FBA) USING THE ASM OPTION                             FBA OUTPUT FOR FRF COMPONENT         10 (COMP10   )
0    UNIT LOAD ON GRID         13/3 (FRF COMP.       10 / COMP10   )                                              FBA SUBCASE          9
      FREQUENCY =   2.000000E+01
                                             C O M P L E X   D I S P L A C E M E N T   V E C T O R
                                                               (MAGNITUDE/PHASE)

      POINT ID.    TYPE          T1                 T2                 T3              R1              R2              R3
0         13         G       0.0                0.0               1.497421E-02    1.163808E-03    2.151397E-03    0.0
                                 0.0                0.0           359.1704        358.1897        359.0002            0.0
0         23         G       0.0                0.0               1.537547E-02    7.744131E-05    6.716002E-04    0.0
                                 0.0                0.0           359.1049        196.9581        358.0282            0.0
0         35         G       0.0                0.0               4.846601E-04    9.209557E-03    1.308926E-03    0.0
                                 0.0                0.0           337.9925        179.4995        180.4884            0.0
```

图 3-28 FBA Run 方法结果

（2）One-shot Run 方法结果（图 3-29）。

```
0                                                                                                                          SUBCASE 2
      FREQUENCY =   2.000000E+01
                                             C O M P L E X   D I S P L A C E M E N T   V E C T O R
                                                               (MAGNITUDE/PHASE)

      POINT ID.    TYPE          T1                 T2                 T3              R1              R2              R3
0          7         G       0.0                0.0               1.198668E-02    5.066612E-03    1.972500E-03    0.0
                                 0.0                0.0           359.2179        359.1330        359.1010            0.0
0          8         G       0.0                0.0               1.071159E-02    4.287366E-03    1.186601E-03    0.0
                                 0.0                0.0           359.2431        359.1408        358.8354            0.0
0         13         G       0.0                0.0               1.497421E-02    1.163808E-03    2.151397E-03    0.0
                                 0.0                0.0           359.1704        358.1897        359.0002            0.0
0         14         G       0.0                0.0               1.342347E-02    1.366029E-03    1.676386E-03    0.0
                                 0.0                0.0           359.1930        358.4375        358.9254            0.0
0         23         G       0.0                0.0               1.537547E-02    7.744131E-05    6.716002E-04    0.0
                                 0.0                0.0           359.1049        196.9581        358.0282            0.0
```

图 3-29 One-shot Run 方法结果

载荷作用在节点 7（T3）：节点 23（T3）在 30Hz 的位移响应。

（1）FBA Run 方法结果（图 3-30）。

```
1    SOL 108 - BRING IN COMP 10, 20, 30 USING OP2 OPTION            DECEMBER 19, 2011  MSC.NASTRAN 11/25/11   PAGE    24
      FRF BASED ASSEMBLY (FBA) USING THE ASM OPTION                     FBA OUTPUT FOR FRF COMPONENT        10 (COMP10  )
0    UNIT LOAD ON GRID        7/3 (FRF COMP.       30 / COMP30  )                                   FBA SUBCASE           5
      FREQUENCY =  3.000000E+01
                                 C O M P L E X   D I S P L A C E M E N T   V E C T O R
                                                 (MAGNITUDE/PHASE)

      POINT ID.   TYPE          T1              T2              T3              R1              R2              R3
0          13      G        0.0             0.0            1.778913E-02    1.055151E-03    7.140101E-03    0.0
                               0.0             0.0         358.5667        358.4153        355.3266           0.0
0          23      G        0.0             0.0            1.809506E-02    2.436631E-04    5.582085E-03    0.0
                               0.0             0.0         358.6122        169.2204        354.6796           0.0
0          35      G        0.0             0.0            2.314667E-02    1.286235E-02    9.387693E-03    0.0
                               0.0             0.0         355.6430        176.5634        353.6531           0.0
0          69      G        0.0             0.0            5.118722E-03    1.433360E-02    9.596031E-03    0.0
                               0.0             0.0         343.5486        176.5258        353.5502           0.0
```

图 3-30 FBA Run 方法结果

（2）One-shot Run 方法结果（图 3-31）。

```
0                                                                                                           SUBCASE 1
      FREQUENCY =  3.000000E+01
                                 C O M P L E X   D I S P L A C E M E N T   V E C T O R
                                                 (MAGNITUDE/PHASE)

      POINT ID.   TYPE          T1              T2              T3              R1              R2              R3
0           7      G        0.0             0.0            1.482456E-02    5.504564E-03    6.244773E-03    0.0
                               0.0             0.0         358.6264        358.2880        355.7595           0.0
0           8      G        0.0             0.0            1.015295E-02    3.529959E-03    5.443347E-03    0.0
                               0.0             0.0           0.0576          0.4435        355.2194           0.0
0          13      G        0.0             0.0            1.778913E-02    1.055151E-03    7.140101E-03    0.0
                               0.0             0.0         358.5667        358.4153        355.3266           0.0
0          14      G        0.0             0.0            1.236494E-02    1.420344E-03    6.479627E-03    0.0
                               0.0             0.0           0.0588        358.9908        354.9695           0.0
0          23      G        0.0             0.0            1.809506E-02    2.436631E-04    5.582085E-03    0.0
                               0.0             0.0         358.6122        169.2204        354.6796           0.0
```

图 3-31 One-shot Run 方法结果

比较结果数据可知，两种方法一致。

如果要输出 FRF 连接点的界面载荷（ICF），计算设置如图 3-32 所示（红框内是与 ICF 相关的卡片）。

```
$
$    frf_assembly_ICF.dat
$
assign inputt2='frf_2a_op2',unit=31
assign inputt2='frf_2b_op2',unit=32
assign inputt2='frf_2c_op2',unit=33
$
SOL     108
DIAG 8,15
CEND
TITLE = sol 108 - bring in comp 10, 20, 30 using op2 option
SUBTITLE = FRF BASED ASSEMBLY (FBA) USING THE ASM OPTION
set 111 = 13
set 222=10,30
FRF(ASM ICFGEN=ALL)    $ ICFGEN=ALL 计算界面载荷
ICF=ALL                $ 输出界面载荷
DLOAD=20               $ 用户定义载荷
BEGIN BULK
param,post,-1
rload1,20,100,,,2
$
FBALOAD,100,comp10,35,3,1.0   $ 载荷具体大小和位置
$
TABLED1,2
,0.0,1.0,100.0,1.0,ENDT
include 'frf_2a.asm'
include 'frf_2b.asm'
include 'frf_2c.asm'
ENDDATA
```

图 3-32 计算设置

输出结果如图 3-33 所示。

```
^^^
^^^ICF COMPUTATION FOR FRF COMPONENT   10          (COMP10)
^^^
1    SOL 108 - BRING IN COMP 10, 20, 30 USING OP2 OPTION                    DECEMBER   9, 2015  MSC Nastran 11/27/13   PAGE    10
      FRF BASED ASSEMBLY (FBA) USING THE ASM OPTION                                FBA OUTPUT FOR FRF COMPONENT        10 (COMP10  )
0    TOTAL USER LOAD                                                    (USER SUBCASE/DLOAD=          1/        20)  FBA SUBCASE    19999
      FREQUENCY =  1.000000E+01
                              C O M P L E X   I N T E R - C O M P O N E N T   F O R C E   V E C T O R
                                                    (REAL/IMAGINARY)

      POINT ID.   TYPE          T1             T2             T3             R1             R2             R3
0          13       G        0.0            0.0         -3.866910E+00   4.619783E+00   5.157862E+00   0.0
                             0.0            0.0         -2.604982E-01   3.148272E-01   4.596093E-01   0.0
0          23       G        0.0            0.0          6.550804E+00   3.498733E+00   2.626877E+00   0.0
                             0.0            0.0          4.872147E-01   2.537217E-01   2.272493E-01   0.0
1    SOL 108 - BRING IN COMP 10, 20, 30 USING OP2 OPTION                    DECEMBER   9, 2015  MSC Nastran 11/27/13   PAGE    11
      FRF BASED ASSEMBLY (FBA) USING THE ASM OPTION                                FBA OUTPUT FOR FRF COMPONENT        10 (COMP10  )
0    TOTAL USER LOAD                                                    (USER SUBCASE/DLOAD=          1/        20)  FBA SUBCASE    19999
      FREQUENCY =  2.000000E+01
                              C O M P L E X   I N T E R - C O M P O N E N T   F O R C E   V E C T O R
                                                    (REAL/IMAGINARY)

      POINT ID.   TYPE          T1             T2             T3             R1             R2             R3
0          13       G        0.0            0.0         -9.982852E-01   7.208087E-01  -7.129382E-01   0.0
                             0.0            0.0          3.018303E-03   2.712772E-04   7.730525E-03   0.0
0          23       G        0.0            0.0          8.331572E-01   4.298739E-01  -3.482535E-01   0.0
                             0.0            0.0         -7.353335E-04   4.253077E-04   3.955570E-03   0.0
1    SOL 108 - BRING IN COMP 10, 20, 30 USING OP2 OPTION                    DECEMBER   9, 2015  MSC Nastran 11/27/13   PAGE    12
      FRF BASED ASSEMBLY (FBA) USING THE ASM OPTION                                FBA OUTPUT FOR FRF COMPONENT        10 (COMP10  )
0    TOTAL USER LOAD                                                    (USER SUBCASE/DLOAD=          1/        20)  FBA SUBCASE    19999
      FREQUENCY =  3.000000E+01
                              C O M P L E X   I N T E R - C O M P O N E N T   F O R C E   V E C T O R
                                                    (REAL/IMAGINARY)

      POINT ID.   TYPE          T1             T2             T3             R1             R2             R3
0          13       G        0.0            0.0         -3.819416E+00   2.065940E+00  -3.142824E+00   0.0
                             0.0            0.0          2.852564E-01  -1.421893E-01   2.060707E-01   0.0
0          23       G        0.0            0.0          3.484205E+00   1.262178E+00  -1.374515E+00   0.0
                             0.0            0.0         -2.836272E-01  -8.991676E-02   7.874693E-02   0.0
*** USER INFORMATION MESSAGE 4114 (OUTPX2)
```

图 3-33　输出结果

第 4 章　瞬态响应分析

瞬态响应是受迫振动问题中最常用的计算方法。瞬态响应分析的目的就是计算时变激励载荷作用下结构的动力学行为。这里随时间变化的激励载荷是在时间域中明确定义的，所以每一时刻作用在结构上的外载荷都是已知的。载荷的形式可以是外力和/或强迫运动。瞬态动力响应分析的典型结果是节点位移和节点加速度以及单元力和单元应力。根据结构和载荷特性的不同，瞬态响应分析有两种不同的数值方法可供选用：直接法和模态法。直接法瞬态响应分析是对全部耦合的运动方程进行直接数值积分来求解；模态法瞬态响应分析是利用结构的模态振型对耦合的运动方程进行缩减和解耦，然后再由单个的模态响应进行叠加来得到问题的最终解答。

以上说明概括起来，得到如下几点：

（1）计算时变激励下结构的响应。

（2）激励在时间域中显式定义，所有作用力在每个时间点给定。

（3）计算的响应通常包括节点位移、速度、加速度、单元力和应力。

（4）计算瞬态响应有直接法（Direct）和模态法（Modal）。

4.1　直接法瞬态响应分析

4.1.1　过程

动力学方程：

$$[M]\{\ddot{u}(t)\}+[B]\{\dot{u}(t)\}+[K]\{u(t)\}=\{P(t)\}$$

在具有固定时间间隔 Δt 的离散时间点，求解结构的响应。

对固定时间段求出离散点的响应，用中心差分法：

$$\{\dot{u}_n\}=\frac{1}{2\Delta t}\{u_{n+1}-u_{n-1}\}$$

$$\{\ddot{u}_n\}=\frac{1}{\Delta t^2}\{u_{n+1}-2u_n+u_{n-1}\}$$

使用 Newmark-Bcta 方法转化为（可以选择 Willson-Theta 法、Hughes-Alpha,Bathe 法）：

$$\left[\frac{m}{\Delta t^2}\right](u_{n+1}-2u_n+u_{n-1})+\left[\frac{b}{2\Delta t}\right](u_{n+1}-u_{n-1})+\left[\frac{k}{3}\right](u_{n+1}+u_n+u_{u-1})=\frac{1}{3}(P_{n+1}+P_n+P_{n-1})$$

整理得到：

$$[A_1]\{u_{n+1}\}=[A_2]+[A_3]\{u_n\}+[A_4]\{u_{n-1}\}$$

式中：

$[A_1]=[M/\Delta t^2+B/2\Delta t+K/3]$ 动力矩阵；

$[A_2]=1/3\{P_{n+1}+P_n+P_{n-1}\}$ 外力；

$$\left.\begin{aligned}[A_3]&=[2M/\Delta t^2-K/3]\\ [A_4]&=[-M/\Delta t^2+B/2\Delta t-K/3]\end{aligned}\right\}\text{初始条件}$$

$\{P(t)\}$ 是超过三个时间点的平均值，$[K]$ 也进行了修改。如果没有 $[M]$ 或 $[B]$ 阵，动力学方程可缩减为 $[K]\{u_n\}=\{P_n\}$ 的静态解。

对 $[A_1]$ 求逆并把它应用于上述方程的右端项，进行求解。

如果在整个求解过程中 Δt 保持不变，$[A_1]$ 仅需要被求逆一次。如果 Δt 改变，则 $[A_1]$ 必须重新进行求逆操作（这是一个很费时的操作)。

输出时间间隔可以比求解的时间间隔长（例如，求解的 Δt 是 0.001 秒，而结果输出可以每五个时间步长输出一次，即输出的 Δt 为 0.005 秒)。

4.1.2 直接瞬态响应分析中的阻尼

$$B=B^1+B^2+G/W_3K^1+1/W_4\sum G_EK_E$$

式中：B^1 = 阻尼单元（VISC,DAMP）+ B2GG；B^2 = B2PP 直接输入矩阵+传递函数；G = 整体结构阻尼系数（PARAM,G)；W_3 = 感兴趣的整体结构阻尼转化频率，rad/s（PARAM,W3)；K^1 = 整体刚度矩阵；G_E = 单元结构阻尼系数（GE 在 MATi 卡中定义)；W_4 =感兴趣的单元结构阻尼转化频率，rad/s（PARAM,W4)；K_E = 单元刚度矩阵，瞬态响应分析中不允许复系数，因此结构阻尼须转化为等效粘性阻尼进行计算；W_3,W_4 = 默认值为 0，取 0 时相关的阻尼将被忽略。

4.2 模态法瞬态响应分析

4.2.1 过程

物理坐标到模态坐标的变换：

$$\{u\}=[\phi]\{\xi\}$$

无阻尼的动力学方程：

$$[M][\ddot{u}]+[K]\{u\}=\{P(t)\}$$

变换得到：

$$[\phi^T][M][\phi][\ddot{\xi}]+[\phi^T][K][\phi][\xi]=[\phi^T]\{P(t)\}$$

式中：$[\phi^T][M][\phi]$ 为模态质量矩阵（对角阵)；$[\phi^T][K][\phi]$ 为模态刚度矩阵（对角阵)；$[\phi^T]\{P(t)\}$ 为模态力向量。

解耦得到单自由度系统方程：

$$m_i\ddot{\xi}+k_i\xi=p_i(t)$$

式中：m_i = 第 i 个模态质量；k_i = 第 i 个模态刚度；p_i = 第 i 个模态力。

4.2.2 模态法瞬态响应分析中的阻尼

使用模态阻尼时，每阶模态都存在阻尼，方程变为解耦的方程：

$$m_i\ddot{\xi}+b_i\dot{\xi}+k_i\xi=p_i(t)$$

或

$$\ddot{\xi}_i+2\xi_i\dot{\xi}_i+\omega^2\xi_i=1/m_i p(t)$$

式中：$\xi_i=b_i/2=$模态阻尼比；$\omega_i^2=k=$模态频率（特征值）。

与解耦的单自由度系统一样，对上述方程采用杜哈梅尔积分来求解模态响应。

因方程是解耦的，所以使用模态阻尼比是最有效的。

4.2.3 MSC Nastran 中模态法瞬态响应分析阻尼的输入

通过 TABDMP1 数据卡来定义模态阻尼比：

1	2	3	4	5	6	7	8	9	10
TABDMP1	ID	TYPE							+ABC
+ABC	f_1	g_1	f_2	g_2	f_3	g_3	f_4	g_4	+DEF
+DEF	f_5	g_5	…	…	ENDT				

其中，TYPE=G（默认值）、CRIT 或者 Q。

$$\zeta=b/b_{cr}=G/2$$

$$Q=1/(2\zeta)$$

$$Q=1/G$$

对于 10%的临界阻尼，下面三种形式是等效的：

CRIT ＝ 0.10

Q = 5.0

G = 0.2

说明：

（1）TABDMP1 卡用 SDAMPING=ID 工况控制卡选择。

（2）f_i（单位 Hz）和 g_i 分别为频率和对应的阻尼值，用线性内插得到给定端点内部频率点的阻尼值，用线性外插得到给定端点外部频率点的阻尼值，如假定模态在 1.0Hz、2.5Hz、3.6Hz 和 5.5Hz 处取值，如表 4-1 所示。

表 4-1　频率和阻尼值

输入内容		计算结果	
f	*g*	*f*	*g*
2.0	0.10	1.0	0.02
3.0	0.18	2.5	0.14
4.0	0.13	3.6	0.15
6.0	0.13	5.5	0.13

（3）定义非模态阻尼（PARAM,G、VISC、DAMP、MATi 卡上的 GE 域），其计算耗费主要由耦合的 B 矩阵引起的直接积分所致。

（4）推荐：在模态法瞬态响应分析中仅用模态阻尼（TABDMP1）。如果需要用到非模态阻尼，则使用直接法瞬态响应分析。

4.2.4 模态法瞬态响应分析数据的提取

（1）物理响应为模态响应的叠加：$u=[\phi][\xi]$。

（2）计算量一般没有直接法大。推荐使用不变的时间间隔。

（3）不必输出每个时间步的值，即输出的时间间隔可以大于求解的时间间隔。

4.2.5 模态截断

模态截断的原因如下：

（1）不需要所有模态，仅需很少的低阶模态就可以得到满意的响应。

（2）用 PARAM,LFREQ 给出保留模态的频率下界。

（3）用 PARAM,HFREQ 给出保留模态的频率上界。

（4）用 PARAM,LMODES 给出保留模态的最小数目。

（5）截断高频模态即截断了高频响应。

4.2.6 残余向量

在模态法的动力学分析中，动力学响应求解的精度取决于所选取参与计算模态的线性组合代表结构真实激励响应的准确程度。从理论上讲，由于模态截断会丢失结构的高频响应，从而使计算结果产生误差，误差的补偿方法就是使用残余向量。在 MSC Nastran 中，残余向量法可用于所有的模态法响应分析，以提高模态法求解的质量。

简单来说，残余向量就是各种因素所产生的静态位移，这些因素需要被考虑以确保模态的线性组合可以表征静态解。残余向量可通过下面几种方式产生：

（1）由刚体运动产生的惯性力。

（2）外加载荷。

（3）由强迫运动产生的结构力、粘性力、和惯性力。

（4）在用户指定的离散自由度上（RVDOFi 卡）的载荷。

（5）粘性单元（CDAMPi 和 CVISC 卡）产生的离散阻尼力。

残余向量在 MSC Nastran 中的处理过程：所有残余向量载荷被连接在一起，经过过滤以确保这些载荷线性独立，然后基于线性独立的载荷计算结构的变形形状，并与计算的模态进行正交化处理。具体过程如下：

（1）确保残余向量载荷线性独立于模态惯性力。

（2）从残余向量载荷产生的静态响应确定基向量。

（3）确保基向量线性独立，独立于模态向量用独立于其他基向量。

（4）相对于模态向量正交基向量，得到残余向量，这些向量将产生对角的质量和刚度矩阵。

关于残余向量的详细使用方法可参考 *MSC Nastran Quick Reference Guide*，这里仅介绍常规的使用方法。可直接在 Patran 界面中设置残余向量；也可直接修改 MSC Nastran 的求解文件，在工况控制段加入语句 RESVEC = YES 或者 RESVEC = NO，如图 4-1 所示。需要注意的是，在默认情况下，残余向量的控制参数 RESVEC 是设置成 YES 的，如果不需要残余向量，需要显式设置或定义 RESVEC = NO。

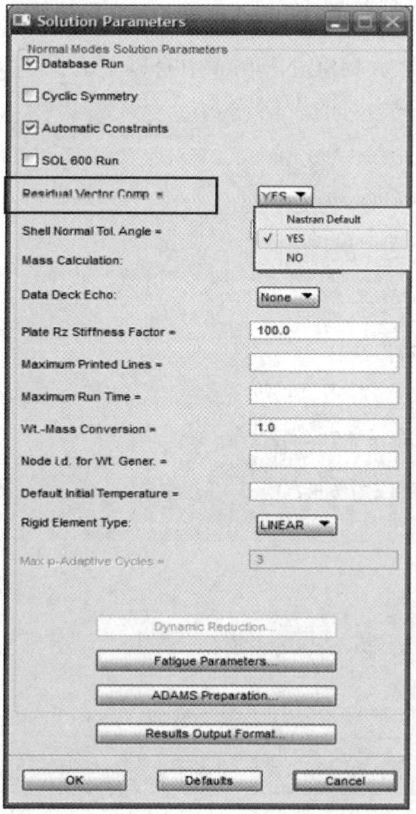

Solution Parameters
Normal Modes Solution Parameters
Database Run
Cyclic Symmetry
Automatic Constraints
SOL 600 Run
Residual Vector Comp. = YES
Nastran Default / YES / NO
Shell Normal Tol. Angle =
Mass Calculation:
Data Deck Echo: None
Plate Rz Stiffness Factor = 100.0
Maximum Printed Lines =
Maximum Run Time =
Wt.-Mass Conversion = 1.0
Node i.d. for Wt. Gener. =
Default Initial Temperature =
Rigid Element Type: LINEAR
Max p-Adaptive Cycles = 3
Dynamic Reduction...
Fatigue Parameters...
ADAMS Preparation...
Results Output Format...
OK　Defaults　Cancel

```
$ Linear Transient Response Analysis, Modal
Formulation
SOL 112
$
CEND
TITLE = no
ECHO = NONE
RESVEC = YES
$
SDAMP=1
SUBCASE 1
   METHOD = 1
   TSTEP = 1
   SPC = 2
   DLOAD = 2
   DISPLACEMENT(PLOT,SORT2,REAL)=ALL
   ACCELERATION(PLOT,SORT2,REAL)=ALL
   SPCFORCES(PLOT,SORT2,REAL)=ALL
   OLOAD(PLOT,SORT2,REAL)=ALL
   STRESS(PLOT,SORT2,REAL,VONMISES,BILIN)=ALL
$
BEGIN BULK
PARAM    POST    0
PARAM   PRTMAXIM YES
TABDMP1  1        CRIT
         0.      .03     10000.  .03     ENDT
```

图 4-1　残余向量的设置方法

设置残余向量方法后，在 F06 文件中，特征值表可以显示残余向量增加前的模态和残余向量增加后的模态，如图 4-2 和图 4-3 所示。

REAL EIGENVALUES
(BEFORE AUGMENTATION OF RESIDUAL VECTORS)

MODE NO.	EXTRACTION ORDER	EIGENVALUE	RADIANS	CYCLES	GENERALIZED MASS	GENERALIZED STIFFNESS
1	1	7.001032E+05	8.367217E+02	1.331684E+02	1.000000E+00	7.001032E+05
2	2	1.661386E+07	4.076010E+03	6.487171E+02	1.000000E+00	1.661386E+07
3	3	2.663469E+07	5.160880E+03	8.213796E+02	1.000000E+00	2.663469E+07

图 4-2　残余向量增加前的模态

REAL EIGENVALUES
(AFTER AUGMENTATION OF RESIDUAL VECTORS)

MODE NO.	EXTRACTION ORDER	EIGENVALUE	RADIANS	CYCLES	GENERALIZED MASS	GENERALIZED STIFFNESS
1	1	7.001031E+05	8.367216E+02	1.331684E+02	1.000000E+00	7.001031E+05
2	2	1.661386E+07	4.076010E+03	6.487171E+02	1.000000E+00	1.661386E+07
3	3	2.663469E+07	5.160880E+03	8.213796E+02	1.000000E+00	2.663469E+07
4	4	1.754894E+08	1.324724E+04	2.108364E+03	1.000000E+00	1.754894E+08
5	5	2.060401E+08	1.435410E+04	2.284525E+03	1.000000E+00	2.060401E+08
6	6	2.194601E+08	1.481419E+04	2.357751E+03	1.000000E+00	2.194601E+08
7	7	6.550708E+08	2.559435E+04	4.073468E+03	1.000000E+00	6.550708E+08
8	8	8.879831E+08	2.979904E+04	4.742665E+03	1.000000E+00	8.879831E+08
9	9	1.413599E+09	3.759786E+04	5.983886E+03	1.000000E+00	1.413599E+09
10	10	2.697120E+09	5.193380E+04	8.265521E+03	1.000000E+00	2.697120E+09
11	11	4.135841E+09	6.431050E+04	1.023533E+04	1.000000E+00	4.135841E+09
12	12	4.250384E+09	6.519497E+04	1.037610E+04	1.000000E+00	4.250384E+09

图 4-3　残余向量增加后的模态（模态 4～12 即为残余向量模态）

4.3 瞬态激励

瞬态响应分析的激励是将力定义为时间的函数，MSC Nastran 中有以下三种定义方法：

（1）TLOAD1“强迫激励力”：顺序的时间－力对的表格输入。

（2）TLOAD2 对解析形式载荷的高效定义。

（3）LSEQ 从静力载荷产生动力载荷。

4.3.1 时变载荷

TLOAD1 定义的载荷：

$$\{P(t)\} = \{AF(t-\tau)\}$$

TLOAD2 定义的载荷：

$$P(t) = \begin{cases} 0 & \tilde{t} < 0 \text{ 或 } \tilde{t} > T_2 - T_1 \\ A\tilde{t}^B \mathrm{e}^{C\tilde{t}} \cos(2\pi F\tilde{t} + P) \end{cases}$$

式中：

A = DAREA（或 LSEQ）卡；

τ= DELAY 卡；

$F(t-\tau)$= TABLEDi 卡。

1．TLOAD1 卡片

1	2	3	4	5	6	7	8	9	10
TLOAD1	SID	A	τ	TYPE	TID	╳	╳	╳	

其中：

A＝ 空间载荷分布和比例因子；

τ= DELAY 卡；

$F(t-\tau)$= TABLEDi 卡。

（1）DELAY 定义自由度及时间延迟量（仅和 DAREA 卡一起使用）。

（2）TABLEDi 定义时间和力对。

（3）由 DLOAD 工况控制卡选择。

（4）TYPE 是激励类型，其定义如表 4-2 所示。

表 4-2　TYPE 的定义

整数	激励函数
0 或不填	力或力矩
1	强迫位移
2	强迫速度
3	强迫加速度

2. TLOAD2 卡片

$$P(t)=\begin{cases}0 & \tilde{t}<0 \text{ 或 } \tilde{t}>T_2-T_1 \\ A\tilde{t}^B \mathrm{e}^{C\tilde{t}}\cos(2\pi F\tilde{t}+P)\end{cases}$$

其中：

$$\tilde{t}=t-T_1-\tau$$

1	2	3	4	5	6	7	8	9	10
TLOAD2	SID	A	τ	TYPE	T1	T2	F	P	
	C	B							

其中：

A=空间载荷分布和比例因子（DAREA 或 LSEQ）；

τ=在 DELAY 卡上定义（仅和 DAREA 卡一起使用）；

TYPE=和 TLOAD1 的定义一样；

T1,T2=时间常数（T2>T1）；

F=频率（Hz）；

P=相位角（°）；

C=指数系数；

B=增长系数。

该卡片由工况控制卡 DLOAD 选取。

4.3.2 载荷的组合

外加载荷 P_C 可以是多个分载荷集 P_K 的组合：

$$P_C=S_C\sum_K S_K P_K$$

式中：S_C= 整体比例因子；S_K= 第 K 个载荷集的比例因子；P_K= TLOAD 的标识号。

1	2	3	4	5	6	7	8	9	10
DLOAD	SID	SC	S1	P1	S2	P2	-etc-		

说明：

（1）TLOAD1 和 TLOAD2 标号要唯一。

（2）用 DLOAD 组合 TLOAD1 和 TLOAD2。

（3）由工况控制卡 DLOAD 选取。

4.3.3 DAREA 卡

DAREA 卡定义按照比例因子施加动力载荷的自由度。

DAREA 卡与其他卡片的关系如图 4-4 所示。

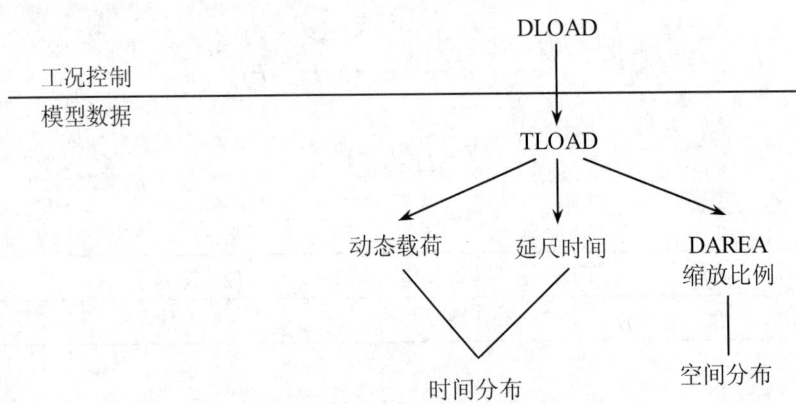

图 4-4　DAREA 卡与其他卡片的关系

DAREA 示例：DLOAD = 35。

1	2	3	4	5	6	7	8	9	10
TLOAD1	SID	DAREA	DELAY	TYPE	TID				
TLOAD1	35	29	31	3	40				

DAREA	SID	POINT	COMPONENT	SCALE				
DAREA	29	30	1	5.2				

DELAY	SID	POINT	COMPONENT	LAG				
DELAY	31	30	1	0.2				

TABLED1	ID	XAXIS	YAXIS						
	X1	Y1	X2	Y2	X3	Y3	X4	Y4	
TABLED1	40								
	-3.0	4.0	2.0	5.6	6.0	5.6	ENDT		

结果：载荷由 TLOAD1 指定，比例因子是 5.2，延迟时间是 0.2s，施加到节点 30 的 T1 自由度（x 轴的平动自由度）上。

4.3.4　LSEQ 卡片

LSEQ 卡将静态载荷用作动态载荷。

该卡由工况控制卡 LOADSET 选取，包括含一个 DAREA 卡片，以表明是与 TLOAD 卡一起使用的载荷集。

LSEQ 卡与其他卡片的关系如图 4-5 所示。

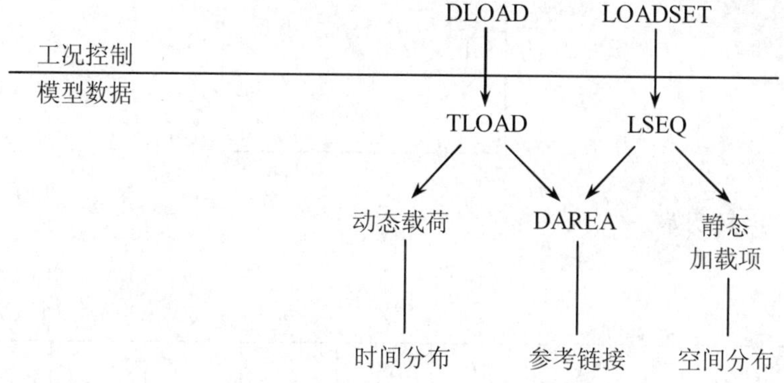

图 4-5 LSEQ 卡与其他卡片的关系

LSEQ 卡示例如图 4-6 所示。

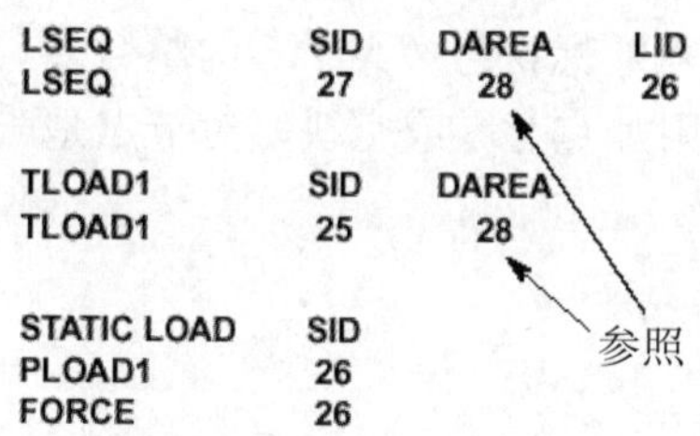

图 4-6 LSEQ 卡示例

关于瞬态激励的两点考虑：

（1）注意要使用 1/3 平均的外载，这样可使外力变得平滑并同时减少了可分辨的频率数目。

（2）避免出现不连续力，这些可能会导致在不同的计算机上产生不同的结果。在一个 Δt 的范围内需要将不连续的力进行平滑。

4.3.5 初始条件

（1）在直接法瞬态响应分析中，初始位移与初始速度由 TIC 数据卡定义。

（2）由 IC 工况控制卡片选择 TIC 卡。

（3）未被约束的自由度，初始条件都设置为零。

（4）仅对一个 A－集合 DOFs 才能给定初始条件。

（5）初始条件不仅可以在直接法瞬态响应中定义，而且可以在模态法瞬态响应中定义。

（6）初始条件用于计算$\{u_1\}$时需要$\{u_0\}$、$\{u_{-1}\}$、$\{P_0\}$、$\{P_{-1}\}$的值，所有点的初始加速度设置为零（$t<0$）。

$$\{u_{-1}\} = \{u_0\} - \{\dot{u}_0\}\Delta t$$

$$\{P_{-1}\} = [K]\{u_{-1}\} + [B]\{\dot{u}_0\}$$

（7）建议对任何类型的动态激励，至少取一个时间步为零。

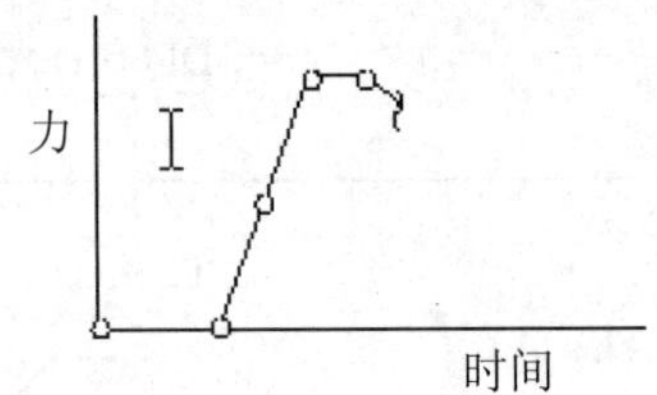

（8）TIC 卡定义初始条件。

格式：

1	2	3	4	5	6	7	8	9	10
TIC	SID	G	C	U0	V0				

示例：

TIC	1	3	2	5.0	-6.0				

其中：

SID=设置标识号（大于零的整数）；

G=节点、标量点或附加点的标识号（大于零的整数）；

C=分量号（对标量点和附加点是零或空缺，对节点是一个 1～6 之间任意组合的整数）；

U0=初始位移（实数）；

V0=初始速度（实数）。

4.3.6 TSTEP 卡

（1）定义直接法瞬态响应和模态法瞬态响应分析中的积分时间步长。

（2）积分误差随频率的增高而增大。

（3）建议在响应的一个周期内至少取 8 个时间步。

（4）TSTEP 控制求解和输出，由工况控制卡 TSTEP 选取。

（5）积分的代价与步长成正比。

（6）对低频（长周期）响应用自适应方法更有效。

（7）计算中可以改变积分步长，这时：

$$\{\dot{u}_0\} = \frac{1}{\Delta t_1}\{u_N - u_{N-1}\}$$

$$\{\ddot{u}_0\} = \frac{1}{\Delta t_1^2}\{u_N - 2u_{N-1} + u_{N-2}\}$$

TSTEP 卡片如下：

1	2	3	4	5	6	7	8	9	10
TSTEP	SID	N1	DT1	NO1					
		N2	DT2	NO2					
		-etc.-							

示例：

TSTEP	2	10	.001	5					
		9	0.01	1					

其中：

SID=设置标识号；

Ni=数值为 DTi 的时间步的个数（大于或等于 1 的整数）；

Dti=时间增量（步长）（大于或等于 0 的实数）；

NOi=输出跳跃因子，每隔 NOi 步保存一个要输出的计算结果（大于零的整数，默认值为 1）。

4.4 直接法瞬态响应与模态法瞬态响应的比较

直接法与模态法瞬态响应的比较如表 4-3 所示。

表 4-3 直接法与模态法瞬态响应的比较

	模态法	直接法
小模型		×
大模型	×	
很少的时间步		×
很多的时间步	×	
高频激励		×
非线性		×
初始条件	×	×

注："×"表示适用这种分析。

4.5 瞬态响应分析实例

本实例计算随时间变化载荷作用下的瞬态响应，外载为地震波波谱，施加在塔架底端，计算时间为 30s。分别采用直接法和模态法求解。直接法求解时，结构阻尼系数为 0.02，将此结构阻尼转换为 20Hz 处的等效粘性阻尼；模态法求解时，模态阻尼比为 0.02。

1. 建立模型

（1）新建 MSC Patran 空数据文件。单击菜单栏 File→New 命令，输入数据文件名 tower.db。

（2）单击菜单栏中的 File→Import 命令，打开模型导入窗口，设置导入模型的格式为 MSC Nastran Input，在相应路径下选取 enf111.bdf 模型文件，如图 4-7 中 a 所示。单击 Apply 按钮，显示的模型如图 4-8 所示。

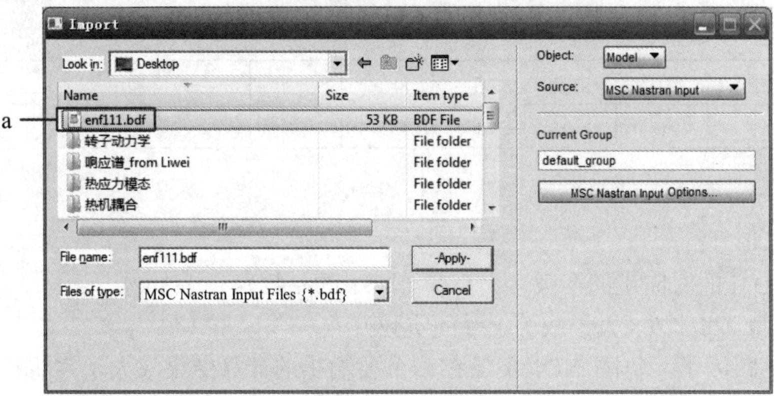

图 4-7 导入模型

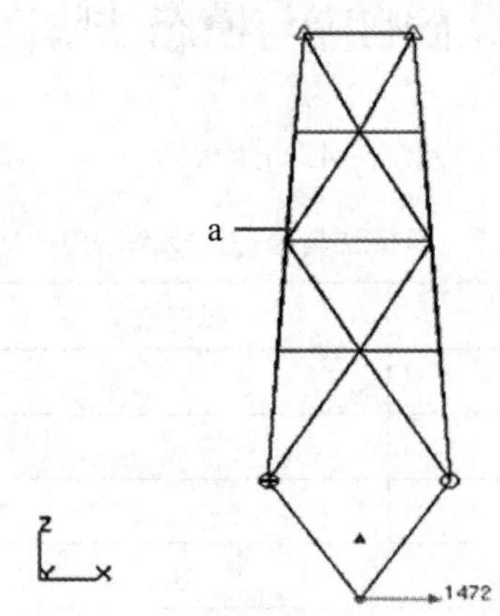

图 4-8 塔架模型

2. 创建载荷工况

（1）单击工具栏中的 Properties 按钮，打开 Fields 窗口。如图 4-9 中 a 所示，依次设置 Action、Object 及 Method 的值为 Create、Non Spatial、Tabular Input；如图 4-9 中 b 所示，定义 Field Name 为 seismic_input；如图 4-9 中 c 所示，选取 Active Independent Variables 为 Time；如图 4-9 中 d 所示，单击 Input Data…按钮，在弹出的界面中单击 Import/Export 按钮，导入 seismic_input_test.csv 地震波谱数据文件，单击 OK 按钮，单击 Apply 按钮。

（2）在 Fields 窗口中，将 Action 设为 Show，选中新建的场 seismic_input 后，单击 Apply 按钮，显示输入的地震波谱曲线，如图 4-10 所示。

（3）单击工具栏中的 Loads/BCs 按钮，如图 4-11 中 a 所示，单击 Create Load Case 按钮；如图 4-11 中 b 所示，选中 earthquake 复选框；如图 4-11 中 c 所示，选取 Type 的类型是 Time Dependent，单击 Apply 按钮。

（4）单击工具栏中的 Loads/BCs 按钮，打开载荷定义窗口。如图 4-12 中 a 所示，依次设置 Action、Object 及 Type 的值为 Create、Acceleration、Nodal；如图 4-12 中 b 所示，定义载荷的名称为 seismic_input；如图 4-12 中 c 所示，单击 Input Data…按钮，在弹出的界面内，定义 Load/BC Set Scale Factor 为 9.81，定义载荷<A1 A2 A3>为<1 0 0>，即 X 轴正向，在 Time/Freq.Dependent Fields

下选取 seismic_input 场，单击 OK 按钮；如图 4-12 中 d 所示，单击 Select Application Region… 按钮，在弹出的界面中在 Select 下拉列表框中选择 FEM 选项，在 Select Nodes 中选取 Node 1，单击 Add 按钮，将选取的节点加入到 Application Region 中，单击 OK 按钮，单击 Apply 按钮。

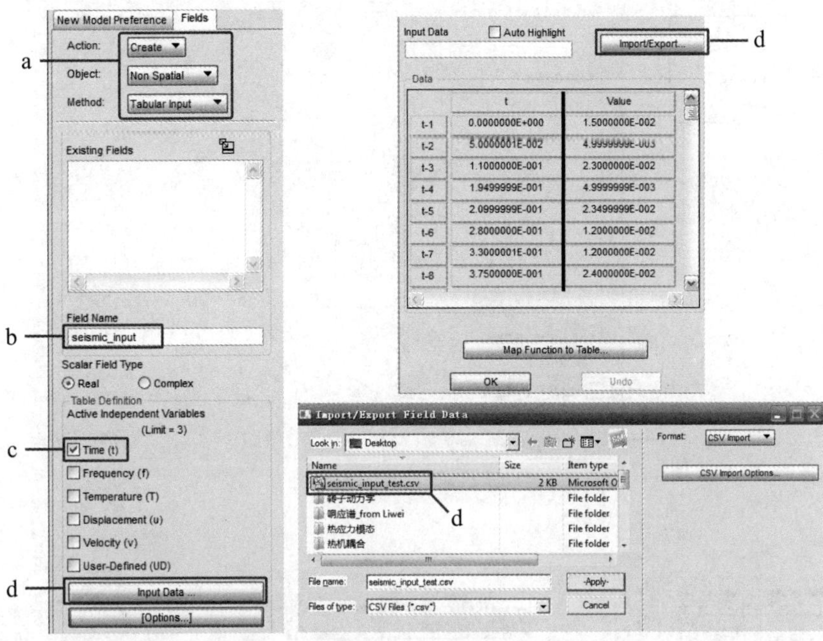

图 4-9　导入地震波谱数据

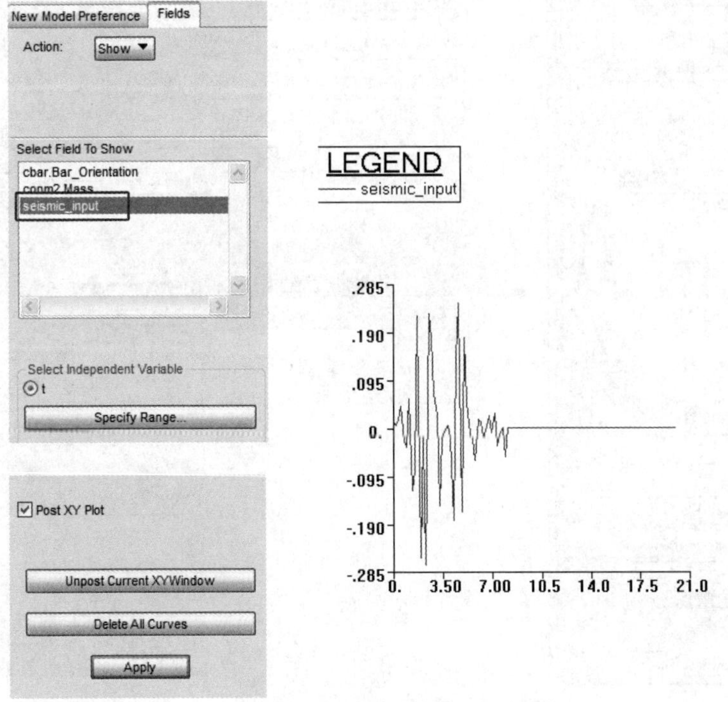

图 4-10　显示地震波谱曲线

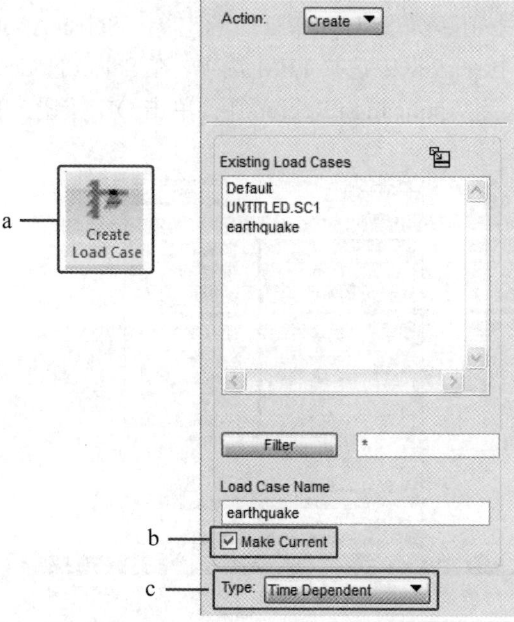

图 4-11　定义瞬态载荷工况

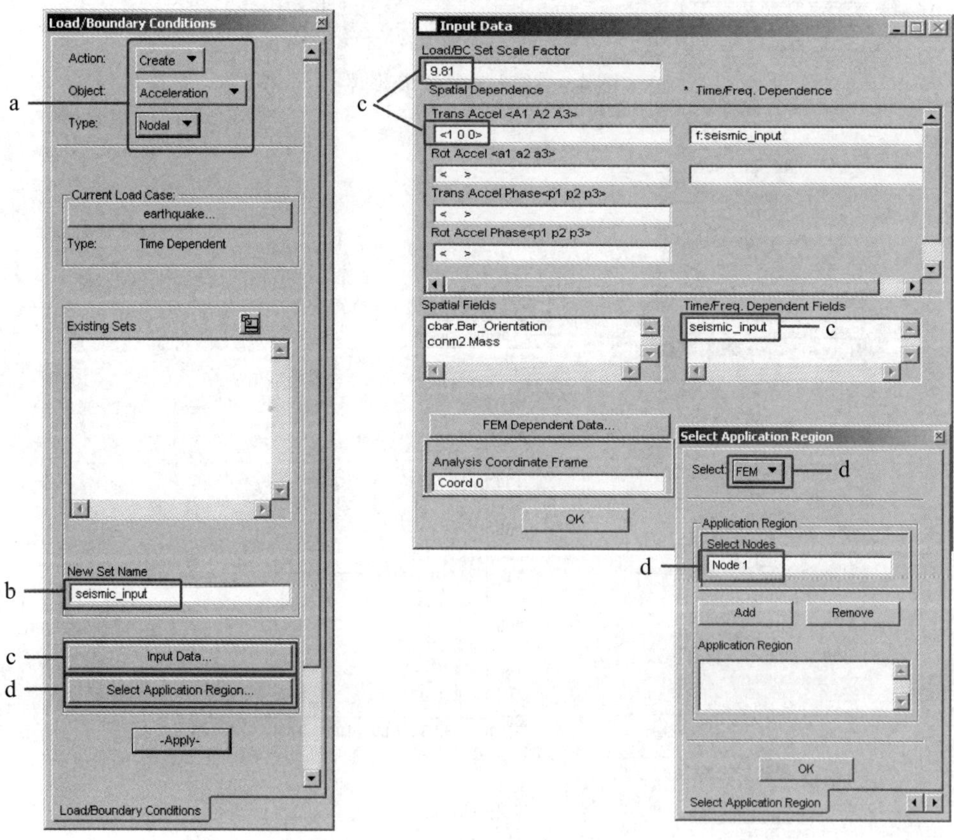

图 4-12　定义瞬态加速度载荷

3. 设置分析参数并提交分析作业

（1）使用直接法求解。

1）单击工具栏中的 Analysis 按钮，依次设置 Action、Object 及 Method 的值为 Analyze、Entire Model 及 Full Run。

2）单击 Solution Type...按钮，打开 Solution Type 窗口。如图 4-13 中 a 所示，选中 TRANSIENT RESPONSE 单选按钮；如图 4-13 中 b 所示，设置 Formulation 为 Direct；如图 4-13 中 c 所示，单击 Solution Parameters...按钮，在弹出的界面中设置 Struct.Damping Coeff. 为 0.02，W3 Damping Factor 为 125.6，单击 OK 按钮返回，再单击 OK 按钮关闭求解类型定义窗口。

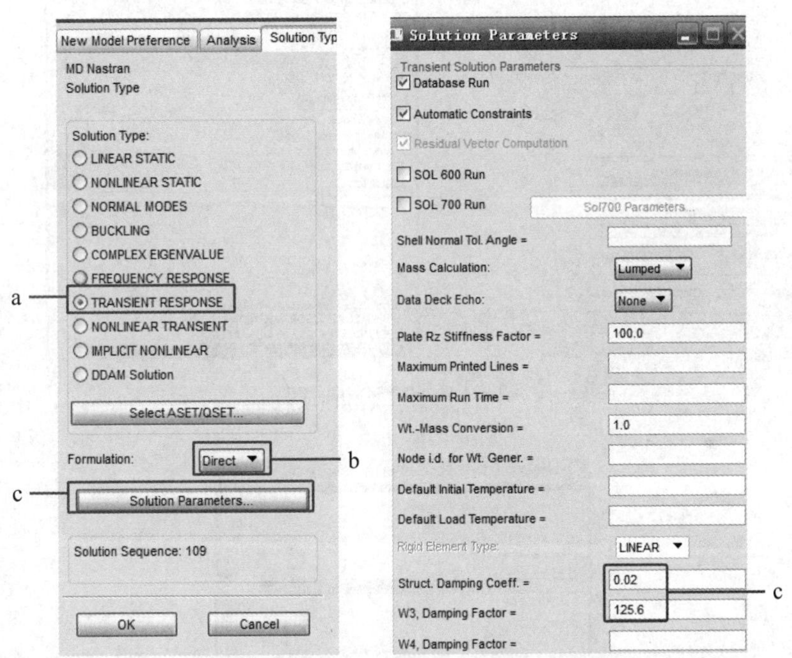

图 4-13　设置分析类型

W3 是结构阻尼转换为等效粘性阻尼的圆频率，本例中结构阻尼系数为 0.02，将此结构阻尼转换为 $f = 20$Hz 处的等效粘性阻尼，因此输入数值为 $2\pi f = 125.6$。

3）单击 Subcases...按钮，如图 4-14 中 a 所示，选择 earthquake，将 Subcase Name 设置为相同的名字；如图 4-14 中 b 所示，单击 Subcase Parameters...按钮，在弹出的界面中单击 DEFINE TIME STEPS...按钮；如图 4-14 中 c 所示，定义时间步数为 1000，$\Delta t = 0.03$，连续单击 OK 按钮。

总步数是 1000 步，时间步长 0.03，因此分析总时间为 30s。如图 4-14 中 d 所示，单击 Output Requests...按钮，在弹出的界面中选择输出 Accelerations，单击 OK 按钮，单击 Apply 按钮。

4）将 Job Name 设置为 tower_direct，单击 Subcase Select...按钮，弹出如图 4-15 所示的窗口，选取 earthquake 为计算工况，单击 OK 按钮返回，再单击 Apply 按钮递交计算。

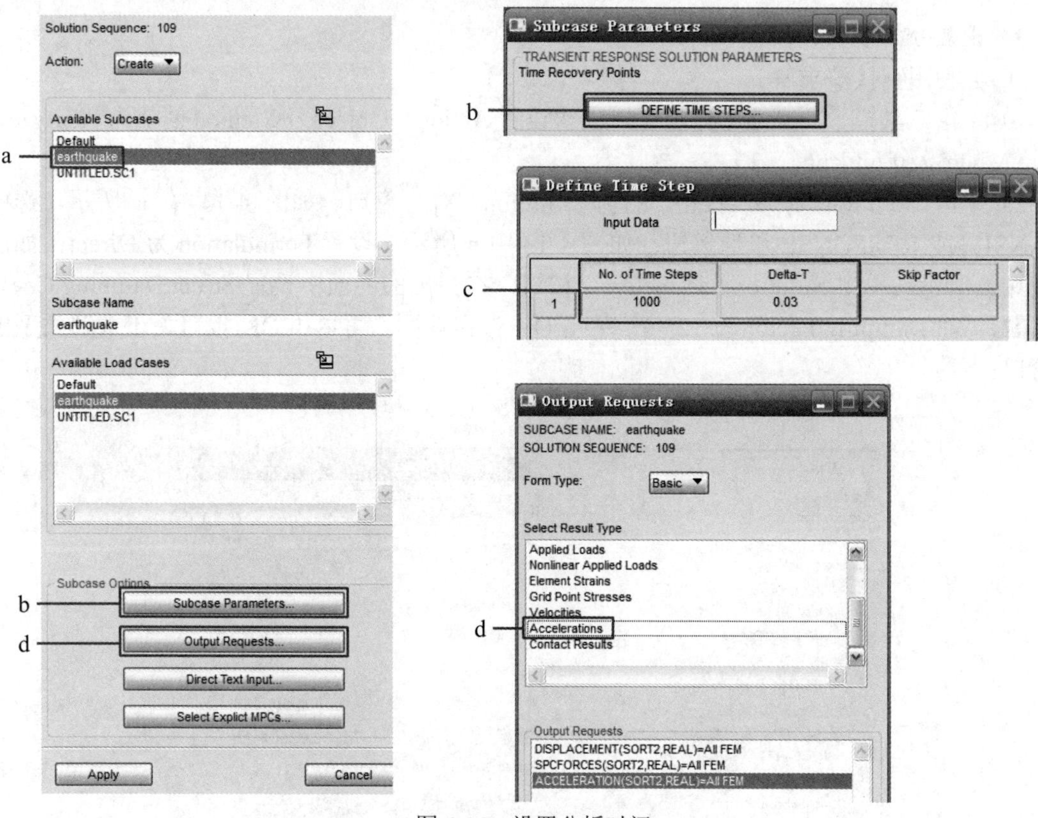

图 4-14　设置分析时间

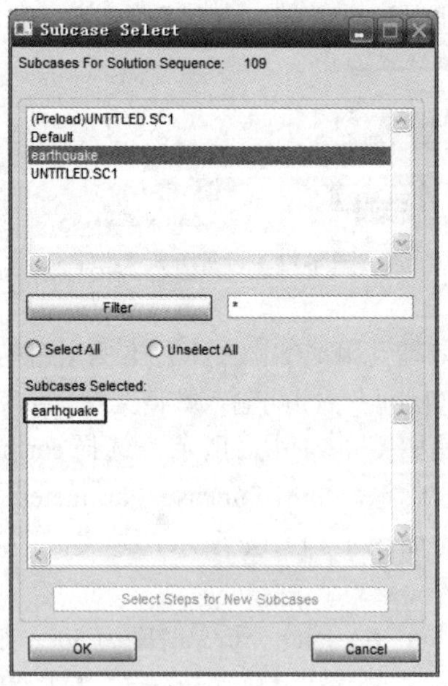

图 4-15　选取 Subcases

（2）使用模态法求解。

1）单击 Solution Type...按钮，打开 Solution Type 对话框。如图 4-16 中 a 所示，选中

TRANSIENT RESPONSE 单选按钮；如图 4-16 中 b 所示，设置 Formulation 为 Modal；如图 4-16 中 c 所示，单击 Solution Parameters…按钮，在弹出的界面中设置 Mass Calculation 为 Coupled，连续单击 OK 按钮，关闭求解类型定义对话框。

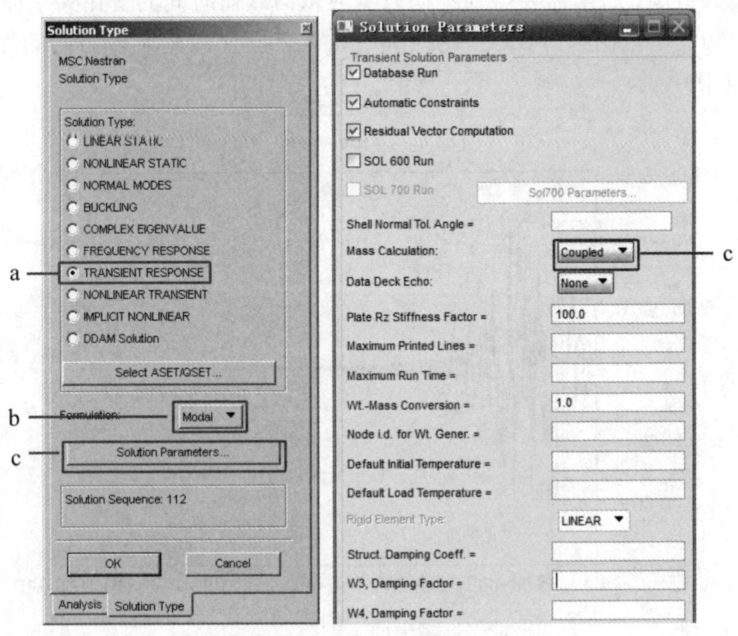

图 4-16　设置分析类型

2）与直接法相同，单击 Subcases…按钮，选择 earthquake，将 Subcase Name 设置为相同的名字，单击 Subcase Parameters…按钮。如图 4-17 中 a 所示，单击 DEFINE TIME STEPS…按钮，在弹出的界面中定义时间步数为 1000，$\Delta t = 0.03$，单击 OK 按钮；设置 Modal Damping 为 Crit. Damp.(CRIT)，如图 4-17 中 b 所示，单击 DEFINE MODAL DAMPING…按钮，在弹出的界面中定义频率在 1～20Hz 范围内的模态阻尼为 0.02，单击 OK 按钮确认；同样在 Output Requests…界面中设置输出 Acceleration，单击 OK 按钮，单击 Apply 按钮。

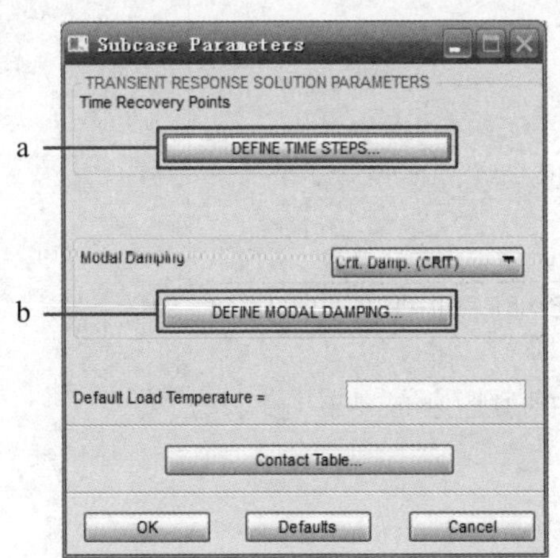

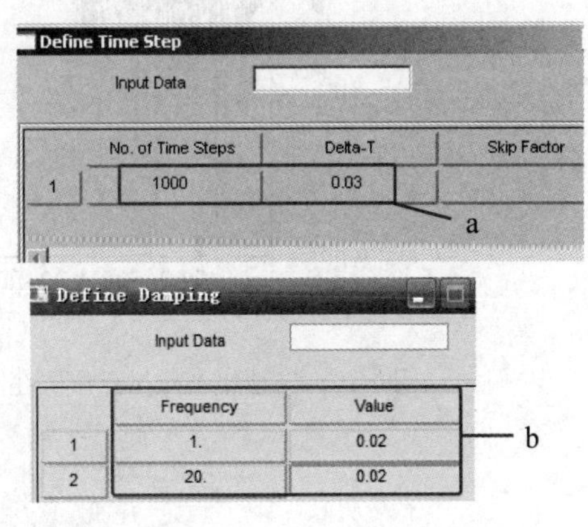

图 4-17　设置分析时间及模态阻尼

3）将 Job Name 设置为 tower_modal，单击 Subcase Select...按钮，在弹出的窗口中选择 earthquake 为计算工况，单击 OK 按钮返回，再单击 Apply 按钮递交计算。

4. 结果查看

在瞬态响应分析中，通常需要得到各动力响应量与载荷时间的变化关系曲线。与频率响应分析中的后处理相同，输出节点 535（塔顶集中质量点位置）在 X 轴方向的加速度响应结果，如图 4-18 和图 4-19 所示。

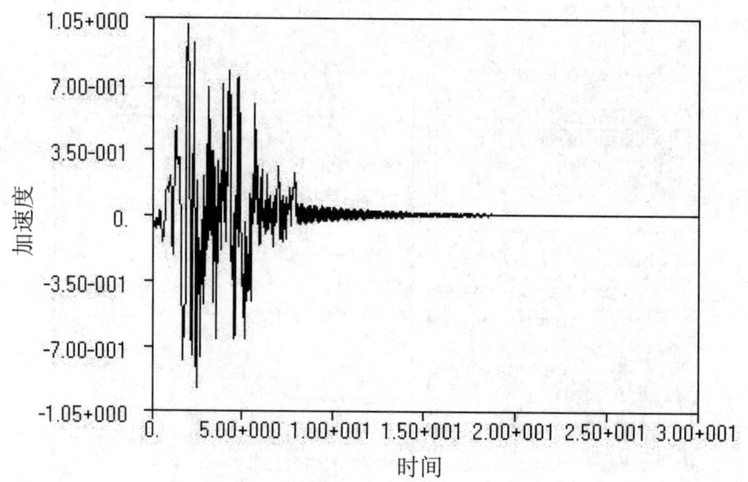

图 4-18　塔顶集中质量点位置在时域中的加速度响应结果（直接法）

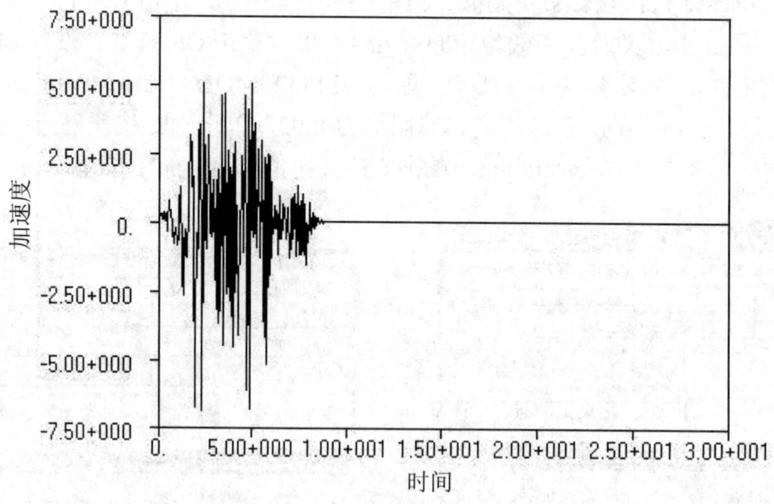

图 4-19　塔顶集中质量点位置在时域中的加速度响应结果（模态法）

第 5 章　响应谱与随机响应分析

5.1　强迫运动

5.1.1　概述

（1）用于分析具有基础输入加速度、速度和位移的约束结构。

（2）常见例子是地震（瞬态分析）、正弦扫频测试仿真（频响分析）。

（3）MSC Nastran 中将作用在未约束结构上的力转化为等效约束结构的强迫运动。

（4）使用的方法有直接法、大质量法、大刚度法和拉格朗日乘子法。

5.1.2　瞬态分析中的强迫运动

（1）直接法可以通过 SPC/SPC1 和 SPCD 模型数据集卡输入指定位移、速度或者加速度。

（2）强迫运动的大质量法是在结构上作用力$\{P(t)\}$，即假设用户在大质量上施加了一个运动，因此作用在大质量上的力是与加速度成正比的。

5.1.3　瞬态分析中的大质量法

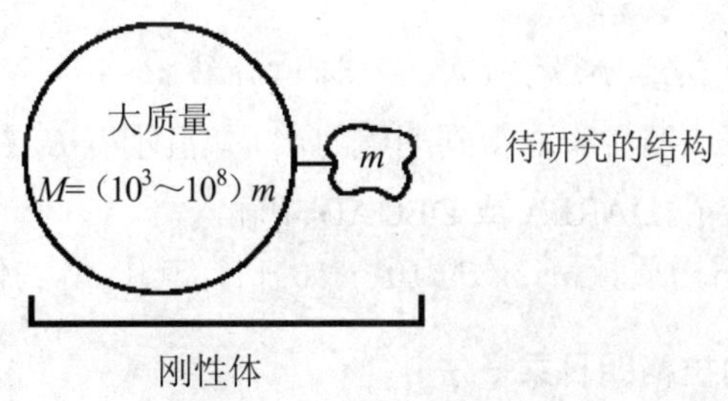

（1）对强迫加速度$\ddot{u}_b$：$\ddot{u}_b \approx P/M_L$（M_L=大质量）。

（2）对作用在大质量上的力 P 可以得到期望的$\ddot{u}_b$，质量 M_L 在卡片 CMASSi 或 CONM2 中输入；比例因子 M_L（对力）在 DAREA 或 DLOAD 中输入。

（3）对瞬态响应中所需要的速度或位移，用卡片 TLOAD1 或 TLOAD2 的第 5 字段进行区分。

（4）大质量应该为待研究结构质量的 10^3～10^8 倍，10^6 倍效果最好。

（5）根据卡片 TLOADi 输入的强迫加速度、速度、位移来得到加速度历程。

强迫位移

$$\overline{F}_N = F_N$$

强迫速度

$$\overline{F}_N = \begin{cases} (F_N - F_{N-1})/\Delta t & t_N \neq 0 \\ 0 & t_N = 0 \end{cases}$$

强迫加速度

$$\overline{F}_N = \begin{cases} \dfrac{2}{(\Delta t_1 + \Delta t_2)} \left[\dfrac{(F_N - F_{N-1})}{\Delta t_2} - \dfrac{(F_{N-1} - F_{N-2})}{\Delta t_1} \right] & t_N \neq 0 \\ 0 & t_N = 0 \end{cases}$$

使用大质量法时，同样要乘比例因子

$$F = Ma$$

计算外力的大质量 → M；a ← 从 TLOADi 输入计算得到

5.1.4 瞬态分析中的大刚度法

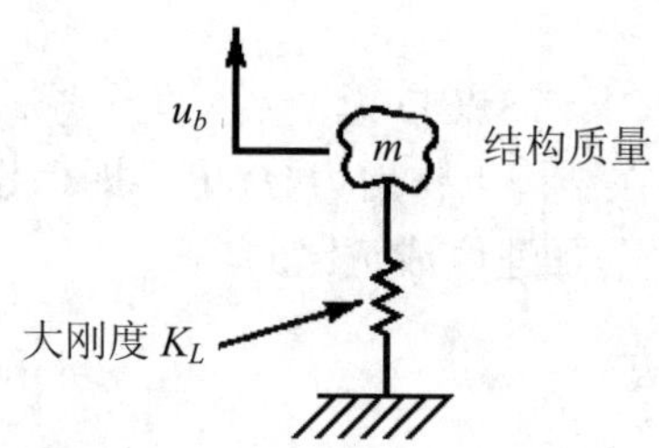

（1）对强迫位移u_b：$u_b = P/K_L$（K_L=大刚度弹簧）。

（2）作用力 P 于弹簧或结构表面得到期望的u_b，弹簧刚度 K_L 在卡片 CELAS1 或 CELAS2 中输入；刚度比例因子 K_L 在 DAREA 或 DLOAD 中输入。

（3）大刚度应该为结构质量 $m \cdot \omega_c^2$ 的 10^2～10^4 倍，其中 ω_c^2 为激励的截断频率。

5.1.5 瞬态分析中的拉格朗日乘子法

（1）通过 DMIG 或模拟约束的瞬态函数增加动态矩阵的行和列。

（2）每行表示的约束形式：$u_j = Y_j$（Y_j = 强迫位移）。

（3）每列表示称为拉格朗日乘子的附加自由度，其值为第 j 个约束自由度的约束力。

（4）在直接法瞬态分析中，EPOINTs、SPOINTs 或 GRID 用于描述拉格朗日乘子，模态法瞬态响应分析中仅用 EPOINTs。

（5）MSC Nastran 输入中需要设置卡片 SDCOMP = 32。

5.1.6 强迫位移实例

本例 m=0.1，k=$(2\pi)^2$。

为得到 k，使用 A=39.4784、E=1.0、L=1.0 的杆单元。

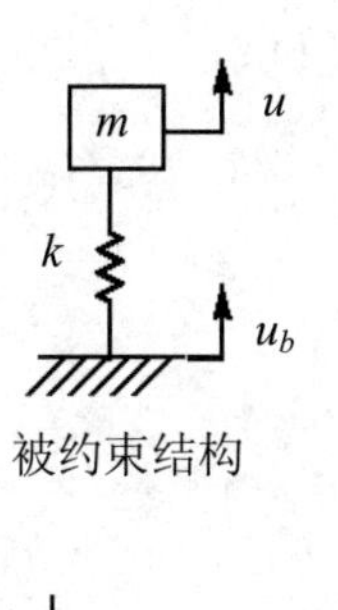

被约束结构

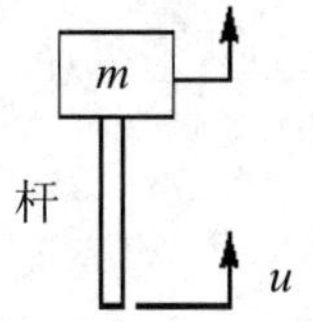

MSC Nastran 的强迫无约束结构

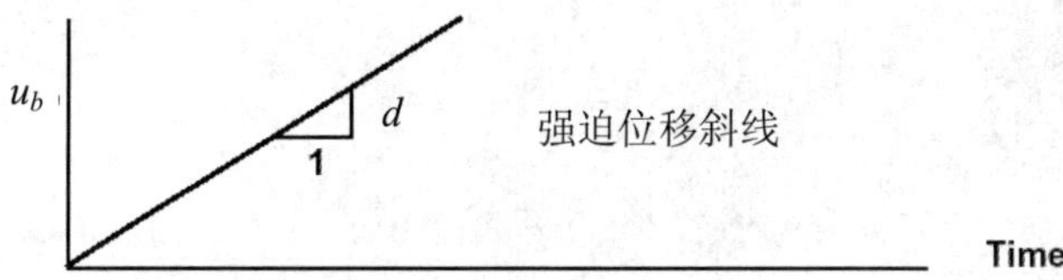

理论求解：

$$u(t) = d(t - 1/\omega \sin \omega t)$$
$$\ddot{u}(t) = d(\omega \sin \omega t)$$

式中：ω=6.28318；d=2.5。

1. 大质量法

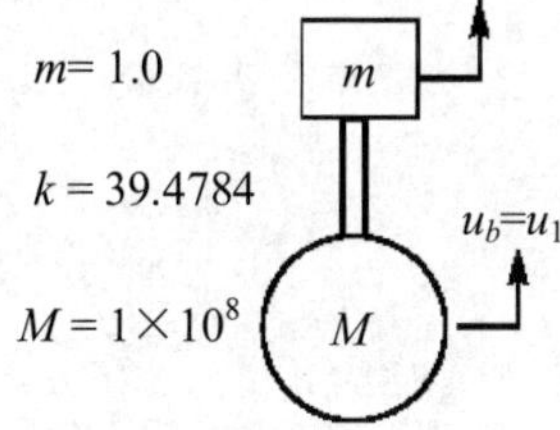

在 TLOAD1 的第 5 字段中，指定 u_B 为强迫运动。

2. 大刚度法

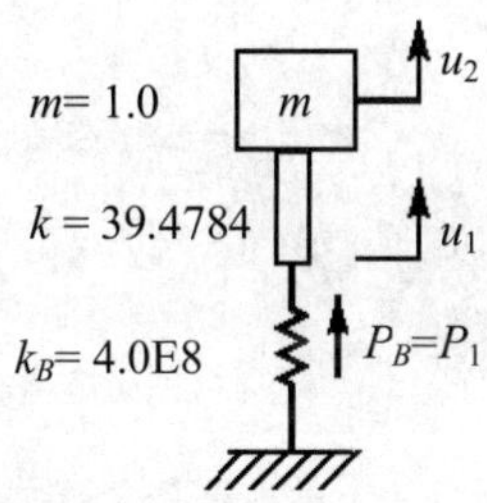

在 TLOAD1 中指定 P_B 为力，乘以强迫运动值 k_B，在 DAREA 中输入。

大质量法输入文件如下：

```
SOL 109
TIME 10
CEND
TITLE=SDOF, GROUND MOTION
SUBTI= LARGE MASS
LABEL = X VIA X
SET 1=1
DLOAD=105
```

```
TSTEP=6
DISPL=ALL
ACCEL=ALL
OLOAD=1
BEGIN BULK
DAREA,105,1,1,1.0E8
CONM2,3,2,,1.0
CONM2,999,1,,1.0E8
CROD,1,1,1,2
GRID,1,,0.,0.,0.,,23456
GRID,2,,1.,0.,0.,,23456
MAT1,1,1.,,0.
PARAM,USETPRT,1
PROD,1,1,39.4784
TABLED1,8,,,,,,,,+TAB1
+TAB1,0.,0.,.025,0.,.05,0.,.075,0.,+TAB2
+TAB2,5.075,12.5,10.075,25.0,ENDT
TLOAD1,105,105,,1,8
TSTEP,6,199,.025,1
ENDDATA
```

大刚度法输入文件如下：

```
SOL 109
TIME 10
CEND
TITLE=SDOF, GROUND MOTION
SUBTI= LARGE STIFFNESS
LABEL = X VIA FORCING
SET 1=1
SPC = 100
DLOAD=105
TSTEP=6
DISPL=ALL
ACCEL=ALL
OLOAD=1
BEGIN BULK
DAREA,105,1,1,4.0E8
CONM2,3,2,,1.0
CROD,1,1,1,2
GRID,1,,0.,0.,0.,,23456
GRID,2,,1.,0.,0.,,23456
GRID,99,,-1.,0.,0.
SPC,100,99,123456
CELAS2,5,4.0E8,99,1,1,1
MAT1,1,1.,,0.
PARAM,USETPRT,1
PROD,1,1,39.4784
```

```
TABLED1,8,,,,,,,,+TAB1
+TAB1,0.,0.,.025,0.,.05,0.,.075,0.,+TAB2
+TAB2,5.075,12.5,10.075,25.0,ENDT
TLOAD1,105,105,,0,8
TSTEP,6,199,.025,1
ENDDATA
```

3．拉格朗日乘子法

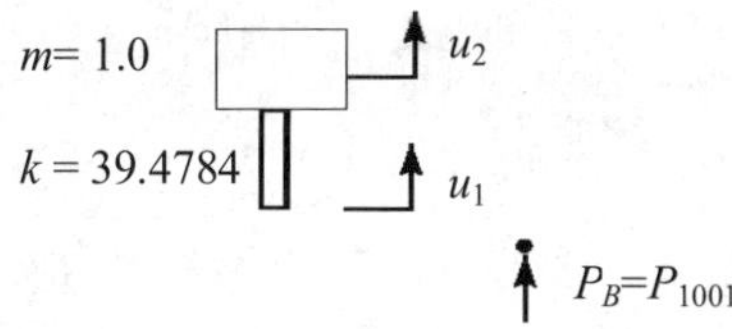

运动方程（静力部分）为：

$$ku = P$$

$$\begin{bmatrix} 39.4784 & -39.4784 & 1.0 \\ -39.4784 & 39.4784 & 0 \\ 1.0 & 0 & x \end{bmatrix} \begin{Bmatrix} u_1 \\ u_2 \\ \lambda_{1001} \end{Bmatrix} = \begin{Bmatrix} P_1 \\ P_2 \\ y_{1001} \end{Bmatrix} \begin{Bmatrix} 0 \\ 0 \\ y_{1001} \end{Bmatrix}$$

$$39.4784u_1 - 39.4784u_2 + \lambda_{1001} = 0$$

$$-39.4784u_1 + 39.4784u_2 = 0$$

$$u_1 + x\lambda_{1001} = y_{1001}$$

式中：x 为一个小整数，用 K2PP 输入拉格朗日乘子。

拉格朗日乘子法输入文件如下：

```
SOL 109
TIME 10
CEND
TITLE=SDOF, GROUND MOTION
SUBTI= LAGRANGE MULT - DISPL
K2PP=STIF
SET 1=1
DLOAD=105
TSTEP=6
DISPL=ALL
ACCEL=ALL
OLOAD=ALL
BEGIN BULK
DAREA,105,1001,0,1.0
CONM2,3,2,,1.0
CROD,1,1,1,2
DMIG,STIF,0,6,1,0
DMIG,STIF,1001,,,101,,-1.0E-10
DMIG,STIF,1001,,,1,1, .1
EPOINT,1001
GRID,1,,0.,0.,0.,,23456
```

```
GRID,2,,1.,0.,0.,,23456
MAT1,1,1.,,0.
PARAM,USETPRT,1
PROD,1,1,39.4784
TABLED1,8,,,,,,,,+TAB1
+TAB1,0.,0.,.025,0.,.05,0.,.075,0.,+TAB2
+TAB2,5.075,12.5,10.075,25.0,ENDT
TLOAD1,105,105,,1,8
TSTEP,6,199,.025,1
ENDDATA
```

5.1.7 瞬态分析中的直接法

现在基础激励下的瞬态响应分析多采用直接法，代替大质量法或拉格朗日乘子法等。直接法直接施加位移、速度或加速度激励于结构上，计算其响应时简单方便。

在时域中，使用 n 集（有限元模型中除去多点约束后的自由度集合）定义的动力学运动方程为：

$$[M_{nn}]\{\ddot{u}_n\}+[B_{nn}]\{\dot{u}_n\}+[K_{nn}]\{u_n\}=\{P_n(t)\}$$

n 集的自由度集合可划分为两个自由度集合：f 集（无约束自由度集合）和 s 集（单点约束自由度集合）。因此位移响应可表示成如下形式：

$$\{u_n\}=\left\{\frac{u_f}{u_s}\right\}$$

从而动力学运动方程可写成：

$$\left[\begin{array}{c|c}M_{ff}&M_{fs}\\\hline M_{sf}&M_{ss}\end{array}\right]\left\{\frac{\ddot{u}_f}{\ddot{u}_s}\right\}+\left[\begin{array}{c|c}B_{ff}&B_{fs}\\\hline B_{sf}&B_{ss}\end{array}\right]\left\{\frac{\dot{u}_f}{\dot{u}_s}\right\}+\left[\begin{array}{c|c}K_{ff}&K_{fs}\\\hline K_{sf}&K_{ss}\end{array}\right]\left\{\frac{u_f}{u_s}\right\}=\left\{\frac{P_f}{P_s+Q_s}\right\}$$

式中：P_f 和 P_s 是施加的外载荷；U_s 是已知的基础位移激励；Q_s 是约束反力。

由上面的方程可得到如下两个自由度集的方程。

f 集方程：

$$[M_{ff}]\{\ddot{u}_f\}+[B_{ff}]\{\dot{u}_f\}+[K_{ff}]\{u_f\}=\{P_f(t)\}-([M_{fs}]\{\ddot{u}_s\}+[B_{fs}]\{\dot{u}_s\}+[K_{fs}]\{u_s\})$$

s 集方程：

$$\{Q_s\}=-\{P_s\}+[M_{sf}\ \ M_{ss}]\left\{\frac{\dot{u}_f}{\dot{u}_s}\right\}+[B_{sf}\ \ B_{ss}]\left\{\frac{\dot{u}_f}{\dot{u}_s}\right\}+[K_{sf}\ \ K_{ss}]\left\{\frac{u_f}{u_s}\right\}$$

由 f 集方程可解得 f 集自由度的位移响应，由 s 集方程可解得约束反力。

基础激励也可以计算相对运动（相对于基础的运动），结构的响应可表示成如下形式：

$$\{u_f(t)\}=\{u_f^{rel}(t)\}+\{u_f^s(t)\}$$

式中：$\{u_f(t)\}$ 是 f 集自由度的绝对运动；$\{u_f^{rel}(t)\}$ 是 f 集自由度的相对运动；$\{u_f^s(t)\}$ 是 f 集自由度由 s 集自由度强迫运动所导致的运动，由静态来计算。

由 f 集方程，忽略质量和阻尼，并将 $\{P_f(t)\}$ 设置为 0，可求解由 s 集自由度强迫运动导致的f集自由度的静态响应。f集方程变为：

$$[K_{ff}]\{u_f^s\}=-[K_{fs}]\{u_s\}$$

求解上面的方程可得

$$\{u_f^s\}=-[K_{ff}]^{-1}[K_{fs}]\{u_s\}$$

把$\{u_f\}$和$\{u_f^s\}$带入f集方程，整理后可得

$$[M_{ff}]\{\ddot{u}_f^{rel}\}+[B_{ff}]\{\dot{u}_f^{rel}\}+[K_{ff}]\{u_f^{rel}\}=\{P_f(t)\}-([M_{fs}]-[M_{ff}][K_{ff}]^{-1}[K_{fs}])\{\ddot{u}_s\}-([B_{fs}]-[B_{ff}][K_{ff}]^{-1}[K_{fs}])\{\dot{u}_s\}$$

由上面的方程求解可得$\{u_f^{rel}(t)\}$。

根据上面的介绍，在MSC Nastran中强迫运动的求解控制参数有两个：一个是控制求解计算方法的参数ENFMETH；另一个是结果输出的控制参数ENFMOTN。

（1）ENFMETH（默认=ABS）。

1）选择动力学分析中基础激励引起的强迫运动的求解方法，总的响应可看成是基础运动的静态响应加上结构相对于基础的响应。

2）ENFMETH 可设置成ABS或REL。

- ABS：直接求解f集方程，采用绝对响应求解方法。
- REL：采用相对响应求解方法。

3）如果希望得到低频段更精确的结果，推荐使用相对响应求解方法（在模型数据段设置PARAM,ENFMETH,REL）。

（2）ENFMOTN（默认=ABS）。

1）控动基础激励下强迫运动动力学响应结果的输出方法。

2）ENFMOTN可设置成ABS或REL。

- PARAM,ENFMOTN,ABS：输出模型的绝对响应（默认）。
- PARAM,ENFMOTN,REL：输出模型的相对响应（相对于基础）。如果使用此参数，ENFMETH必须设置为REL。

5.2 响应谱

5.2.1 概述

（1）响应谱描述的是单自由度振子的最大响应。对于给定的基础激励$u_B(t)$，是单自由度振子固有频率的函数，如图5-1所示。

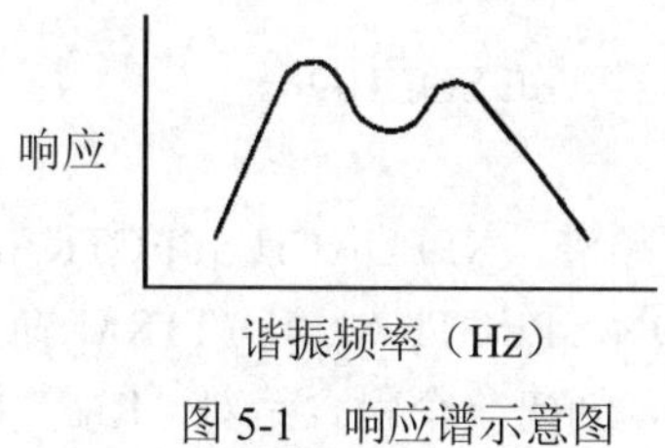

图5-1 响应谱示意图

（2）响应的一般形式如图 5-2 所示。

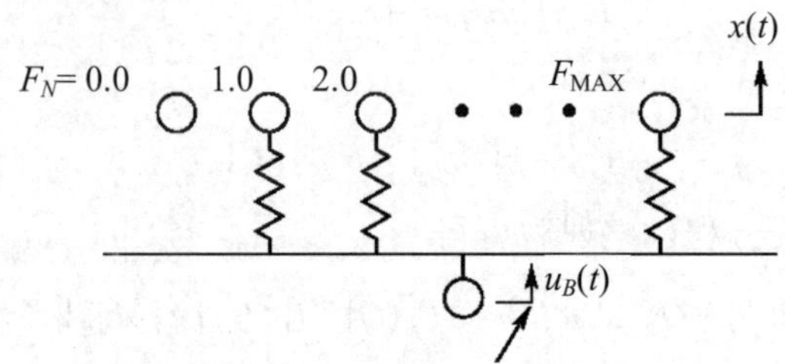

图 5-2　响应的一般形式

（3）每个单自由度振子的峰值响应由 $x(t)$计算，振子的运动 u_B 由力或作用到大结构上的基础激励给出。

例如：将地震的时间历程应用于电厂的规划，则对组件设计（如机械和管道系统等）所涉及到的所有场地位置，都须进行响应频谱的计算。

1）假设振子的质量与振动质量相比非常小，因此两者间无动态耦合。

2）阻尼作用到每个振子上，而不是作用到振动结构上。

3）对低频振子（$\omega \to 0$）：

$$X \to 0, X_r \to U_B$$

4）对高频振子（$\omega \to \infty$）：

$$X \to U_B, X_r \to 0$$

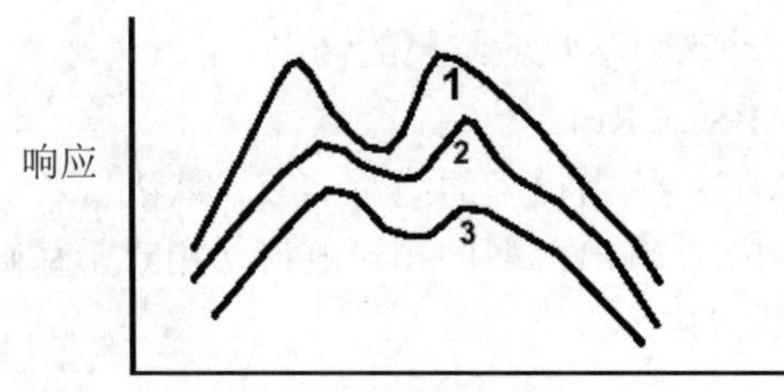

阻尼 1=0%临界阻尼；阻尼 2=3%临界阻尼；阻尼 3=5%临界阻尼

5.2.2　响应谱求解控制

1．输入

（1）执行控制。

用 SOL 命令选择一个瞬态求解器（如 SOL109）。

（2）工况控制。

XYPLOT SPECTRAL 用于计算频谱，XPPUNCH SPECTRAL 用于打印频谱。

例如 XYPUCH ACCELERATION SPECTRAL 1/1(T1RM)命令使用节点 1 在 X(T1)方向运动，在 DTI,SPSEL 卡的记录号 1 处，创建一个包含绝对（RM）加速度谱数据的.pch 文件。如果是 T1IP，则代表 X 方向的相对（IP）响应谱。

（3）数据模型。

PARAM,RSPECTRA,0：要求计算频谱。

DTI,SPSEL：确定频率和阻尼表，计算谱的节点。

FREQ1/FREQ：指定频率/阻尼。

2. 实例

```
PARAM RSPECTRA 0
$
$ 命令 MSC Nastran 执行创建频谱功能
$
$ RECNO DAMP FREQ G1 G2 G3 G4
DTI SPSEL 1 1 2 1 2 3 4 +SPSEL1
+SPSEL1 ENDREC
$
$告知程序如果 XYPLOT 命令选中 RECNO 1，那么节点 1,2,3,4 将使用阻尼集合 1
$ （DAMP 1）和频率集合 2（FREQ）（如果需要）
$
FREQ 1 0. .01 .02
$
$ 供 SPSEL RECNO 1 使用的 FREQ 输入卡，用来指定所使用的阻尼比率
$ 在这里将以临界阻尼比 0%、1%和 2%来生成
$
FREQ1 2 .5 .5 200
$
$ 供 SPSEL RECNO 1 使用的 FREQ 输入卡，用来指定将要生成频谱数据点的频率值
$ 在这里，频谱点将在自然频率为 0.5～100.5Hz 的振荡器中生成
$
```

5.2.3 响应谱应用

1. 应用于 SOL 103

（1）输入的基础激励频谱用于确定每阶模态的峰值响应。

（2）组合峰值模态响应得到系统响应。

（3）组合峰值响应有三种方法（ABS、SRSS、NRL）。

2. 过程

（1）在结构上找出输入点的“SUPORT”自由度。

（2）附加大质量到该“SUPORT”自由度。

（3）得到“SUPORT”自由度未约束系统模态（包括 0Hz 模态）。

（4）估计附加在激励结构上的自由模态。

3. 应用

一个单自由度振荡器对基础运动的响应 x_r，由下面的公式计算：

$$\ddot{x}_r + g\omega\dot{x}_r + \omega^2 x_r = \ddot{u}_r(t)$$

在物理点实际的瞬态响应为：

$$u_k(t) = \sum_i \sum_r \phi_{ik} \psi_{ir} x_r(\omega_i, g_i, t)$$

对 ABS 方法：

$$\overline{u}_k(t) \cong \sum_i \sum_r |\phi_{ik}| \ |\psi_{ir} \overline{x}_r(\omega_i, g_i)|$$

其中，

$$\overline{x}_{ri}(\omega_i, g_i, t) = \max|x_{ri}(\omega_i, g_i, t)|$$

式中：i 代表某一阶模态；r 代表方向。

对 SRSS 方法：

$$\overline{u}_k \cong \sqrt{\sum_r (\phi_{ik} \overline{\xi}_i)^2}$$

式中 ξ_i 为平均峰值模态的幅值

$$\overline{\xi}_i \cong \sqrt{\sum_r (\psi_{ir} \overline{x}_r(\omega_i, g_i))^2}$$

对 NRL 方法：

$$\overline{u}_k = |\phi_{jk} \overline{\xi}_j| + \sqrt{\sum_{i \neq j} (\phi_{ik} \overline{\xi}_i)^2}$$

式中 $|\phi_{jk} \overline{\xi}_j|$ 为峰值模态的幅值。

5.2.4 求解控制

1. 执行控制

SOL 语句选择 SOL 103。

2. 工况控制

SDAMP 选择模态阻尼比，DLOAD 选择输入频率，METHOD 选择特征值求解器。

例如：

METHOD=1：从 bulk data 中选择特征值求解方法 1（确保值域包含 0.0）。

SDMAP=1：选择用来计算模态的模态阻尼，指向模型数据集中的 TABDMP1 卡。

DLOAD=1：选择 DLOAD 模型数据卡来描述哪个频谱施加于哪个“SURPORT”自由度。

3. 数据模型

DLOAD：选择频谱及其所作用的“SURPORT”自由度。

DTI,SPECSEL：选择频谱，声明相关的阻尼和频谱类型。

TABLED1：提供输入频率。

SUPORT：选择频谱的输入位置。

TABDMP1：描述要计算模态的阻尼。

PARAM,OPTION：选择模态峰值组合方法。

4. 实例

```
SUPORT 1 3
$
$ 为频谱定义输入自由度，本例中选择节点 1 的自由度 3
$
```

```
CONM2 1001 3 0 1000000.
$
$在输入频谱的方向施加大质量
$
TABDMP1 1 CRIT +DMP1
+DMP1 0.0 .01 100. .01 100.01 .02 1000. .02 +DMP2
+DMP2 ENDT
$
$为计算的模态选择阻尼率，本例中，0～100Hz之间所有模态的临界阻尼率为1%
$高于100.01Hz的模态的临界阻尼率为2%
$
PARAM,SCRSPEC,0
$通知MSC Nastran执行谱响应分析，定义频谱施加的位置及方式
$
$注意：频谱按内部排序使用，而不是按升幂排序
$
$SID S S1 L1 S2 L2 ....
DLOAD 1 1.0 1.0 1
$
$定义频谱施加的位置，通过DLOAD=1命令调用该卡
$在这张卡里赋值了一个全局比例因子1.0（S）
$同时在“SUPORT”自由度1处的频谱1（L1）赋值比例因子1.0（S1）
$
$应注意在这个卡中使用的“SUPORT”自由度的顺序是MSC Nastran内部设定的
$如果只出现一个节点，则不存在任何问题；但是如果使用多于一个的节点，
$那么就应使用PARAM,USETPRT,1命令来获取内部顺序
$
DTI SPECSEL 0
DTI SPECSEL 1 A 2 0.0 3 .01 +SP1
+SP1 4 .02
$
$这个表格定义了输入列表（执行频谱创建命令而生成）和频谱集合之间的关系，例如：
$记录1定义了一个代表加速度频谱的频谱集合，该集合含有0%临界阻尼的频谱2、
$1%临界阻尼的频谱3和2%临界阻尼的频谱4。但如果某一模态具有不同于所有在表
$中定义的阻尼值，程序将自动在频谱之间进行插值
$
TABLED1 2
.5 3.156-4 1.0 .001263 1.5 .002842 2. .005056
2.5 .007905 3. .011393 3.5 .015524 4. .020303
4.5 .025738 5. .031839 5.5 .038615 6. .046073
6.5 .054219 7. .063052 7.5 .072569 8. .082766
.
.
100.5 3.87229 ENDT
$上表表示的是输入频谱
```

5.2.5 响应谱实例

本例提供了一个产生响应谱和一个响应谱应用的案例。计算响应谱的基本结构是一个烟囱模型，如图 5-3 所示，激励是一个地震时间历程。我们要计算烟囱的底部和顶部的谱，然后比较瞬态响应和谱响应的结果。

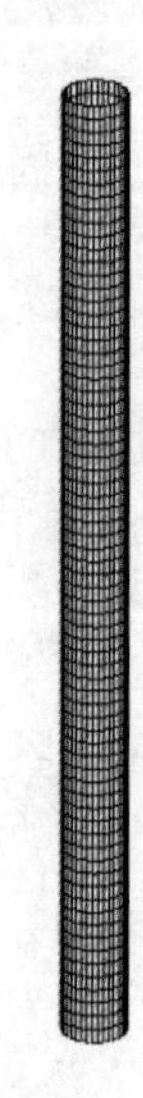

图 5-3 烟囱模型（半径：24in，高：720in，厚：0.25in）

5.2.5.1 产生响应谱

烟囱底部的节点通过 RBE2 连接到独立的节点（ID 9999）上。地震激励施加于该节点的 X 方向（T1）。计算节点 9999（底部）和 2593（顶部）的绝对加速度响应谱。使用求解序列 SOL112，模态法瞬态响应来计算谱。临界阻尼比为 2%，并用于计算响应谱。

1. 创建几何模型

（1）新建 MSC Patran 新数据库文件，选择菜单项 File→New 或单击工具栏中的按钮。

（2）在 File Name 文本框中输入 Create_Shock.db，单击 OK 按钮，创建新数据库。

（3）选择工具栏的 Geometry 选项卡，如图 5-4 所示，单击 P-Shapes 命令组中的 Select 按钮，准备创建曲面。

图 5-4 Geometry 工具栏

（4）在 Geometry 对话框（默认在窗口右侧）中，如图 5-5 中 a 所示，选择要创建的形状为圆柱形；如图 5-5 中 b 所示，在 Diameter 文本框中输入烟囱的直径 48；如图 5-5 中 c 所示，在 Axis of Revolution 文本框中输入{[0 0 0] [0 0 720]}（代表烟囱的高度为 720）；如图 5-5 中 d 所示，单击 Apply 按钮，生成圆柱面。

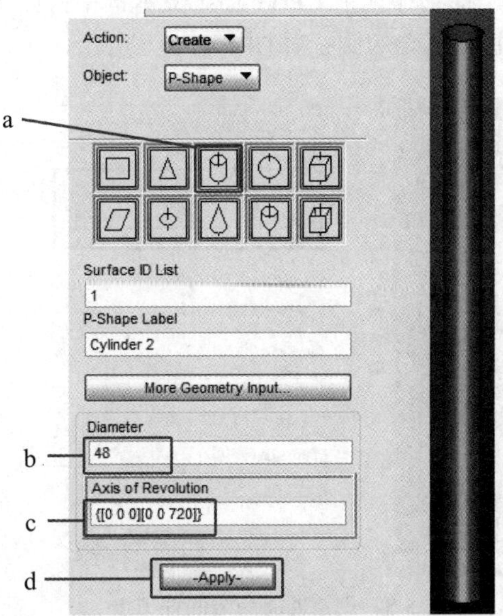

图 5-5 创建圆柱面

2. 划分网格

（1）选择工具栏中的 Meshing 选项卡，如图 5-6 所示，选择命令组 Mesh Seeds 中的 Uniform 命令。

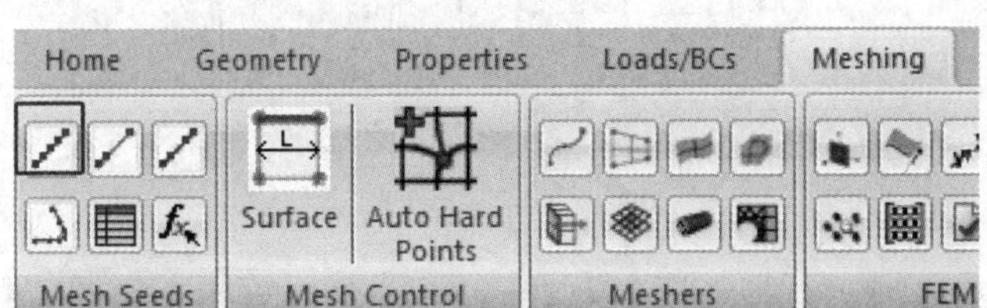

图 5-6 分布种子点

（2）在 Finite Elements 对话框中，如图 5-7 中 a 所示，选择 Element Edge Length Data 的方法为 Numbers of Elements；如图 5-7 中 b 所示，取消选中 Auto Execute 复选框；如图 5-7 中 c 所示，在 Finite Elements 对话框中，设定 Number 为 36。

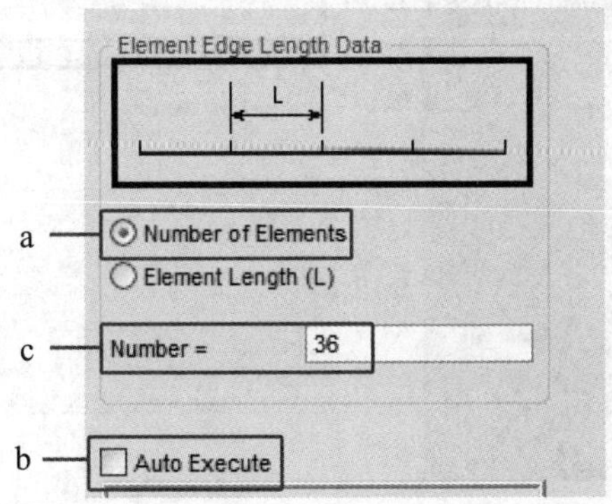

图 5-7 分布种子点选项

（3）如图 5-8 中 a 所示，将光标置于 Curve List 文本框中；如图 5-8 中 b 所示，按 Shift 键，并在绘图区域选择圆柱曲面两端的圆；如图 5-8 中 c 所示，单击 Apply 按钮。

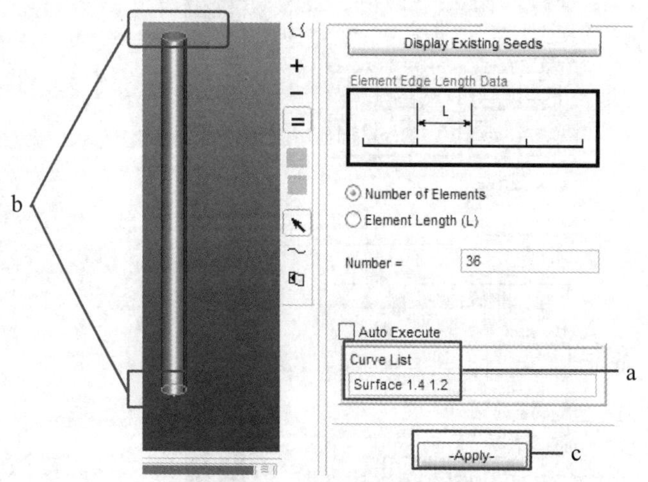

图 5-8　设定曲面两端的种子点

（4）如图 5-9 所示，选择工具栏中的 Meshing 选项卡，单击 Meshers 命令组中的 Curve 命令。

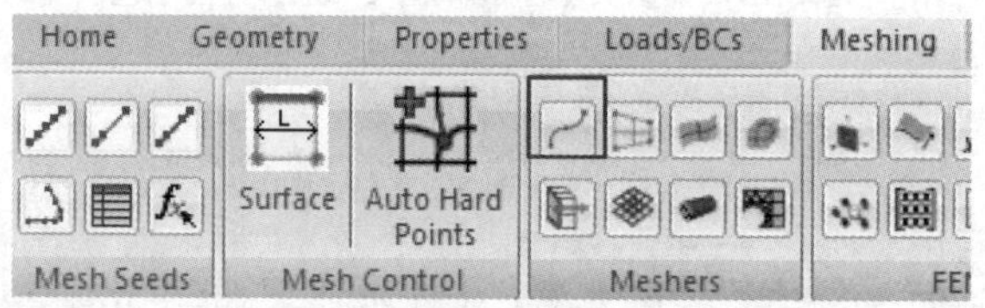

图 5-9　创建曲线网格

（5）如图 5-10 中 a 所示，将光标置于 Curve List 文本框中；如图 5-10 中 b 所示，选择绘图区域中的圆柱底面的圆，单击 Apply 按钮。

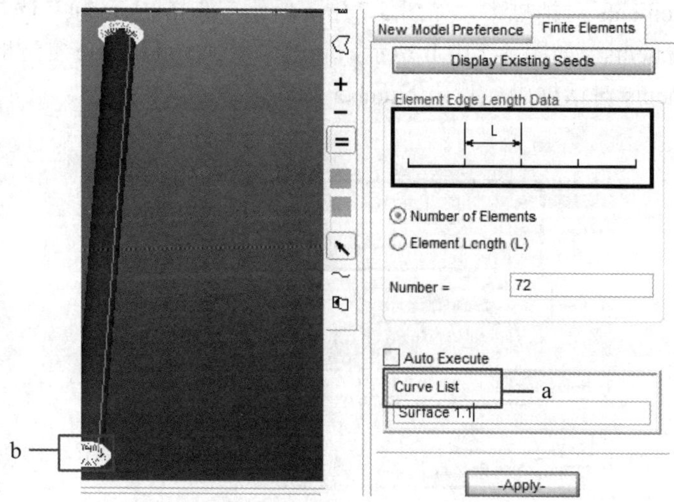

图 5-10　划分曲线网格

（6）如图 5-11 所示，选择工具栏中的 Meshing 选项卡，单击 FEM Actions 工具组中的 Equivalence 命令，选择所有节点，单击 Apply 按钮，合并多余的节点。

（7）如图 5-12 所示，选择工具栏中的 Meshing 选项卡，单击 FEMA Actions 工具组中的 Sweep 命令。

（8）如图 5-13 所示，修改 Finite Elements 对话框中的 Method 为 Extrude。

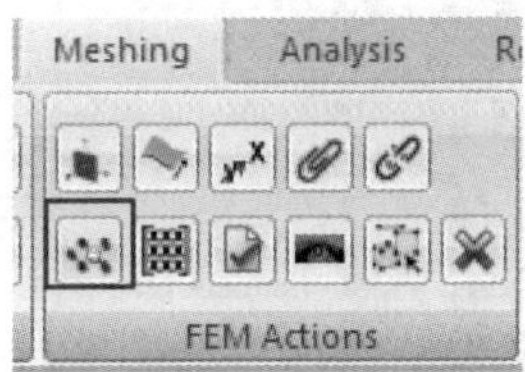

图 5-11　合并节点工具

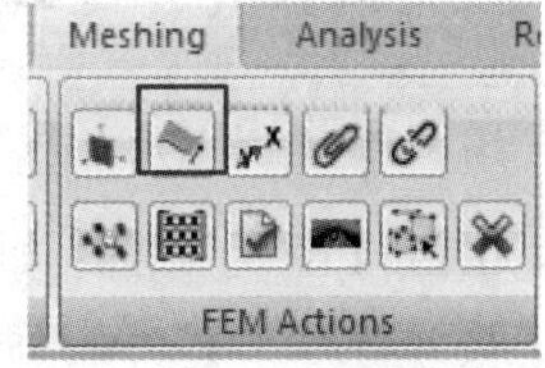

图 5-12　扫掠网格

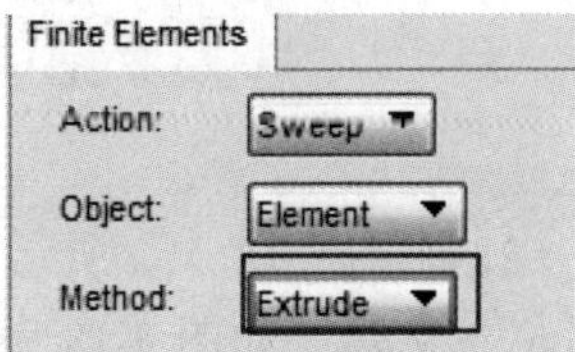

图 5-13　设定扫略方法

（9）单击 Mesh Control 按钮，打开 Mesh Control 对话框，如图 5-14 所示，修改 Element Length 为 10，并单击 OK 按钮。

（10）如图 5-15 中 a 所示，在 Finite Element 对话框中，修改 Direction Vector 为<0 0 720>，设定 Offset 为 0；如图 5-15 中 b 所示，选择 Delete Original Elements 复选项；如图 5-15 中 c 所示，选择所有单元，单击 Apply 按钮。

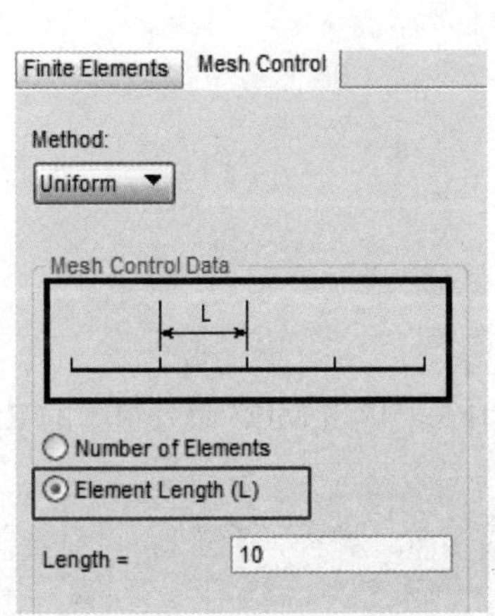

图 5-14　修改网格控制选项

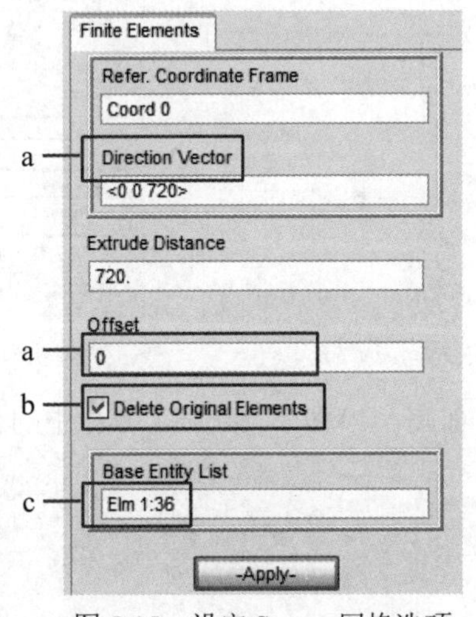

图 5-15　设定 Sweep 网格选项

（11）生成的曲面网格结果如图 5-16 所示。

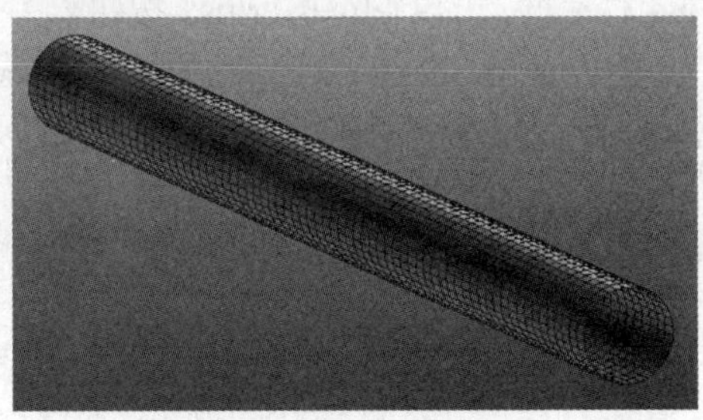

图 5-16　曲面网格

3. 创建 RBE2

（1）如图 5-17 所示，选择工具栏中的 Meshing 选项卡，单击 Node 命令组中的 ArcCenter 命令。

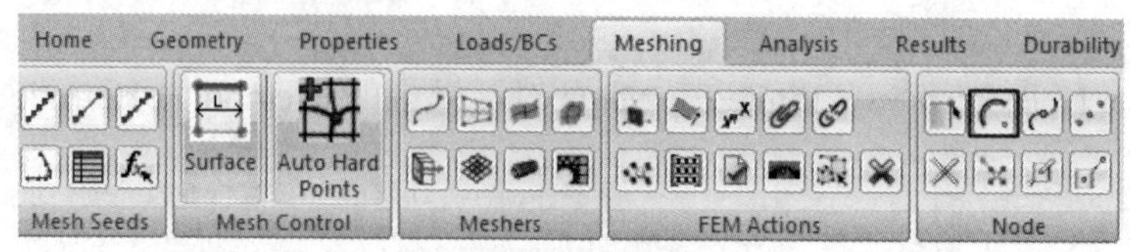

图 5-17 创建节点

（2）如图 5-18 中 a 所示，修改 Node ID List 为 9999；如图 5-18 中 b 所示，取消选中 Auto Execute 复选项；如图 5-18 中 c 所示，将光标置于 Curve List 文本框中，然后在绘图区域选择圆柱面底部的圆或直接输入 Surface 1.4，单击 Apply 按钮。

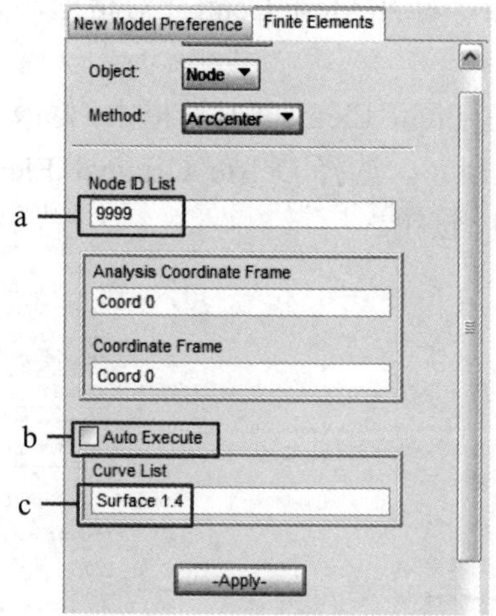

图 5-18 创建节点的选项

（3）如图 5-19 所示，选择工具栏中的 Meshing 选项卡，单击 MPC 命令组中的 RBE2 命令。

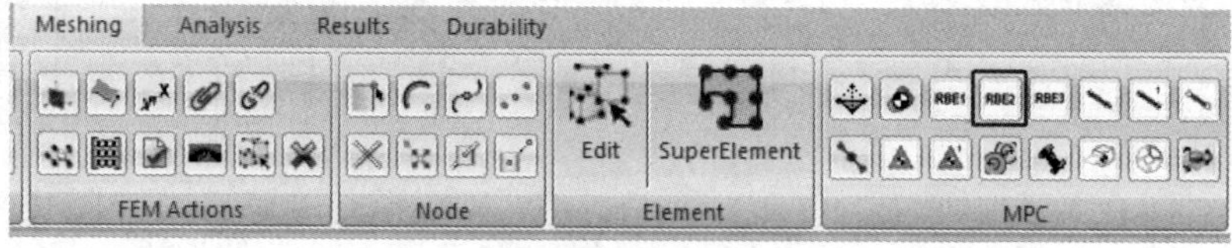

图 5-19 创建 MPC

（4）单击 Finite Elements 对话框上的 Define Terms...按钮。

（5）如图 5-20 中 a 所示，在 Define Terms 对话框中选中 Create Dependent 单选项；如图 5-20 中 b 所示，取消选中 Auto Execute 复选项；如图 5-20 中 c 所示，在 DOFs 列表中选择全部的自由度。

（6）在 Define Terms 对话框的 Nodes List 文本框中输入 Node 1:36，单击 Apply 按钮，设定 RBE2 的从节点。

（7）如图 5-21 所示，在 Define Terms 对话框的 Nodes List 文本框中输入 Node 9999，单击 Apply 按钮，设定 RBE2 的主节点。

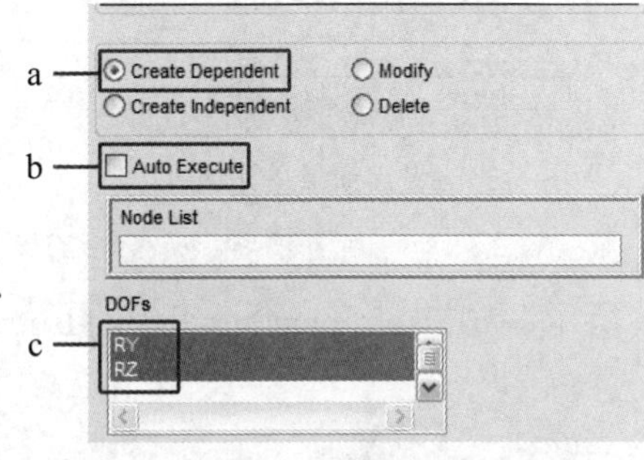

图 5-20　设定 MPC 选项

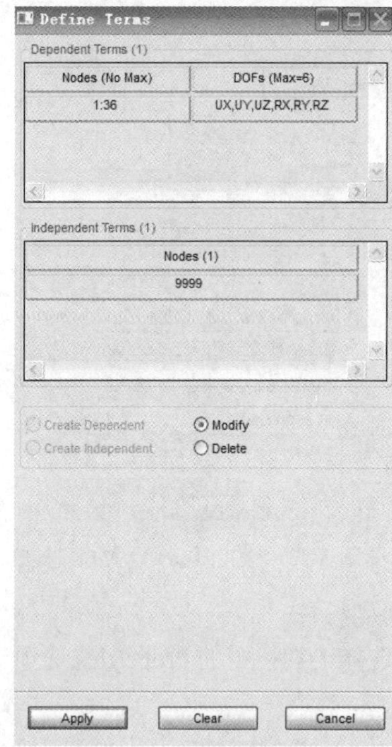

图 5-21　设定 RBE2 的主节点

（8）在 Define Terms 对话框中单击 Cancel 按钮。

（9）在 Finite Elements 对话框中单击 Apply 按钮，完成 RBE2 的创建。

4. 创建质量点

（1）如图 5-22 所示，选择工具栏中的 Meshing 选项卡，单击 Element 命令组中的 Edit 命令，创建质量单元。

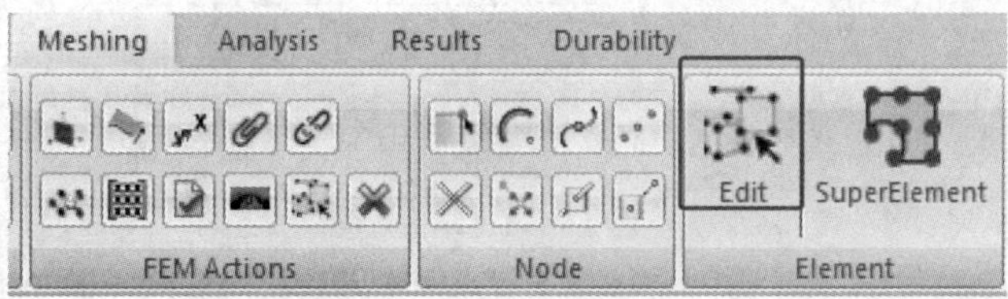

图 5-22　创建单元

（2）如图 5-23 中 a 所示，在 Finite Elements 对话框中，更改 Element ID List 为 10000；如图 5-23 中 b 所示，在 Shape 和 Topology 下拉列表框中分别选择 Point 选项，并取消选中 Auto Execute 复选项；如图 5-23 中 c 所示，在 Node1 文本框中输入 Node 9999，单击 Apply 按钮。

（3）单击 Create New Property 按钮创建新属性，如图 5-24 中 a 所示，在 Element Properties 对话框中，在 Property Set Name 文本框中输入 Mass；如图 5-24 中 b 所示，更改 Options 为 Lumped；如图 5-24 中 c 所示，单击 Input Properties 按钮。

（4）在 Input Properties 对话框中输入 Mass 为 1.0e8，单击 OK 按钮。

（5）在 Element Properties 对话框中单击 Apply 按钮。

（6）在 Finite Elements 对话框中单击 Apply 按钮，创建质量单元。

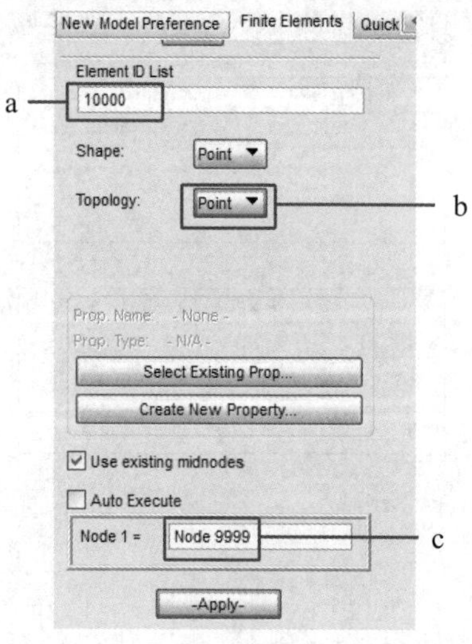

图 5-23　设定质量单元的信息

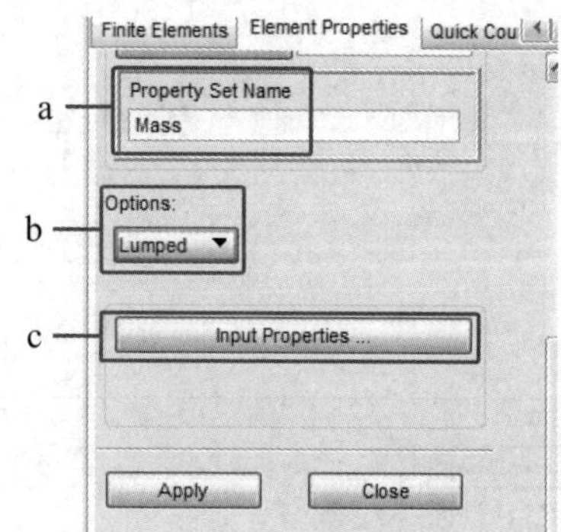

图 5-24　设定质量单元属性

5. 创建材料

（1）选择工具栏中的 Properties 选项卡，如图 5-25 所示，单击 Isotropic 命令组中的 Isotropic 命令。

（2）在 Materials 对话框中输入 Material Name 为 alum。

（3）单击 Input Properties 按钮。

（4）如图 5-26 所示，在 Input Options 对话框中输入 Elastic Modulus 为 1e7，Poisson Ratio 为 0.25，Density 为 0.1，单击 OK 按钮。

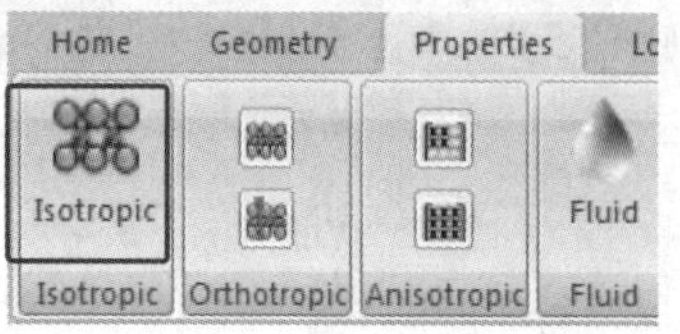

图 5-25　创建材料

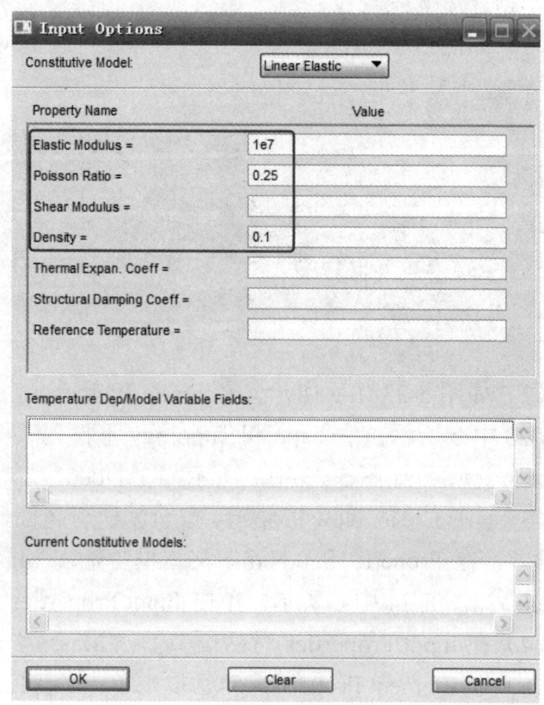

图 5-26　材料属性

（5）在 Materials 对话框中单击 Apply 按钮。

6. 创建属性

（1）如图 5-27 所示，选择工具栏中的 Properties 选项卡，单击 2D Properties 命令组中的 Shell 命令。

图 5-27 创建属性

（2）在 Element 对话框中输入 Property Set Name 为 Wall。

（3）单击 Input Properties 按钮。

（4）在 Material Names 文本框中输入 m:alum。

（5）输入 Thickness 为 0.25。

（6）单击 OK 按钮。

（7）在 Element Properties 对话框中单击 Select Application Region 按钮，在 Select Application Region 对话框中输入 Select Members 为 Elm 1:2592。

（8）单击 Add 按钮，单击 OK 按钮。

（9）在 Element Properties 对话框中单击 Apply 按钮。

7. 输出并修改 BDF 文件，提交运算

（1）如图 5-28 所示，选择工具栏中的 Analysis 选项卡，单击 Create 命令组中的 Analysis Deck 命令。

图 5-28 输出文件

（2）单击 Analysis 对话框中的 Apply 按钮，输出文件。在 Patran 文件目录中，打开文件 Create_Shock.bdf 文件；删除前 21 行，并粘贴如下内容：

```
$
$ file create_shock.bdf
$
sol 112
$c
cend
echo=none
Subcase 11
    subtitle = Transient Analysis
    method = 99
    spc = 77
    dload = 66
```

```
    sdamp = 88
    tstep = 123
    set 55 = 9999, 2593
    acce(plot) = all
    disp(plot) = 55
    velo(plot) = 55
    force(plot) = all
    stress(plot) = all
output(xyout)
xaxis = yes
xgrid = yes
yaxis = yes
ygrid = yes
xmax = 15.0
xtitle = Acceleration T.H. at base
xyplot,acce,resp/9999(t1)
xtitle = Acceleration T.H. at tip
xyplot,acce,resp/2593(t1)
xlog = yes
xmax = 100.
xmin = 1.
ylog = yes
$ ymin = 100.
xtitle = Shock Spectrum at Base - Damping = 0.02
xyplot,xyprint,xypunch acce,spectral/9999(t1rm)
xtitle = Shock Spectrum at Tip - Damping = 0.02
xyplot,xyprint,acce,spectral/2593(t1rm)
$
begin bulk
$
param,wtmass,.002589
param,grdpnt,0
param,rspectra,0
param,rsprint,1
param,post,0
$
dti,spsel,0
dti,spsel,1,91, 92, 9999,2593
$
$   set 91 selects damping of oscilator and set 92 selects the
$   frequencies at which spectra will be calcuated.
$
freq,    91, .02
freq2, 92, 1.0, 40.0, 200
freq4, 92, 1.0, 40.0, 0.2, 5
$
eigrl, 99, , 40.0,
tstep, 123, 3000, 0.005, 1
$
spc1,77,23456,9999
```

```
suport, 9999, 1
Tload1, 66, 44, , acce, 99
darea, 44, 9999, 1, 1.e8
$
tabdmp1, 88, crit
+, 0.0, 0.02, 10000., 0.02, endt
$
$   El-centro -NS earthquake
$
Tabled1, 99
+, 0.00000, 0.01080, 0.04200, 0.00100, 0.09700, 0.01590, 0.16100,-0.00010,
+, 0.22100, 0.01890, 0.26300, 0.00010, 0.29100, 0.00590, 0.33200,-0.00120,
+, 0.37400, 0.02000, 0.42900,-0.02370, 0.47100, 0.00760, 0.58100, 0.04250,
+, 0.62300, 0.00940, 0.66500, 0.01380, 0.72000,-0.00880, 0.72000,-0.02560,
+, 0.78900,-0.03870, 0.78900,-0.05680, 0.87200,-0.02320, 0.87200,-0.03430,
+, 0.94100,-0.04020, 0.94100,-0.06030, 0.99700,-0.07890, 1.06600,-0.06660,
+, 1.06600,-0.03810, 1.09400,-0.04290, 1.16800, 0.08970, 1.31500,-0.16960,
+, 1.38400,-0.08280, 1.41200,-0.08280, 1.44000,-0.09450, 1.48100,-0.08850,
+, 1.50900,-0.10800, 1.53700,-0.12800, 1.62800, 0.11440, 1.70300, 0.23550,
+, 1.80000, 0.14280, 1.85500, 0.17770, 1.92400,-0.26100, 2.00700,-0.31940,
+, 2.21500, 0.29520, 2.27000, 0.26340, 2.32000,-0.29840, 2.39500, 0.00540,
+, 2.45000, 0.28650, 2.51900,-0.04690, 2.57500, 0.15160, 2.65200, 0.20770,
+, 2.70800, 0.10870, 2.76900,-0.03250, 2.89300, 0.10330, 2.97600,-0.08030,
+, 3.06800, 0.05200, 3.12900,-0.15470, 3.21200, 0.00650, 3.25300,-0.20600,
+, 3.38600, 0.19270, 3.41900,-0.09370, 3.53000, 0.17080, 3.59900,-0.03590,
+, 3.66800, 0.03650, 3.73800,-0.07360, 3.83500, 0.03110, 3.90400,-0.18330,
+, 4.01400, 0.02270, 4.05600,-0.04350, 4.10600, 0.02160, 4.22200,-0.19720,
+, 4.31400,-0.17620, 4.41600, 0.14600, 4.47100,-0.00470, 4.61800, 0.25720,
+, 4.66500,-0.20450, 4.75600, 0.06080, 4.83100,-0.27330, 4.97000, 0.17790,
+, 5.03900, 0.03010, 5.10800, 0.21830, 5.19900, 0.02670, 5.23300, 0.12520,
+, 5.30200, 0.12900, 5.33000, 0.10890, 5.34300,-0.02390, 5.45400, 0.17230,
+, 5.51000,-0.10210, 5.60600, 0.01410, 5.69000,-0.19490, 5.77300,-0.02420,
+, 5.80000,-0.00500, 5.80900,-0.02750, 5.86900,-0.05730, 5.88300,-0.03270,
+, 5.92500, 0.02160, 5.98000, 0.01080, 6.01300, 0.02350, 6.08500,-0.06650,
+, 6.13200, 0.00140, 6.17400, 0.04930, 6.18800, 0.01490, 6.18800,-0.02000,
+, 6.22900,-0.03810, 6.27900, 0.02070, 6.32600,-0.00580, 6.36800,-0.06030,
+, 6.38200,-0.01620, 6.40900, 0.02000, 6.45900,-0.01760, 6.47800,-0.00330,
+, 6.52000, 0.00430, 6.53400,-0.00400, 6.56200,-0.00990, 6.57500,-0.00170,
+, 6.60300,-0.01700, 6.64500, 0.03730, 6.68600, 0.04570, 6.71400, 0.03850,
+, 6.72800, 0.00090, 6.76900,-0.02880, 6.76900, 0.00160, 6.81100, 0.01130,
+, 6.85200, 0.00220, 6.90800, 0.00920, 6.99100, 0.09960, 7.07400, 0.03600,
+, 7.12100, 0.00780, 7.14300,-0.02770, 7.14900, 0.00260, 7.17100, 0.02720,
+, 7.22600, 0.05760, 7.29500,-0.04920, 7.37000, 0.02970, 7.40600, 0.01090,
+, 7.42500, 0.01860, 7.46100,-0.02530, 7.52500,-0.03470, 7.57200, 0.00360,
+, 7.60000,-0.06280, 7.64100,-0.02800, 7.66900,-0.01960, 7.69100, 0.00680,
+, 7.75200,-0.00540, 7.79400,-0.06030, 7.83500,-0.03570, 7.87700,-0.07160,
+, 7.96000,-0.01400, 7.98700,-0.00560, 8.00100, 0.02220, 8.07000, 0.04680,
+, 8.12600, 0.02600, 8.12600,-0.03350, 8.19500,-0.01280, 8.22300, 0.06610,
+, 8.27800, 0.03050, 8.33400, 0.02460, 8.40300, 0.03470, 8.45800,-0.03690,
+, 8.53300,-0.03440, 8.59600,-0.01040, 8.63800,-0.02600, 8.73500, 0.15340,
```

```
+, 8.81800,-0.00280, 8.86000, 0.02330, 8.88200,-0.02610, 8.91500,-0.00220,
+, 8.95600,-0.18490, 9.05300, 0.12600, 9.09500, 0.03200, 9.12300, 0.09550,
+, 9.15000, 0.12460, 9.25300,-0.03280, 9.28900,-0.04510, 9.42700, 0.13010,
+, 9.44100,-0.16570, 9.51000, 0.04190, 9.63500,-0.09360, 9.70400, 0.08160,
+, 9.81500,-0.08810, 9.89800, 0.00640, 9.93900,-0.00060, 9.99500, 0.05860,
+,10.02200,-0.07130,10.05000,-0.04480,10.05000,-0.02210,10.10500, 0.00930,
+,10.10500, 0.00240,10.18800, 0.05100,10.28800, 0.00000,10.38800, 0.00000,
+, endt
```

8. 运行 MSC Nastran 进行计算

9. 后处理

单击工况控制部分的 XYPUNCH ACCE SPECTRAL 命令，将指定的响应谱输出到 PCH 文件中，在后续的响应谱应用中会用到。在 Bulk Data 部分，输入 PARAM,RSPECTRA,0 要求计算谱。DTI,SPSEL 引用了 FREQ 卡片，FREQ 卡片定义了阻尼及计算谱时的频率范围。DTI,SPSEL 卡片同时定义了计算哪些节点的谱。在该例中，计算节点 9999 和 2593 的谱，尽管下一步的计算只使用节点 9999 的谱。注意 SUPORT 卡片指定了 DOF 1，因为施加到节点 9999 上的响应谱只有 X 方向。

注意：本例只考虑了阻尼为 2%的情况，实际应用中应考虑更多的阻尼值，如 0%、2%、5%等。

图 5-29 显示了节点 9999 和 2593 的加速度响应谱（可以在 f06 文件中获取相应的曲线数据）。

图 5-29　节点 9999 和 2593 的绝对值加速度响应谱

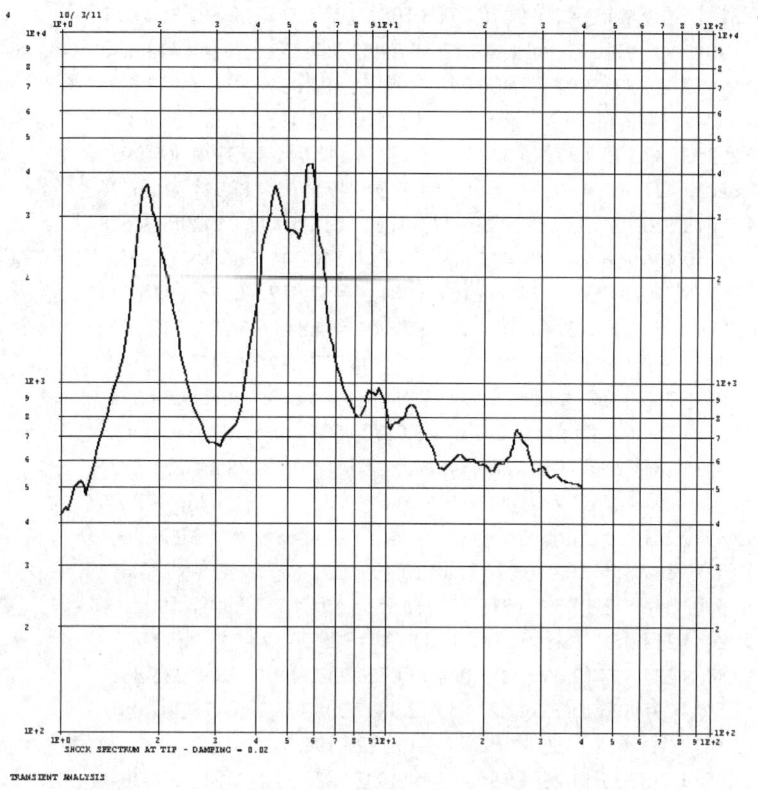

图 5-29　节点 9999 和 2593 的绝对值加速度响应谱（续图）

打印到 PCH 文件中的节点 9999 的谱如下：

```
$SUBCASE                                                               1
$ACCE          3      9999      3       1                              2
$     2.000000E-02
TABLED1          2
        1.0     253.991 1.01862 262.498 1.03758 264.852 1.05689 262.243
        1.07657 291.12  1.09661 311.906 1.11702 322.295 1.13782 321.108
        1.159   307.909 1.18057 283.9   1.20255 250.724 1.22494 210.997
        1.24774 194.307 1.27097 197.562 1.29463 201.576 1.31873 206.812
        1.34328 213.406 1.36828 242.229 1.39375 267.792 1.4197  276.681
        1.44613 281.899 1.47305 272.642 1.50047 279.163 1.5284  292.666
        1.55685 306.362 1.58583 320.748 1.61535 334.938 1.64543 349.981
        1.67606 367.169 1.70726 447.014 1.73904 504.022 1.77141 526.362
        1.80439 506.608 1.83798 456.479 1.87219 468.318 1.90704 476.508
        1.94254 480.528 1.97871 480.239 2.01554 475.988 2.05306 478.137
        2.09128 525.215 2.13021 522.181 2.16987 474.84  2.21026 449.433
        2.2514  445.012 2.29331 440.6   2.33601 436.617 2.37949 433.057
        2.42379 429.623 2.46891 425.951 2.51487 421.863 2.56168 417.533
        2.60937 413.536 2.65795 410.718 2.70742 409.839 2.75782 411.4
        2.80916 415.66  2.85201 420.869 2.86146 421.976 2.91472 428.647
        2.96898 433.677 3.02425 434.769 3.08055 429.637 3.1379  416.123
        3.19631 392.679 3.20851 387.078 3.25581 361.06  3.31642 323.823
```

```
3.37816 289.818 3.44104 270.674 3.5051  277.729 3.56502 304.895
3.57035 307.97  3.63681 348.876 3.70452 387.358 3.77348 413.504
3.84372 419.771 3.91527 406.07  3.92152 404.054 3.98816 373.676
4.0624  344.686 4.13803 352.076 4.21506 344.042 4.27802 340.392
4.29352 337.823 4.37345 328.907 4.45486 347.941 4.53779 367.093
4.62227 421.903 4.70831 464.516 4.79596 494.701 4.88524 514.657
4.97618 520.12  5.06882 521.673 5.16317 518.5   5.25929 509.678
5.35719 496.156 5.45692 475.629 5.5585  520.244 5.66198 505.53
5.76738 510.267 5.87474 508.164 5.9841  457.917 6.0955  416.049
6.20897 454.149 6.32456 474.179 6.44229 584.845 6.56222 547.292
6.68438 399.37  6.80881 301.004 6.93556 277.247 7.06467 282.967
7.19618 288.927 7.33014 298.645 7.4666  304.238 7.60559 296.268
7.74717 289.04  7.89139 291.671 8.03829 274.868 8.18793 273.822
8.34035 289.813 8.49561 260.845 8.65377 248.798 8.78464 251.272
8.81486 251.645 8.97895 247.117 9.1461  233.011 9.31636 232.177
9.48979 241.155 9.66645 256.304 9.84639 275.867 9.88272 279.466
10.0297 287.35  10.2164 269.848 10.4066 237.887 10.438  233.674
10.6003 236.811 10.7976 215.25  10.9808 194.405 10.9986 190.544
11.2034 214.056 11.4119 218.744 11.6244 222.762 11.7427 230.623
11.8408 234.897 12.0612 238.024 12.0789 237.658 12.2857 235.861
12.5144 235.896 12.7474 223.859 12.9847 205.152 13.0475 202.081
13.177  198.628 13.2264 197.83  13.4726 192.543 13.7234 195.623
13.9789 198.937 14.2391 190.493 14.3522 182.027 14.5042 177.264
14.7742 167.425 15.0492 170.408 15.3294 178.818 15.6147 179.463
15.657  179.287 15.9054 179.439 16.2015 174.658 16.5031 166.19
16.8103 157.514 17.1233 150.764 17.1439 150.104 17.442  145.376
17.7667 146.557 17.9166 140.895 18.0974 140.331 18.4343 140.239
18.7775 136.418 19.1271 145.073 19.2869 145.382 19.4831 144.985
19.8458 144.577 20.1562 141.536 20.2152 142.167 20.5916 142.887
20.9749 140.985 21.3653 138.113 21.4299 137.692 21.7631 137.871
22.1682 139.621 22.3958 138.638 22.5809 136.505 23.0012 135.935
23.4294 136.439 23.5729 135.586 23.8656 134.195 24.3098 134.42
24.6354 134.98  24.7177 136.46  24.7624 137.458 24.9116 140.012
25.2233 140.971 25.6929 134.733 25.7159 134.335 25.9545 132.34
26.1712 130.488 26.6584 134.428 26.8749 135.918 27.1546 134.867
27.6601 135.997 27.8074 137.269 28.0256 138.553 28.175  138.832
28.6995 135.843 28.8944 135.48  29.1988 134.59  29.2338 134.409
29.778  131.088 30.3323 131.286 30.897  134.58  31.1395 135.429
31.2353 135.573 31.4721 135.897 32.058  135.395 32.4431 135.517
32.5062 135.8   32.6548 136.606 33.2627 137.425 33.8819 131.133
33.9869 129.971 34.2535 127.79  34.5126 126.879 34.6247 126.886
35.1398 127.654 35.1551 127.64  35.6874 124.719 35.8095 123.305
36.118  121.457 36.4761 117.92  37.0766 116.845 37.1551 116.862
37.3674 116.916 37.8468 116.963 38.5513 115.286 38.9318 115.692
38.9528 115.698 39.0442 115.686 39.269  115.288 39.7298 112.69
40.     111.022ENDT
```

5.2.5.2　**响应谱应用**

将上个例子中计算的响应谱施加于烟囱的底部，并与瞬态响应分析进行比较。复制 Create_Shock.bdf 文件，并修改为 Apply_Shock.bdf。打开文件，删除前面 121 行，并添加如下所示的内容：

```
$ Response Spectra Application
$
sol 103
$c
cend
echo=none
line=99999
subcase 1
    subtitle = Shock Spectrum Analysis
    spc = 77
    method = 99
    dload = 701
    sdamp = 88
    param,option,srss
    accel(plot) = all
    stress       = all
    force(plot) = all
$
begin bulk
$
param,wtmass,.002589
param,grdpnt,0
param,post,-1
param, scrspec, 0
$
eigrl, 99, , 40.0,
$
spc1,77,23456,9999
suport, 9999, 1
$
Dload, 701, 1.0, 1.0, 71
darea, 44, 9999, 1, 1.e8
$
Dti, Specsel, 71, , A, 2, 0.02
$
$
tabdmp1, 88, crit
+, 0.0, 0.02, 10000., 0.02, endt
$
$   Shock Spectrum at base - Punch file created in Example 1.
$
$SUBCASE          1                                                      1
$ACCE              3      9999            3           1                  2
```

```
$      2.000000E-02
TABLED1        2
               1.0     253.991 1.01862 262.498 1.03758 264.851 1.05689 262.242
        1.07657 291.119 1.09661 311.906 1.11702 322.295 1.13782 321.108
        1.159   307.909 1.18057 283.9   1.20255 250.724 1.22494 210.997
        1.24774 194.306 1.27097 197.56  1.29463 201.574 1.31873 206.809
        1.34328 213.403 1.36828 242.229 1.39375 267.791 1.4197  276.679
        1.44613 281.896 1.47305 272.639 1.50047 279.16  1.50126 279.54
        1.5284  292.662 1.55685 306.359 1.58583 320.748 1.61535 334.938
        1.64543 349.98  1.67606 367.169 1.68892 401.058 1.70726 447.002
        1.73904 504.008 1.77141 526.348 1.77504 526.351 1.80439 506.594
        1.83798 456.483 1.87219 468.321 1.87658 469.436 1.90704 476.512
        1.94254 480.533 1.97871 480.243 1.99692 478.715 2.01554 475.992
        2.05306 478.147 2.06423 497.33  2.09128 525.225 2.13021 522.189
        2.16987 474.848 2.21026 449.446 2.2188  448.605 2.2514  445.026
        2.25189 444.979 2.29331 440.615 2.33601 436.632 2.37949 433.073
        2.42379 429.639 2.44068 428.252 2.46891 425.967 2.51487 421.88
        2.56168 417.55  2.60937 413.552 2.65795 410.734 2.66256 410.54
        2.70742 409.854 2.75782 411.414 2.80916 415.674 2.86146 421.99
        2.91472 428.66  2.96898 433.69  3.02425 434.781 3.08055 429.647
        3.1379  416.132 3.19214 394.662 3.19631 392.687 3.25581 361.066
        3.31642 323.827 3.37816 289.818 3.44104 270.668 3.5051  277.717
        3.51923 282.618 3.57035 307.954 3.59116 320.522 3.63681 348.857
        3.70452 387.337 3.77348 413.482 3.84372 419.751 3.91527 406.05
        3.95913 387.87  3.98816 373.658 3.99018 372.542 4.0624  344.657
        4.13803 352.026 4.21506 344.006 4.28359 339.694 4.29352 337.793
        4.37345 328.884 4.3892  331.727 4.39903 334.484 4.45486 347.937
        4.53779 367.101 4.62227 421.905 4.70831 464.524 4.71647 467.963
        4.78822 492.853 4.79596 494.7   4.81904 502.146 4.83894 506.509
        4.88524 514.656 4.97618 520.12  5.06882 521.673 5.16317 518.503
        5.25929 509.679 5.27884 508.382 5.30603 505.015 5.35449 496.542
        5.35719 496.157 5.45692 475.631 5.5585  520.24  5.66198 505.528
        5.76738 510.271 5.87474 508.17  5.88994 506.994 5.89559 505.788
        5.9841  457.925 6.0955  416.056 6.20897 454.157 6.32456 474.178
        6.42538 579.137 6.44229 584.85  6.48515 588.462 6.56222 547.296
        6.68438 399.374 6.80881 301.    6.93556 277.244 6.9911  280.37
        7.06467 282.964 7.0747  283.621 7.19618 288.923 7.33014 298.65
        7.44942 304.885 7.4666  304.243 7.60559 296.273 7.63583 293.697
        7.74717 289.042 7.86499 291.993 7.89139 291.673 8.03829 274.869
        8.18793 273.824 8.34035 289.81  8.38059 286.99  8.49561 260.844
        8.59031 248.879 8.65377 248.799 8.73887 251.857 8.81486 251.642
        8.84841 252.215 8.97895 247.117 8.99065 245.595 9.1461  233.015
        9.31177 231.791 9.31636 232.183 9.48979 241.161 9.54479 245.108
        9.61276 251.374 9.66645 256.309 9.83156 274.103 9.84639 275.877
        10.0297 287.358 10.1145 280.963 10.2164 269.86  10.243  264.8
        10.4066 237.895 10.4867 233.143 10.4993 234.508 10.5207 236.561
        10.6003 236.811 10.6769 224.485 10.7976 215.249 10.8147 213.68
```

```
10.9986 190.542 11.1741 210.294 11.2034 214.055 11.2383 216.706
11.326  217.377 11.4119 218.743 11.4537 219.015 11.6244 222.764
11.7979 232.149 11.8358 234.614 11.8408 234.895 12.0115 238.685
12.0612 238.022 12.2857 235.862 12.3622 236.977 12.5144 235.896
12.7418 224.308 12.7474 223.855 12.8527 214.645 12.9847 205.147
13.1509 199.004 13.2264 197.828 13.3461 195.343 13.4726 192.541
13.486  192.249 13.5605 192.981 13.7174 195.522 13.7234 195.62
13.7978 196.786 13.9789 198.934 14.1576 195.365 14.2391 190.489
14.4593 176.919 14.4659 177.034 14.5042 177.268 14.6807 171.284
14.7742 167.432 15.0492 170.408 15.2556 177.266 15.3294 178.822
15.4321 179.809 15.5226 179.81  15.5733 179.637 15.6147 179.468
15.781  178.58  15.9054 179.451 16.0153 178.764 16.0659 177.932
16.2015 174.669 16.5031 166.199 16.674  161.197 16.8103 157.523
16.911  155.045 16.9507 154.351 16.9891 153.762 17.1233 150.769
17.1468 150.014 17.217  147.293 17.2473 145.929 17.442  145.373
17.6725 149.162 17.7667 146.556 18.0974 140.341 18.4343 140.245
18.6457 136.985 18.7583 136.313 18.7775 136.43  18.8614 137.815
18.972  141.215 19.0249 142.907 19.1271 145.09  19.2791 145.425
19.3691 145.113 19.4831 144.997 19.5146 145.012 19.8458 144.59
19.8679 144.374 20.0773 143.143 20.2152 142.19  20.3408 143.661
20.4138 143.933 20.5623 142.991 20.5761 142.81  20.5916 142.906
20.6967 143.092 20.8425 142.248 20.9749 141.003 21.1388 139.566
21.2314 138.925 21.3653 138.129 21.5213 137.084 21.7631 137.818
21.9539 138.654 22.1682 139.571 22.3513 138.987 22.5809 136.485
22.587  136.413 22.5944 136.325 22.9268 136.199 22.9616 136.14
22.9656 136.127 23.0012 135.941 23.1326 135.32  23.2527 136.163
23.2675 136.273 23.4294 136.453 23.6734 134.913 23.8656 134.206
23.8854 134.192 24.3098 134.424 24.3932 134.113 24.7624 137.442
24.8348 138.843 25.011  140.921 25.0966 141.225 25.2233 140.945
25.3665 139.76  25.4187 139.131 25.5173 137.703 25.6929 134.701
25.7029 134.527 25.8255 132.722 25.8318 132.716 26.0649 131.529
26.1653 130.504 26.1712 130.457 26.176  130.47  26.4753 132.576
26.5393 133.205 26.6584 134.391 26.8325 135.703 26.9038 136.024
27.1546 134.86  27.3183 133.229 27.6063 135.513 27.6601 136.007
28.069  138.718 28.175  138.86  28.243  138.772 28.2732 138.68
28.6995 135.85  28.702  135.845 29.0844 135.043 29.1932 134.609
29.2338 134.399 29.2719 134.179 29.323  133.852 29.343  133.716
29.436  133.043 29.6989 131.361 29.778  131.078 29.7847 131.06
29.8018 131.018 29.9848 130.85  30.116  130.912 30.1415 130.934
30.2668 131.112 30.3323 131.268 30.335  131.275 30.6207 132.408
30.8435 134.281 30.897  134.622 31.0673 135.309 31.4721 135.916
31.5722 136.031 31.8472 135.914 31.9928 135.574 32.058  135.41
32.5811 136.203 32.6548 136.612 32.7066 136.888 33.0109 137.805
33.0941 137.799 33.2627 137.4   33.4113 136.515 33.6298 134.255
33.7329 132.953 33.8211 131.838 33.8819 131.102 33.8916 130.989
33.9092 130.786 34.1269 128.657 34.4424 126.972 34.5126 126.855
34.9013 127.415 35.1551 127.585 35.8095 123.241 35.8392 122.851
```

```
35.9773 122.098 36.4035 118.755 36.4761 117.916 36.6788 116.802
36.9927 116.844 37.1236 116.882 37.1551 116.89  37.481   117.
37.6769 117.066 37.8468 117.013 37.9187 116.929 38.0487 116.653
38.5513 115.339 39.0973 115.69  39.248   115.39  39.269   115.325
39.7129 112.82  40.      111.039ENDT
```

5.2.5.3 讨论结果

下面列出了结果的一部分。特征值显示了固有振动频率，注意刚体模态仅发生在 X 方向（有一个 SUPORT）。矩阵 FN 列出了用于响应谱输入的固有频率（不包含刚体模态，因为谱开始于 1Hz）。矩阵 PSIT 列出了模态参与因子，一列对应一个模态，一行对应一个输入点。注意一些模态（如模态 2、4、5、6 等）不能很容易地在 X 方向激起运动，因为载荷的量级远小于二阶模态。矩阵 UHVR 对每个有响应谱输入的子工况来说只发生一次，列出了峰值响应，第一列是位移，第二列是速度，第三列是加速度。每个模态一行，列出了一部分结果中的最大加速度、力和应力（通过工况控制选择的输出）等，使用 SRSS 方法计算。

```
REAL   EIGENVALUES
MODE  EXTRACTION   EIGENVALUE   RADIANS   CYCLES   GENERALIZED   GENERALIZED
NO.      ORDER                                MASS            STIFFNESS
1    1       0.0            0.0           0.0      1.000000E+00          0.0
2 25.017444E+022.239965E+013.565015E+001.000000E+005.017444E+02
335.017528E+022.239984E+013.565045E+001.000000E+005.017528E+02
444.760225E+036.899438E+011.098080E+011.000000E+004.760225E+03
554.760232E+036.899443E+011.098080E+011.000000E+004.760232E+03
666.720653E+038.197959E+011.304746E+011.000000E+006.720653E+03
776.720657E+038.197961E+011.304746E+011.000000E+006.720657E+03
881.813013E+041.346482E+022.142992E+011.000000E+001.813013E+04
991.813023E+041.346485E+022.142998E+011.000000E+001.813023E+04
10101.980123E+041.407169E+022.239578E+011.000000E+001.980123E+04
11111.980132E+041.407172E+022.239583E+011.000000E+001.980132E+04
12123.768740E+041.941324E+023.089713E+011.000000E+003.768740E+04
13133.768747E+041.941326E+023.089716E+011.000000E+003.768747E+04
14143.828105E+041.956554E+023.113953E+011.000000E+003.828105E+04
15153.828112E+041.956556E+023.113956E+011.000000E+003.828112E+04
16164.155328E+042.038462E+023.244313E+011.000000E+004.155328E+04
17174.155331E+042.038463E+023.244315E+011.000000E+004.155331E+04
18185.149991E+042.269359E+023.611797E+011.000000E+005.149991E+04
19195.150007E+042.269363E+023.611803E+011.000000E+005.150007E+04
20206.018273E+042.453217E+023.904416E+011.000000E+006.018273E+04
21216.018306E+042.453224E+023.904427E+011.000000E+006.018306E+04
… …
0    MATRIX FN    (GINO NAME 101 ) IS A DB   PREC    1 COLUMN X    21 ROW RECTANG   MATRIX.
0COLUMN          1          ROWS          2 THRU          21          ----------------------------------------------
ROW
2)  3.5650D+00  3.5650D+00  1.0981D+01  1.0981D+01  1.3047D+01  1.3047D+01  2.1430D+01
2.1430D+01  2.2396D+01  2.2396D+01
12)  3.0897D+01  3.0897D+01  3.1140D+01  3.1140D+01  3.2443D+01  3.2443D+01  3.6118D+01
3.6118D+01  3.9044D+01  3.9044D+01
0THE NUMBER OF NON-ZERO TERMS IN THE DENSEST COLUMN =        20
```

```
0THE DENSITY OF THIS MATRIX IS    95.24 PERCENT.
1                                    OCTOBER    4, 2011   MSC Nastran4/27/11     PAGE      11

0                                    SUBCASE 1
0              PSIT
POINT   VALUE   POINT   VALUE   POINT   VALUE   POINT    VALUE    POINT    VALUE

COLUMN              1
9999 T1 -5.08829E+02

COLUMN              2
9999 T1   5.87756E-02

COLUMN              3
9999 T1   2.07585E+00

COLUMN              4
9999 T1 -1.54797E-07

COLUMN              5
9999 T1 -1.78678E-07

COLUMN              6
9999 T1   1.49905E-06

COLUMN              7
9999 T1 -1.04557E-06

COLUMN              8
9999 T1 -1.02122E-01
… …
0     MATRIX UHVR     (GINO NAME 101 ) IS A REAL        3 COLUMN X    21 ROW RECTANG    MATRIX.
0COLUMN          1          ROWS            2 THRU          21          --------------------------------------------
ROW
2)  3.5765E-02   1.2632E+00   6.2690E-09   7.2361E-09   4.5241E-08   3.1555E-08   7.7561E-04   8.8253E-03
2.7109E-09   2.1814E-09
12)  1.1216E-10   1.7356E-10   2.7644E-09   4.4045E-09   7.8916E-10   4.5977E-09   1.1490E-09   1.4403E-09
8.9332E-10   7.1398E-10
0COLUMN          2          ROWS            2 THRU          21          --------------------------------------------
ROW
2)  8.0112E-01   2.8295E+01   4.3253E-07   4.9925E-07   3.7088E-06   2.5869E-06   1.0443E-01   1.1883E+00
3.8147E-07   3.0696E-07
12)  2.1773E-08   3.3693E-08   5.4086E-07   8.6177E-07   1.6087E-07   9.3723E-07   2.6075E-07   3.2685E-07
2.1915E-07   1.7516E-07
0COLUMN          3          ROWS            2 THRU          21          --------------------------------------------
ROW
2)  1.7945E+01   6.3381E+02   2.9842E-05   3.4445E-05   3.0405E-04   2.1207E-04   1.4062E+01   1.6001E+02
5.3680E-05   4.3194E-05
```

```
12) 4.2269E-06   6.5409E-06   1.0582E-04   1.6861E-04   3.2792E-05   1.9105E-04   5.9172E-05   7.4174E-05
5.3763E-05   4.2970E-05
... ...
STRESSES   IN   QUADRILATERAL   ELEMENTS   (QUAD4)
ELEMENT   FIBER   STRESSES IN ELEMENT COORD SYSTEM   PRINCIPAL STRESSES (ZERO SHEAR)
ID.   DISTANCE   NORMAL-X   NORMAL-Y   SHEAR-XY   ANGLE   MAJOR   MINOR   VON MISES
01-1.250000E-011.488523E+031.379483E+024.819369E+000.20441.488540E+031.379312E+021.424592E+03
1.250000E-011.531362E+031.462105E+024.401376E+000.18211.531376E+031.461966E+021.463764E+03
02-1.250000E-011.450705E+031.344438E+021.700993E+010.74031.450925E+031.342239E+021.388686E+03
1.250000E-011.492456E+031.424960E+021.551280E+010.65831.492634E+031.423177E+021.426808E+03
03-1.250000E-011.368849E+031.268580E+022.904988E+011.33921.369528E+031.261789E+021.311000E+03
1.250000E-011.408244E+031.344558E+022.649590E+011.19111.408795E+031.339049E+021.346844E+03
04-1.250000E-011.245448E+031.154232E+024.025587E+012.03771.246880E+031.139910E+021.193972E+03
1.250000E-011.281292E+031.223342E+023.671949E+011.81291.282455E+031.211720E+021.226367E+03
05-1.250000E-011.084272E+031.004857E+025.024453E+012.91611.086831E+039.792624E+011.041327E+03
1.250000E-011.115479E+031.065033E+024.583184E+012.59551.117557E+031.044257E+021.069175E+03
06-1.250000E-018.902532E+028.250397E+015.872355E+014.13648.945001E+027.825708E+018.580522E+02
1.250000E-019.158767E+028.744661E+015.356919E+013.68459.193263E+028.399701E+018.803384E+02
07-1.250000E-016.693655E+026.203397E+016.541474E+016.07846.763313E+025.506812E+016.505477E+02
1.250000E-016.886317E+026.574949E+015.967499E+015.42356.942974E+026.008389E+016.662903E+02
......
```

图 5-30 是瞬态分析与响应谱分析的比较，分别为加速度和 Von Mises Stress。所有时间步的最大响应（envelope）可以使用 Patran 的工具 MSC Explorer（Tools→Results→Explorer）来查看。图 5-30 中左侧是瞬态分析的最大响应，右侧是响应谱计算的结果。

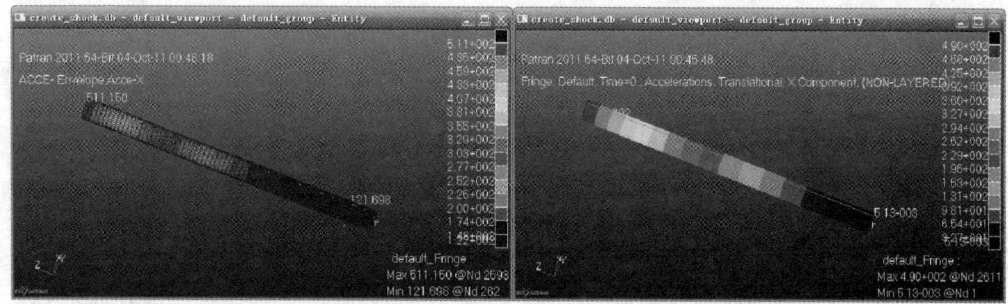

（a）最大加速度（靠近顶部）

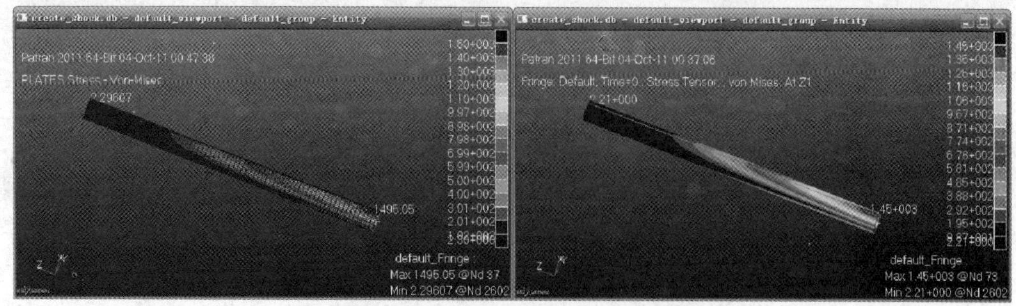

（b）最大 Von Mises Stress（靠近底部）

图 5-30　瞬态分析和响应谱分析的比较

5.3　随机响应分析

5.3.1　概述

（1）随机振动是统计意义下描述的振动，在任何给定的时刻，其振动的幅值都不是确切可知的；但其振动幅值的统计特性（如平均值、标准偏差以及超出某一个特定值的概率）是给定的。

（2）常见的例子有地震引起的地面运动、海洋的波浪高度和频率、航天器和高耸建筑物受到的风压波动、由于火箭与喷气发动机噪音引起的噪声激励等。这些随机激励通常以功率谱密度（PSD）的形式来描述。

（3）MSC Nastran 对随机响应分析是作为频率响应后处理进行的。输入包括频率响应的输出和用户给定的载荷条件（形式为自相关的谱密度）。输出为响应功率谱密度、自相关函数、响应的均方根值等。

（4）MSC Nastran 随机分析假设条件为：随机过程是正态分布的各态历经性的过程。

随机动态环境示例如图 5-31 所示。

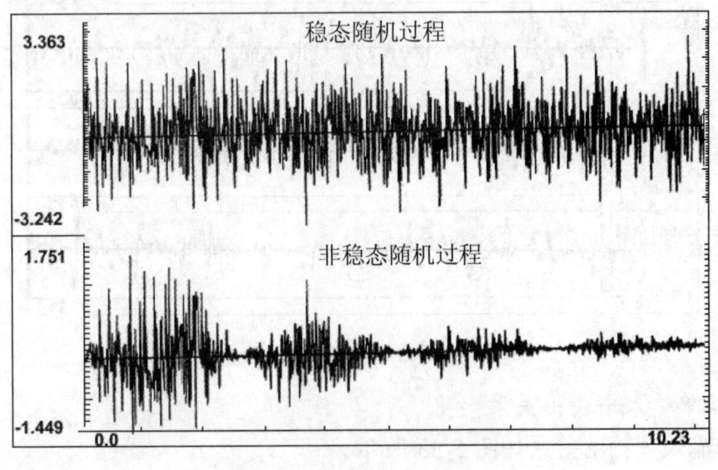

图 5-31　随机动态环境示例

5.3.2　自相关与自谱

（1）自相关函数。

$$R_j(\tau)=\lim_{T\to\infty}\frac{1}{T}\int_0^T u_j(t)u_j(t-\tau)\mathrm{d}\tau$$

式中 $R_j(0)$为均方值。

（2）自谱函数。

$$S_j(\omega)=\lim_{T\to\infty}\frac{2}{T}\left|\int_0^T u_j(t)\mathrm{e}^{-i\omega t}\mathrm{d}\tau\right|^2$$

傅立叶变换为

$$R_j(\tau)=\frac{1}{2\pi}\int_0^\infty S_j(\omega)\cos(\omega\tau)\mathrm{d}\omega$$

均方响应值为

$$\overline{u_j(t)^2}=R_j(0)=\frac{1}{2\pi}\int_0^\infty S_j(\omega)\mathrm{d}\omega$$

表观频率为

$$N_0^2=\frac{\int_0^\infty(\omega/2\pi)^2S_j(\omega)\mathrm{d}\omega}{\int_0^\infty S_j(\omega)\mathrm{d}\omega}$$

5.3.3 各态历经性随机激励下线性系统响应计算

各态历经性随机激励下线性系统响应的示例如图 5-32 所示。

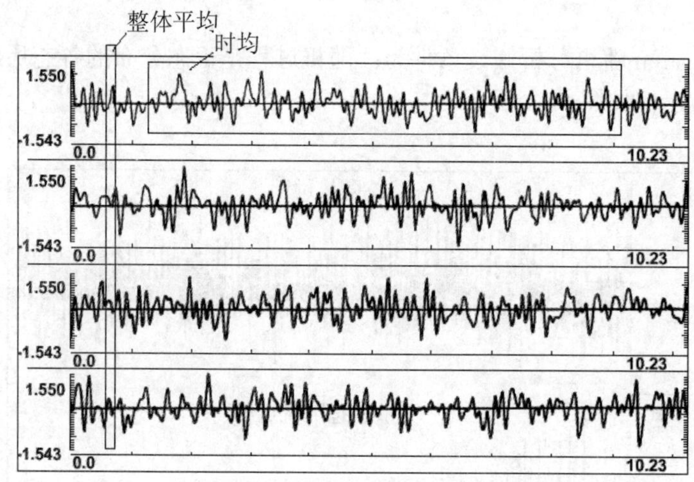

图 5-32 各态历经随机数据集示例

1. 线性系统单输入—输出关系

线性系统单输入—输出关系如图 5-33 所示。

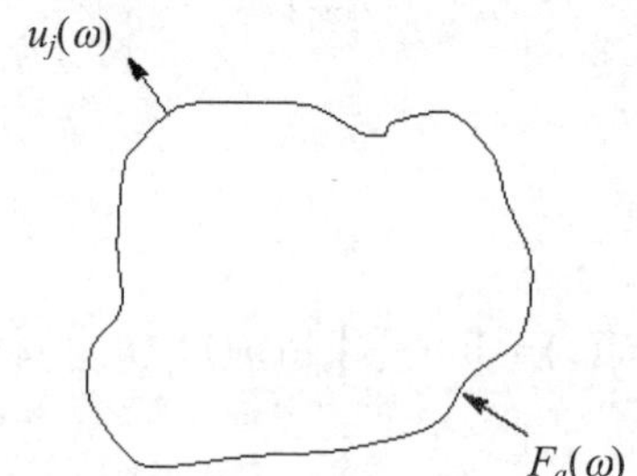

图 5-33 线性系统单输入—输出关系

由频率响应分析得到：

$$u_j(\omega)=H_{ja}(\omega)\cdot F_a(\omega)$$

式中 $H_{ja}(\omega)$ 为频率响应或输出 u_j 与输入 F_a 之间的传递函数。

对多输入单输出：

$$u_j(\omega)=H_{ja}(\omega)F_a(\omega)+H_{jb}(\omega)F_b(\omega)+\ldots$$

矩阵形式为：

$$u_j(\omega)=[H_{ja}(\omega)\ H_{jb}(\omega)\ \cdots]\begin{Bmatrix}F_a(\omega)\\F_b(\omega)\\\vdots\end{Bmatrix}$$

输出自相关谱为：

$$s_{u_ju_j}=T[H_{ja}H_{jb}\ldots]\overline{\begin{Bmatrix}F_a(\omega)\\F_b(\omega)\\\vdots\end{Bmatrix}[F_a^*(\omega)F_b^*(\omega)\cdots]}\begin{bmatrix}H_{ja}^*\\H_{jb}^*\\\vdots\end{bmatrix}$$

单个输入谱为：

$$T\overline{F_a(\omega)F_a^*(\omega)}=S_{aa}(\omega)$$
$$T\overline{F_a(\omega)F_b^*(\omega)}=S_{ab}(\omega)$$
$$T\overline{F_b(\omega)F_b^*(\omega)}=S_{bb}(\omega)$$
$$\vdots$$

2. 线性系统的多输入一输出关系

多输入一输出谱关系：

$$S_{u_ju_j}(\omega)=[H_j]^T\begin{bmatrix}S_{aa}&S_{ab}&\cdots\\S_{ba}&S_{bb}&\cdots\\\vdots&\vdots&\end{bmatrix}[H_j^*]$$

其中，

$$[H_j]^T=[H_{ja}H_{jb}\cdots]\quad[H_j^*]=\begin{Bmatrix}H_{ja}^*\\H_{jb}^*\\\vdots\end{Bmatrix}$$

输入互谱矩阵为：

$$[S]_{IN}=[H_j]^T\begin{vmatrix}S_{aa}(\omega)&S_{ab}(\omega)&\cdots\\S_{ba}(\omega)&S_{bb}(\omega)&\cdots\\\vdots&\vdots&\end{vmatrix}$$

谱特性为：

$$S_{ab}(\omega)=S_{ab}^*(\omega)$$
$$S_{aa}(\omega),\ S_{bb}(\omega)=real\geqslant 0$$

3. 常用特殊情况

单输入（完全相关输入）：

$$S_{u_j u_j}(\omega) = |H_{ja}(\omega)|^2 S_{aa}(\omega)$$

不相关多输入：

$$S_{u_j u_j}(\omega) = |H_{ja}(\omega)|^2 S_{aa}(\omega) + |H_{jb}(\omega)|^2 S_{bb}(\omega) + \cdots$$

5.3.4 MSC Nastran 中随机分析的实现

随机分析方法假设频率响应计算的输出结果为 $H_{ja}(\omega)$，但并未计算 $H_{ja}(\omega) = u_j(\omega)/F_a(\omega)$，而是令 $F(\omega) = 1.0$，直接得到 $H_{ja}(\omega)$。

$$H_{ja}(\omega) = u_j(\omega)/F_a(\omega)$$

1. 功率谱密度卡片 RANDPS

定义随机分析中使用的功率谱密度因子，频率相关形式为：

$$S_{jk}(F) = (X + iY)G(F)$$

格式：

1	2	3	4	5	6	7	8	9	10
RANDPS	SID	J	K	X	Y	TID			

示例：

RANDPS	5	3	7	2.0	2.5	4			

其中：

SID=随机分析集的标识号（整数>0）；

J=激励载荷集的子工况标识号（整数>0）；

K=外载集的子工况标识号（整数>0，K≥J）；

X，Y=复数的分量；

TID=用来定义 G(F)的 TABRNDi 卡的标识号（整数>0）。

（1）由工况控制卡 RANDOM = SID 选取。

（2）自谱密度，J=K，X 为大于 0 的整数，Y 为 0。

（3）TID=0，G(F)=0。

2. 功率谱密度表输入卡片 TABRND1

用表格定义功率谱密度函数。

格式：

1	2	3	4	5	6	7	8	9	10
TABRND1	TID	XAXIS	YAXIS						
	f1	g1	f2	g2	f3	g3	-etc.-		

示例：

TABRND1	3								
	2.5	.01057	2.6	.01362	ENDT				

3. 随机响应输入要求

（1）执行控制：求解序列 SOL（必需）；直接法 SOL 108，模态法 SOL 111。

（2）工况控制：RANDOM（选择模型数据集中的 RANDPS、RANDT 输入卡以及有关频率响应的输入卡，该段必须在子工况的上面出现）。

（3）模型数据：RANDPS（功率谱密度的详细说明）和 RANDT1（频率响应的自相关时间滞后卡）。

5.4 随机响应分析实例

某卫星模型如图 5-34 所示，采用英制单位，长度单位为 inch，本例计算其在承受垂直方向上随机振动载荷的情况。首先需要进行模态法频率响应分析，外载频率范围为 1～1000Hz，模态阻尼为 0.02，然后进行随机振动分析，外载加速度的功率谱密度如表 5-1 所示。

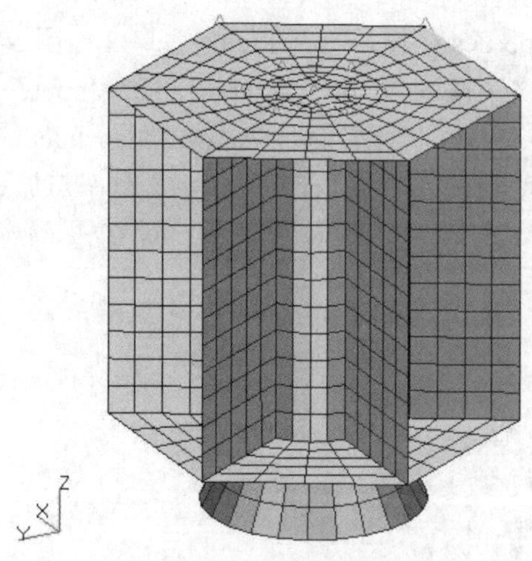

图 5-34 某卫星模型

表 5-1 外载激励的功率谱

频率	功率谱密度
20	5.9721982E+003
100	5.9721982E+003
200	1.1944396E+004
500	1.1944396E+004
1000	2.9860991E+003

1. 建立模型

（1）新建 MSC Patran 的空数据文件。单击菜单项 File→New，输入数据文件名 satellite.db。

（2）单击菜单项 File→Import，打开模型导入窗口，如图 5-35 中 a 所示，设置导入模型的格式为 MSC Nastran Input，在相应路径下选取 satellite.bdf 模型文件，单击 Apply 按钮。

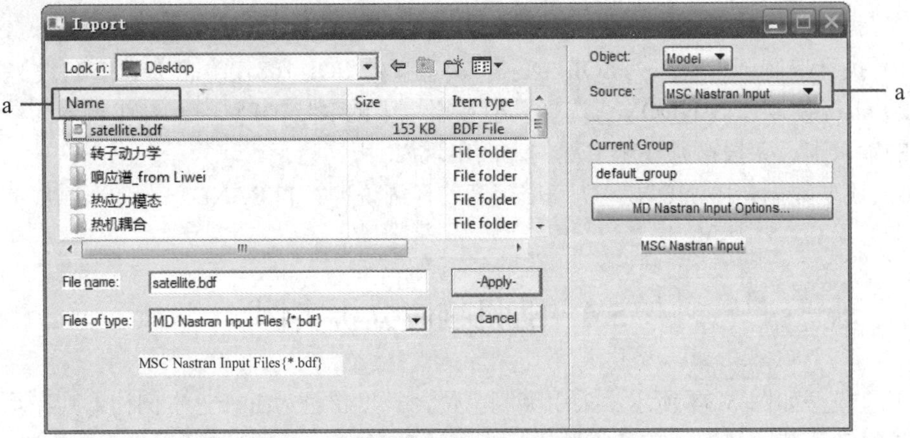

图 5-35　导入模型

2. 创建载荷

（1）单击工具栏中的 Properties 按钮，打开 Fields 窗口，如图 5-36 中 a 所示，依次设置 Action、Object 及 Method 的值为 Create、Non Spatial、Tabular Input；如图 5-36 中 b 所示，定义 Field Name 为 field；如图 5-36 中 c 所示，选取 Active Independent Variables 为 Frequency；如图 5-36 中 d 所示，单击 Input Data…按钮，在界面中定义频率与加速度的关系，频率在 1～1000Hz 时，加速度的幅值为 1，单击 OK 按钮，单击 Apply 按钮。

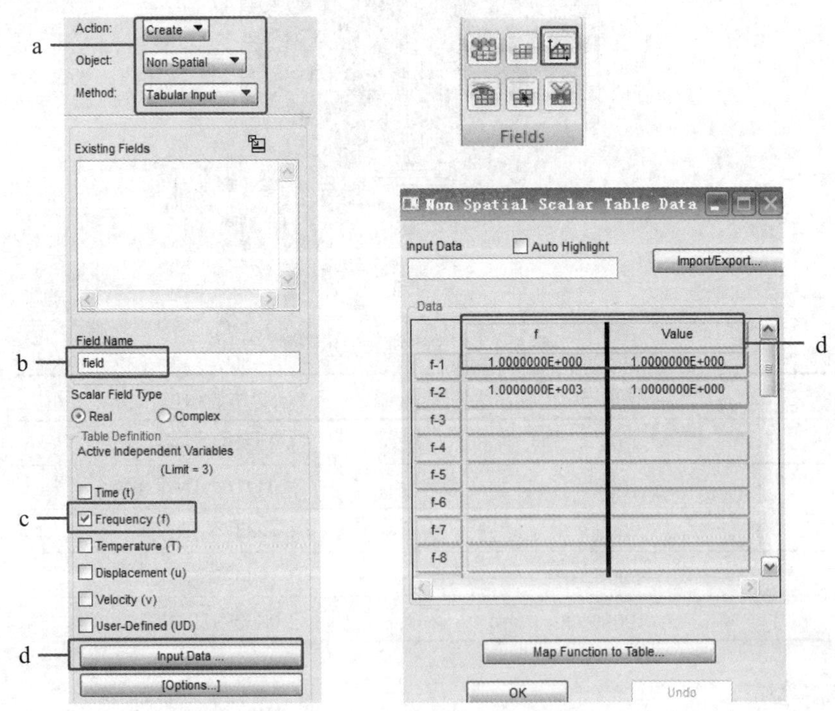

图 5-36　定义随频率变化的加速度场

（2）单击工具栏中的 Loads/BCs 按钮，如图 5-37 中 a 所示，单击 Create Load Case 按钮；如图 5-37 中 b 所示，设置 Load Case Name 为 vertical acceleration；如图 5-37 中 c 所示，

选取 Type 的类型是 Time Dependent；如图 5-37 中 d 所示，单击 Input Data…按钮，在弹出的界面中选取位移约束 Displ_spc1.3 到载荷工况 vertical_acceleration 中，单击 OK 按钮，单击 Apply 按钮。

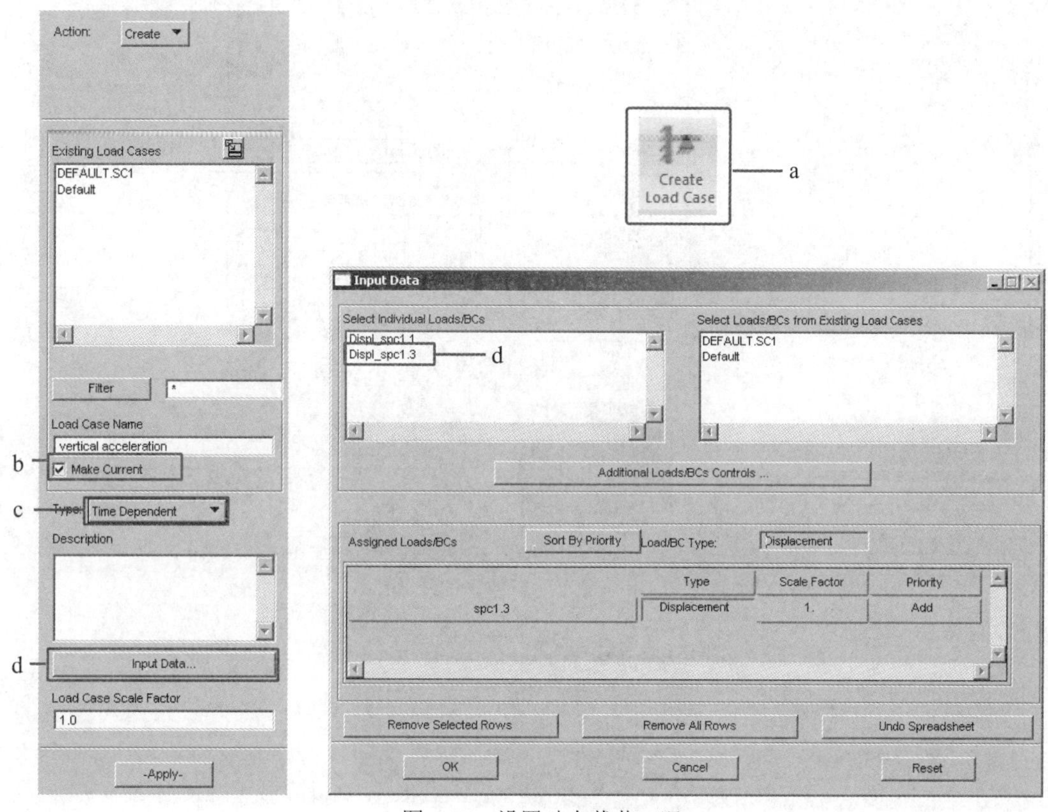

图 5-37　设置动态载荷工况

（3）单击工具栏中的 Loads BCs 按钮，打开载荷定义窗口，如图 5-38 中 a 所示，依次设置 Action、Object 及 Type 的值为 Create、Acceleration、Nodal；如图 5-38 中 b 所示，定义载荷的名称为 vertical acceleration；如图 5-38 中 c 所示，单击 Input Data…按钮，在弹出的界面内定义载荷<A1 A2 A3>为<0,0,1>，即 Z 轴正向，在 Time/Freq. Dependence 列表框中选取 field 场，单击 OK 按钮；如图 5-38 中 d 所示，单击 Select Application Region…按钮，在弹出的界面中将 Select 项选为 FEM，在 Select Nodes 项下面选取卫星模型底端的所有节点，单击 Add 按钮，将选取的节点加入到 Application Region 中，单击 OK 按钮，单击 Apply 按钮。

3．设置分析参数并提交分析作业

（1）单击 Solution Type…按钮，打开 MSC Nastran Solution Type 窗口，如图 5-39 中 a 所示，选中 FREQUENCY RESPONSE 单选按钮；如图 5-39 中 b 所示，设置 Formulation 为 Modal；如图 5-39 中 c 所示，单击 Solution Parameters…按钮，在弹出的界面中设置 Wt.-Mass Conversion 为 0.00259，该模型使用的密度参数是重力密度，所以此处需要设置重力质量转换系数为 0.00259，即 1/G=1/386.4。如图 5-39 中 d 所示，单击 Eigenvalue Extraction…按钮，在弹出的界面中设置特征值提取的个数为 20，连续单击 OK 按钮，关闭求解类型定义窗口。

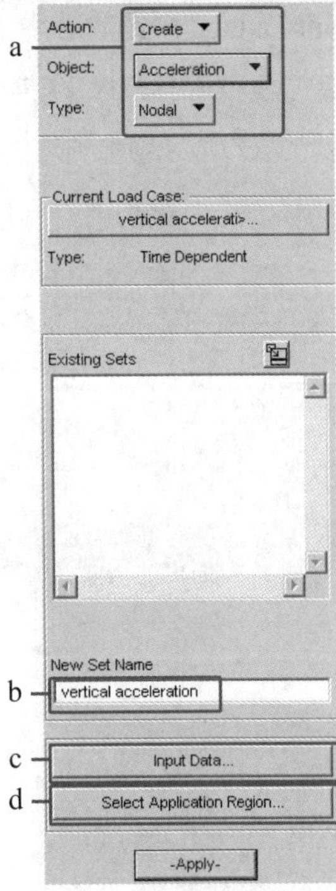

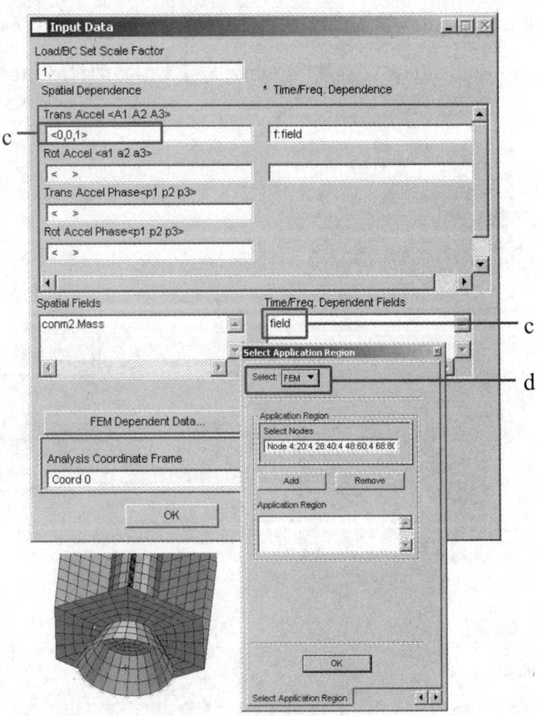

图 5-38 定义动态加速度载荷

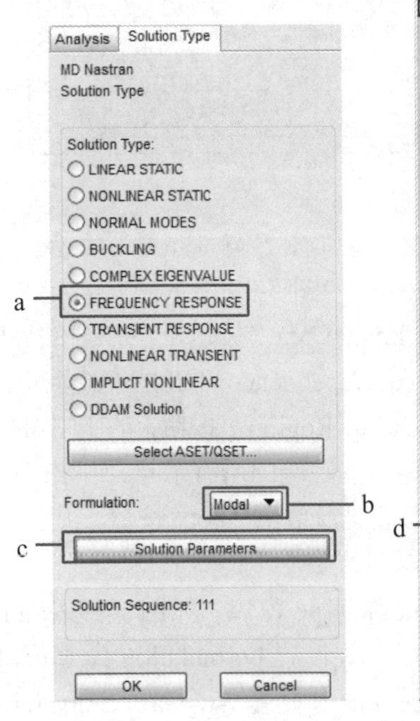

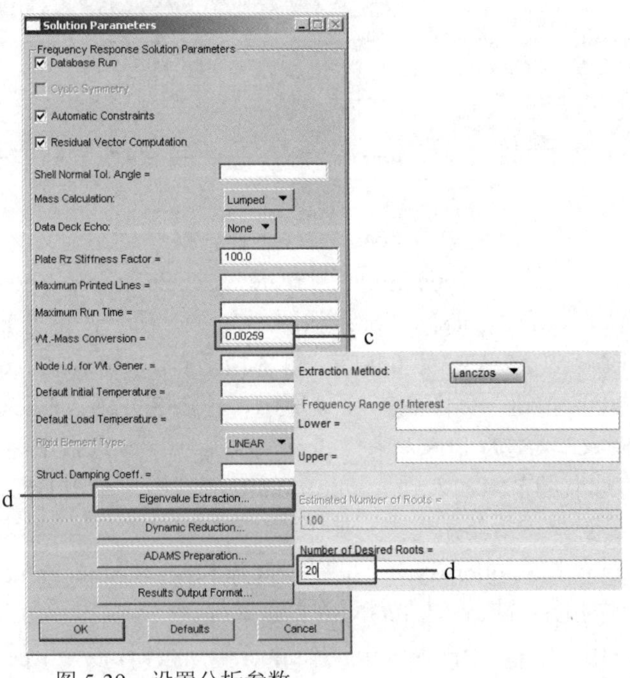

图 5-39 设置分析参数

（2）单击 Subcases…按钮，如图 5-40 中 a 所示，选择 vertical acceleration 选项，将 Subcase Name 设置为相同的名字；如图 5-40 中 b 所示，单击 Subcase Parameters…按钮，在弹出的界面内，如图 5-40 中 c 所示，单击 DEFINE FREQUENCIES…按钮定义分析频率；如图 5-40 中 d

所示，选择 Modal Damping 为 Crit. Damp.(CRIT)，单击 DEFINE MODAL DAMPING…按钮，在弹出的界面中定义模态阻尼，单击 OK 按钮；如图 5-40 中 e 所示，单击 Output Request 按钮，增加输出加速度和应力计算结果，连续单击 OK 按钮，回到分析设置界面。

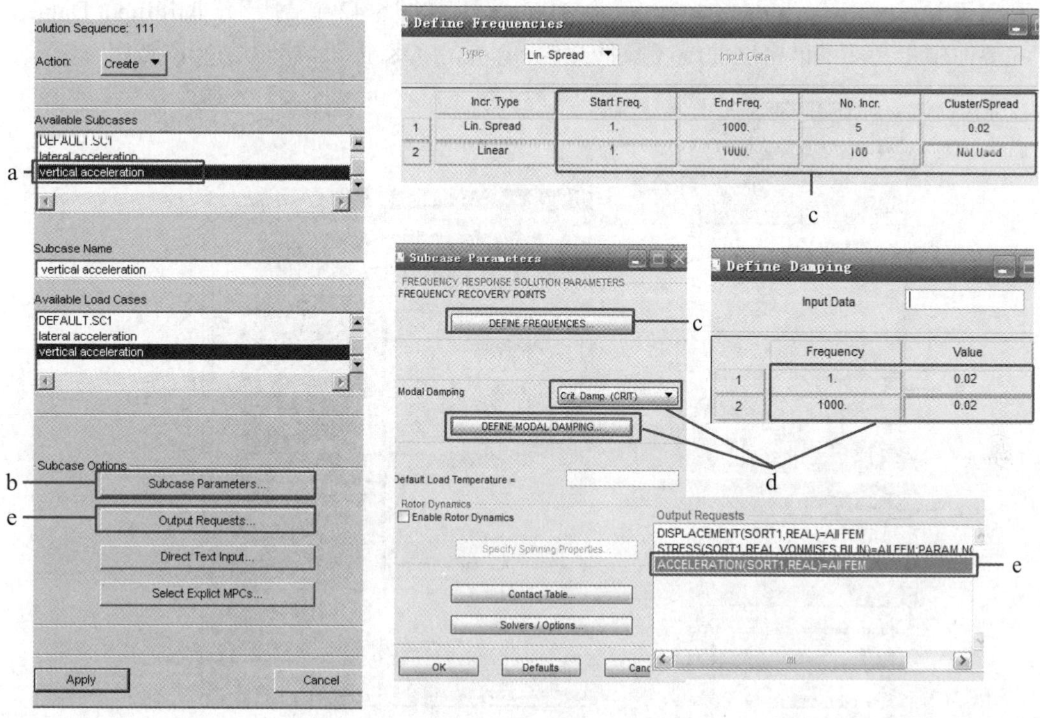

图 5-40　设置分析参数

（3）将 Job Name 设置为 satellite_fre，单击 Subcase Select…按钮，在弹出的窗口中，如图 5-41 所示，单击 vertical_acceleration，选取其为计算工况，单击 OK 按钮返回，再单击 Apply 按钮递交计算。

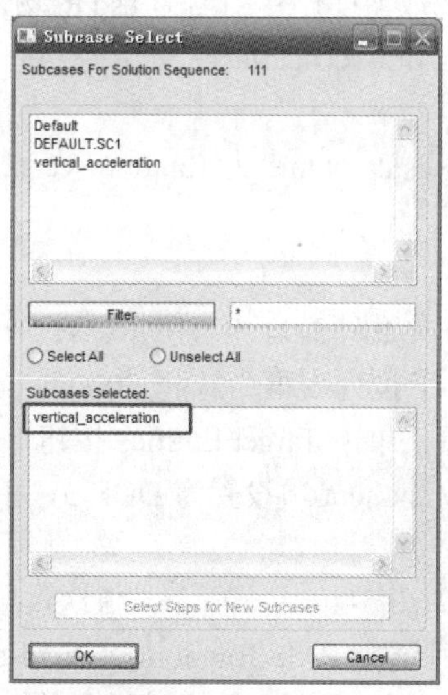

图 5-41　递交分析作业

4. 随机振动分析

（1）在 Fields 窗口，如图 5-42 中 a 所示，依次设置 Action、Object 及 Method 的值为 Create、Non Spatial、Tabular Input；如图 5-42 中 b 所示，定义 Field Name 为 psd；如图 5-42 中 c 所示，选取 Active Independent Variables 为 Frequency；如图 5-42 中 d 所示，单击 Input Data…按钮，在界面中定义功率谱密度曲线（参照表 5-1），单击 OK 按钮，单击 Apply 按钮。

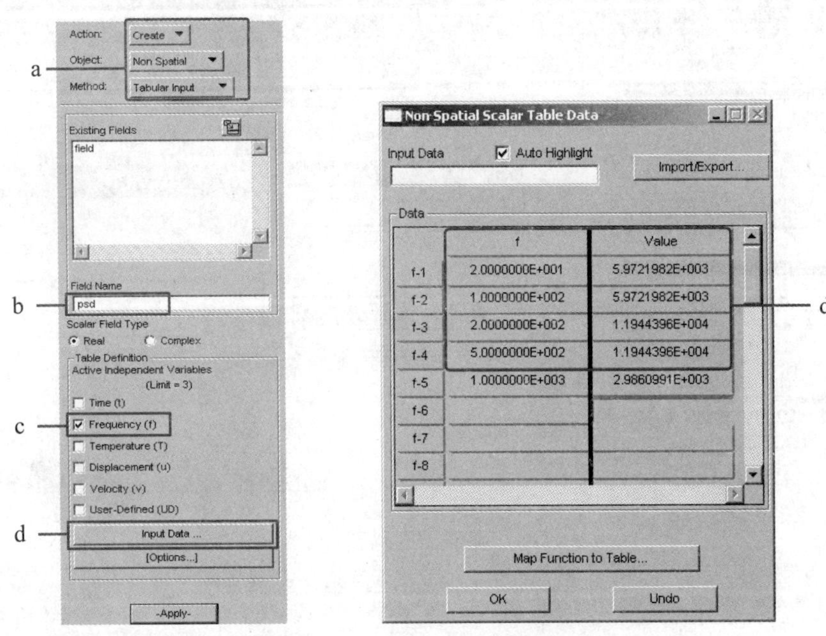

图 5-42　定义输入功率谱密度曲线

（2）单击菜单栏中的 Tools→Random Analysis…，打开随机分析定义界面；如图 5-43 中 a 所示，将 Action 项设置为 RMS Analysis；如图 5-43 中 b 所示，单击 Select XDB File…按钮，选择模态频响分析的结果文件 satellite_fre.xdb；如图 5-43 中 c 所示，单击 PSD Input…按钮，在弹出的界面中 Input Fields 列选取前面创建的名为 psd 的场，单击 OK 按钮；如图 5-43 中 d 所示，设置 Result Name 为 Random-vertical-acc；如图 5-43 中 e 所示，将 Res.Type 设置为 Acceleration，单击 Apply 按钮。

（3）在相同界面下，设置 Result Name 为 Random-vertical-stress，并将 Res.Type 设置为 Stress，单击 Apply 按钮。

5. 结果查看

（1）在 Patran Random 窗口，如图 5-44 中 a 所示，设置 Action 的属性为 XY plots；如图 5-44 中 b 所示，在 Plot Type 下拉列表框中选择 PSDF，在 Res.Type 下拉列表框中选择 Acceleration；如图 5-44 中 c 所示，单击 Target Entities 按钮，在弹出的界面内 Select Nodes 中选取 Node 3326，并将 Result Component 项设置为 DOF 3，单击 Apply 按钮。节点 3326 的加速度 PSDF 图如图 5-45 所示。

（2）单击菜单项 Results，如图 5-46 中 a 所示，依次设置 Action 和 Object 的值为 Create 和 Fringe；如图 5-46 中 b 所示，选择 RMS,Random-vertical-acc；如图 5-46 中 c 所示，选择 Accelerations,Tz-Basic，单击 Apply 按钮。加速度 RMS 结果如图 5-47 所示。

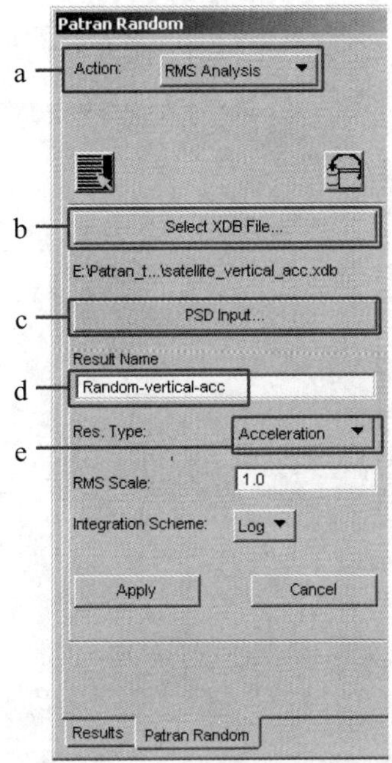

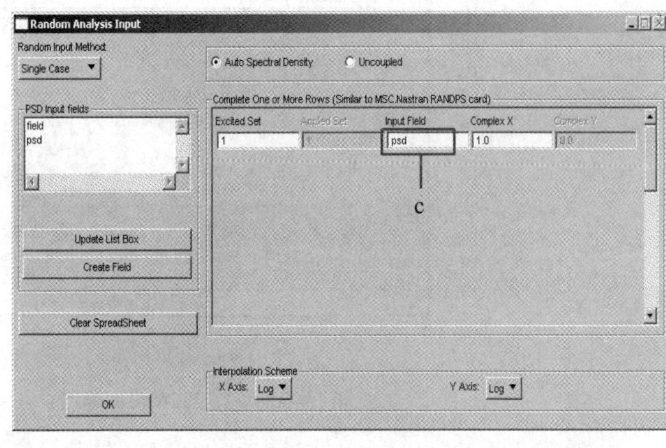

图 5-43　计算加速度 RMS 值

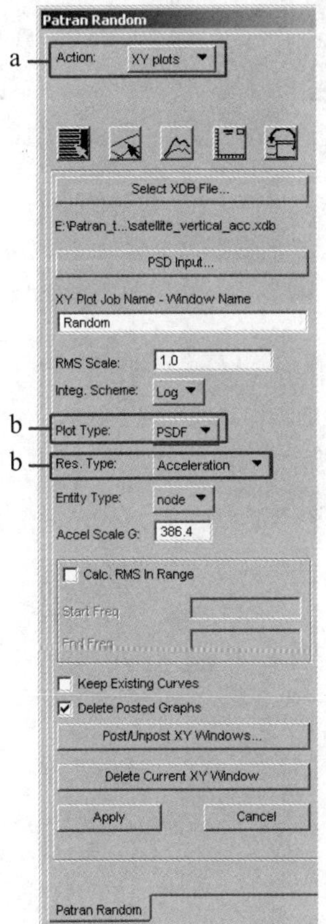

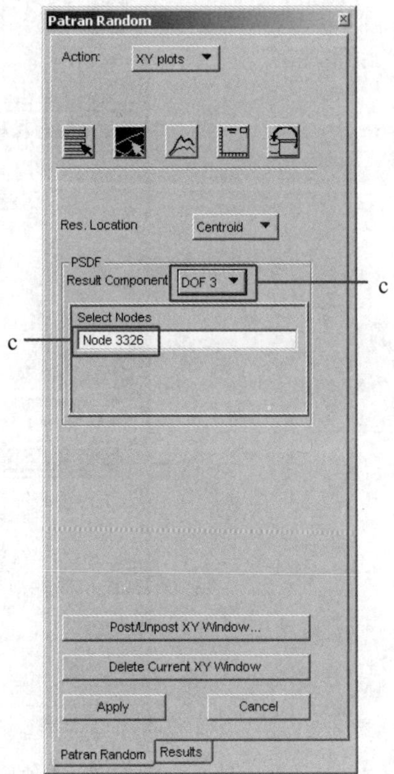

图 5-44　设置输出的功率谱密度曲线

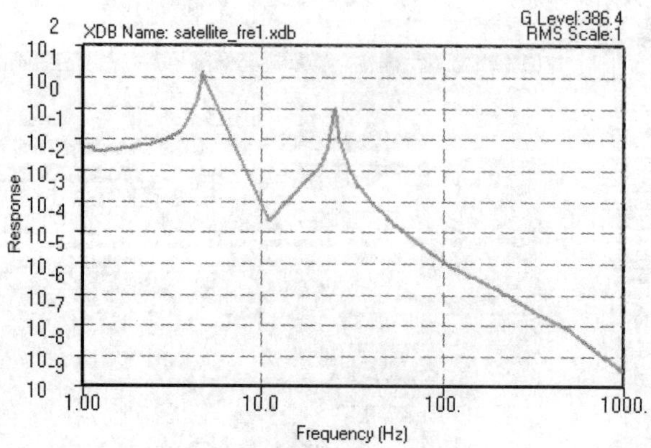

图 5-45　节点 3326 的加速度 PSDF 图

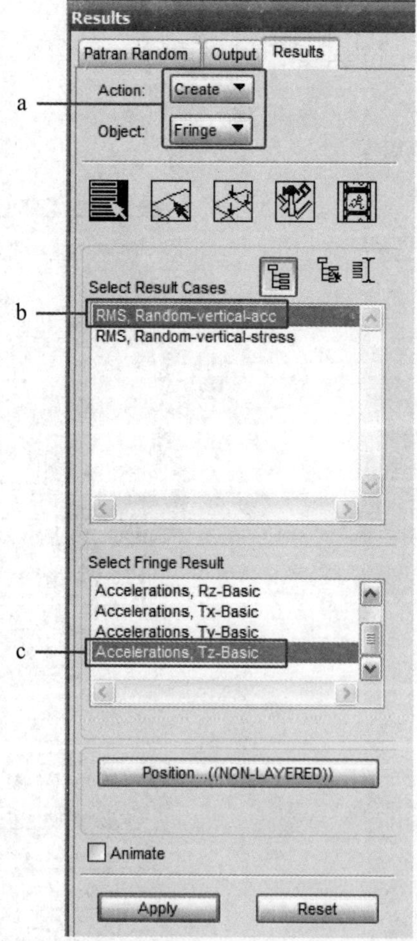

图 5-46　加速度 RMS 云图显示设置

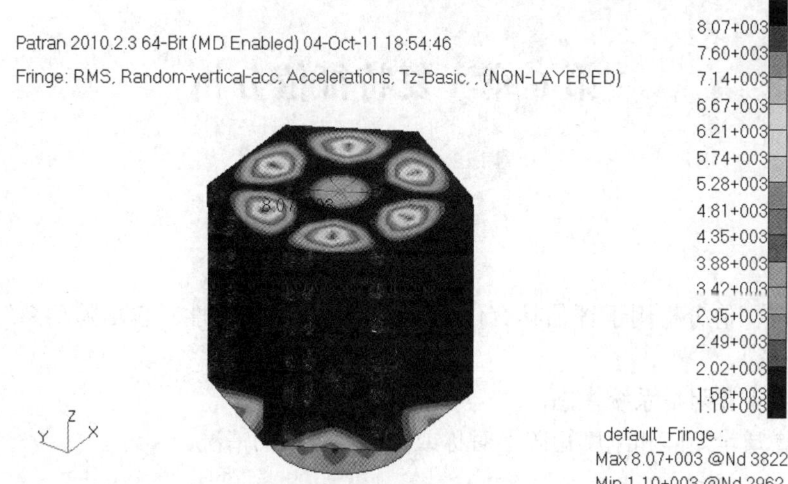

图 5-47 加速度 RMS 结果

（3）在同一界面下，选择 RMS,Random-vertical-stress，选择 Shell Stresses,Von-Mises，单击 Apply 按钮。应力 RMS 结果如图 5-48 所示。

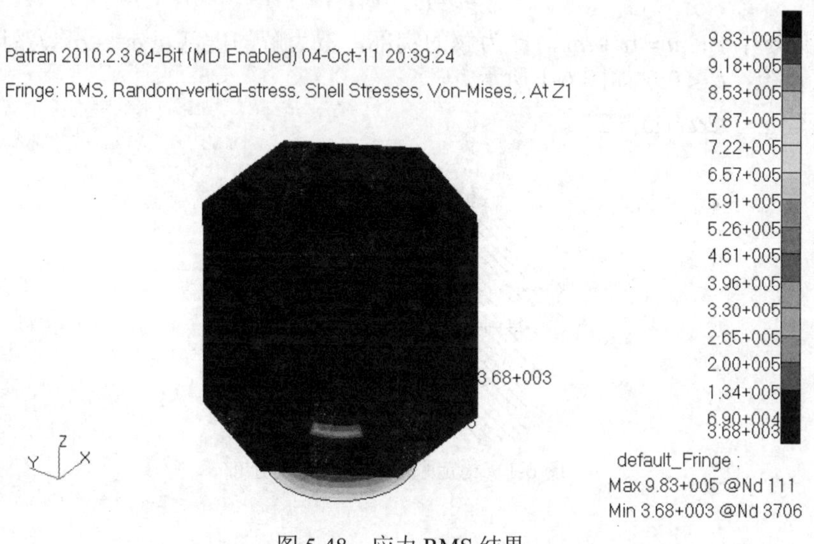

图 5-48 应力 RMS 结果

第 6 章　复特征值分析

6.1　概述

（1）复特征值分析用于评估具有传递函数的系统的稳定性（包括随动系统或伺服机构/系统、旋转系统）。

（2）用于计算阻尼系统模态。

（3）考虑质量矩阵和刚度矩阵不对称或元素为复数的情况。

6.2　理论

运动方程

$$[Mp^2 + Bp + K]\{u\} = \{0\}$$

式中：p 为微分算子；$u = \alpha + i\omega$，α 为解的实部，ω 为解的虚部，$\omega^2 - \alpha^2$ 为阻尼特征。

对稳定系统，$\alpha < 0$，如图 6-1 所示。

阻尼系数 $g = -2\alpha / |\omega| = 2\zeta$。

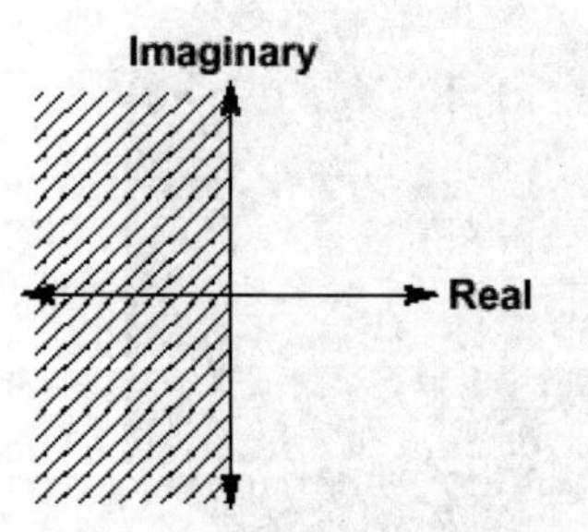

图 6-1　稳定系统的微分算子分布

6.3　MSC Nastran 中的实现

（1）B 矩阵与在频率响应分析中的 B 矩阵相同。

（2）直接方法求解带有 D 型（物理自由度和附加自由度）的 M、K、B 矩阵的方程。

（3）模态方法求解带有 H 型（模态自由度和附加自由度）的 M、K、B 矩阵的方程。首先计算无阻尼模态，以使矩阵从 D 型变为 H 型。

（4）四种计算复特征值的方法：HESS、INV、DET 和 CLAN。

（5）不建议用 DET 方法。

（6）这些带有搜索区域的方法在 EIGC 模型数据集卡中定义，该卡通过 CMETHOD 工况控制命令选择。

（7）允许使用模态加速，并且通过 PARAM,MODACC,0 及 PARAM,DDRMM,-1 来选择。模态加速对计算特征值没有影响，仅影响数据恢复。

6.4 求解控制

6.4.1 执行控制

执行控制采用直接法 SOL107 和模态法 SOL110。

6.4.2 工况控制

工况控制采用 CMETHOD（两种方法都必有）和 METHOD（模态法必有）。

6.4.3 数据模型

数据模型有 EIGC（两种方法都必有）和 EIGR 或 EIGRL（模态法有）。

6.5 复特征值分析实例

如图 6-2 所示的两自由度系统：$m_1=m_2=1$kg，$k_1=k_3=100$N/m，$k_2=400$N/m，$c_1=3$Ns/m，$c_2=0$，$c_3=9$Ns/m。

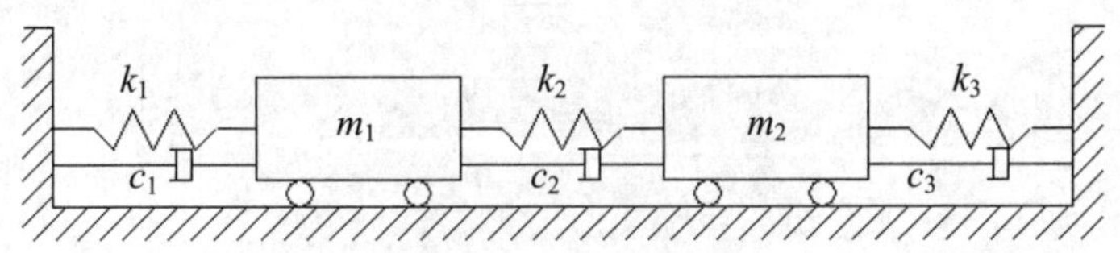

图 6-2 两自由度系统

1. 创建新的数据库文件

（1）选择菜单项 File→New 或单击按钮。

（2）输入文件名 ComplexModes，单击 OK 按钮，创建新数据库。

（3）在 New Model Preference 对话框中选择 Tolerance 为 Default。

（4）在 New Model Preference 对话框中选择 Analysis Code 为 MSC Nastran。

（5）在 New Model Preference 对话框中选择 Analysis Type 为 Structural，并单击 OK 按钮。

2. 创建节点

（1）选择工具栏中的 Meshing 选项卡，选择 Node 命令组中的 Edit 命令，如图 6-3 中 a 所示。

（2）在 Finite Element 对话框中输入 Node Location List 为[0,0,0]，并单击 Apply 按钮，如图 6-3 中 b 所示。

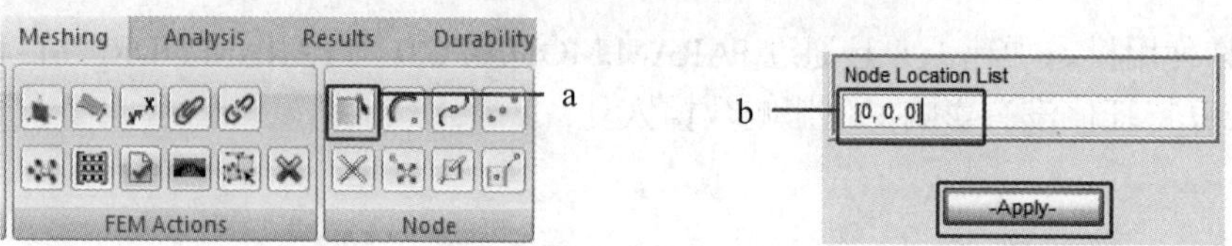

图 6-3　创建节点

（3）更改 Node Location List 为[1,0,0]，单击 Apply 按钮。

（4）更改 Node Location List 为[2,0,0]，单击 Apply 按钮。

（5）更改 Node Location List 为[3,0,0]，单击 Apply 按钮。

3. 创建单元

（1）选择工具栏中的 Meshing 选项卡，选择 Element 命令组中的 Edit 命令，如图 6-4 所示。

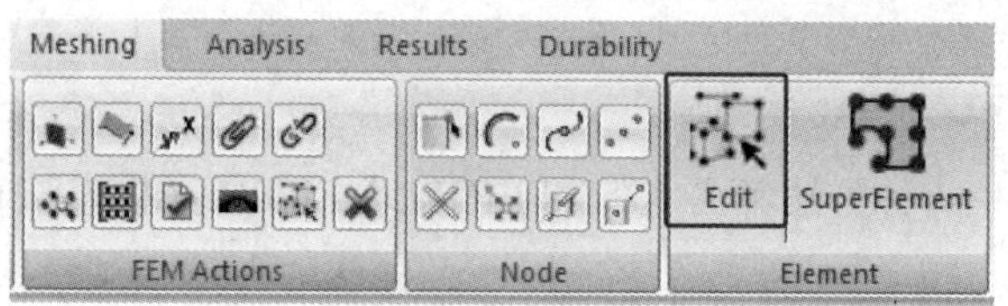

图 6-4　创建单元

（2）在 Finite Element 对话框中，更改 Shape 为 Bar，取消选中 Auto Execute 复选框，选择 Node1 为 Node1，选择 Node2 为 Node2，单击 Apply 按钮，如图 6-5 所示。

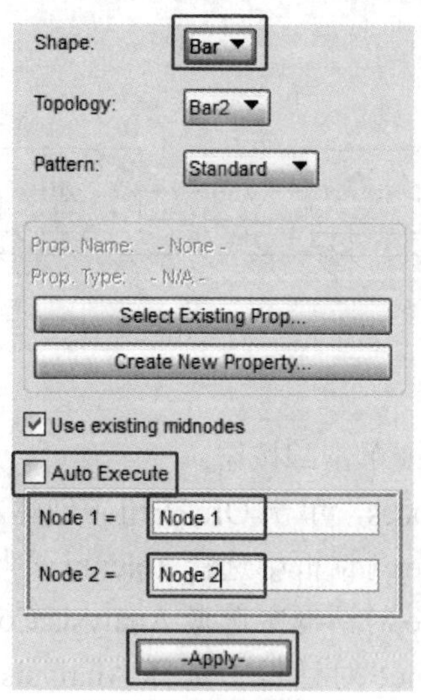

图 6-5　创建 Bar 单元

（3）选择 Node1 为 Node2，选择 Node2 为 Node3，单击 Apply 按钮。

（4）选择 Node1 为 Node3，选择 Node2 为 Node4，单击 Apply 按钮。

（5）重复步骤（2）～（4），再生成与前面相同的 3 个单元。

（6）更改 Shape 为 Point，选择 Node1 为 Node2，单击 Apply 按钮。

（7）选择 Node1 为 Node3，单击 Apply 按钮。

4．创建弹簧属性

（1）选择工具栏中的 Properties 选项卡，选择 1D Properties 命令组中的 Spring 命令，如图 6-6 所示。

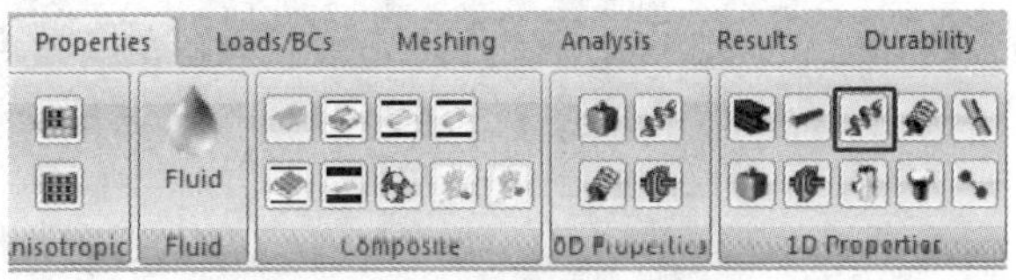

图 6-6　选取属性定义项

（2）在 Element Properties 窗口中，输入 Property Set Name 为 spring1，单击 Input Properties 按钮，如图 6-7 所示。

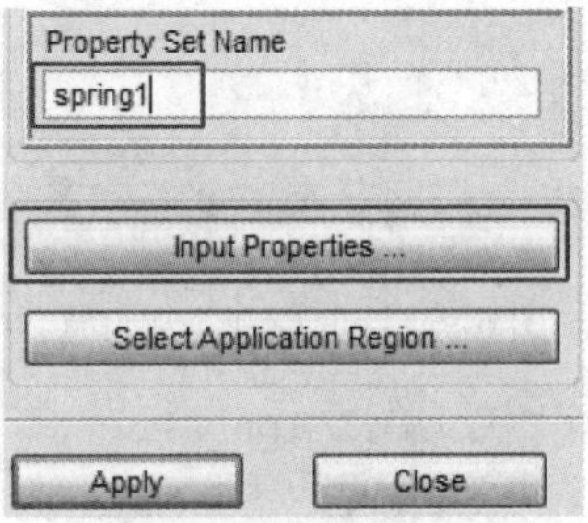

图 6-7　定义属性名称

（3）在 Input Properties 窗口中，输入 Spring Constant 为 100，输入 Dof at Node1 为 UX，输入 Dof at Node2 为 UX，单击 OK 按钮，如图 6-8 所示。

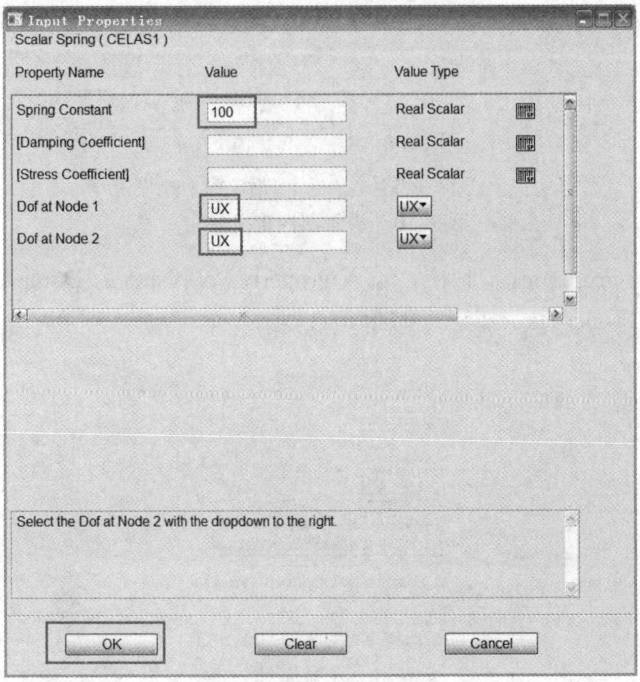

图 6-8　定义属性参数

（4）在 Element Properties 窗口中，单击 Select Application Region 按钮。

（5）在 Select Application Region 对话框中，输入 Select Members 为 Elm 1 3，单击 Add 按钮，再单击 OK 按钮，如图 6-9 所示。

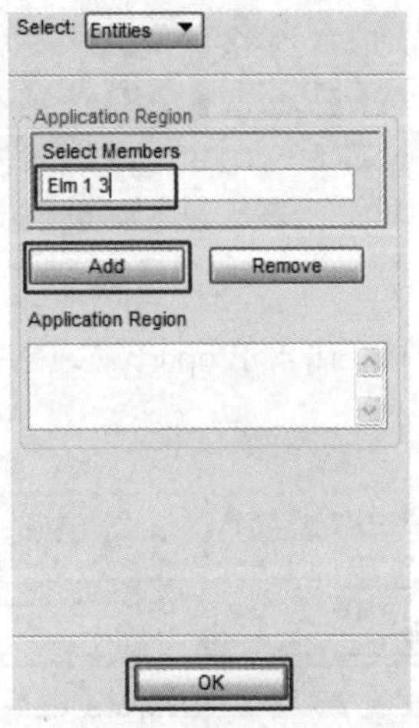

图 6-9　选取属性添加位置

（6）在 Element Properties 窗口中，单击 Apply 按钮。

（7）重复步骤（2）～（6），更改 Property Set Name 为 Spring2，Spring Constant 为 400，输入 Select Members 为 Elm 2。

5. 创建阻尼属性

（1）选择工具栏中的 Properties 选项卡，选择 1D Properties 命令组中的 Damper 命令，如图 6-10 所示。

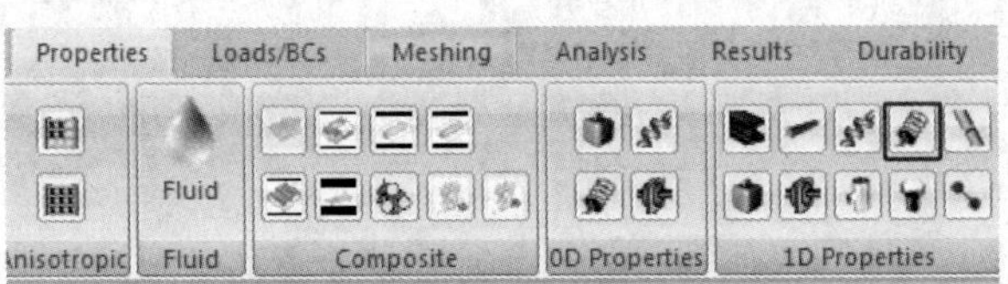

图 6-10　进入属性定义界面

（2）在 Element Properties 窗口中，输入 Property Set Name 为 Damper1，更改 Options 为 Viscous，单击 Input Properties…按钮，如图 6-11 所示。

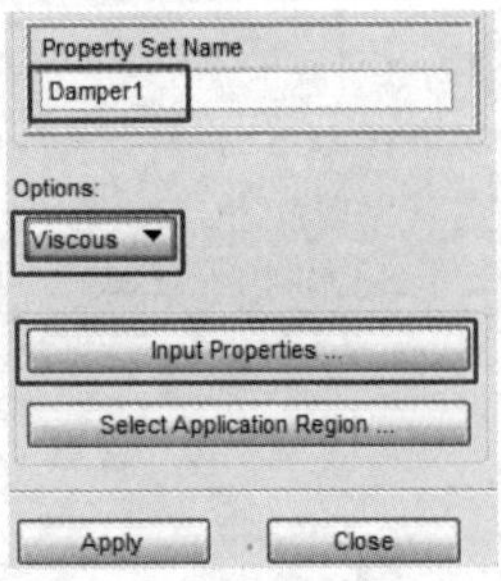

图 6-11　定义属性名称

（3）在 Input Properties 窗口中，输入[Ext. Viscous Coeff.]为 3，单击 OK 按钮，如图 6-12 所示。

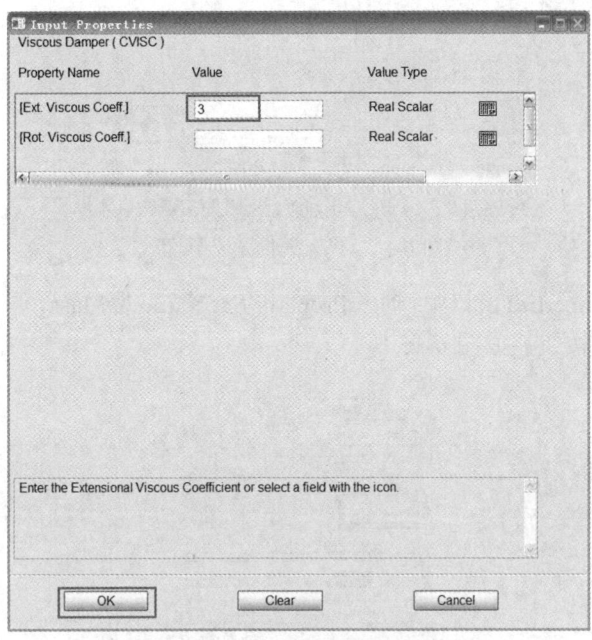

图 6-12　定义属性参数

（4）在 Element Properties 窗口中，单击 Select Application Region 按钮，输入 Select Members 为 Elm 4，单击 Add 按钮，再单击 OK 按钮，如图 6-13 所示。

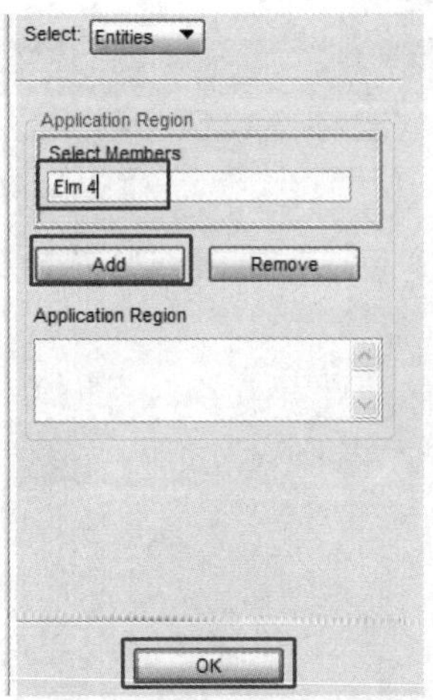

图 6-13　选取当前属性的添加位置

（5）在 Element Properties 窗口中，单击 Apply 按钮。

（6）重复步骤（2）～（5），设置 Property Set Name 为 Damper2，[ext. Viscous Coeff.]为 0，Select Members 为 Elm5。

（7）重复步骤（2）～（5），设置 Property Set Name 为 Damper3，[Ext. Viscous Coeff.]为 9，Select Members 为 Elm6。

6. 创建质量单元

（1）选择工具栏中的 Properties 选项卡，选择 0D Properties 命令组中的 Mass 命令，如图 6-14 所示。

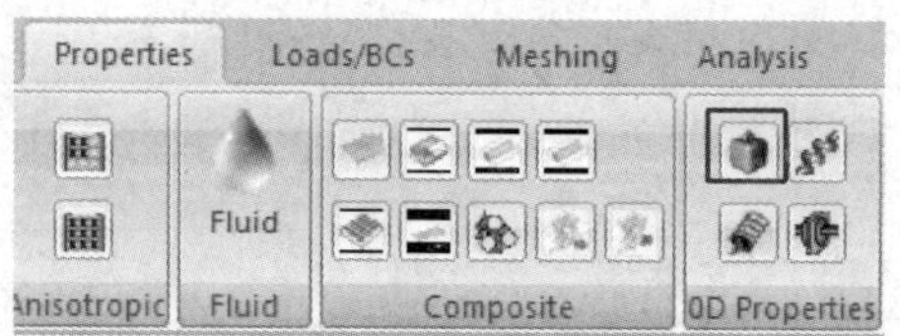

图 6-14 进入属性定义界面

（2）在 Element Properties 窗口中，输入 Property Set Name 为 Mass，更改 Options 为 Lumped，单击 Input Properties…按钮，如图 6-15 所示。

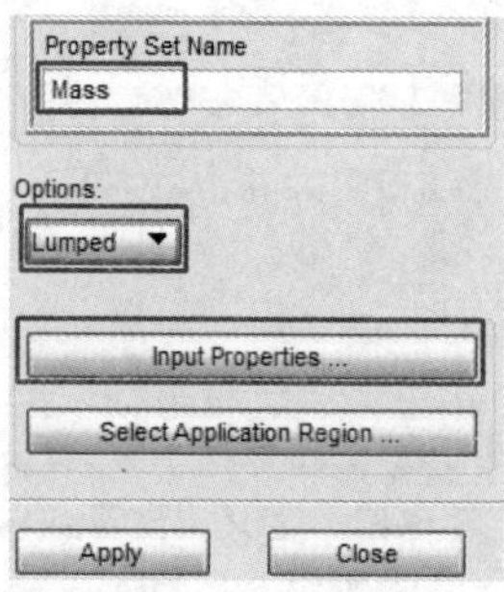

图 6-15 定义属性名称

（3）在 Input Properties 窗口中，输入 Mass 为 1，单击 OK 按钮，如图 6-16 所示。

Input Properties
Lumped Point Mass (CONM2)

Property Name	Value	Value Type
Mass	1	Real Scalar
[Mass Orient. CID/CG]		CID
[Mass Offset]		Vector
[Inertia 1,1]		Real Scalar
[Inertia 2,1]		Real Scalar
[Inertia 2,2]		Real Scalar
[Inertia 3,1]		Real Scalar
[Inertia 3,2]		Real Scalar
[Inertia 3,3]		Real Scalar

Enter the Mass or select a field with the icon.

OK Clear Cancel

图 6-16 定义属性参数

（4)在 Element Properties 窗口中，单击 Select Application Region 按钮，输入 Select Members 为 Elm 7 8，单击 Add 按钮，再单击 OK 按钮，如图 6-17 所示。

（5）在 Element Properties 窗口中，单击 Apply 按钮。

7. 定义约束

（1）选择工具栏中的 Loads/BCs 选项卡，选择 Nodal 命令组中的 Displacement Constraint 命令。

（2）在 Load/Boundary Conditions 窗口中，输入 New Set Name 为 Constraint，单击 Input Data…按钮，如图 6-18 所示。

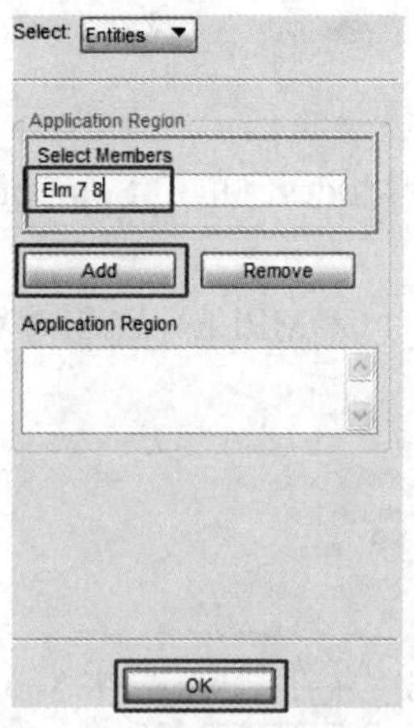

图 6-17　定义属性施加位置

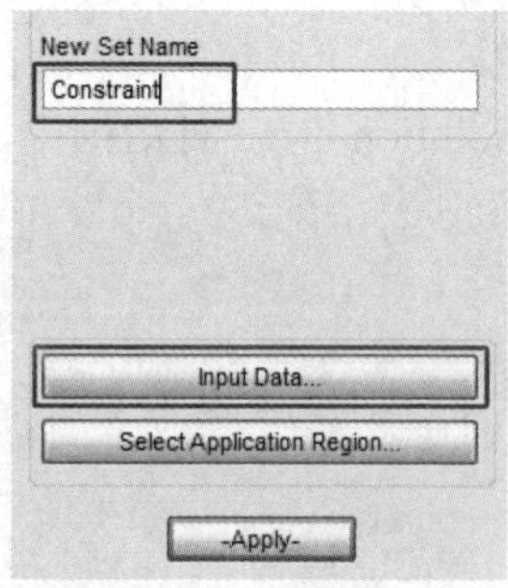

图 6-18　定义约束名称

（3）在 Input Data 窗口中，输入 Translations<T1 T2 T3>为<0,,>，单击 OK 按钮，如图 6-19 所示。

（4）在 Load/Boundary Conditions 窗口中，单击 Select Application Region 按钮。

（5）在 Select Application Region 窗口中，更改 Select 选项为 FEM，输入 Select Nodes 为 Node 1 4，单击 Add 按钮，再单击 OK 按钮，如图 6-20 所示。

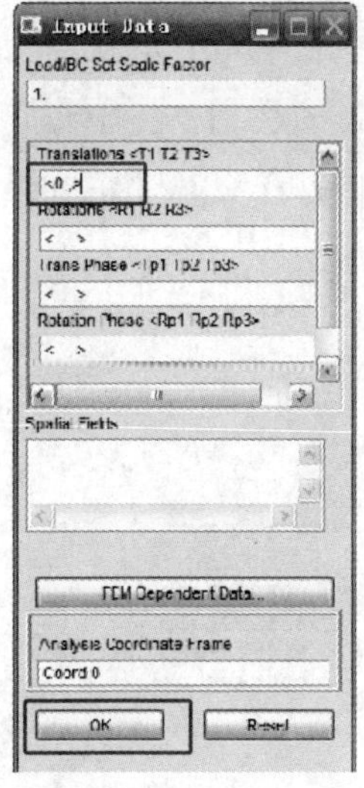

图 6-19　定义约束方向

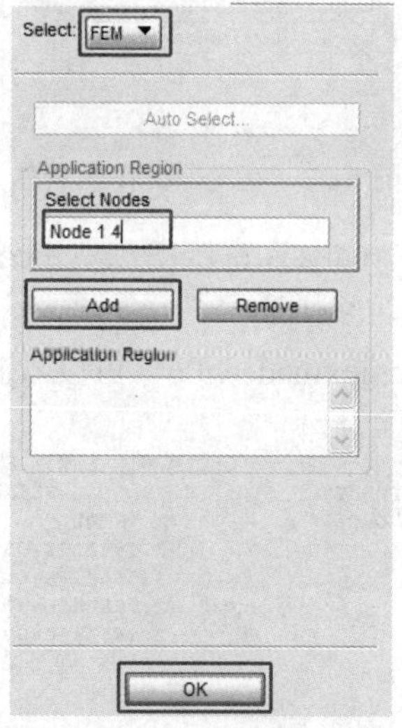

图 6-20　定义约束施加位置

（6）在 Load/Boundary Conditions 窗口中，单击 Apply 按钮。

8. 设置分析参数，提交运算

（1）选择工具栏中的 Analysis 选项卡，选择 Analyze 命令组中的 Entire Model 命令，如图 6-21 所示。

图 6-21 进入分析界面

（2）在 Analysis 窗口中，输入 Job Name 为 Complex Modes，单击 Solution Type 按钮，如图 6-22 所示。

（3）在 Solution Type 对话框中，选择 Solution Type 为 COMPLEX EIGENVALUE，单击 OK 按钮，如图 6-23 所示。

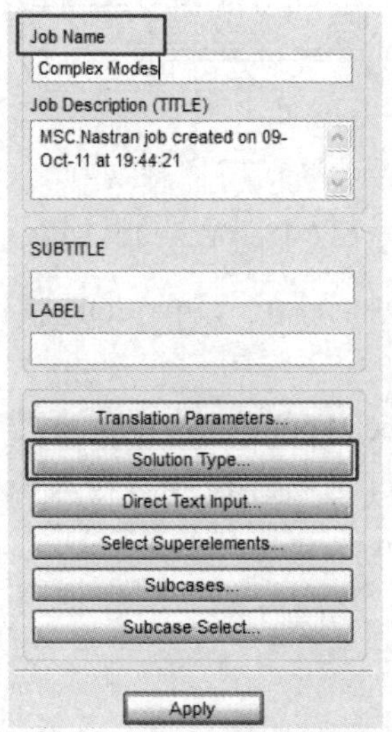

图 6-22 定义分析作业名称

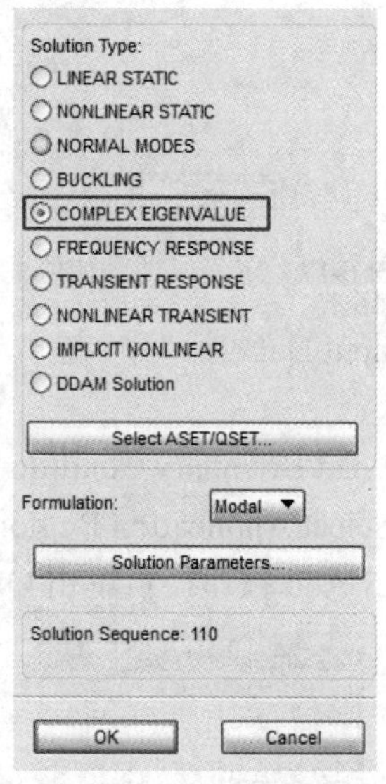

图 6-23 定义分析类型

（4）在 Analysis 窗口中，单击 Apply 按钮。

9. 查看计算结果

打开 complexmodes.f06，可以看到如图 6-24 所示的结果。

C O M P L E X   E I G E N V A L U E   S U M M A R Y

ROOT NO.	EXTRACTION ORDER	EIGENVALUE (REAL)	EIGENVALUE (IMAG)	FREQUENCY (CYCLES)	DAMPING COEFFICIENT
1	1	-3.034214E+00	-9.588138E+00	1.525999E+00	6.329101E-01
2	2	-3.034214E+00	9.588138E+00	1.525999E+00	6.329101E-01
3	3	-2.965786E+00	-2.968282E+01	4.724168E+00	1.998318E-01
4	4	-2.965786E+00	2.968282E+01	4.724168E+00	1.998318E-01

图 6-24 分析结果

第 7 章　使用超单元的正则模态分析

7.1　超单元的概念与定义

7.1.1　超单元的概念

1. 物理和数学上的含义

（1）子结构（物理上的含义）：部分结构的有限元模型。

（2）边界矩阵（数学上的含义）：从内部节点到外部或边界节点进行缩减后得到的载荷、质量、阻尼和刚度矩阵。

2. 其他形式的子结构分析

（1）循环对称分析。

（2）GENEL 和 DMIG 输入。

3. 两种定义超单元的方法

（1）部件超单元。

（2）由主模型数据段定义的超单元。

7.1.2　在 MSC Nastran 中定义部件超单元

（1）每个超单元的描述是完全包含在它自己的模型数据段之内的。这种类型的超单元在本章的表述中也经常称作“部件”（Parts）超单元。

（2）每个部件超单元以下面的语句为开始：

BEGIN　（BULK）　SUPER＝m

（3）用另一个同样的语句为终结符：

BEGIN　（BULK）　SUPER＝n

或者以 ENDATA 为终结符。

（4）模型数据段包括剩余结构和不用“部件”来描述的其他超单元的完整描述。这些超单元可以由 SESET 或 SEELT 输入卡来定义。

（5）在默认情况下，如果一个部件某节点的位置与另外一个部件中某节点的位置之间的距离落在公差允许的范围之内，就认为这两个节点在该位置是相连的，该相连公差可以修改。

（6）重复的标识号 IDs（如节点、单元、属性等）允许在不同的部件中同时出现。

（7）每一个部件有自己的载荷和部件模态的计算。

（8）支持整个系统模态的绘制。

（9）一个超单元也可以定义为另一个超单元的拷贝或来自于 MSC Nastran 之外的定义。

7.2 例题：钢的冲压

7.2.1 模型及参数

超单元模型及参数如图 7-1 所示。

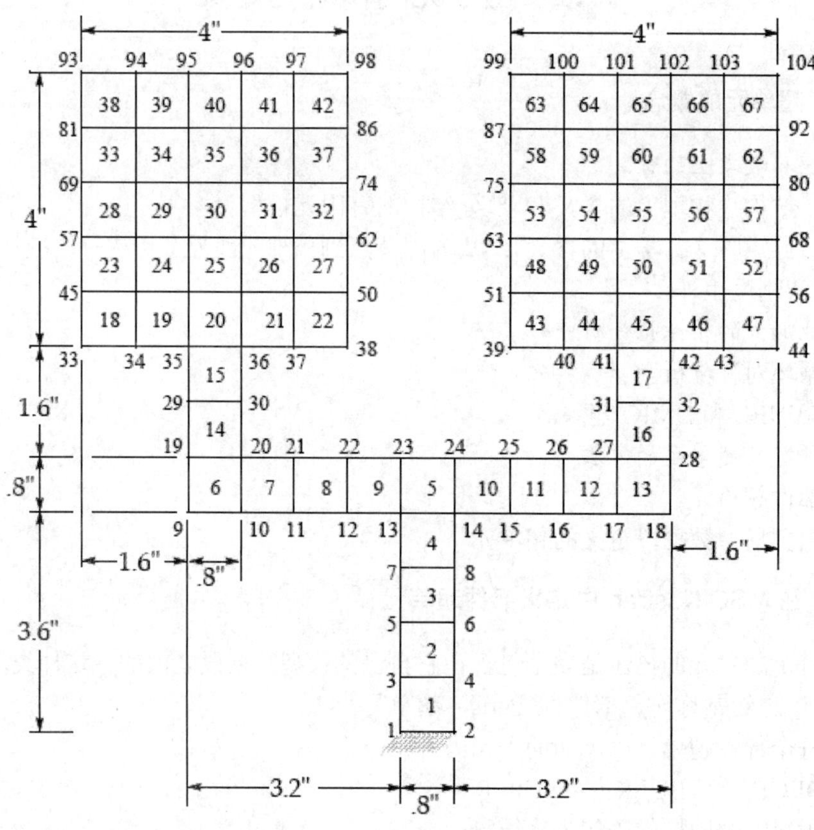

图 7-1 超单元示例模型

（1）节点 1 和节点 2 固定。

（2）材料属性：钢 t=0.05；E=29×10^6；μ=0.3；ρ=0.283lb/in^3（重量密度）。

（3）外载荷：1psi 的压力加在正方形部位；2lb 的法向力加在节点 93 和节点 104；2lb 的反向法向力加在节点 93 和节点 104。

7.2.2 例题的模型定义

```
$
$ file - fs1.dat
$
$ all 7 s.e. brought in using begin super
$ duplicate boundary grids id
$ each s.e. contains its own property description with the same id
```

```
$ condensed subcase setup
$
$ ------------------------------------------------------------
$allsep1 dat
SOL 101
TIME 15
CEND
TITLE = S.E. SAMPLE PROBLEM 1
SUBTITLE = S.E. STATICS - RUN 1 - MULTIPLE LOADS
DISP = ALL
stress = all
oload = all
SET 999 = 0,1,2,3,4,5,6,7
SUPER = 999    $ ALL CASE CONTROL IS FOR ALL SUPERELEMENTS
PARAM,GRDPNT,1
SUBCASE 101
LABEL = PRESSURE LOAD
LOAD = 101
$
SUBCASE 201
LABEL = 2# NORMAL LOADS
LOAD = 201
$
SUBCASE 301
LABEL = OPPOSING LOADS
LOAD = 301
$
include 'plot.blk'
$
BEGIN BULK
$
CQUAD4   5        1        13       14       24       23
$
GRDSET                                                            6
GRID     13                -.4      3.6      0.
GRID     14                .4       3.6      0.
GRID     23                -.4      4.4      0.
GRID     24                .4       4.4      0.
$
include 'prop1.blk'
$
begin super=1
$
include 'loadse1.blk'
include 'prop1.blk'
include 'se1.blk'
$
```

```
begin super=2
$
include 'loadse2.blk'
include 'prop1.blk'
include 'se2.blk'
$
begin super=3
$
include 'prop1.blk'
include 'se3.blk'
$
begin super=4
$
include 'prop1.blk'
include 'se4.blk'
$
begin super=5
$
include 'prop1.blk'
include 'se5.blk'
$
begin super=6
$
include 'prop1.blk'
include 'se6.blk'
$
begin super=7
$
include 'prop1.blk'
include 'se7.blk'
$
enddata
```

```
$
$       plot.blk
$
output(plot)
$
set 1 = all
axes z,x,y
view 0.,0.,0.
seupplot 0
ptitle = full structure
find scale, origin 1, set 1
plot set 1 origin 1 label both
$
$    deform plots
```

```
$
seplot 1
ptitle = superelement 1
find scale, origin 1, set 1
plot static deformation set 1 origin 1 label both
$
seplot 2
ptitle = superelement 2
find scale, origin 1, set 1
plot static deformation set 1 origin 1 label both
$
seplot 3
ptitle = superelement 3
find scale, origin 1, set 1
plot static deformation set 1 origin 1 label both
$
seplot 4
ptitle = superelement 4
find scale, origin 1, set 1
plot static deformation set 1 origin 1 label both
$
seplot 5
ptitle = superelement 5
find scale, origin 1, set 1
plot static deformation set 1 origin 1 label both
$
seplot 6
ptitle = superelement 6
find scale, origin 1, set 1
plot static deformation set 1 origin 1 label both
$
seplot 7
ptitle = superelement 7
find scale, origin 1, set 1
plot static deformation set 1 origin 1 label both
$
seplot 0
ptitle = superelement 0
find scale, origin 1, set 1
plot static deformation set 1 origin 1 label both
$
seupplot 0
ptitle = full structure
axes x,mz,y
find scale, origin 1, set 1
plot static deformation set 1 origin 1
$
```

```
$
$       se1.blk
$
CQUAD4  18      1       33      34      46      45
CQUAD4  19      1       34      35      47      46
CQUAD4  20      1       35      36      48      47
CQUAD4  21      1       36      37      49      48
CQUAD4  22      1       37      38      50      49
CQUAD4  23      1       45      46      58      57
CQUAD4  24      1       46      47      59      58
CQUAD4  25      1       47      48      60      59
CQUAD4  26      1       48      49      61      60
CQUAD4  27      1       49      50      62      61
CQUAD4  28      1       57      58      70      69
CQUAD4  29      1       58      59      71      70
CQUAD4  30      1       59      60      72      71
CQUAD4  31      1       60      61      73      72
CQUAD4  32      1       61      62      74      73
CQUAD4  33      1       69      70      82      81
CQUAD4  34      1       70      71      83      82
CQUAD4  35      1       71      72      84      83
CQUAD4  36      1       72      73      85      84
CQUAD4  37      1       73      74      86      85
CQUAD4  38      1       81      82      94      93
CQUAD4  39      1       82      83      95      94
CQUAD4  40      1       83      84      96      95
CQUAD4  41      1       84      85      97      96
CQUAD4  42      1       85      86      98      97
$
GRDSET                                                  6
$
$       boundary grids
$
GRID    35              -3.6    6.      0.
GRID    36              -2.8    6.      0.
$
GRID    33              -5.2    6.      0.
GRID    34              -4.4    6.      0.
GRID    37              -2.     6.      0.
GRID    38              -1.2    6.      0.
$
GRID    45              -5.2    6.8     0.
GRID    46              -4.4    6.8     0.
GRID    47              -3.6    6.8     0.
GRID    48              -2.8    6.8     0.
GRID    49              -2.     6.8     0.
```

```
GRID    50          -1.2    6.8     0.
GRID    57          -5.2    7.6     0.
GRID    58          -4.4    7.6     0.
GRID    59          -3.6    7.6     0.
GRID    60          -2.8    7.6     0.
GRID    61          -2.     7.6     0.
GRID    62          -1.2    7.6     0.
GRID    69          -5.2    8.4     0.
GRID    70          -4.4    8.4     0.
GRID    71          -3.6    8.4     0.
GRID    72          -2.8    8.4     0.
GRID    73          -2.     8.4     0.
GRID    74          -1.2    8.4     0.
GRID    81          -5.2    9.2     0.
GRID    82          -4.4    9.2     0.
GRID    83          -3.6    9.2     0.
GRID    84          -2.8    9.2     0.
GRID    85          -2.     9.2     0.
GRID    86          -1.2    9.2     0.
GRID    93          -5.2    10.     0.
GRID    94          -4.4    10.     0.
GRID    95          -3.6    10.     0.
GRID    96          -2.8    10.     0.
GRID    97          -2.     10.     0.
GRID    98          -1.2    10.     0.
$
```

```
分块$
$   se2.blk
$
CQUAD4  43   1   39   40   52   51
CQUAD4  44   1   40   41   53   52
CQUAD4  45   1   41   42   54   53
CQUAD4  46   1   42   43   55   54
CQUAD4  47   1   43   44   56   55
CQUAD4  48   1   51   52   64   63
CQUAD4  49   1   52   53   65   64
CQUAD4  50   1   53   54   66   65
CQUAD4  51   1   54   55   67   66
CQUAD4  52   1   55   56   68   67
CQUAD4  53   1   63   64   76   75
CQUAD4  54   1   64   65   77   76
CQUAD4  55   1   65   66   78   77
CQUAD4  56   1   66   67   79   78
CQUAD4  57   1   67   68   80   79
CQUAD4  58   1   75   76   88   87
```

```
CQUAD4  59      1       76      77      89      88
CQUAD4  60      1       77      78      90      89
CQUAD4  61      1       78      79      91      90
CQUAD4  62      1       79      80      92      91
CQUAD4  63      1       87      88      100     99
CQUAD4  64      1       88      89      101     100
CQUAD4  65      1       89      90      102     101
CQUAD4  66      1       90      91      103     102
CQUAD4  67      1       91      92      104     103
$
GRDSET                                                  6
$
$       boundary grids
$
GRID    41              2.8     6.      0.
GRID    42              3.6     6.      0.
$
GRID    39              1.2     6.      0.
GRID    40              2.      6.      0.
GRID    43              4.4     6.      0.
GRID    44              5.2     6.      0.
$
GRID    51              1.2     6.8     0.
GRID    52              2.      6.8     0.
GRID    53              2.8     6.8     0.
GRID    54              3.6     6.8     0.
GRID    55              4.4     6.8     0.
GRID    56              5.2     6.8     0.
GRID    63              1.2     7.6     0.
GRID    64              2.      7.6     0.
GRID    65              2.8     7.6     0.
GRID    66              3.6     7.6     0.
GRID    67              4.4     7.6     0.
GRID    68              5.2     7.6     0.
GRID    75              1.2     8.4     0.
GRID    76              2.      8.4     0.
GRID    77              2.8     8.4     0.
GRID    78              3.6     8.4     0.
GRID    79              4.4     8.4     0.
GRID    80              5.2     8.4     0.
GRID    87              1.2     9.2     0.
GRID    88              2.      9.2     0.
GRID    89              2.8     9.2     0.
GRID    90              3.6     9.2     0.
GRID    91              4.4     9.2     0.
GRID    92              5.2     9.2     0.
GRID    99              1.2     10.     0.
```

```
GRID     100          2.     10.    0.
GRID     101          2.8    10.    0.
GRID     102          3.6    10.    0.
GRID     103          4.4    10.    0.
GRID     104          5.2    10.    0.
$
```

```
$
$     se3.blk
$
CQUAD4   14     1     19     20     30     29
CQUAD4   15     1     29     30     36     35
$
GRDSET                                          6
$
$     boundary grids
$
GRID     19           -3.6   4.4    0.
GRID     20           -2.8   4.4    0.
GRID     35           -3.6   6.     0.
GRID     36           -2.8   6.     0.
$
GRID     29           -3.6   5.2    0.
GRID     30           -2.8   5.2    0.
$
```

```
$
$     se4.blk
$
CQUAD4   16     1     27     28     32     31
CQUAD4   17     1     31     32     42     41
$
GRDSET                                          6
$
$     boundary grids
$
GRID     27           2.8    4.4    0.
GRID     28           3.6    4.4    0.
GRID     41           2.8    6.     0.
GRID     42           3.6    6.     0.
$
GRID     31           2.8    5.2    0.
GRID     32           3.6    5.2    0.
$
```

```
$
$     se5.blk
```

```
$
CQUAD4  6       1       9       10      20      19
CQUAD4  7       1       10      11      21      20
CQUAD4  8       1       11      12      22      21
CQUAD4  9       1       12      13      23      22
$
GRDSET                                                  6
$
$       boundary grids
$
GRID    19              -3.6    4.4     0.
GRID    20              -2.8    4.4     0.
GRID    13              -.4     3.6     0.
GRID    23              -.4     4.4     0.
$
GRID    9               -3.6    3.6     0.
GRID    10              -2.8    3.6     0.
GRID    11              -2.     3.6     0.
GRID    12              -1.2    3.6     0.
GRID    21              -2.     4.4     0.
GRID    22              -1.2    4.4     0.
$
```

```
$
$       se6.blk
$
CQUAD4  10      1       14      15      25      24
CQUAD4  11      1       15      16      26      25
CQUAD4  12      1       16      17      27      26
CQUAD4  13      1       17      18      28      27
$
GRDSET                                                  6
$
$       boundary grids
$
GRID    27              2.8     4.4     0.
GRID    28              3.6     4.4     0.
GRID    14              .4      3.6     0.
GRID    24              .4      4.4     0.
$
GRID    15              1.2     3.6     0.
GRID    16              2.      3.6     0.
GRID    17              2.8     3.6     0.
GRID    18              3.6     3.6     0.
$
GRID    25              1.2     4.4     0.
GRID    26              2.      4.4     0.
```

```
$
```

```
$
$       se7.blk
$
CQUAD4   1      1      1      2      4      3
CQUAD4   2      1      3      4      6      5
CQUAD4   3      1      5      6      8      7
CQUAD4   4      1      7      8      14     13
$
GRDSET                                         6
$
GRID     1             -.4    0.     0.            123456
GRID     2             .4     0.     0.            123456
GRID     3             -.4    0.9    0.
GRID     4             .4     0.9    0.
GRID     5             -.4    1.8    0.
GRID     6             .4     1.8    0.
GRID     7             -.4    2.7    0.
GRID     8             .4     2.7    0.
$
$       boundary grids
$
GRID     13            -.4    3.6    0.
GRID     14            .4     3.6    0.
$
```

```
$
$ file - loadse1.blk
$ loads on s.e. 1
$
$ LOAD CASE 1 - PRESSURE LOAD
$
PLOAD2,101,-1.,18,THRU,42
$
$ LOAD CASE 2 - 2 POINT LOADS AT CORNERS
$
FORCE,201,93,,2.,0.,0.,1.
$
$ LOAD CASE 3 - OPPOSING POINT LOADS AT CORNERS
$
FORCE,301,93,,2.,0.,0.,1.
$
```

```
$
$ file - loadse2.blk
$ loads on s.e. 2
```

```
$
$ LOAD CASE 1 - PRESSURE LOAD
$
PLOAD2,101,-1.,43,THRU,67
$
$ LOAD CASE 2 - 2 POINT LOADS AT CORNERS
$
FORCE,201,104,,2.,0.,0.,1.
$
$ LOAD CASE 3 - OPPOSING POINT LOADS AT CORNERS
$
FORCE,301,104,,2.,0.,0.,-1.
$
```

7.3 超单元应用说明

7.3.1 求解过程

（1）对于每个超单元，其自由度被分为两个子集。

1）外部自由度（称为 A-Set）：指定要保留的分析自由度，用于在随后的计算中使用（前面例题中超单元 1 的节点 35 和 36）。

2）内部自由度：指定在超单元计算中被缩减并且在随后的计算中将被忽略的自由度（前面例题中超单元 1 的节点 33，34，37，38，45～50，57～62，69～74，81～86，93～98）。

（2）对每一个超单元，仅通过边界或外部自由度产生的矩阵来描述其行为特征。

1）基于输入数据，对每一个超单元生成一组属于 G 集范围的矩阵。

2）这些矩阵通过缩减，得到代表超单元属性的边界结构矩阵。

（3）在剩余结构中，综合和装配边界矩阵。剩余结构的模型数据集由没有分配给任何超单元的所有“剩余”数据和所有公用数据组成。

（4）求解剩余结构的位移。

（5）对于每一个超单元，扩展其边界（外部）位移来得到内部位移。

7.3.2 静凝聚理论

在生成了相应的矩阵并施加了多点约束条件（MPCs）和单点约束条件（SPCs）之后有：

$$K_{ff}U_f = P_f$$

按照 O-set=内部节点（将要通过缩减进行凝聚），A-set=外部（边界）节点（保留做进一步的分析）进行分块：

$$\left[\begin{array}{c|c} K_{oo} & K_{oa} \\ \hline K_{oa}^T & K_{aa} \end{array}\right]\left\{\begin{array}{c} U_o \\ \hline U_a \end{array}\right\} = \left\{\begin{array}{c} P_o \\ \hline P_a \end{array}\right\}$$

提取上面的方程并左乘$[K_{oo}]^{-1}$：

$$\{U_o\} = -[K_{oo}]^{-1}[K_{oa}]\{U_a\} + [K_{oo}]^{-1}\{P_o\}$$

令：

$$G_{oa} = -K_{oo}^{-1}K_{oa} \text{（边界变换）}$$

$$U_o^o = K_{oo}^{-1}P_o \text{（固定边界位移）}$$

则有：

$$U_o = U_o^o + G_{oa}U_a \text{（全体内部位移）}$$

将 U_o 的表达式代入下面方程：

$$K_{oa}^T[G_{oa}U_a + U_o^o] + \overline{K}_{aa}U_a = \overline{P}_a$$

有：

$$K_{aa} = K_{oa}^T G_{oa} + \overline{K}_{aa}$$

和

$$P_a = G_{oa}^T P_o + \overline{P}_a$$

求解剩余结构即得边界位移

$$U_a = K_{aa}^{-1}P_a$$

7.3.3 使用超单元分析的优点

（1）获得对大型问题的解决能力（能解决超过机器硬件能力的问题）。

（2）减少每次运行的 CPU 或时钟时间（减少计算风险，因为对每一个单元都可以进行独立处理）。

（3）对某一部分进行重新设计时只需要对该部分进行求解（减少费用）。

（4）可以更多地控制对资源的利用。

（5）可以进行分块输入；便于进行组织；有利于重复部件的生成。

（6）可以进行分块输出；便于进行组织；有利于结果的综合理解。

（7）部件能够由子承包商来负责模拟。

（8）可以对动力分析进行多步减缩。

（9）便于结构分析的缩放（或者整体－局部分析）。

（10）可以进行有效配置的研究。

7.3.4 超单元分析的缺点

（1）由于增加了 DMAP 的编译和数据库的控制、存储等，使间接费用增大。

（2）对小模型而言，必需的静凝聚过程可能抵消在其他地方省下来的费用。

（3）剩余结构不能重新排序，所以其刚度矩阵通常是密集的。

（4）所有的超单元必须是线性的。

（5）在动力问题中，对通过静凝聚、部件模态综合或者广义动力缩减方法得到的质量矩阵和阻尼矩阵必须进行近似处理。

（6）SOL 101 以上的求解器才可以使用自动重启动功能。

7.3.5 流程区别

1．常规分析

质量弹簧系统如图 7-2 所示。

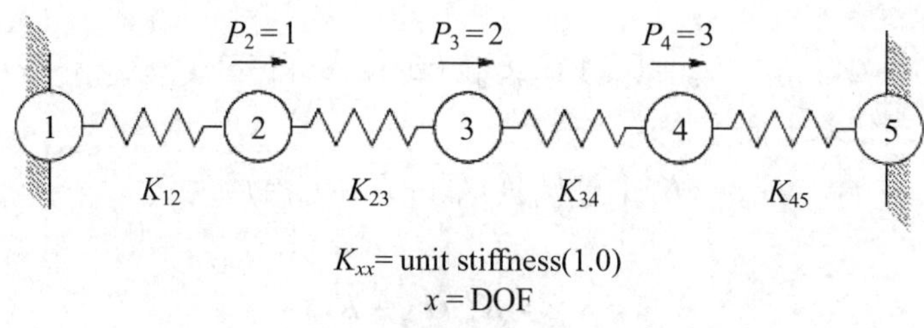

图 7-2 质量弹簧系统

生成矩阵：

$$[K_{GG}]=\begin{bmatrix} K_{12} & -K_{12} & 0 & 0 & 0 \\ -K_{12} & K_{12}+K_{13} & -K_{23} & 0 & 0 \\ 0 & -K_{23} & K_{23}+K_{34} & -K_{34} & 0 \\ 0 & 0 & -K_{34} & K_{34}+K_{45} & -K_{45} \\ 0 & 0 & 0 & -K_{45} & K_{45} \end{bmatrix}$$

$$K_{GG}=\begin{bmatrix} 1 & -1 & 0 & 0 & 0 \\ -1 & 2 & -1 & 0 & 0 \\ 0 & -1 & 2 & -1 & 0 \\ 0 & 0 & -1 & 2 & -1 \\ 0 & 0 & 0 & -1 & 1 \end{bmatrix}$$

施加边界条件并求解：

$$\begin{Bmatrix} U_2 \\ U_3 \\ U_4 \end{Bmatrix}=\begin{bmatrix} K_{12}+K_{23} & -K_{23} & \\ -K_{23} & K_{23}+K_{34} & -K_{34} \\ & -K_{34} & K_{34}+K_{45} \end{bmatrix}^{-1}\begin{Bmatrix} P_2 \\ P_3 \\ P_4 \end{Bmatrix}$$

$$\begin{Bmatrix} U_2 \\ U_3 \\ U_4 \end{Bmatrix}=\begin{bmatrix} 2 & -1 & 0 \\ -1 & 2 & -1 \\ 0 & -1 & 2 \end{bmatrix}^{-1}\begin{Bmatrix} 1 \\ 2 \\ 3 \end{Bmatrix}$$

得到：

$$\begin{Bmatrix} U_2 \\ U_3 \\ U_4 \end{Bmatrix}=\begin{Bmatrix} 2.5 \\ 4.0 \\ 3.5 \end{Bmatrix}$$

2．超单元分析流程图

超单元分析流程图如图 7-3 所示，将图 7-2 中的质量弹簧系统分解为由两个超单位部件构成的系统，并表达成如图 7-4 所示的形式。

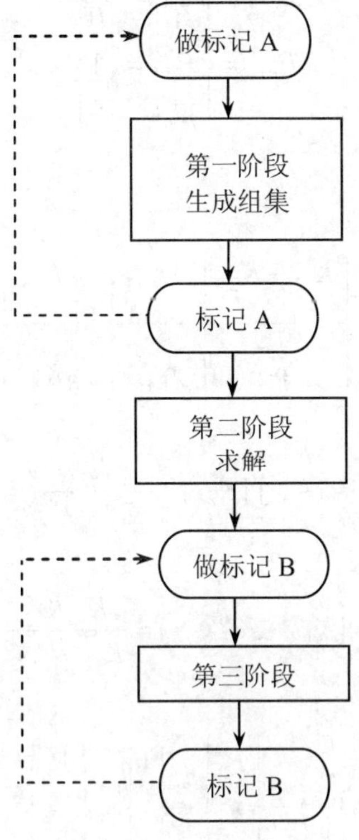

图 7-3　超单元分析流程图

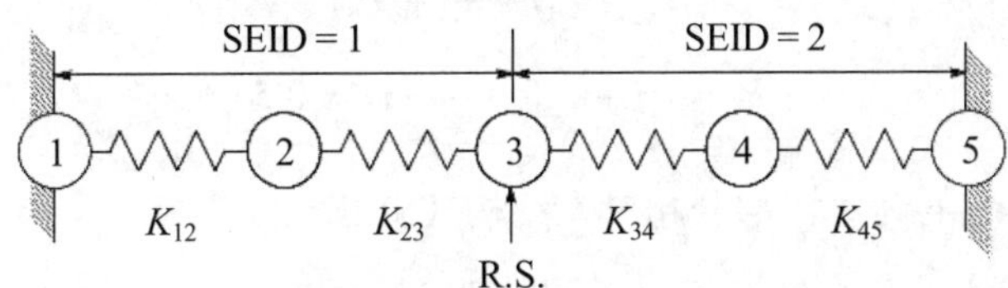

图 7-4　质量弹簧系统分解成两个部件超单元形式

（1）图 7-5 为第一部分超单元结构（SEID=1）。

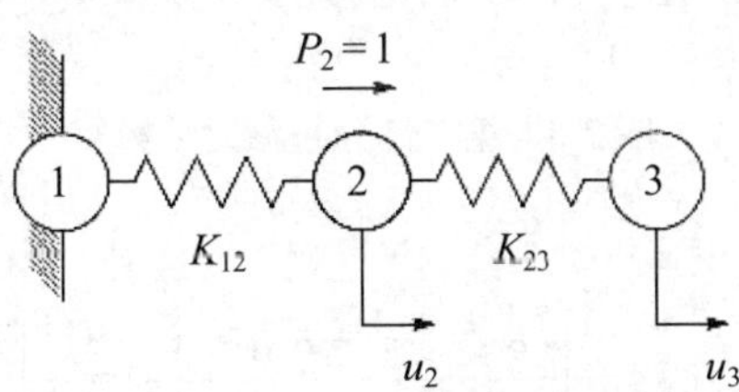

图 7-5　第一部分超单元结构

生成矩阵：

$$[K_{gg}]^1 = \left[\begin{array}{c:c:c} K_{12} & -K_{12} & 0 \\ \hdashline -K_{12} & K_{12}+K_{23} & -K_{23} \\ \hdashline 0 & -K_{23} & K_{23} \end{array}\right]$$

$$\{P_g\}^1 = \begin{Bmatrix} P_1 \\ P_2 \\ \overline{P}_3^1 \end{Bmatrix} = \begin{Bmatrix} 0 \\ 1 \\ 0 \end{Bmatrix}$$

（2）超单元缩减（SEID=1）。

消去约束条件：

$$[K_{gg}]^1 = \left[\begin{array}{c:c} K_{12}+K_{23} & -K_{23} \\ \hdashline -K_{23} & K_{23} \end{array}\right] = \left[\begin{array}{c:c} K_{oo} & K_{oa} \\ \hdashline K_{ao} & \overline{K}_{aa} \end{array}\right]$$

计算边界变换：

$$[G_{oa}]^1 = [K_{oo}]^1[K_{oa}] = \frac{K_{23}}{K_{12}+K_{23}} = 0.5$$

计算边界刚度：

$$[K_{aa}]^1 = [\overline{K}_{aa} + K_{oa}^T G_{oa}] = \frac{K_{12}K_{23}}{K_{12}+K_{23}} = 0.5$$

计算边界载荷：

$$\{P_f\}^1 = \begin{Bmatrix} P_2 \\ \hdashline \overline{P}_3^1 \end{Bmatrix} = \begin{Bmatrix} 1 \\ \hdashline 0 \end{Bmatrix} = \begin{Bmatrix} P_o \\ \hdashline \overline{P}_a \end{Bmatrix}$$

$$\{P_a\}^1 = \{\overline{P}_a + G_{oa}^T P_o\}$$

$$P_3^1 = \overline{P}_3^1 + \frac{K_{23}}{K_{12}+K_{23}} P_2 = 0.5$$

（3）类似地，图 7-6 为第二部分超单元结构（SEID=2）。

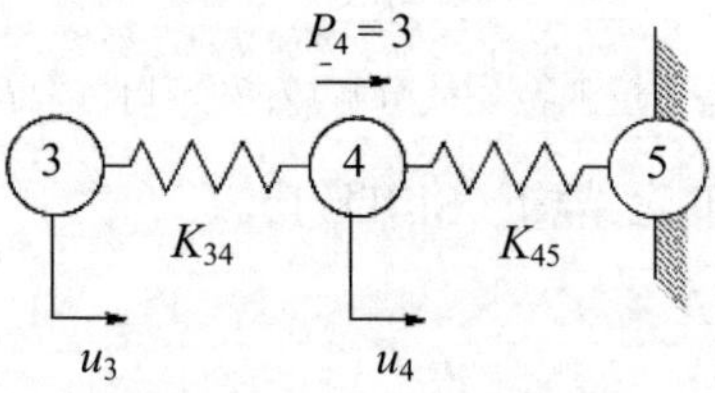

图 7-6　第二部分超单元结构

生成矩阵：

$$[K_{gg}]^2 = \left[\begin{array}{c:c:c} K_{34} & -K_{34} & 0 \\ \hdashline -K_{34} & K_{34}+K_{35} & -K_{45} \\ \hdashline 0 & -K_{45} & K_{45} \end{array}\right]$$

$$\{P_g\}^2 = \begin{Bmatrix} \overline{P}_3^2 \\ P_4 \\ P_5 \end{Bmatrix} = \begin{Bmatrix} 0 \\ 3 \\ 0 \end{Bmatrix}$$

$$\left.\begin{aligned}[G_{oa}]^2 &= \frac{K_{34}}{K_{34}+K_{45}} = 0.5 \\ [K_{aa}]^2 &= \frac{K_{34}K_{45}}{K_{34}+K_{45}} = 0.5 \\ P_3^2 &= \overline{P}_3^2 + \frac{K_{34}}{K_{34}+K_{45}} = 1.5\end{aligned}\right\} \qquad P_2=1$$

（4）剩余结构如图 7-7 所示。

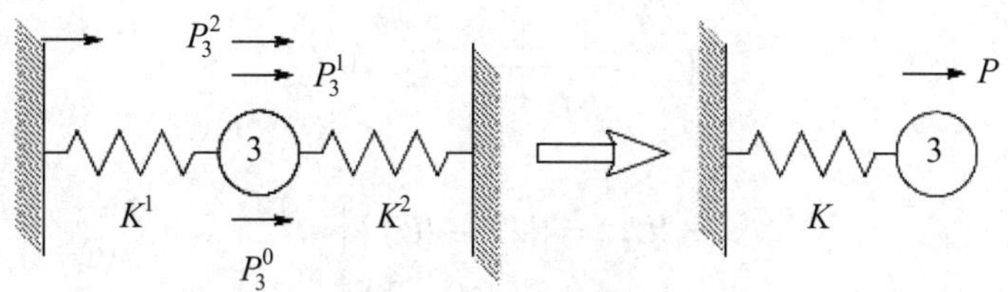

图 7-7 剩余结构

组集

$$\left.\begin{aligned}[K_{gg}] = [K_{aa}] &= [K_{aa}^1 + K_{aa}^2 + K_{gg}^0] \\ K &= K^1 + K^2 = 1\end{aligned}\right\}$$

$$\{P_g\} = \{P_a\} = \{P_a^1 + P_a^2 + P_g^0\}$$

$$P = P_3^1 + P_3^2 + P_3^0 = 4$$

求解

$$\{U_a\} = [K_{aa}]^{-1}\{P_a\}$$

$$U_3^0 = \frac{P}{K} = 4$$

（5）数据复原（SEID=1）。

计算强迫（变换）边界运动，如图 7-8 所示。

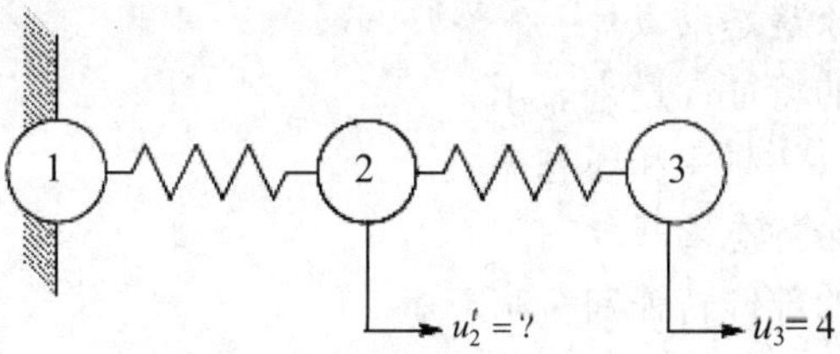

图 7-8 计算强迫边界运动

$$\{U_o^a\} = [G_{oa}]\{U_a\}$$

$$U_{23} = \frac{K_{23}}{K_{12}+K_{23}} PU_3 = 2.0$$

计算固定边界运动，如图 7-9 所示。

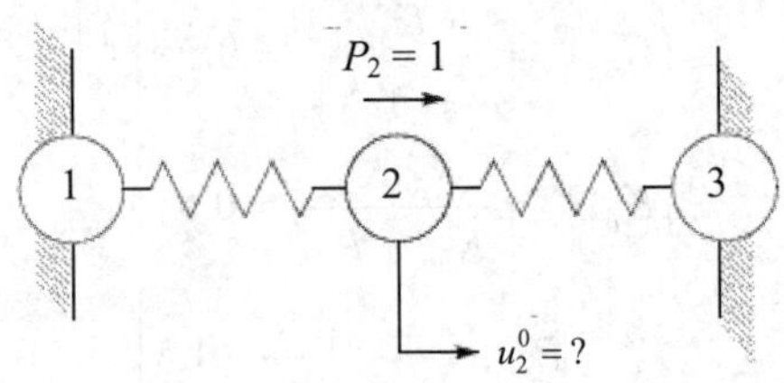

图 7-9　计算固定边界运动

$$\{U_o^o\} = [K_{oo}]^{-1}\{P_o\}$$

$$U_2^o = \frac{1}{K_{12} + K_{23}} P_2 = 0.5$$

计算整体运动：

$$\left.\begin{array}{l}\{U_o\} = \{U_o^o\} + \{U_o^a\} \\ U_2 = 0.5 + 2.0 = 2.5\end{array}\right\}$$

7.4　动力分析中可用的超单元缩减方法

1. 静态缩减方法

静态缩减方法包括刚度矩阵的静凝聚和质量矩阵的古演缩减。

2. 动力缩减方法

动力缩减方法包括广义动力缩减(GDR)和部件模态综合(CMS)（解析形式求解器 SOL 103）。

7.4.1　缩减程度对比

1. 静态缩减（默认方法）

（1）内部质量重新聚集到边界上（古演法）。

（2）刚体参数得到了保留。

（3）重要的质量参数必须外部化（转化到边界上）。

2. 广义动力缩减——除静态缩减外

（1）内部质量用近似的特征向量来表示。

（2）可以输出近似的自然频率和模态振型。

3. 部件模态综合——除静态缩减外

（1）内部质量用精确的部件特征向量来表示。

（2）可以输出每个超单元的特征解。

7.4.2　古演或静态缩减

（1）基于刚度矩阵的缩减方法。

（2）对刚度矩阵进行静态凝聚。

（3）如果在 O-set（被忽略的内部自由度）中没有指定的质量、阻尼或外载荷，该缩减方法就不会产生任何的近似性。

（4）如果部件的频率比剩余结构和激励载荷的频率高得多，那么该方法的近似性是非常好的。

7.4.3 各种缩减方法的优点

1. 部件模态综合的优点

（1）能够使用试验结果。

（2）在同样数目的动力自由度情况下更精确。

（3）对高度耦合和非耦合的结构都比较理想。

2. 静态缩减的优点

（1）更经济，节省计算费用。

（2）方法简单。

（3）出现的问题比较少。

7.4.4 使用静态缩减的正则模态计算

（1）超单元不需要广义坐标（如果剩余结构中需要广义动力缩减-GDR 或者部件模态缩减，则需要广义坐标）。

（2）超单元的质量、阻尼和刚度被静凝聚到外部自由度。

（3）只有在剩余结构自由度中，才可以指定 ASETi 和 QSETi 输入卡。

（4）如果 ASETi 卡不存在，那么剩余结构所有的内部自由度都被保留下来进行特征值求解。

（5）如果 ASETi 卡存在，那么只有那些在 ASETi 卡中定义的自由度被保留下来进行特征值求解。

（6）工况控制段与静力分析相似，只是在剩余结构子工况下面加一个 METHOD 命令。DYNRED 命令是可选项。

7.4.5 使用超单元动态缩减的正则模态计算

（1）一个超单元的行为由其真实模态和/或 GDR（广义动力缩减）模态加上静态形状共同表征。

（2）超单元的刚度、质量和阻尼用物理变量和模态变量进行变换。

（3）如果 METHOD 命令（对应于真实模态）和/或 DYNERD 命令（对应于 GDR 模态）在超单元子工况中出现，就需计算相应的超单元模态。

（4）超单元模态的计算数目（模态截断）由 EIGR 或 EIGRL 卡来控制（在广义动力缩减中由 DYNARED 卡来控制）。

（5）超单元模态被直接下传送到剩余结构的数目，由 SENQSET 自由度的数目或 QSETi 和 SPIONT 自由度的数目来控制。

（6）如果超单元模态被下传送到另一个超单元，则必须使用 QSETi 和 SPOINTs 卡，同时这些 SPONTs 点还必须通过 SECONCT 卡和下游超单元的 SPOINTs 点相互连接。

（7）在默认情况下，超单元模态是在所有外部自由度都被固定的情况下计算的，这就是大家熟知的点阵（Craig-Bampton）方法。

（8）超单元模态在第一阶段中通过 SEMR 操作进行计算。

（9）复制的超单元需要与原始超单元具有相同数量的外部自由度。如果原始超单元上有SENQEST语句，那么这些复制单元必须具有相等的自由度来表征模态。

（10）对于完全自由的超单元部件模态，所有的外部自由度都应当在CSETi卡中说明。

（11）刚体模态（频率＝0Hz）是静态向量的线性组合，不应当包括在缩减中，或者干脆不需要计算它们（在EIGR或EIGRL卡上注意使F1>0），或者计算后在程序中删除它们。

（12）通过使用CSETi和BSETi卡来描述外部自由度的约束情况，也可以在部件模态综合中对混合边界模态进行计算。

（13）如果有频率为0Hz的混合边界模态存在，则应当使用与完全自由情况相类似的方法进行处理。

7.5 MSC Nastran的超单元输入卡片

7.5.1 超单元的内部广义自由度卡：SENQSET

SENQSET卡用来定义超单元动力减缩中生成的内部标量点的数目。

格式：

1	2	3	4	5	6	7	8	9	10
SENQSET	SEID	N							

示例：

SENQSET	110	45							

其中：

SEID=超单元的标识号，见说明（3）（大于0的整数或者字符“ALL”）；

N=在动力减缩的广义坐标中生成的内部标量点的数目。

说明：

（1）SENQEST只能在主模型数据段中说明，并且在BEGINSUPER＝n命令之后被忽略。

（2）只有当用户想在内部生成动力减缩所使用的标量点时，才需要SENQSET卡。

（3）SEID＝“ALL”将自动为所有超单元生成N个q集自由度，剩余结构（SEID＝0）除外，对某个特定的超单元另外定义SENQSET卡将覆盖本卡中定义的N值。

（4）如果用户通过SENQSETi卡或QSETi卡来手工定义q集的自由度，那么这些内部标量点将不会生成。

7.5.2 标量点定义卡：SPOINT

SPOINT卡用来定义标量点。

格式：

1	2	3	4	5	6	7	8	9	10
SPOINT	ID1	ID2	ID3	ID4	ID5	ID6	ID7	ID8	

示例：

SPOINT	3	18	1	4	16	2			

格式与示例：

SPOINT	ID1	"THRU"	ID2						
SPOINT	5	THRU	649						

其中：IDi=标量点的标识号（0<整数<1000000；对于 THRU 项，ID1<ID2）。

说明：

（1）在标量单元（参见 CELASi、CMASSi、CDAMPi 卡）的连续卡中出现被定义过的标量点，则不需要再用 SPOINT 卡来定义。

（2）所有标量点的标识号相对于所有其他的结构点、标量点和移动点必须是唯一的，然而在输入时允许出现重复的标量点标识号。

（3）该输入卡主要在单点或多点约束方程中出现，定义那些不与标量单元连接的标量点。

（4）如果使用了替代格式，则从 ID1 到 ID12 的所有标量点都被定义。

7.5.3 广义自由度定义卡：QSET

QSET 卡用来定义在动力减缩或部件模态综合中使用的 q 集广义自由度。

格式：

1	2	3	4	5	6	7	8	9	10
QSET	ID1	C1	ID2	C2	ID3	C3	ID4	C4	

示例：

QSET	15	123456	1	7	9	2	105	6	

其中：

IDi=节点或标量点的标识号。

Ci=自由度分量号（对标量点为整数 0 或空白；对节点则为整数 1～6 的任意组合，中间不能有空格）。

说明：

（1）在这张卡中指定的自由度形成互斥的 q 集元素，它们不能在其他定义互斥集合的卡中再次定义。

（2）在 QSET 和 QSET1 卡中定义的自由度，将被自动放置在 a 集（分析集）。

（3）当 ASET、ASET1、QSET、QSET1 存在时，所有没有在其他地方被约束的自由度（如被 SPCi 或 MPCi 卡约束）将被放置在忽略集合（o 集）中。

7.5.4 QSET 卡的替代格式：QSET1

QSET1 卡用来定义在动力减缩或部件模态综合中使用的 q 集广义自由度。

格式：

1	2	3	4	5	6	7	8	9	10
QSET1	C	ID1	ID2	ID3	ID4	ID5	ID6	ID7	
	ID8	ID9	-etc.-						

示例：

QSET1	123456	1	7	9	22	105	6	22	
	52	53							

替代格式与示例：

QSET1	C	ID1	"THRU"	ID2					
QSET1	0	101	THRU	110					

其中：

C=自由度分量号（对标量点为整数 0 或空白；对节点则为整数 1～6 的任意组合，中间不能有空格）。

IDi=节点或标量点的标识号（整数>0；对于 THRU 项，ID1<ID2）。

说明：

（1）在这张卡中定义的自由度形成互斥的 q 集元素，它们不能在其他定义互斥集合的卡中再次定义。

（2）在 QSET 和 QSET1 卡中定义的自由度，将被自动放置在 a 集（分析集）。

（3）当 ASET、ASET1、QSET、QSET1 存在时，所有没有在其他地方被约束的自由度（如被 SPCi 或 MPCi 卡约束）将被放置在忽略集合（o 集）中。

7.5.5 固定分析自由度的定义卡：BSET

在广义动力缩减或部件模态综合计算中，BSET 卡用来定义被固定（b 集）了的分析集（a 集）自由度。

格式：

1	2	3	4	5	6	7	8	9	10
BSET	ID1	C1	ID2	C2	ID3	C3	ID4	C4	

示例：

BSET	2	135	14	6					

其中：

IDi=节点或标量点的标识号。

Ci=自由度分量号（对标量点为整数 0 或空白；对节点则为整数 1～6 的任意组合，中间不能有空格）。

说明：

（1）如果没有 CSETi 卡出现，则所有 a 集的点在部件模态分析中都被认为是固定的；如果仅有 BSETi 出现，则所有未列出的 a 集自由度都被放在自由边界集（c 集）中；如果 CSETi 和 BSETi 卡都出现，则 c 集自由度仅由 CSETi 卡来定义，而其余所有的 a 集点都被放到 b 集中。

（2）在这张卡中定义的自由度形成互斥的 q 集元素，它们不能在其他定义互斥集合的卡中再次定义。

（3）如果参数 PARAM,AUTOSPC 是 YES，那么奇异的 b 集和 c 集自由度将被重新分配。

1）如果没有 o 集自由度，那么奇异的 b 集和 c 集自由度被重新分配到 s 集。

2）如果有 o 集自由度，那么奇异的 c 集自由度被重分配到 b 集，奇异的 b 集自由度不再重新分配。

7.5.6 BSET 卡的替代格式：BSET1

在广义动力缩减或部件模态综合计算中，BSET1 卡用来定义被固定（b 集）了的分析集（a 集）自由度。

格式：

1	2	3	4	5	6	7	8	9	10
BSET1	C	ID1	ID2	ID3	ID4	ID5	ID6	ID7	
	ID8	ID9	ID10	-etc.-					

示例：

BSET1	2	135	14	6	23	24	25	26	
	122	127							

替代格式与示例：

BSET1	C	ID1	"THRU"	ID2					
BSET1	3	6	THRU	32					

其中：

C=自由度分量号（对标量点为整数 0 或空白；对节点为整数 1～6 的任意组合，中间不能有空格）。

IDi=节点或标量点的标识号（整数>0；对于 THRU 项，ID1<ID2）。

说明：

（1）如果没有 CSETi 和 BSETi 卡出现，则所有 a 集的点在部件模态分析中都被认为是固定的；如果仅有 BSETi 卡出现，则所有未列出的 a 集自由度都被放在自由边界集（c 集）中；

如果 CSETi 和 BSETi 卡都出现，则 c 集自由度仅由 CSETi 卡来定义，而其余所有的 a 集点都被放到 b 集中。

（2）在这张卡中定义的自由度形成互斥的 q 集元素，它们不能在其他定义互斥集合的卡中再次定义。

（3）如果参数 PARAM,AUTOSPC 是 YES，那么奇异的 b 集和 c 集自由主度将被重新分配。

1）如果没有 o 集自由度，那么奇异的 b 集和 c 集自由度被重新分配到 s 集。

2）如果有 o 集自由度，那么奇异的 c 集自由度被重分配到 b 集，奇异的 b 集自由度不再重新分配。

7.5.7 自由的边界自由度定义卡：CSET

在广义动力缩减或部件模态综合计算中，CSET 卡用来定义自由的（放松约束）分析集（a 集）自由度（即 c 集）。

格式：

1	2	3	4	5	6	7	8	9	10
CSET	ID1	C1	ID2	C2	ID3	C3	ID4	C4	

示例：

CSET	124	1	5	23	6	16			

其中：

IDi=节点或标量点的标识号（大于 0 的整数）。

Ci=自由度分量号（对标量点为整数 0 或空白；对节点则为整数 1～6 的任意组合，中间不能有空格）。

说明：

（1）如果没有 CSETi 和 BSETi 卡出现，则所有 a 集的点在部件模态分析中都被认为是固定的；如果仅有 BSETi 卡出现，则所有未列出的 a 集自由度都被放在自由边界集（c 集）中；如果 CSETi 和 BSETi 卡都出现，则 c 集自由度仅由 CSETi 卡来定义，而其余所有的 a 集点都被放到 b 集中。

（2）在这张卡中定义的自由度形成互斥的 q 集元素，它们不能在其他定义互斥集合的卡中再次定义。

（3）如果参数 PARAM,AUTOSPC 是 YES，那么奇异的 b 集和 c 集自由度将被重新分配。

1）如果没有 o 集自由度，那么奇异的 b 集和 c 集自由度被重新分配到 s 集。

2）如果有 o 集自由度，那么奇异的 c 集自由度被重分配到 b 集，奇异的 b 集自由度不再重新分配。

7.5.8 CSET 卡的替代格式：CSET1

在广义动力缩减或部件模态综合计算中，CSET1 卡用来定义自由的（放松约束）分析集（a 集）自由度（即 c 集）。

格式：

1	2	3	4	5	6	7	8	9	10
CSET1	C	ID1	ID2	ID3	ID4	ID5	ID6	ID7	
	ID8	ID9	-etc.-						

示例：

CSET	124	1	5	7	6	9	12	122	
	127								

替代格式与示例：

CSET1	C	ID1	"THRU"	ID2					
CSET1	3	6	THRU	32					

CSET1		"ALL"							
CSET1		ALL							

其中：

C=自由度分量号（对标量点为整数 0 或空白；对节点则为整数 1～6 的任意组合，中间不能有空格）。

IDi=节点或标量点的标识号（整数>0；对于 THRU 项，ID1<ID2）。

说明：

（1）如果没有 ESETi 和 BSETi 卡出现，则所有 a 集的点在部件模态分析中都被认为是固定的；如果仅有 BSETi 卡出现，则所有未列出的 a 集自由度都被放在自由边界集（c 集）中；如果 CSETi 和 BSETi 卡都出现，则 c 集自由度仅由 CSETi 卡来定义，而其余所有的 a 集点都被放到 b 集中。

（2）在这张卡中定义的自由度形成互斥的 q 集元素，它们不能在其他定义互斥集合的卡中再次定义。

（3）如果参数 PARAM,AUTOSPC 是 YES，那么奇异的 b 集和 c 集自由度将被重新分配。

1）如果没有 o 集自由度，那么奇异的 b 集和 c 集自由度被重新分配到 s 集。

2）如果有 o 集自由度，那么奇异的 c 集自由度被得分配到 b 集，奇异的 b 集自由度不再重新分配。

7.6 默认的部件模态综合方法——固定边界法

1. 方法描述（通常也称为 Craig-Bampton 部件模态综合）

（1）超单元矩阵被分割成两个自由度集合：第一个集合（b 集）表示边界点；第二个集合表示内部自由度（o 集）。

（2）生成一系列的“约束”模态。每个约束模态表示：当某个边界自由度移动一个单位值，而其他边界自由度保持固定时所导致的模型的运动。所以，对每一个边界自由度，都有一个对应的“约束”模态（这些模态向量在 MSC Nastran 中即 G_{OAT} 向量）。

2. 用矩阵形式来表达

$$\begin{bmatrix} K_{oo} & K_{ob} \\ K_{bo} & K_{bb} \end{bmatrix} \begin{Bmatrix} \phi_{ob} \\ I_{bb} \end{Bmatrix} = \begin{Bmatrix} 0 \\ P_b \end{Bmatrix}$$

由第一行给出：

$$\{\phi_{ob}\} = -[K_{oo}]^{-1}[K_{ob}]\{I_{bb}\}$$

给定如下约束模态：

$$\{\phi_b\} = \begin{Bmatrix} \phi_{ob} \\ I_{bb} \end{Bmatrix}$$

现在，为固定边界的模态求解 o 集方程：

$$-\omega_k^2[M_{oo}]\{\phi_{oo}\} + [K_{oo}]\{\phi_{oo}\} = 0$$

找到所有希望的固定边界模态，然后与约束模态合并起来形成广义坐标：

$$\{\phi_G\} = \begin{Bmatrix} \phi_{ob} & \phi_{oo} \\ I_{bb} & 0 \end{Bmatrix}$$

用这些模态左乘和右乘质量矩阵与刚度矩阵，得到广义质量和广义刚度：

$$[K_{aa}] = \{\phi_G\}^T[K_{ff}]\{\phi_G\}$$

$$[M_{aa}] = \{\phi_G\}^T[M_{ff}]\{\phi_G\}$$

其中，f 集是 b 集和 o 集的联合。

（1）这些广义矩阵包括代表边界的物理自由度，及代表“固定边界”部件模态的“模态”坐标。

（2）在这一点上，这些矩阵可以像任何其他的结构矩阵一样来处理，而数据复原过程则可以使用与模态坐标类似的方法来完成。也就是说，将广义坐标的位移与联系向量相乘并叠加在一起，即可得到部件的位移。

（3）在 MSC Nastran 中，每个超单元的计算模态都是内部自动定标的，它总是将最大的位移值标准化为 1 来进行定标，而不会理睬用户的定标请求。

7.7 手工求解示例

部件模态的综合示例如图 7-10 所示。

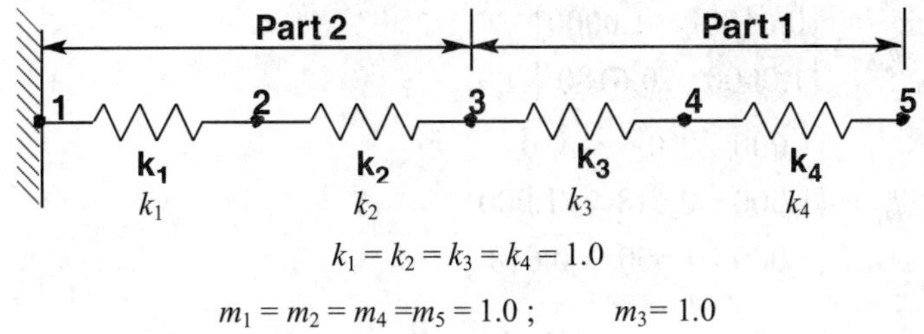

$k_1 = k_2 = k_3 = k_4 = 1.0$

$m_1 = m_2 = m_4 = m_5 = 1.0$;　　$m_3 = 1.0$

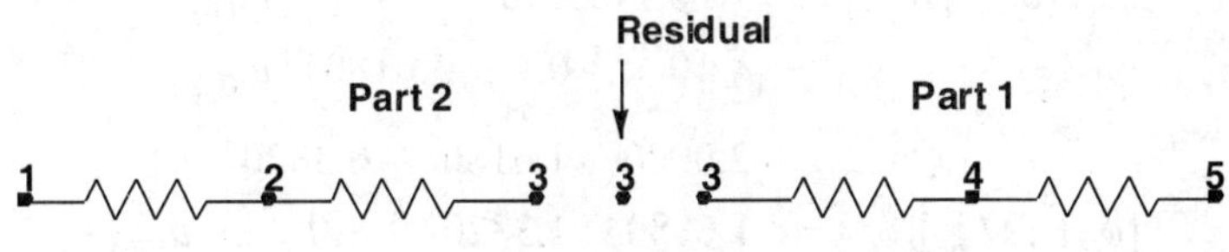

图 7-10　部件模态综合示例

模态问题的理论解答如下：

i	1	2	3	4
f_i	0.0553	0.1592	0.2438	0.2991
$\lambda_i = \omega^2$	0.1206	1	2.3473	3.5321

手工求解示例如下：

对超单元 1：

$$K_{gg} = \begin{bmatrix} 1.0 & -1.0 & 0 \\ -1.0 & 2.0 & -1.0 \\ 0 & -1.0 & 1.0 \end{bmatrix}, \quad M_{gg} = \begin{bmatrix} 0 & 0 & 0 \\ 0 & 1.0 & 0 \\ 0 & 0 & 1.0 \end{bmatrix} \begin{Bmatrix} U_3 \\ U_4 \\ U_5 \end{Bmatrix}$$

节点 3 是边界点，求解约束模态：

$$\begin{bmatrix} 1.0 & -1.0 & 0 \\ -1.0 & 2.0 & -1.0 \\ 0 & -1.0 & 1.0 \end{bmatrix} \begin{Bmatrix} 1.0 \\ U_4 \\ U_5 \end{Bmatrix} = \begin{Bmatrix} P_b \\ 0 \\ 0 \end{Bmatrix}$$

求解固定边界模态：在 MSC Nastran 内部，其部件模态自动按照最大位移为 1 进行标准化。部件模态的输出是以特征值求解的标准化为基础的。

$$[-\omega^2 M_{oo} + K_{oo}][\phi_{oo}] = 0. = \left\{ \begin{bmatrix} -\omega^2 & 0 \\ 0 & -\omega^2 \end{bmatrix} + \begin{bmatrix} 2.0 & -1.0 \\ -1.0 & 1.0 \end{bmatrix} \right\} [\phi_{oo}]$$

$$\det \begin{bmatrix} 2-\omega^2 & -1 \\ -1 & 1-\omega^2 \end{bmatrix} = 0 \longrightarrow \begin{matrix} \omega^2 = 0.3819, 2.618 \\ f = 0.098\text{Hz}, 0.2575\text{Hz} \end{matrix}$$

$$\phi_1 = \begin{Bmatrix} 0.6180 \\ 1.0000 \end{Bmatrix} \quad \phi_1 = \begin{Bmatrix} 0.5257 \\ 0.8506 \end{Bmatrix}$$

$$\phi_1 = \begin{Bmatrix} -1.0000 \\ 0.6180 \end{Bmatrix} \quad \phi_1 = \begin{Bmatrix} -0.8506 \\ 0.5257 \end{Bmatrix}$$

归一化到单位质量

$$\phi_{oo}=\begin{Bmatrix}0.6180 & -1.0000\\ 1.0000 & 0.6180\end{Bmatrix}$$

$$\phi_G=\begin{Bmatrix}1.000 & 0 & 0\\ 1.000 & 0.618 & -1.000\\ 1.000 & 1.000 & 0.618\end{Bmatrix}$$

$$[\phi_G]^T[K_{gg}][\phi_G]=\begin{Bmatrix}0 & 0 & 0\\ 0 & 0.5279 & 0\\ 0 & 0 & 3.6180\end{Bmatrix}\begin{matrix}u_3\\ u_{1001}\\ u_{1002}\end{matrix}$$

$$[\phi_G]^T[M_{gg}][\phi_G]=\begin{Bmatrix}2.0000 & 1.6180 & -0.3820\\ 1.6180 & 1.3820 & 0\\ -0.3820 & 0 & 1.3820\end{Bmatrix}\begin{matrix}u_3\\ u_{1001}\\ u_{1002}\end{matrix}$$

式中 1001 和 1002 是用来表示超单元 1 的模态的标量点。

对超单元 2：

$$K_{gg}=\begin{bmatrix}1.0 & -1.0 & 0\\ -1.0 & 2.0 & -1.0\\ 0 & -1.0 & 1.0\end{bmatrix}，\ M_{gg}=\begin{bmatrix}1.0 & 0 & 0\\ 0 & 1.0 & 0\\ 0 & 0 & 0\end{bmatrix}$$

施加约束到节点 1：

$$\phi_b=\begin{Bmatrix}0.5\\ 1.0\end{Bmatrix}$$

$$\{\phi_{oo}\}=\{1\},\quad \begin{matrix}\omega^2=2.0\\ f=0.2251\end{matrix}，\ [\phi_G]=\begin{bmatrix}0.5 & 1.0\\ 1.0 & 0\end{bmatrix}$$

$$[\phi_G]^T[K_{gg}][\phi_G]=\begin{bmatrix}0.5 & 0\\ 0 & 2.0\end{bmatrix}\begin{matrix}u_3\\ u_{1005}\end{matrix}$$

$$[\phi_G]^T[M_{gg}][\phi_G]=\begin{bmatrix}0.25 & 0.50\\ 0.50 & 1.00\end{bmatrix}\begin{matrix}u_3\\ u_{1005}\end{matrix}$$

式中 1005 是用来表示超单元 2 的模态的标量点。然后给节点 1 施加约束条件。

对剩余结构：

在添加超单元之前：

$$K_{gg}=\begin{bmatrix}0 & 0 & 0 & 0\\ 0 & 0 & 0 & 0\\ 0 & 0 & 0 & 0\\ 0 & 0 & 0 & 0\end{bmatrix}$$

$$M_{gg}=\begin{bmatrix}1 & 0 & 0 & 0\\ 0 & 0 & 0 & 0\\ 0 & 0 & 0 & 0\\ 0 & 0 & 0 & 0\end{bmatrix}\begin{matrix}u_3\\ u_{1001}\\ u_{1002}\\ u_{1005}\end{matrix}$$

添加超单元 1：

$$K_{gg}=\begin{bmatrix}0 & 0 & 0 & 0\\ 0 & 0.5279 & 0 & 0\\ 0 & 0 & 3.618 & 0\\ 0 & 0 & 0 & 0\end{bmatrix}$$

$$M_{gg}=\begin{bmatrix}3.0000 & 1.6180 & -0.3820 & 0\\ 1.6180 & 1.3820 & 0 & 0\\ -0.3820 & 0 & 1.3820 & 0\\ 0 & 0 & 0 & 0\end{bmatrix}\begin{matrix}u_3\\ u_{1001}\\ u_{1002}\\ u_{1005}\end{matrix}$$

添加超单元 2：

$$K_{gg}=\begin{bmatrix}0.5 & 0 & 0 & 0\\ 0 & 0.5279 & 0 & 0\\ 0 & 0 & 3.618 & 0\\ 0 & 0 & 0 & 2.0\end{bmatrix}$$

$$M_{gg}=\begin{bmatrix}3.2500 & 1.6180 & -0.3820 & 0\\ 1.6180 & 1.3820 & 0 & 0\\ -0.3820 & 0 & 1.3820 & 0\\ 0 & 0 & 0 & 1.0\end{bmatrix}\begin{matrix}u_3\\ u_{1001}\\ u_{1002}\\ u_{1005}\end{matrix}$$

求解 $\{K_{ff}-\omega^2 M_{ff}\}\{\phi_f\}$，将给出 $\omega^2=0.1206$，1.0000，2.3473，3.5321。

$$\phi_f=\begin{bmatrix}0.42850 & -0.5773 & -0.2280 & 0.6565\\ 0.23150 & 1.0937 & 0.3188 & -0.8619\\ -0.00572 & 0.0986 & 0.5464 & 0.7012\\ 0.01370 & -0.2887 & 0.7705 & -0.7568\end{bmatrix}$$

数据复原（模态 1 的节点位移）：

$$\text{剩余结构}\,\phi=\begin{Bmatrix}0\\ 0.4285\end{Bmatrix}\begin{matrix}u_1\\ u_3\end{matrix}$$

对超单元 2：

$$\text{对外部点}\,\phi_{2G}=\begin{Bmatrix}0\\ 0.4285\\ 0.0137\end{Bmatrix}\begin{matrix}u_1\\ u_3\\ u_{1005}\end{matrix}$$

$$\phi_{21}=\{\phi_{G2}\}\{\phi_{2G}\}=\begin{Bmatrix}1.0 & 0 & 0\\ 0.5 & 0.5 & 1.0\\ 0 & 1.0 & 0\end{Bmatrix}\begin{Bmatrix}0\\ 0.4285\\ 0.0137\end{Bmatrix}=\begin{Bmatrix}0\\ 0.2280\\ 0.4285\end{Bmatrix}\begin{matrix}u_1\\ u_2\\ u_3\end{matrix}$$

对超单元 1：

$$\text{对外部点}\,\phi_{1G}=\begin{Bmatrix}0.4285\\ 0.2315\\ -0.00572\end{Bmatrix}\begin{matrix}u_1\\ u_{1001}\\ u_{1002}\end{matrix}$$

$$\phi_{11} = \{\phi_{G1}\}\{\phi_{1G}\} = \begin{bmatrix} 1.0 & 0 & 0 \\ 1.0 & 0.6180 & -1.0 \\ 1.0 & 1.0 & 0.6180 \end{bmatrix} \begin{Bmatrix} 0.4285 \\ 0.2315 \\ -0.00572 \end{Bmatrix} = \begin{Bmatrix} 0.4285 \\ 0.5773 \\ 0.6565 \end{Bmatrix} \begin{matrix} u_3 \\ u_4 \\ u_5 \end{matrix}$$

接下来使用 MSC Nastran 的求解器 SOL 103 来求解。

输入以下文件内容：

```
$
$     sesp1.dat
$
SOL 103
CEND
TITLE = SAMPLE PROBLEM FOR CMS USING PARTS
SPC = 1
DISP = ALL
PARAM,GRDPNT,0
PARAM,USETPRT,0
$
SUBCASE 1
LABEL = CMS FOR PART 1
SUPER = 1
METHOD=1 $
$
SUBCASE 2
LABEL = CMS FOR PART 2
SUPER = 2
METHOD = 2
$
SUBCASE 100
LABEL = SYSTEM MODES
SUPER = 0
METHOD = 100
$
BEGIN BULK
$
grid,3,,20.
CONM2,13,3,,1.0
$
EIGRL,100,,,4
senqset,1,2
senqset,2,1
$
BEGIN SUPER = 1
$
EIGRL,1,,,2
grid,3,,20.
grid,4,,30.
grid,5,,40.
$
```

```
CELAS2,3,1.,3,1,4,1
CELAS2,4,1.,4,1,5,1
CONM2,14,4,,1.
CONM2,15,5,,1.
$
BEGIN SUPER = 2
$
EIGRL,2,,,1
grid,1,,0.
grid,2,,10.
grid,3,,20.
$
CELAS2,1,1.,1,1,2,1
CELAS2,2,1.,2,1,3,1
CONM2,11,1,,1.
CONM2,12,2,,1.
SPC1,1,123456,1
$
ENDDATA
```

7.8　超单元分析实例

本节使用外部超单元方法，计算一简易喷气式飞机模型的前十阶固有频率。如图 7-11 所示，整机被分为六个部分，分别为机身、水平尾翼、垂直尾翼、内侧机翼、外侧机翼和起落架。分析中将起落架视为残余结构（Residual structure），其余部分均视为外部超单元结构（External Superelement），各部分结构对应的模型文件如表 7-1 所示。本例中采用的外部超单元文件的输出格式是 OP4 双精度输出格式。表 7-2 列举了各结构的外部节点（Exterior Grids），外部节点是指结构自身与其他结构相连接的节点，外部节点的自由度集合就是超单元动态缩减的分析自由度集合。

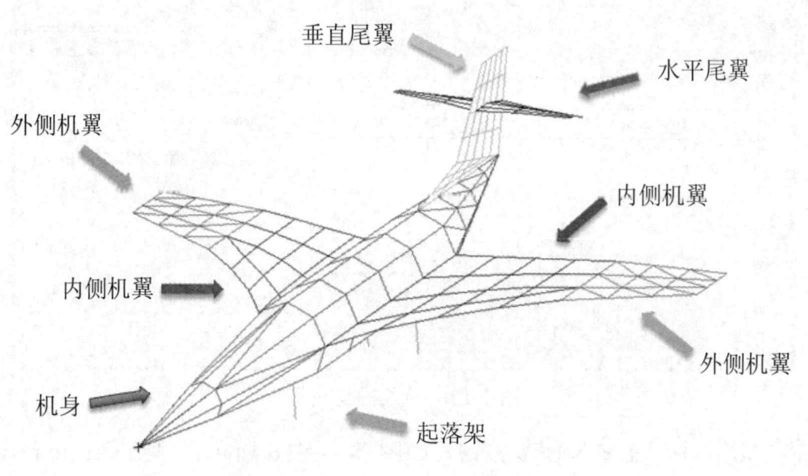

图 7-11　简易喷气式飞机模型结构

表 7-1　各部件结构对应的模型文件

部件结构名称	模型文件名称
起落架	Input_se0_Landing_Gear.bdf
机身	Input_se1_fuselage.bdf
水平尾翼	Input_se2_htail.bdf
垂直尾翼	Input_se3_vtail.bdf
内侧机翼	Input_se4_wings_inboard.bdf
外侧机翼	Input_se5_wings_outboard.bdf

表 7-2　各超单元结构对应的外部节点

超单元结构名称	外部节点 ID 号
机身	Node 24,35:39,43,45,53,55:59,106:133:9
水平尾翼	Node 245,249
垂直尾翼	Node 24,106,115,124,133,245,249
内侧机翼	Node 35:39,141,150,155, 160（右侧） Node 55:59,346, 355,360, 365（左侧）
外侧机翼	Node 141,150,155,160（右侧） Node 346,355, 360,365（左侧）

1. 机身结构的外部超单元文件生成

（1）新建 MSC Patran 的空数据文件。单击菜单项 File→New，输入数据文件名 se1_fuselage_modes。

（2）单击菜单项 File→Import，打开模型导入窗口，如图 7-12 所示，设置导入模型的格式为 MSC Nastran Input，在相应路径下选取 input_se1_Fuselage.bdf 模型文件，单击 Apply 按钮。

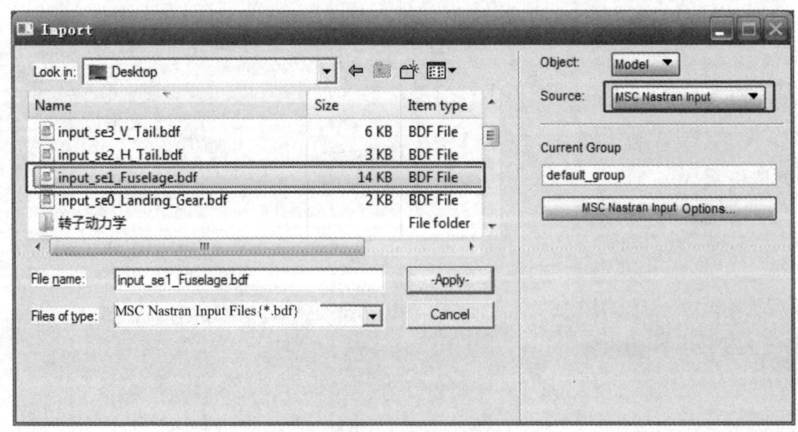

图 7-12　导入机身模型

（3）单击工具栏中的 Loads/BCs 按钮，如图 7-13 中 a 所示，单击 Create Load Case 按钮；如图 7-13 中 b 所示，设置 Load Case Name 为 Jet_Loads，单击 Apply 按钮。

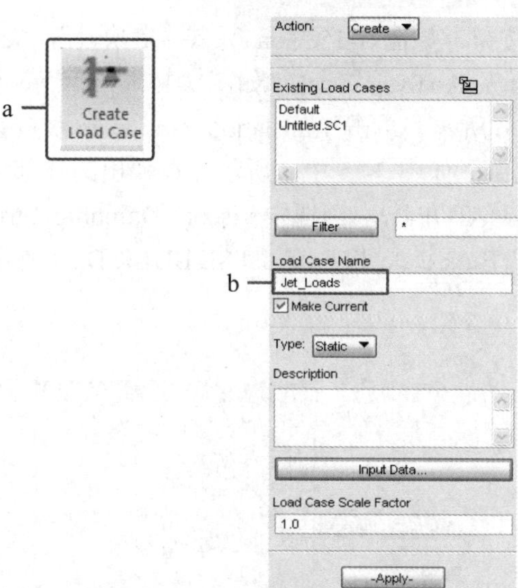

图 7-13　创建载荷工况

（4）单击菜单栏中的 Meshing 选项卡，如图 7-14 中 a 所示，单击 SuperElement 按钮；如图 7-14 中 b 所示，依次设置 Action 和 Object 的值为 Create 和 DOF List；如图 7-14 中 c 所示，设置 DOF List Name 为 se1_Fuselage；如图 7-14 中 d 所示，单击 Define Terms…按钮，在弹出的界面中的 Node List 文本框中输入机身结构所有的外部节点（Exterior Grids）及与其他超单元结构或残余结构相连接的节点，可参考表 7-2，选择所有方向上的自由度后，单击 Apply 按钮。

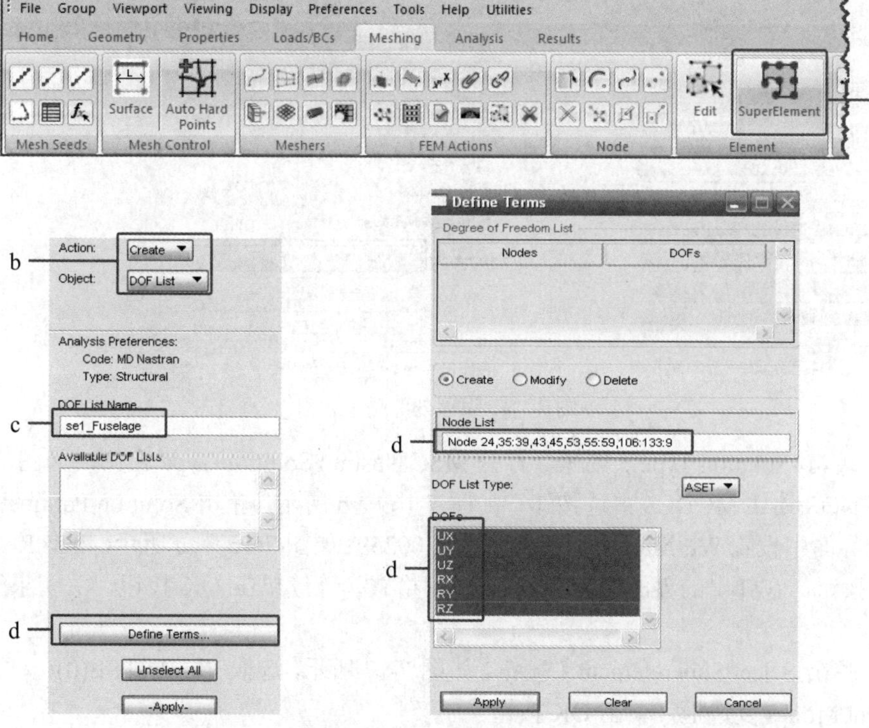

图 7-14　设置 DOF List

（5）单击工具栏中的 Analysis 按钮，如图 7-15 中 a 所示，依次设置 Action、Object 及 Method 的值为 Analyze、Entire Model 及 Analysis Deck；如图 7-15 中 b 所示，设置 Job Name 为 se1_Fuselage_modes；如图 7-15 中 c 所示，单击 Translation Parameters...按钮，在弹出的界面内单击 Ext. Superelement Spec...按钮；如图 7-15 中 d 所示，在弹出的外部超单元定义界面内，将 Storage Method 项设为 Output4 (MATOP4)，取消选中 Viscous Damping、Structural Damping 和 Static Loads 复选框，勾选 Assembly Bulk Data 和 External SE BULK Data 复选框，将 External SE ID 设置为 1，连续单击 OK 按钮。

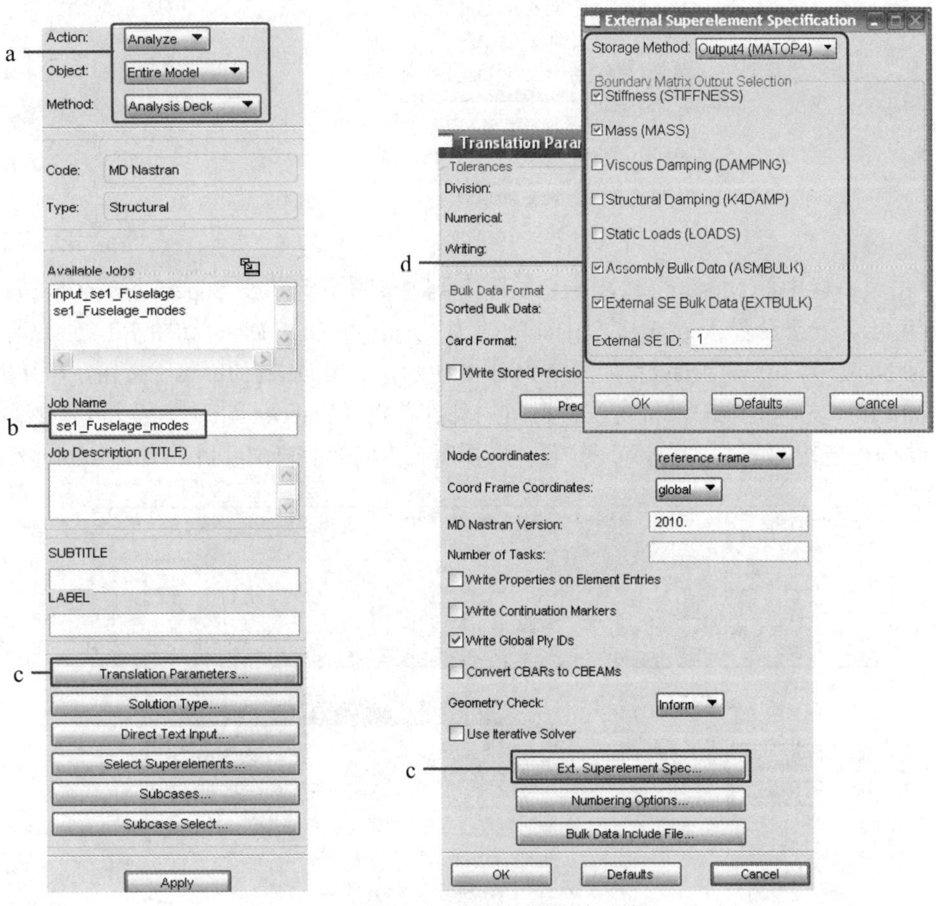

图 7-15　设置外部超单元输出

（6）单击 Solution Type...按钮，打开 MSC Nastran Solution Type 窗口，如图 7-16 中 a 所示，选中 NORMAL MODES 单选按钮；如图 7-16 中 b 所示，单击 Solution Parameters...按钮，在弹出的界面中设置 Wt.-Mass Conversion 为 0.00259；如图 7-16 中 c 所示，单击 Results Output Format...按钮，在弹出的界面中勾选 OP2 输出格式，连续单击 OK 按钮，关闭求解类型定义窗口。

（7）单击 Select Superelement...按钮，如图 7-17 所示，选取 Residual SE(0)，勾选 Calculate Component Modes 复选框，单击 OK 按钮。

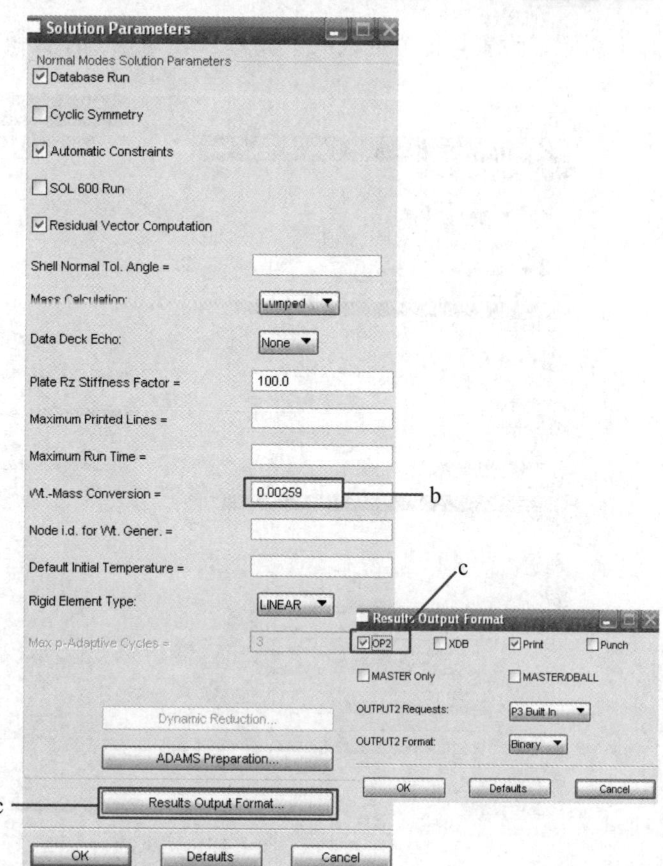

图 7-16　设置分析类型及输出

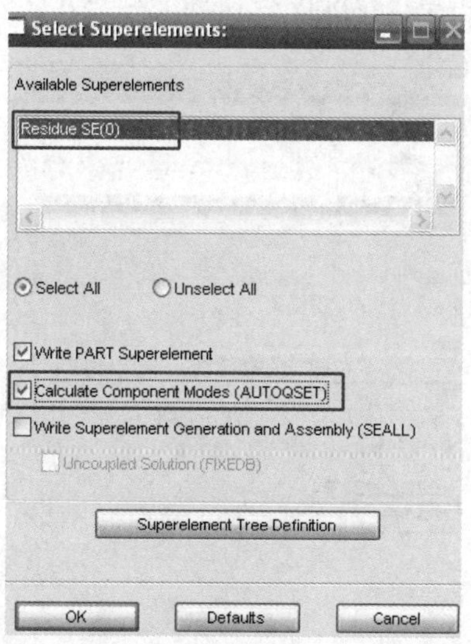

图 7-17　选择超单元界面

（8）单击 Subcases...按钮，如图 7-18 中 a 所示，选择 Jet_Loads，将 Subcase Name 设置为相同的名字；如图 7-18 中 b 所示，单击 Subcase Parameters...按钮，在弹出的界面内，如图

7-18 中 c 所示，设置特征值提取的个数为 20，单击 OK 按钮，再单击 Apply 按钮。

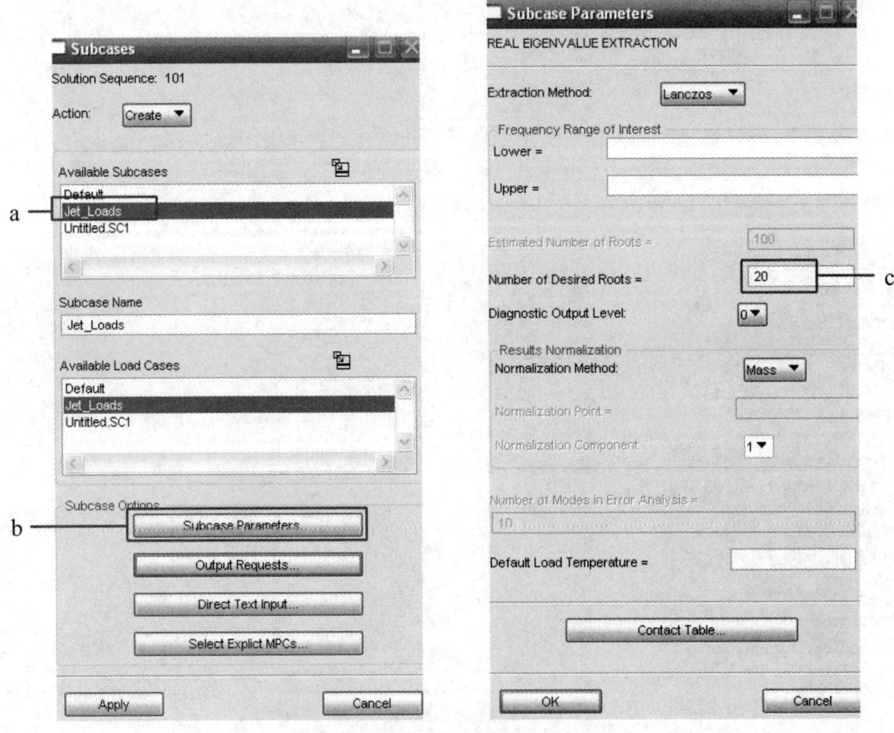

图 7-18　定义载荷工况

（9）单击 Subcase Select...按钮，在弹出的窗口中，如图 7-19 所示，选取 Jet_loads 为计算工况，单击 OK 按钮返回，再单击 Apply 按钮递交计算。

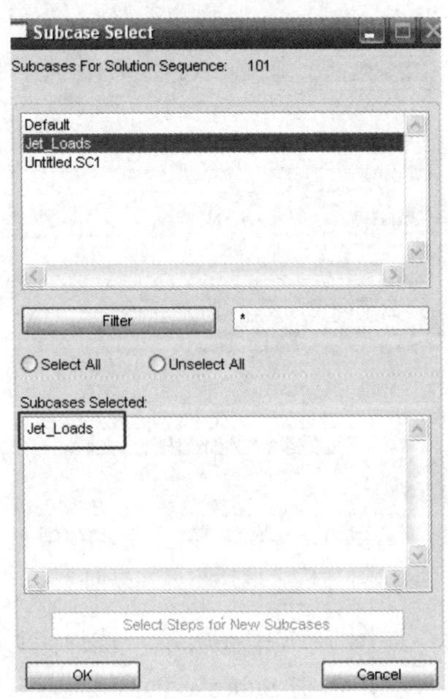

图 7-19　递交作业生成 bdf 文件

（10）将生成的 se1_Fuselage_modes.bdf 文件手动递交到 MSC Nastran 中进行计算，计算完成后，可以看到生成了扩展名为 pch、asm 和 op4 的文件，这些文件在后面模型装配时都会用到。同时检查.f06 文件，如果.f06 文件中没有报错信息，代表计算正常结束。

2. 生成其他结构的外部超单元文件

与机身结构的外部超单元文件的生成方法相同，可以依次生成水平尾翼、垂直尾翼、内侧机翼和外侧机翼的外部超单元文件。需要注意的是，MSC Patran 每次生成的外部超单元模型的 bdf 文件中，会将 UNIT 号定义为同一数值，如图 7-20 所示，所以用户必须手动将各超单元结构的 UNIT 号修改为不同的值。

```
$ NASTRAN input file created by the Patran 2010.2 PORTING (MD Enabled)
ASSIGN OUTPUT4='extse1.op4',UNIT=36
$ Direct Text Input for Nastran System Cell Section
$ Normal Modes Analysis, Database
SOL 103
CEND
ECHO = NONE
PARAM,AUTOQSET,YES
RESVEC = YES
EXTSEOUT(STIF,LOADS,ASMBULK,EXTBULK,EXTID=1,MATOP4=36)
SUBCASE 1
   TITLE=This is a default subcase.
   METHOD = 1
   VECTOR(SORT1,REAL)=ALL
   SPCFORCES(SORT1,REAL)=ALL
$ Direct Text Input for this Subcase
BEGIN BULK
PARAM    POST    -1
PARAM    WTMASS .00259
PARAM   PRTMAXIM YES
EIGRL    1                      20      0                       MASS
```

图 7-20　修改 UNIT 号

3. 装配模型

打开 input_se0_Landing_Gear.bdf 文件，该文件包含残余结构（起落架）的模型信息，将该文件另存为 se0_Assembly_modes.bdf。如图 7-21 所示，在文件开头加入 ASSIGN 语句，导入五个外部超单元部件的动态缩减结果数据 op4 文件。在文件的工况控制部分插入 PARAM,POST,-1 语句，定义输出的结果文件的扩展名为 op2 格式。插入 PARAM,FULLSEDR,YES 语句，定义合并所有超单元的计算结果。在文件末端的模型数据段加入 INCLUDE 语句，导入五个外部超单元部件的模型装配信息及 asm 和 pch 文件。

```
$ Direct Text Input for Nastran System Cell Section
$ Direct Text Input for File Management Section
$-------2-------3-------4-------5-------6-------7-------8-------9-------0-------
ASSIGN INPUTT4='extse1.op4' unit=36
ASSIGN INPUTT4='extse2.op4' unit=37
ASSIGN INPUTT4='extse3.op4' unit=38
ASSIGN INPUTT4='extse4.op4' unit=39
ASSIGN INPUTT4='extse5.op4' unit=40
$-------2-------3-------4-------5-------6-------7-------8-------9-------0-------
$ Normal Modes Analysis, Database
SOL 103
CEND
$ Direct Text Input for Global Case Control Data
PARAM,POST,-1
ECHO = NONE
PARAM,FULLSEDR,YES
RESVEC = NO
SUBCASE 1
   SUBTITLE=Jet_Modes
   METHOD = 1
   SPC = 2
   VECTOR(SORT1,REAL)=ALL
   SPCFORCES(SORT1,REAL)=ALL
```

图 7-21　修改输出结果形式

```
$ Referenced Coordinate Frames
$ Direct Text Input for Bulk Data
$-------2-------3-------4-------5-------6-------7-------8-------9-------0-------
INCLUDE 'se1_fuselage_modes.asm'
INCLUDE 'se2_h_tail_modes.asm'
INCLUDE 'se3_v_tail_modes.asm'
INCLUDE 'se4_wings_inboard_modes.asm'
INCLUDE 'se5_wings_outboard_modes.asm'
$ Part SE data
INCLUDE 'se1_fuselage_modes.pch'
INCLUDE 'se2_h_tail_modes.pch'
INCLUDE 'se3_v_tail_modes.pch'
INCLUDE 'se4_wings_inboard_modes.pch'
INCLUDE 'se5_wings_outboard_modes.pch'
```

图 7-21　修改输出结果形式（续图）

4. 递交计算

将修改好的 se0_Assembly_modes.bdf 文件手动递交到 MSC Nastran 中进行计算。

5. 结果查看

（1）单击菜单项 File→Import，打开模型导入窗口，如图 7-22 所示，设置导入模型的格式为 MSC Nastran Input，在相应路径下选取 jet_model.bdf 模型文件，单击 Apply 按钮。

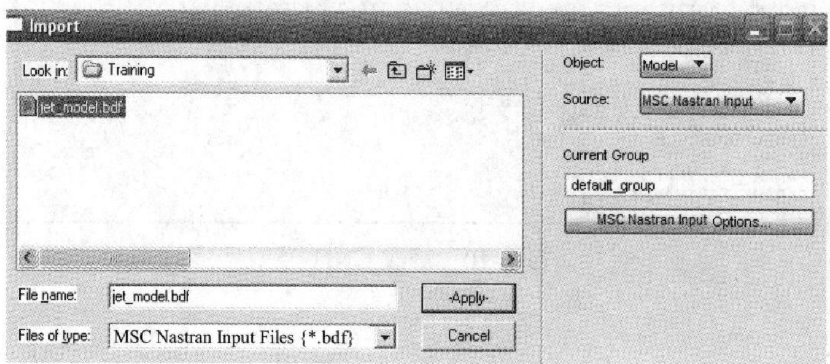

图 7-22　导入整机模型

（2）单击工具栏中的 Analysis 按钮，依次设置 Action、Object 及 Method 的值为 Access Results、Read Output2 及 Results Entities，选择结果文件 se0_Assembly_modes.op2，单击 Apply 按钮。

（3）单击工具栏中的 Results 按钮，依次设置 Action 和 Object 的属性为 Create 和 Quick Plot，随后便可以查看各阶模态的计算结果，如图 7-23 和图 7-24 所示。

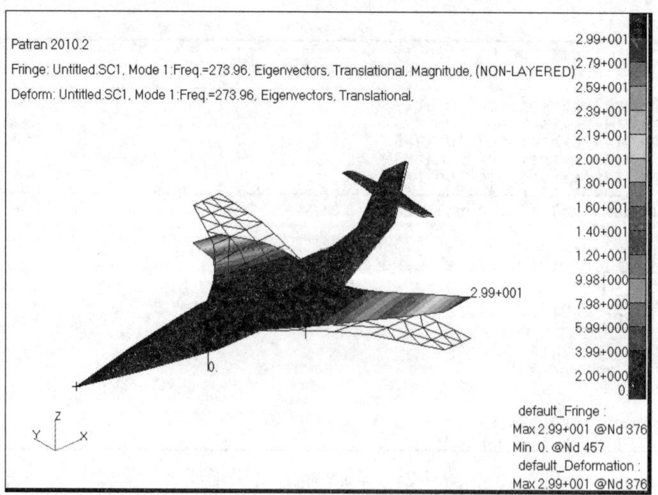

图 7-23　第一阶固有频率

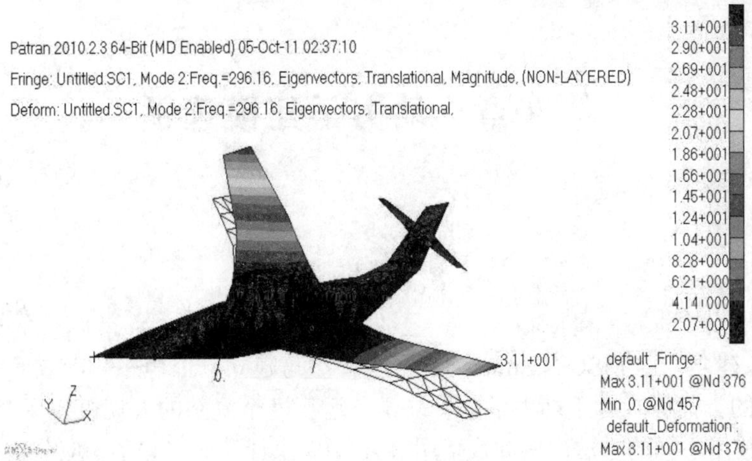

Patran 2010.2.3 64-Bit (MD Enabled) 05-Oct-11 02:37:10

Fringe: Untitled.SC1, Mode 2:Freq.=296.16, Eigenvectors, Translational, Magnitude, (NON-LAYERED)

Deform: Untitled.SC1, Mode 2:Freq.=296.16, Eigenvectors, Translational,

3.11+001
2.90+001
2.69+001
2.48+001
2.28+001
2.07+001
1.86+001
1.66+001
1.45+001
1.24+001
1.04+001
8.28+000
6.21+000
4.14+000
2.07+000
0

default_Fringe :
Max 3.11+001 @Nd 376
Min 0. @Nd 457
default_Deformation :
Max 3.11+001 @Nd 376

图 7-24　第二阶固有频率

第 8 章　动力学建模选项

8.1　概述

一般来说，建立一个 MSC Nastran 动态分析模型与建立一个静态分析或通常的态分析模型的做法是类似的。然而，对于动力学分析来说，运行一个复杂的大规模模型会有很高的成本，这意味着需要使用不同的方法。例如，使用 SOL 108 来计算一个频率响应分析，需要求解超过 100 个频率，每个频率都需要使用复变量来处理一个非对称矩阵。这样的问题将需要 4～10 倍的求解一个静力学分析的时间。如果内存不足，将出现内存溢出，则将需要更长的时间。另外，数据库和交换文件也需要更大的硬盘空间，输出的数据过大可能导致无法处理。许多用户希望能够将静态分析的模型直接用于动态分析，这将导致非常高的成本，并有可能会被完全放弃。

8.1.1　动力分析的策略

有两种方法可以避免上述问题，一是使用矩阵缩减方法，二是使用较少的节点和单元建立简化的动力学模型。矩阵缩减方法是使用成熟的近似法来降低动力学分析的成本。但是，这种方法增加了系统的复杂性，同时也增加了处理时间。替代方法是根据分析的频率段和结构的载荷特性，确定合理的单元大小。

虽然建立一个单独的动力学模型需要额外的工作，但还是有一些优势。通常对动力学问题的应力结果的精确性要求不如静力学问题来得重要，因此允许采用更大的单元。精确的动力学问题的结果并不要求与静力学问题一样采用小单元，因为载荷趋向于通过惯性和阻尼效应被分配在更宽阔的区域。动力学模型的精确性是与网格尺寸和所分析的振动波波长的大小相联系的。同样，对于更小的动力学模型，运用绘图工具和其他一些方法来解释输出数据将变得更加简单。

同时，我们也应该注意到，通过采用现代的基于几何的建模系统和自动化的网格生成系统，有限元网格的产生和更改过程正变得越来越容易。

8.1.2　规划分析

在开始一个新的动力学分析以前，建议先进行以下步骤：

（1）估计结构的频率范围。一阶模态频率通常能够通过使用一个简单的等效梁模型的计算来估计得到。不论采用什么方法处理动力学问题，都极力推荐先进行常规的模态分析。

（2）考虑载荷的类型和频谱。局部的高频载荷和低频载荷的处理方法是不一样的，如刹车啸叫和作用在桥梁上的风载。

（3）采用预计的波长来估计需要的网格大小。波长能通过频率和音速来估计。根据经验，每个波长 6 个单元能达到误差 10%以内。同样，这个方法也可以用来评估计算得到的特征向量的质量。

（4）运用 SETs 来设定输出要求是一种常规的操作。大规模结构瞬态分析中采用默认的工况控制要求（Case Control Requests），比如 STRESS=ALL，其结果文件可能会超出后处理器的大小限制。

（5）在求解大规模问题之前，估计计算机的资源（CPU 时间、数据库规模、输出要求）。有一种很好的方法是只用少量的一些时间步长或频率来运行模型，查看 F04 输出文件中主要的时间和磁盘使用量等信息。然后，就可以推断出能够达到合理精度的实际耗费。

动力学问题基本的建模、约束和载荷功能在《MSC Nastran 基本动力分析用户指南》（*MSC Nastran Basic Dynamic Analysis User's Guide*）中有详细的描述。下面讨论一些难度更高的内容。

8.2 质量建模

8.2.1 质量的基本定义

MSC Nastran 的质量矩阵包含比简单的结构质量和惯性项更多的信息，如控制系统项、流体可压缩性或者电磁容量。一个基本的定义是，对广义动能起作用的任何项必须在质量矩阵中创建一个系数。另一个定义是，任何广义力 F 与加速度项 $\ddot{u}$ 成比例，这样便产生了一个质量矩阵 M，即

$$\{F\}=[M]\{\ddot{u}\}$$

式中：加速度矢量 $\{\ddot{u}\}$ 的每个分量代表一个广义自由度。

质量矩阵在所有动力问题的求解序列中几乎都是必需的。同样，在求解静力问题过程中需要建立重力和离心载荷时也会用到它。惯性释放求解需要质量矩阵来平衡自由体上未被平衡的力。所有的求解都要计算总质量和重心（CG）信息来打印输出。

注意：质量在热传递动力问题中是不需要的。

8.2.2 质量数据输入选项

MSC Nastran 提供了以下几种方法来详细指明有限元模型的质量性质：

（1）结构材料的密度（单位体积的质量），这些结构材料组成了有限元（在 MATi 卡片中输入的 RHO）。

（2）每个线单元单位长度或者每个面单元单位面积的非结构质量（属性卡片中输入的 NSM），如覆盖物和绝热材料。

（3）通过 CONM2 卡片输入的网格点上的集中质量和惯性项。CONM2 输入的先决条件是质量、从网格点到质量中心的偏移量以及质量中心的力矩和产生的惯性。作为一个选项，质量中心可以从基本坐标系的原点开始测量，而不必作为从网格点的偏移。

（4）通过 CONM1 卡片输入在网格点上的 6×6 阶对称的质量系数矩阵。

（5）通过 CMASSi（i=1,2,3,4）卡片输入任意两个自由度间的质量耦合，它们之间的关联形式是：

$$\begin{Bmatrix} f_1 \\ f_2 \end{Bmatrix}=-\begin{bmatrix} M & -M \\ -M & M \end{bmatrix}\begin{Bmatrix} \ddot{u}_1 \\ \ddot{u}_2 \end{Bmatrix}$$

式中：f_1 和 f_2 分别为作用在自由度 1 和 2 上的惯性力；M 为质量系数，由 CMASSi 输入指定（或者由 PMASS 输入，如果 i=2 或 4）。

在多数应用时，第二个自由度是不被指定的。在这种情况下，输入产生了惯性力 $f_1 = -M\ddot{u}_1$，而 M 被加到质量矩阵对应于 u_1 的对角线位置。CMASSi 输入的一个重要应用是节点上指定的强迫运动。

（1）TF 卡片输入定义的传递函数会对质量矩阵中的项起作用。

（2）直接矩阵（Direct Matrix）输入能通过 DMIG 卡片和 M2GG=或 M2PP=工况控制命令（Case Control commands）被加到质量矩阵中去。

卡片的输入也包含了和指定质量性质相关的三个参数：

（1）PARAM,WTMASS,V1——指定一个因子乘以结构的重量来得到量纲上正确的质量。比如，如果运用英寸－磅－秒（ft-lb-sec）系统，而且质量输入单位是磅（lb），那么 V1=1/32.174=0.031081。这个因子在所有质量项上都起作用（使用 DMIG 定义的质量项除外，该质量项由 PARAM、CM2、V1 来指定因子）。

（2）PARAM,COUPMASS,1——要求所有支持耦合质量选项的单元运用耦合质量选项，而不是集中质量选项。在集中质量选项中，单元的分布质量被简单地分割成一个个部分，并被定位于连接的网格点上。在耦合质量选项中，分布质量被耦合连接的网格点的非对角质量矩阵取代。后一种方法有时更加精确，但是要用更多的计算机运行时间。关于单元的描述参见《MSC Nastran 参考手册》（*MSC Nastran Reference Manual*）。

（3）PARAM,GRDPNT,V1——执行网格点重量生成器（Grid Point Weight Generator）。参数 V1 的值是一个整数，指定结构刚性体质量性质被计算位置的网格点。见《MSC Nastran 用户指南》（*MSC Nastran User's Guide*）的 Getting Started 提供的输出格式范例。这个功能可以作为质量和几何输入数据的检查。

8.2.3 耦合的质量矩阵项

有限元初学者的一个共同难点是理解质量矩阵中非对角线或耦合项的产生，原因如下：

（1）运用 PARAM,COUPMASS，有限元本身会产生耦合项来表示网格点上的分布单元质量，比用简单的集中质量更为精确。单元的总动能用形函数来表示，反过来这些又是位移和旋转的耦合函数。

（2）在求解过程中，内部矩阵的运行操作产生耦合项。MPCs 和 RBE 型单元使质量从非独立的自由度向剩余的独立的点重新分布。ASET、OMIT 和超单元的缩减操作也可能自动填补到整个质量矩阵。这些操作会保持确切的总质量和 CG（重心）属性以及为那些已经去除的点的惯性效应提供一个较好的近似，但这么做的代价很高。

（3）直接的用户输入，比如 CMASSi 标量单元（Scalar Elements）和 CONMi 质量单元可能也会产生非对角线质量项。其他会导致耦合项的输入是直接的矩阵输入（DMIG）和传递函数（TF）。

耦合质量的示例如图 8-1 所示。

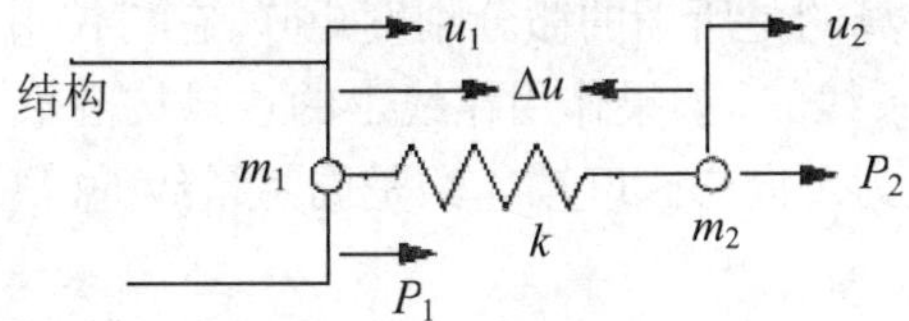

图 8-1　耦合质量

一个弹簧 k 及两个集中质量 m_1 和 m_2 附着在一个结构模型上。但是，当模拟流体或其他连接时，用户可能希望运用位移差分，$\Delta u = u_1 - u_2$，替换 u_2 作为基本自由度。

可以找到通过能量法得到的等价耦合质量矩阵。这部分系统的势能 V 和动能 T 为：

$$V = k\Delta u^2 / 2$$

$$T = m_1\ddot{u}_1^2 + m_2(\ddot{u}_1 - \Delta\ddot{u})^2$$

由基本的能量原理，得到的平衡方程为：

$$\ldots + m_1\ddot{u}_1 + m_2(\ddot{u}_1 - \Delta\ddot{u}) = P_1 + P_2$$

和

$$k\Delta u - m_2(\ddot{u}_1 - \Delta\ddot{u}) = -P_2$$

两个自由度的质量矩阵为：

$$[m] = \begin{bmatrix} m_1 + m_2 & -m_2 \\ -m_2 & m_2 \end{bmatrix}$$

式中：$[u] = [u_1, \Delta u]$ 是主动的自由度，在有两个 CMASSi 单元时会用到；有一个 CMASSi 单元时将被耦合到两点上。注意弹簧 k，现在只与 Δu 连接。

另一种方法是采用 MPC 约束。简单地包含模型的三个自由度，运用传统的集中质量和一个连接弹簧。选择 $u_2 - u_1 + \Delta u = 0$ 作为 MPC 方程，然后折算质量和刚度矩阵，与上面的系统一样。

8.2.4　移动坐标系的质量效应

在大多数情况下，MSC Nastran 中网格点的运动是在一套固定坐标系统中度量的，甚至大变形非线性分析也采用固定方向度量的位移。但是，也有一些情况采用移动坐标系统更加方便。

1. 旋转体

如果整个结构按一个恒定的角速度旋转，就需要静离心力和耦合动力惯性项了，如高速涡轮机叶轮的回转稳定性问题。

对于旋转体的动力分析，在 DMAP 转换库中会提供一个特别的求解过程来产生由旋转坐标引起的附加的矩阵项。对于一个由角速度矢量 $\overrightarrow{\Omega}$ 和点的矢径 $\vec{r}$ 定义的旋转体，点的绝对速度矢量 $\vec{V}$ 在固定坐标系统内为：

$$\vec{v} = \overrightarrow{\Omega}(r + \vec{u}) + \vec{u}$$

加速度矢量为：

$$\overrightarrow{A} = \overrightarrow{\Omega} \times (\overrightarrow{\Omega} \times \vec{r}) + \overrightarrow{\Omega} \times (\overrightarrow{\Omega} \times \vec{r}) + 2(\overrightarrow{\Omega} \times \vec{u}) + \ddot{\vec{u}}$$

式中：右边第一项是静离心力；第二项是向心刚度；第三项是科氏力（Coriolis Force）；最后一项 $\ddot{\vec{u}}$ 是相对加速度矢量。

另一项在旋转体中要计算的是所谓的微分刚度矩阵，它与作用在单元上的稳定离心预载成比例。这些项是用来刚化一条线的，如果作用在线上的重量按圆形运动旋转，这些项是重要的，因为它们和前面定义的科氏力及向心刚度项大约是同等量级的（离心刚度和微分刚度项是同等量级的）。

移动系统中力的基本矩阵方程为：

$$[M]\{A\}+[B]\{V\}+[K]\{u\}=\{P\}$$

一个特别的 MSC Nastran 的过程是将等式中的项组装成矩阵，然后代换到上式，得到：

$$[M]\{\overline{u}\}+[B+B^c]\{\dot{u}\}+[K+K^c+K^d]\{u\}=\{P(t)\}$$

式中：

$[B^c]=$ 产生依赖速度的科氏力，是非对称的；

$[K^c]=$ 向心刚度矩阵；

$[K^d]=$ 微分刚度矩阵。

上面方程定义的系统可用一个瞬态分析、频率响应或者复特征值计算来求解。由这些复特征值可得到一系列的旋转速率来决定临界角速度。每个角速度的复根由 $p_n=\sigma_n \pm i\omega_n$ 的形式得到，当 σ_n 是正数时，系统是不稳定的。

2. 惯性释放

如果一个自由体，由于恒定的未被平衡的载荷做加速运动，惯性释放求解提供了获得相对于一批附着在移动坐标系上的参考点的静态偏转值的功能，如在稳定转动或加速前进的飞机。虽然这个功能是一种静态求解，但它是从动力学理论中得到的。

惯性释放法的基本矩阵方程为：

$$[K]\{u\}=\{P\}-[M]\{a_o\}$$

式中：$\{u\}$ 为相对于移动坐标系统的位移；$\{a_o\}$ 为由质量和载荷决定的稳态加速度。如果 $[D]$ 是一个矩阵，它的列定义了结构的刚体运动，那么对于一个自由体：

$$[D]^T[K]\{u\}=\{0\}=[D]^T\{P\}-[D]^T[M]\{a_o\}$$

式中 $[D]$ 称为刚体转换矩阵。但是，由于满向量 $\{a_o\}$ 是一个刚体运动，因此它可以用一个参考坐标系内的加速度 $\{a_r\}$ 按以下方程来定义：

$$\{a_o\}=[D]\{a_r\}$$

代入大方程，消去 $\{a_r\}$，得到：

$$\{a_o\}=[D][m]^{-1}[D]^T\{P\}$$

参考坐标系统中的总质量矩阵为：

$$[m]=[D]^T[M]\{D\}$$

现在，由方程 $[K]\{u\}=\{P\}-[M]\{a_o\}$ 定义得到的一系列方程可以被任意约束，因为总载荷被惯性力平衡了。

MSC Nastran 中运用了两种不同的方法来计算刚体矩阵 $[D]$。在 SOL24,SUPORT 数据卡片的输入中定义了参考自由度。可以运用任意数量的提供一系列非超静定支撑的 u_r 自由度，这个选项允许部分自由体和附加的机构。在 SOL 61 和 SQL 101 中，运用网格点几何

（PARAM,GRDPNT）来定义6个刚体位移向量，在这两种情况下，只有6个自由运动是允许的。

3. 基础激励

求解具有强迫运动问题的方法之一是约束点的运动，然后在加速系统中求解。这个方法与惯性释放法相关，但是采用了完全不同的输入。在建筑物的地震分析中能很方便地运用，在这个过程中基础均匀地加速。

如果一个结构附着在一个半刚性的基础上，而此基础产生了一个已知的无应力运动$\{u_o\}$，那么整个结构的运动$\{u_A\}$为：

$$\{u_A\} = \{u_o\} + \{u_g\}$$

式中$\{u_g\}$为相对于基础运动的位移。如果结构在其他地方没有被约束，那么可以假定基础的位移$\{u_o\}$没有产生力，而且

$$[M]\{\ddot{u}_g + \ddot{u}_o\} + [K]\{u_g\} = \{P_g\}$$

如果将已知的基础运动$\{\ddot{u}_o\}$移到等式右边，那么公式看起来与一个重力载荷几乎一模一样：

$$[M]\{\ddot{u}_g\} + [K]\{u_g\} = \{P_g\} - [M]\{\ddot{u}_o(t)\}$$

如果在结构上的加速度都是均匀的，那么依赖于时间的重力载荷具有与上面方程最后一项完全相同的形式，可以运用GRAV输入载荷数据。

一个动力加速度载荷的数据输入的例子如图8-2所示。这些输入格式的更多细节参见《MSC Nastran基础动力分析用户指南》（*MSC Nastran Basic Dynamic Analysis User's Guide*）。

Case Control	
LOADSET = 20	$ Requests LSEQ Id. 20 Process
DLOAD = 200	$ Requests Dynamic Load #200
Bulk Data	
GRAV, 386, , 386.4, -1.0	$ Defines Gravity Load in -x direction
LSEQ, 20, 201, 386	$ Assembles GRAV load vector $ Added to DAREA Id. 201
TLOAD1, 200, 201, etc.	$ Dynamic Load using DAREA Id. 201

图8-2 加速度载荷

实际的结果是，依赖于时间的惯性载荷作用在结构所有点的-x方向上，与在TLOADi或者RLOADi卡片输入时定义的与时间相关的函数成比例。基础点应被约束住，而位移应相对于移动基础来计算。但是，注意解得的加速度输出也同样是相对于基础运动的，而且应该在与加速计测得的数据比较前更正。

基础运动还有一个更简单的替换方法——大质量法。

8.3 阻尼效应建模

动力学分析中，阻尼的物理学机理是任何通过内部摩擦消耗能量或者降低结构响应的过

程。而且，内部的速度或位移引起的反作用的阻尼力是不可逆和非保守的，如冲击减震器等机械设备、橡胶等材料上发生的内迟滞作用、节点的摩擦以及其他非线性效应(金属的塑性应变)。

MSC Nastran 的四种阻尼是粘性阻尼、结构阻尼、模态阻尼和非线性阻尼。MSC Nastran 阻尼系数的基本输入格式和应用在《MSC Nastran 基础动力分析用户指南》的“质量输入”（Mass Input）中作了解释和说明。以下直接讨论关于阻尼的高级应用和特殊的问题。

8.3.1 粘性阻尼

模拟粘性阻尼的基本方法是通过 CVISC 和 CDAMPi 卡片输入的。这些阻尼产生的力与连接网格点的速度成线性比例关系。粘性阻尼的另一个来源是在瞬态响应求解中必须将结构阻尼转换为粘性阻尼，详见《MSC Nastran 基础动力分析用户指南》。下面介绍一些附加的细节。

8.3.2 结构阻尼

结构阻尼是为了模拟线性材料与其应变成比例的能量损失效应。换一种说法，其产生的效应类似于粘性作用的效应。在材料定义输入 MATi 时使用参数 G 指定。注意，在频率响应和复特征值求解中，结构阻尼在复刚度矩阵中将产生虚数；在瞬态响应求解中，矩阵项将被转换为等效的粘性阻尼，即力与应变关于时间的导数成比例。

图 8-3 可以解释虚刚度现象的物理原理。图中显示，由刚度矩阵项 K 产生的力是对点的位移绘制的。随着位移按正弦函数循环，虚刚度 G 引起了力响应中的一个相位滞后，结果产生了椭圆轨迹，其中曲线包围的面积就是损失的能量。

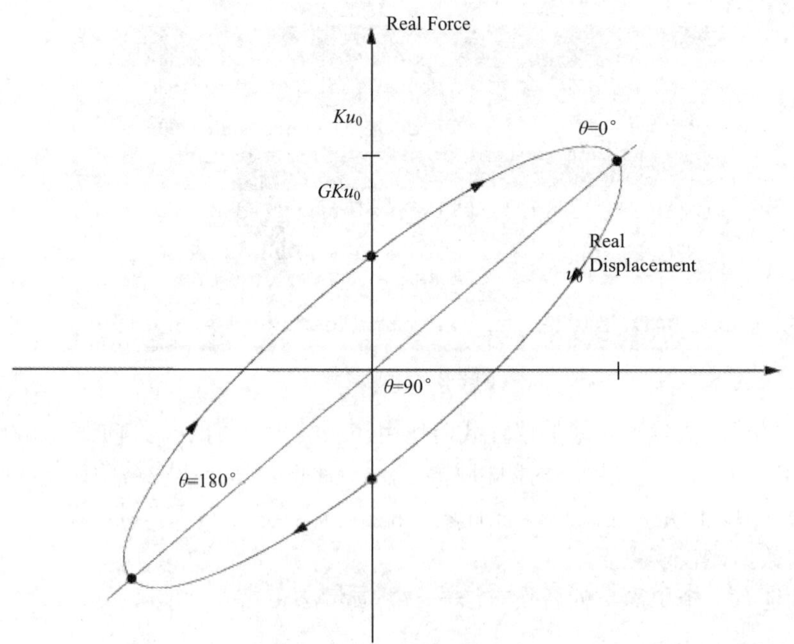

图 8-3 虚刚度等效滞回路径

稳态的实际位移的基本定义用复位移表示为：

$$u_r(t) = \mathrm{Re}[u_0(\omega)\mathrm{e}^{i\omega t}]$$

式中：u_r 是实际的实位移；u_0 通常是将要赋给一个实数的复变量；ω 是稳态频率；$e^{i\omega t} = \cos\omega t + i\sin\omega t$。如果一个结构阻尼系数 G 被加到刚度矩阵上，结果得到的复数力可用下面的形式表示：

$$F(\omega) = (1 + iG)Ku_0 e^{i\omega t}$$

力的实部为：

$$F_r = \mathrm{Re}(F) = Ku_0(\cos\omega t - G\sin\omega t)$$

一小段时间间隔后做功的增量为：

$$\mathrm{d}W = F_r \mathrm{d}u_r$$

其中，

$$\mathrm{d}u_r = -(u_0 \sin\omega t)\omega \mathrm{d}t$$

结合上面方程，并且按整个循环积分，得到总功为：

$$W = \int_0^{2\pi/\omega} -Ku_0^2 \sin\omega t(\cos\omega t - G\sin\omega t)\omega \mathrm{d}t$$

求积分的值，可以得到每个循环功的损失为：

$$W = \pi G K u_0^2$$

注意，弹性能项在这个时间间隔中平均为 0，但是由结构阻尼产生的能量损耗仍然存在。图 8-3 中曲线内的面积即阻尼的能量损失 W。

结构阻尼方法是经典的粘性效应的合理线性近似。它也可以用来近似其他相似的循环能量损失，如松弛连接件和栓扣的效应（提示：构建一条相似的轨迹曲线，然后估计面积）。

结构阻尼的劣势主要是在瞬态分析时复数必须转换成实数，即结构阻尼转换为线性粘性阻尼，但只有当响应由一个已知的单频率成分占主导时才是比较好的。

8.3.3 模态阻尼

对于模态求解的公式，除了以上描述的阻尼项以外，还提供了一个特殊的阻尼输入。它主要是用来提高效率，在测试结果提供阻尼因子时采用。这些项只作用在非耦合的模态方程上。当耦合效应解除时，这个方法避免了庞大的矩阵运算。

采用模态阻尼的第二个原因是模态测试可以提供基于每个模态的精确的阻尼输入。这些阻尼因子可以被转换为依赖于频率的表格 TABDMP。第三个原因是阻尼因子由第三方指定，通常是人为地将求解限制在低阻尼水平，按照规范计算，得到更为保守的分析结果。

模态阻尼只有当使用模态求解方法时才能运用。在模态坐标系下，各个模态的动力学方程可写成：

$$m_i \ddot{\xi}_i + b_i \dot{\xi}_i + k_i \zeta_i = P_i$$

式中 ξ_i 是第 i 阶模态的广义坐标。

按照模态的定义，模态粘性阻尼系数 b_i 可以表示为：

$$b_i = g_i \omega_i m_i$$

式中：ω_i 为无阻尼振动频率（等于 $\sqrt{k_i/m_i}$），用单位时间的弧度数来表示；无量纲的输入系数 g_i 等于该模态临界阻尼比的 2 倍，是由用户指定的频率函数 $g(f)$ 的线性插值计算得到的。

模态阻尼的物理意义目前还不是太清楚。它的效应是粘性阻尼，但是与刚度矩阵成比例，而且随模态频率的变化而变化。阻尼效应是根据每个模态振型的能量分布来分配到结构上的。

对于模态阻尼，需要记住的另一个方面是阻尼系数 b 在每个模态中是常数。如果某个模态被不同的频率强迫激励，那么初始的阻尼因子仍然适用。换一种说法，任何一个特定频率下的阻尼是几个模态阻尼因子的函数。在模态不占主导地位的地方，这可能会引起预料不到的频率结果。

模态阻尼在 TABDMP1 卡片中输入，输入时用户指定一对值 f 和 g，它们是用 SDAMPING Case Control 命令选择的，同样也提供将阻尼表达成临界阻尼比（C/C_c）或者动态放大因子（Q）的形式。如果有精确的测试结果，用户可以指定从模态测试中得到的不同频率处的阻尼系数。用户可以确保通过先前在 TABDMP1 输入时提供的一对 f 和 g 值，在运行过程中会得到一系列模态频率处已知的阻尼。

完整的模态法瞬态分析的阻尼矩阵$[B]$是：

$$[B]=[b_i]+[\phi]^T[B^v][\phi]$$

式中：$[b_i]$为对角阵；$[\phi]$是特征向量矩阵；$[B^v]$是非模态阻尼项矩阵。注意，进入$[B^v]$的阻尼效应很可能和包含在$[b_i]$中的效应重复，所以一般来说，用户在同时运用这两种形式时应该小心谨慎。

在频率响应和复特征值分析中，完整的阻尼矩阵是相似的，除非那些结构阻尼被当作复刚度矩阵来处理。

同样，上式中的矩阵$[\phi]^T[B^v][\phi]$或者等价复刚度矩阵是耦合的，所以高效的非耦合分析方法在$[B^v]$出现时不能采用。

许多行业中已经接受的实施方法是将粘性阻尼表达成临界阻尼比。临界阻尼被定义为阻尼方程的齐次解，从一个衰减的正弦曲线按指数衰减方式转变到不振荡时的值。模态方程的一个解表示的临界阻尼值为：

$$C_c=2\sqrt{k_i m_i}$$

临界阻尼比由以下方程计算：

$$\zeta_i=\frac{b_i}{C_c}=\frac{b_i}{2\sqrt{k_i m_i}}$$

另一个规定阻尼的形式是动态放大因子，定义为：

$$Q_i=\frac{1}{2\zeta_i}=\frac{1}{g_i}$$

三种形式的阻尼规定对模态阻尼都是可用的。

模态阻尼和结构阻尼的等效关系说明如图 8-4 所示，图中显示了模态阻尼表的不同选项。运用单位模态质量，一个常数模态阻尼表事实上是对应于一个随模态频率增大的粘性阻尼的。这个方法位于两个极端之间（恒定粘性阻尼和等效结构阻尼），而且常作为通用的折衷方法。

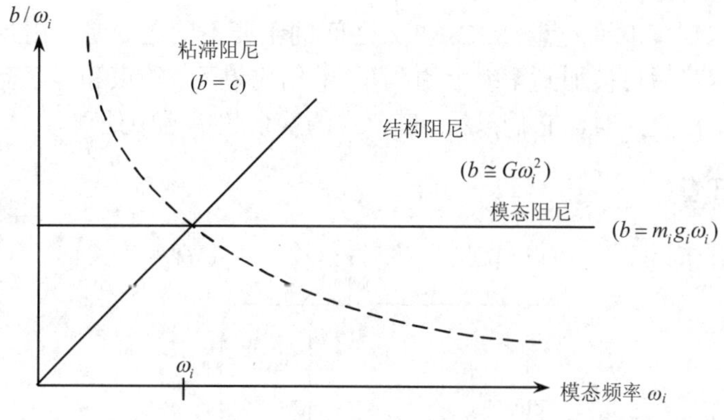

图 8-4　模态阻尼和结构阻尼的等效关系

8.3.4　非线性阻尼

本节讲解由非线性瞬态解算法（SOL 129）引起的阻尼中的局限性。频率响应和复特征值求解在非线性分析中是不可用的。关于专门的非线性动力学主题，见《非线性瞬态响应分析》（*Nonlinear Transient Response Analysis*）。关于 MSC Nastran 非线性求解的基本内容，见《MSC Nastran 非线性分析手册》（*MSC Nastran Handbook for Nonlinear Analysis*）或者《MSC Nastran 参考手册》（*MSC Nastran Reference Manual*）。

在非线性公式中，有限元是线性或者非线性的，而阻尼效应会在每种类型中进行不同的处理。非线性瞬态分析的基本准则如下：

（1）当结构沿着一个加载和卸载循环时，非线性材料塑性屈服自动吸收能量。这实际上是一个产生精确的阻尼形式的迟滞效应。但要注意应变率效应不是直接计算的。应变率效应必须用结构阻尼参数模拟，即在内部将其转换成粘性阻尼。

（2）粘性阻尼元素总是线性的，而且会作为常数矩阵项参与进来。

（3）用参数和材料卡片输入（MATi 卡片上的 GE 区）定义的结构阻尼，同时被认为是线性和非线性元素。阻尼矩阵项被计入当前的材料刚度模量和几何。但要注意切向矩阵只是周期性更新的。非线性单元上真实的阻尼是不可预测的，而且对同一个问题，不同的运行会得到不同的结果，这取决于收敛和迭代策略。建议矩阵更新方法设置为在每个时间步强制更新切向矩阵。

（4）模态公式（模态阻尼）在非线性求解中是不可用的。

（5）超单元可以通过将线性元素分成一个上游分量（Upstream Component），用来降低非线性问题的规模，然后部件模态综合（Component Modal Synthesis）可以用来保持精确度。结构阻尼在超单元上是允许的。

8.4　附加点和传递函数

在动力学问题建模中，我们经常需要包含特殊的非有限元效应，如机械设备、伺服机构、智能结构以及从外部结构引入的矩阵。这些效应通常能够与附加自由度一起作为系统矩阵的附加项，被包含在广义位移向量中。

附加点（EPOINT）和标量点（SPOINT）之间的主要不同之处是，附加点是在有限元矩阵组装和实特征值解算后再被加到系统上的。所以，结构单元、约束和静载荷可不与 EPOINTs 关联。同样，当运用标量点时，它们只在 SE 公式的残余超单元中处理。

8.4.1 EPOINT 集

运用标准的 SET 符号，附加点集根据下图与结构自由度合并：

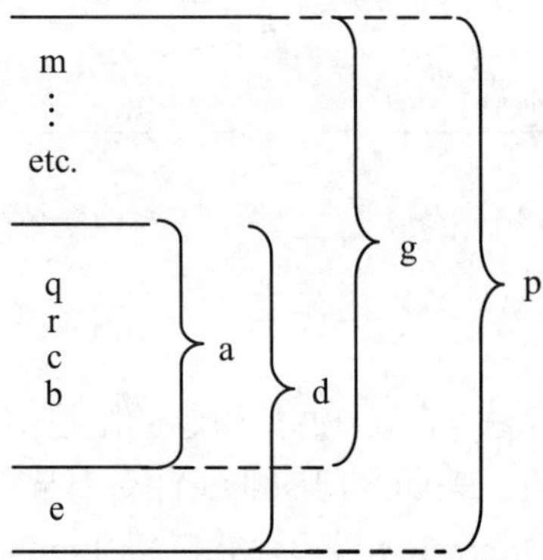

在直接求解中，系统矩阵是通过将结构点和附加点合并到 p-set 中形成的。真正的求解矩阵在缩减的 d-set 级被组装和叠加到一起。

以下是模态公式的 set 逻辑：

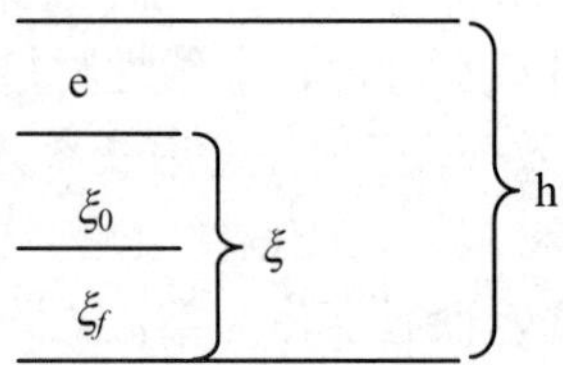

在模态求解中，系统矩阵被变换为模态坐标，并与附加点自由度合并。模态坐标包括自由体模式 ξ_0 和柔性模式 ξ_f 。注意结构运动和附加点的耦合只是通过截断的模态求解（Truncated Modal Solution）来近似的。

8.4.2 模态变换

当附加点被包含在模态公式中时，物理位移和模态坐标之间的变换是必需的。位移 u_p 是通过以下变换来定义的：

$$\{u_p\} = \begin{Bmatrix} u_g \\ \hline u_e \end{Bmatrix} = [\phi_{ph}] \begin{Bmatrix} \xi \\ u_e \end{Bmatrix}$$

其中，

$$[\phi_{ph}] = \left[\begin{array}{c:c} \phi_g & 0 \\ \hdashline 0 & I \end{array}\right]$$

式中 ϕ_g 是实特征向量。载荷和直接输入矩阵是与位移一样转换的。对于施加的载荷 P，

$$\{P_h\} = [\phi_{ph}]^T \{P_p\}$$

直接输入矩阵 K2PP 用下式进行转换：

$$[K_{hh}^2] = [\phi_{ph}]^T [K_{pp}^2][\phi_{ph}]$$

质量和阻尼矩阵也可以用同样的方法进行转换。

注意附加点在模态公式中保留。这些对模态传递函数、初始条件和简单的非线性函数都是有用的。

由于这些矩阵项和模态坐标耦合，这个选项比求解简单运动的非耦合模态方程的代价更高。耦合求解要求与直接方法运用相同类型的矩阵运算。

8.4.3　直接矩阵输入

由于直接矩阵输入（DMIG）数据已包含在《MSC Nastran 线性静力分析用户指南》和《MSC Nastran 基础动力分析用户指南》中，因此这部分内容简单介绍。

注意：DMIG 矩阵由 K2PP=、B2PP=和 M2PP=工况控制命令选择。

对于动力学问题建模，直接输入矩阵的定义是为了得到质量、阻尼和刚度矩阵的自由度集 p-set。实际值是由用户自己定义的，而且可以表示任何线性求解的类型，包括流体、电路和外部结构。下面是一些实用的建议：

（1）如果需要输入的数值多于 3 位有效数字，采用大域数据格式（DMIG*）。

（2）采用自动选择系统的单精度或双精度数据。程序会按照计算机的字长来设置长度。

（3）如果可能的话，采用对称矩阵选项。非对称标记会强迫所有的运算都用非对称模式，这样既费时间又费存储空间。

8.4.4　传递函数

MSC Nastran 传递函数（TF 输入）实际上是产生特殊非对称矩阵输入的一个方便的方法。当与附加点一起使用时，它们可以定义一个输出和多个输入的二阶算子。定义单个 TF 输入的基本方程是：

$$(B_0 + B_1 p + B_2 p^2)u_d + \sum_i (A_{0i} + A_{1i} p + A_{2i} p^2)u_i = 0$$

式中：u_d 是非独立的自由度；u_i 是选择的输入自由度；系数 A 和 B 由用户指定。

这些系数在内部被简单地加到矩阵方程的单个行上：

$$[Mp^2 + Bp + K]\{u\} = \{P\}$$

这些项在下列位置被加到矩阵上：

（1）单个函数的所有项被加到相应于 u_d 矩阵的行上。

（2）B_0 被加到[K]的对角项上；B_1 和 B_2 分别被加到矩阵[B]和矩阵[M]的对角线上。

（3）对于每个独立的点，u_i、A_{0i}、A_{1i} 和 A_{2i} 分别被加到刚度、阻尼和质量矩阵对应于 u_i 的列和对应于 u_d 的行上。

如果 TF 项是矩阵方程 u_d 行上仅有的占有元素，那么动力问题求解将包含基本方程。但矩阵或载荷的 TF 行的附加项不会有内部检查。为避免冲突，以下法则适用：

（1）u_d 应该是只依赖于一个 TF 的变量。

（2）u_d 不应该是结构网格点的一个部分，除非传递函数定义了一个载荷（见下面传递函数的讨论）。

（3）外部激励信号、动力载荷（DLOAD）和非线性函数（NOLINi）可作用到 u_d 点上。

（4）不像多点约束，TF 方程不保存能量。矩阵项是不对称的，也没有互反力产生。

8.4.5　Pickups 和变换器

与结构的连接是传递函数输入和输出都需要的。要指定输入，结构位移、速度或者加速度可以在 A_i 和 u_i 输入域中被参考。u_d 可以是定义始动电压（Pickup Voltage）的附加点。然后这个信号可以被一系列的传递函数来处理（包括反馈回路），直到伺服产生一个载荷作用在结构上。

建议作用在结构上的传递函数的结果被表示成一个力或力矩。强迫位移、速度或者加速度在上面描述的局限性范围内是很难模拟的。

要用一个传递函数在一个结构点 u_j 上产生一个力：

$$F_j = (A_0 + A_1 p + A_2 p^2) u_g$$

定义一个以下形式的 TF 函数：

$$(0)u_j - (A_0 + A_1 p + A_2 p^2) u_e = 0$$

B_j 系数必须是 0，因为结构点 u_j 已经和有限元连接在一起了。这个传递函数等价于在矩阵方程的右边加了一个正的力。

如果这个力或力矩作用在具有反馈回路（Feedback Loop）的致动器（Actuator）上，那么包含这个反馈作为另一个传递函数。

8.4.6　高阶传递函数

在很多情况下，控制系统包括一个大于二阶的多项式传递函数，而且不能被直接模拟。由于 TF 输入被局限在二阶多项式，更长的多项式必须再分解成几个具有中间附加点的 TF（传递函数）输入。比如，如果一个点 u_a 由下面的多项式定义：

$$(A + Bp + Cp^2 + Dp^3 + Ep^4) u_b = G(p) u_a$$

分解成两个适合于 TF 格式的方程：

$$(A + Bp + Cp^2) u_b + p^2 u_{e1} - G(p) u_a = 0$$

和

$$u_{e1} - (Dp + Ep^2) u_b = 0$$

式中 u_{e1} 是一个中间附加点，在两个方程中被耦合到 u_b 自由度上。

注意：这个方法可能会产生一个单质量矩阵，这会对某些复特征值选项产生问题。如果 E=0，那么上面的例子中就会发生这种问题。

如果多项式因式分解的形式是可以得到的，即 $G_1(p) \cdot G_2(p) \cdot G_3(p) \ldots$，那么一系列的 TF 传递函数可以像下图一样来运用。

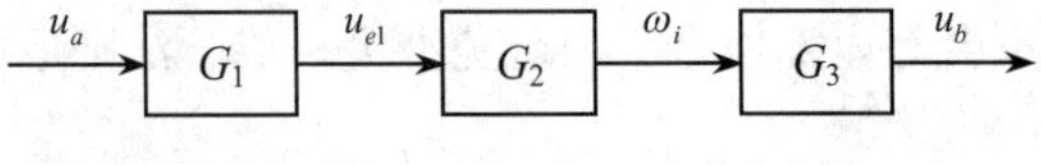

$$u_a \rightarrow \boxed{G_1} \xrightarrow{u_{e1}} \boxed{G_2} \xrightarrow{\omega_i} \boxed{G_3} \xrightarrow{u_b}$$

如果u_b不是独立的自由度，那么传递函数方程形式为：

$$u_{e1} - G_1 u_a = 0$$

$$u_{e2} - G_2 u_{e1} = 0$$

$$u_b - G_3 u_{e2} = 0$$

对于传递函数分母部分的多项式，采用反馈回路或者耦合方程，就像前面例子中显示的那样。

8.4.7 实例

如图8-5所示为一个实例的控制系统，可以表示一种光学仪器的简化模型。它包含许多控制系统中的部件，包括姿态和速率传感器、信号调节器以及一个带有局部反馈的非线性机械激励器。这个结构在图8-5中通过位移分量来表示，结构是由控制系统来实现动作的，或者载荷作用在结构上。

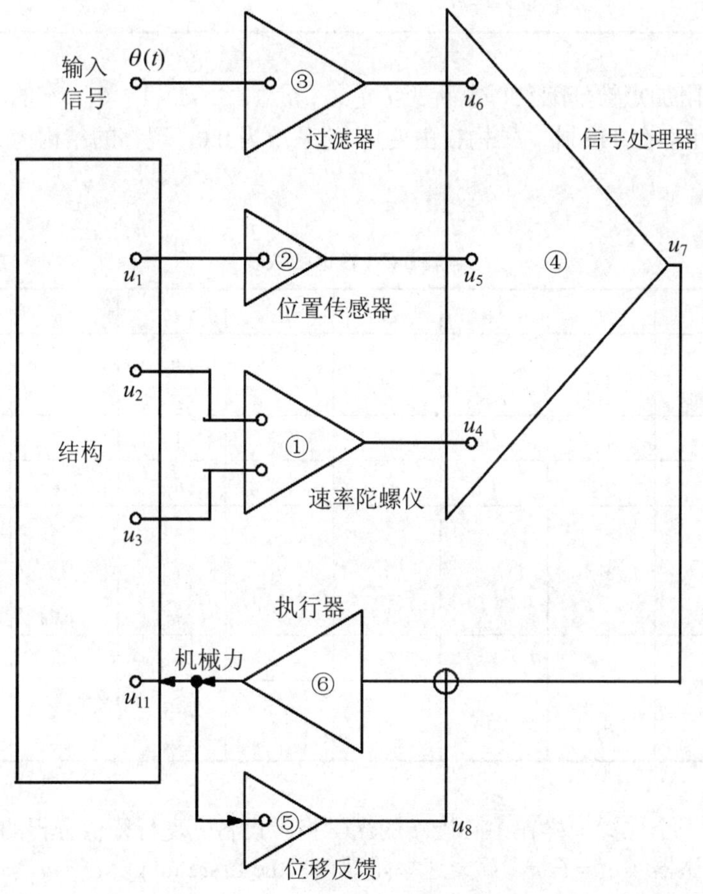

图8-5 控制系统实例

表8-1中列出了控制系统的传递函数（TFs）。前5个传递函数用它们原先输入的形式给出了图8-5中①～⑤设备的输出。传递函数6定义了在点u_{11}处作用在结构上的力，它是机械激励器的输入数据的一个函数。

表 8-1 控制系统方程

等式	TF 序号
$u_4 = \frac{1}{1+\tau_1 p}(Apu_2 + Bpu_3)$	①
$u_5 = \frac{1}{1+\tau_2 p} Ru_1$	②
$u_6 = \frac{1}{1+\tau_3 p} u_{10}$	③
$u_7 = \frac{A_0 + A_1 p}{B_0 + B_1 p + B_2 p^2}(Cu_4 + Du_5 + Eu_6)$	④
$u_8 = \frac{Gu_{11}}{1+\tau_4 p}$	⑤
$(0)u_{11} = -k(u_7 - u_8)$	⑥

在分析中，附加点被分配到每个新变量$u_4,\dots,u_{10}$。由 TFs 1～6 表示的传递函数的系数在表 8-2 中列出。注意在 TF6 中，结构自由度u_{11}的系数为 0.0。现存的结构为这个位移提供了刚度和质量。

表 8-2 传递函数表

传递函数序号	u_d	b_0	b_1	b_2	u_i	a_0	a_1	a_2
1	u_4	1	τ_1		u_2		$-A$	
					u_3		$-B$	
2	u_5	1	τ_2		u_1	$-R$		
3	u_6	1	τ_3		u_{10}	-1		
4	u_7	B_0	B_1	B_2	u_4	$-CA_0$	$-CA_1$	
					u_5	$-DA_0$	$-DA_1$	
					u_6	$-EA_0$	$-EA_1$	
5	u_8	1	τ_4		u_{11}	$-G$		
6	u_{11}	0.0			u_7	$-k$		
					u_8	$+k$		

实际结构是一个像梁一样在中心旋转的光学指示设备。复特征值分析的数据文件如表 8-3 所示。有姿态传感器（$u_5=\theta_z$）、第一速率陀螺仪（the first rate gyro）（$u_2=u_y$），还有一个集中质量在右端（GRID 1）。第二速率陀螺仪（the second rate gyro）附着在下一个点（GRID 3）上。激励器在 y 方向与左端（GRID 11）连接。机械模型的单位是 mm、kg、s、mN 和 rad。控制系统变量（EPOINTs 4,5,6,7,8,10）的单位是 V。

表 8-3 复特征值分析的数据文件

```
ID ADUG,TFANDE
DIAG 8
SOL 107
TIME 5
CEND
TITLE = CONTROL SYSTEM EXAMPLE FOR ADUG
SUBTITLE = TRANSFER FUNCTIONS AND EXTRA POINTS
LABEL = COMPLEX MODES
SPC = 10
TFL = 6
CMETHOD = 200
SDISP=ALL
BEGIN BULK
$
EIGC,200,INV,MAX,,,,,,+EIG1
+EIG1,0.0,-1.0,0.0,1200.,20.0,10
$
$ STRUCTURE IS A BOX BEAM PIVOTING AT THE CENTER
GRDSET,,,,,,,1345
GRID,1,,500.0
GRID,3,,250.0
GRID,14,,0.0
GRID,15,,-250.0
GRID,11,,-500.0
CBEAM,1,1,1,3,,,1.0
CBEAM,2,1,3,14,,,1.0
CBEAM,3,1,14,15,,,1.0
CBEAM,4,1,15,11,,,1.0
PBEAM,1,1,1000.,125+6,125+6,,250.+6
MAT1,1,69.0+6,,0.3,5.0-6
$ OPTICAL DEVICE ON THE END
CONM2,6,1,,10.0,,,,,+CNM2
+CNM2,8.0+5,,4.0+5,,,4.0+5
$       PIVOT ON THE CENTER
SPC,10,14,12
$       EXTRA POINTS ARE VOLTAGES
EPOINT,4,5,6,7,8,10
$       TRANSFER FUNCTIONS IN ORDER
$       RATE GYROS PICK UP VELOCITIES
TF,6,4,,1.0,0.015,,,,+TF101
+TF101,1,2,,-0.25,,,,,+TF102
+TF102,3,2,,-0.5
$       ATTITUDE SENSOR MEASURES ROTATION RZ
TF,6,5,,1.0,0.02,,,,+TF201
+TF201,1,6,-1.2
$       INPUT SIGNAL, E10, IS FILTERED
TF,6,6,,1.0,0.001,,,,+TF301
+TF301,10,,-1.0
```

```
$      SIGNAL CONDITIONER COMBINES THE VOLTAGES
TF,6,7,,39.48,8.885-2,1.0-4,,,+TF401
+TF401,4,,-20.0,-0.4,,,,,+TF402
+TF402,5,,-200.0,-4.0,,,,,+TF403
+TF403,6,,100.,-20.0
$      DISPLACEMENT FEEDBACK TO THE ACTUATOR
TF,6,8,,1.0,0.005,,,,+TF501
+TF501,11,2,-1.0
$      ACTUATOR FORCES ARE ADDED TO ROW OF STRUCTURAL MATRICES
TF,6,11,2,0.0,,,,,+TF601
+TF601,7,,-1.0+5,,,,,,+TF602
+TF602,8,,1.0+5
$      TEMPORARILY GROUND POINT 10 WITH A DIAGONAL TERM
TF,6,10,,1.0
ENDDATA
```

8.5 非线性载荷函数

非线性载荷函数（NOLINi）在所有的瞬态求解中都可用，其作用是从简单位移和速度函数得到直接的力。这是 MSC Nastran 中一个成熟的功能，早于材料和几何非线性功能的开发。它为模拟在仅有一些少量的自由度被耦合的局部水平下的某个机械和特殊效应提供一个直接的方法。它不是用于一般非线性分析的，因为它无法检测几何变化，无法运用单元应力或者力。

非线性载荷函数主要应用在局部设备中，如接触问题、连接和非线性阻尼。对于每个非线性力分量来说，它对位移和速度自由度的依赖在一个或多个数据卡片输入中被显式定义。

这些函数使用的局限主要是由它们的简化引起的，包括：

（1）它们没有路径依赖，尤其是不提供根据先前的情况包含数据的直接方法。

（2）每个输入函数只对一个自由度施加载荷，这就要求花很大的努力来描述复杂的模型。

（3）系统将这些函数作为简单力而不是有限元来处理。所以，切线矩阵的缺乏会导致潜在的稳定问题。

（4）在线性求解中，所有非线性载荷函数中的自由度必须在动力求解中设置。

输入数据只是一个简单的工况控制命令——NONLINEAR，用一个或多个非线性数据卡片输入来定义非线性力。表 8-4 中给出了 4 个基本的选项，这 4 个选项都是根据自由度 u_j 来定义一个数值非线性力（Scalar Nonlinear Force） N_i 。

表 8-4　定义数值非线性力 N_i

选项	功能	注释
NOLIN1	$N_i = SF(u_j)$	$F(u_j)$ 是一个 TABLEDi 输入
NOLIN2	$N_i = Su_j u_k$	两个变量的乘积
NOLIN3	$N_i = S(u_j)^A,\ u_j > 0$	A 是一个输入指数
NOLIN4	$N_i = -S(-u_j)^A,\ u_j < 0$	除 $-u$ 外的所有值

变量 u 可以是节点、尺度或者求解序列中附加点的位移或者速度分量。在直接法瞬态求解中，连接的自由度 u_i 和 u_j 等必须保持在求解设置 u_d 中。在模态法瞬态求解中，只有附加点在非线性载荷函数输入时可用。在非线性瞬态求解中，所有的自由度都可用，但支持附加点。

注意这些函数与被动模拟计算机运用的基本非线性函数发生器相仿，它们可以被加到一起，与其他函数（如 MPCs 和标量单元）结合来处理各种问题。

8.5.1 标准瞬态求解理论

基本线性瞬态求解是将矩阵方程积分：

$$[M]\{a\}+[B]\{v\}+[K]\{u\}=\{P\}+\{N\} \tag{8-1}$$

式中 $\{N\}$ 是未知的非线性力，它是依赖于位移变量 $\{u\}$ 和速度变量 $\{v\}$ 的。注意，如果这些函数用来替换刚度项，那么 N 的正确定义将是 $N=-Ku$。

在 MSC Nastran 中有几个选项来进行瞬态积分。这里只作基本介绍，讨论最简单的形式——一步一步计算的"三点法"。设在时间步 t_n 的解为 $\{u_n\}$，时间步长为 h。去掉括号，位移 u、速度 v、加速度 a 和载荷 P 的平均值由 3 个离散步表示：

$$u=\beta u_{n+1}+(1-2\beta)u_n+\beta u_{n-1} \tag{8-2}$$

$$v=(u_{n+1}-u_{n-1})/2h \tag{8-3}$$

$$\alpha=(u_{n+1}-2u_n+u_{n-1})/2h^2 \tag{8-4}$$

$$P=\beta P_{n+1}+(1-2\beta)P_n+\beta P_n \tag{8-5}$$

求解过程中，n+1 步的向量是通过将方程（8-2）到方程（8-5）代换方程（8-1）中的项得到的。这个方法实际上是 Newmark-Beta 法的一个变异，而且当 $\beta>0.25$ 时能够保证稳定。要取得一致性和稳定性，最好 N 向量也有这种形式。理想的情况下，非线性载荷与线性位移和载荷是一致的，即

$$N=\beta N_{n+1}+(1-2\beta)N_n+\beta N_{n-1}$$

但 $N_{n+1}=N(u_{n+1},v_{n+1})$ 是无法得到的，而只能通过外推方程来近似得到：

$$N_{n+1}\sim 2N_n-N_{n-1}$$

近似代入方程，就得到了 MSC Nastran 中采用的项：

$$N\sim N_n$$

换一种说法，在中间步计算非线性函数是对在三个步上平均所得值的一种有效的近似。不幸的是，当 u 很快地改变时，N 将会滞后，从而产生不稳定的振荡。不稳定积分的结果往往随着每个循环两个或三个时间步周期逐渐增长。另一个计算平均非线性载荷的替换选项在与 DIAG 10 一起时可用，一般不建议使用。

8.5.2 非线性弹簧实例

非稳定系统可以用一个单变量的实例来说明。如图 8-6 所示，将一个非线性弹簧函数附着在一个集中质量上。

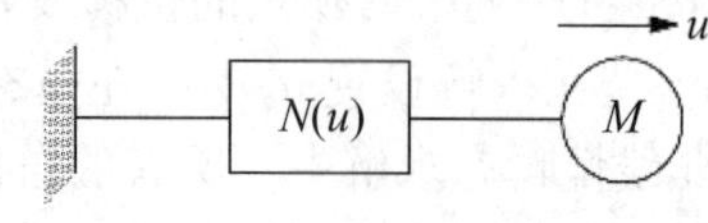

图 8-6 非线性弹簧

对于微小运动，如果我们定义这个函数为一个等效弹簧 $N = ku$，那么 u_{n+1} 的积分方程为：

$$M(u_{n+1} - 2u_n + u_{n-1}) / h^2 = N = -ku_n$$

对于稳定性分析，假设一个均匀的增长率 r，其中 $u_n = ru_{n-1}$ 和 $u_{n+1} = ru_n$。代换到上式中，我们得到一个关于 r 的二次方程：

$$r^2 + 2\left(\frac{kh^2}{2M} - 1\right)r + 1 = 0$$

如果 $r > 1$，那么解将潜在地发散（r 可能是复数）。可见，当 $kh^2 > 4M$ 时，系统将存在一个实根 $r < -1$，这是一个每步都会变号的不稳定的振荡。

换一种说法，对这个实例，非线性刚度的稳定性界限为：

$$-\frac{\partial N}{\partial u} = k \leqslant \frac{4M}{h^2}$$

克服振荡的方法是缩短时间步长 h、增加线性刚度来替换一些非线性部分，或者与非线性函数平行地增加足够的质量 M 来满足每个可能的 k 值的标准。与非线性弹簧平行，标量质量单元 CMASSi 可以加入进来耦合两个尺度点，而不会影响整个结构的质量。

8.5.3 依赖于速度的非线性力

当一个非线性载荷函数基于网格、尺度或者附加点分量的速度作为一个输入时，非线性力必须由已知的位移来计算得到。

但是，为了保持线性阻尼项一致，非线性力必须为：

$$N_v = -B(u,v) \cdot (u_{n+1} - u_{n-1}) / 2h$$

由于当前的位移 u_{n+1} 在这个阶段还没有计算出来，所以再次运用外推方程得到近似：

$$N_v \sim -B(u,v)(u_n - u_{n-1}) / h \sim N[(u_n - u_{n-1}) / h]$$

依赖于速度的非线性载荷系统的稳定性对大多数应用来说是非常少的。在上面的例子中，用一个非线性阻尼 b 替换非线性弹簧（k），得到以下系统方程：

$$M(u_{n+1} - 2u_n + u_{n-1}) / h^2 = N = -b \cdot (u_n - u_{n-1}) / h$$

对于稳定性分析，可以用 ru_n 和 r^2u_n 替换，就像在上面刚度例子中的一样，得到一个二次方程：

$$r^2 + \left(\frac{bh}{M} - 2\right)r + \left(1 - \frac{bh}{M}\right) = 0$$

当 $b > 2$ 时，不稳定的根 $r > 1$。

这个问题会作为一个伪发散振荡出现。可以通过减少时间步长 h、通过将一部分的非线性函数 b 变成一个线性阻尼，或者通过与非线性函数平行地增加质量来克服上述现象。SOL 129 比 SOL 109 更适合于非稳定或者恶劣条件的问题。

8.5.4 非线性瞬态求解的顺序

“非线性瞬态响应分析”（Nonlinear Transient Response Analysis）中描述的一般的非线性瞬态求解也会处理非线性载荷函数。它们提供了一个有利的条件，在于它们可以给出与线性求解相同的稳定性，并且能够控制发散解。这些方法尝试通过反复迭代来计算时间步 n+1 时的位移和速度，这将会提供比线性项更多的一致性。当线性搜索和准牛顿选项（quasi-Newton options）等高级方法被激活时，非线性力的反作用就能有效地得到修正，但是付出的代价是更多的附加求解步。

然而，在解的搜索过程中当误差变得过大时，非线性方法也可能尝试改变切向刚度矩阵。不幸的是，非线性载荷函数（NOLINi functions）只是在右边提供了力，而它们的变化对矩阵是不起作用的。不但结果得不到改进，而且花费的代价也会提高。而且，由于新的自适应方法在临界非线性矩阵项当前值的基础上修改了时间步长，因此非线性载荷项将会被忽略，而且这个过程仍然可能发散。

总地来说，非线性瞬态求解可以适用于非线性载荷引起的不稳定的一些典型例子，但仍需要在 TSTEPNL 输入时仔细地将它们改变到默认的控制参数。

8.5.5 采用 NOLIN1 输入时的建议

如果由非线性力引起的问题发生，以下建议也许有用：

（1）采用非线性求解（SOL 129）来得到可能存在的更好的误差控制和稳定性。这种方法可能会占用更多的时间和磁盘存储空间，而且要求额外的努力来选择合适的控制参数。建议采用以下 TSTEPNL Bulk Data 参数开始：

```
Method = "TSTEP"
KSTEP > NDT
MAXITER = 2
MAXLS = 6
MAXDIV = 10
LSTOL = 0.1
```

（2）避免那些会覆盖附在相同点上的线性单元的函数，见以上关于稳定性的讨论。大多数非线性函数能够作为线性单元相加和加上采用非线性载荷输入的非线性修正来定义。如果非线性修正函数的斜率值相对线性系数更小，那么问题就是稳定的。同样，与函数平行附加的质量也总是有用的。

（3）不要连续地构建多个非线性函数，即采用一个非线性载荷的输出作为第二个非线性载荷函数的输入。每一个有效的进程产生一个或多个时间步长的时间延迟来得到结果力。如果结果是一个修正力，那么它们就会像具有一个坏的反馈回路的控制系统那样起作用。在一个临界频率，修正力将被延迟施加，这个延迟导致它们（修正力）具有错误的符号。

（4）力 N 必须与外部施加在结构上的载荷有同样的符号和方向。注意这将会产生与通过有限元施加在网格点上的力相反的符号（对于一个正的位移，弹簧单元的力 N 会有一个负值）。在调试输入数据时，这常常会引起一些麻烦。

（5）运用 MPC 或者 TF 数据来简化非线性载荷输入。在三维系统中连接两点的单个非线性弹簧可能会需要最多 6×6 个非线性函数。换言之，一个 MPC 方程能够用来将应变定义为一个附加的标量点（Scalar Point），且一个非线性函数可以在标量点上定义广义力。由于 MPC 约束是一致的，所以力会被自动地分配到所有 6 个自由度上。

（6）预先计划在求解设置中保留非线性点。记住在 SOL 109 和 SOL 112 中非线性载荷函数可能不涉及任何依赖性的或者已去除了的自由度。注意在模态分析中只会留下附加点。

（7）运用完整的非线性求解（SOL 129）来处理小型和中型规模的问题。

8.5.6 应用实例——旋转结构的耦合

非线性载荷函数的一个高级应用是一个旋转结构和一个柔性支撑结构之间的连接。下面的例子讲解了如何连接两个网格点，其中一个网格点相对于另一个以常速率旋转。这个方法可以用来分析旋转机械中的突然瞬变，但是出于代价的考虑，这种分析只能局限于有限次数的循环。

如图 8-7 所示，GRID 101（u_r）附着在一个旋转结构上。旋转的速率已知，但是实际的角度是时间的函数。GRID 201（u_f）表示的是与点 101 重合的固定的支撑点。这是典型的用 RBE3 来定义作为轴承座圈上点的平均运动。

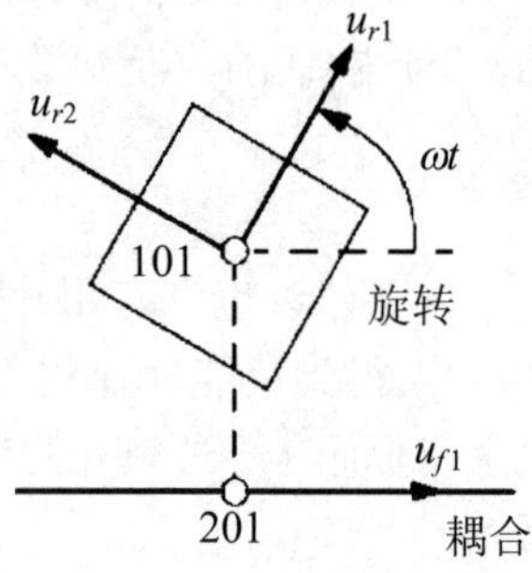

图 8-7 旋转结构的耦合

连接的定义为：

$$u_{r1} = u_{f1}\cos(\omega t) + u_{f2}\sin(\omega t)$$
$$u_{r2} = -u_{f2}\sin(\omega t) + u_{f2}\cos(\omega t)$$

一个简单的 MPC 方程可以用来连接轴向坐标 u_3。旋转可以用同样的定义，但这里没有表示出来。一个相似的方程用旋转力 Q_r 定义了在固定点上的力 N_f。

对于实际的连接，我们将采用拉格朗日乘子方法，通过定义另一个 GRID Q_r 来定义点 101 上的约束力。3 个点所得的矩阵分配方程为：

$$\begin{bmatrix} M_{ff} & 0 & 0 \\ 0 & m_{rr} & 0 \\ 0 & 0 & 0 \end{bmatrix}\begin{Bmatrix} \ddot{u} \\ \ddot{u} \\ \ddot{Q}_r \end{Bmatrix} + \begin{bmatrix} K_{ff} & 0 & 0 \\ 0 & K_{rr} & I \\ 0 & I & 0 \end{bmatrix}\begin{Bmatrix} U_f \\ u_r \\ Q_r \end{Bmatrix} = \begin{Bmatrix} P_f + N_f \\ P_r \\ N_q \end{Bmatrix}$$

其中，

$$\{N_f\} = \begin{Bmatrix} P_{r1}\cos(\omega t) - P_{r2}\sin(\omega t) \\ P_{r1}\sin(\omega t) + P_{r2}\cos(\omega t) \end{Bmatrix}$$

$$\{N_Q\} = \begin{Bmatrix} u_{f1}\cos(\omega t) - u_{r2}\sin(\omega t) \\ -u_{f1}\sin(\omega t) + u_{r2}\cos(\omega t) \end{Bmatrix}$$

为了产生正弦和余弦项，我们要增加两个标量点，并且连接单位质量和弹簧 $k=\omega^2$。运用初始条件，即将这两个标量点标量位移（scalar displacements）定义为正弦和余弦函数。以下的输入数据将求解这个连接：

In Case Control

```
IC = 100 $ For sine and cosine
K2PP = RCOUP $ For matrix terms
NONLINEAR=10 $ For NOLIN2
```

In Bulk Data

```
$ 50 radian/sec oscillators ( Note: Don't use PARAM,G)
SPOINT,2001,2002 $ sine and cosine
CMASS4,2001,1.0,2001
CMASS4,2002,1.0,2002
CELAS4,2003,2500.0,2001
CELAS4,2004,2500.0,2002
TIC,100,2001,,,50.0$ sine
TIC,100,2002,,1.0$ cosine

$ Lagrange Multiplier Grid and unit Matrix Terms.
GRID,3001, , , , , ,3456
DMIG,RCOUP,0,6,1,2
DMIG,RCOUP,101,1,,3001,1,1.0
DMIG,RCOUP,101,2,,3001,2,1.0
$ Note that other half is generated when using the SYM option

$ Nonlinear Functions = Products of Two Dof., Qr
and sine/cosine
NOLIN2,10,201,1,1.0,3001,1,2002
NOLIN2,10,201,1,-1.0,3001,2,2001
NOLIN2,10,201,2,1.0,3001,1,2001
NOLIN2,10,201,2,1.0,3001,2,2002
$
$ Products of U1
and sine/cosine
NOLIN2,10,3001,1,1.0,201,1,2002
NOLIN2,10,3001,1,1.0,201,2,2001
NOLIN2,10,3001,2,-1.0,201,1,2001
NOLIN2,10,3001,2,1.0,201,2,2002
$ end for one pair of points
```

任何结构类型都可以与轴上的点进行连接。然而，为了达到最好的稳定性，把轴上所有的质量都置于起作用的一边——GRID 201，即施加非线性力处。对于惯性效应，比如向心力和科氏力，旋转体可能要求在“移动坐标”一节中描述的矩阵中输入。为了使得这些项不影响固定的结构，建议进行超单元分配。

8.6 动力分析模型调试

本节将简要介绍关于对有限元模型进行系统检查和归档的过程。如今，许多模型都是由一个小组生成的，然后传给其他小组进行后续的分析。由于这些模型有不同级别的分析验证和归档要求，所以检验过程必须确保这些模型是一致的和数学上是合理的。这个过程不是用来替代独立的分析验证阶段，而是用于在设计过程中消除建模错误。

8.6.1 建模要点

没有一个明确的检查清单可以保证对一个综合的有限元模型进行全面的检查，而且不能替代模型与实际的试验相关性检查，更不能替代分析人员对输出结果的工程解释和直观判断。在开始分析之前，或许对一个结果有一个初步的预测对你的分析将有所帮助，可以简单地用一个等效的梁或质量系统的载荷路径或自然频率来消除冗余并预测结果。事实上，这项工作在某种程度上在开始确定模型规模时就应该做了，可以提供基本的数据，建模时也会取得更精细的效果。

相对于先期模型的准备，下面几点建议可以帮助消除或减少建模中的问题。

在开始建立一个先期模型时应该：

（1）用梁元和板元来替代实体元。

（2）用 RBE2s 和 RBE3s 进行简化。

（3）减少建模偏移和局部建模细节。

（4）忽略一些不重要的不连续性特征，如孔和倒角。

在获得一个初始模型后要对模型进一步细化，使得结果的变化趋于合理：

（1）不要依赖薄板的弯曲能力，也不要用细长轴向构件构建运动学上的稳定性。

（2）做一个只有膜属性的、销接杆的初始分析，并检查奇异性。

（3）在最终的模型中避免使用 AUTOSPC。

（4）对于壳单元，用参数 K6ROT 或 SNORM。

如果没有很好地考虑力矩的偏移或过度消弱刚性非常强的载荷路径，在结果评估时应该对载荷和载荷路径的物理重要性进行检查。此外，相对较弱的弯曲构件或板会出现建模问题。

应力分析应该在详细的部件级水平上进行，考虑来自模型的各种载荷，在绝大多数情况下，直接由模型输出的应力结果必须进行仔细检查。实际计算时，为了获得正确的载荷分布，模型特性可以与实际产品有所不同，从而满足试验数据或动力特性的要求。采用有效厚度或简化弯曲特性都可以反映开孔板和偏心梁的特性。在这种情况下，将有限元载荷施加于实际的模型以进行详细分析，通过某些部件的结果评估确保有限元模型的可靠性，并且对应力分布进行可视化和单元选择处理。而且应力分量来源是已知的，即不论主要的应力分量是弯曲的还是轴向载荷引起的，载荷传递矩阵都是十分有用的，可以孤立关键设计条件，但不是计算安全极限的充分条件。

在一个载荷低估的区域进行动力分析时是一个小质量的局部响应，这些在详细应力分析中必须加以考虑，一个模型对一个质量的局部响应给出正确的载荷，必须考虑以下条件：

（1）质量必须要用足够的点来表示，以表征关键局部模态能量（单点质量往往不能充分反映）。

（2）质量必须要用合适的弹性单元来连接，以反映局部模态（RBE2 或 RBE3 是不合适的）。

（3）质量必须在 ASET 集中。

（4）模型和所有的分析（输入的谱等）必须超出局部关键模态（只要是关心的频率）。

8.6.2　测试动力模型

一旦有限元模型完成，并且所有的文档（如模型方案、材料和几何属性计算）已更新到最后的模型版本，应该进行后续的试验以验证模型，建议这些试验在开发阶段根据模型或子系统模型同时进行。

1. 几何显示

MSC Patran 和其他前处理软件的图形显示可以用于有限元模型的全方位可视化，由此检查模型的合理性。图 8-8 是伽利略太空船的有限元模型；图 8-9 是广域和行星照相机的有限元模型，如果可能，采用收缩显示可以确定是否所有单元都存在（见图 8-10），这种方法在用杆或梁建立沿板单元边的桁架时特别有用，而且只有在收缩显示下才能发现不连续性。

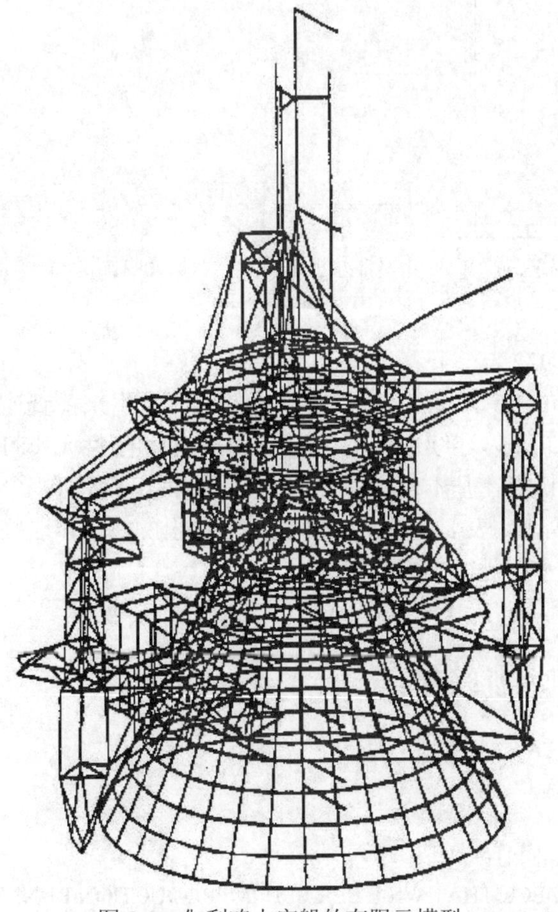

图 8-8　伽利略太空船的有限元模型

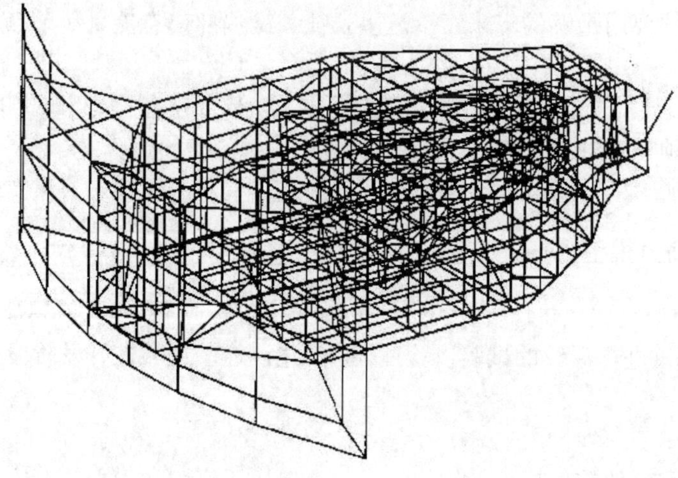

图 8-9　广域和行星照相机有限元模型

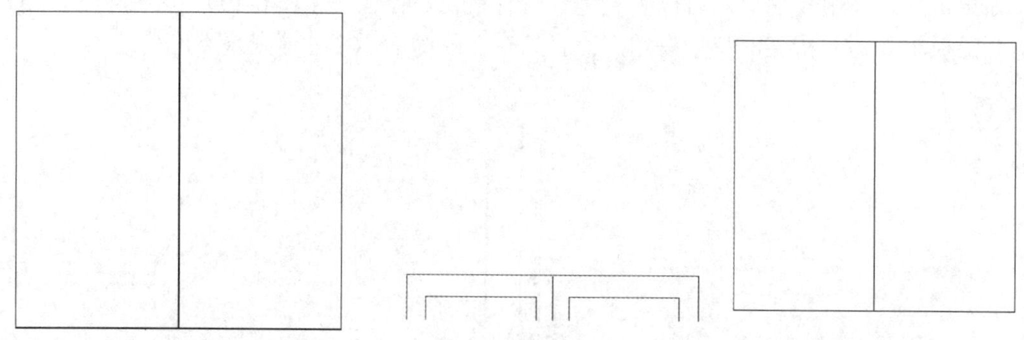

（a）剪切元和杆元，无收缩　（b）杆元正常尺寸、剪切元收缩（c）杆元和剪切都收缩

图 8-10　收缩显示

2. 校验运行 RF24D32

一种采用刚性格式的 RF Alter RF24D32 的校验运行常用来检查连续性和重复单元编号，任何重复编号都必须被纠正，连续性表不包括 MPC 约束和刚性元（RBE2、RBE3 或 RBAR），校验运行也提供所有网格点在基本坐标系中的位置，并列出所有单元的长度、面积和体积。表 8-5 给出了这些参数的列表，表 8-6 到表 8-13 给出了输出的例子，这些信息对于发现奇异性非常有用，因为在图形显示中是很难被发现的。

表 8-5　检查运行

```
$ BEGINNING OF RF ALTER 24$32
$
$CHECK INPUT DATA
$ R I G I D F O R M A T 24
$
$CHECK CONTROL INPUT
$ CASE CONTROL DECK THAT WILL BE USED IN PRODUCTION RUN.
$
```

```
$UNDEFORMED PLOTS MAY BE REQUESTED INCLUDING PROPERTY IDS
$ AND SPC POINTS
$
$BULK DATA INPUT
$ COMPLETE BULK DATA DECK TO BE SUBMITTED FOR PRODUCTION RUN
$ THE FOLLOWING PARAMETERS MUST BE SET TO THE INDICATED VALUES TO OBTAIN
$ OUTPUT FOR-
$ 1. GPL . SET PARAMETER GPL TO GPL
$ 2. EQEXIN - SET PARAMETER EQEXIN TO EQEXIN
$ 3. GPDT - SET PARAMETER GPDT TO GPDT
$ 4. CSTM . SET PARAMETER CSTM TO CSTM
$ 5. BGPDT - SET PARAMETER BGPDT TO BGPDT
$ 6. MGG - SET PARAMETER PRTMGG TO +1
$ 7. ETT - SET PARAMETER GPTT TO GPTT
$ 8. GPECT - SET PARAMETER GPECT TO +1 TO OBTAIN LIST OF ELEMENTS
$ CONNECTED TO GRIDS.
$ 9. PROUT -- SET TO POSITIVE VALUE TO OBTAIN SORTED LIST OF
$ ELEMENT IDS.
$ 10. EST - SET TO POSITIVE VALUE TO OBTAIN LENGTHS, AREAS,
$ OR VOLUMES OF ELEMENTS.
$ 11. PG -- SET PRTPG=+1 TO PRINT THE LOAD VECTOR MATRIX
$ 12. A SUMMATION OF LOAD IN BASIC WILL AUTOMATICALLY BE PRINTED
$
$THE ITEMS CHECKED INCLUDE - GRID CONNECTION AND PROPERTY CARDS, MASS
$ PROPERTIES OF STRUCTURE, LOADS, TEMPERATURES AND CONSTRAINTS
$ AS WELL AS SOME GEOMETRY AND MATERIAL PROPERTIES
$ FOR EACH SUBCASE IN ALL BOUNDARY CONDITIONS.
$
$THE ITEMS NOT CHECKED INCLUDE - GEOMETRY, MATERIAL PROPERTIES AND
$ GRID POINT SINGULARITIES
$-----------------------------------------
```

建议由网格点重量发生器得到输出，设置参数命令 PARAM,GRDPNT 指向一个正整数，这个整数的值是指被用作参考点的网格点号，如果是零或是一个未定义的网格点，则用基本坐标系的原点作为参考点。

（1）就像在 Bulk Data 中看到的网格编号按递增数字由左到右列出（每行 4 个），除第一列是序号外，其余按外部网格点或标量点和内部序号交替排列。

（2）在上面的例子中，网格点 25 的内部序号是 14。

（3）第一列标记的外部序号可以忽略（它的增量是 4，因为每一行有 4 个外部网格/内部编号）。

（4）RF24D32 在下面的表中提供类似的信息：GPL 记录 1、GPL 记录 2 及 EQEXIN 记录 2。

表 8-6 的输出是通过用 RF Alter RF24D32 和 PARAM,EQEXIN,EQEXIN 得到的。

表 8-6 格式化的 EQEXIN 数据块列表（记录 1）

EXTERNAL SORT ID	EXTERNAL GRID OR SCALAR ID	INTERNAL NUMBER	EXTERNAL RID OR SCALAR ID	INTERNAL NUMBER	EXTERNAL GRID OR SCALAR ID	INTERNAL NUMBER	EXTERNAL GRID OR SCALAR ID	INTERNAL NUMBER
1	10	1	11	2	12	3	13	4
5	14	5	15	6	16	7	19	8
9	20	9	21	10	22	11	23	12
13	24	13	25	14	26	15	29	16
17	30	17	31	18	32	19	33	20

表 8-7 的输出是通过用 RF Alter RF24D32 和 PARAM,GPDT,GPDT 得到的。

表 8-7 格式化的 GPDT 数据块列表（记录 1）

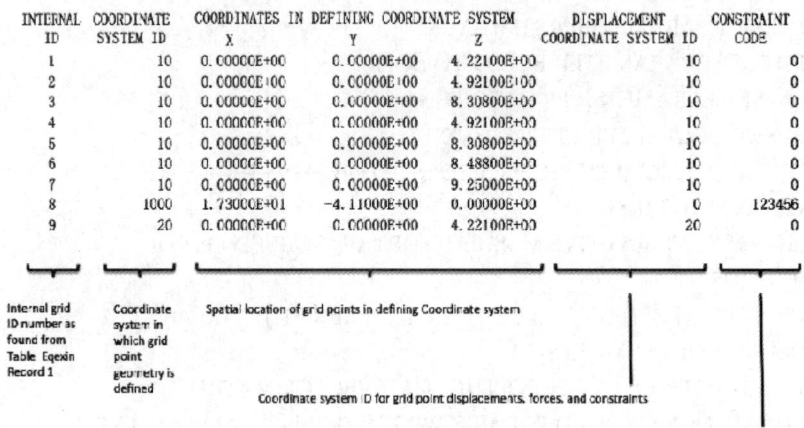

INTERNAL ID	COORDINATE SYSTEM ID	COORDINATES IN DEFINING COORDINATE SYSTEM X	Y	Z	DISPLACEMENT COORDINATE SYSTEM ID	CONSTRAINT CODE
1	10	0. 00000E+00	0. 00000E+00	4. 22100E+00	10	0
2	10	0. 00000E+00	0. 00000E+00	4. 92100E+00	10	0
3	10	0. 00000E+00	0. 00000E+00	8. 30800E+00	10	0
4	10	0. 00000E+00	0. 00000E+00	4. 92100E+00	10	0
5	10	0. 00000E+00	0. 00000E+00	8. 30800E+00	10	0
6	10	0. 00000E+00	0. 00000E+00	8. 48800E+00	10	0
7	10	0. 00000E+00	0. 00000E+00	9. 25000E+00	10	0
8	1000	1. 73000E+01	-4. 11000E+00	0. 00000E+00	0	123456
9	20	0. 00000E+00	0. 00000E+00	4. 22100E+00	20	0

表 8-8 的输出是通过用 RF Alter RF24D32 和 PARAM,CSTM,CSTM 得到的。

表 8-8 格式化的 CSTM 数据块列表（记录 1）

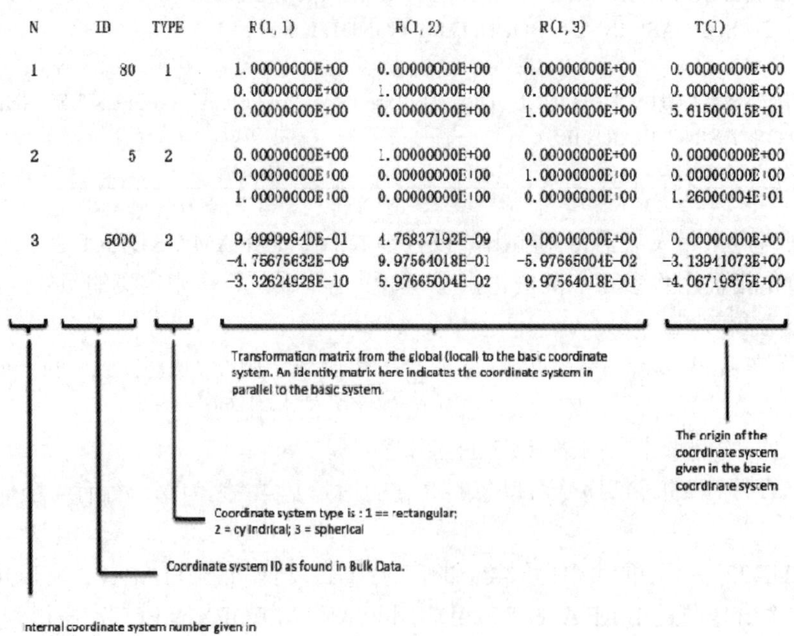

N	ID	TYPE	R(1, 1)	R(1, 2)	R(1, 3)	T(1)
1	80	1	1. 00000000E+00	0. 00000000E+00	0. 00000000E+00	0. 00000000E+00
			0. 00000000E+00	1. 00000000E+00	0. 00000000E+00	0. 00000000E+00
			0. 00000000E+00	0. 00000000E+00	1. 00000000E+00	5. 61500015E+01
2	5	2	0. 00000000E+00	1. 00000000E+00	0. 00000000E+00	0. 00000000E+00
			0. 00000000E+00	0. 00000000E+00	1. 00000000E+00	0. 00000000E+00
			1. 00000000E+00	0. 00000000E+00	0. 00000000E+00	1. 26000004E+01
3	5000	2	9. 99999840E-01	4. 76837192E-09	0. 00000000E+00	0. 00000000E+00
			-4. 75675632E-09	9. 97564018E-01	-5. 97665004E-02	-3. 13941073E+00
			-3. 32624928E-10	5. 97665004E-02	9. 97564018E-01	-4. 06719875E+00

表 8-9 的输出是通过用 RF Alter RF24D32 和 PARAM,BGPDT,BGPDT 得到的。

表 8-9　格式化的 BGPDT 数据块列表（记录 1）

INTERNAL ID	COORDINATE SYSTEM ID	COORDINATES IN BASIC COORDINATE SYSTEM X	Y	Z
1	10	1.35808E + 00	−5.25850E + 00	2.43840E + 00
2	10	1.58327E + 00	−4.73337E + 00	2.84278E + 00
3	10	2.67300E + 00	−2.19252E + 00	4.79939E + 00
4	10	1.58327E + 00	−4.73337E + 00	2.84278E + 00
5	10	2.67300E + 00	−2.19252E + 00	4.79939E + 00
6	10	2.73091E +00	−2.05749E + 00	4.90337E + 00
7	10	2.97508E + 00	−1.48585E + 00	5.34357E + 00

Internal Grid ID number as following in Table exeqin Record 1'

Spatial location of grid points in basic coordinate system

Coordinate system ID for grid points displacement, forces, and constraints

表 8-10 的输出是通过用 RF Alter RF24D32 和 PARAM,PROUT,+1 得到的。单元中不包括 MPCs, RBARs, RBE1s, RBE2s, RBE3s。

表 8-10　元素类型数

THERE ARE	705 BAR	ELEMENTS FIRST EID	=	10 LAST EID	=	15408
THERE ARE	2 BEAM	ELEMENTS FIRST EID	=	100 LAST EID	=	900
THERE ARE	6 ELAS2	ELEMENTS FIRST EID	=	1040 LAST EID	=	1045
THERE ARE	117 CONM2	ELEMENTS FIRST EID	=	998 LAST EID	=	5250
THERE ARE	438 QUAD4	ELEMENTS FIRST EID	=	1019 LAST EID	=	31451
THERE ARE	101 SHEAR	ELEMENTS FIRST EID	=	1057 LAST EID	=	11657
THERE ARE	223 TRIA3	ELEMENTS FIRST EID	=	731 LAST EID	=	31071

表 8-11 的输出是通过用 RF Alter RF24D32 和 PARAM,PROUT,+1 得到的。

表 8-11　按数字顺序列出元素

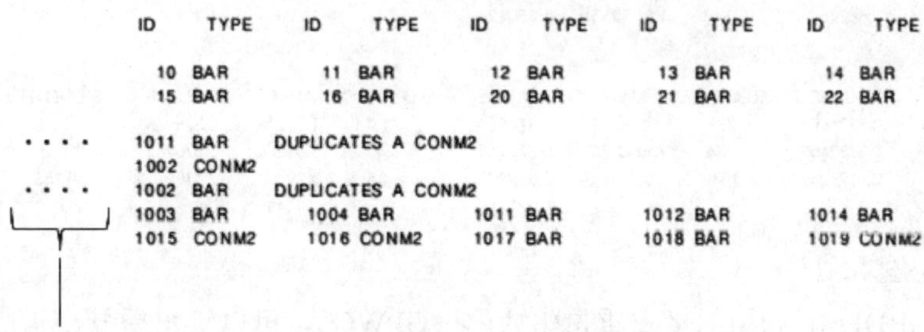

```
      ID    TYPE      ID    TYPE      ID    TYPE      ID    TYPE      ID    TYPE

      10  BAR         11  BAR         12  BAR         13  BAR         14  BAR
      15  BAR         16  BAR         20  BAR         21  BAR         22  BAR

....  1011  BAR     DUPLICATES A CONM2
      1002  CONM2
....  1002  BAR     DUPLICATES A CONM2
      1003  BAR       1004 BAR        1011 BAR        1012 BAR        1014 BAR
      1015  CONM2     1016 CONM2      1017 BAR        1018 BAR        1019 CONM2
```

Asteriks indicates a duplicated element number

表 8-12 的输出是通过用 RF Alter RF24D32 和 PARAM,GPECT,+1 得到的。单元中不包括 MPCs, RBARs, RBE1s, RBE2s, RBE3s。

表 8-12　网络给定元件连接列表

GRID POINT	CONNECTED ID	ELEMENTS TYPE	CONNECTE ID	ELEMENTS TYPE	CONNECTE ID	ELEMENTS TYPE	CONNECTE ID	ELEMENTS TYPE	CONNECTE ID	ELEMENTS TYPE
1032	11001	BAR	11022	BAR	11047	BAR	11048	BAR	1032	CONM2
1032	1744	QUAD4	1732	SHEAR	1748	SHEAR	1719	TRIA3	1720	TRIA3
1032	1721	TRIA3								
1033	11001	BAR	11002	BAR	11026	BAR	11027	BAR	1732	SHEAR
1033	1733	SHEAR	1748	SHEAR	1749	SHEAR				
1034	11002	BAR	11003	BAR	11031	BAR	11032	BAR	1733	SHEAR
1034	1734	SHEAR	1749	SHEAR	1750	SHEAR				

表 8-13 的特殊输出是通过用 PARAM,EST,+1 得到的。

表 8-13　特殊输出

ELEMENT TYPE - BAR

ELEMENT ID	LENGTH	VOLUME	ELEMENT ID	LENGTH	VOLUME	ELEMENT ID	LENGTH	VOLUME	ELEMENT ID	LENGTH	VOLUME
1832	5.13668	0.405796	1833	5.23643	0.413675	1834	11.07	0.87453	1835	8.82	0.69678
1836	11.07	0.87453	1837	8.82	0.69678	1838	11.07	0.87453	1839	8.82	0.69678
1850	6.275	1.56875	1851	5.15759	1.2894	1852	6.54324	1.56081	1853	5.13666	1.28417

ELEMENT TYPE - BAR

ELEMENT ID	LENGTH	VOLUME	ELEMENT ID	LENGTH	VOLUME	ELEMENT ID	LENGTH	VOLUME	ELEMENT ID	LENGTH	VOLUME
15302	1.33939	0.001339	15303	1.33939	0.001339	15304	1.33939	0.001339	15305	1.33939	0.001339
15306	1.33939	0.001339	15307	1.33939	0.001339	15308	1.75	0.00175	15309	1.75	0.00175
15400	4.73394	2.36697	15401	2.02578	1.10339	15402	2.5042	1.2521	15403	2.45211	1.22606
15404	2.45231	1.22616	15405	5.06811	2.53406	15406	4.85001	2.425	15407	5.6528	2.8284
15408	5.85271	2.82636									

ELEMENT TYPE - BEAM

ELEMENT ID	LENGTH	VOLUME	ELEMENT ID	LENGTH	VOLUME	ELEMENT ID	LENGTH	VOLUME	ELEMENT ID	LENGTH	VOLUME
100	7.44262	16.7905	900	7.03656	5.91071						

ELEMENT TYPE - QUAD4

ELEMENT ID	AREA	VOLUME	ELEMENT ID	AREA	VOLUME	ELEMENT ID	AREA	VOLUME	ELEMENT ID	AREA	VOLUME
1019	18.3429	1.10057	1020	15.4783	0.923915	1021	22.1611	1.32967	1022	20.6317	1.2379
1023	21.5992	1.72794	1024	36.013	2.88104	1025	31.36	2.1925	1026	36.013	2.16078
1027	35.3506	2.12103	1028	7.06676	0.565341	1030	2.7875	0.39025	1051	10.035	1.4049

ELEMENT TYPE - SHEAR

ELEMENT ID	AREA	VOLUME	ELEMENT ID	AREA	VOLUME	ELEMENT ID	AREA	VOLUME	ELEMENT ID	AREA	VOLUME
1734	21.808	1.74464	1735	35.2222	2.81778	1736	29.7567	2.38054	1737	35.2222	2.81778
1738	13.8272	1.10618	1739	11.6816	0.934528	1740	13.8272	1.10618	1741	21.1266	1.69012
1742	19.787	1.58296	1743	21.1265	1.69012	1748	16.24	1.2992	1749	13.72	1.0976

ELEMENT TYPE - TRIA3

ELEMENT ID	AREA	VOLUME	ELEMENT ID	AREA	VOLUME	ELEMENT ID	AREA	VOLUME	ELEMENT ID	AREA	VOLUME
731	1.08276	0.378965	732	1.08276	0.378965	733	1.08276	0.378965	734	1.08276	0.378965
735	1.08276	0.378965	736	1.08276	0.378965	737	1.08276	0.378965	738	1.08276	0.378965
1078	0.0725	0.019125	1079	0.0725	0.019125	1155	4.32	2.4192	1156	4.32	2.4192

3. 质量分配

PARAM,GRDPNT 利用网格点重量生成器（GPWG），可以给出质量、重心、惯性矩和主惯性矩及其方向余弦（如表 8-14 所示）。充分使用这个诊断工具，可以对模型与已有的产品或质量属性计算结果进行相关性检查，GPWG 只使用重量特性和几何来计算质量特性，合成质量特性也叫刚体质量特性。注意，PARAM,GRDPNT 不影响 GPWG 的输出，只是提取出已输出的结果。

表8-14　PARAM,GRDPNT重量惯性矩阵

```
                                   REFERENCE POINT - 1000
                                            MO
. 1.562092E + 00  -1.669640E - 17  -1.040634E - 17  -4.440692E - 16   5.894034E + 01  -1.359722E + 01 .
. -1.767218E + 17  1.562092E + 00  -1.416518E - 16  -5.894034E + 01  -4.973032E - 16   3.635694E - 01 .
. -1.040834E - 17  -1.419229E - 16  1.562092E + 00   1.359722E + 01  -3.635694E - 01  -4.440692E - 18 .
. 4.440692E - 16  -5.894034E + 01   1.359722E + 01   3.191095E + 03   3.648479E + 00  -2.795030E + 00 .
. 5.894034E + 01   2.972035E - 16  -3.635694E - 01   3.648479E + 00   3.263023E + 03  -5.062753E + 02 .
. -1.359722E + 01  3.635694E - 01   2.220448E - 16  -2.795030E + 00  -5.082753E + 02   4.852746E + 02 .

                                             S
          .  1.0000000E + 00      0.                    0.              .   TRANSFORMATION MATRIX
          .  0.                   1.000000E + 00        0.              .   FROM THE BASIC SYSTEM
          .  0.                   0.                    1.000000E + 00  .   TO THE PRINCIPAL MASS AXES

      DIRECTION
  MASS AXIS SYSTEM (S)      MASS            X.C.G.            Y.C.G.          Z.C.G.
        X              1.562092E + 00   0.0               6.704492E + 00  3.773167E + 01
        Y              1.562092E + 00   2.327452E - 01    0.0             3.773167E + 01
        Z              1.562092E + 00   2.327452E - 01    6.704492E + 00  0.0

                                            I (S)
          .  8.488209E + 02    -6.813186E + 00      -1.092305E + 01  .   MOMENTS OF INERTIA IN THE
          .  -5.813166E + 00    1.059020E + 03      -4.770467E + 00  .   BASIC COORDINATE SYSTEM
          .  -1.092305E + 01   -4.770467E + 00       3.668331E + 02  .

                                            I (O)
          .  1.059279E + 03                                          .   PRINCIPLE MOMENTS OF
          .                     8.46606E + 02                        .   INERTIA
          .                                          3.665549E + 02  .

                                             O
          .  -3.274377E - 02   -9.992094E - 01       2.254901E - 02  .   DIRECTION COSINES FROM
          .  -9.994364E - 01    3.290163E - 02       6.665341E - 03  .   BASIC COORDINATES TO
          .  -7.401970E - 03   -2.231805E - 02      -9.997325E - 01  .   PRINCIPAL INERTIA AXES

  PRINCIPLE MASSES AND ASSOCIATED CENTERS OF GRAVITY
  RELATIVE TO THE REFERENCE POINT

  RIGID BODY MASS MATRIX RELATIVE TO THE REFERENCE
  POINT IN THE BASIC COORDINATE SYSTEM
```

4. 静态载荷

静态载荷（如重力）在检查有限元模型各种特性时也会带来很大的帮助，由一个单位重力得到的位移、单元力和支撑反力（SPC 力）可以用来检查质量、刚度和支撑稳定性，重力和中心可以由 SPC 力计算出来，也可以与其他施加的载荷或重力进行比较。根据单元力对载荷路径进行评价，在网格点处而非真正边界条件（刚度矩阵对角项最大比和 SPC 力）可以确定刚度矩阵的总体状况。表8-15和表8-16给出了输出数据的例子。

表8-15　静态的刚度、张量和最大比率

```
... USER INFORMATION MESSAGE 4158 - STATISTICS FOR SYMMETRIC DECOMPOSITION OF DATA BLOCK KOO FOLLOW
    MAXIMUM RATIO OF MATRIX DIAGONAL TO FACTOR DIAGONAL = 3.9E + 03 AT ROW NUMBER 594

... USER INFORMATION MESSAGE 3035 FOR DATA BLOCK KLL

LOAD SEQ.
 NO.      EPSILON       STRAIN  ENERGY   EPSILONS LARGER THAN 0.001 ARE FLAGGED WITH ASTERISKS

 1    -3.0539089E - 14  8.2555099E + 01
 2     1.0082989E - 14  8.7870163E + 01
 3     9.0509631E - 16  2.3730776E + 01

... USER INFORMATION MESSAGE 3035 FOR DATA BLOCK KOO

LOAD SEQ.
 NO.      EPSILON       STRAIN  ENERGY   EPSILONS LARGER THAN 0.001 ARE FLAGGED WITH ASTERISKS

 1     6.5035202E - 15  2.2547545E - 01
 2     7.3623740E - 15  2.2061828E - 01
 3     2.0116192E - 15  1.3978869E - 01
```

表 8-16　静力学的 SPC 力

FORCES OF SINGLE-POINT CONSTRAINT

1.0G (+ X)　　　　　　　　　　SUBCASE 1

POINT ID	TYPE	T1	T2	T3	R1	R2	R3
201	G	0.0	0.0	0.0	0.0	2.797872E-13	0.0
2611	G	0.0	1.778028E-06	0.0	0.0	0.0	0.0
2711	G	0.0	- 3.070124E-06	0.0	0.0	0.0	0.0
3197	G	0.0	0.0	0.0	0.0	0.0	2.731404E-09
3198	G	0.0	0.0	0.0	0.0	0.0	3.327725E-09
3297	G	0.0	0.0	0.0	0.0	0.0	2.494900E-09
3298	G	0.0	0.0	0.0	0.0	0.0	- 1.839192E-09
3397	G	0.0	0.0	0.0	0.0	0.0	- 4.187774E-10
3398	G	0.0	0.0	0.0	0.0	0.0	- 4.716660E-09
3497	G	0.0	0.0	0.0	0.0	0.0	1.664817E-09
3498	G	0.0	0.0	0.0	0.0	0.0	6.814997E-11
5602	G	0.0	0.0	0.0	0.0	0.0	6.451412E-05
5603	G	0.0	0.0	0.0	0.0	0.0	- 8.358259E-05
5604	G	0.0	0.0	0.0	0.0	0.0	3.047899E-05
5605	G	0.0	0.0	0.0	0.0	0.0	- 3.166949E-05
5606	G	0.0	0.0	0.0	0.0	0.0	2.125513E-05
5607	G	0.0	0.0	0.0	0.0	0.0	2.643013E-05
5608	G	0.0	0.0	0.0	0.0	0.0	- 4.914991E-05
5609	G	0.0	0.0	0.0	0.0	0.0	4.414012E-05
5610	G	0.0	0.0	0.0	0.0	0.0	- 3.978080E-05
5611	G	0.0	0.0	0.0	0.0	0.0	3.061714E-05
9999	G	- 5.640888E+03	5.932931E-06	- 1.097669E-07	1.562507E-04	4.669583E+05	- 4.979101E+02

MODEL WEIGHT RECOVERED AT THE BOUNDARY

MOMENT CONSTISTENT WITH MODEL WEIGHT AND C.G. DATA

SPC FORCES AND MOMENTS IN THE ACCEPTABLE RANGE

这些量的允许值如下：

Epsilon*	$\leqslant 1.0 \times 10^{-6}$	（大模型）
	$\leqslant 1.0 \times 10^{-9}$	（小模型）
最大比	$\leqslant 1.0 \times 10^{+5}$	
SPC 力（在内部点）	$\leqslant 1.0 \times 10^{-5}$	（模型重量）
SPC 力矩（在内部点）	$\leqslant 1.0 \times 10^{-3}$	（模型重量）×（单位长度）

Epsilon*是与计算机相关的，上面的数据是针对 CDC 64-位，其他机器应该小一点（1.0×10^{-8} 和 1.0×10^{-11}），机构或对称条件需要重新估计 SPC 的限值。

1G 调试法也可以对一阶模态频率做一个粗略估计，计算方法是根据在中心的位移（D）按以下方程推算：

$$FN \sim \frac{1}{2\pi}\sqrt{G/D}$$

一个 1G 静态载荷工况很容易由 GRAV 卡定义，这是惯性释放分析的首选方法。施加的静态力和力矩产生位移、单元和 SPC 力，力的大小和作用点应该是一个有代表性的结构载荷，从而让分析人员在 1G 调试法中对力和位移有一个正确的认识，通过单元应变能和网格点力平衡的检查也会对读者有所帮助，关于这些功能的详细描述请参阅 *MSC Nastran Quick Reference Guide* 中的 Case Control 命令 ESE 和 GPFORCE。

5. 自由体平衡检查

用 Solution 101 和 SSSALTER 库中的 CHECKA 集变换可以进行平衡检查，以进一步检验刚度矩阵，这个检查是计算单位移动和转动引起的应变能。

所有的 SUPORTs 和 SPCs 应该被去掉，包括在 Bulk Data 中的下列参数命令：AUTOSPC,YES、GPL、SEQOUT,1。由 AUTOSPC 处理器输出的量要仔细检查（见表 8-17 中关于 AUTOSPC 的例子），这个表中包括所有没有刚度的自由度，每个自由度都要进行检查，如果有奇异，则施加 SPC；如果不是有意的奇异，则必须纠正模型。

表 8-17　网格奇点表

点序号	类型	失败方向	刚度比	旧 USET	新 USET
1000	G	4	0.00E+00	O	S
1000	G	5	0.00E+01	O	S
1000	G	6	0.00E+02	O	S

输出 KRBF 矩阵（见表 8-18）可以确定限制刚体位移所需的力，所有的单元应该都比较小，如：

（1）对角线平移< 1.0×10^{-2}。

（2）对角线转动< 2.0×10^{2}。

（3）非对角线项< 2.0×10^{2}。

（4）由平移引起的力（圆圈内）应该小于 1.E–2。

（5）由转动引起的力矩（矩形框内）应小于 2.0E+2。

（6）非对角项应小于 2.0E+2。

表 8-18　KRBF 矩阵

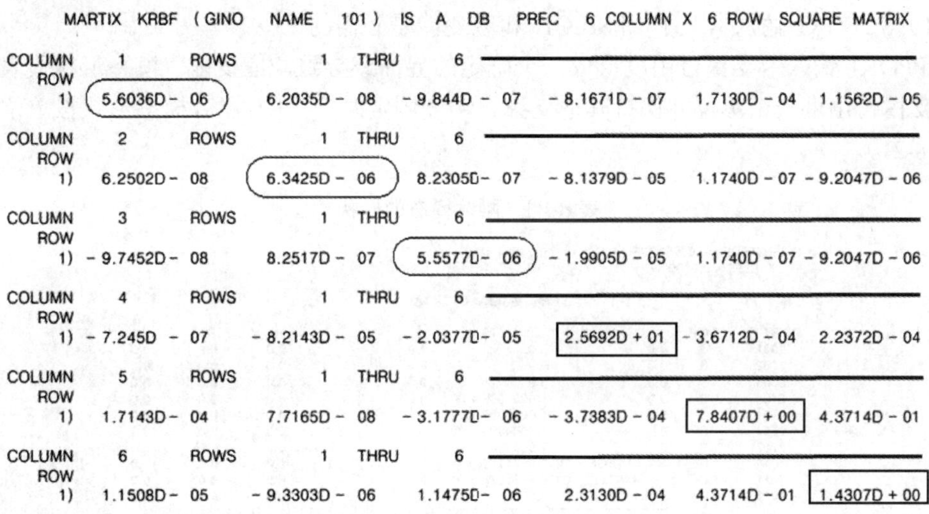

```
MARTIX KRBF ( GINO NAME 101 ) IS A DB PREC 6 COLUMN X 6 ROW SQUARE MATRIX
COLUMN 1 ROWS 1 THRU 6
ROW
1) 5.6036D-06 6.2035D-08 -9.844D-07 -8.1671D-07 1.7130D-04 1.1562D-05
COLUMN 2 ROWS 1 THRU 6
ROW
1) 6.2502D-08 6.3425D-06 8.2305D-07 -8.1379D-05 1.1740D-07 -9.2047D-06
COLUMN 3 ROWS 1 THRU 6
ROW
1) -9.7452D-08 8.2517D-07 5.5577D-06 -1.9905D-05 1.1740D-07 -9.2047D-06
COLUMN 4 ROWS 1 THRU 6
ROW
1) -7.245D-07 -8.2143D-05 -2.0377D-05 2.5692D+01 -3.6712D-04 2.2372D-04
COLUMN 5 ROWS 1 THRU 6
ROW
1) 1.7143D-04 7.7165D-08 -3.1777D-06 -3.7383D-04 7.8407D+00 4.3714D-01
COLUMN 6 ROWS 1 THRU 6
ROW
1) 1.1508D-05 -9.3303D-06 1.1475D-06 2.3130D-04 4.3714D-01 1.4307D+00
```

也应该输出矩阵 KRBFN，网格点上归一化到最大为 1.0（见表 8-19）。由表 8-19 可以看到，通过这个检查，可以很方便地知道哪些网格点的自由度有问题。

6. 刚性体检查

如果模型主要用于动力学分析，那么 CHECKA DMAP Alter 在 Solution 103 中可以进行平衡检查。在这种情况下，单位平动或转动可以认为是结构的刚体位移，在输出坐标系中关于 SUPORT 点的应变能应该很小，可以计算和输出。

应变能和最大比在这个点也要进行检查，就像在静态分析情况下（见表 8-20）。

表 8-19 KRBFN 矩阵

DOF FOR RIGID BODY MOTION

KRBFN

COLUMN ① (225-T1)

POINT		VALUE	POINT		VALUE	POINT		VALUE	POINT		VALUE	POINT		VALUE
11051	T2	-3.74471E-02	11051	T3	-3.02345E-02	11051	R2	1.21603E-02	11051	R3	-1.72736E-02	23	T1	4.24163E-02
23	T3	-2.39963E-02	23	R2	2.12711E-02	1200	T2	1.62373E-02	1200	T3	1.85258E-02	8018	T1	1.70890E-02
8018	T2	-2.07496E-02	1300	T1	-1.14074E-02	1300	T3	4.24825E-02	8017	T1	4.70647E-02	1350	T3	1.01157E-02
7017	T2	1.40387E-02	6010	T3	1.00000E+00	8011	T2	-2.90140E-02	1400	T1	-1.42188E-02	1400	T3	5.53219E-02

GRID DOF

1.0 IS THE MAXIMUM NORMALIZED VALUE AND INDICATES THE MAXIMUM STRAIN ENERGY

NORMALIZED VALUE OF STRAIN ENERGY GREATER THAN .01

表 8-20 刚体模态的刚度、张量和最大比率

... USER INFORMATION MESSAGE 4158-STATISTICS FOR SYMMETRIC DECOMPOSITION OF DATA BLOCK KOO FOLLOW MAXIMUM RATIO OF MATRIX DIAGONAL TO FACTOR DIAGONAL = 7.4E+04 AT ROW NUMBER 702

... USER INFORMATION MESSAGE 3035 FOR DATA BLOCK KLR

SUPPORT PT. NO.	EPSILON	STRAIN ENERGY	EPSILONS LARGER THAN 0.001 ARE FLAGGED WITH ASTERISKS
1	1.2895072E-16		
2	1.2895072E-16	-7.2759576E-12	
3	1.2895072E-17	-5.4569682E-12	
4	1.2895072E-18	-2.2351742E-08	
5	1.2895072E-19	-4.4703484E-08	
6	1.2895072E-20	-7.4505806E-09	

（1）SUPORT 输入卡对于 EPSILON 和应变能是必需的。

SUPPORT 输入卡支撑自由度形成一个确定的界面或导致高应变能，模态形状代表由于移动一个支撑自由度一个单位并保持其他支撑自由度固定时产生的位移，模态形状按单位值检查（见表 8-21）。

表 8-21 刚体模态的形状

EIGENVALUE = 0.0000000E+00
CYCLES = 0.000000E+00

REAL EIGENVECTOR NO. 2

POINT ID.	TYPE	T1	T2	T3	R1	R2	R3
2001	G	0.0	0.0	0.0	0.0	0.0	0.0
2002	G	0.0	0.0	0.0	0.0	0.0	0.0
2003	G	0.0	0.0	0.0	0.0	0.0	0.0
2102	G	0.0	1.000000E+00	0.0	0.0	0.0	0.0
2131	G	0.0	1.000000E+00	0.0	0.0	0.0	0.0
2704	G	0.0	1.000000E+00	0.0	0.0	0.0	0.0
2732	G	0.0	1.000000E+00	0.0	0.0	0.0	0.0
7010	G	4.446353E-01	8.957117E-01	0.0	0.0	0.0	0.0
7011	G	-4.446353E-01	8.957117E-01	0.0	0.0	0.0	0.0
7012	G	-4.446353E-01	8.957117E-01	0.0	0.0	0.0	0.0

GRID 7010 THRU 7012 OUTPUT IN A LOCAL COORDINATE SYSTEM

EIGENVALUE = 0.0000000E+00
CYCLES = 0.000000E+00

REAL EIGENVECTOR NO. 3

POINT ID.	TYPE	T1	T2	T3	R1	R2	R3
2001	G	0.0	0.0	0.0	0.0	0.0	0.0
2002	G	0.0	0.0	0.0	0.0	0.0	0.0
2003	G	0.0	0.0	0.0	0.0	0.0	0.0
2102	G	0.0	0.0	1.000000E+00	0.0	0.0	0.0
2131	G	0.0	0.0	1.000000E+00	0.0	0.0	0.0
2704	G	0.0	0.0	1.000000E+00	0.0	0.0	0.0
2732	G	0.0	0.0	1.000000E+00	0.0	0.0	0.0
7010	G	0.0	0.0	1.000000E+00	0.0	0.0	0.0
7011	G	0.0	0.0	1.000000E+00	0.0	0.0	0.0
7012	G	0.0	0.0	1.000000E+00	0.0	0.0	0.0

（2）特征值和周期被 DMAP Alter 设为 0。

注意这些变化根据 EIGR 输入卡进行最大正则化。

7. 热试验

作为一种对连续性和刚度矩阵的进一步检查，采用等温膨胀测试法，用带 TEMPD 输入卡的 SOL 101 进行常温分析，所有的热膨胀系统都一样。如果刚性元或偏置的杆元存在，则检查不是刚性的，刚性元不会产生膨胀，但会产生扭曲力和应力，除非将相应的自由度释放掉。

8. 模态分析

有几个诊断工具可以进一步评价模型的完备性，这些工具（如有效质量、应变能、动能、变形图绘制）在下面逐一进行简要介绍。

有两种方法可用于在模态分析中减少动态自由度的数目，方法简述如下。

在动态分析中，当使用古演缩减时主要关心的是 ASET 的适当选择，解的质量完全取决于这个 ASET 形成的缩减质量矩阵是否保留了足够的质量和正确的分布，以充分预测模态和频率。

GDR 运行的结果可用于选择 ASET 为将来进一步的处理所用（如图 8-11 所示的流程图）。一种经验的 ASET 选择方法是包含所有对各阶主要模态的系统动能超过 2%的自由度（通过比较 EFMASS 和系统重量来决定）和其他模态超过 5% 的自由度，但在对较密网格装配时必须小心，尽管整个装配会移到一个模态，但不是任意一个自由度的系统动能超过 2%。显然当一个模态有一个相当大的 EFMASS（模态有效质量），既没有大的动能项也没有值得注意的动能项，就不会计及这个模态的 EFMASS，此时就没有可替代常规确定 DOFs 的方法来描述子系统的运动。

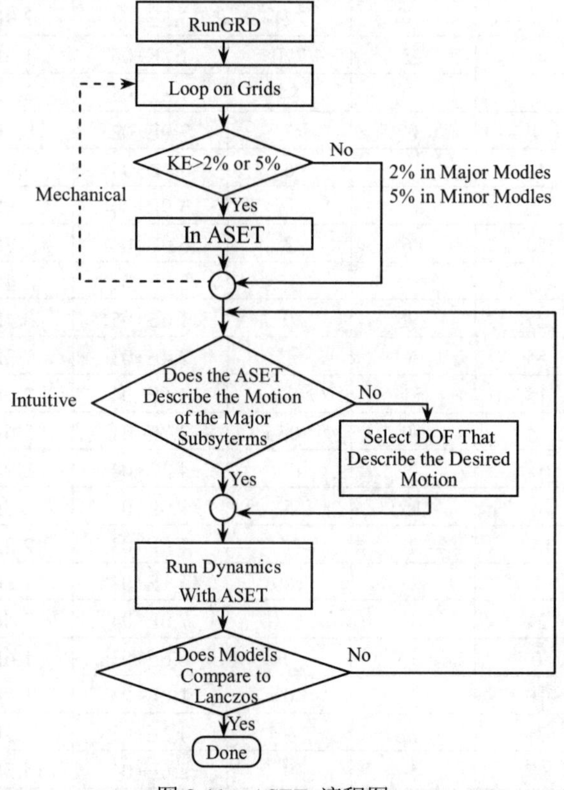

图 8-11　ASET 流程图

注意这样会去掉刚体模态检查，因为 SUPORT 输入卡被去掉了（除非这是一个 free-free run）。

9. MER – MREMER – MR – EFMASS

一个重要的诊断工具就是弹性–刚性耦合矩阵（MER），即弹性模态矩阵、ASET 质量矩阵和关于界面刚体位移矩阵的三重积，这个 N × 6 矩阵给出了每个保留模态的有效质量的平方根，所以这个矩阵的每个元素的积将会给出包含那个模态在相关方向的有效质量，这些值在 EFMASS 中，这个矩阵可用于确定哪个模态在受载时是主要模态。表 8-22 给出了 MER 矩阵的例子，矩阵中的每个元素已被平方，单位也转换为重量单位。

表 8-22　伽利略飞船基础模型模态重量和惯性（Lb, Lb-in2）

模态	X	Y	Z	RX	RY	RZ
1	0	0	0	2.5E+00	2.3E+03	8.3E+01
2	0	0	1	2.3E+03	3.4E+01	5.0E+02
3	1188	479	0	7.0E+06	2.1E+07	2.2E+03
4	489	1144	0	2.0E+07	8.7E+06	6.2E+02
5	2	1888	3	8.2E+06	1.2E+04	1.0E+02
6	1097	5	0	1.7E+05	5.7E+06	9.2E+05
7	1007	10	0	3.1E+05	5.5E+06	3.2E+05
8	1	296	0	5.2E+06	8.9E+03	2.1E+05
9	45	3	0	9.4E+04	2.4E+05	1.2E+05
10	11	554	33	3.5E+06	5.3E+04	1.5E+02
11	533	0	31	2.0E+02	3.2E+06	2.8E+04
12	5	6	221	3.5E+04	2.9E+04	9.0E+05
13	41	25	770	1.1E+05	1.9E+05	4.0E+05
14	3	29	84	1.8E+05	3.5E+04	7.0E+05
15	9	0	7	7.9E+02	9.2E+04	5.2E+05
16	0	24	6	3.3E+04	3.4E+02	1.4E+04
17	2	0	63	3.9E+04	4.6E+03	3.6E+03
18	50	86	2	6.9E+04	7.7E+04	6.1E+05
19	2	0	35	2.8E+04	3.4E+03	1.1E+04
20	27	196	0	1.6E+05	3.4E+04	3.8E+05
21	55	6	1	2.4E+03	7.3E+04	7.8E+03
22	15	51	50	4.6E+04	2.9E+04	1.2E+04
23	6	19	3055	2.2E+04	2.6E+04	6.5E+04
24	100	0	479	4.3E+04	2.9E+05	1.2E+05
25	6	15	5	1.0E+04	2.5E+04	1.4E+04
26	157	7	15	3.6E+03	2.2E+05	5.2E+03
27	1	1	149	3.1E+04	1.8E+03	1.5E+04
28	21	1	30	7.0E+04	2.8E+04	1.5E+04
29	0	1	0	6.6E+03	1.6E+03	5.0E+00
30	10	1	0	1.2E+03	1.2E+04	9.0E+03
31	71	138	9	4.2E+05	1.3E+05	7.0E+03
32	67	5	0	2.6E+04	5.3E+04	1.6E+02

续表

模态	X	Y	Z	RX	RY	RZ
33	22	38	20	8.9E+04	6.7E+04	3.8E+02
34	2	47	6	1.3E+03	4.2E+04	3.1E+01
35	67	49	1	8.2E+04	2.0E+05	2.2E+02
36	0	0	0	1.5E+02	1.4E+01	1.4E+01
37	0	0	0	3.5E+02	4.1E+02	1.2E+02
38	0	10	0	5.4E+04	2.7E+04	3.0E+02
39	13	1	6	4.7E+03	8.6E+03	1.8E+03
40	6	22	0	1.5E+03	1.8E+03	1.8E+04
41	7	2	8	2.3E+01	3.4E+03	8.7E+03
42	12	11	41	4.9E+04	1.4E+04	5.6E+03
43	0	8	1	8.9E+03	3.6E+01	1.9E+04
44	0	3	8	1.4E+04	1.2E+03	2.9E+04
45	0	0	49	1.3E+04	4.1E+01	6.7E+03
46	9	29	0	1.7E+04	2.2E+04	5.3E+03
47	1	0	4	1.6E+03	6.2E+01	4.9E+03
48	0	2	13	1.9E+04	5.0E+02	4.1E+03
49	4	3	66	1.2E+04	1.8E+04	1.7E+04
50	0	0	4	1.0E+03	6.7E+02	6.1E+02
51	0	18	0	1.6E+04	6.2E+03	3.7E+02
52	1	4	3	1.8E+04	8.9E+02	4.6E+02
53	2	7	1	2.6E+04	4.1E+03	4.2E+02
54	0	0	1	2.6E+02	7.5E+03	8.3E+02
55	14	3	0	1.4E+04	8.4E+04	2.5E+02
56	0	6	0	7.5E+03	9.3E+03	2.8E+03
57	9	14	1	1.1E+04	1.3E+03	3.5E+02
58	0	0	2	1.8E+03	2.6E+03	4.6E+03
59	27	15	0	3.8E+04	3.6E+04	8.4E+03
60	1	25	4	6.4E+04	6.5E+03	3.6E+03
61	42	12	3	3.7E+04	6.8E+04	9.1E+03
62	15	11	0	1.5E+04	2.6E+04	3.3E+04
63	0	1	0	1.4E+03	3.8E+03	2.8E+00
64	31	11	0	3.5E+03	6.6E+04	1.2E+05
65	3	1	1	1.0E+02	6.9E+02	2.1E+04
66	0	0	0	6.6E+02	3.4E+01	1.5E+03
67	2	0	4	4.5E+02	1.3E+04	1.4E+04
68	3	3	0	3.4E+03	9.3E+02	1.7E+03
69	0	0	2	4.1E+01	2.5E+02	8.1E+01
70	0	8	0	4.1E+04	4.7E+01	1.0E+04
模态总质量	5316	5355	5287	4.69E+07	4.61E+07	5.76E+06
刚体质量	5591	5591	5591	4.74E+07	4.67E+0.7	6.19E+06
模态质量百分比	0.95	0.96	0.95	0.99	0.99	0.93

MER 及其转置矩阵 MREMER 的积给出了总的有效质量，用 ASET DOF 模态数保留下来，将 MREMER 对角元与刚性质量阵（MR）作比较，确定是否有足够的质量包含在选择的模态中以考虑模型的合理性。MR 矩阵也可与网格点重量生成器的质量特性相比拟，可以计算关于 SUPPORT 网格的惯性，除非这个点用 PARAM,GRDPNT 选定，否则惯性是不一致的，一般允许有 5%质量损失，通过比较可以修改 ASET DOF 的选择或增加模态数。表 8-23 显示了所有行的对角元和与总模型重量的比对。

表 8-23　伽利略基础 S/C 模态频率

模态	频率	模态描述	动能分布
1	6.3	PWS Antenna	PWS, 100%
2	6.8	PWS Antenna	PWS, 100%
3	13.7	SXA bending, X	SXA 45%, RPM 22%
4	13.7	SXA bending, Y	SXA 48%, PRM 21%
5	16.7	Probe, Y	Probe 83%
6	18.2	Sciboom X, core torsion	Sciboom 45%, SXA 20%
7	18.5	Probc X	Probe 53%
8	18.6	SXA X	SXA 41%, Probe 9%
9	19.0	Probe X, SXA X	SXA 34%, Probe 32%
10	22.2	Sciboom Z bounce	Sciboom 57 SXA 41%, Probe 9%
11	22.7	RTGs Z bounce, -phase	RTGs 61%, RPM 19%
12	23.8	Nutation damper lateral	Nutation Damper 51%
13	24.3	RTGs Zbounce, in phase	RTGs 61%
14	25.7	Nutation damper lateral	Nutation Damper 52%
15	27.0	Nutation damper lateral	Nutation Damper 70%
16	28.5	RRH Antenna, Y	RRH 48%, EPD 22%
17	28.7	Scan plateform theta X	Scan Plateform 96%
18	29.7	-X PTG lateral (Y)	-X RTG 96%
19	31.9	Scan sunshade (Z)	Sunshade 92%
20	32.5	X RTG lateral (Y)	+X RTG 93%
21	33.7	PLS+RRH+Sciboom	PLS 31%
22	38.0	PLS+PLS+Sciboom	PLS 31%
23	38.3	S/C Z bounce	RPM 54%, Probe 10%
24	38.6	Scan plateform X	Scan 73%, RPM 16%
25	40.4	PLS+EPD+Thrusters	PLS 40%,EPD 21%
26	40.8	Probe torsion, RPM	Probe 50%
27	41.8	-X Thruster, RPM	RPM 53%
28	43.1	Sciboom mag tip, box	Sciboom 47%
29	43.3	Thruster lateral (Y)	Thrusters 89%
30	44.9	RRH antenna, X	RRH 95%
31	45.8	X RTG X motion	RPM 38%, Probe 17%

续表

模态	频率	模态描述	动能分布
32	46.1	XRTG X motion	-RTG 57%
33	46.7	Sciboom, misc	Sciboom 49%, Scan 20%
34	47.7	Scan plateform Z, X	Scan Plateform 53%
35	48.0	400N engine, Probe tors	400N 13%, Probe 10%
36	48.1	-X Thruster torsion	-X Thruster 95%
37	48.3	+X Thruster torsion	+X Thruster 95%
38	48.8	400N engine X, SBA	400N 56%, SBA 27%
39	49.6	400N engine Y, SBA	400N 43%, SBA 19%
40	50.5	RPM+Despun Box Z bounce	RPM 32%, Despun box 17%

为了计算 MER 和 MREMER 和 MR 一起输出，当 Bulk Data 中有 SUPPORT 输入卡时，必须使用 SSALTER 库的 CHECKA DMAP alter，来自 SUPPORT 的模型必须是悬臂状的，即 SUPPORT DOFs 是防止刚体运动仅有的约束，加速度因子 385.0886 in/sec^2 包含在 ALTER 中，如果要用其他值必须将它替换掉。

10. 动能和应变能

CHECKA alters 也用于输出每个模态的动能分布。作为总体的一部分并以特征矢量的形式表示，这个信息对显示一个模态内的能量分布非常有用，而 MER 矩阵用于确定哪个模态是主要的。一个模型中各种网格点可以归类在一起，然后按子系统给出能量。表 8-23 所示是来自参考文献的例子，仔细检查表 8-22 和表 8-23 不难发现，模态 1 和 2 在 PWS 子系统有 100% 的 KE，但按有效质量它是可忽略的（等离子波子系统（PWS）是一个非常轻的天线）。相反，检查模态 5，它不仅有主要的百分比 KE，而且也是一个主要模态（表 8-23）。

单元应变能也可用于确定哪个弹性单元参与了这个已知的模态中，这两个诊断工具可以帮助隔离模型中弱的或非常柔软的区域。

整个工具包主要用于 SOL 3，模型必须有一个确定的支撑点，而不是用 SPCs 来固定。

11. 变形图绘制

另外一个诊断工具是绘图，显示变形的几何体、特征矢量输出。MER 可帮助识别模态和区分各阶模态，通过绘图还可以突出那些由刚度矩阵问题的点引起的过度变形。

来自这些诊断的信息反馈到刚度和质量矩阵以及 ASET 自由度集，经过几个反复，所有由质量和刚度引起的问题可以得到纠正，这样的模型就能反映一个真实的结构。

上述检查的质量取决于 ASET 集选择的质量，比较好的做法是，至少运行一次广义动力缩减，并与那些由 ASET 得到的模态比较来验证模型，如果两个运行结果不相容，LANCZOS 法用于选择 ASET，那些包含重要 KE 的项会给出一个好的 ASET，尽管由于大的、刚性的装配不会在单个网格点上有很大的能量。

8.7 MSC Nastran 大模型高性能计算

本节将简要介绍 MSC Nastran 在高性能计算方面的最新功能，包含常规求解参数设置，如共享式内存多核计算、分布式内存多核计算、模态自动综合法（ACMS）在解决工程 NVH 问题时设置。随着计算机硬件的不断进步，MSC Nastran 与硬件不断融合、优化，在 2018 版本中支持最新的 INTEL 核心数学函数库（MKL）、AVX2 指令集，保证 MSC Nastran 单机多核、多机多核等并行计算方面效率提升显著，能够缩短在 NVH 求解过程中耗时最长的模态求解、模态贡献量、面板贡献量等的计算时间，保证企业在有限的开发周期内完成更多次的设计迭代，更加深入洞察设计。

8.7.1 常用计算参数设置

以 Windows 7 系统为例，2018 版 MSC Nastran 常用配置修改如下路径文件（根据个人电脑安装路径，找相关*.rcf 文件）：

C:\MSC.Software\MSC_Nastran\20180\conf\NAST20180.rcf

在该文件中添加或修改如下：

BUFFSIZE = 32769

PARALLEL = NPROC（如 4、8、32 等，要确定有 SMP 模块）

MEMORY = MAX

MEMORYMAX= 0.75*PHYSICAL（指计算机物理内存）

MODE=I8（确认物理内存大于 8GB）

然后修改保存该文件，在后期计算中不用手工输入 CPU、内存调用参数。为校验输入设置正确，可以求解文件*.f04 中找到如图 8-12 所示的内存调用信息校验。

```
** MASTER DIRECTORIES ARE LOADED IN MEMORY.
   USER OPENCORE (HICORE)          =  1198513202  WORDS
   EXECUTIVE SYSTEM WORK AREA      =     1038519  WORDS
   MASTER(RAM)                     =      200000  WORDS
   SCRATCH(MEM) AREA               =     3276900  WORDS (      100 BUFFERS)
   BUFFER POOL AREA (BPOOL4)       =   401092660  WORDS (    12240 BUFFERS)

   TOTAL MSC NASTRAN MEMORY LIMIT =  1604321280  WORDS
```

图 8-12 内存调用查询

其中，TOTAL MSC NASTRAN MEMORY LIMIT 为调用最大物理内存，该值等于参数 MEMORYMAX 值。

8.7.2 自动部件模态综合法

为保证求解效率，MSC Nastran 自 2001 版本开始增加部件模态综合法（Automated Component Modal Synthesis，ACMS），它是矩阵分析方法的一种。该方法基于内部超单元原理，将一个规模超大的模态求解矩阵分割为多个小矩阵，先分别求解单个小矩阵，后自动合成总体矩阵解。MSC.Nastran 中设置如下：

自动部件模态综合法（ACMS）支持多种矩阵剖分方法，如矩阵域（DOF）、几何域（GRID）、频率域（FREQ）等。针对工程问题，使用建议如下：

（1）目前，使用最普遍的是矩阵域剖分方法。

（2）计算模型具体的剖分个数，接受软件默认值最优。

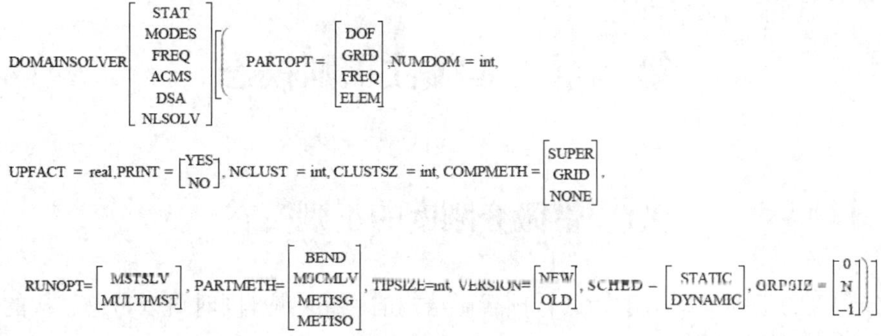

图 8-13　自动部件模态综合法定义

（3）针对实体模型（如车辆发动机模型），建议 UPFACT=6.0；如果是板壳单元为主的模型，接受 UPFACT=4.0。

（4）对于初次计算，设置 PRINT=YES 输出每个超单元计算信息，做模型调式用。如果模型计算成功，可删除该参数。

（5）其他选项接受软件默认值。

整车 TRIM 模型，自由度为 790 万，该模型由结构和声腔共同组成，分析类型为模态频响分析，输出振动、方向盘（12 点钟、点钟方位）位移、速度、加速度响应和驾驶员耳畔噪声，分析工况为 24 个。使用 2013、2018 版 MSC Nastran 分别进行 2 次计算，2 次计算总结如表 8-24 所示。

表 8-24　车身模型，790 万自由度计算时间

自由度		
使用软件	MSC Nastran SMP+ACMS	
频率范围（Hz）	0～500.0 0～750.0	0～600.0
模态阶数	结构：2891 声学：648	结构：4199 声学：419
激励频率	20～300.0Hz 1Hz	20～500.0Hz 1Hz，模态贡献率、面板贡献率
计算工况	24	24
计算时间（分钟）	20:41（2018）	65:24（2013）

8.7.3　分布式内存并行计算设置

自 2014 版本开始，MSC Nastran 分布式内存并行计算（DMP）默认 MPI 为 Intel MPI，在安装软件过程中 Intel MPI 库函数自动安装到计算机上。在 Linux 环境下，用户只需配置需要并行的计算机之间即可无密码访问，启动分布式内存计算，无须额外配置。以两台计算机为例，启动 DMP 计算命令如下：

nast20180 inputfile.dat dmp=2 hosts=node1:node2

如果是手工提交计算，可将 hosts 参数直接加入 rcf 配置文件中，不必每次输入计算机名。计算效果见表 8-24。

第 9 章　非线性正则模态

9.1　带微分刚度的正则模态

带微分刚度的正则模态用于计算有预载荷结构的模态响应，同时可以考虑结构的几何大变形和/或材料非线性效应。

1. 获得有预载荷结构的特征值的过程——方法 1

（1）使用求解序列 SOL 106。

（2）建模时将所需的线性或者非线性材料的属性包括进来。如果材料是线性的，则只需要参考线性材料的属性。

（3）在模型数据集部分包括 PARAM,LGDISP,1 命令，来考虑几何大变形。

（4）在超单元分析中，只有剩余结构（SEID=0）可以包含非线性单元。所有的上游超单元必须是线性的。

（5）必须在第一个子工况之前使用 METHOD=X 工况控制命令来调用相应的 EIGRL 卡片。

（6）必须包括 PARAM,NMLOOP,X 命令，这里的 X 是在计算非线性正交模态时希望使用的循环迭代方法的标识号。

2. 获得有预载荷结构的特征值的过程——方法 2

（1）使用求解器 SOL 103。

（2）此时的材料必须是线性的。

（3）需要有两个子工况：

1）第一个子工况是调出预载荷的静态子工况。

2）第二个子工况计算非线性模态，并且通过 METHOD＝X 命令调用特征值提取方法。此子工况必须包含一个 StatSub=Y 命令，这里 Y 是第一个静态子工况的工况 ID。

如图 9-1 所示是关于结构预载荷、几何大变形、和材料非线性的示意说明。

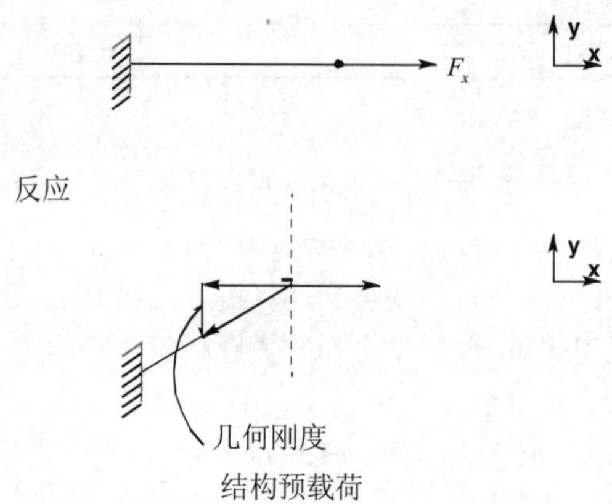

图 9-1　结构预载荷、几何大变形及材料非线性

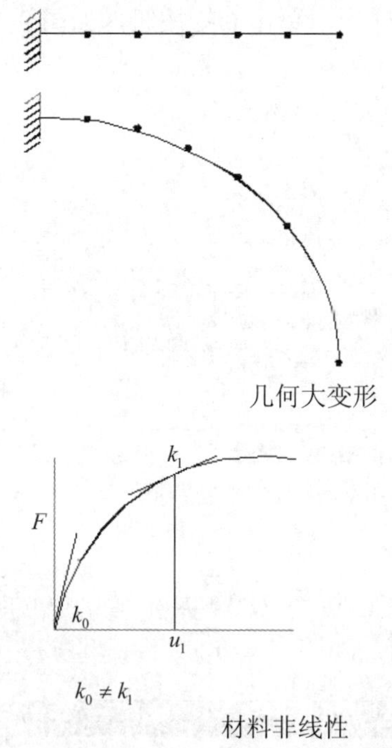

图 9-1　结构预载荷、几何大变形及材料非线性（续图）

9.2　有预载荷结构的正则模态示例

本例题是在 2.8 节模态分析实例的基础上完成在重力条件下的预应力模态分析，如图 9-2 所示。

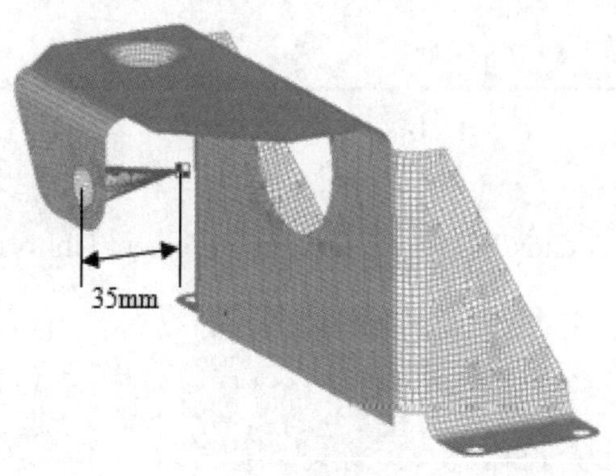

图 9-2　电机支架

9.2.1　使用 SOL 106 计算

1. 创建新的数据库文件

（1）选择菜单项 File→New 或单击按钮，输入文件名 PreStiffModes，单击 OK 按钮。

（2）在 Tolerance 中选择 Default 单选项，在 Analysis Code 下拉列表框中选择 MSC.Nastran，

在 Analysis Type 中选择 Structural 选项，单击 OK 按钮，如图 9-3 所示。

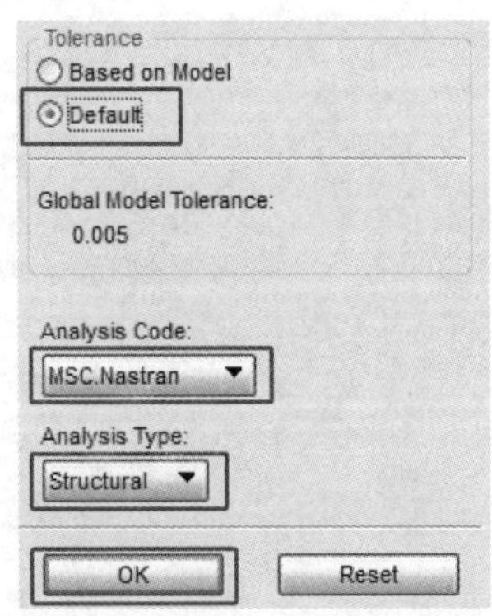

图 9-3　设定数据库基本信息

2. 读入有限元模型

选择菜单项 File→Import，选择 Object 为 Model，选择 Source 为 MSC Nastran Input，选择 Bracket.bdf 文件，单击 Apply 按钮，如图 9-4 所示。

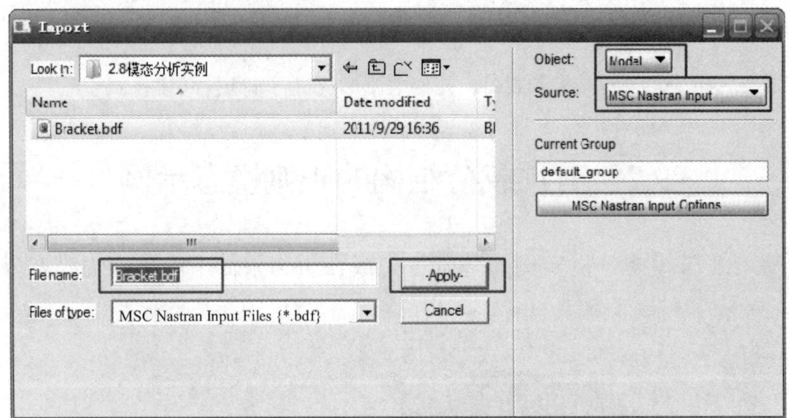

图 9-4　读入 MSC Nastran 数据文件

3. 创建载荷

（1）选择工具栏中的 Loads/BCs 选项卡，选择 Element Uniform 命令组中的 Inertial Load 命令，如图 9-5 所示。

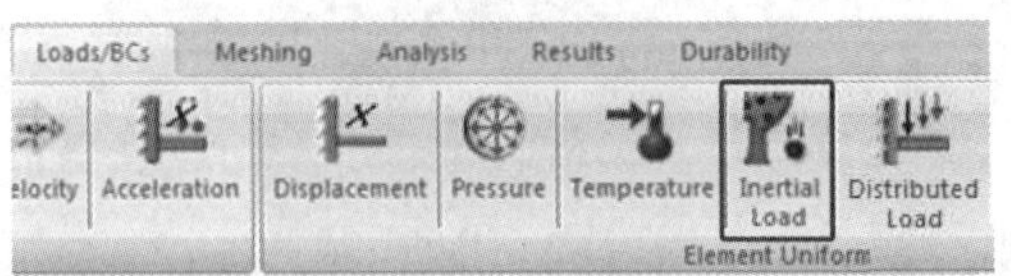

图 9-5　创建载荷

（2）在 Load Boundary Conditions 窗口中，输入 New Set Name 为 Gravity_acc，单击 Input Data 按钮，如图 9-6 所示。

（3）在 Input Data 窗口中，输入 Trans Accel <A1 A2 A3>为<0 0 -9810>，单击 OK 按钮，如图 9-7 所示。

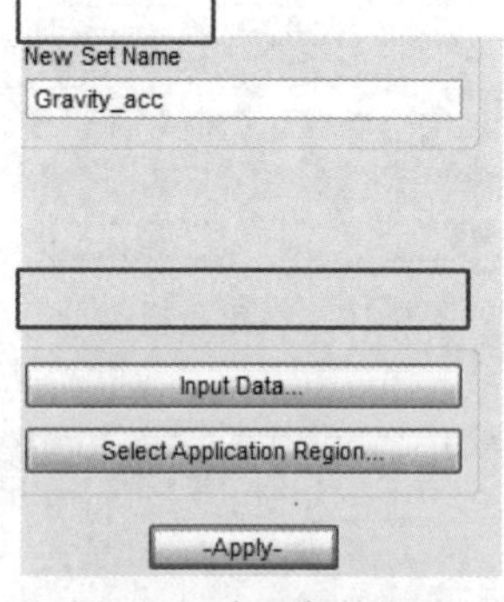

图 9-6　边界条件名称

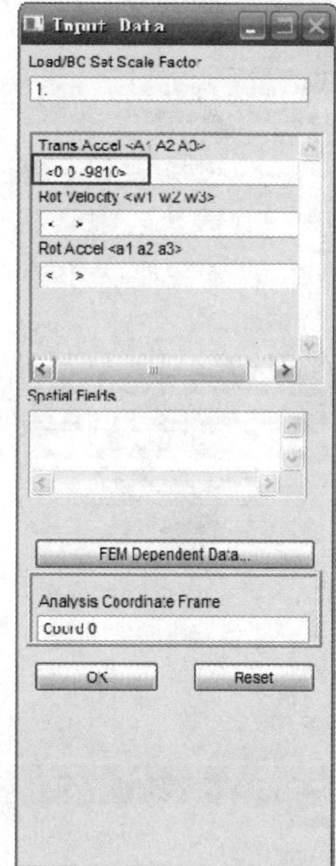

图 9-7　边界条件数据

（4）在 Load Boundary Conditions 窗口中，单击 Apply 按钮。

4. 提交分析任务

（1）选择工具栏中的 Analysis 选项卡，选择 Analyze 命令组中的 Entire Model 命令，如图 9-8 所示。

图 9-8　提交分析任务

（2）在 Analysis 窗口中，输入 Job Name 为 PSM106，单击 Solution Type 按钮，如图 9-9 所示。

（3）在 Solution Type 窗口中，选择 NONLINEAR STATIC 单选项，单击 OK 按钮，如图 9-10 所示。

（4）在 Analysis 窗口中，单击 Subcases 按钮。

（5）在 Subcases 窗口中，在 Available Subcases 中选择 Default.SC1 选项，单击 Subcase Parameters 按钮，如图 9-11 所示。

（6）在 Subcase Parameters 窗口中，选择 Normal Modes 复选框，单击 OK 按钮，如图 9-12 所示。

（7）在 Subcases 窗口中，单击 Apply 按钮，单击 Cancel 按钮。

图 9-9　设定分析任务

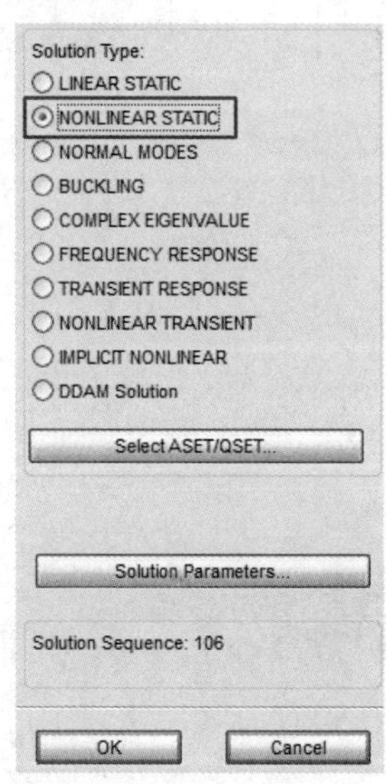

图 9-10　设定分析类型

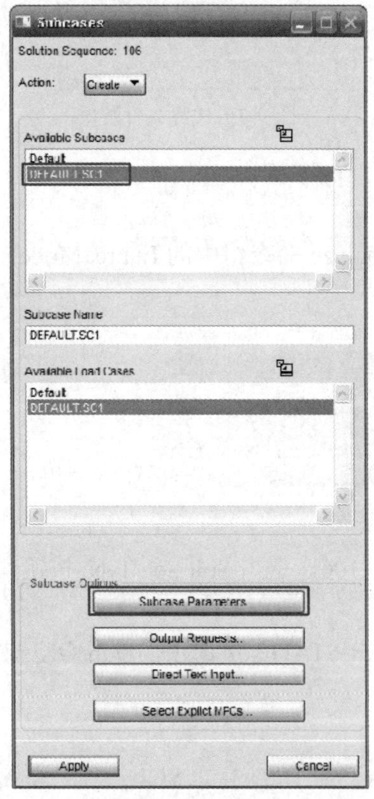

图 9-11　设定子工况

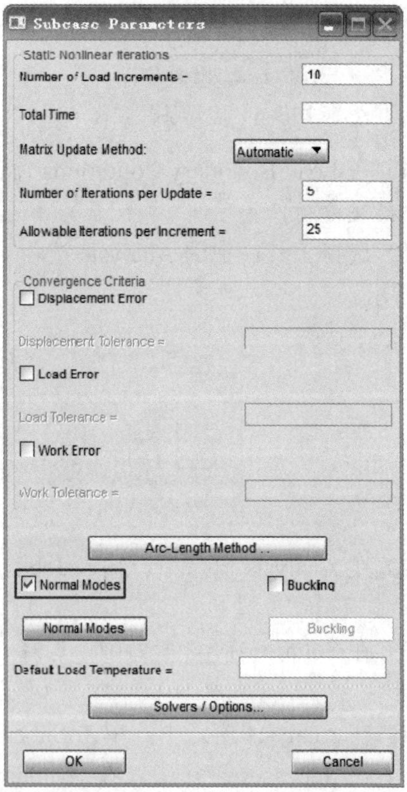

图 9-12　设定子工况参数

（8）在 Analysis 窗口中，单击 Subcase Select 按钮。

（9）在 Subcase Select 窗口中，先选择 Unselect All 单选项，然后选择上半部分列表框中的 Default.SC1 选项，单击 OK 按钮，如图 9-13 所示。

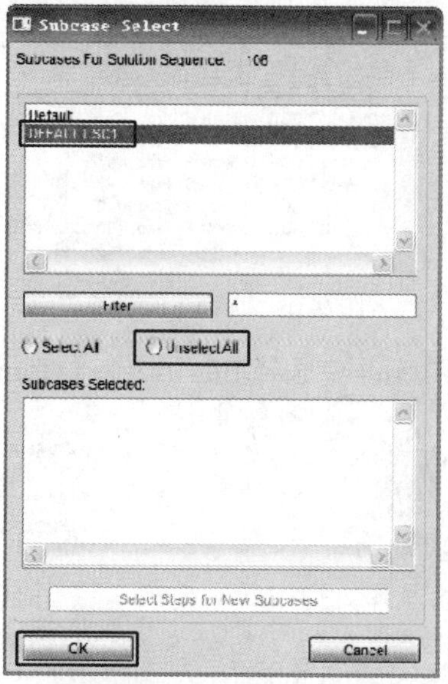

图9-13　选择子工况

（10）在 Analysis 窗口中，单击 Apply 按钮。

5. 读入后处理数据

（1）选择工具栏中的 Analysis 选项卡，选择 Access Results 命令组中的 XDB 命令，如图9-14 所示。

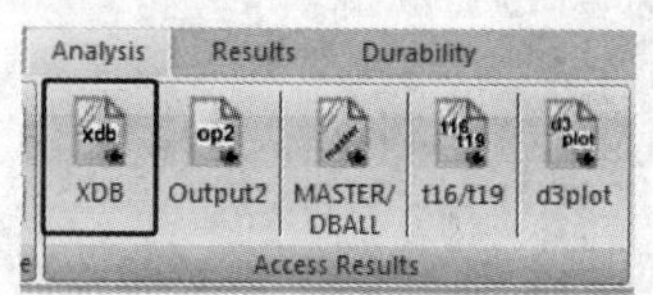

图9-14　读取后处理数据

（2）在 Analysis 窗口中，单击 Selected Result File 按钮，选择 psm106.xdb 文件，单击 OK 按钮。

（3）在 Analysis 窗口中，单击 Apply 按钮。

6. 查看后处理数据

（1）选择工具栏中的 Results 选项卡，选择 Quick Plot 命令组中的 Fringe/Deformation 命令，如图9-15 所示。

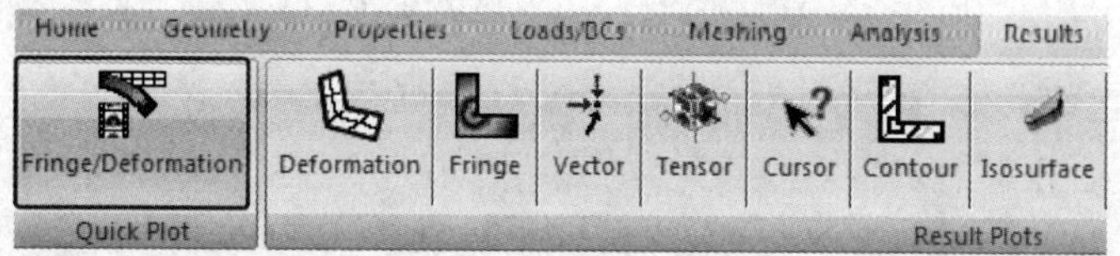

图9-15　后处理

（2）在 Results 窗口中，选择 Select Result Cases 列表框中的 Default.SC1, A1:Model:Freq = 29.495 选项，如图9-16 所示。

（3）在 Select Fringe Result 中选择 Eigenvectors, Translational 选项，如图9-17 所示。

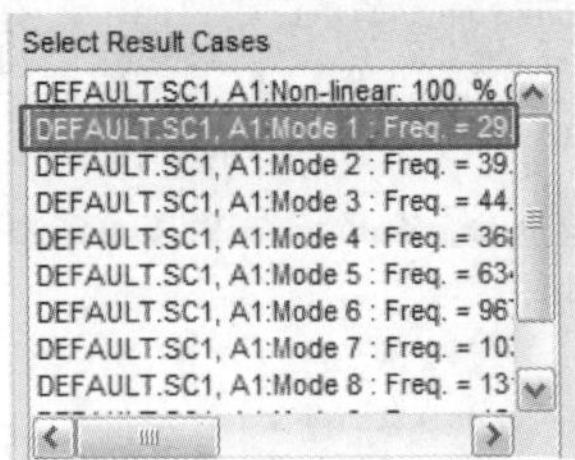

图 9-16　选择 1 阶模态

（4）在 Select Deformation Result 中选择 Eigenvectors, Translational 选项，如图 9-18 所示。

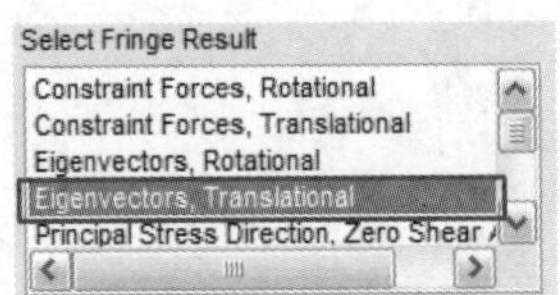

图 9-17　选择云图数据

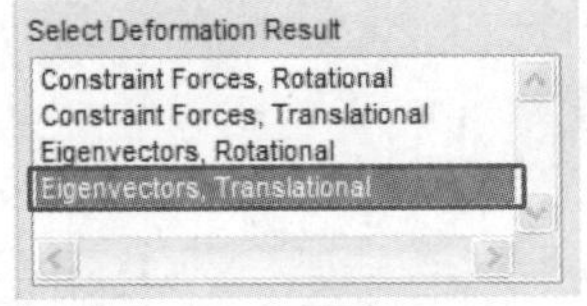

图 9-18　选择变形数据

（5）单击 Apply 按钮，查看一阶模态至四阶模态，如图 9-19 至图 9-22 所示。

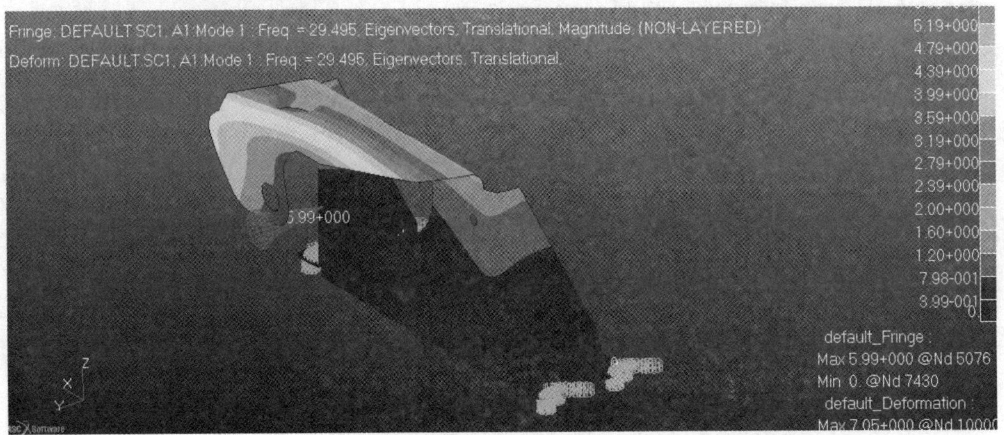

图 9-19　一阶模态

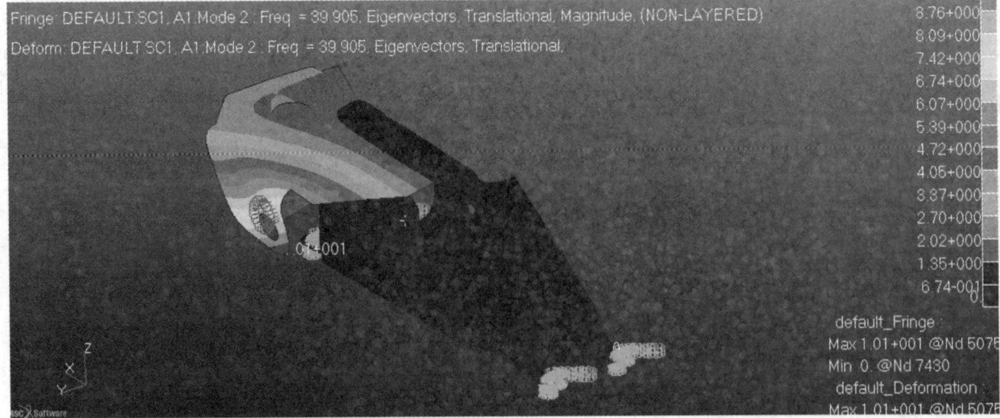

图 9-20　二阶模态

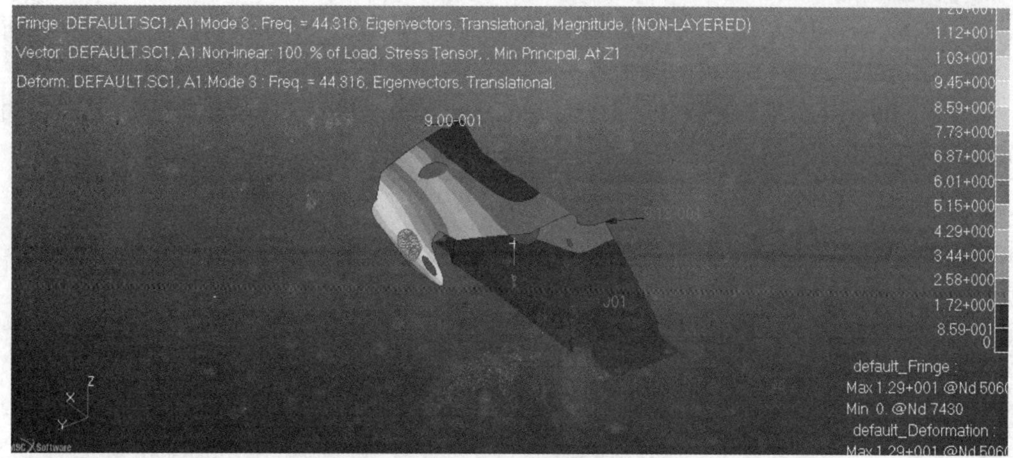

图 9-21　三阶模态

图 9-22　四阶模态

9.2.2　使用 SOL 103 计算

1. 打开 9.2.1 节创建的数据库文件

选择菜单项 File→Open，选择 PreStif106.db 文件，单击 OK 按钮。

2. 提交静态分析任务

（1）选择工具栏中的 Analysis 选项卡，选择 Analyze 命令组中的 Entire Model 命令，如图 9-23 所示。

图 9-23　创建分析

（2）在 Analysis 窗口中，输入 Job Name 为 PSM101，单击 Solution Type 按钮，如图 9-24 所示。

（3）在 Solution Type 窗口中，选择 LINEAR STATIC 单选项，单击 OK 按钮，如图 9-25 所示。

（4）在 Analysis 窗口中，单击 Subcase Select 按钮。

（5）在 Subcase Select 窗口中，先选择 Unselect All 单选项，然后选择上半部分列表框中的 Default.SC1 选项，单击 OK 按钮，如图 9-26 所示。

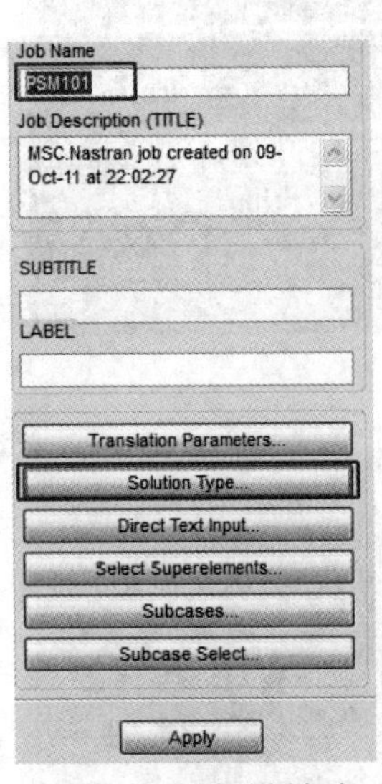

图 9-24　创建分析任务

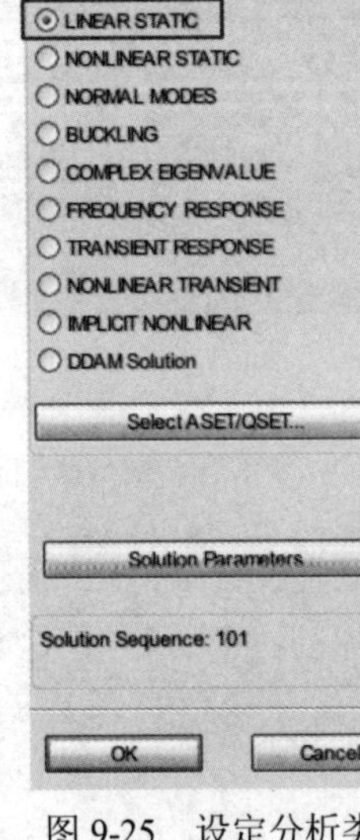

图 9-25　设定分析类型

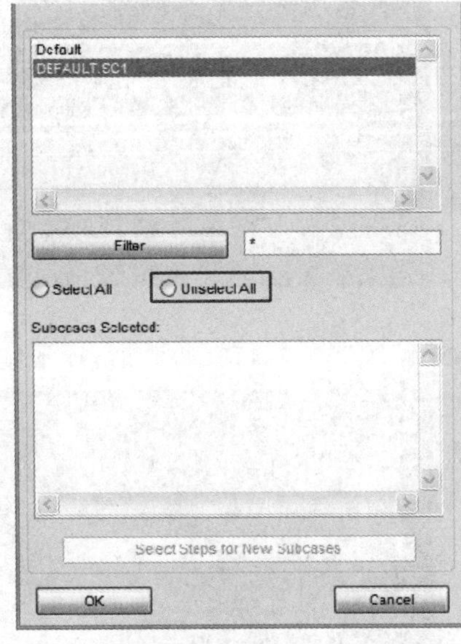

图 9-26　选择子工况

（6）在 Analysis 窗口中，单击 Apply 按钮。

3. 提交模态分析任务

（1）选择工具栏中的 Analysis 选项卡，选择 Analyze 命令组中的 Entire Model 命令，如图 9-27 所示。

图 9-27　创建分析

（2）在 Analysis 窗口中，输入 Job Name 为 PSM103，单击 Solution Type 按钮，如图 9-28 所示。

（3）在 Solution Type 窗口中，选择 NORMAL MODES 单选项，单击 OK 按钮，如图 9-29 所示。

（4）在 Subcase Select 窗口中，先选择 Unselect All 单选项，然后再依次选择上半部分列表框中的(Preload)Default.SC1 和 Default.SC1 选项，单击 OK 按钮，如图 9-30 所示。

（5）在 Analysis 窗口中，单击 Apply 按钮。

4. 读入后处理数据

（1）选择工具栏中的 Analysis 选项卡，选择 Access Results 命令组中的 XDB 命令，如图 9-31 所示。

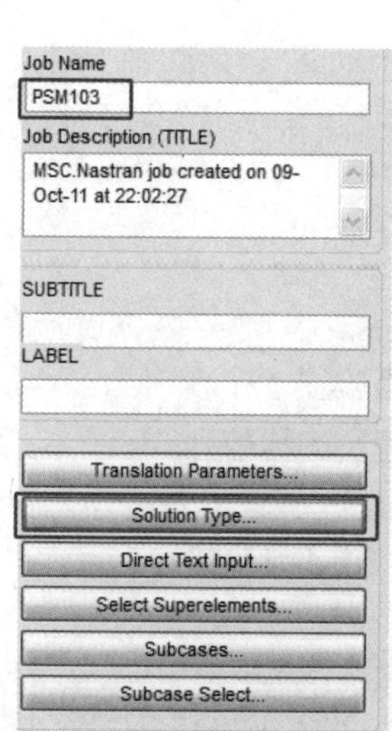

图 9-28 创建分析任务

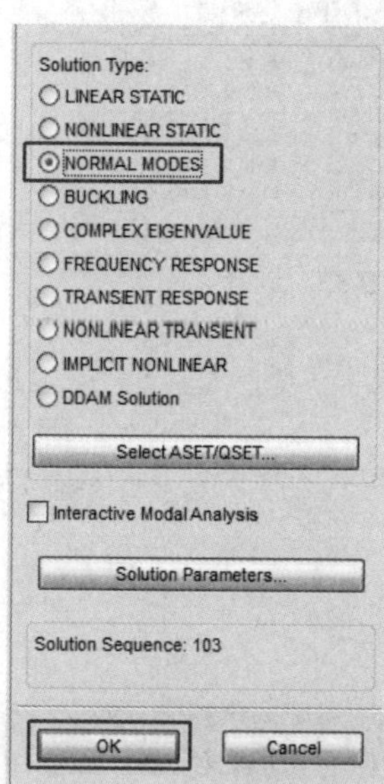

图 9-29 设定分析类型

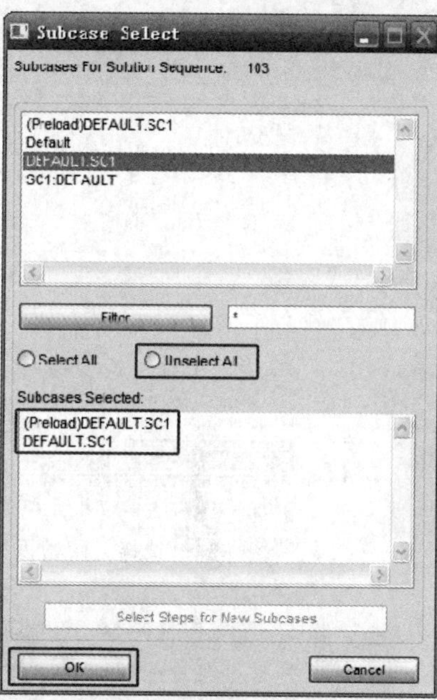

图 9-30 选择子工况

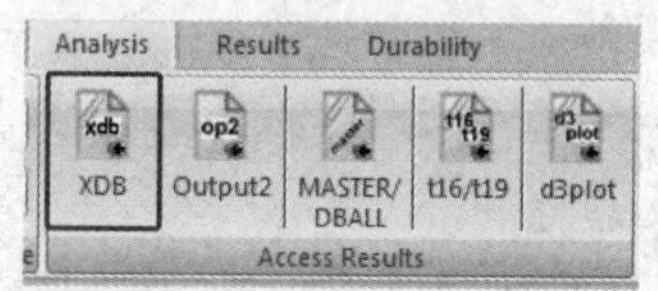

图 9-31 后处理

（2）在 Analysis 窗口中，单击 Selected Result File 按钮，选择 psm106.xdb 文件，单击 OK 按钮。

（3）在 Analysis 窗口中，单击 Apply 按钮。

5. 查看后处理数据

（1）选择工具栏中的 Results 选项卡，选择 Quick Plot 命令组中的 Fringe/Deformation 命令，如图 9-32 所示。

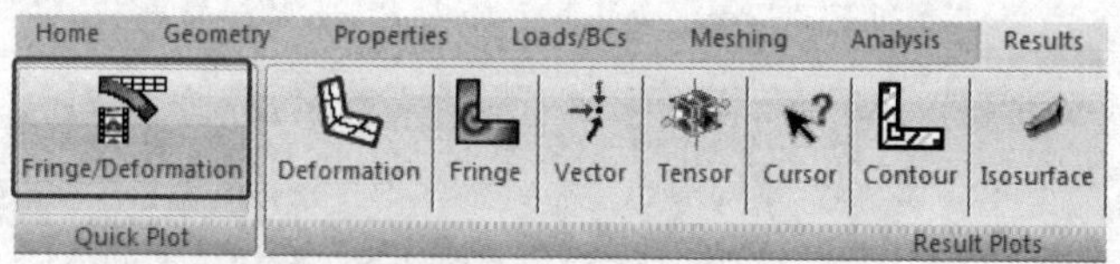

图 9-32 创建后处理

（2）在 Results 窗口中，选择 Select Result Cases 列表框中的 Default.SC1, A1:Mode1:Freq = 29.481 选项，如图 9-33 所示。

（3）在 Select Fringe Result 中选择 Eigenvectors, Translational 选项，如图 9-34 所示。

（4）在 Select Deformation Result 中选择 Eigenvectors, Translational 选项，如图 9-35 所示。

（5）单击 Apply 按钮，查看一阶模态至四阶模态，如图 9-36 至图 9-39 所示。

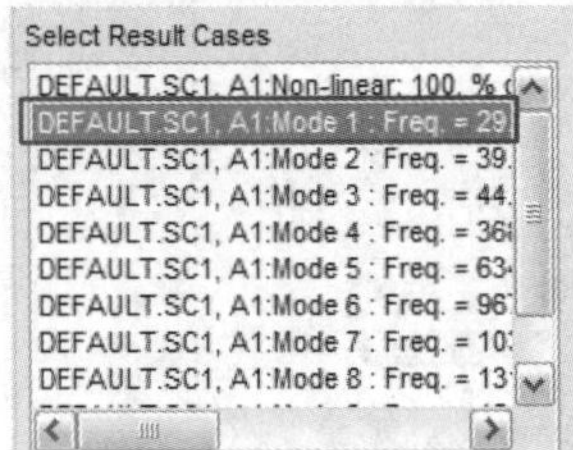

图 9-33　选择子工况

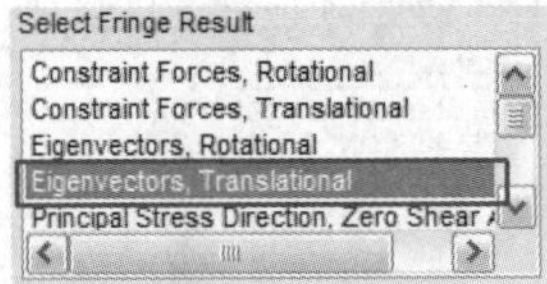

图 9-34　选择云图数据

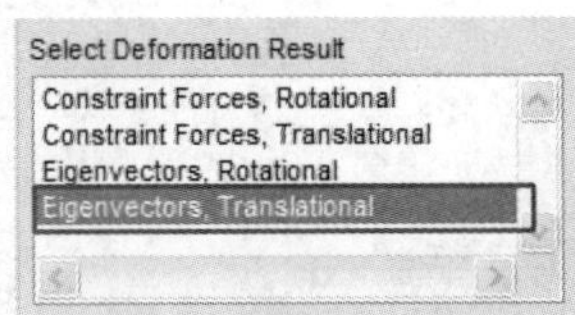

图 9-35　选择变形数据

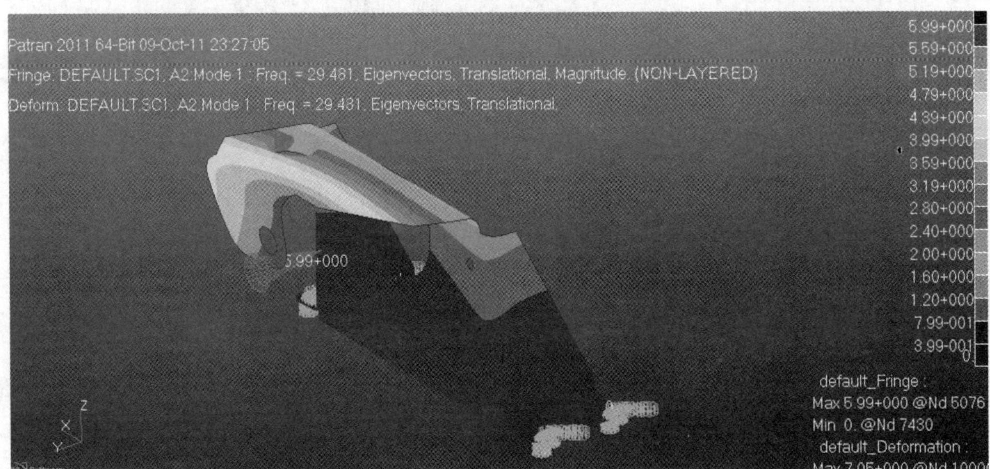

图 9-36　一阶模态

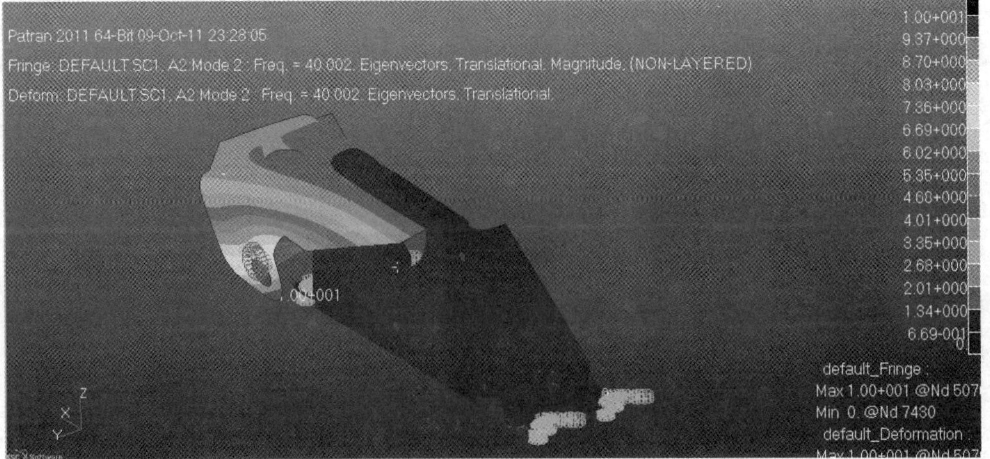

图 9-37　二阶模态

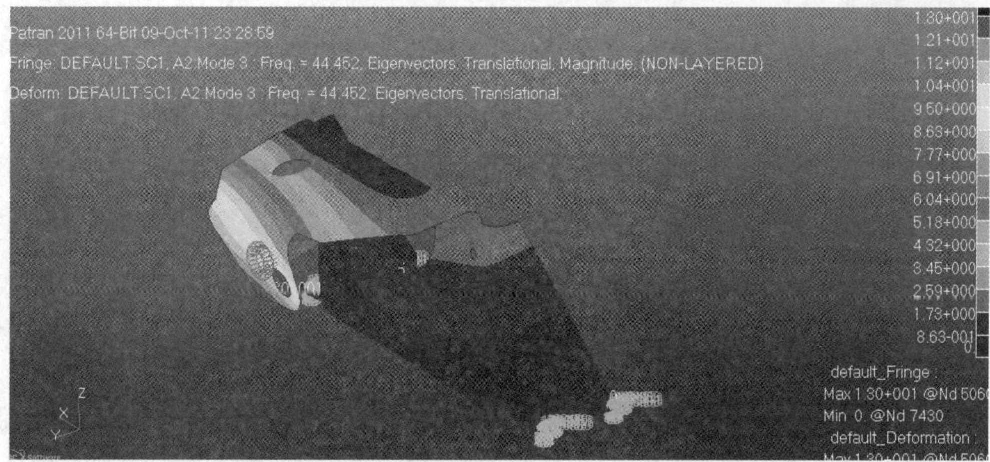

图 9-38 三阶模态

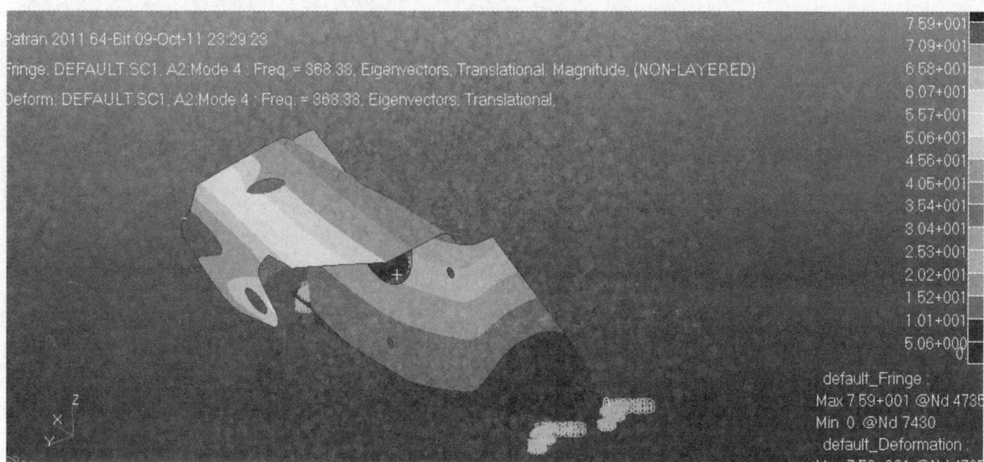

图 9-39 四阶模态

第 10 章　动力优化设计

10.1　基本知识

10.1.1　优化设计的概念

在满足指定设计要求的前提下，自动修正被分析模型的有关参数，以达到所期望的目标函数值的计算方法。

10.1.2　优化设计的作用

（1）对结构的设计参数进行改进（优化）。
（2）进行模型匹配，产生相似的结构。
（3）从不可行的设计中产生出可行的设计。
（4）对系统参数进行识别。
（5）将分析模型与实验结果相关联。
（6）其他（由设计者的创造性决定）。

10.1.3　MSC Nastran 中“优化设计”的基本特性

（1）非常简便易得的设计综合能力——提供设计模型的概念。
（2）灵活的设计模型再现能力——提供支持用户自定义方程解释能力。
（3）可以对“任何”尺寸的问题进行高效求解——以有限元分析的数量作为衡量效率的尺度。

10.1.4　MSC Nastran 结构优化的优势

（1）从小尺寸问题到大尺寸问题都具有非常好的求解能力。
（2）具有稳定的收敛性。
（3）具有灵活的用户界面并提供用户自定义方程。
（4）软件功能可以持续不断地得到升级强化。
（5）被证实了的 MSC Nastran 的分析可靠性。
（6）具有用户熟悉的 MSC Nastran 分析工具的接口。

10.1.5　MSC Nastran 支持的优化功能

（1）多目标优化。

（2）静态响应优化。

（3）屈曲响应优化。

（4）动力响应优化——直接频率响应、模态频率响应、模态瞬态响应、（噪）声学。

（5）超单元优化——允许设计模型跨越超单元的边界。

（6）气弹优化——静气弹、颤振。

10.1.6 MSC Nastran 支持的优化类型

（1）拓扑优化：支持拔模斜度、冲压、最小筋、对称和循环对称、应力等多种加工约束。

（2）拓扑地貌优化：支持整个模型单元厚度作为优化变量。

（3）形貌优化：支持加强筋大小、分布等。

（4）尺寸优化：支持单元熟悉、材料属性、梁单元方位等做为设计变量。

（5）形状优化：这里基向量的生成可以有人为网格变动法、形状直接输入法、几何边界形状法、解析边界形状法四种方法。

10.1.7 基本优化问题的描述

寻找一组合适的设计变量：

$$Find\{x\}=(x_1,x_2,...,x_n)$$

使得目标函数 $F(x)$的值达到最小。

要满足的约束条件包括：

不等式约束：$G_j(x)\leqslant 0$（$j=1,2,...$）

等式约束：$H_k(x)\leqslant 0$（$k=1,2,...$）

区间约束：$x_j^i\leqslant x_j$

10.1.8 MSC Nastran 中设计优化的输入控制段

（1）MSC Nastran 中的 ANALYSIS 工况控制语句允许在每一个已经创建的子工况中，分别指定要进行优化的分析类型。

（2）ANALYSIS 工况控制语句中允许出现的分析类型。

1）STATICS：静态分析。

2）MODE：自然模态分析。

3）BUCK：屈曲分析。

4）DFREQ：直接频率响应分析。

5）MFREQ：模态频率响应分析。

6）MTRAN：模态瞬态响应分析。

7）SAERO：静态气动弹性分析。

8）FLUTTER：颤振分析。

下面举一个例子：子工况 1 和 2 针对两个静载荷计算进行优化；子工况 3 针对模态响应计算进行优化；子工况 4 针对瞬态响应计算进行优化。

```
SOL 200
cend
spc = 100
DESOBJ(MIN) = 15
ANALYSIS = STATICS
subcase 1
   subtitle=static load 1
   DESSUB = 10                   ┐
   displacement = all            │ design constraint
   stress = all                  │
   load = 1                      ┘
subcase 2
   subtitle=static load 1
   DESSUB = 20                   ┐
   displacement = all            │
   strain(fiber) = all           │ design constraint
   load = 2                      ┘
subcase 3
   subtitle=modal analysis
   ANALYSIS = MODES
   DESSUB = 30
   method = 3
subcase 4
   subtitle=transient analysis
   ANALYSIS = MTRAN
   DESSUB = 40
   method = 4
   dload = 4
   TSTEP = N
begin bulk
```

10.1.9 优化问题中常用的模型数据段输入卡

DESVAR　　定义设计变量。
DVFREL1　　定义分析模型的参数和设计变量之间的关系。
DLINK　　将一个设计变量与另一个或多个设计变量相关联。
DRESP1　　定义一系列设计中用到的直接结构响应，作为约束条件用（由模型数据卡来引用）或者作为一个目标函数用（由 DESOBJ 工况控制命令来引用）。
DCONSTR　　定义一个设计约束（由 DESSUB 工况控制命令来引用）。
DCONADD　　为子工况定义设计约束，作为 DCONSTR 输入卡的联合。
DRESP2　　定义一个在设计中使用的综合响应，这个响应也可以是一个约束条件或者是一个目标函数。
DEQATN　　定义用于设计灵敏度分析的方程。

10.2 实例

10.2.1 使用自然模态分析的优化设计

最小化三杆桁架的重量，保证一阶频率在 1500～1550Hz 之间。模型的中间杆件和两侧的杆件截面积不相同，但结构必须保证对称。几何模型、载荷、边界条件及材料参数如图 10-1 所示。

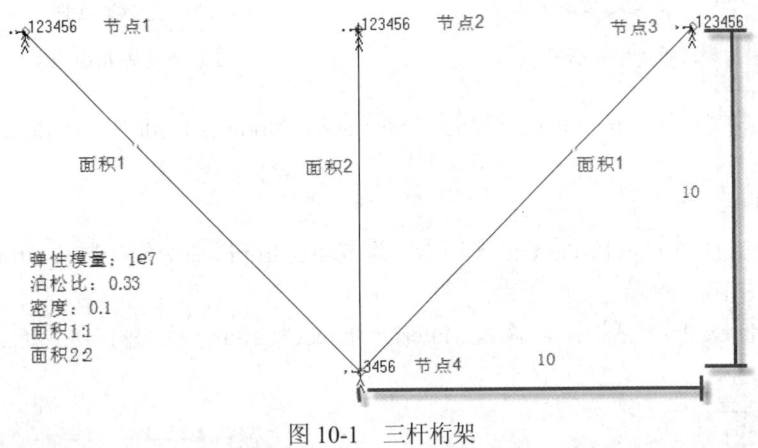

图 10-1　三杆桁架

1. 创建有限元模型

（1）新建 MSC Patran 数据库文件，选择菜单项 File→New 或单击按钮。

（2）在 File Name 文本框中输入 Opt1.db，单击 OK 按钮，创建新数据库。

（3）选择工具栏中的 Meshing 选项卡，选择 Node 命令组中的 Edit 命令，准备创建节点，如图 10-2 所示。

（4）在 Finite Element 对话框中，输入 Node Location List 为[-10 0 0]，单击 Apply 按钮，创建节点，如图 10-3 所示。

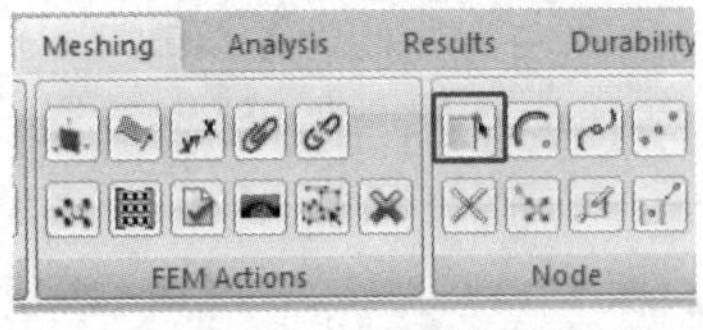

图 10-2　创建节点

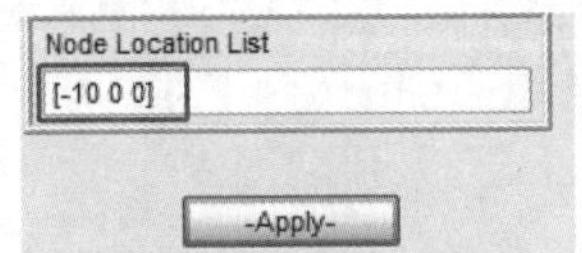

图 10-3　节点参数

（5）依次创建节点[0 0 0]、[10 0 0]、[0 -10 0]。

（6）选择工具栏中的 Meshing 选项卡，选择 Element 命令组中的 Edit 命令，准备创建单元，如图 10-4 所示。

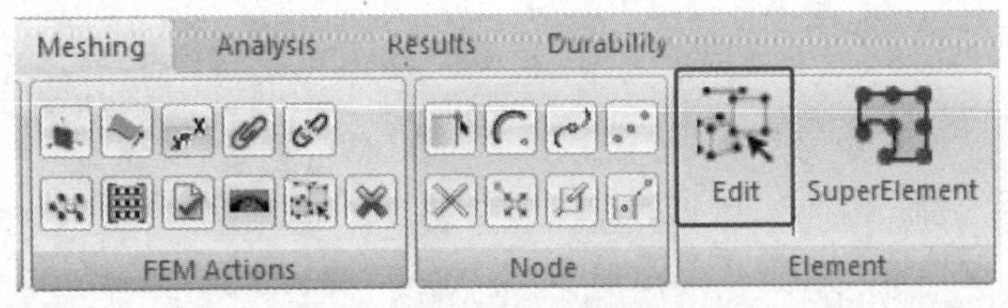

图 10-4　创建单元

（7）修改 Finite Element 对话框中的 Shape 为 Bar，如图 10-5 所示。

（8）输入 Node 1=Node 1，Node 2=Node 4，创建第一个单元，如图 10-6 所示。

图 10-5　单元参数

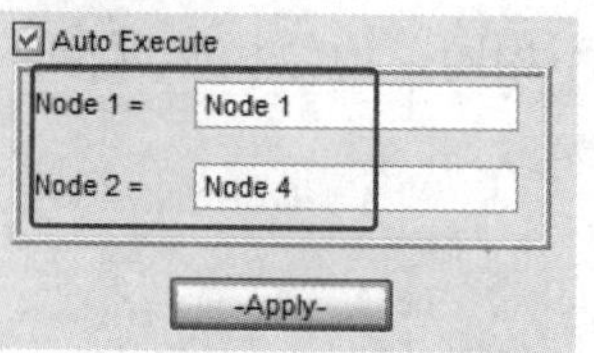

图 10-6　单元组成节点

（9）依次输入 Node 1=Node 2，Node 2=Node 4；Node 1=Node 3，Node 2=Node 4，创建其余两个单元。

2. 定义材料

（1）选择工具栏中的 Properties 选项卡，选择 Isoptropic 命令组中的 Isotropic 命令，创建单元材料，如图 10-7 所示。

（2）在 Materials 对话框中，输入 Material Name 为 alum，如图 10-8 所示。

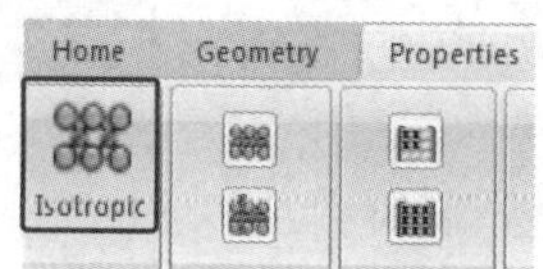

图 10-7　创建材料

图 10-8　创建材料名称

（3）在 Materials 对话框中，单击 Input Properties 按钮，创建材料数据。

（4）在 Input Options 中输入弹性模量为 1e7，泊松比为 0.33，密度为 0.1，单击 OK 按钮，如图 10-9 所示。

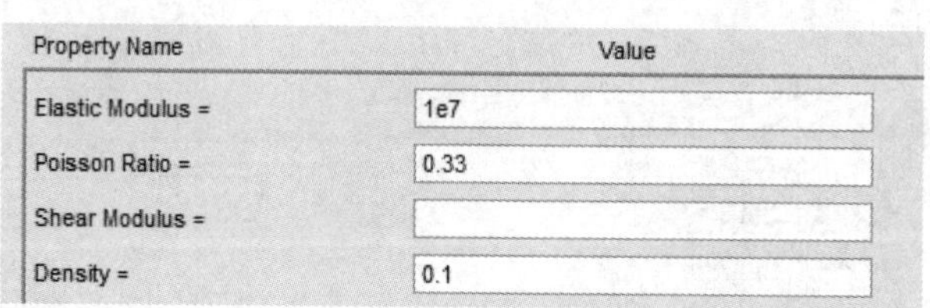

图 10-9　材料参数

（5）在 Materials 对话框中，单击 Apply 按钮，完成材料创建。

3. 定义单元属性

（1）选择工具栏中的 Properties 选项卡，选择 1D Properties 命令组中的 Rod 命令，如图 10-10 所示。

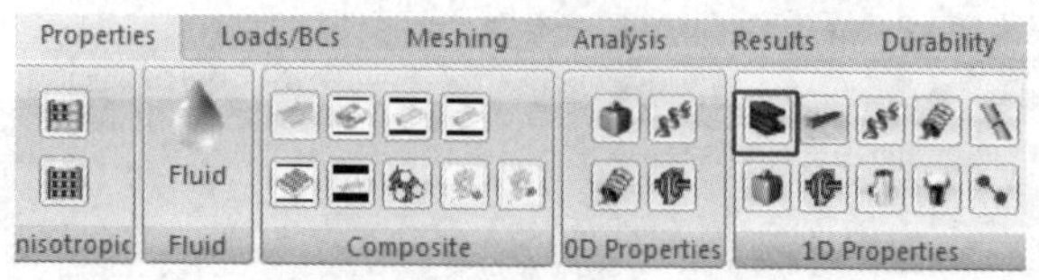

图 10-10　创建杆单元属性

（2）在 Element Properties 对话框中，输入 Property Set Name 为 prop_1，如图 10-11 所示。

（3）在 Element Properties 对话框中，单击 Input Properties 按钮，输入第一个杆单元属性。

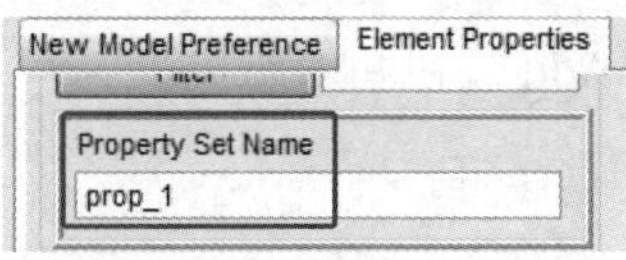

图 10-11　创建单元的名称

（4）在 Input Properties 对话框中，输入 Material Name 为 m:alum，Area 为 1，单击 OK 按钮，如图 10-12 所示。

（5）在 Element Properties 对话框中，单击 Select Application Region 按钮。

（6）在 Select Application Region 对话框中，输入 Select Members 为 Elm 1 3，如图 10-13 所示，单击 Add 按钮和 OK 按钮。

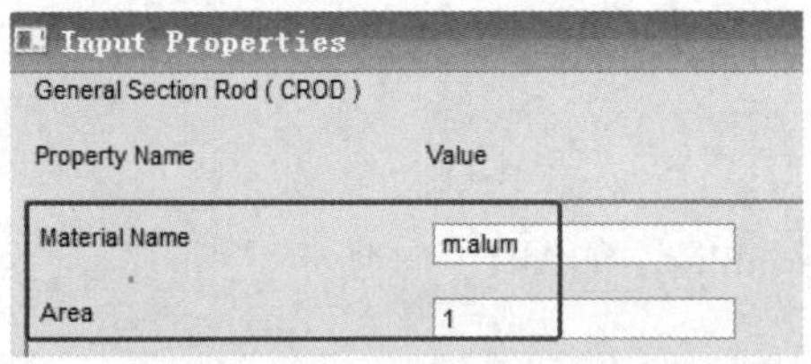

图 10-12　创建单元参数

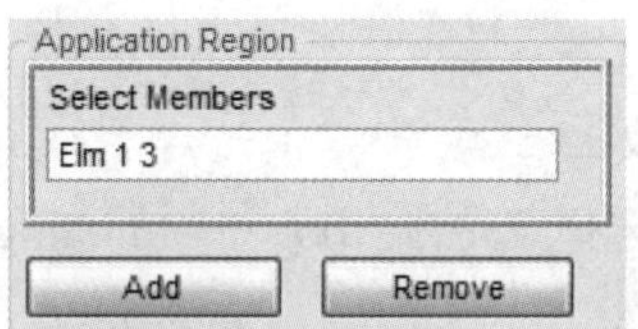

图 10-13　选择单元

（7）在 Element Properties 对话框中，单击 Apply 按钮，完成 Prop_1 的创建。

（8）重复第（2）～（7）步，注意 Property Set Name 为 prop_2，Area 为 2，Select Members 为 Elm 2，完成 prop_2 的创建。

4. 定义边界条件

（1）选择工具栏中的 Loads/BCs 选项卡，选择 Nodal 命令组中的 Displacement Constraint 命令，如图 10-14 所示。

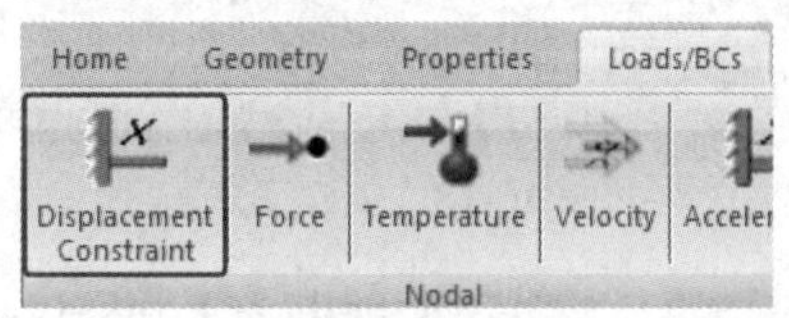

图 10-14　创建约束

（2）在 Load/Boundary Conditions 对话框中输入 New Set Name 为 fixed，如图 10-15 所示。

（3）在 Load/Boundary Conditions 对话框中单击 Input Data 按钮。

（4）在 Input Data 对话框中输入 Translations<T1 T2 T3>为<0 0 0>，Rotations<R1 R2 R3>为<0 0 0>，单击 OK 按钮，如图 10-16 所示。

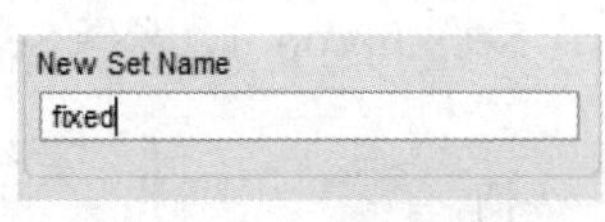

图 10-15　边界条件名称

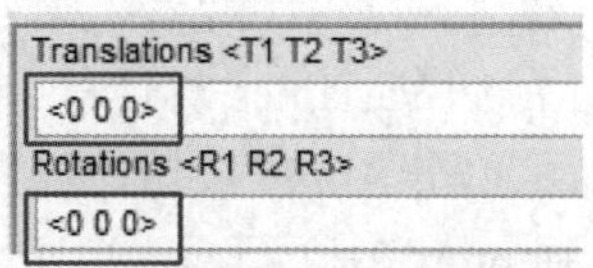

图 10-16　边界条件参数

（5）在 Load/Boundary Conditions 对话框中单击 Select Application Region 按钮。

（6）在 Select Application Region 对话框中更改 Select 为 FEM，输入 Select Nodes 为

Node 1:3，如图 10-17 所示，单击 Add 按钮和 OK 按钮。

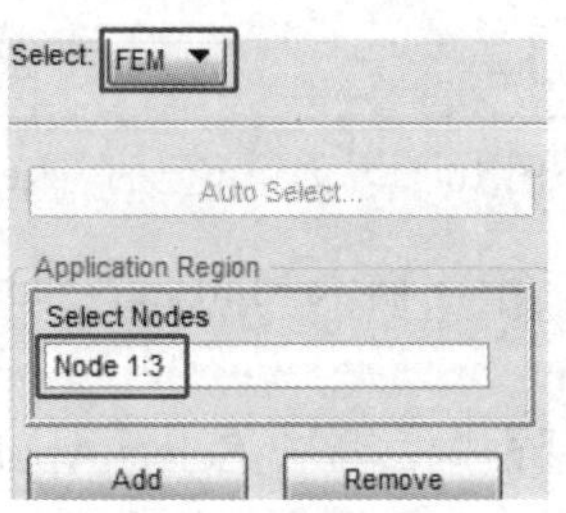

图 10-17 选择节点

（7）在 Load/Boundary Conditions 对话框中单击 Apply 按钮，完成边界条件 fixed 的设定。

（8）重复步骤（2）～（7），为节点 4 设定边界条件，New Set Name 为 Disp_XY，Select Nodes 为 Node 4。

5. 定义模型变量

（1）选择菜单项 Tools→Modeling→Model Variables，如图 10-18 所示。

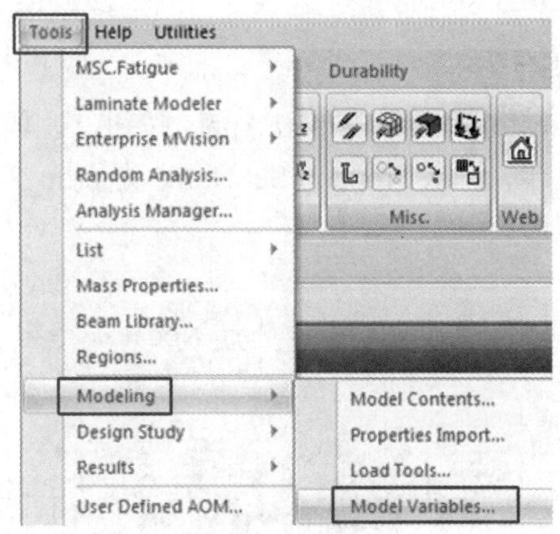

图 10-18 创建变量

（2）在 Model Variables 对话框中设定 Method 为 Property，如图 10-19 所示。

（3）在 Model Variables 对话框中修改 Dimension 为 1D，Type 为 Rod，如图 10-20 所示。

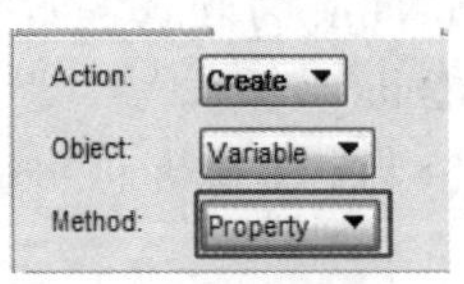

图 10-19 变量属性关联

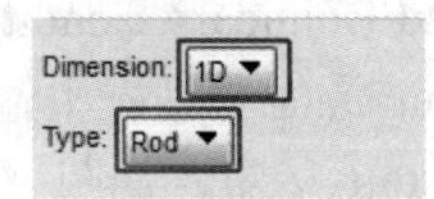

图 10-20 设定变量的维度和类型

（4）在 Model Variables 对话框中，选择 Select Property Set 为 prop_1，选择 Select Property Name 为 Area，单击 Apply 按钮，如图 10-21 所示。

（5）选择 prop_2 和 Area，单击 Apply 按钮和 Close 按钮。

6. 定义优化参数

（1）选择菜单项 Tools→Design Study→Pre-Process，如图 10-22 所示。

（2）设定 Action 为 Modify，Object 为 Design Variable，如图 10-23 所示。

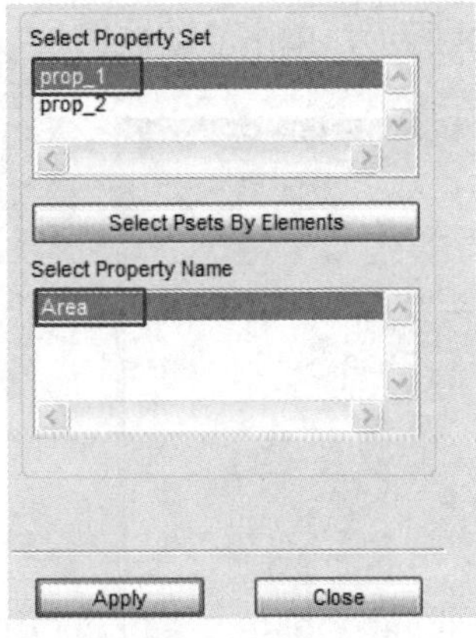

图 10-21 选定变量

图 10-22 设计研究

（3）选择 prop_1_Area，设定 L 为 0.1，U 为 100，单击 Apply 按钮。

（4）选择 prop_2_Area，设定 L 为 0.1，U 为 100，单击 Apply 按钮。

（5）设定 Action 为 Create，Object 为 Objective，Solution 为 Global，Response 为 Weight，如图 10-24 所示。

（6）输入 Objective Name 为 Total_Weight，设定 MinMax 为 minimize，如图 10-25 所示。

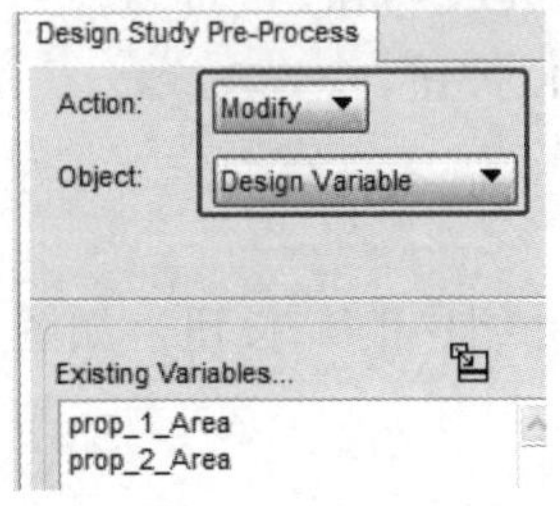

图 10-23 修改变量

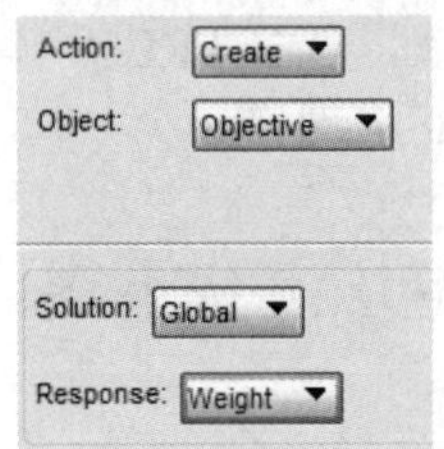

图 10-24 设定其他参数

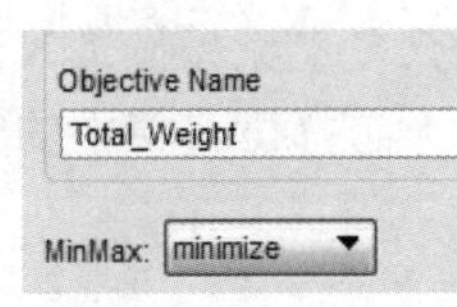

图 10-25 设定重量最小

（7）更改 Object 为 Constraint，更改 Solution 为 Normal Modes，Response 为 Frequency，如图 10-26 所示。

（8）输入 Constraint Name 为 FREQ_1，输入 Frequency Mode Number 为 1，并设定 Lower Bound 为 1500，Upper Bound 为 1550，如图 10-27 所示。

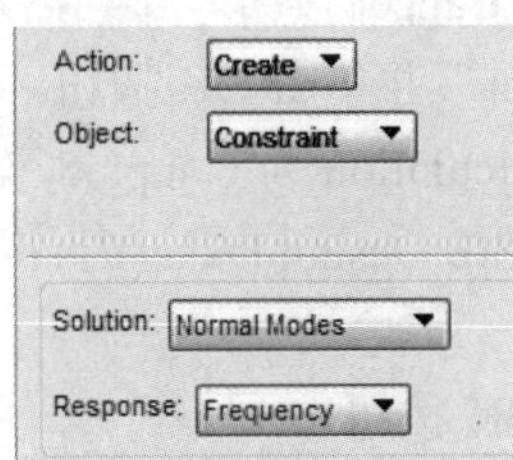

图 10-26 设定响应

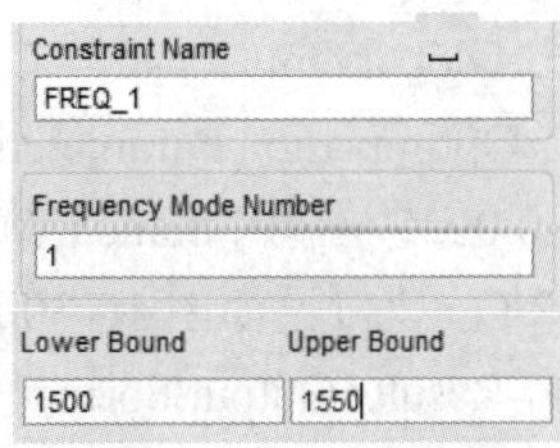

图 10-27 设定约束参数

（9）单击 Apply 按钮。

（10）更改 Object 为 Design Study。

（11）输入 Design Study Name 为 Opt。

（12）单击 Select Design Variables 按钮，如图 10-28 所示，单击 OK 按钮。

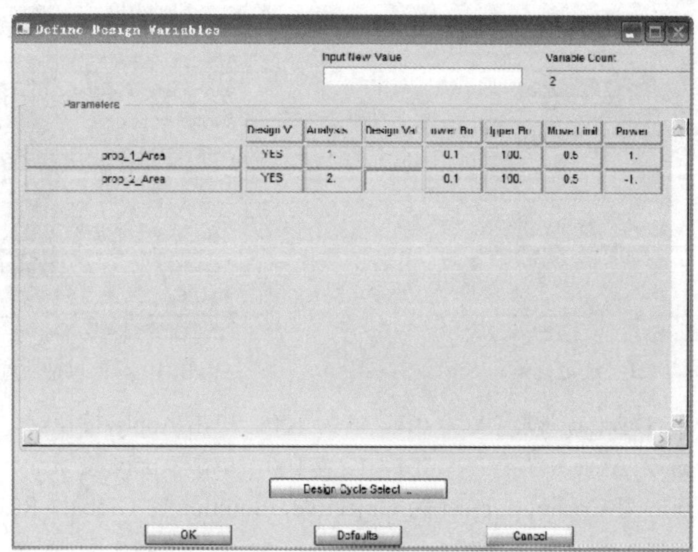

图 10-28　为设计研究选择变量

（13）单击 Select Objectives 按钮，选择 Total_Weight，单击 OK 按钮。

（14）单击 Select Constraints 按钮，选择 FREQ_1，单击 OK 按钮。

（15）单击 Apply 按钮，单击 Close 按钮。

7. 设定参数并提交 Nastran 运算

（1）选择工具栏中的 Analysis 选项卡，单击 Optimize 命令组中的按钮，如图 10-29 所示。

图 10-29　选择优化类型

（2）单击 Design Study Select 按钮，选择 Opt 并单击 Cancel 按钮。

（3）单击 Global Obj/Constr. Select，选择 Total_Weight，并单击 OK 按钮。

（4）单击 Optimization Parameters 按钮，选择 Mass Calculation 为 Coupled，输入 Wt.-Mass Conversion 为 0.00259，输入 Standard Cycles (DESMAX)为 30，Design Data (P1) n 为 1，Analysis Results(NASPRT) n 为 1，如图 10-30 所示。

（5）单击 Results Output Format 为 OP2 格式，单击 OK 按钮。

（6）单击 Subcases 按钮，更改 Solution Type 为 103 NORMAL MODES。

（7）单击 Constraints/Objective 按钮，选择 FREQ_1，并单击 OK 按钮。

（8）单击 Apply 按钮，单击 Cancel 按钮。

（9）单击 Subcase Select 按钮，修改 Solution Type 为 103 Normal Modes，选择 Default，如图 10-31 所示。

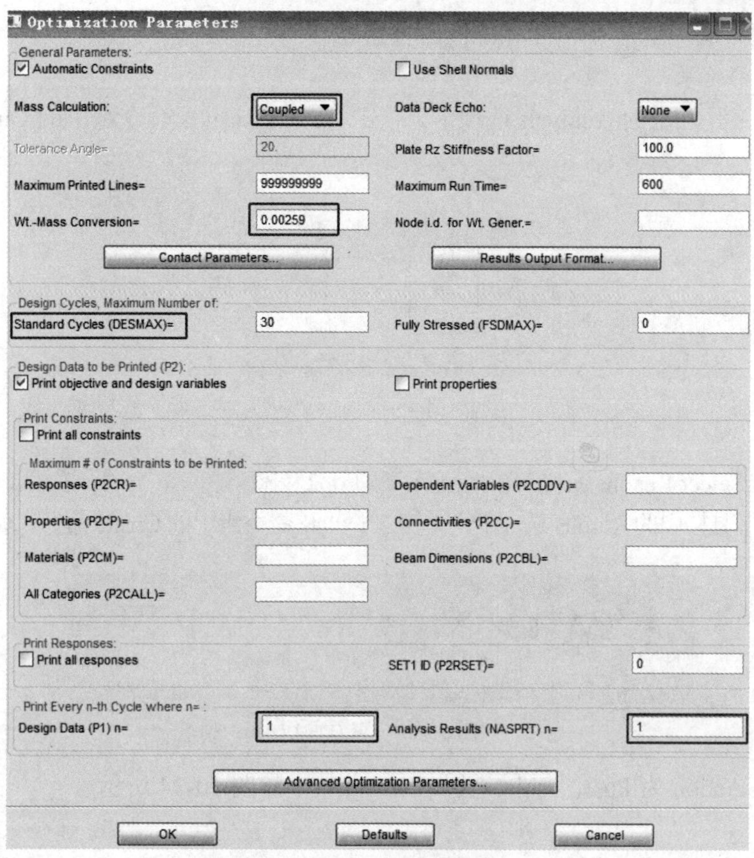

图 10-30 设定分析参数

图 10-31 选择工况

（10）单击 OK 按钮，然后单击 Apply 按钮。

8. 显示图形结果

（1）选择工具栏中的 Analysis 选项卡，单击 Access Results 命令组中的 Output2 命令，如图 10-32 所示。

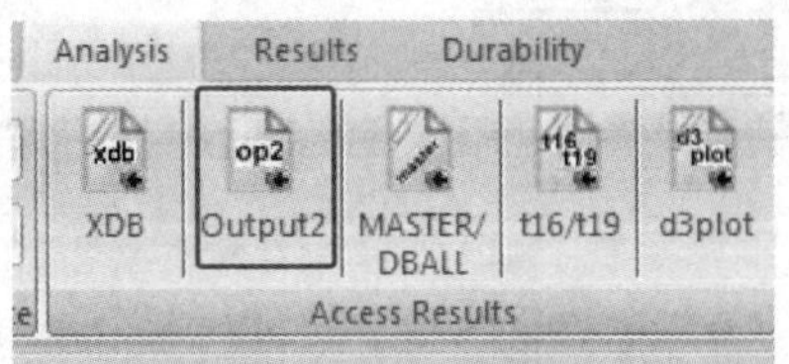

图 10-32 读取结果

（2）单击 Select Results File，选择刚计算的 op2 文件，单击 Apply 按钮。

（3）选择工具栏中的 Results 选项卡，单击 XY Plots 命令组中的 Create 命令，如图 10-33 所示。

图 10-33 查看曲线

（4）修改 Action 为 Post，Object 为 XYWindow，如图 10-34 所示。

图 10-34 显示曲线

（5）选择 DesignVariableHistory 并单击 Apply 按钮，显示设计变量历程，如图 10-35 所示。

（6）同理，显示目标函数历程曲线，如图 10-36 所示。

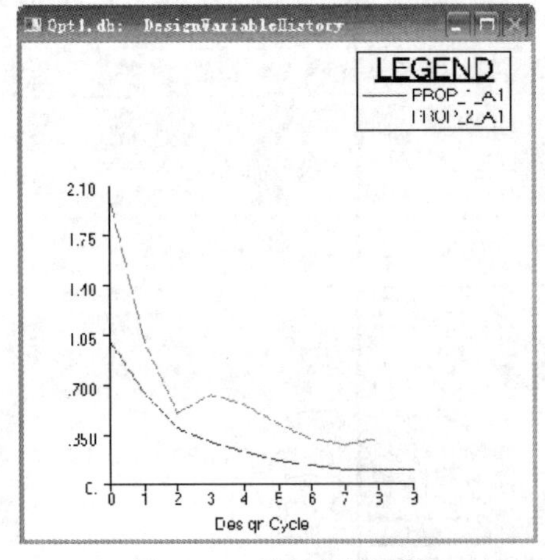

图 10-35 设计变量历程

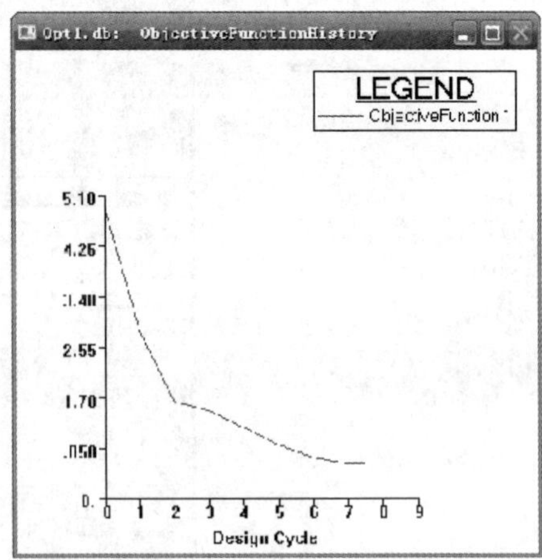

图 10-36 目标函数历程

10.2.2 使用频率响应的优化实例

如图 10-37 所示的汽车模型，其左前轮失去平衡（偏心），偏心质量是 0.3 单位，到车轮中心的半径为 10 英寸。我们所感兴趣的范围是 0.5～50Hz，约束条件是轮胎的最大位移不得超过 0.5 英寸，在 0.5～25Hz 的振动频率范围内，驾驶员的座椅位移最大不得超过 0.25 英寸。目标函数是在 0.5～25Hz 的振动频率范围内将驾驶员座椅的 SRSS 响应减到最小，要求使用模态方法。

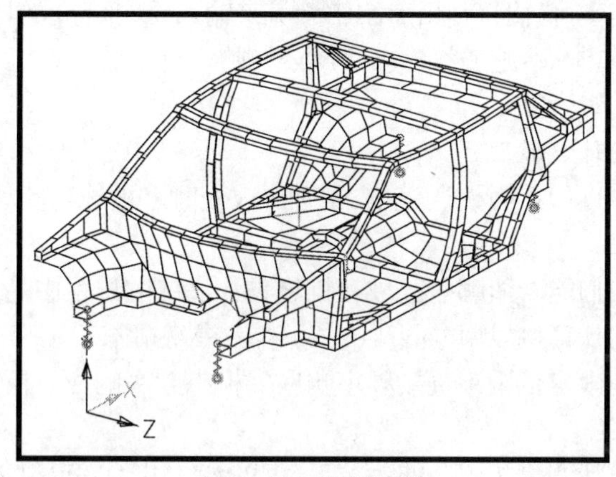

图 10-37　车架模型

1. 优化描述

（1）设计变量：汽车的弹簧和阻尼参数。

（2）目标函数：使驾驶员座椅上的 SRSS 响应减到最小。

（3）受到的约束条件：

1）轮胎的最大垂直位移不得超过 0.5 英寸。

2）驾驶员座位的最大垂直位移不得超过 0.25 英寸。

2. 动力载荷的输入（见图 10-38）

（1）用 DAREA 来表示 FX 和 FY 的大小（mr 部分）。

（2）对每一个载荷使用一个 RLOAD1 输入卡。

（3）用一个 DPHASE 卡来表示相位关系。

（4）用一个 TABLED4 卡来描述载荷的频率关系（ω^2 项）。

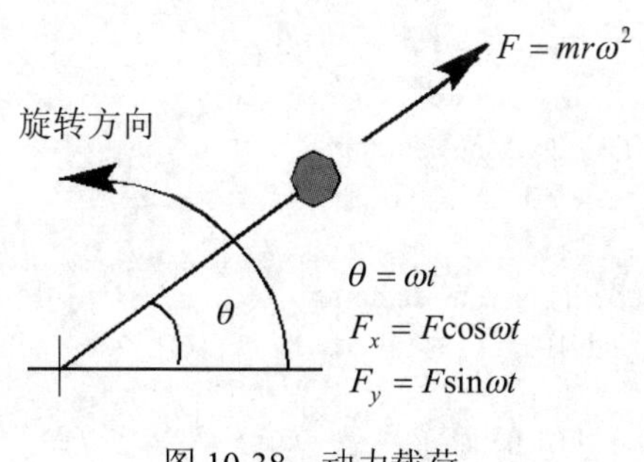

图 10-38　动力载荷

（5）用一个 DLOAD 卡来综合所有的载荷（RLOAD1s）。

（6）该例中的 TABLED4 卡的输入说明

$$Y = \sum_{i=0}^{N} A_i \left(\frac{x - x_1}{x_2} \right)^i$$

1）令 X1＝0，X2＝1，X3＝0，X4＝1000（高于我们感兴趣的最高频率）。

2）因为 X 表示单位时间内转过的圈数，所以它必须乘以 2π 来得到每单位时间内转过的弧度。输入 2π。

3）输入的力是 $mr\omega^2$。我们将利用 DAREA 卡来输入 mr 部分，但是还需要 ω^2 项的输入。

4）我们想从 TABLED4 中施加第二项（或 ω^2 项），可以通过设置 A1＝0.0 和 A2=$(2\pi)^2$ 来实现。

3. 动力响应的（设计）敏度

（1）实现如下计算过程：当设计变量 Xi 有所改变时，被选定的动力响应随 Xi 的改变而改变灵敏程度。

（2）这些参量让我们能看清哪些区域在推进设计进展的过程中是最有效的。

（3）灵敏度系数的计算可以用 param,optexit,4 命令来请求。

（4）灵敏度分析的限定范围：直接频率响应、模态频率响应、模态瞬态响应。

4. 设计模型的描述

（1）标识需要与设计变量相关联的参数（DVPREL1 和 DVPREL2）。

（2）标识所感兴趣的响应参数。

（3）指定响应的边界和（可选的）筛选准则（DCONSTR 和 DSCREEN）。

（4）在工况控制段中选择输出的频率间隔或时间步长（OFREQ 或 OTIME 集）。

5. 优化模型的输入文件

（1）创建 optim1.blk 文件，输入以下内容，定义设计变量、目标函数以及约束条件。

```
$
$ beginning of optim1.blk
$
$ 定义设计变量
$
desvar,1,frntdamp,1.,.1,10.$创建设计变量，初始值为 1，变量范围为 0.1～10
desvar,2,reardamp,1.,.2,10.$创建设计变量，初始值为 1，变量范围为 0.1～10
desvar,3,frntstif,1.,.4,2.$创建设计变量，初始值为 1，变量范围为 0.4～2
desvar,4,rearstif,1.,.5,2.5$创建设计变量，初始值为 1，变量范围为 0.5～2.5
$
$在设计变量和属性之间创建关联关系
$
$关联变量 1 和属性 pvisc 2001 的 viscous damping
dvprel1,101,pvisc,2001,3,1.,,,,+dv101
+dv101,1,10.
$关联变量 2 和属性 pvisc 2002 的 viscous damping
dvprel1,102,pvisc,2002,3,1.,,,,+dv102
+dv102,2,5.
$关联设计变量 3 和属性 prod 1001 的面积
```

```
dvprel1,103,prod,1001,4,4.,,,,+dv103
+dv103,3,1000.
$关联设计变量 4 和属性 prod 1002 的面积
dvprel1,104,prod,1002,4,4.,,,,+dv104
+dv104,4,800.
$
$选择轮胎的 Y 方向位移和座椅作为响应

$
$轮胎（Node 358）频率响应的结果是在 Y（T2）方向的最大位移范围为+/-0.5 英寸
$
dconstr,101,200,-.5,.5
dresp1,200,disp,frdisp,,,2,,358
$
$定义驾驶员座椅（Node 471）频率响应（0.5～25Hz）的结果是在 Y 方向的最大位移方$位为+/-0.25 英寸
$
dconstr,102,201,-.25,.25,0.5,25.0
dresp1,201,driver,frdisp,,,2,,471
$
$将上面定义的轮胎和座椅的位移约束合并到一个约束集合，ID 为 100$
dconadd,100,101,102
$
$定义目标函数为响应的 SRSS 为最小
$
dresp1,300,rss,frdisp,,,2,rss,471
$
$优化相关数据输入完毕
$
$ end of optim1.blk
$
```

（2）创建 optim.bdf 文件，输入如下内容，创建优化方案。

```
$
$进行频率响应的优化，使用模态法
$
SOL 200 $定义求解序列为优化
CEND
TITLE = Sample dynamic analysis model
SUBTITLE = Rotating force due to tire out of balance
LABEL = perform optimization to minimize driver response
set 999 = 358,471
DISP(phase) =   999
SUBCASE 1
   ANALYSIS = MFREQ
   DESSUB = 100 $ 定义优化约束，指向 optim1.blk 中的约束集合
   DESOBJ(min) = 300 $定义优化的设计目标，指向 optim1.blk 中的目标函数
   DLOAD =   1 $指向载荷
   METHOD =   1$模态法方法
   FREQ   =   1$
```

```
BEGIN BULK
    eigrl,1,0.,100$定义特征值求解的参数，范围是从0～100Hz
    doptprm,desmax,25$定义最大设计循环次数为25次
    param,post,-1$输出OP2文件
    $
    $频率响应的数据
    $
    DLOAD     1        1.       1.       11       1.       12
    RLOAD1    11       20                                  111
    RLOAD1    12       30                         40       111
    DPHASE    40       358      2        90.
    DAREA     20       358      1        3.
    DAREA     30       358      2        3.
    TABLED4   111      0.       1.       0.       100.
              0.       39.478   ENDT
    FREQ1     1        .5       .5       100
    $
    $引用car、spring及optim1
    $
    Include 'car.blk'
    Include 'springs.blk'
    Include 'optim1.blk'
ENDDATA
```

说明：文件car.blk和sprints.blk存放在Nastran安装目录下的\20111\md20111\nast\tpl\include文件夹中。

6. 显示设计变量历程

设计变量历程如图10-39所示。

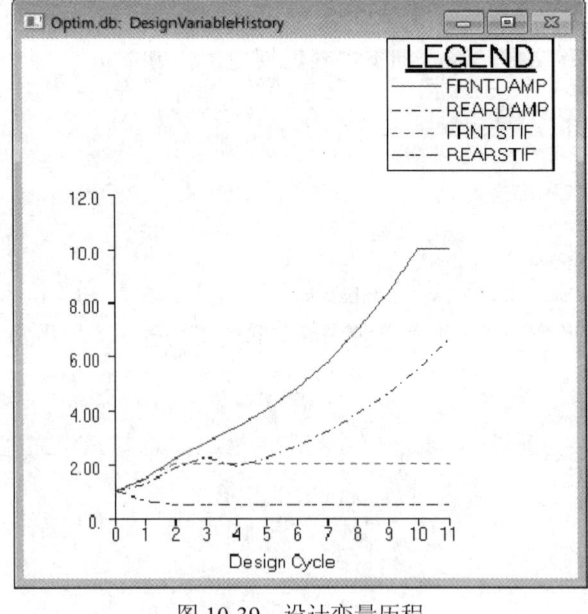

图10-39　设计变量历程

7. 显示目标函数历程

显示目标函数历程如图 10-40 所示。

8. 位移变化曲线

位移变化曲线如图 10-41 所示。

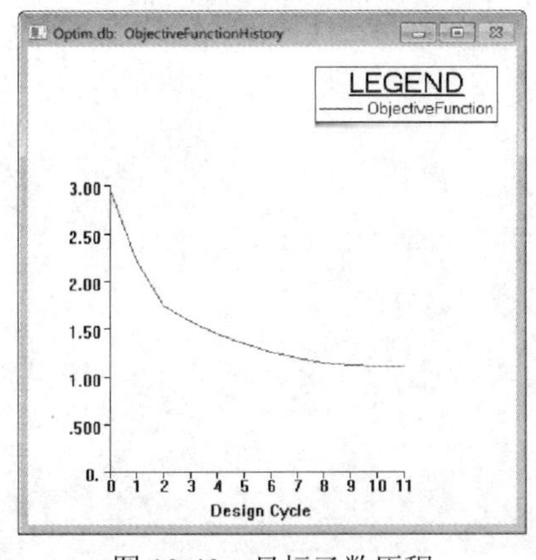

图 10-40 目标函数历程

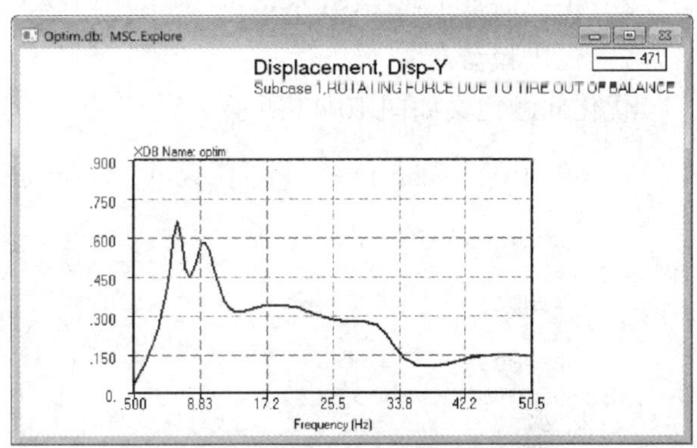

图 10-41 Node471 位移变化曲线

10.2.3 基于结构平均柔度和一阶频率的拓扑优化

如图 10-42 所示的轮毂模型，在承受重力方向载荷作用下，要求轮毂综合柔度最小。同时，材料分布围绕轮毂中心线循环对称，且对称份数为 7，从动力学角度考虑，要求经过拓扑优化后，轮毂的自由模态一阶弹性体频率在 110～120Hz 之间。因此，拓扑优化问题需要有静力学、模态分析工况，综合考虑二者的共同影响。

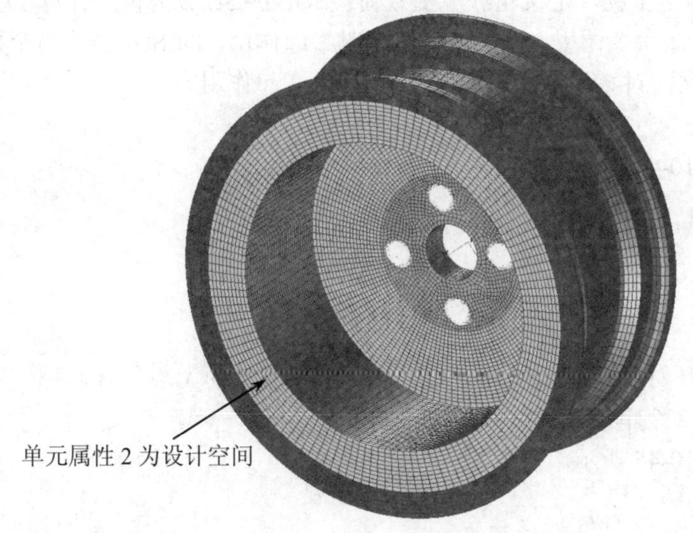

图 10-42 轮毂有限元模型

1. 优化描述

（1）设计变量：图 10-42 中，单元属性 2 为设计空间。

（2）目标函数：系统柔度最小。

（3）受到的约束条件：

1）全局约束，总质量为模型质量 5%。

2）局部约束，结构一阶弹性体模型频率在 110～120Hz 之间。

3）饶车轮中心线循环对称约束，且份数为 7。

4）优化后最小筋为 50.个单位。

2. 优化模型定义

优化问题定义如图 10-43 所示。

```
ASSIGN USERFILE='history.csv',STATUS=NEW,FORM=FORMATTED,UNIT=52,DELETE
$$
SOL 200
$$
CEND
$$
DESOBJ      = 11
DESGLB      = 1
$$
DISPLACEMENT (PLOT) = ALL
SUBCASE 1
   ANALYSIS = STATICS
   SPC      = 2
   LOAD     = 2
$$
SUBCASE 2
   ANALYSIS = MODE
   METHOD   = 1
   DESSUB   = 2
```

图 10-43 优化问题定义

SUBCASE 1 为静力学工况，定义轮毂承受载荷；SUBCASE 2 为模态计算工况，分析结构频率，使用 DESSUB =2 命令调用，该约束只对工况 2 起作用。DESGLB=1 为全局约束，是结构优化后的质量百分比，对 SUBCASE 1 和 SUBCASE 2 起作用。

3. 设计空间定义

设计空间定义如图 10-44 所示。

```
TOPVAR          1DESPACE PSOLID       0.1                                2+0059D36
+0059D36SYM            1                        Y           7            +0059D37
+0059D37TDMIN        50.                                                 +0059D38
```

图 10-44 设计空间定义

其中，SYM 定义循环对称，1 为坐标系，表示基于坐标系 1 的 Y 轴循环对称，且份数为 7；TDMIN 为最小筋尺寸，2 个单位。

设计响应定义如图 10-45 所示。

```
DRESP1          2FRM     FRMASS
DRESP1         11COMP    COMP
DRESP1         20FMODE   FREQ                              7
```

图 10-45 设计响应定义

其中，质量百分比 FRMASS、一阶频率 EIGN 为优化问题的约束，最小平均柔度为优化目标。

4. 显示目标函数历程

显示目标函数历程如图 10-46 所示。

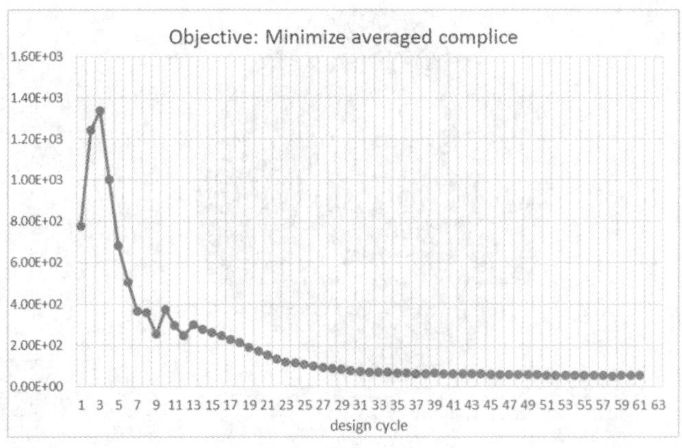

图 10-46 结构平均柔度变化历程

5. 拓扑优化材料分布

优化后的轮毂材料分布如图 10-47 所示。

图 10-47 优化后的轮毂材料分布图

优化前后的轮毂最大变形量对比如图 10-48 所示。

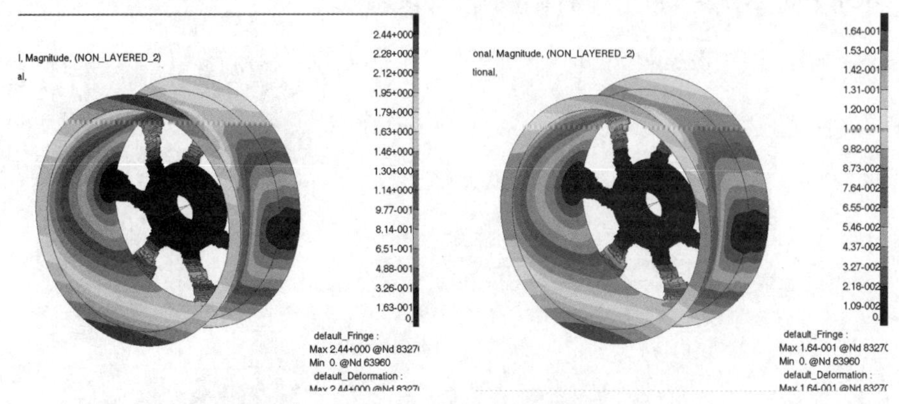

图 10-48 优化前后的轮毂最大变形量对比

优化前后的轮毂第一阶弹性体特征振型和频率对比如图 10-49 所示。

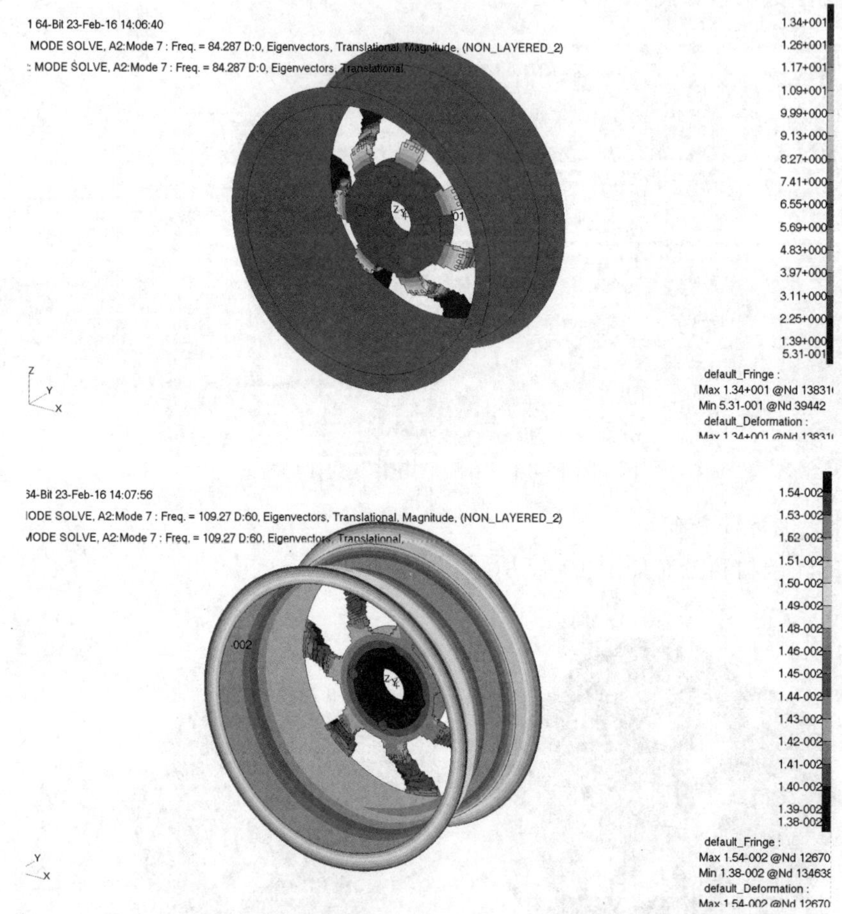

图 10-49　优化前后的轮毂第一阶弹性体特征振型和频率对比

结论：

（1）用最少的人工努力修正了设计方案，使得所有约束条件得到了满足，并使得被选中进行分析位置的响应（目标函数）得到了最小化。

（2）SOL 200 是动力分析中一个非常有用的设计工具。

第 11 章　试验－分析的相关性

11.1　试验－分析相关性的介绍

由于建模和试验过程中不确定性因素的影响，MSC Nastran 的分析结果和试验数据之间有可能并不相符。有人说："没有一个人相信数值分析的结果（除了建模者本人），而所有的人都相信由试验得到的数据（除了试验者本人）"。

建模中的不确定性有如下几个来源：

（1）被模拟问题的物理特性的影响。

（2）边界条件的影响。

（3）材料属性的影响。

（4）接头柔韧性的影响。

（5）"制造"与"设计"之间的差距的影响。

（6）阻尼的影响。

试验一分析相关性分析的目的：

（1）评估 MSC Nastran 分析结果和试验数据之间的相关程度。

（2）改进 MSC Nastran 模型来吻合试验数据。

做相关性分析的人员必须能够同时懂得"试验数据"和"MSC Nastran 的分析结果"，以及这两者中所存在的不确定性因素。

11.2　完整的试验－分析过程

完整的试验一分析过程包含四个阶段：

（1）试验前的规划（试验模拟）。

（2）数据获取（获取原始数据，如速度、加速度等）。

（3）数据简化和分析（将原始数据处理成我们感兴趣的量，如模态振型）。

（4）试验后的评估（评估试验数据和 MSC Nastran 结果之间符合程度的好坏；改进 MSC Nastran 模型以更好地吻合实验数据）。

分析人员在第 1 阶段和第 4 阶段介入，试验人员在第 2 阶段和第 3 阶段介入。

11.2.1　试验前的规划

首先要创建一个基准的 MSC Nastran 模型，来确定最理想的激励和测量位置。做到这一点可以有两种方法：模拟和观察方法和正交性检查方法。

（1）模拟和观察方法：用 MSC Nastran 来模拟试验，并选择能给出最大响应的输入/输出位置。

（2）正交性检查方法：从提出的一批测量位置中产生出一个 A 集（分析集），使用古演缩减，计算其模态振型，并针对单位模态质量进行标准化。将这一系列的模态向量记作ϕ_t（当作“试验”模态）。输出我们所感兴趣的频率范围内的模态和 A 集的质量矩阵。

然后移去 A 集，用与计算 A 集自由度响应相同的方法来计算整个模型的模态，并输出这些模态振型。将这一系列的模态向量记作ϕ_a（当作“分析”模态）。

在第三次运行 MSC Nastran 时，同时读出两套结果并计算：

$$\phi_t^T M_a \phi_a$$

如果所提出的测量位置（A 集）是充足的，那么计算得到的矩阵对角线元素为 1，而在非对角线处都是 0。如果非对角线处不是 0，那么所提出的测量位置就是不够的，必须重新配置一个 A 集（实际上非对角线上的项小于 0.05 就是可以接受的）。

（1）在做试验前规划的分析时，需要对 DMAP 进行调整，premaca.vxx 就是专门为此设计的，并在 MSC Nastran 交货时提供给用户。

（2）模态有效质量和模态动能的计算也能在 MSC Nastran 中完成，以确保试验样本的特性在试验之前就被很好地掌握了。

（3）“试验”和“分析”的部位一定要完全对准（位置和坐标方向），以便于试验前的规划和试验后的评估。RBARs、MPCs 和可选的输出坐标系能够用来将位置对准。

（4）一旦激励和测量的部位得到核实，就应该对该试验进行数值模拟，以确保试验样本在测试过程中不致于产生过大的应力。

11.2.2 试验后的评估

通过观察法或正交检查法，将 MSC Nastran 的结果和试验数据进行对比。

1．观察法

（1）XY 图。

1）将试验数据和 MSC Nastran 的结果绘制在一起，并估计幅值和频率等内容的相关性。

2）要确保绘制在一起的曲线代表同样的空间位置和方向。

（2）结构图。

将试验和分析的模态形状绘制在一起，并估计其相关程度（图表也能用动画方式来显示）。观察法也能用于非图形数据中，例如测量和计算得到的谐振频率的比较。

2．正交性检查法

试验－分析相关性的定量检查是正交性检查，由下式来定义：

$$\phi_t^T M_{aa} \phi_a = \mathrm{COR}$$

式中：ϕ_t^T=试验模态；M_{aa}=A 集（分析集）的质量矩阵；ϕ_a=分析集的计算模态。

非对角线上的项小于对角线上的项的 10%，才可以保证“试验”和“分析”之间达到比较可靠的吻合。

通过 COR（相关矩阵）非对角线上的大数值可以反映出模态的“改变”。

如果试验数据与分析结果之间有差距，就应该对 MSC Nastran 的模型进行改进，以得到更好的吻合。

3. COR 的一个实例

考虑如图 11-1 所示的二维梁的模型。假定每隔一个节点放置了一个加速度传感器，以便 x 和 y 方向的平动加速度都能够被测量出来。

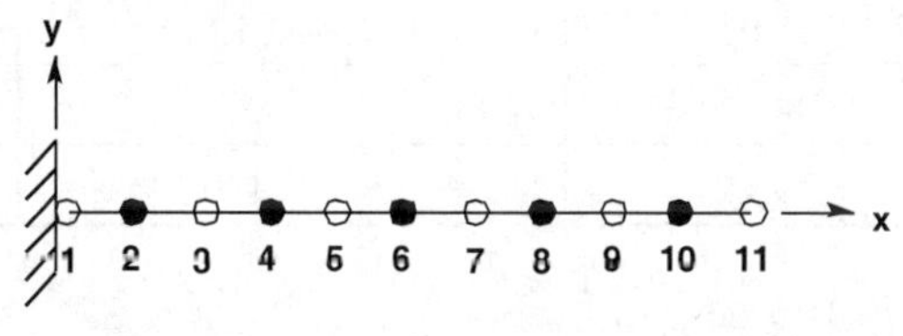

图 11-1　梁模型

由表 11-1 和表 11-2 可以看出，试验测得的结果与 MSC Nastran 分析得到的频率数值是非常接近的。

表 11-1　实验测得的频率和模态形状

网格点	Mode 1	Mode 2	Mode 3	Mode 4	Mode 5	Mode 6
2x	0	0.15	0	0.45	1	0
2y	0	0	0.15	0	0	0.3
4x	0	0.45	0	1	0.95	0
4y	0.15	0	0.75	0	0	1
6x	0	0.7	0	0.7	-1	0
6y	0.4	0	1	0	0	0.05
8x	0	0.9	0	-0.15	-0.95	0
8y	0.7	0	0.45	0	0	-0.85
10x	0	1	0	-0.85	1	0
10y	1	0	-0.75	0	0	0.25
频率（Hz）	14.2	50.5	85.2	144.1	245.3	257.3

表 11-2　MSC Nastran 计算得到的频率和模态形状

网格点	Mode 1	Mode 2	Mode 3	Mode 4	Mode 5	Mode 6
2x	0	0.254	0	0.773	0	1.316
2y	0.038	0	0.207	0	-0.526	0
4x	0	0.736	0	1.681	0	1.316
4y	0.309	0	1.183	0	-1.759	0
6x	0	1.147	0	1.203	0	-1.316
6y	0.77	0	1.62	0	-0.078	0
8x	0	1.445	0	-0.266	0	-1.316

续表

网格点	Mode 1	Mode 2	Mode 3	Mode 4	Mode 5	Mode 6
8y	1.34	0	0.747	0	1.524	0
10x	0	1.602	0	-1.516	0	1.316
10y	1.957	0	-1.145	0	-0.474	0
频率（Hz）	13.91	49.45	86.38	150.59	244.03	256.5

下面是本例题的输入/输出文件清单。

输入文件：

```
ID PRETEST, DYNOTES
SOL 103
TIME 15
COMPILE MODERS, SOUIN=MSCSOU, NOLIST, NOREF
ALTER 'mxx.*phix'$
MATPRN   MXX,,,,//$
MATPCH   MXX,PHIX,,,// $
CEND
TITLE = MSC Nastran   -----   MSC/XL
SUBTITLE = MODES CASE CONTROL
LABEL = DEFAULT SUBCASE STRUCTURE
DISP =   ALL
SPC=1
METHOD=100
BEGIN BULK
PARAM    AUTOSPC YES
GRDSET, , , , , , ,345
BAROR, , , , , 0., 1., 0.
GRID     1        0.0      0.0      0.0
GRID     2        1.       0.0      0.0
GRID     3        2.       0.0      0.0
GRID     4        3.       0.0      0.0
GRID     5        4.       0.0      0.0
GRID     6        5.       0.0      0.0
GRID     7        6.       0.0      0.0
GRID     8        7.       0.0      0.0
GRID     9        8.       0.0      0.0
GRID     10       9.       0.0      0.0
GRID     11       10.      0.0      0.0
CBAR     1        1        1        2
CBAR     2        1        2        3
CBAR     3        1        3        4
CBAR     4        1        4        5
CBAR     5        1        5        6
CBAR     6        1        6        7
CBAR     7        1        7        8
CBAR     8        1        8        9
```

```
CBAR     9      1      9       10
CBAR     10     1      10      11
$  REDUCE TO TEST DOF
ASET1, 12, 2, 4, 6, 8, 10
SPC      1      1      123456  0.0
PBAR     1      1      .01     .016    .016
MAT1     1      3.+7           .3      7.7
EIGRL    100    0.0    10000.  6
ENDDATA
$ 分析（A）集合的点与测试点具有相同的几何位置
ID COR, DYN.NOTES
TIME 30
SOL 100
COMPILE USERDMAP, SOUIN=MSCSOU, NOLIST, NOREF
ALTER 2 $
$---------------------------------------------------------
$  DMAP TO COMPUTE CROSS-ORTHOGONALITY
$     INPUTS FROM MSC Nastran RUN:   MXX (A-SET MASS)
$                                    PHIX (A-SET MODE SHAPES)
$     (PREVIOUS M/N RUN USED MATPCH TO PUNCH DMI ENTRIES)
$     INPUT FROM TEST:    PHITEST (A-SET MODE SHAPES)
$     OUTPUTS:    UNITCHK (UNIT MASS CHECK)
$                 COR (CROSS-ORTHOGONALITY MATRIX)
$---------------------------------------------------------
$  READ DMI INPUT
DMIIN    DMI,DMINDX/PHIX,PHITEST,MXX,,,,,,,/    $
$  VERIFY INPUT MATRICES
MATPRN   PHIX,PHITEST,MXX,,// $
$  MULTIPLY PHIX(TRANS)*MXX = PHITMASS
MPYAD    PHIX,MXX,/ PHITMASS /1///$
$  MULTIPLY PHITMASS*PHIX = UNITCHK
MPYAD    PHITMASS,PHIX,/ UNITCHK // $
$  PRINT TITLE AND UNITCHK
MATPRN   UNITCHK,,,,// $
MESSAGE  // 'CHECK ON UNIT MASS'/   $
$  MULTIPLY PHITMASS*PHITEST = COR
MPYAD    PHITMASS,PHITEST,/ COR // $
$  PRINT TITLE AND COR
MATPRN   COR,,,,// $
MESSAGE // 'CROSS-ORTHOGONALITY MATRIX'/ $
ENDALTER
CEND
TITLE = CROSS-ORTHOGONALITY CHECK
BEGIN BULK
DMI,PHITEST,0,2,1,0,,10,6
DMI,PHITEST,1,1,0.,.0,0.,.15,0.,
 ,.40,0.,.70,0.,1.0
DMI,PHITEST,2,1,.15,0.,.45,0.,.70,
```

```
,0.,.90,0.,1.0,0.
.
. (rest of PHITEST)
DMI     MXX     0      6      1      0              10      10
DMI*    MXX     1             1   9.62499976E-02
*               3   1.92499999E-02
DMI*    MXX     2             21.38867334E-01
*               4   2.67470982E-02          6-1.37760025E-02
*               8   4.32037748E-03          103.94638191E-05
.
. (rest of MXX)
.
DMI     PHIX    0      2      1      0              10      6
DMI*    PHIX    1             1-1.02694275E-17
*         3.79799381E-02 -3.21330419E-17   3.09179097E-01   1.62494801E-17
*         7.69559503E-01-1.60461922E-17   1.34014440E+00 -4.83748987E-17
*         1.95740056E+00
DMI*    PHIX    2             1   2.53673702E-01
*         -3.71932167E-187.36189783E-01-2.11487186E-17 1.14664245E+00
*         -1.32509834E-171.44485378E+00 -5.04831637E-19   1.60163271E+00
*         1.19194476E-17
.
. (rest of PHIX)
.
ENDDATA
```

输出结果：

```
MATRIX COR   (GINO NAME 101 ) IS A DB   PREC 6 COLUMN X   6 ROW SQUARE    MATRIX.
COLUMN        1        ROWS        1 THRU        6        ----------------------------------------------
ROW
      1)    5.1380D-01   6.7188D-19   1.8822D-03 -1.6038D-17   8.3091D-03 -1.5467D-16
COLUMN        2        ROWS        1 THRU        6        ----------------------------------------------
ROW
      1)   -1.0247D-17   6.1972D-01   3.1542D-18 -5.7035D-03 -1.0390D-17 -8.8287D-09
COLUMN        3        ROWS        1 THRU        6        ----------------------------------------------
ROW
      1)   -1.5467D-02 -6.3725D-18   6.3014D-01 -2.7673D-17 -4.6145D-03   9.5503D-17
COLUMN        4        ROWS        1 THRU        6        ----------------------------------------------
ROW
      1)    2.5192D-18   1.1390D-02   8.1214D-17   5.8007D-01 -1.0636D-16   7.5993D-03
COLUMN        5        ROWS        1 THRU        6        ----------------------------------------------
ROW
      1)   -1.0452D-17   5.3899D-03 -2.1283D-17 -1.3447D-02   1.2668D-14   7.4474D-01
COLUMN        6        ROWS        1 THRU        6        ----------------------------------------------
ROW
      1)   -3.2927D-03 -2.5409D-18   8.7221D-03 -2.3220D-16 -5.6143D-01   9.6348D-15
THE NUMBER OF NON-ZERO TERMS IN THE DENSEST COLUMN =        6
THE DENSITY OF THIS MATRIX IS 100.00 PERCENT.
^^^CROSS-ORTHOGONALITY MATRIX
```

对结果的总结：

（1）COR 矩阵显示出两者的模态振型吻合得很好（非对角元素与对角元素相比很小）。

（2）试验测量的模态 5 与计算分析的模态 6 对应，反之亦然。这从 COR 矩阵的（5,6）和（6,5）位置处的大非对角线元素可以看出来。

（3）因为试验模态不是用单位模态质量来进行标准化的，所以其对角线元素的值并不是 1.0（是按照最大分量的数值为 1.0 进行标准化的）。

（4）为了适应 DMI 输入的需要，有时花一些工夫去重新编排试验数据是必要的。

（5）对于大量的模态数据，可以编写另外的 DMAP 流程来简化正交关系的输出。

（6）在试验－分析正交性检查时，也需要对 DMAP 流程进行调整，postmaca.vxx 就是为此设计的，并在 MSC Nastran 交货时提供给用户。

11.3 模型的改进

有三种方法来修正 MSC Nastran 的模型，使之与试验数据吻合：

（1）使用强制的人为干预。

（2）使用灵敏度矩阵。

（3）使用设计优化。

所有方法都要修改 MSC Nastran 的模型参数，如杆单元的抗弯模量 I 和截面积 A 以及四边形单元的厚度 t 等。如果支座也是用模型精确定义的，其柔韧度也可以作为一个修改参数（如带弹簧单元 CELASs 的支座）。

11.3.1 强制的人为干预法

通过观察结果对模型进行修改，并就必要的修改方式做一个有一定专业根据的猜测。模型被修改以后就需要再做分析，并且要再一次将 MSC Nastran 的结果与试验数据进行对比，看它们是否吻合得更好。如果不是吻合得更好，再做更多的改动并重复操作。

11.3.2 灵敏度矩阵法

灵敏度是响应关于模型参数的斜率。“响应”指 MSC Nastran 的计算结果，而“参数”代表结构属性的数值。

灵敏度矩阵 S 中的每一项都由下式给出：

$$S_{ij} = \frac{\partial R_i}{\partial P_j}$$

式中：R_i 是第 i 个响应；P_j 是第 j 个参数。S_{ij} 的值越大，响应的灵敏度也就越大。MSC Nastran 中的求解器 SOL 200 可用来计算灵敏度矩阵。

S 矩阵可用于“观察法”，代表为了改变结构的响应而需要改变的参数，如图 11-2 所示。

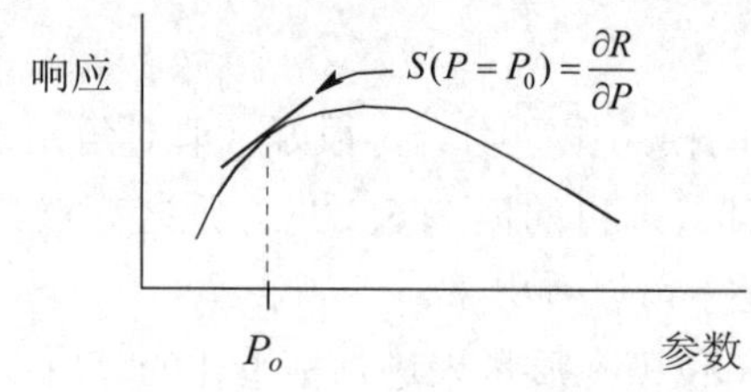

图 11-2　响应－参数曲线

S 矩阵还可以用于输出，并在最小二乘意义下用于最小化试验和分析结果的差别：

$$P_n = P_o + (S^T S)^{-1} S^T (R_t - R_a)$$

式中：P_n=为了实验－分析的吻合而修改的参数；P_o=原始模型的参数；S=敏度矩阵；R_t=试验响应；R_a=分析结果。

11.3.3　设计优化法

（1）在求解器 SOL 200 中应用。

（2）想要使试验和分析之间的差距最小，同时又希望对基准模型做最少的修改。

（3）用 DEQATN 写出一个目标函数，表示实验数据和分析结果之间的加权差：

$$E = wt * \sum_{i=1}^{\text{test data}} WR_i^* (RT_i - RA_i)^2 + wp * \sum_{j=1}^{\text{model params}} WP_j^* (RF_j - RO_j)^2$$

式中：RA_i=分析结果；RO_j=原始参数；WR_i=试验权重；WP_j=参数权重；wt=将试验作为一个整体进行的加权；wp＝将模型参数作为一个整体进行的加权。

（4）求解器 SOL 200 将带有设计约束的目标函数（E）减到最小。

11.3.4　应用举例

如图 11-3 所示为磁盘驱动器的外壳，划分为 1406 个节点、1354 个板单元，具有 4 个设计变量（板的厚度），并且具有 4 个测量得到的变形模态。

在本例的计算中要求：

（1）将计算和试验得到的谐振频率之间的差距减到最小。

（2）试验数据的权重是基准模型参数的 100。

（3）满足所允许的板厚的上限和下限。

（4）通过 5 次迭代达到收敛。

图 11-3　磁盘驱动器外壳

计算结果如图 11-4 所示。

Frequencies (Hz)		
Test	Baseline	Final
346	234	346
1307	892	1295
1567	1165	1460
1678	1267	1695

Plate Thicknesses (in.)			
Baseline	Lower Bound	Upper Bound	Final
.08	.05	.125	.125
.12	.05	.20	.075
.10	.05	.15	.084
.20	.10	.30	.227

图 11-4　设计变量历程及目标函数

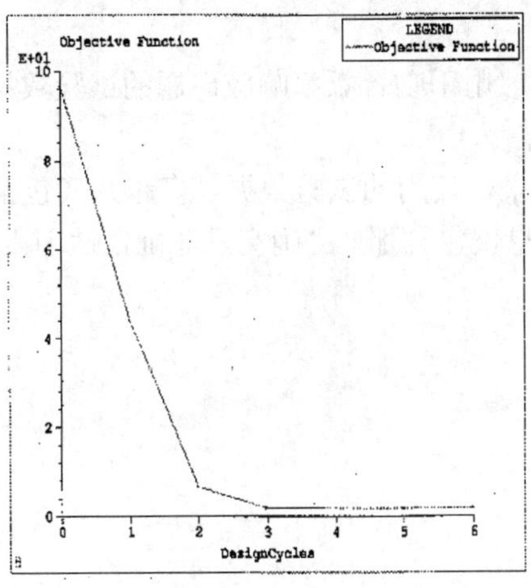

错误设计周期

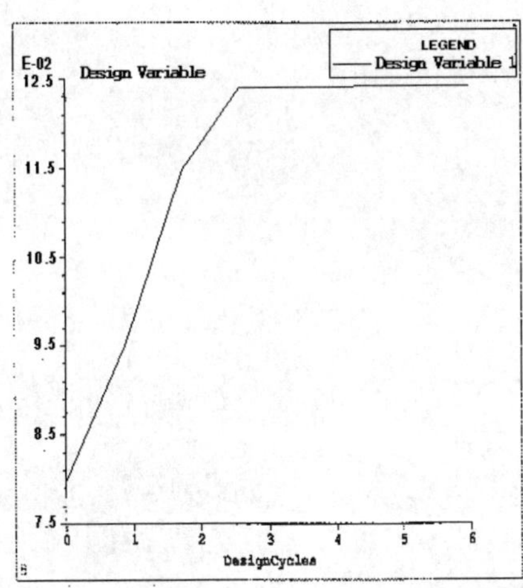

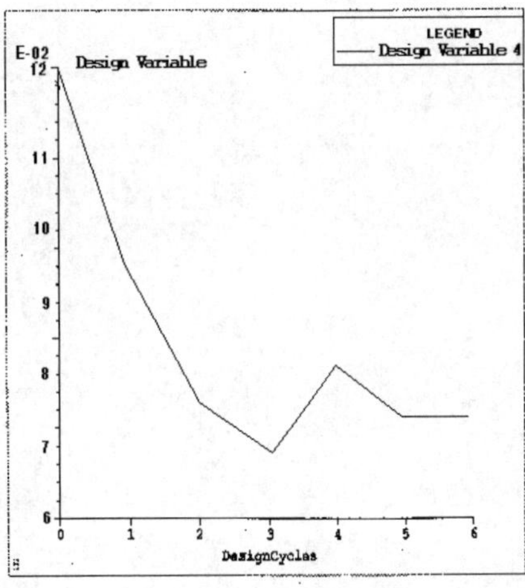

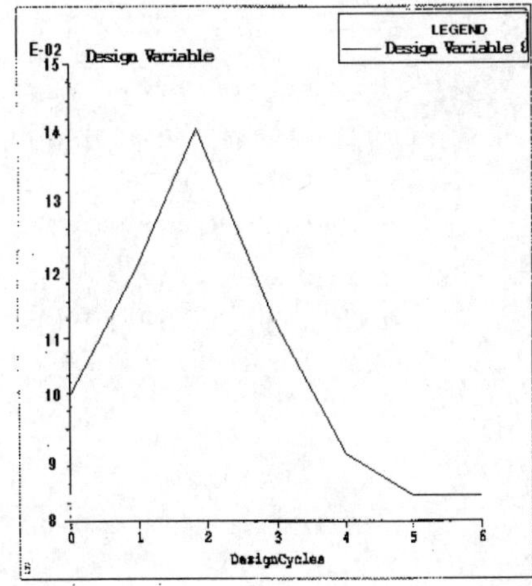

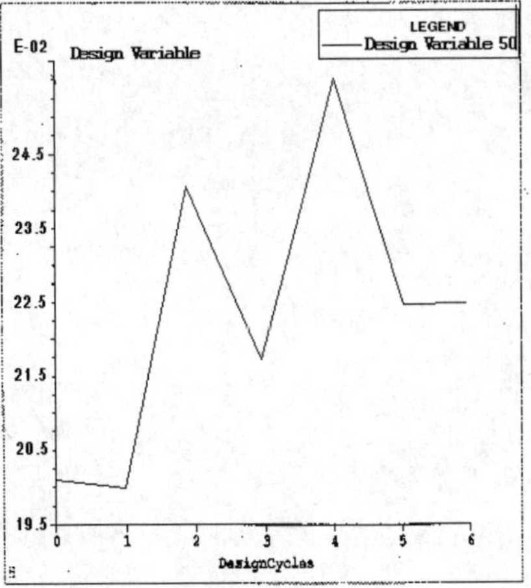

板厚与设计周期

图 11-4 设计变量历程及目标函数（续图）

说明：

（1）求解器 SOL 200 能够用于吻合频率响应问题的试验数据，也能用于静力问题的结果吻合。

（2）为了得到最好的结果，使用的试验数据越多越好（包括结构的重量）。

（3）一定要保证设计变量仅包含那些“确实是非确定性因素的结构参数”，而不要将确定的结构参数也作为设计变量。

第 12 章　动力学设计分析方法

12.1　概述

动力学设计分析方法（Dynamic Design Analysis Method，DDAM）是美国海军于 20 世纪 30 年代后期开始就舰船抗冲击的研究而发展起来的一种基于冲击谱的响应分析方法。

DDAM 是基于结构振动模态迭加的设计分析方法。将系统简化为多个弹簧质量系统，在计算出模态振型和模态质量后，根据设计冲击谱得出各阶模态的模态位移和应力，然后通过对各阶模态解合成得出设备的位移和应力。在第 5 章的响应谱分析中，用瞬态响应计算得到设计冲击谱；而在 DDAM 计算中，直接使用海军标准设计冲击谱。这些设计冲击谱的计算公式见美国海军标准，如 DDS-072 和 NRL 1396。

MSC Nastran 从 2004 版本开始有独立的 DDAM 求解序列，即 SOL 187。

12.2　理论背景

物理坐标下的振动方程：

$$[M]\{\ddot{x}\}+[C]\{\dot{x}\}+[K]\{x\}=\{f(t)\}$$

模态缩聚：

$$\{x\}=[\Phi]\{q\}=\sum_a\{\phi_a\}q_a$$

改写为模态坐标下振动方程：

$$[\Phi]^T[M][\Phi]\{\ddot{q}\}+[\Phi]^T[C][\Phi]\{\dot{q}\}+[\Phi]^T[K][\Phi]\{q\}=[\Phi]^T\{f(t)\}$$

对于基础加速度激励，可以将载荷函数改写为更一般的等效惯性载荷方式：

$$\{f(t)\}=-[M]\{D\}\ddot{u}_b(t)$$

式中：$\ddot{u}_b(t)$ 是作用在结构支座（即 SUPORT 节点）上的基础加速度激励时间历程；$\{D\}$ 是位移变换向量，表示对支座施加单位位移引起的每个结构自由度的静力位移，表征外载荷的空间分布情况。

假设阻尼系统可以解耦，则第 a 阶模态坐标下的振动方程可以写成：

$$\ddot{q}_a+2\omega_a\xi_a\dot{q}_a+\omega_a^2q_a=-\frac{\{\phi_a\}^T[M]\{D\}}{\{\phi_a\}^T[M]\{\phi_a\}}\ddot{u}_b(t)$$

记 $(MPF)_a=\dfrac{\{\phi_a\}^T[M]\{D\}}{\{\phi_a\}^T[M]\{\phi_a\}}$，称为模态参与因子或者振型参与因子，则方程进一步简化为：

$$\ddot{q}_a+2\omega_a\xi_a\dot{q}_a+\omega_a^2q_a=-(MPF)_a\ddot{u}_b(t)$$

冲击响应谱分析可以分为以下三个计算阶段。

（1）计算设计冲击谱$\overline{q}_{a\max}$。

在冲击谱响应的实际计算中，先计算以下模态方程的结果：

$$\ddot{\overline{q}}_a + 2\omega_a\xi_a\dot{\overline{q}}_a + \omega_a^2\overline{q}_a = -\ddot{u}_b(t)$$

得到第 a 阶模态的模态响应值q_a。

在第 5 章用瞬态分析直接求得q_a，取其整个时间历程上的最大值$\overline{q}_{a\max} = \max[\overline{q}_a(t)]$。在 DDAM 分析中，通过海军规范中的设计冲击谱计算公式（主要计算公式见表 12-1）直接计算$\overline{q}_{a\max}$。

表 12-1 设计冲击谱计算公式

设备安装部位	水面舰艇设备	潜艇设备
船体部位（HULL）或外板部位（SHELL）	$A_a = AF \times AA \times \dfrac{(AB+M_a)(AC+M_a)}{(AD+M_a)^2}$ $V_a = VF \times VA \times \dfrac{VB+M_a}{VC+M_a}$	$A_a = AF \times AA \times \dfrac{AB+M_a}{AC+M_a}$ $V_a = VF \times VA \times \dfrac{VB+M_a}{VC+M_a}$
甲板部位（DECK）	$A_a = AF \times AA \times \dfrac{AB+M_a}{AC+M_a}$ $V_a = VF \times VA \times \dfrac{VB+M_a}{VC+M_a}$	$A_a = AF \times AA \times \dfrac{AB+M_a}{AC+M_a}$ $V_a = VF \times VA \times \dfrac{VB+M_a}{VC+M_a}$

其中：A_a为第 a 阶模态的加速度谱；V_a为第 a 阶模态的速度谱；VF 和 AF 分别为速度和加速度谱系数；VA、VB、VC、AA、AB、AC、AD 为速度和加速度常系数；M_a为第 a 阶模态的模态有效质量；临界频率$\omega_c = \dfrac{A_a g}{V_a}$，如第 a 阶模态的频率高于临界频率，设计冲击谱取加速度谱，低于临界频率，设计冲击谱取速度谱。

（2）计算各阶模态的物理响应峰值。

第 a 阶模态对原始载荷在模态坐标下的峰值响应可以表示为：

$$q_{a\max} = (MPF)_a\overline{q}_{a\max}$$

于是可以通过计算

$$\{x_a\} = \{\phi_a\}q_{a\max}$$

得到第 a 阶模态的物理响应峰值。

对于速度、加速度、应力、力等，都可以用以上方法求得特定模态的物理响应峰值。因此用更一般的方法记以上公式为：

$$\{R_a\} = \{\phi_a\}q_{a\max}$$

式中$\{R_a\}$代表第 a 阶模态的速度、加速度、应力、应变或力等任意响应，只要模态振型是相应的物理量即可。

（3）组合物理响应峰值。

DDAM 采用美国海军研究实验室求和 NRL 方法：

$$\{R\}^{peak} = \max_a\{R_a\} + \sqrt{\sum_a\{R_a\}^2 - (\max_a\{R_a\})^2}$$

MSC Nastran 会不断累加模态峰值响应，直到模态有效质量达到用户设定的值（Weight Cutoff）或者默认值（80%）为止。

12.3　DDAM 分析

12.3.1　分析流程概述

（1）建立有限元模型。MSC Nastran DDAM 分析只支持英寸/磅/秒（in/lb/sec）单位，不支持米制或毫米制单位。模型放开所有平动自由度。基础激励点的约束由 SUPORT 卡片定义。

（2）使用 MSC Nastran 计算系统的模态，并计算模态有效质量和模态参与因子（MPF）。

（3）使用海军设计冲击谱计算公式，计算设计冲击谱。设计谱计算可以由外部程序进行，然后以文本文件的形式输入给 MSC Nastran，也可以由 MSC Nastran 通过海军设计标准在程序内部进行计算得到。

（4）通过设计冲击谱、模态参与因子等计算模态谱响应。

（5）按 NRL 方法组合模态谱响应，得到各方向的谱响应峰值。

（6）在 MSC Patran 中查看计算结果。

上述过程如图 12-1 所示。

12.3.2　使用 MSC Patran 前处理器进行 DDAM 分析

MSC Patran 支持 DDAM 的界面输入和结果查看。但是需要注意，MSC Nastran 的 DDAM 只能使用英制单位，即 in/lb/sec 单位，另外加速度单位为重力加速度（即 *g*）。

选择求解类型为 DDAM Solution，如图 12-2 所示。

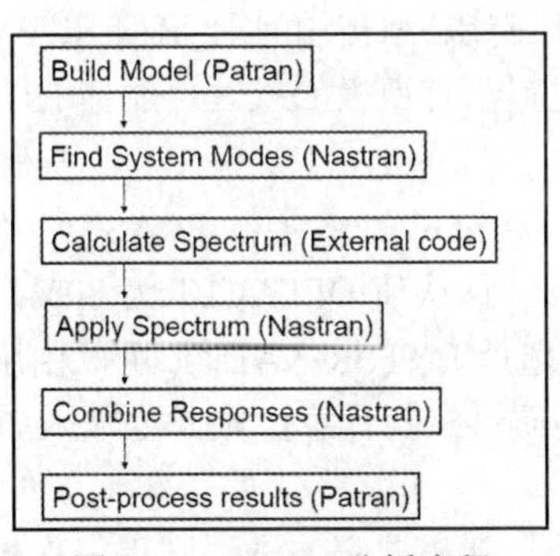

图 12-1　DDAM 分析流程

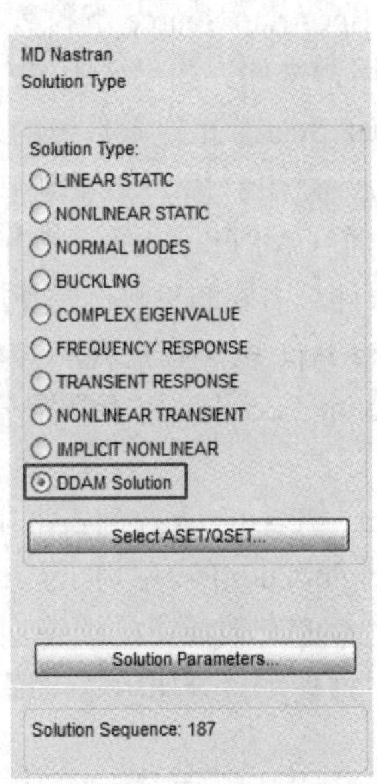

图 12-2　选择求解类型

在 Solution Parameters 窗口中选择一个“虚”约束（SUPORT）节点，即激励节点，如图 12-3 所示。

下面详细介绍 Subcase Parameters 窗口的设置，如图 12-4 所示。

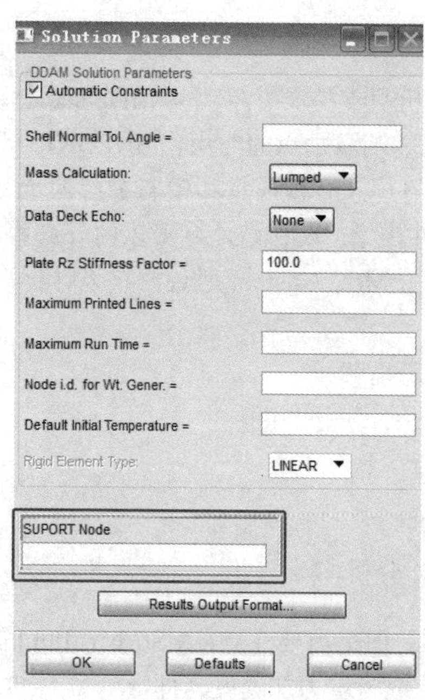

图 12-3　Solution Parameters 对话框

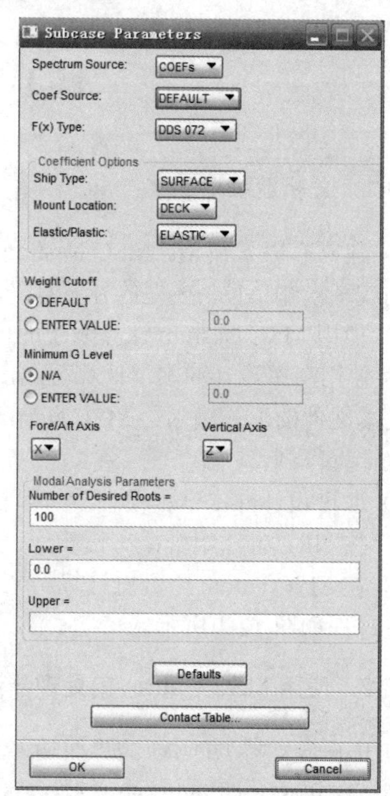

图 12-4　Subcase Parameters 对话框

（1）在 Spectrum Source 下拉列表框中有两个选择：COEFs 和 FILE。COEFs 使用一组系数，FILE 使用谱文件。如果选中 FILE，则会出现 Spec File...按钮，单击选择谱文件。

（2）Coef Source 指定系数值的来源。DEFAULT 选项将使用 Nastran 程序自带的系数，这些系数作为常数存在于 Nastran 的源代码中。FILE 选项将使用用户定义的系数文件，当选择 FILE 时，会出现一个 Coef File 按钮，单击该按钮选择文件。注意：如果系数来源是文件，而该文件没有包含所有计算需要的参数，则使用 Nastran 的默认参数，Nastran 程序不会有警告信息。

（3）Ship Type 用于指定舰船类型，包括水面舰船 SURFACE 和水下潜艇 SUBMERGED。

（4）Mount Location 用于指定分析部件的安装位置，有甲板 DECK、船体 HULL 和外板部件 SHELL 三类。

（5）Elastic/Plastic 下拉列表框中可以选择弹性 ELASTIC 或者塑性 PLASTIC 设计系数。

（6）Weight Cutoff 表示用于计算的控制模态数量。默认值 DEFAULT 为 80%，即使用占总质量 80%的模态有效质量的模态振型来计算响应。选择 ENTER VALUE 可以由用户自己指定百分比，注意使用百分比填写，即如果需要 90%的质量参与计算，则此处输入为 90.0（而不是 0.90）。

（7）Minimum G Level 控制设计冲击谱的最小值。如果选择 N/A，则程序直接使用计算得到的设计冲击谱。如果选择 ENTER VALUE，则小于输入值的设计冲击谱将被输入值代替。注意输入值单位使用重力加速度（g）单位，即如果阈值设定是 1 个重力加速度，则输入 1.0（而不是英寸值的重力加速度值 386.4）。

（8）轴线设置。Fore/Aft Axis 和 VerticalAxis 显示程序舰船模型的方向。

当导入计算结果（即在 Access results）时，需要在 Translation Parameters 中勾选 Stress/Strain Invariants 复选框，如图 12-5 所示。在最后的结果中查看基于应力/应变不变量得到的结果，如 Stress Invariants Von-mises 结果，而传统的 Stress Tensor 和 Von-Mises 结果对 DDAM 分析是不正确的。

Translation Parameters
MD Nastran
Result Entities
Translation Parameters
Tolerances
Division: 1.0E-8
Numerical: 1.0E-4
Additional Results to be Accessed
Rotational Nodal Results
Stress/Strain Invariants
Principal Directions
Element Results Positions: Nodal
OK Defaults Cancel

图 12-5 Translation Parameters 对话框

12.3.3 应用实例

本例采用 SOL 187 求解序列计算悬挂电机支架的冲击响应。模型见 ddam.dat 文件，该模型采用英制（in/ib）单位建模。

1. 导入模型

导入 ddam.dat 文件，如图 12-6 所示。4 个螺栓孔通过 RBE2 连接，基础激励通过该 RBE2 传递到结构，左上部的 RBE2 连接 40.4 磅重的电机。

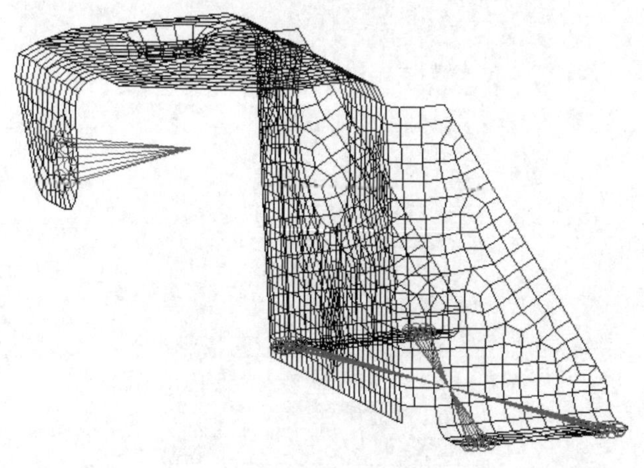

图 12-6 DDAM 分析模型

2. 设置 DDAM 分析

如图 12-7 所示，在分析栏选择分析类型为 DDAM Solution。单击 Solution Parameters…按钮，在如图 12-8 所示的窗口下部的 SUPORT Node 中输入 Node 1679。

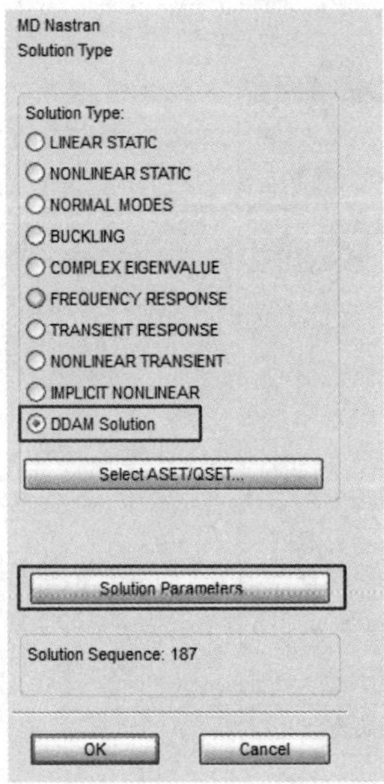

图 12-7 选择 DDAM 分析类型

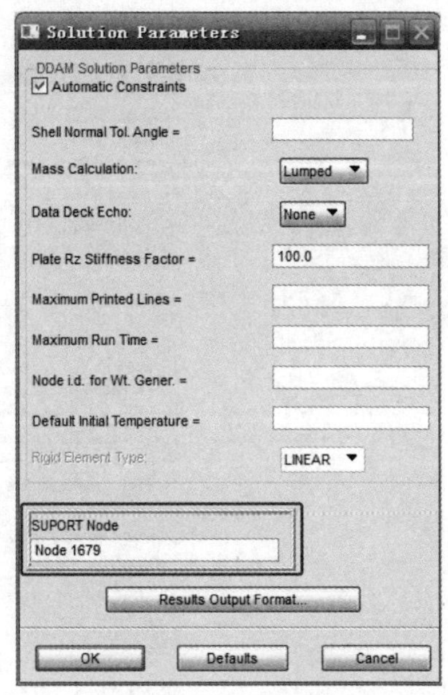

图 12-8 选择虚支持点

3. 设置设计冲击谱计算系数

打开 Subcase Parameters 窗口，采用默认设置。将模态计算数设置为 40，如图 12-9 所示。

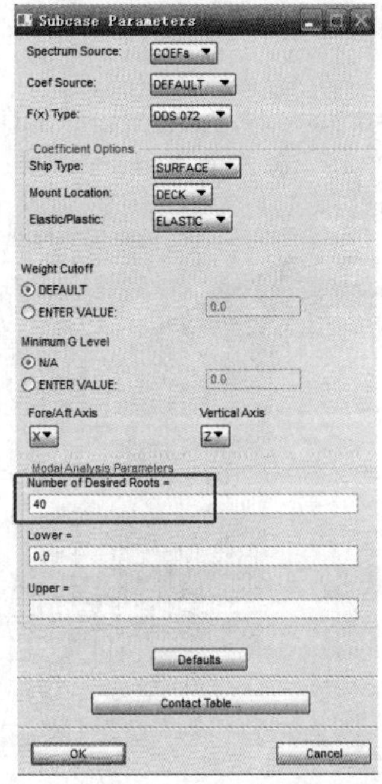

图 12-9 设计冲击谱计算系数设置

4. 选择计算输出结果要求

DDAM 的输出内容有别于一般的求解序列，如图 12-10 所示。本例选择位移、应力和加速度作为输出。

5. 分析文件设置说明

在分析窗口中（图 12-11），选择分析方式为 Analysis Deck，单击 Apply 按钮，Nastran 会生成两个文件 ddam.dat 和 ddam.ddd。其中 ddam.dat 为模型数据文件，ddam.ddd 为 DDAM 分析控制文件。用户可以通过更改 ddam.ddd 来使用特定的设计冲击谱。

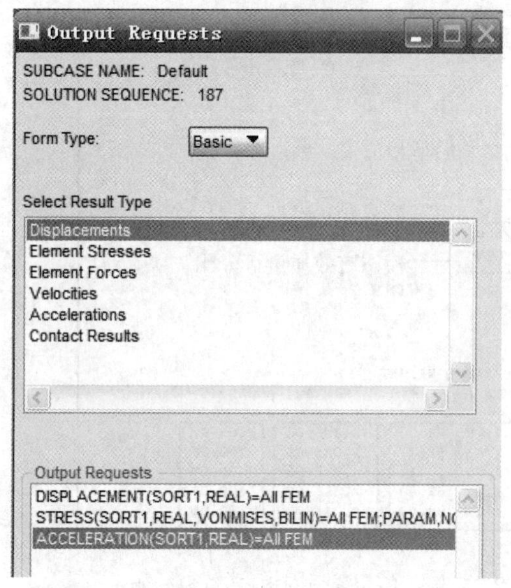

图 12-10　DDAM 可输出的计算结果列表

图 12-11　分析方式为输出文件

在 ddam.dat 中，可以看到 Patran 自动生成的文件头，为用户分配中间文件和计算结果文件。其中 ddam.f11 和 ddam.f13 为计算的中间数据文件，Nastran 会自动管理这两个文件。_x.op2、_y.op2、_z.op2 这 3 个文件是平动方向 DDAM 分析的结果数据，可以导入 Patran 做后处理。_w.op2 是用于后处理的模态振型数据。

在老版本的 Patran（2010 版本）生成的 ddam.dat 文件中，ddam.ddd 的默认文件号是 21。需要将 ddam.ddd 文件号由 21 改为 24，如图 12-12 所示，以便使用 Nastran 进行计算，否则 Nastran 会报错。

```
ASSIGN OUTPUT4='ddam.f11', UNIT=11, FORM=FORMATTED, DELETE
ASSIGN INPUTT4='ddam.f13', UNIT=13, FORM=FORMATTED, DEFER
ASSIGN OUTPUT2='ddam_x.op2', UNIT=31, DELETE
ASSIGN OUTPUT2='ddam_y.op2', UNIT=32, DELETE
ASSIGN OUTPUT2='ddam_z.op2', UNIT=33, DELETE
ASSIGN OUTPUT2='ddam_w.op2', UNIT=34, DELETE
ASSIGN INPUTT4='ddam.ddd', UNIT=24
$ Direct Text Input for Nastran System Cell Section
$ Direct Text Input for File Management Section
$ Direct Text Input for Executive Control
$ DDAM Solution (MSC.FEA)
SOL 187
CEND
```

图 12-12　更改文件号

6. 提交计算并查看计算结果

运行 Nastran 程序，直接递交 ddam.dat 文件进行计算。计算结果除了上面提到的.f11、f13、_x.op2、_y.op2、_z.op2 和常规的 Nastran 输出文件（如.f06、.log 文件）外，还有 ddam.ver 文件。ddam.ver 是谱分析计算的概要文件。

.ver 文件分别对每个方向的计算情况进行简要描述，如计算用到的模态有效质量百分比。本例中 x 方向用到了 83.62%，一共用到 5 阶模态，分别是第 3、4、5、6、8 阶，如图 12-13 所示。

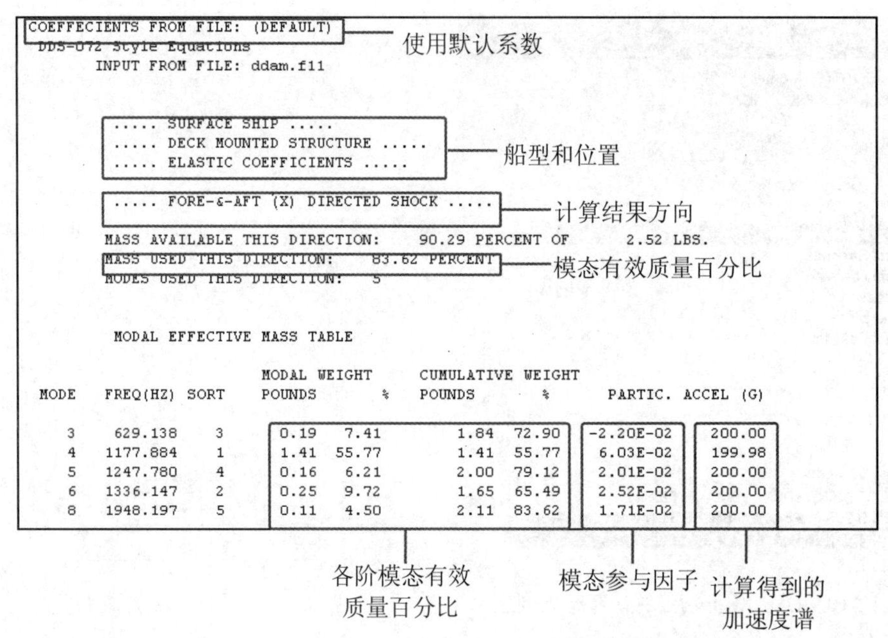

```
COEFFECIENTS FROM FILE: (DEFAULT)
 DDS-072 Style Equations
      INPUT FROM FILE: ddam.f11

         ..... SURFACE SHIP .....
         ..... DECK MOUNTED STRUCTURE .....
         ..... ELASTIC COEFFICIENTS .....

         ..... FORE-&-AFT (X) DIRECTED SHOCK .....

MASS AVAILABLE THIS DIRECTION:    90.29 PERCENT OF     2.52 LBS.
MASS USED THIS DIRECTION:         83.62 PERCENT
MODES USED THIS DIRECTION:        5

 MODAL EFFECTIVE MASS TABLE

                        MODAL WEIGHT       CUMULATIVE WEIGHT
MODE  FREQ(HZ)  SORT    POUNDS       %     POUNDS       %      PARTIC. ACCEL (G)

  3    629.138    3     0.19    7.41       1.84   72.90   -2.20E-02   200.00
  4   1177.884    1     1.41   55.77       1.41   55.77    6.03E-02   199.98
  5   1247.780    4     0.16    6.21       2.00   79.12    2.01E-02   200.00
  6   1336.147    2     0.25    9.72       1.65   65.49    2.52E-02   200.00
  8   1948.197    5     0.11    4.50       2.11   83.62    1.71E-02   200.00
```


图 12-13 *.ver 文件格式

7. 在 Patran 中查看结果

在 Patran 的分析界面，选择 Action 为 Access Results，Object 为 Read Output2，然后单击页面下方的 Select results file...按钮。选择_x.op2，_y.op2，_z.op2 中任一文件，然后单击 Translation Parameters...按钮，弹出如图 12-14 所示的窗口，勾选 Stress/Strain Invariants 复选框，单击 OK 按钮退出窗口。单击 Apply 按钮，导入 op2 文件。

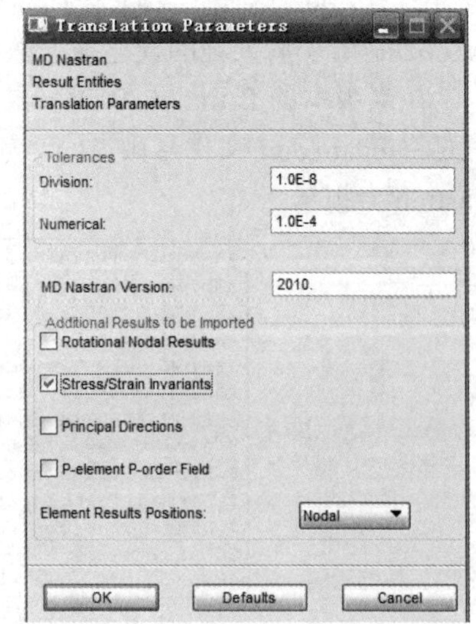

图 12-14 Translation Parameters 对话框

注意：不同于其他分析，在 Patran 中查看 DDAM 的应力结果需选择 Stress Invariants,Von Mises 选项，如图 12-15 所示。Stress Tensor 结果是 Patran 在 DDAM 计算结果的基础上再处理得到的结果，对于 DDAM 是不正确的。Patran 的默认后处理是经过节点平均的，在 DDAM 分析中建议采用基于单元的后处理结果，以避免节点平均过程中可能出现的非正常应力分布。

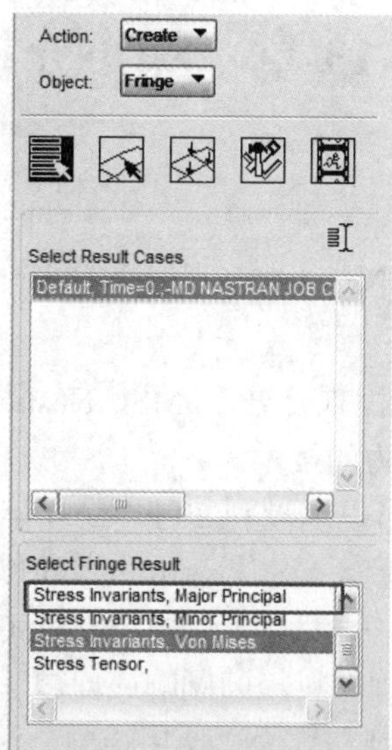

图 12-15　DDAM 需要查看 Stress invariants,Von Mises 结果

应力计算结果如图 12-16 所示。

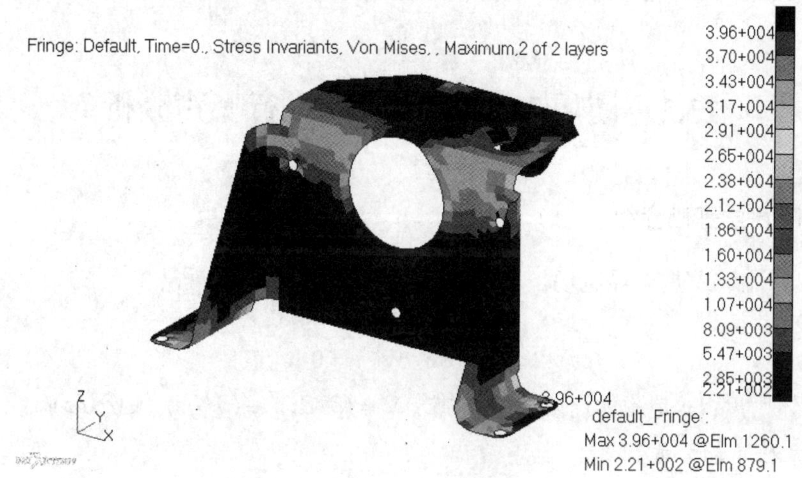

图 12-16　冲击谱响应应力结果

第 13 章　噪声分析

13.1　MSC Nastran 噪声分析的理论背景

CAE 分析的一个重要部分是流固耦合分析。MSC Nastran 的噪声分析是基于流固耦合基础上发展起来的具有内外噪声计算能力的技术。

MSC Nastran 的流固耦合分析可以追溯到 20 世纪 60 年代，当时针对火箭推进器、爆炸冲击等问题的流固耦合现象进行了研究。MSC Nastran 于 1972 年引入空腔特征值分析功能，以计算固体火箭推进器的动态燃烧动力学性能。1978 年，MSC Nastran 和戴姆勒－奔驰合作开发了流固耦合分析的虚质量方法，处理燃料箱高频响应问题。1991 年，MSC Nastran 开始支持使用模态叠加法计算流固耦合问题，现在称为“通用声学方法”。2007 年，MSC Nastran 集成著名声学软件 Actran 的技术，开发了基于无限元技术的外噪声分析功能。2013 年，陆续引入 Actran 软件的多孔介质分析（PEM）模块、中频基于非参数化蒙特卡洛分析等功能。

MSC Nastran 声固功能中的模态贡献率、面板贡献率、节点贡献率分析等功能在解决 NVH 问题时应用很广。

13.2　使用 MSC Nastran 进行噪声分析

13.2.1　噪声学基础介绍

不管是有界流场还是无界流场，都有如下流体动力学基本方程。

1. 连续性方程

$$\partial\rho / \partial t + \rho\nabla \cdot v = 0$$

式中：ρ 是流体密度；v 是流体速度矢量；算子 $\nabla = (\partial / \partial x)\vec{i} + (\partial / \partial y)\vec{j} + (\partial / \partial z)\vec{k}$ 。

2. 欧拉方程（动力方程）

$$\frac{\partial v}{\partial t} + v \cdot \nabla v = -\frac{\nabla p}{\rho}$$

式中 p 为压力。

3. 热力学状态方程

$$p = B\frac{\mathrm{d}V}{V}$$

式中：B 为体积模量（Bulk Modulus），$B = \rho c^2$；V 为流体体积；c 为声速。

将连续性方程、欧拉方程和状态方程联立求解，就得到声学方程：

$$\frac{\nabla^2 p}{\rho} = \frac{1}{B}\frac{\partial^2 p}{\partial^2 t}$$

13.2.2 MSC Nastran 流固耦合分析

1. 流固耦合方程

结构和流体系统总体耦合方程表示：

$$\begin{bmatrix} M_s & 0 \\ -A^T & M_f \end{bmatrix}\begin{Bmatrix} \ddot{u}_s \\ \ddot{p} \end{Bmatrix}+\begin{bmatrix} B_s & 0 \\ 0 & B_f \end{bmatrix}\begin{Bmatrix} \dot{u}_s \\ \dot{p} \end{Bmatrix}+\begin{bmatrix} K_s & 0 \\ 0 & K_f \end{bmatrix}\begin{Bmatrix} u_s \\ p \end{Bmatrix}=\begin{Bmatrix} P_s \\ P_f \end{Bmatrix}$$

式中：下标 s 表示结构；下标 f 表示流体。

$$M_f = \int_{vol}(1/B)N_f N_f \mathrm{d}V$$

$$K_f = \int_{vol}\nabla N_f (1/\rho)\nabla N_f \mathrm{d}V$$

$$A = \int_s N_f N_s \mathrm{d}s$$

式中：N_f 和 N_s 分别表示流体压力形函数矩阵和结构形函数矩阵。

（1）真空中的结构模态。

$$u = \Phi_s \xi_s$$

$$[m_s] = {\Phi_s}^T M_s \Phi_s$$

$$[b_s] = {\Phi_s}^T B_s \Phi_s$$

$$[k_s] = {\Phi_s}^T K_s \Phi_s$$

（2）刚性容器下的流体模态。

$$P = \Phi_f \xi_f$$

$$[m_f] = {\Phi_f}^T M_f \Phi_f$$

$$[b_f] = {\Phi_f}^T B_f \Phi_f$$

$$[k_f] = {\Phi_f}^T K_f \Phi_f$$

结构和流体系统总体方程在模态坐标下表示：

$$\begin{bmatrix} m_s & 0 \\ -{\Phi_f}^T A^T \Phi_s & m_f \end{bmatrix}\begin{Bmatrix} \ddot{\xi}_s \\ \ddot{\xi}_f \end{Bmatrix}+\begin{bmatrix} b_s & 0 \\ 0 & b_f \end{bmatrix}\begin{Bmatrix} \dot{\xi}_s \\ \dot{\xi}_f \end{Bmatrix}+\begin{bmatrix} k_s & {\Phi_s}^T A^T \Phi_f \\ 0 & k_f \end{bmatrix}\begin{Bmatrix} \xi_s \\ \xi_f \end{Bmatrix}=\begin{Bmatrix} {\Phi_s}^T P_s \\ {\Phi_f}^T P_f \end{Bmatrix}$$

2. 流固耦合的相关卡片

MSC Nastran 流体计算支持 Hexa、Tetra 和 Penta 三维体单元。单元的流体属性通过 PSOLID 卡片指定。流体材料使用 MAT10 材料卡片。对于流体节点，在 GRID 卡片的 CD 域内需指定为-1。

对于结构和流体的交界面，MSC Nastran 支持重合节点的一致网格建模方式，也支持非重合节点的不一致网格建模。通过 ACMODL 卡片来控制结构和流体在交界面上的相互作用形式。

ACMODL 卡片如下：

(If METHOD="BW")

1	2	3	4	5	6	7	8	9	10
ACMODL	INTER	INFOR	FSET	SSET	NORMAL	METHOD	SKNEPS	DSKNEPS	
	INTOL	ALLSSET	SRCHUNIT						

(If METHOD="CP")

ACMODL	INTER	INFOR	FSET	SSET	NORMAL	METHOD			

示例：

ACMODL	IDENT				NORMAL				

其中：

INTER：表示结构－流体界面的网格情况。默认是 DIFF，表示非一致网格，可以填写 IDENT 表示两者界面上的节点是完全重合的。

INFOR：当界面节点不一致时，可以人为指定某些节点组或者单元组来定义交界面。

FSET 和 SSET：定义流体界面和结构界面的节点或单元。

NORMAL：自流体内部向外，法线方向容差。

METHOD：交界面相互作用节点的搜索计算方法。有默认方法 BW 和 CP 方法。

SKNEPS，INTOL：与 NORMAL 一起控制搜索流体单元附近的结构单元的范围，如图 13-1 所示。

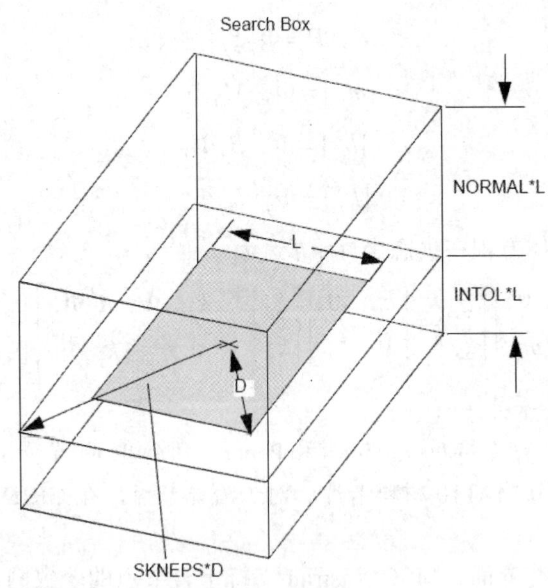

图 13-1 搜索流体单元附近的结构单元

DSKNEPS：当 SKNEPS 控制的区域不能找到结构单元时，进行再一次查找。因此 SKNEPS 的默认值为 0.75，大于 SKNEPS 的默认值 0.5。

ALLSSET：是否直接使用 SSET 定义交界面。

SRCHUNIT：搜索采用的长度单位。默认为基于单元尺寸的相对单位。

13.2.3 MSC Nastran 外噪声分析

MSC Nastran 外噪声分析是基于无限元技术的分析方法。无限元技术将外部流程划分为两个区域，一个是靠近结构附近的近声场区域，另一个是远声场区域。近声场区域用有限元法来计算流体声压，远声场区域用无限元法计算流体声压。

无限元的拓扑几何可以用基础（Base）和极点（Pole）来描述，如图 13-2 所示。基础和近声场的流体有限元相连，MSC Nastran 支持 3 节点的 CACINF3 和 4 节点的 CACINF4 两种基础单元。基础单元的法向应该从极点指向声场外围。

MSC Nastran 通过场点（Field Point）的布置来计算远声场中该位置的声压等结果。

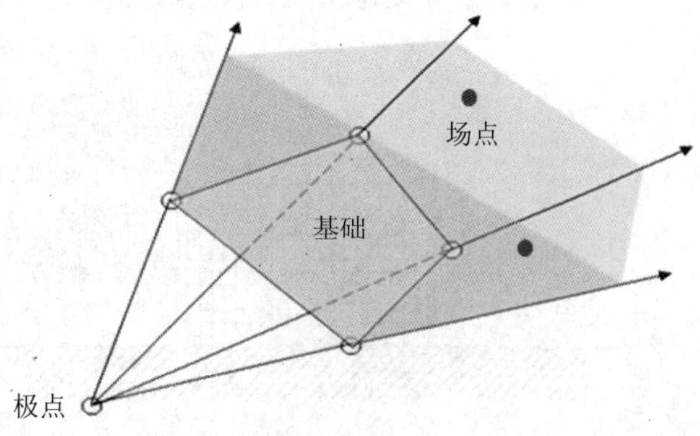

图 13-2 无限元技术示意图

在 MSC Nastran 外噪声分析建模中需要注意，有限元模型的区域边界必须是外凸的。对于半空间场问题，需要将极点放置在对称面上。外声场建模示例如图 13-3 所示。

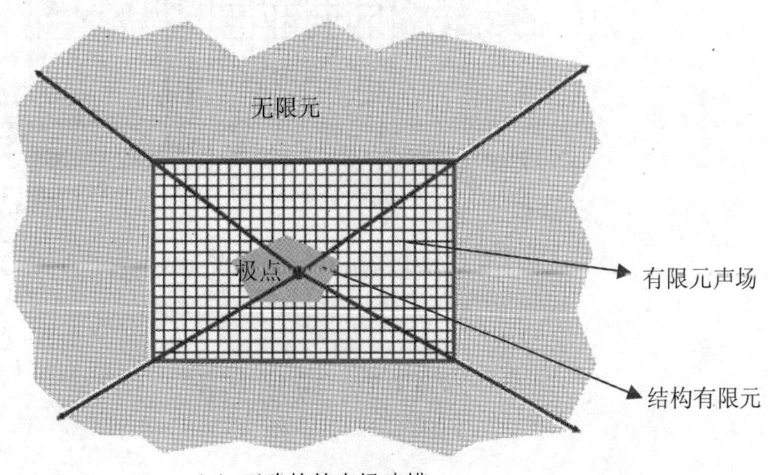

（a）正确的外声场建模

图 13-3 外声场建模示例

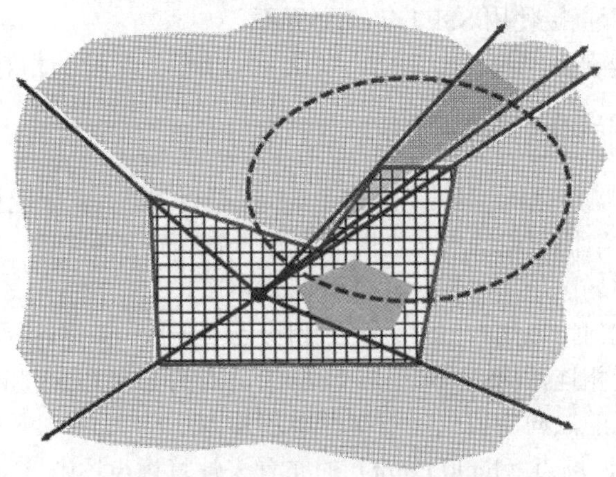

（b）错误的外声场建模（虚线椭圆部分错误）

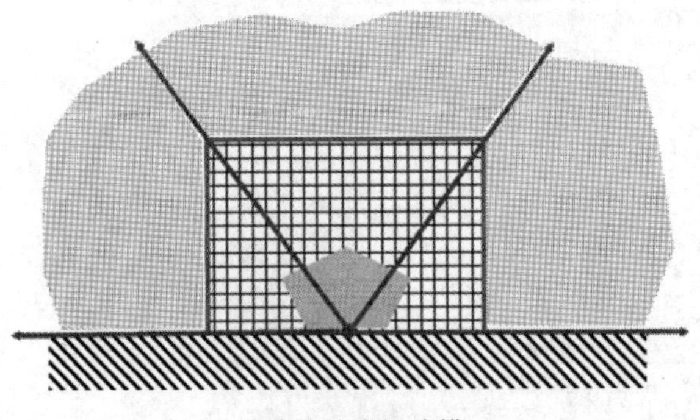

（c）正确的外声场建模

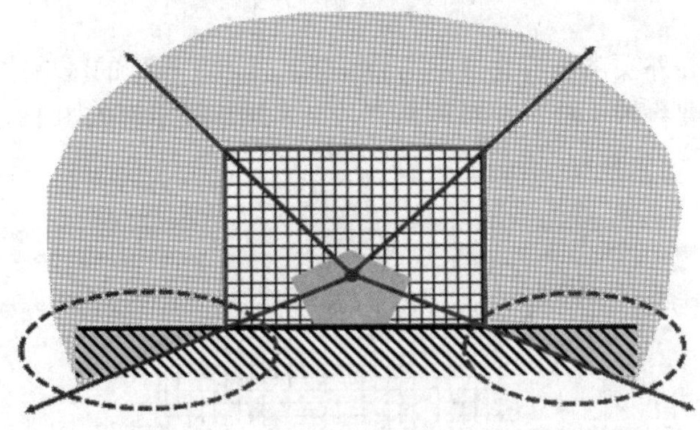

（d）错误的外声场建模（虚线椭圆部分错误）

图 13-3　外声场建模示例（续图）

13.3　应用实例

13.3.1　MSC Nastran 内噪声分析案例

本例是车辆内声场的分析，如图 13-4 所示。噪声源位于车顶，考察乘员耳旁的声压级。

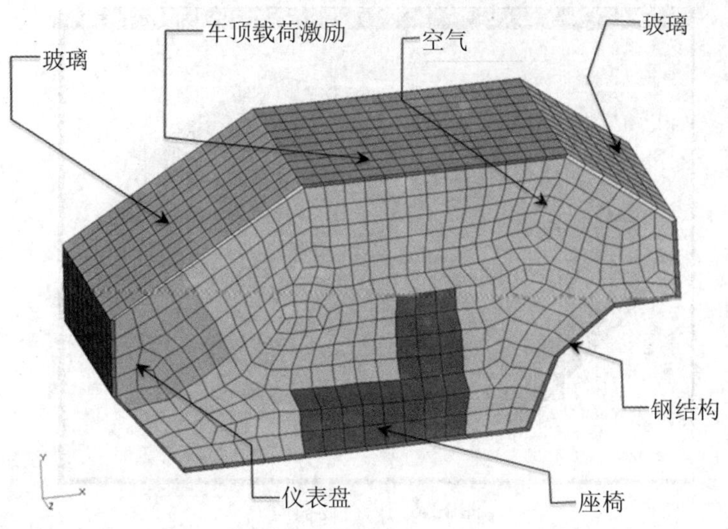

图 13-4 车辆内噪声分析示意图

1. 打开 Patran 模型

如图 13-5 中 a 所示，单击 File Open 按钮；如图 13-5 中 b 所示，选择 car_interior_seat_structural_ undamped.db；如图 13-5 中 c 所示，单击 OK 按钮。

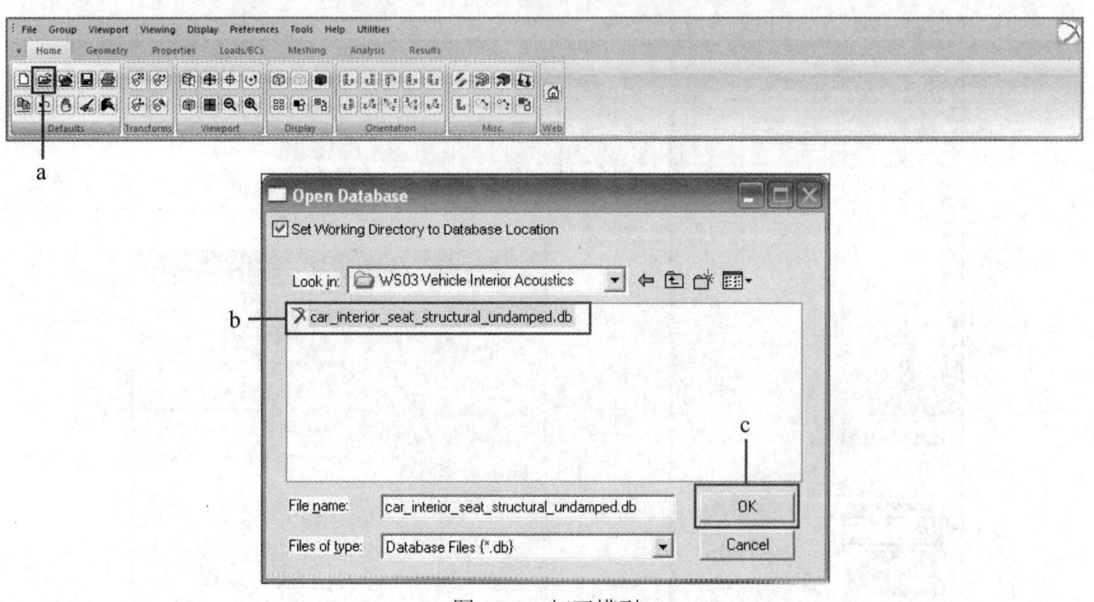

图 13-5 打开模型

打开后的模型如图 13-6 所示。

2. 创建空气流体材料

如图 13-7 中 a 所示，在 Properties 选项卡单击 Fluid 按钮；如图 13-7 中 b 所示，输入材料名 Air；如图 13-7 中 c 所示，单击 Input Properties…按钮；如图 13-7 中 d 所示，设置体积模量为 19.8，密度为 1.11e-7，声速为 13356；如图 13-7 中 e 所示，单击 OK 按钮；如图 13-7 中 f 所示，单击 Apply 按钮。

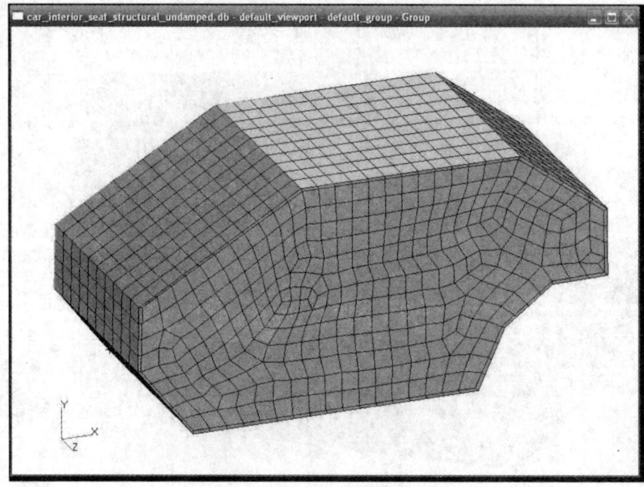

图 13-6　内声场模型

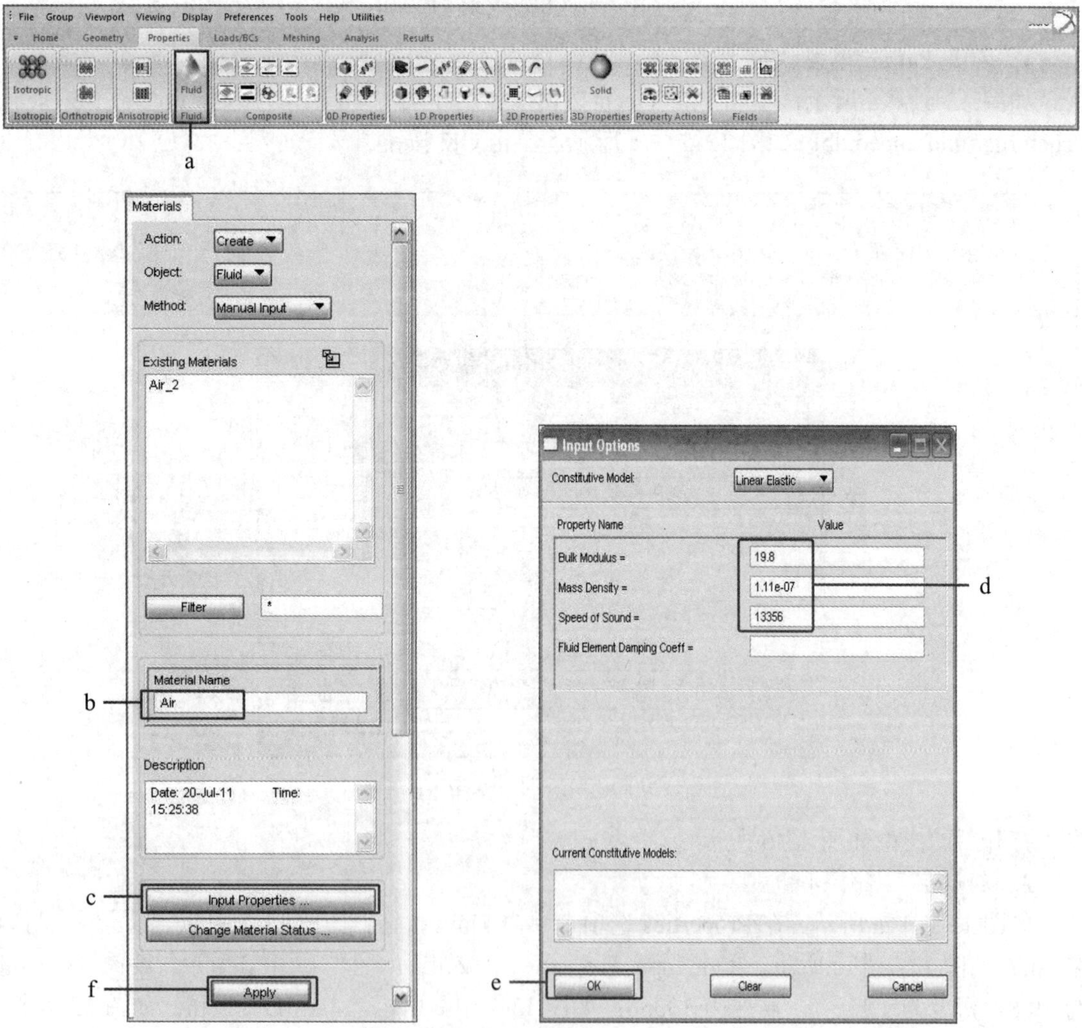

图 13-7　创建空气材料

3. 创建流体属性

将流体材料属性应用于 prop_Air_cavity.0000 组。

（1）显示 prop_Air_cavity.0000 组。

如图 13-8 中 a 所示，选择菜单项 Group→Post；如图 13-8 中 b 所示，选择 prop_Air_cavity.0000 组；如图 13-8 中 c 所示，单击 Apply 按钮。最后显示结果如图 13-9 所示。

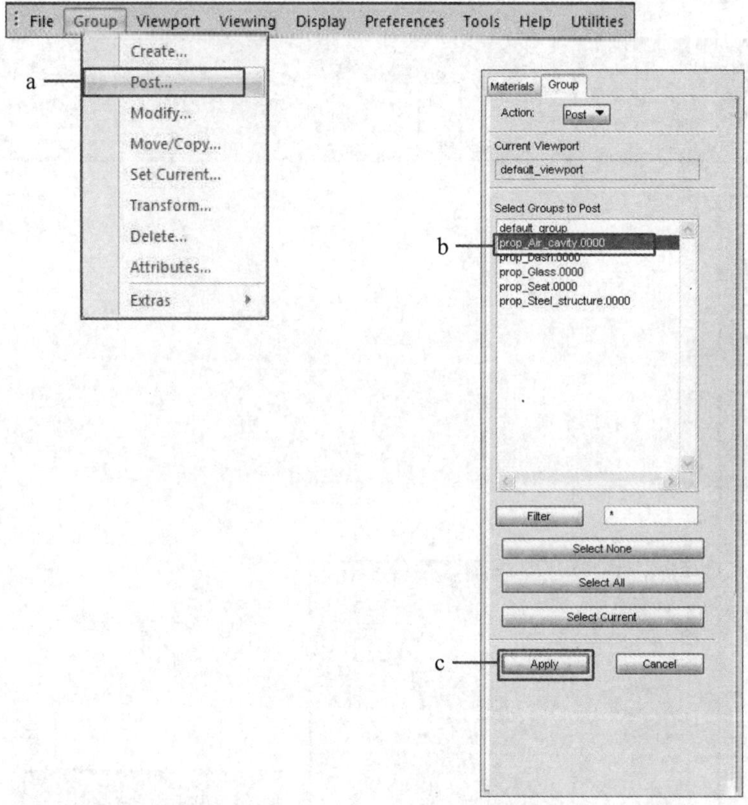

图 13-8　显示组

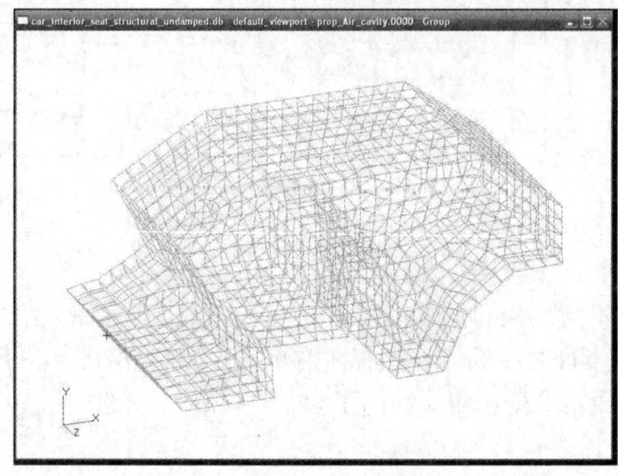

图 13-9　空腔网格

（2）创建单元属性。

如图 13-10 中 a 所示，在 3D Properties 中单击 Solid 按钮；如图 13-10 中 b 所示，输入单元属性名 fluid_air；如图 13-10 中 c 所示，单击 Input Properties…按钮；如图 13-10 中 d 所示，单击 Material 按钮；如图 13-10 中 e 所示，选择材料 Air；如图 13-10 中 f 所示，单击 OK 按钮。

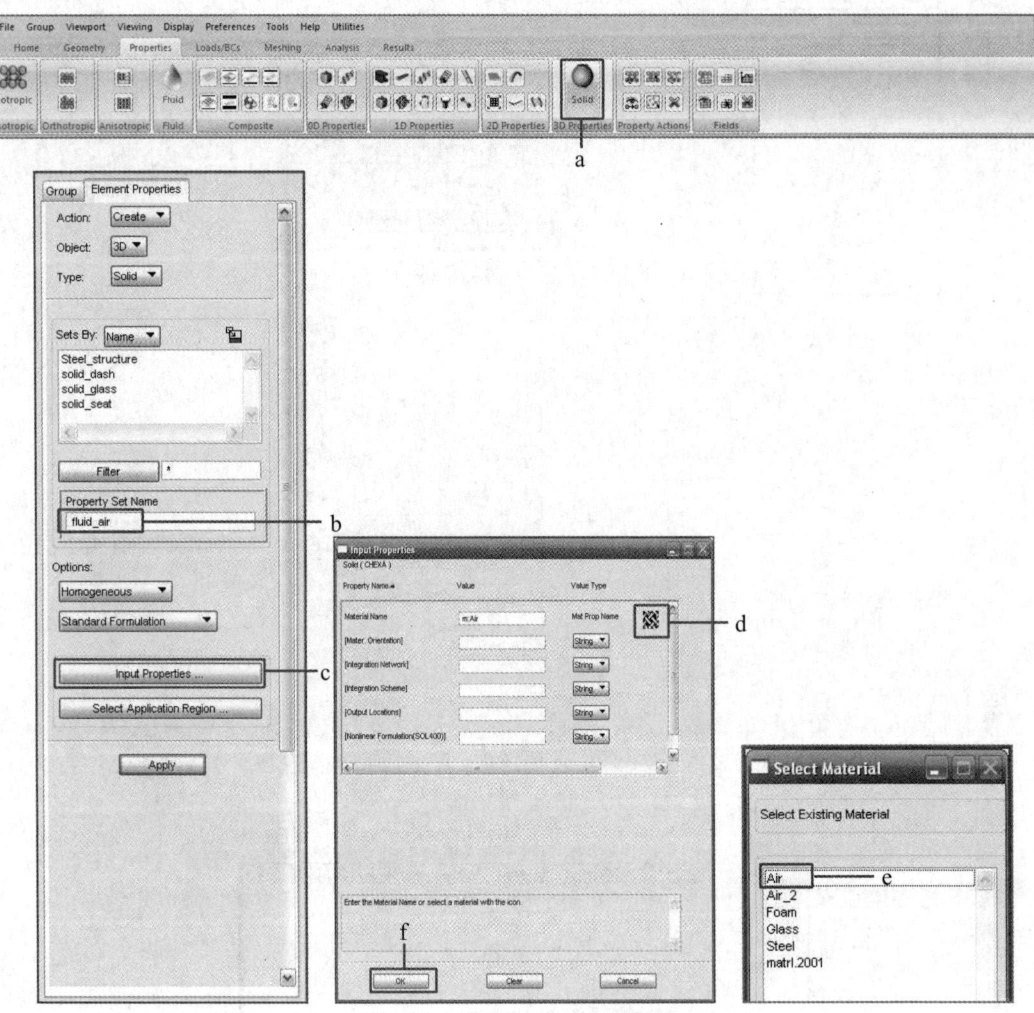

图 13-10 创建单元属性

（3）创建单元属性。

如图 13-11 中 a 所示，单击 Select Application Region 按钮；如图 13-11 中 b 所示，单击 Solid element 过滤器；如图 13-11 中 c 所示，选择所有单元；如图 13-11 中 d 所示，单击 Add 按钮；如图 13-11 中 e 所示，单击 OK 按钮；如图 13-11 中 f 所示，单击 Apply 按钮。

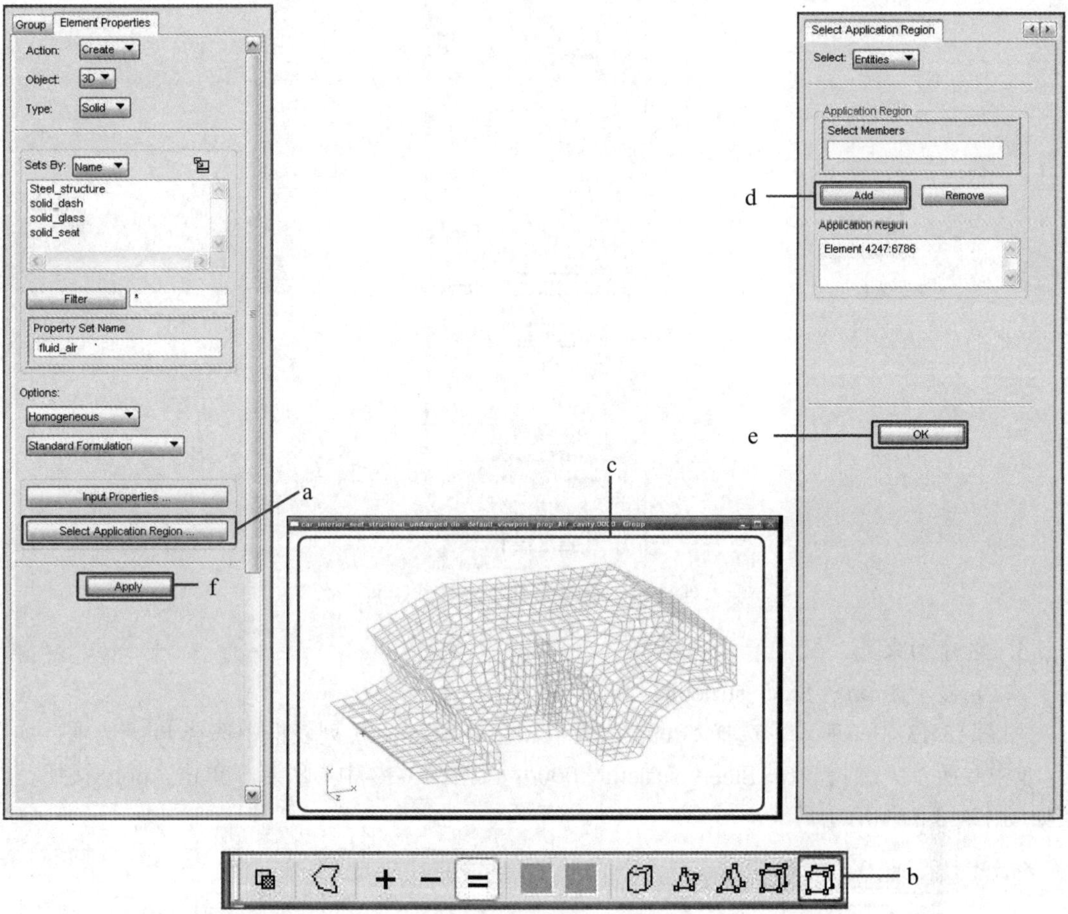

图 13-11　创建单元属性

4. 创建随频率变化的载荷工况

如图 13-12 中 a 所示，在 Loads/BCs 选项卡的 Load 组中，单击 Create Load Case 按钮；如图 13-12 中 b 所示，输入载荷工况名 Frequency_response；如图 13-12 中 c 所示，在 Type 下拉列表框中选择 Time Dependent 选项；如图 13-12 中 d 所示，单击 Apply 按钮。

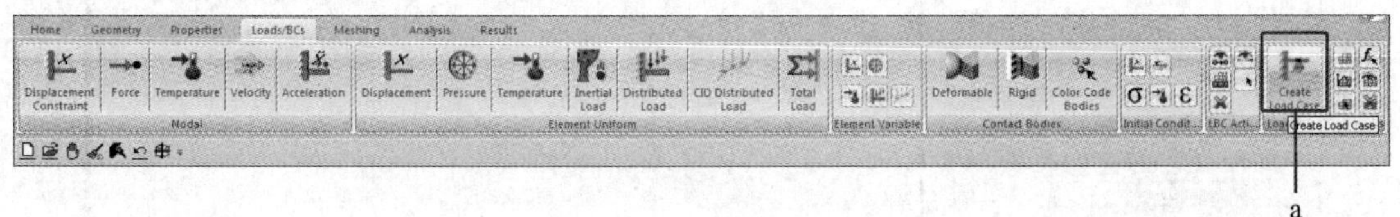

图 13-12　创建载荷工况

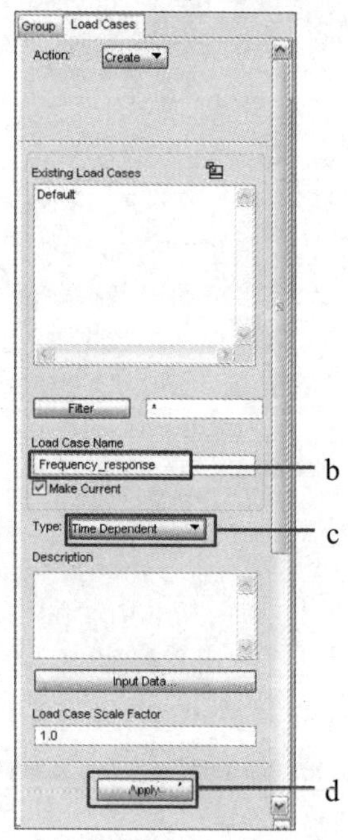

图 13-12　创建载荷工况（续图）

5. 创建约束

（1）显示组 prop_Steel_structure.0000。

如图 13-13 中 a 所示，选择 Group 选项卡，在 Action 下拉列表框中选择 Post 选项；如图 13-13 中 b 所示，选择 prop_Steel_ structure.0000；如图 13-13 中 c 所示，单击 Apply 按钮，结果如图 13-13 右图所示。

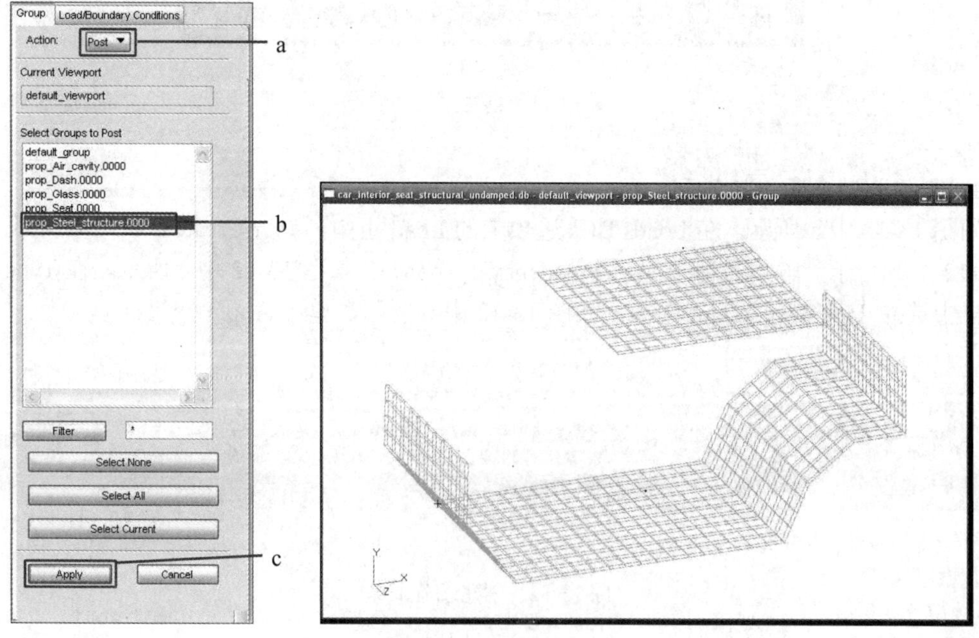

图 13-13　创建约束

（2）约束所有平动自由度。

如图 13-14 中 a 所示，单击 Nodal 组下的 Displacement Constraint；如图 13-14 中 b 所示，输入名称 Fix Structure；如图 13-14 中 c 所示，单击 Input Data…按钮；如图 13-14 中 d 所示，输入平动约束< 0 0 0>；如图 13-14 中 e 所示，单击 OK 按钮。

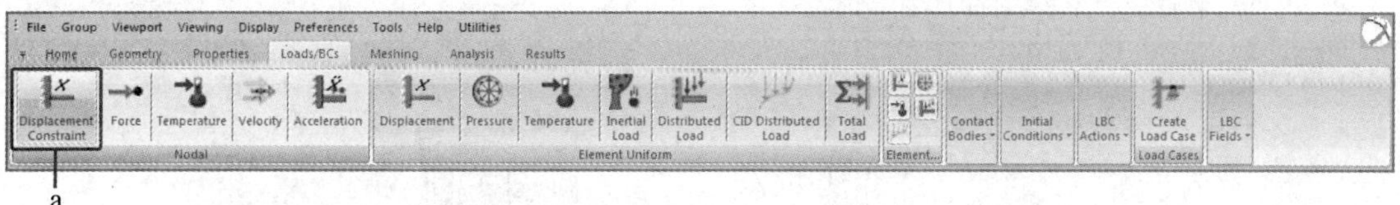

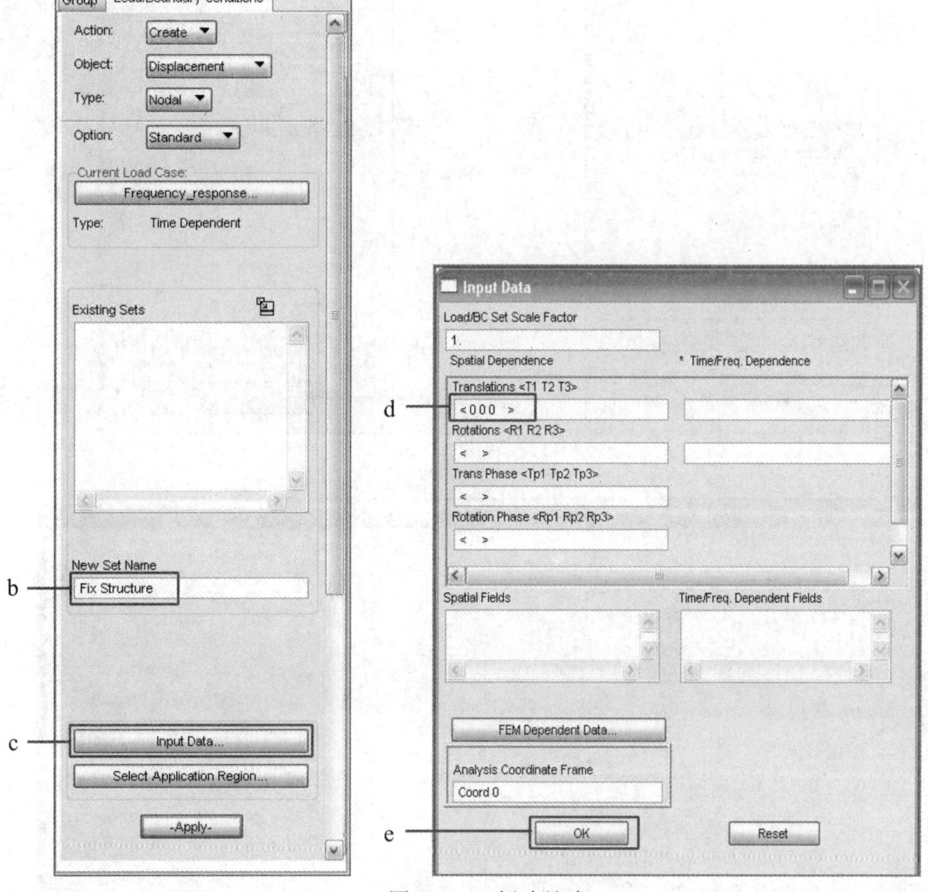

图 13-14　创建约束

（3）选择约束区域。

如图 13-15 中 a 所示，单击 Select Application Region…按钮；如图 13-15 中 b 所示，在 Select 下拉列表框中选择 FEM 选项；如图 13-15 中 c 所示，按下 Shift 键的同时选择 4 个角点；如图 13-15 中 d 所示，单击 Add 按钮；如图 13-15 中 e 和 f 所示，单击 OK 按钮，然后单击 Apply 按钮。

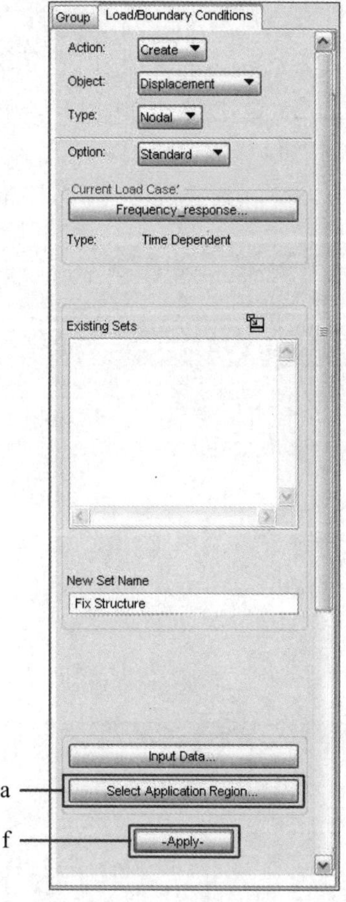

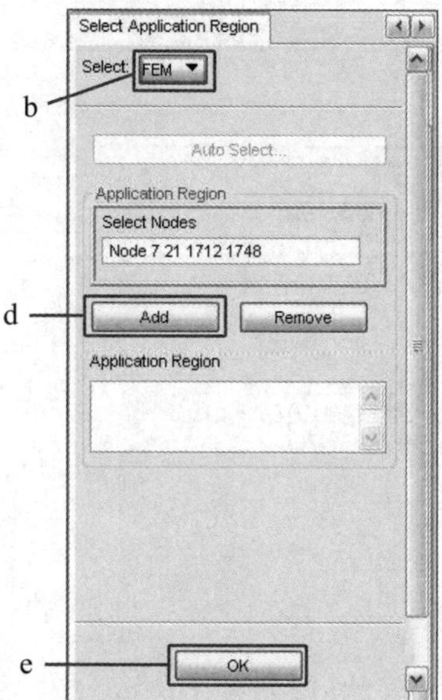

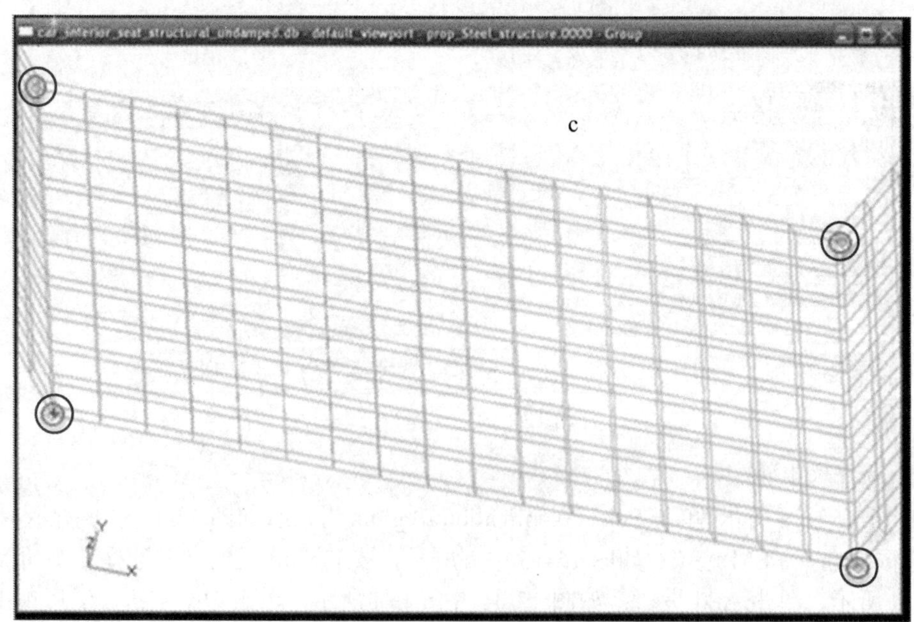

图 13-15　选择约束区域

6. 创建频域场函数

如图 13-16 中 a 所示，单击 Create Non-Spatial 按钮；如图 13-16 中 b 所示，输入名称 External_Noise；如图 13-16 中 c 所示，选择 Frequency 复选框；如图 13-16 中 d 所示，单击 Input Data…按钮；如图 13-16 中 e 所示，单击第一行输入频率列：输入 0，按 Enter 键，输入 1，按 Enter 键；如图 13-16 中 f 所示，单击第一行的 Value，输入 1，按 Enter 键，输入 1，按 Enter 键；如图 13-16 中 g 所示，单击 OK 按钮；如图 13-16 中 h 所示，单击 Apply 按钮。

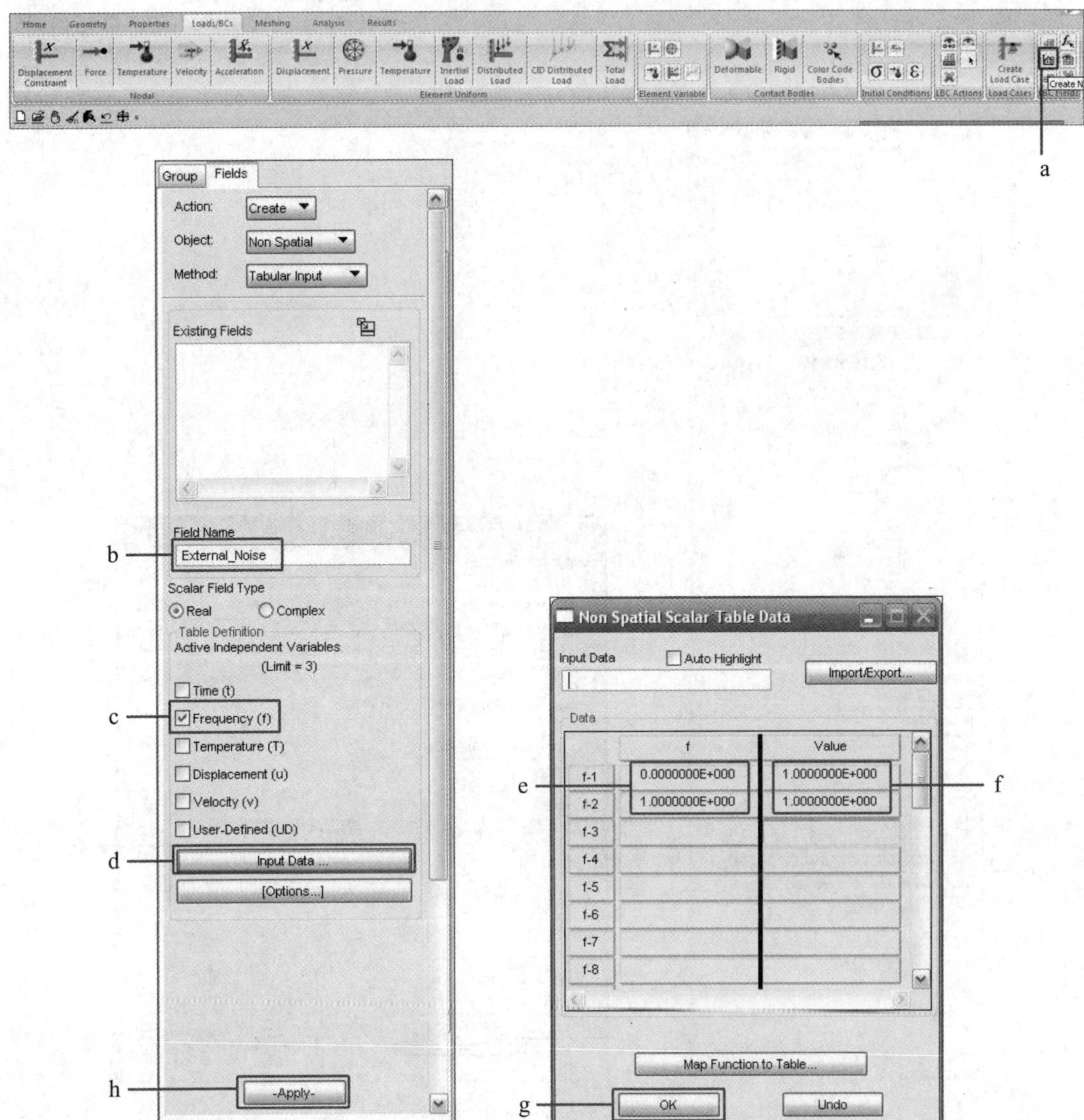

图 13-16 选择约束区域

7. 正弦位移加载

这里对车顶施加 0.0394 英寸（1mm）正弦位移激励。

（1）输入载荷函数。

如图 13-17 中 a 所示，单击 Displacement Constraint 按钮；如图 13-17 中 b 所示，输入载荷名称 sine_disp；如图 13-17 中 c 所示，单击 Input Data…按钮；如图 13-17 中 d 所示，输入平动位移< ,0.0394,>；如图 13-17 中 e 所示，在 Time/Freq Dependence 框中输入 f:External_Noise；如图 13-17 中 f 所示，选择 External_Noise；如图 13-17 中 g 所示，单击 OK 按钮。

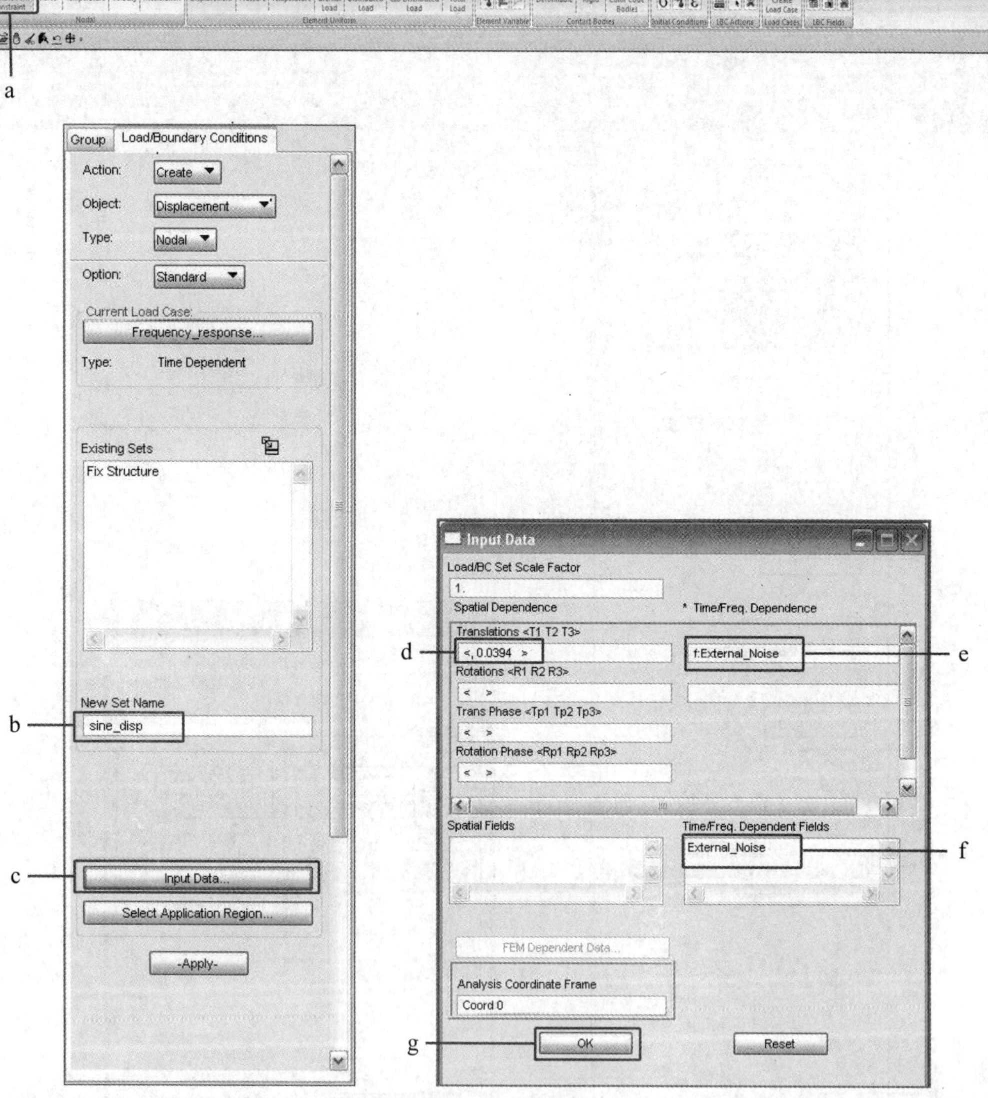

图 13-17　载荷函数

（2）选择载荷区域。

如图 13-18 中 a 所示，在 Home 选项卡的 Orientation 组里，单击 Front View 按钮；如图 13-18 中 b 所示，在 Viewport 组里单击 View Corners 按钮；如图 13-18 中 c 所示，选择车顶单元；如图 13-18 中 d 所示，单击 Select Application Region…按钮；如图 13-18 中 e 所示，在 Select

下拉列表框中选择 FEM 选项；如图 13-18 中 f 所示，单击 Polygon Pick 按钮（或者按住 Ctrl 键），然后选择车顶外部节点（双击结束选择）；如图 13-18 中 g 所示，单击 Add 按钮；如图 13-18 中 h 所示，单击 OK 按钮；如图 13-18 中 i 所示，单击 Apply 按钮。

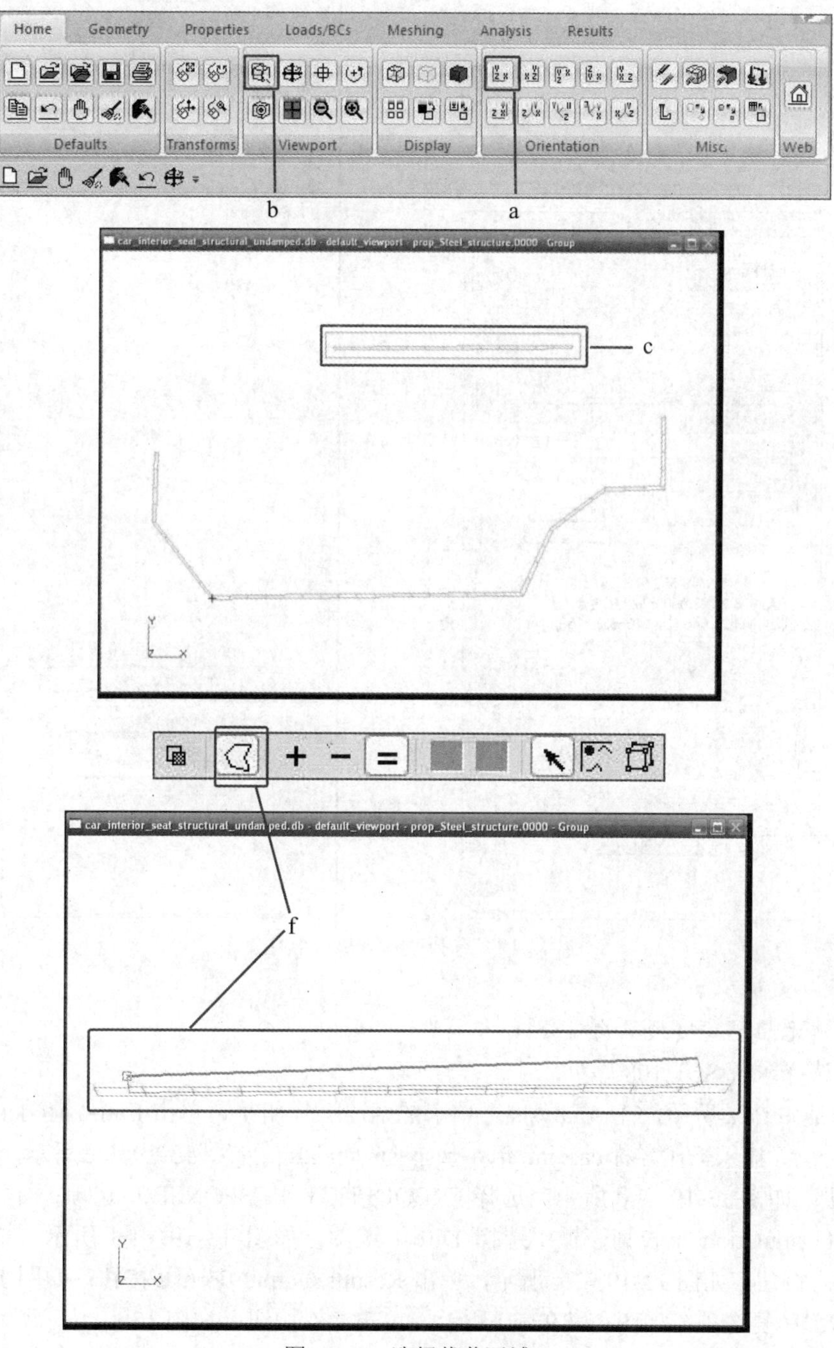

图 13-18　选择载荷区域

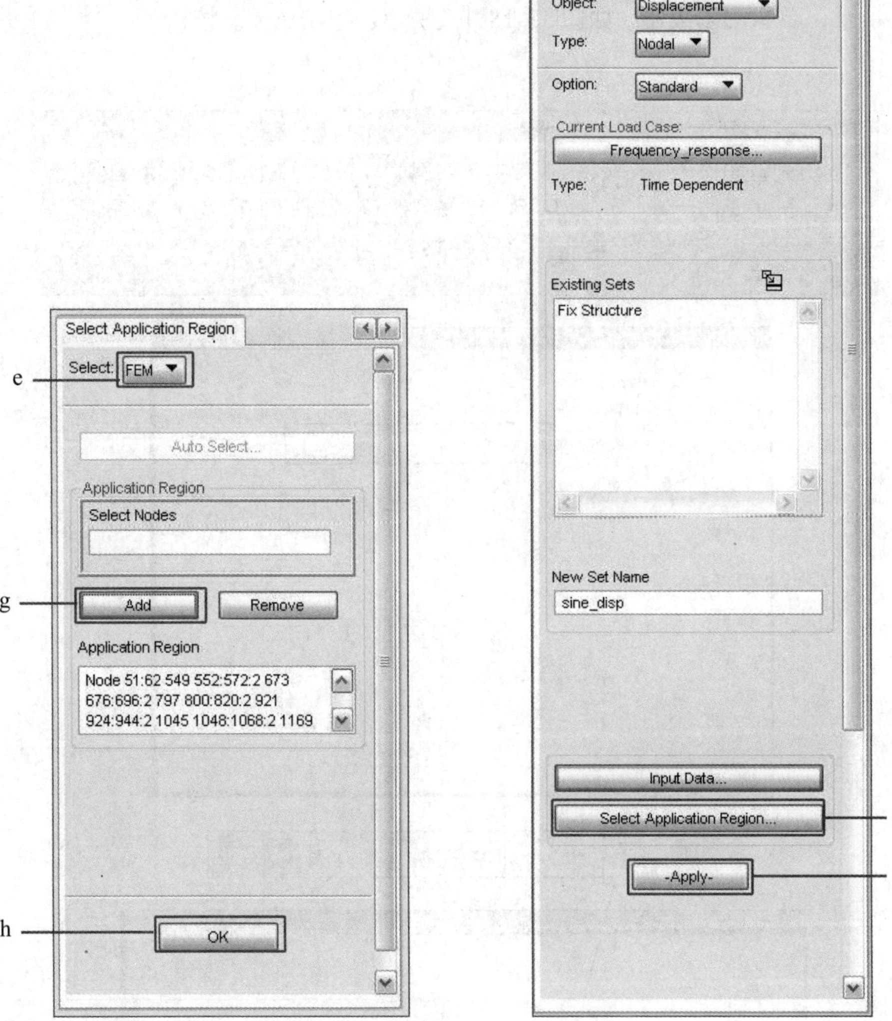

图 13-18　选择载荷区域（续图）

8. 创建无阻尼直接频率响应分析

（1）选择求解 SOL 108 序列。

如图 13-19 中 a 所示，在 Analysis 选项卡的 Analysis 组里，单击 Entire Model 按钮；如图 13-19 中 b 所示，输入工作名称 car_int_freq_resp_str_undamp；如图 13-19 中 c 所示，单击 Solution Type...按钮；如图 13-19 中 d 所示，选择 FREQUENCY RESPONSE 单选项；如图 13-19 中 e 所示，在 Formulation 下拉列表框中选择 Direct 选项；如图 13-19 中 f 所示，单击 Solution Parameters...按钮；如图 13-19 中 g 所示，单击 Results Output Format 按钮；如图 13-19 中 h 所示，选择 XDB 复选项；如图 13-19 中 i 所示，单击 OK 按钮；如图 13-19 中 j 所示，单击 OK 按钮；如图 13-19 中 k 所示，单击 OK 按钮。

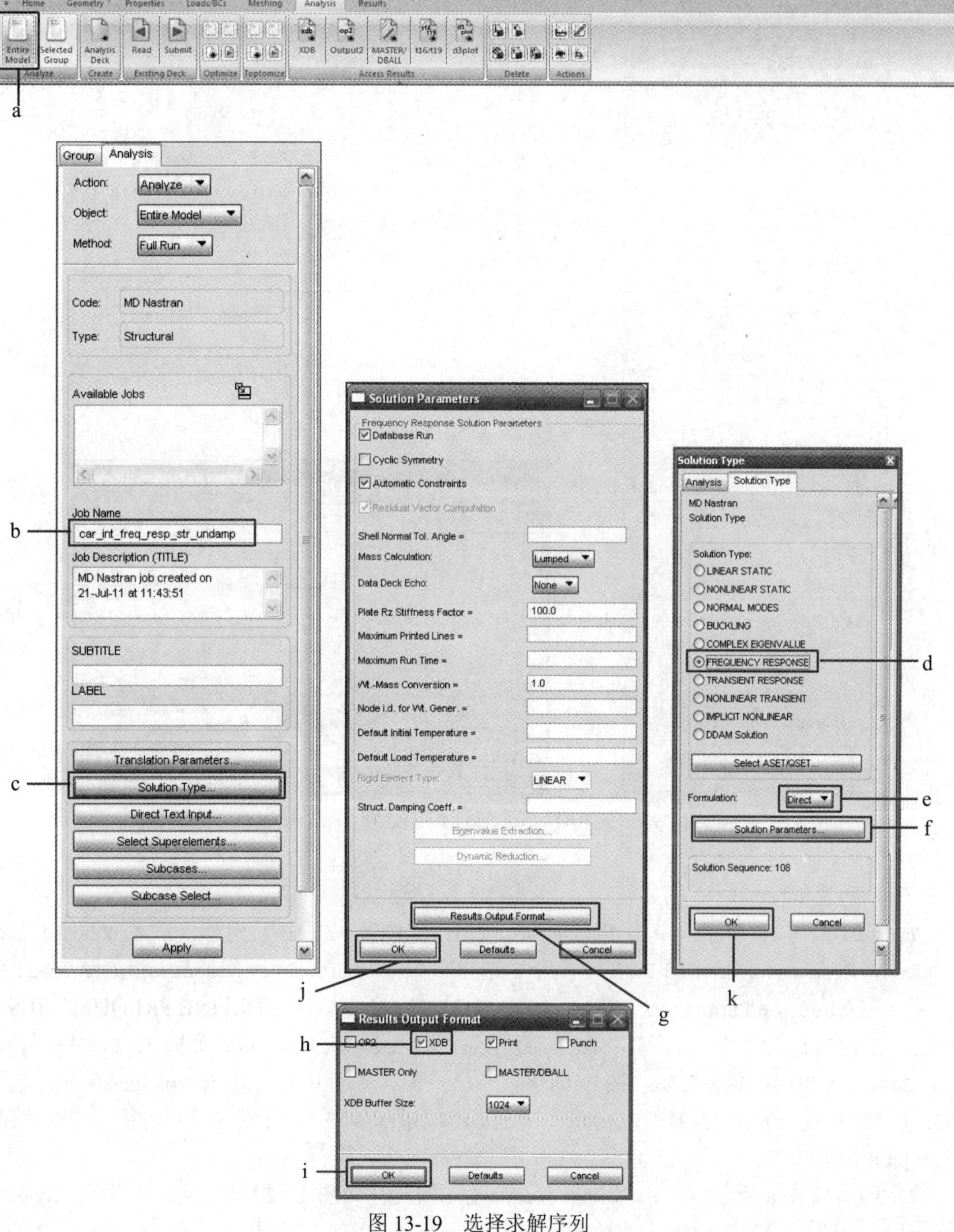

图 13-19 选择求解序列

（2）使用直接输入求解参数。

如图 13-20 中 a 所示，单击 Direct Text Input…按钮；如图 13-20 中 b 所示，输入 PARAM,PREFDB, 290E-11；如图 13-20 中 c 所示，单击 OK 按钮。

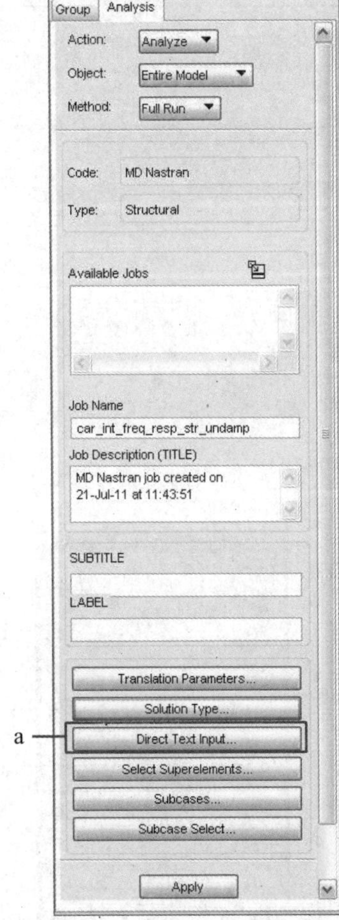

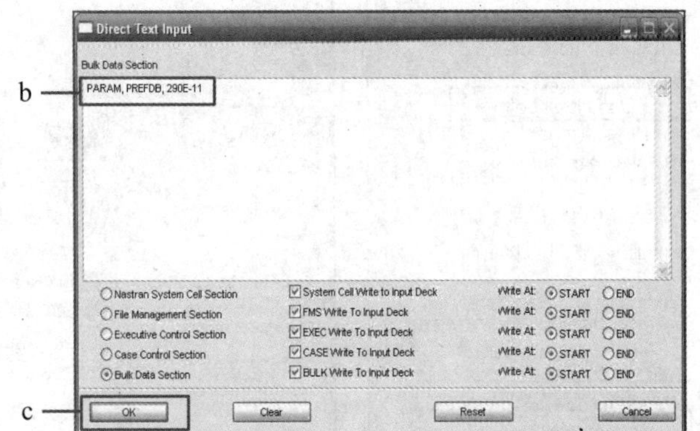

图 13-20　求解参数输入

（3）创建 subcase。

如图 13-21 中 a 所示，单击 Subcases…按钮；如图 13-21 中 b 所示，输入 subcase 名称 Frequency_Response；如图 13-21 中 c 所示，选择载荷工况 Frequency_response；如图 13-21 中 d 所示，单击 Subcase Parameters…按钮；如图 13-21 中 e 所示，单击 DEFINE FREQUENCIES…按钮；如图 13-21 中 f 所示，单击 Start Freq 单元，输入 1，按 Enter 键；如图 13-21 中 g 所示，单击 End Freq 单元，输入 250，按 Enter 键；如图 13-21 中 h 所示，单击 No. Incr.单元，输入 100，按 Enter 键；如图 13-21 中 i 所示，单击 OK 按钮；如图 13-21 中 j 所示，单击 OK 按钮。

（4）选择输出。

如图 13-22 中 a 所示，单击 Output Requests…按钮；如图 13-22 中 b 所示，选择 Acoustic intensity；如图 13-22 中 c 所示，选择 Acoustic Power；如图 13-22 中 d 所示，单击 OK 按钮；如图 13-22 中 e 所示，单击 Apply 按钮；如图 13-22 中 f 所示，单击 Cancel 按钮。

（5）提交分析作业。

如图 13-23 中 a 所示，单击 Subcase Select…按钮；如图 13-23 中 b 所示，选择 Frequency_Response；如图 13-23 中 c 所示，单击 OK 按钮；如图 13-23 中 d 所示，单击 Apply 按钮。

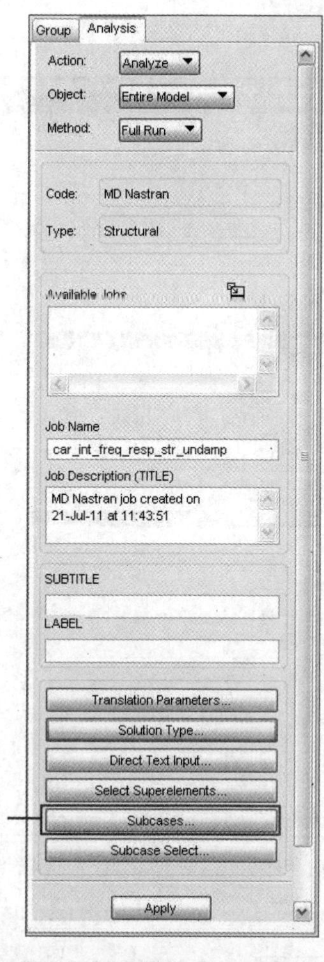

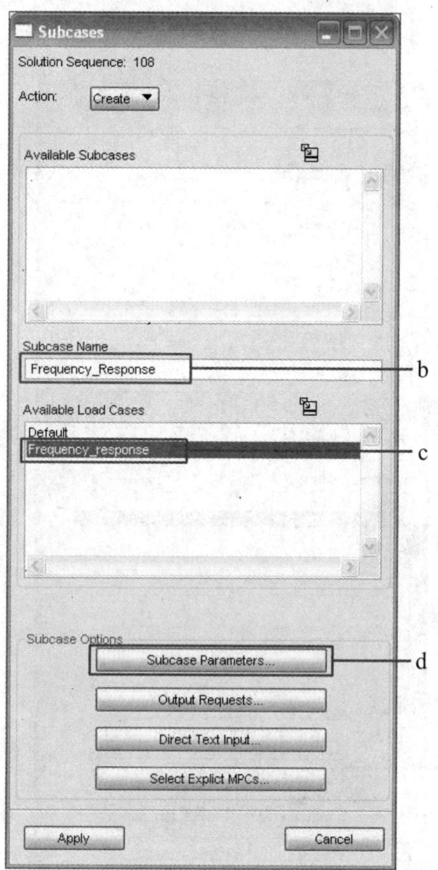

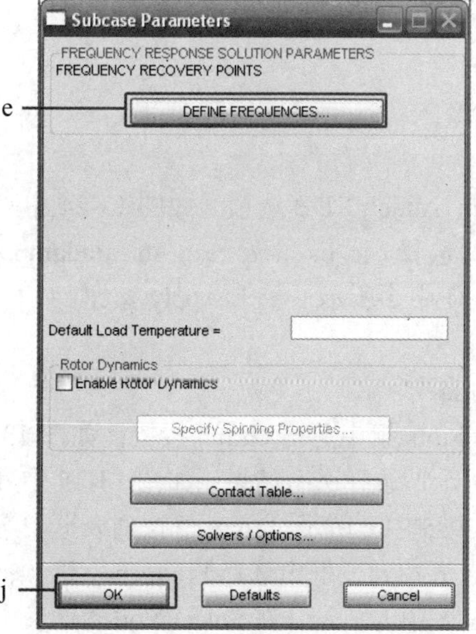

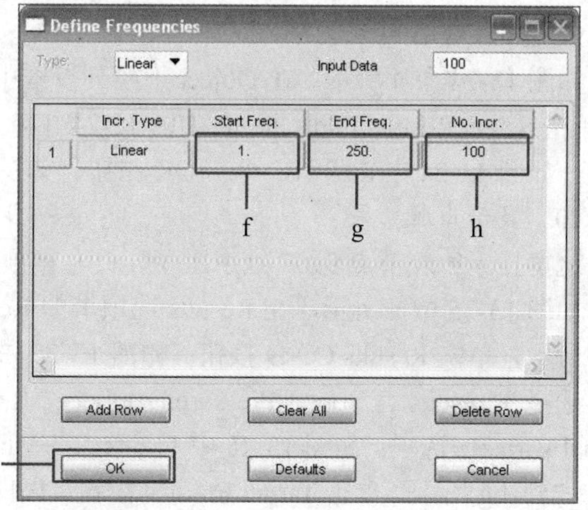

图 13-21 创建 subcase

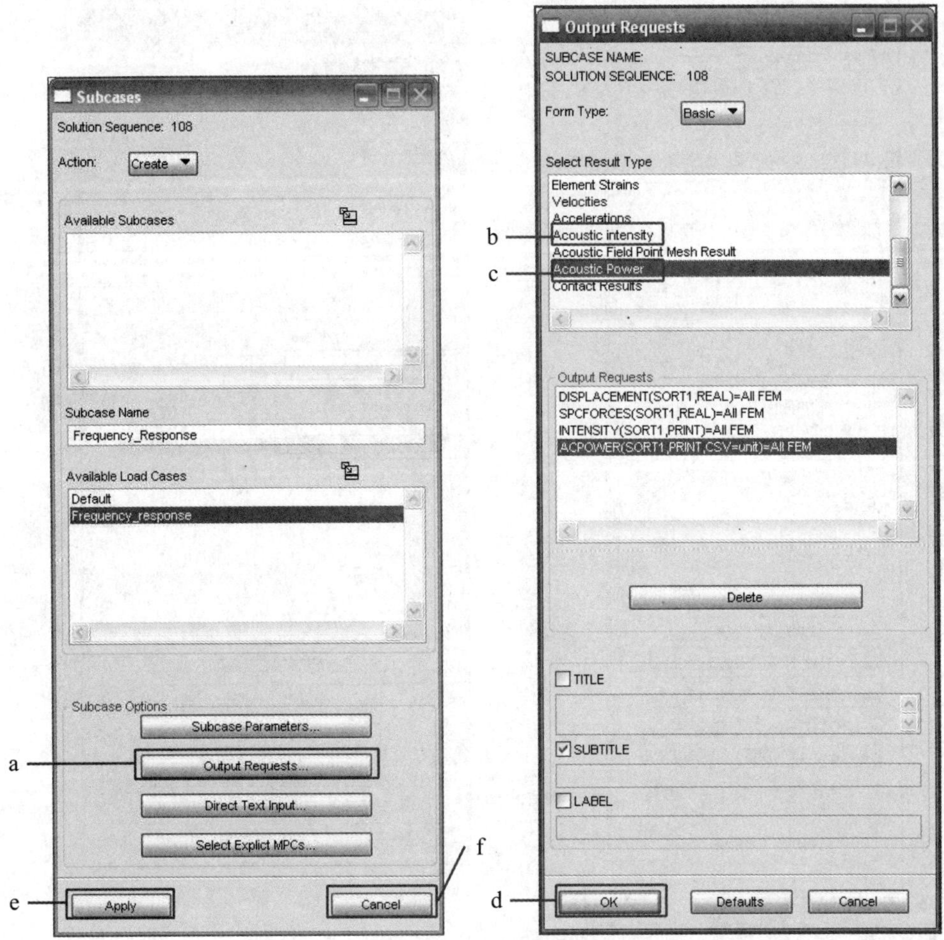

图 13-22　选择输出

9. 导入 XDB 结果文件

如图 13-24 中 a 所示，在 Object 下拉列表框中选择 Attach XDB 选项；如图 13-24 中 b 所示，单击 Select Results File…按钮；如图 13-24 中 c 所示，选择 car_int_freq_resp_str_ undamp.xdb 文件；如图 13-24 中 d 所示，单击 OK 按钮；如图 13-24 中 e 所示，单击 Apply 按钮。

10. 显示声压结果

这里显示声腔节点 9167 处声压（分贝）和频率的曲线。

如图 13-25 中 a 所示，在 Results 选项卡的 Result Plots 组中单击 Graph 按钮；如图 13-25 中 b 所示，单击 Results Cases 按钮；如图 13-25 中 c 所示，选择所有结果；如图 13-25 中 d 所示，选择 Y results 为 Sound Pressure,Decibels；如图 13-25 中 e 所示，在 X 下拉列表框中选择 Global Variable 选项；如图 13-25 中 f 所示，在 Variable 下拉列表框中选择 Frequency 选项；如图 13-25 中 g 所示，单击 Target Entities 按钮；如图 13-25 中 h 所示，在 Select Nodes 列表中选择 Node 9167；如图 13-25 中 i 所示，单击 Plot Options 按钮；如图 13-25 中 j 所示，在 Complex No.as 下拉列表框中选择 Magnitude 选项；如图 13-25 中 k 所示，单击 Apply 按钮。

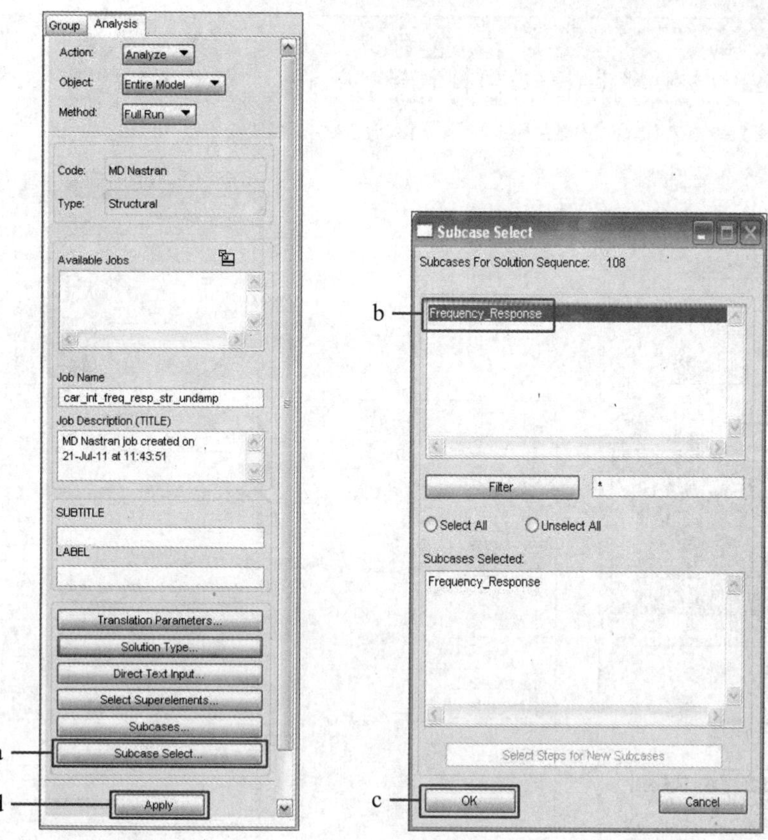

图 13-23 提交作业

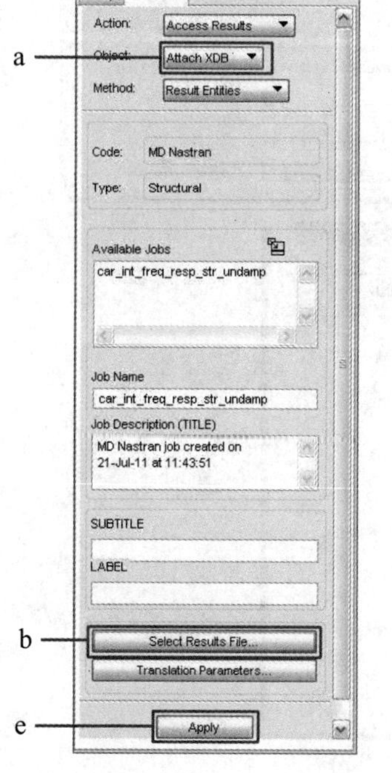

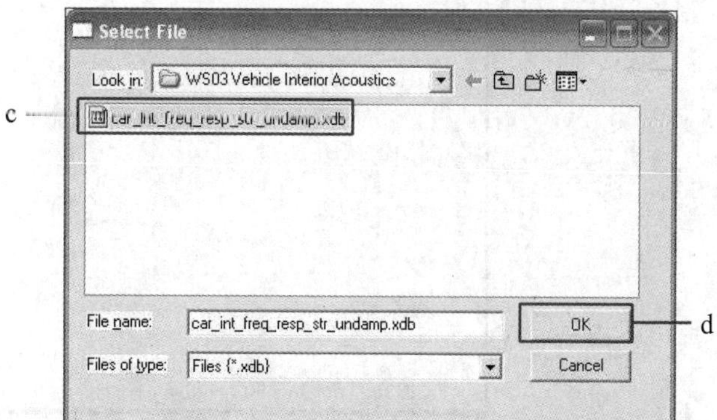

图 13-24 导入结果

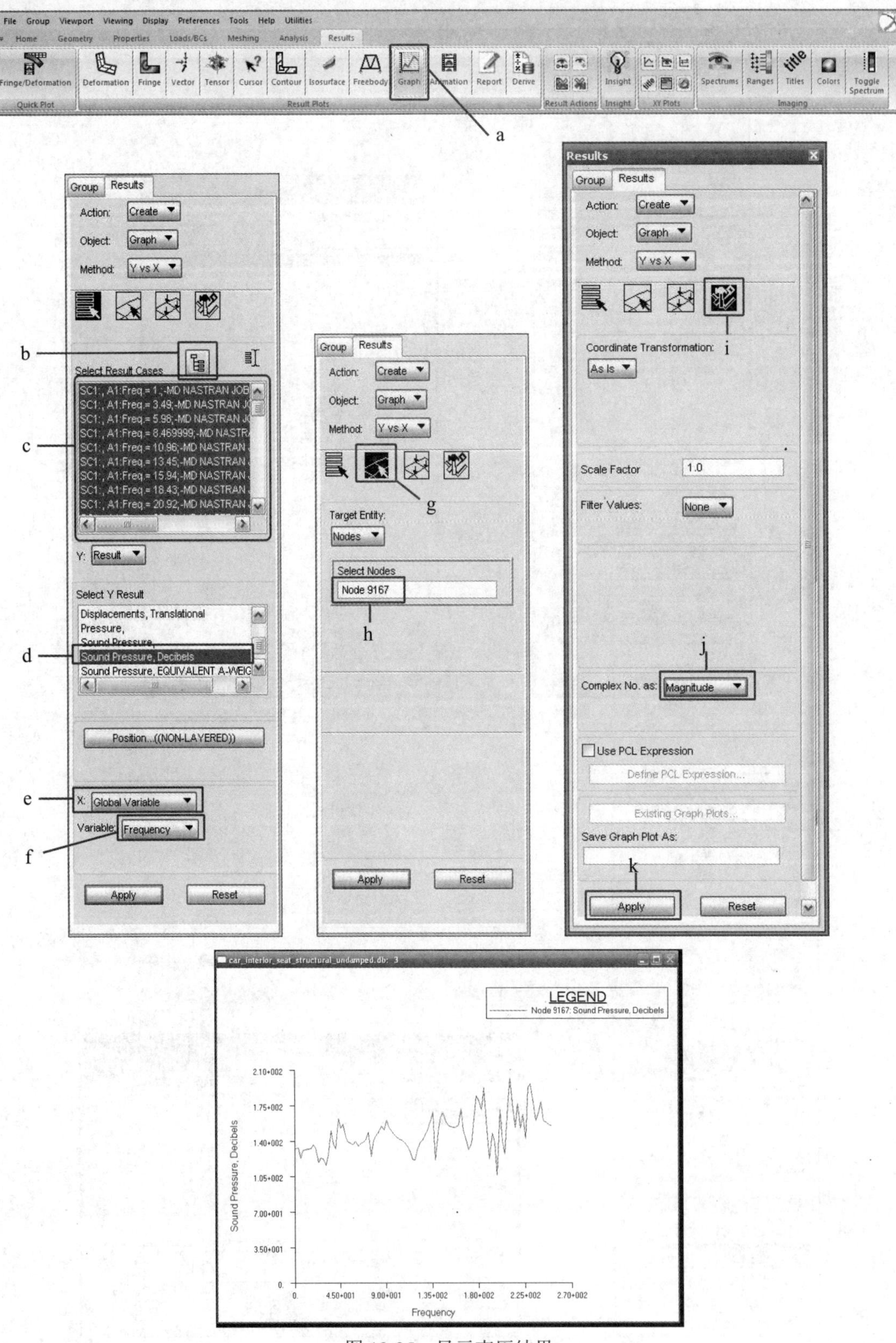

图 13-25　显示声压结果

11. 显示声压云图

（1）显示声腔单元。

如图 13-26 中 a 所示，选择 Group 选项卡的 Action 下拉列表框中的 Post 选项；如图 13-26 中 b 所示，选择 prop_air_cavity.0000；如图 13-26 中 c 所示，单击 Apply 按钮。

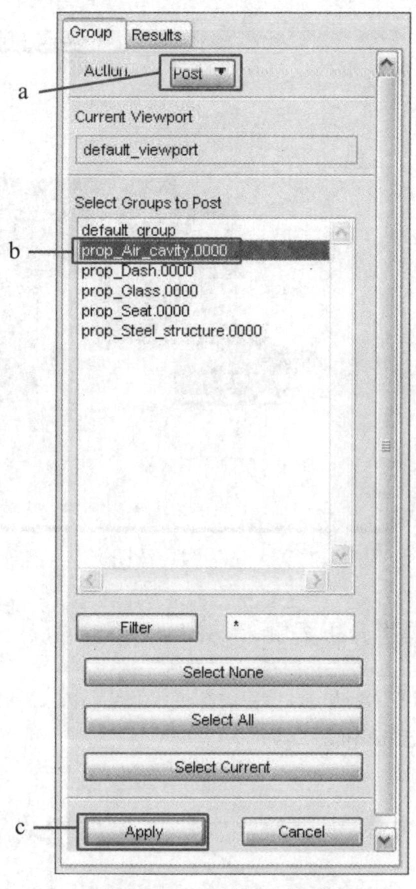

图 13-26　显示声腔单元

（2）显示云图结果。

如图 13-27 中 a 所示，在 Result 选项卡单击 Result Plots 组中的 Fringe 按钮；如图 13-27 中 b 所示，单击 Results 选项卡；如图 13-27 中 c 所示，选择 Freq = 130.48.；如图 13-27 中 d 所示，选择 Sound Pressure, Decibels；如图 13-27 中 e 所示，单击 Apply 按钮。

图 13-27　声压云图

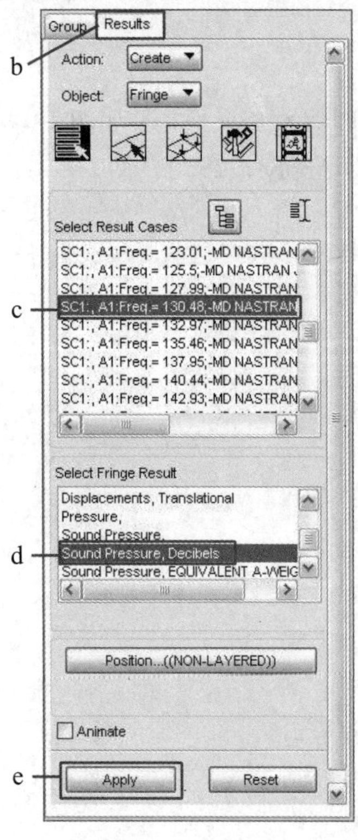

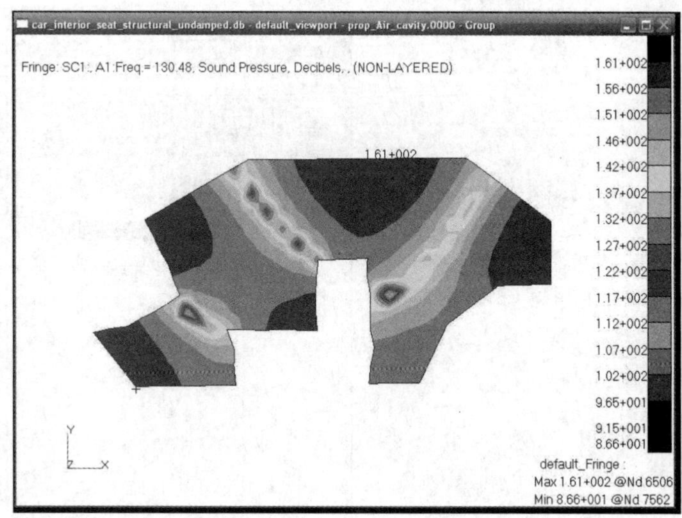

图 13-27　声压云图（续图）

13.3.2　MSC Nastran 外噪声分析案例

车辆外噪声分析模型如图 13-28 所示，包括车声结构单元、三维流体单元、2D solid 声场边界单元（Base）和场点（Field Points）单元。

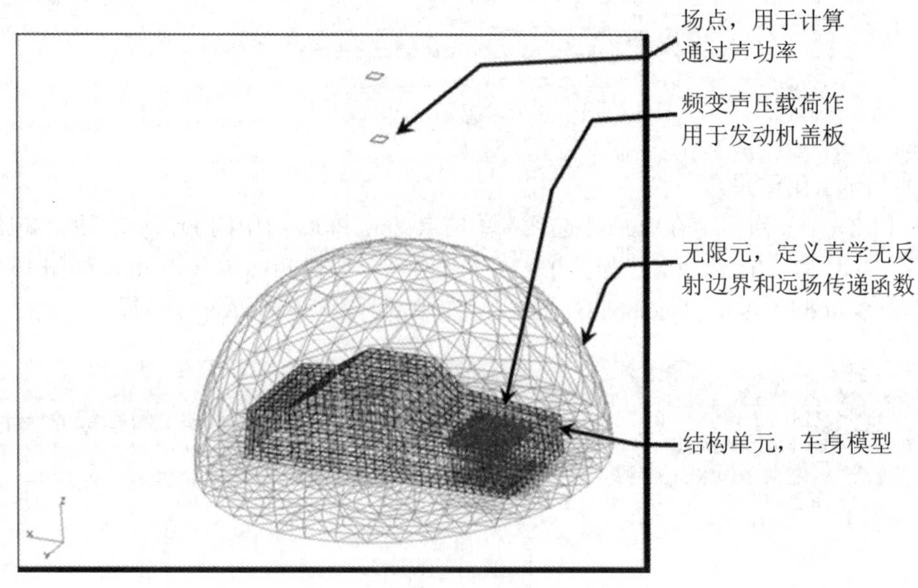

图 13-28　车辆外噪声模型示意图

1. 打开 Patran 模型

如图 13-29 中 a 所示，在 Home 选项卡下的 Defaults 组中单击 File Open 按钮；如图 13-29 中 b 所示，选择文件 ext_ac_car.db；如图 13-29 中 c 所示，单击 OK 按钮。打开的模型如图 13-30 所示。

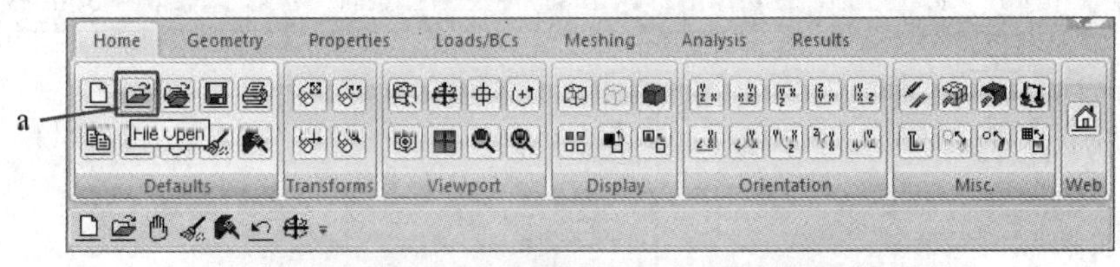

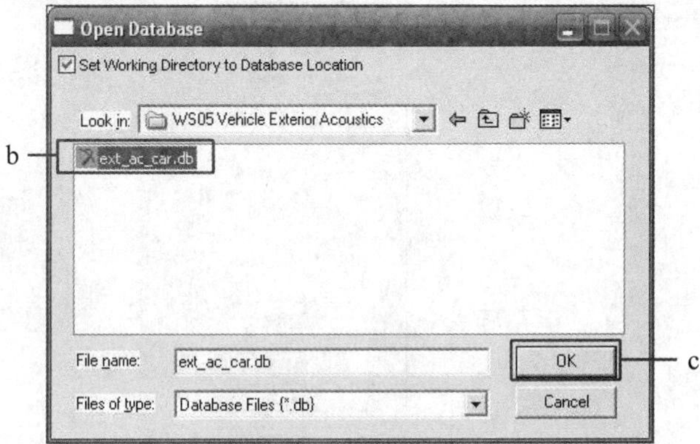

图 13-29 打开模型

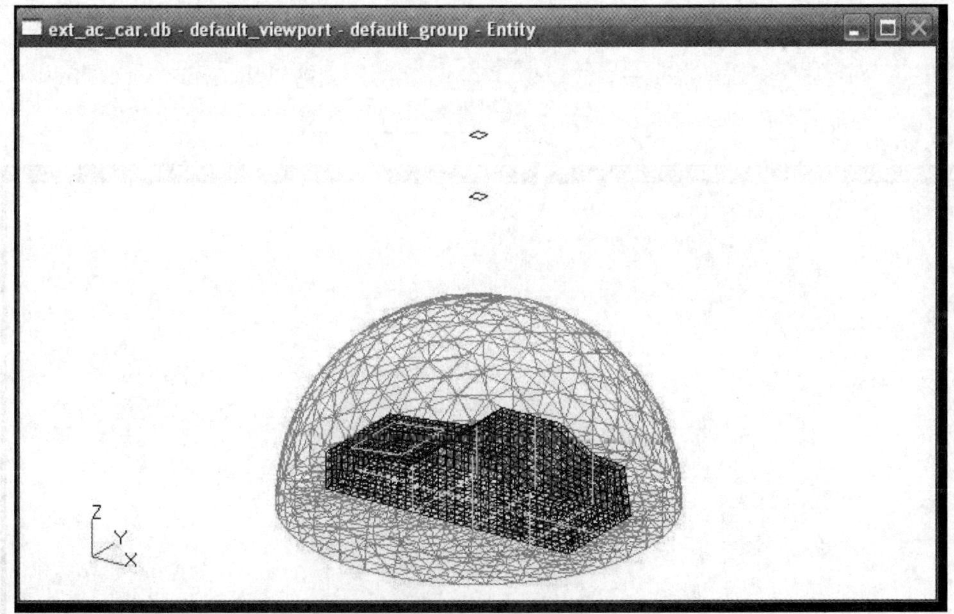

图 13-30 模型

2. 创建流体属性

显示流体声腔实体网格，创建流体物理属性。

（1）显示流体声腔实体网格。

如图 13-31 中 a 所示，选择菜单项 Group→Post；如图 13-31 中 b 所示，选择 Car_Exterior_Acoustic_Fluid_elements；如图 13-31 中 c 所示，单击 Apply 按钮；实体网格如图 13-31 下图所示。

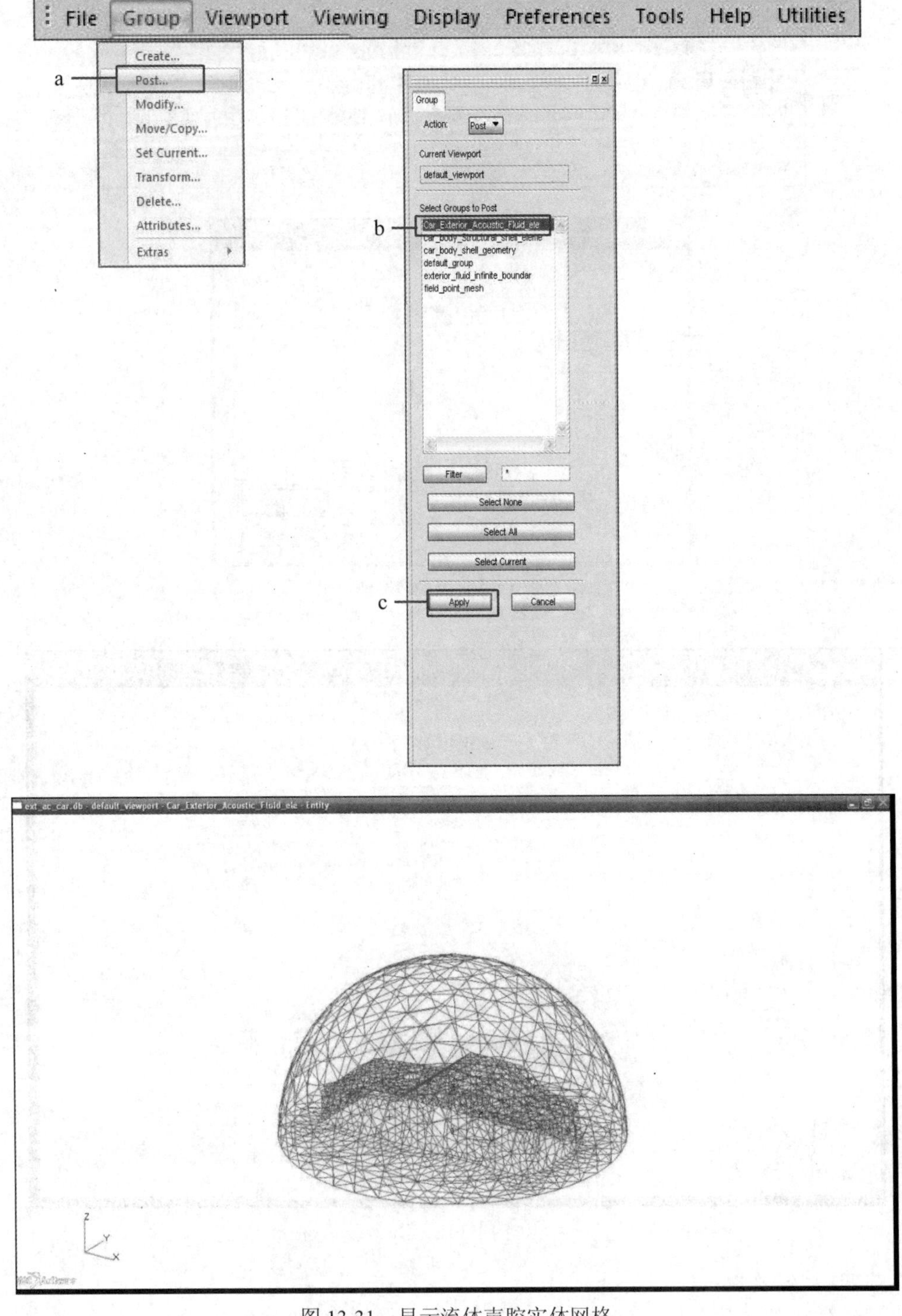

图 13-31　显示流体声腔实体网格

（2）选择材料属性。

如图 13-32 中 a 所示，在 Properties 选项卡的 3D Propertios 组中单击 Solid 按钮；如图 13-32 中 b 所示，输入属性名称 prop_Exterior_Acoustic_fluid；如图 13-32 中 c 所示，单击 Input Properties…按钮；如图 13-32 中 d 所示，单击 Material 图标；如图 13-32 中 e 所示，选择 Fluid 选项；如图 13-32 中 f 所示，单击 OK 按钮。

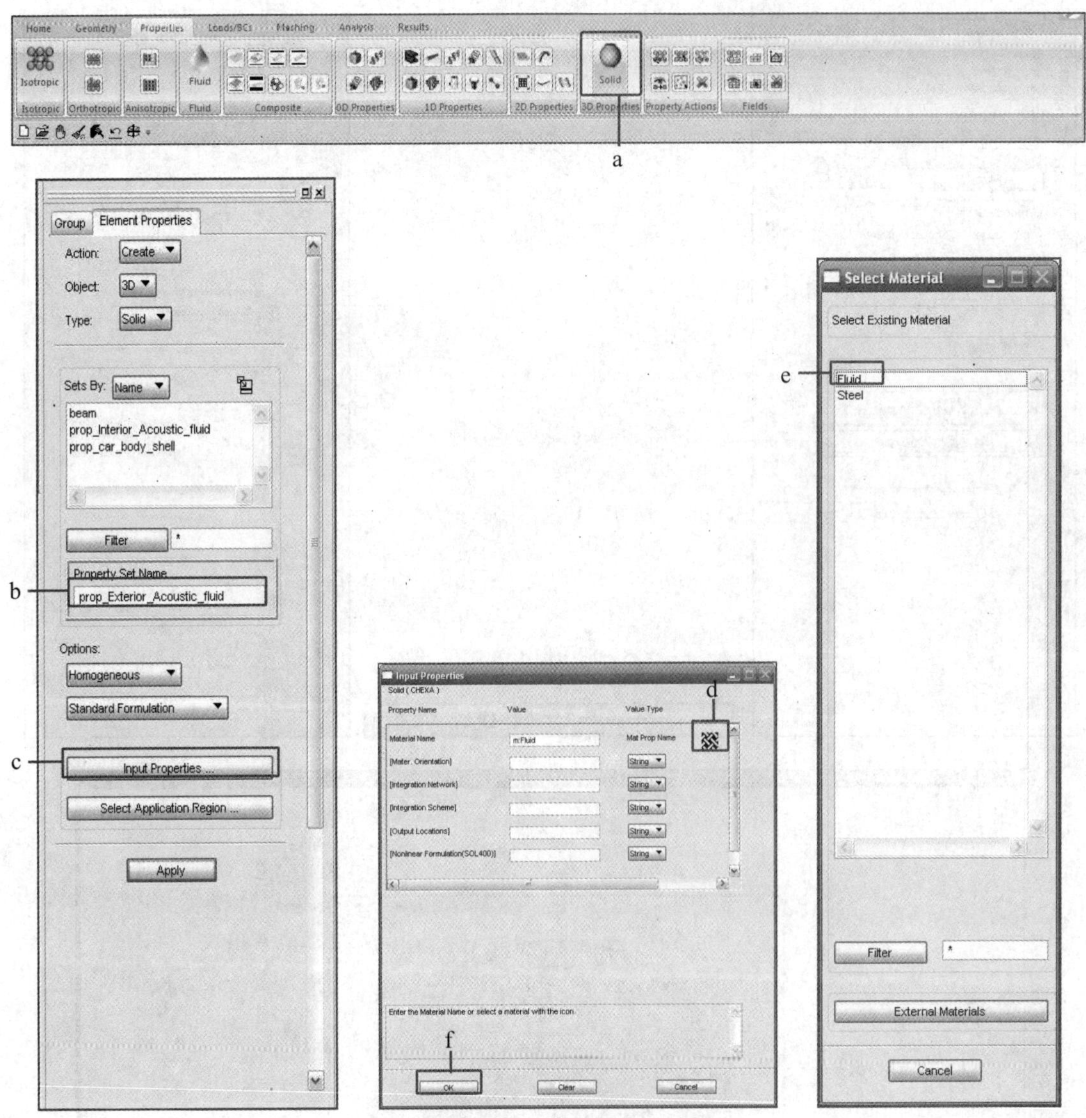

图 13-32　选择材料属性

（3）选择单元。

如图 13-33 中 a 所示，单击 Select Application Region…按钮；如图 13-33 中 b 所示，单击 Solid element 过滤器；如图 13-33 中 c 所示，选中所有单元；如图 13-33 中 d 所示，单击 Add 按钮；如图 13-33 中 e 所示，单击 OK 按钮；如图 13-33 中 f 所示，单击 Apply 按钮。

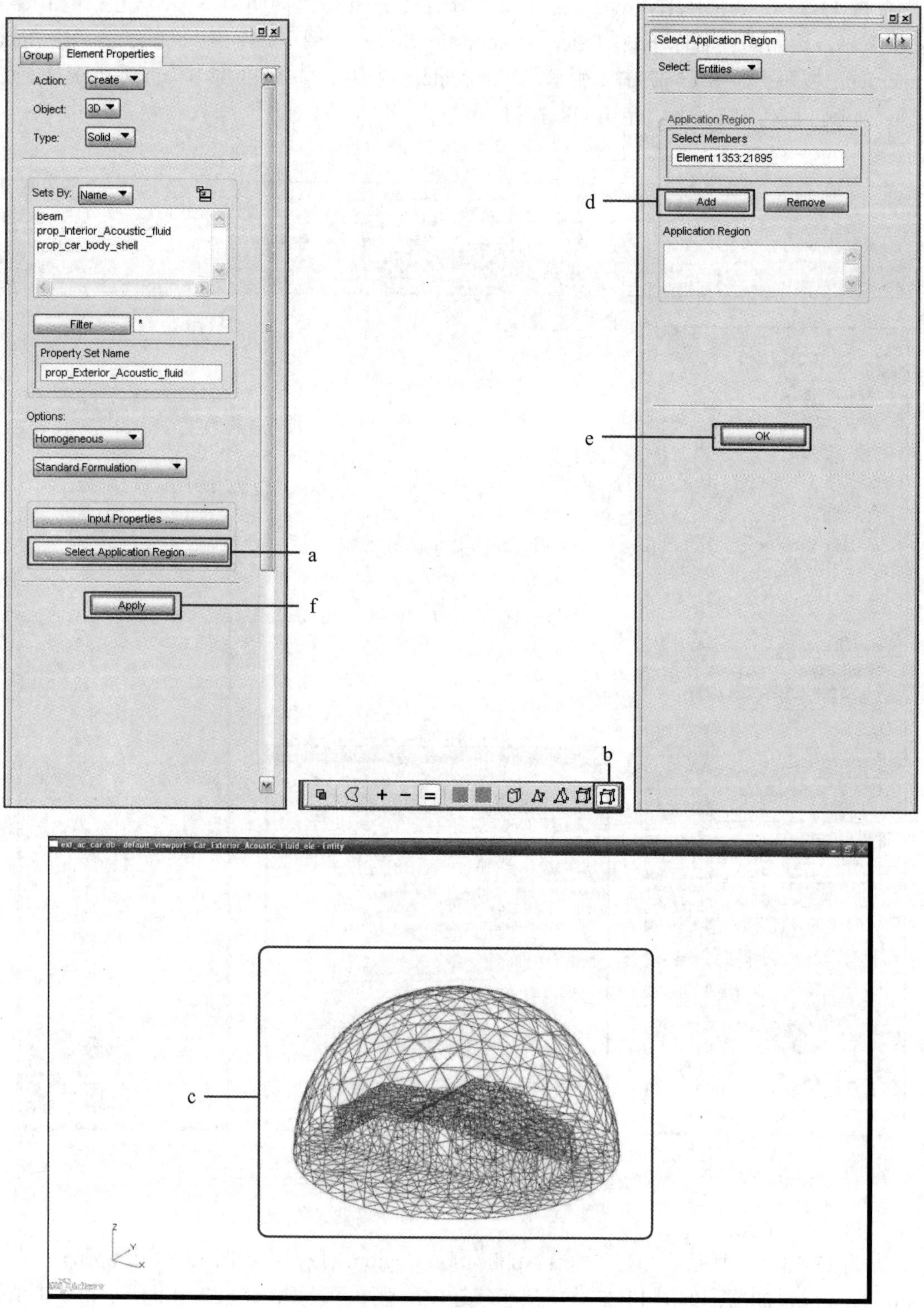

Group
Element Properties
Action: Create
Object: 3D
Type: Solid
Sets By: Name
beam
prop_Interior_Acoustic_fluid
prop_car_body_shell
Filter
*
Property Set Name
prop_Exterior_Acoustic_fluid
Options:
Homogeneous
Standard Formulation
Input Properties ...
Select Application Region ...
a
Apply
f

Select Application Region
Select: Entities
Application Region
Select Members
Element 1353:21895
d
Add
Remove
Application Region
e
OK
b

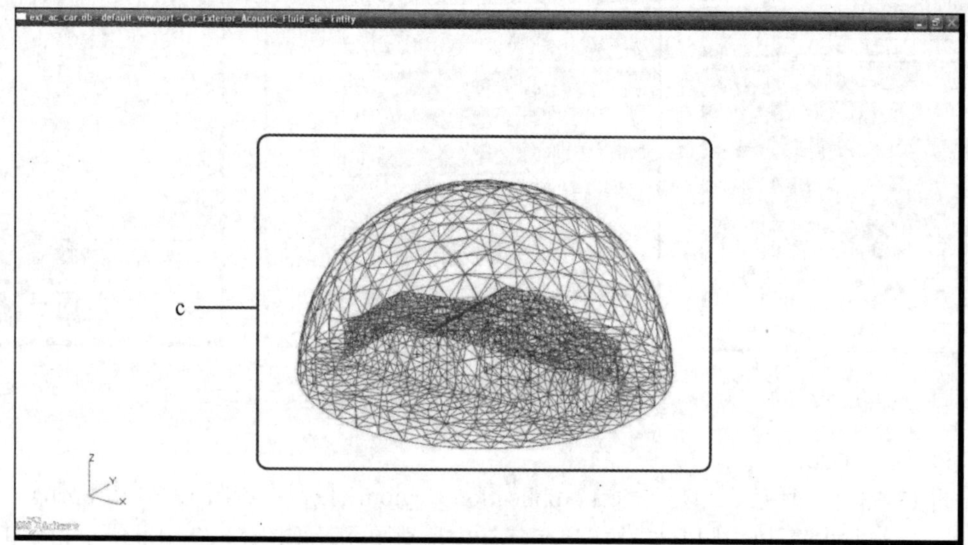

图 13-33　选择单元

3. 创建无限声场边界单元属性

（1）显示无限声场边界单元。

如图 13-34 中 a 所示，单击 Group 选项卡；如图 13-34 中 b 所示，选择 exterior_fluid_infinite_boundar 选项；如图 13-34 中 c 所示，单击 Apply 按钮；无限声场边界单元如图 13-34 下图所示。

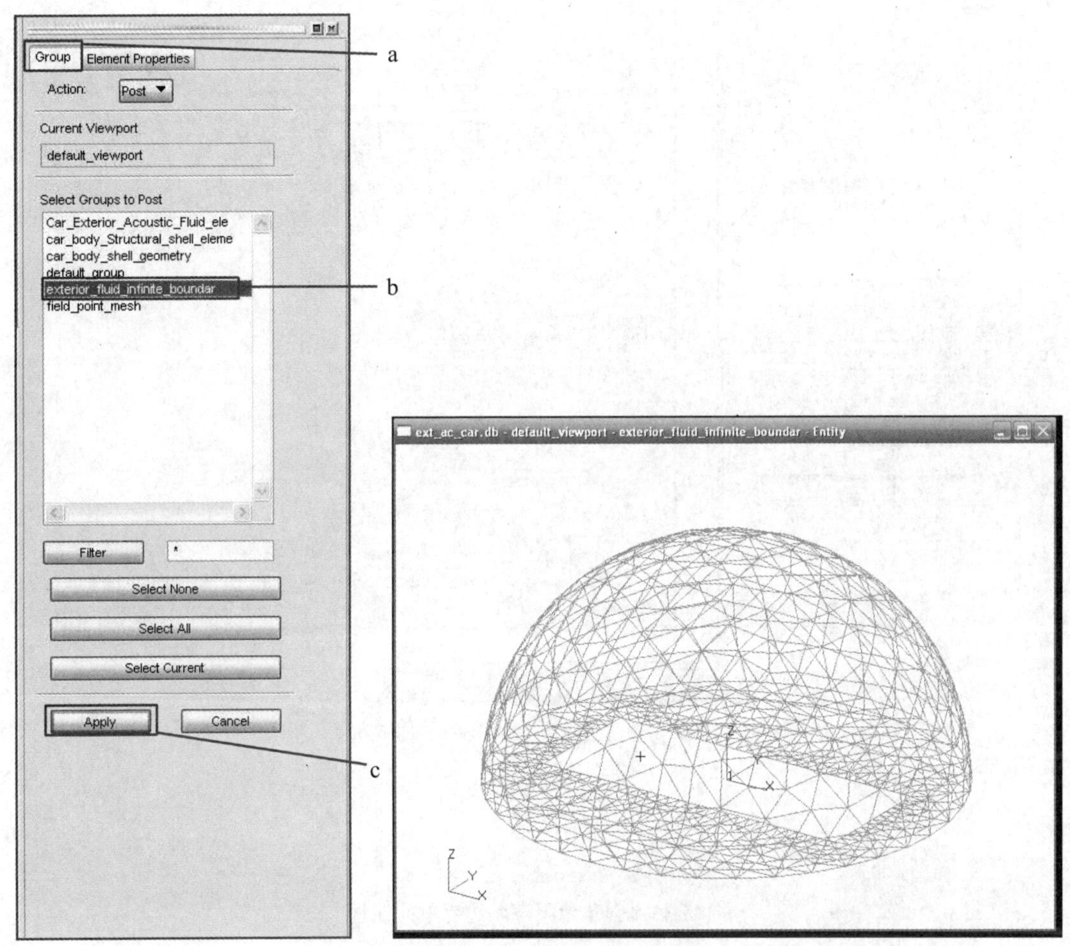

图 13-34　显示无限声场边界单元

（2）创建无限声场边界单元属性。

如图 13-35 中 a 所示，单击 2D Properties 组中的 2D Solid 按钮；如图 13-35 中 b 所示，选择 Element Properties 选项卡；如图 13-35 中 c 所示，输入属性名称 prop_infinite_elements；如图 13-35 中 d 所示，在 Options 下拉列表框中选择 Acoustic Infinite 选项；如图 13-35 中 e 所示，单击 Input Properties…按钮；如图 13-35 中 f 所示，单击 Material 图标；如图 13-35 中 g 所示，选择 Fluid 材料；如图 13-35 中 h 所示，在 Radial Interpolation Order 文本框中输入 5；如图 13-35 中 i 所示，在 Pole of Infinite Elements 文本框中输入 XYZ 坐标[1290,0,100]；如图 13-35 中 j 所示，单击 OK 按钮。

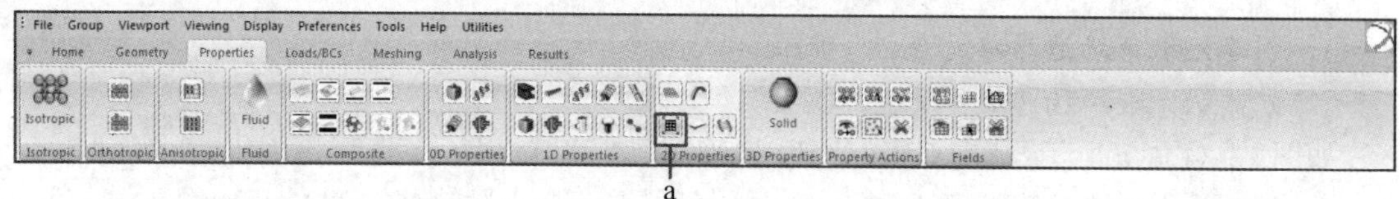

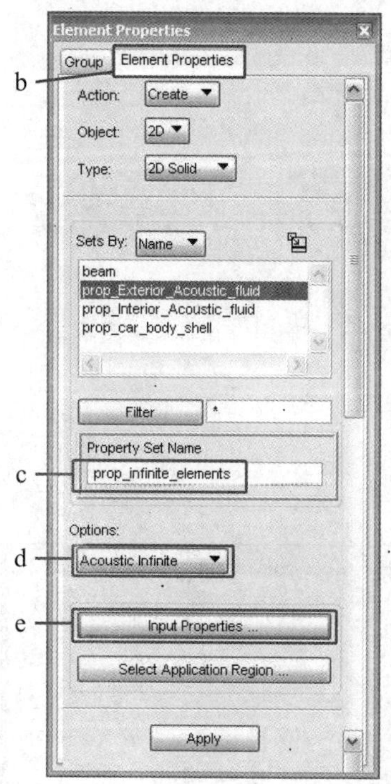

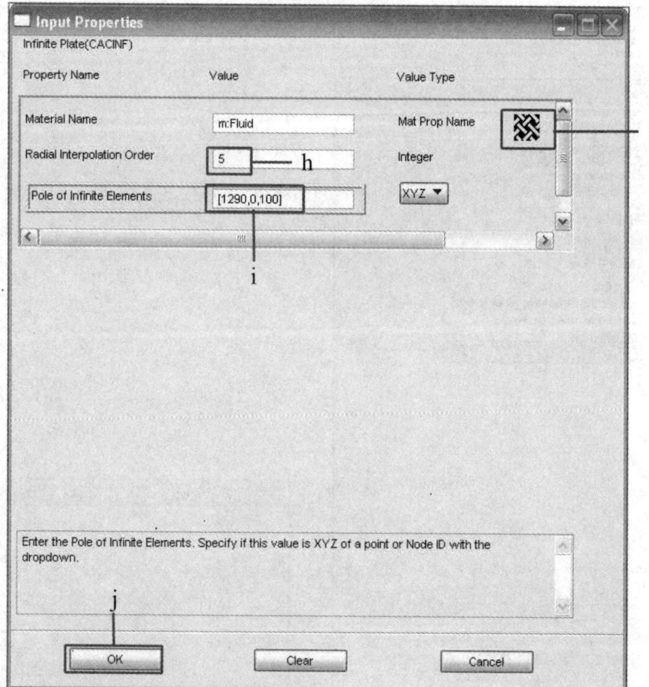

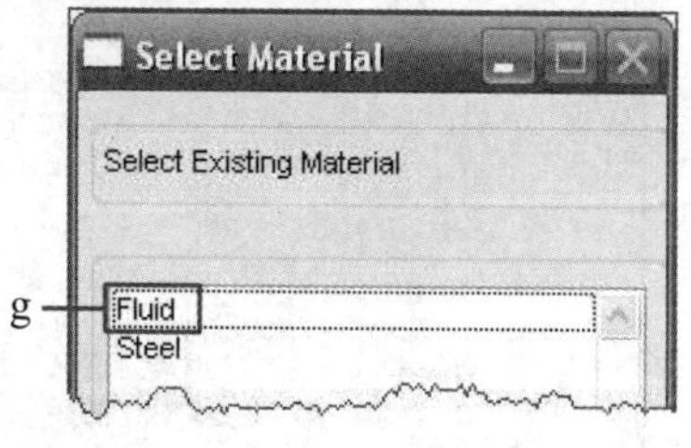

图 13-35　创建无限声场边界单元属性

（3）选择单元区域。

如图 13-36 中 a 所示，单击 Select Application Region…按钮；如图 13-36 中 b 所示，单击 Shell element 过滤器；如图 13-36 中 c 所示，选择所有单元；如图 13-36 中 d 所示，单击 Add 按钮；如图 13-36 中 e 所示，单击 OK 按钮；如图 13-36 中 f 所示，单击 Apply 按钮。

4. 创建场点属性

（1）显示组 Field_point_mesh。

如图 13-37 中 a 所示，单击 Group 选项卡；如图 13-37 中 b 所示，选择 field_point_mesh 选项；如图 13-37 中 c 所示，单击 Apply 按钮。

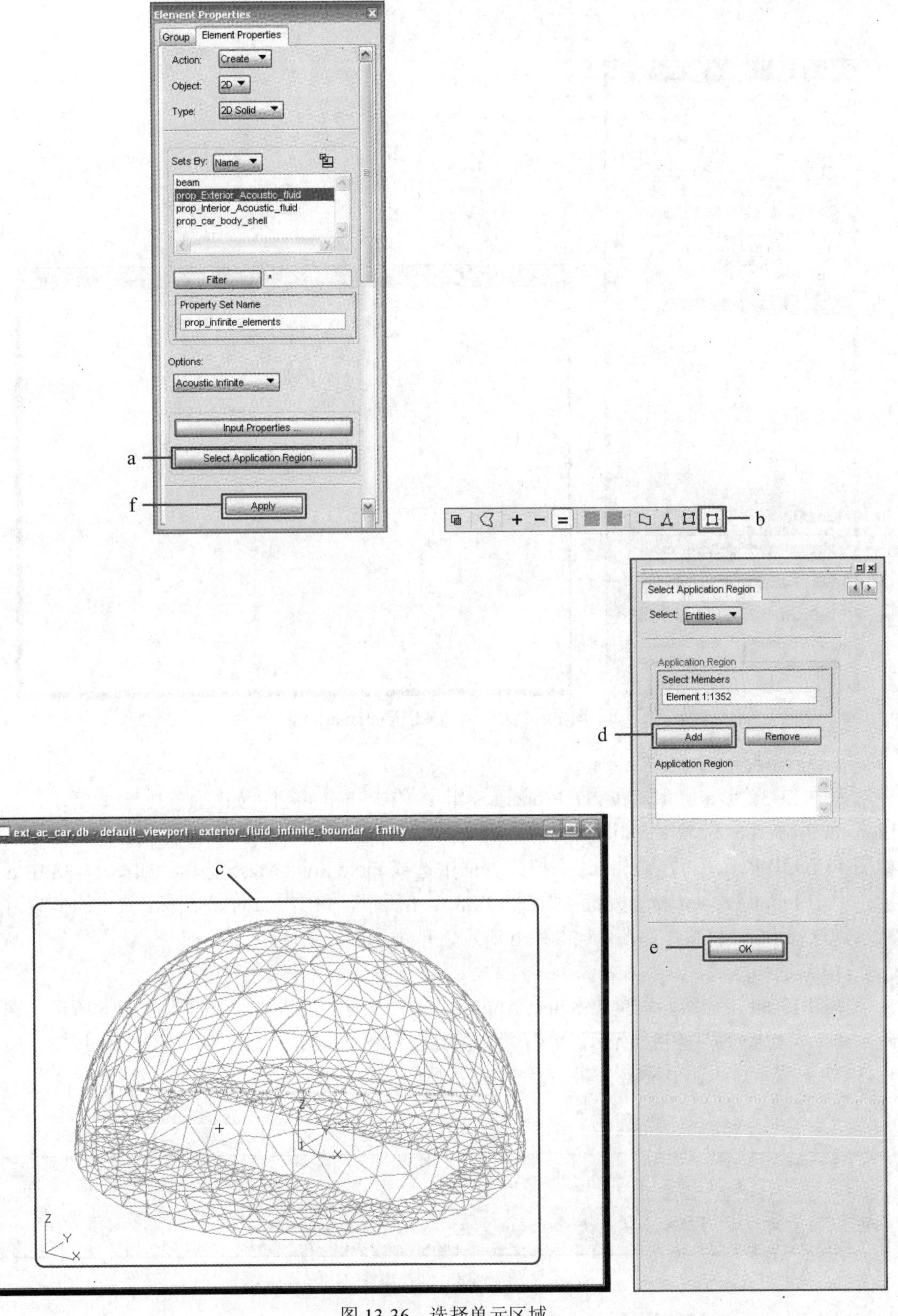

图 13-36　选择单元区域

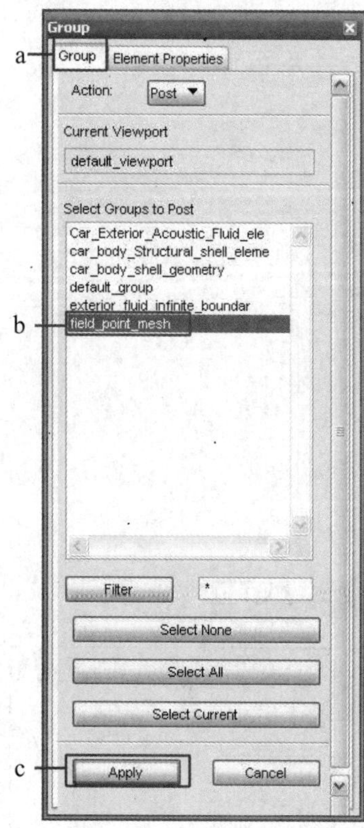

图 13-37　显示 Field_point_mesh 组

（2）创建属性。

如图 13-38 中 a 所示，在 2D Properties 组中单击 Shell 按钮；如图 13-38 中 b 所示，选择 Element Properties 选项卡；如图 13-38 中 c 所示，输入属性名称 prop_acoustic_field_point_mesh；如图 13-38 中 d 所示，在 Options 下拉列表框中选择 Field Point Mesh 选项；如图 13-38 中 e 所示，单击 Input Properties...按钮；如图 13-38 中 f 所示，单击 Material 图标；如图 13-38 中 g 所示，选择 Fluid 材料；如图 13-38 中 h 所示，单击 OK 按钮。

（3）选择区域。

如图 13-39 中 a 所示，单击 Select Application Region...按钮；如图 13-39 中 b 所示，选择两个单元；如图 13-39 中 c 所示，单击 Add 按钮；如图 13-39 中 d 所示，单击 OK 按钮；如图 13-39 中 e 所示，单击 Apply 按钮。

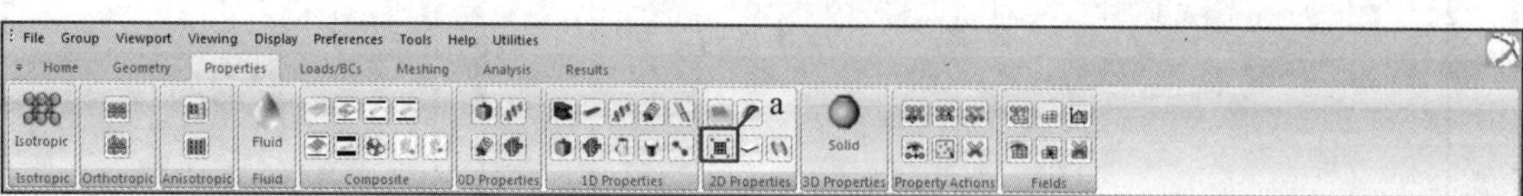

图 13-38　创建属性

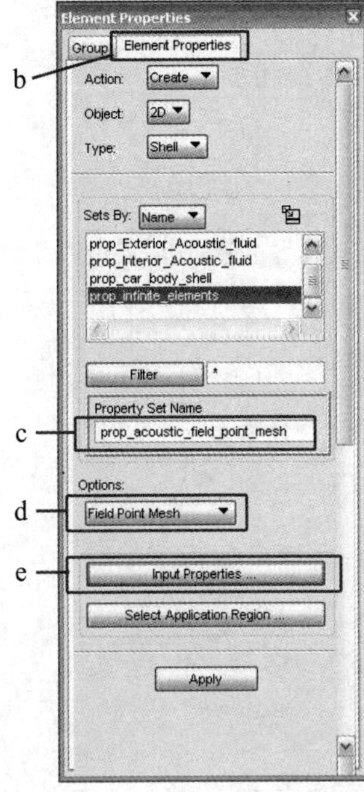

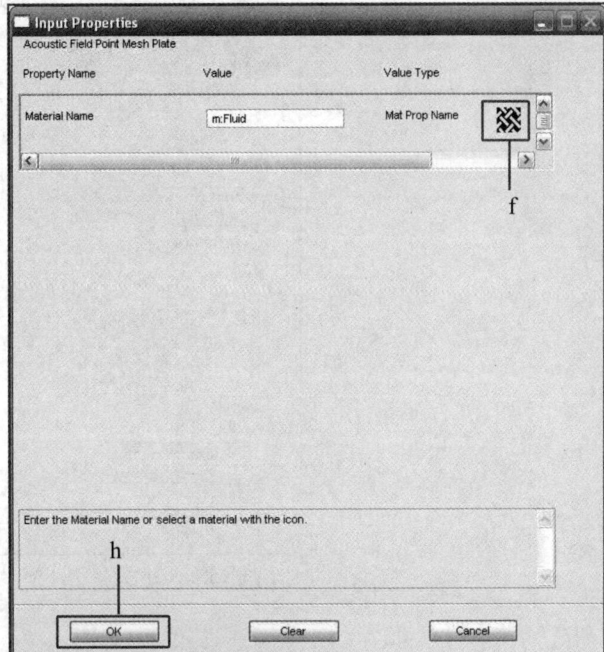

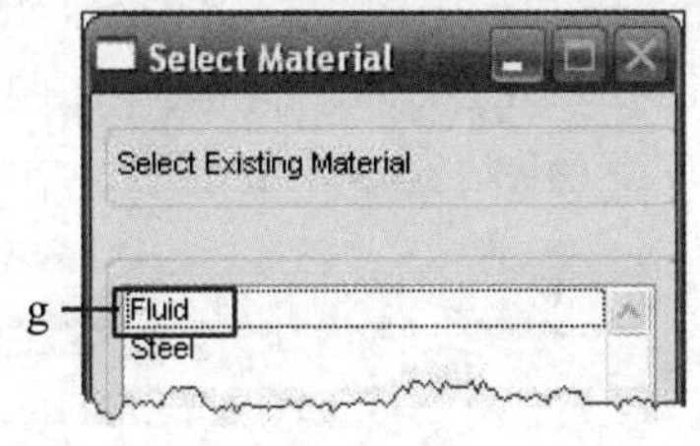

图 13-38　创建属性（续图）

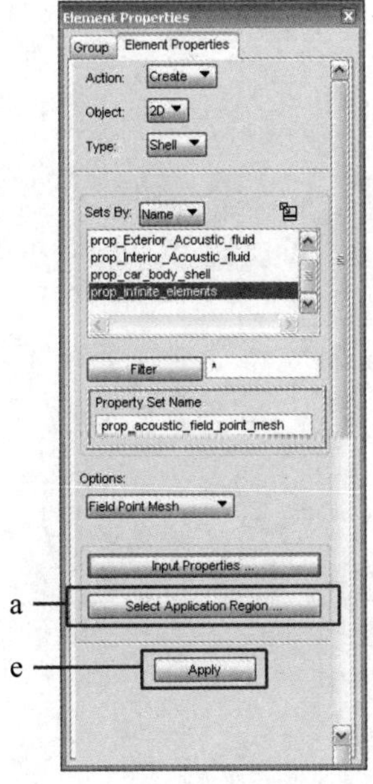

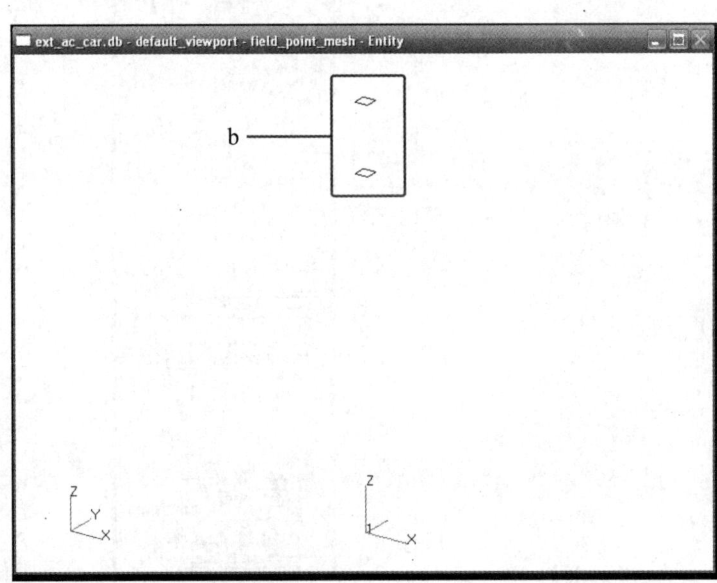

图 13-39　选择单元

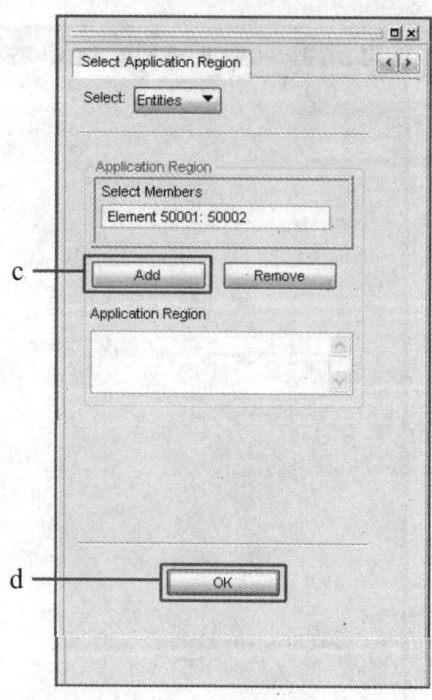

图 13-39　选择单元（续图）

5. 创建频率载荷工况

如图 13-40 中 a 所示，在 Loads/BCs 选项卡的 Load Cases 组中单击 Create Load Case 按钮；如图 13-40 中 b 所示，输入工况名称 Frequency Response；如图 13-40 中 c 所示，在 Type 下拉列表框中选择 Time Dependent 选项；如图 13-40 中 d 所示，单击 Apply 按钮。

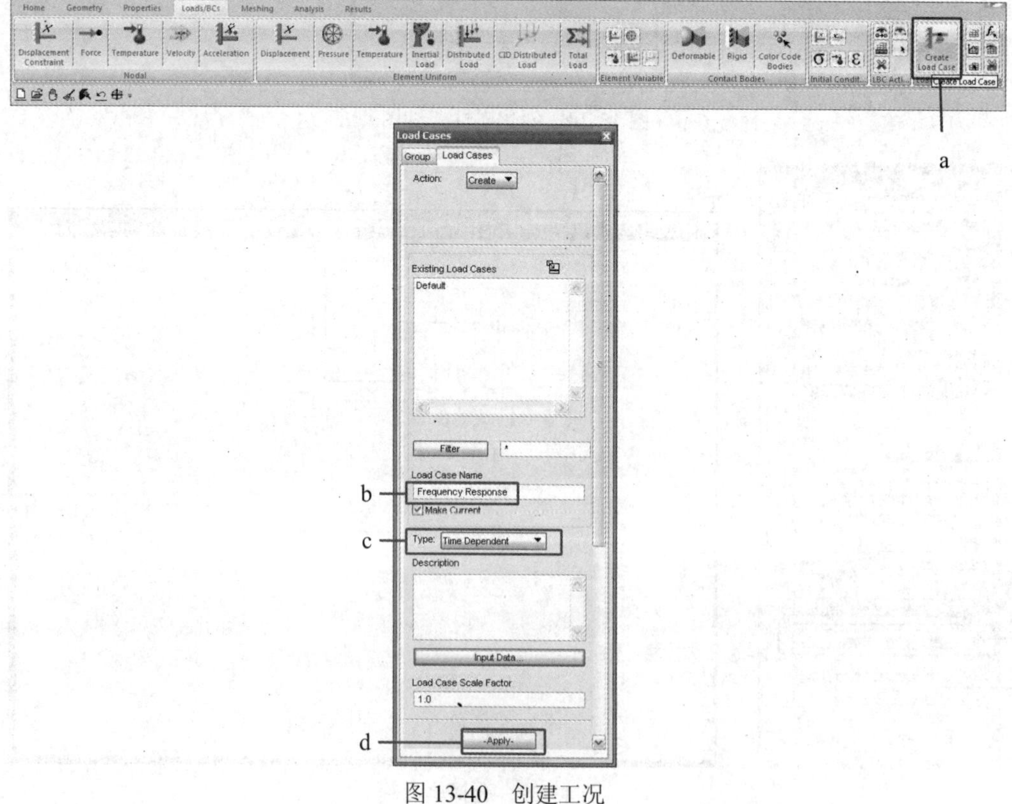

图 13-40　创建工况

6. 创建激励

（1）创建场函数。

如图 13-41 中 a 所示，在 LBC Fields 组里单击 Create Non-Spatial 按钮；如图 13-41 中 b 所示，输入场函数名称 acoustic_pressure_mpa_vs_freq；如图 13-41 中 c 所示，在 Scalar Field Type 项中选择 Complex 单选项；如图 13-41 中 d 所示，单击 Input Data…按钮。

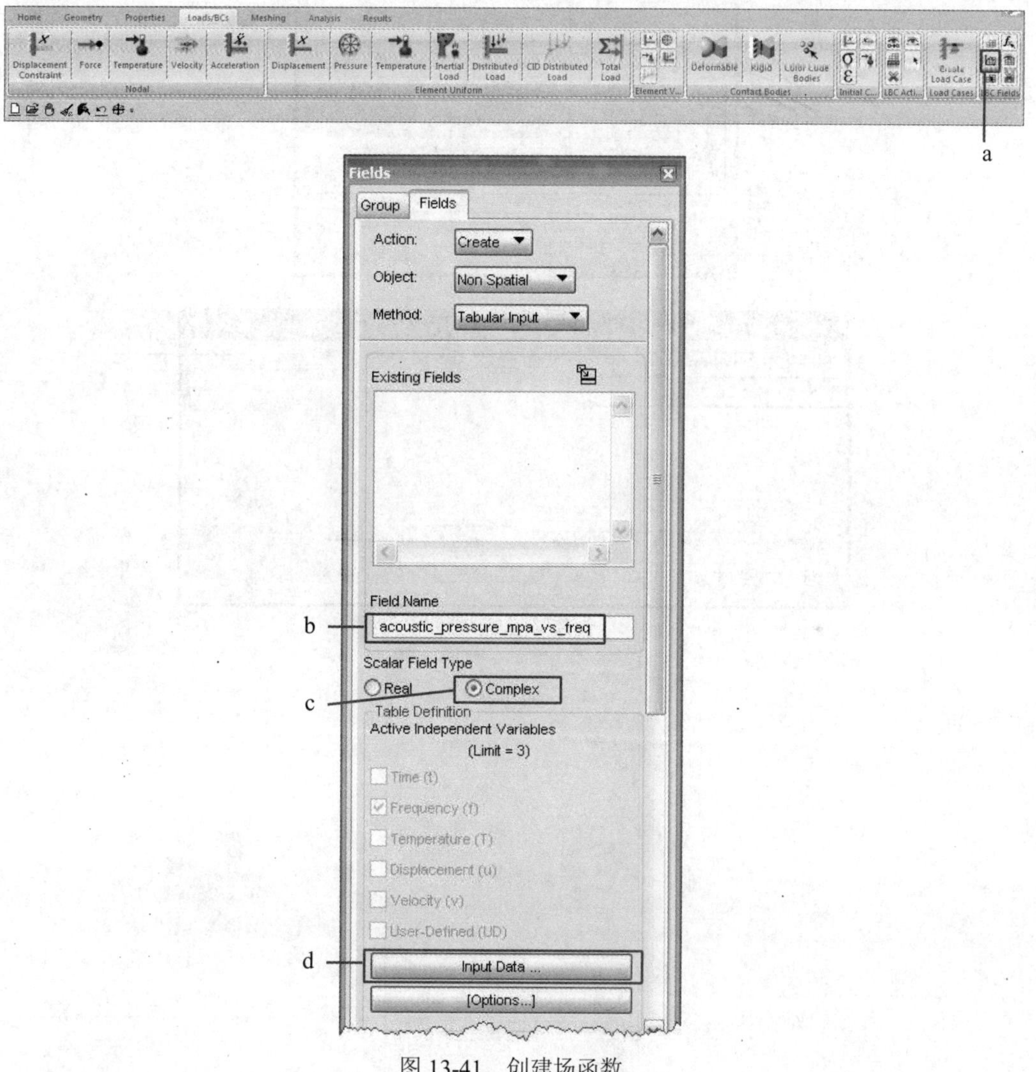

图 13-41　创建场函数

（2）创建场函数。

这里导入 acoust_pressure_mpa_zero_to_100_hz.csv 文件，创建场。

如图 13-42 中 a 所示，在 Complex Data Format 中选择 Magnitude-Phase (degrees)单选项；如图 13-42 中 b 所示，单击 Import/Export…按钮；如图 13-42 中 c 所示，在 Format 下拉列表框中选择 CSV Import 选项；如图 13-42 中 d 所示，选择文件 acoust_pressure_mpa_zero_to_100_hz.csv；如图 13-42 中 e 所示，单击 Apply 按钮；如图 13-42 中 f 所示，单击 OK 按钮；如图 13-42 中 g 所示，单击 Apply 按钮。

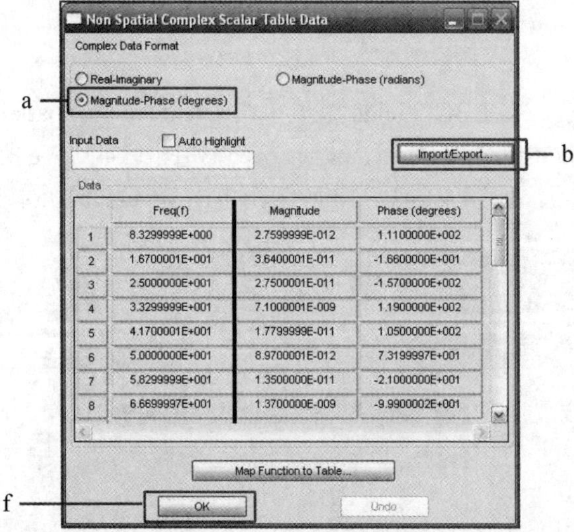
Non Spatial Complex Scalar Table Data
Complex Data Format
Real-Imaginary
Magnitude-Phase (radians)
Magnitude-Phase (degrees)
a
Input Data
Auto Highlight
Import/Export...
b
Data
Freq(f)
Magnitude
Phase (degrees)
1 8.3299999E+000 2.7599999E-012 1.1100000E+002
2 1.6700001E+001 3.6400001E-011 -1.6600000E+001
3 2.5000000E+001 2.7500001E-011 -1.5700000E+002
4 3.3299999E+001 7.1000001E-009 1.1900000E+002
5 4.1700001E+001 1.7799999E-011 1.0500000E+002
6 5.0000000E+001 8.9700001E-012 7.3199997E+001
7 5.8299999E+001 1.3500000E-011 -2.1000000E+001
8 6.6699997E+001 1.3700000E-009 -9.9900002E+001
Map Function to Table...
f
OK
Undo

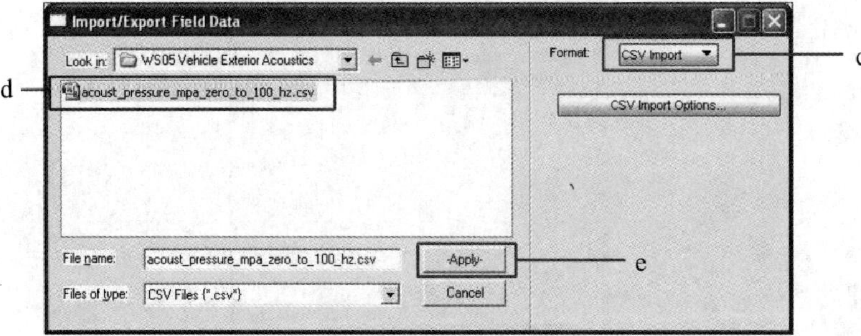
Import/Export Field Data
Look in:
WS05 Vehicle Exterior Acoustics
Format:
CSV Import
c
d
acoust_pressure_mpa_zero_to_100_hz.csv
CSV Import Options...
File name:
acoust_pressure_mpa_zero_to_100_hz.csv
Apply
e
Files of type:
CSV Files (*.csv)
Cancel

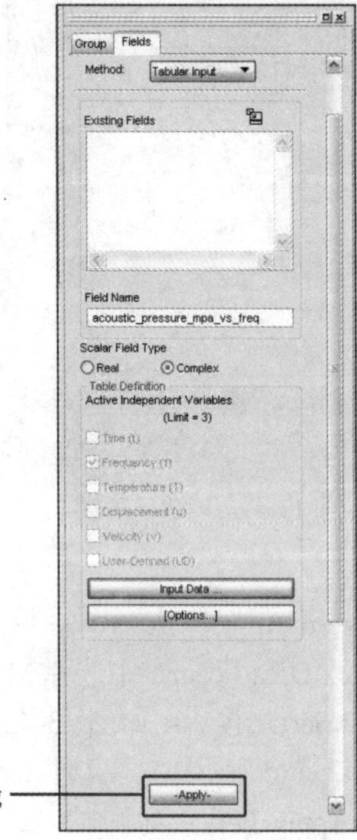
Group
Fields
Method:
Tabular Input
Existing Fields
Field Name
acoustic_pressure_mpa_vs_freq
Scalar Field Type
Real
Complex
Table Definition
Active Independent Variables
(Limit = 3)
Time (t)
Frequency (f)
Temperature (T)
Displacement (u)
Velocity (v)
User-Defined (UD)
Input Data ...
[Options...]
g
-Apply-

图 13-42　导入场函数

（3）显示 car_body_Structural_shell_eleme 组。

如图 13-43 中 a 所示，选择 Group 选项卡；如图 13-43 中 b 所示，选择 car_body_Structural_shell_eleme；如图 13-43 中 c 所示，单击 Apply 按钮。

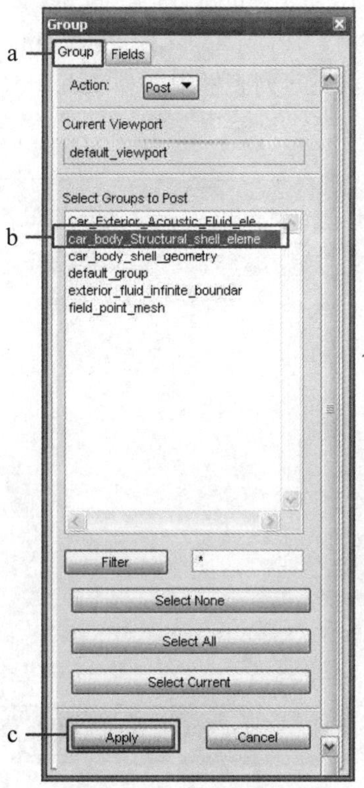

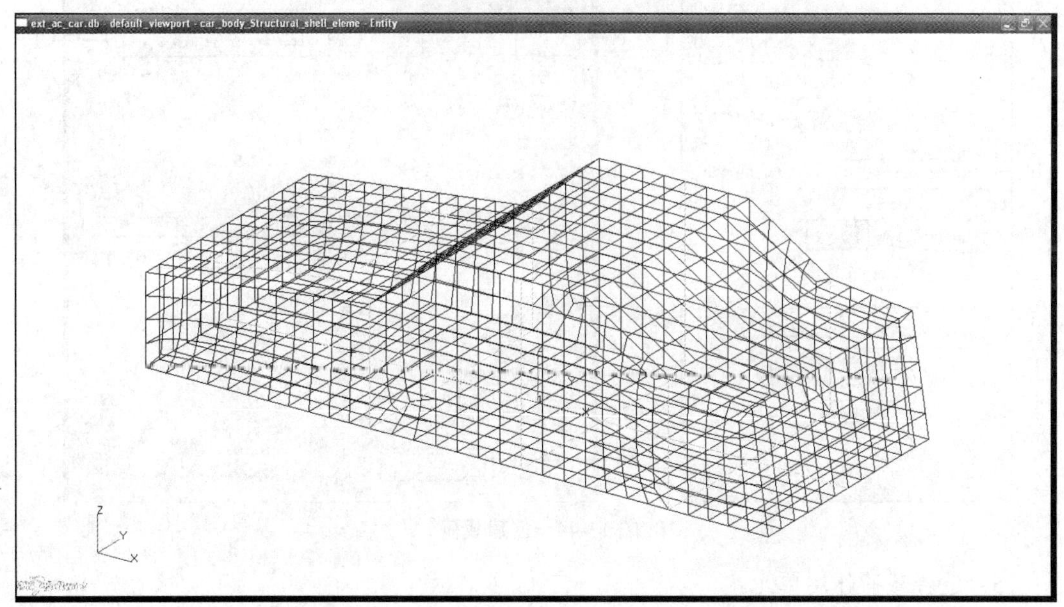

图 13-43 显示 car_body_Structural_shell_eleme 组

（4）创建载荷数值。

如图 13-44 中 a 所示，在 Element Uniform 组中单击 Pressure 按钮；如图 13-44 中 b 所示，输入载荷名称 acoustic_excitation；如图 13-44 中 c 所示，在 Target Element Type 下拉列表框中选择 2D 选项；如图 13-44 中 d 所示，单击 Input Data…按钮；如图 13-44 中 e 所示，在 Top Surf Pressure 文本框中输入 1；如图 13-44 中 f 所示，单击右侧 Time/Freq Dependence；如图 13-44 中 g 所示，在 Time/Freq Dependent Field 列表框中选择 acoustic_pressure_mpa_vs_freq 选项；如图 13-44 中 h 所示，单击 OK 按钮。

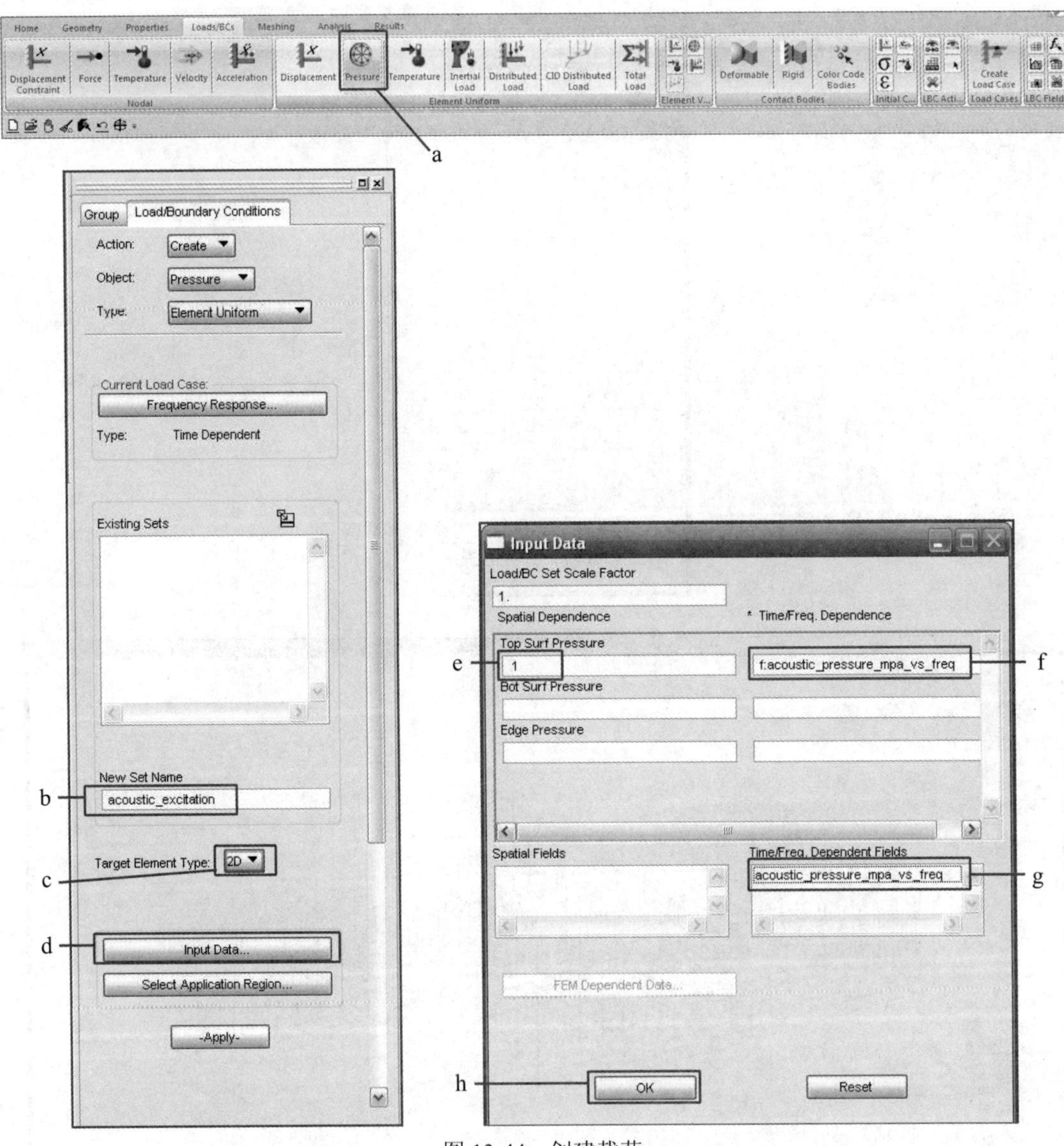

图 13-44　创建载荷

（5）选择载荷作用单元。

如图 13-45 中 a 所示，单击 Select Application Region…按钮；如图 13-45 中 b 所示，在 Select 下拉列表框中选择 FEM 选项；如图 13-45 中 c 所示，在模型主窗口的空白区域右击选择 Model

Orientation→Orthographic→Front View 命令；如图 13-45 中 d 所示，在模型主窗口的空白区域右击选择 View Corners 选项，然后选择发动机舱位置的单元，进行局部放大；如图 13-45 中 e 所示，单击 Visible entities only 过滤器（以便只选择 on top 单元）；如图 13-45 中 f 所示，单击 OK 按钮；如图 13-45 中 g 所示，选择框中（Wireframe 显示模式下）包围的单元；如图 13-45 中 h 所示，单击 Add 按钮；如图 13-45 中 i 所示，单击 OK 按钮；如图 13-45 中 j 所示，单击 Apply 按钮。

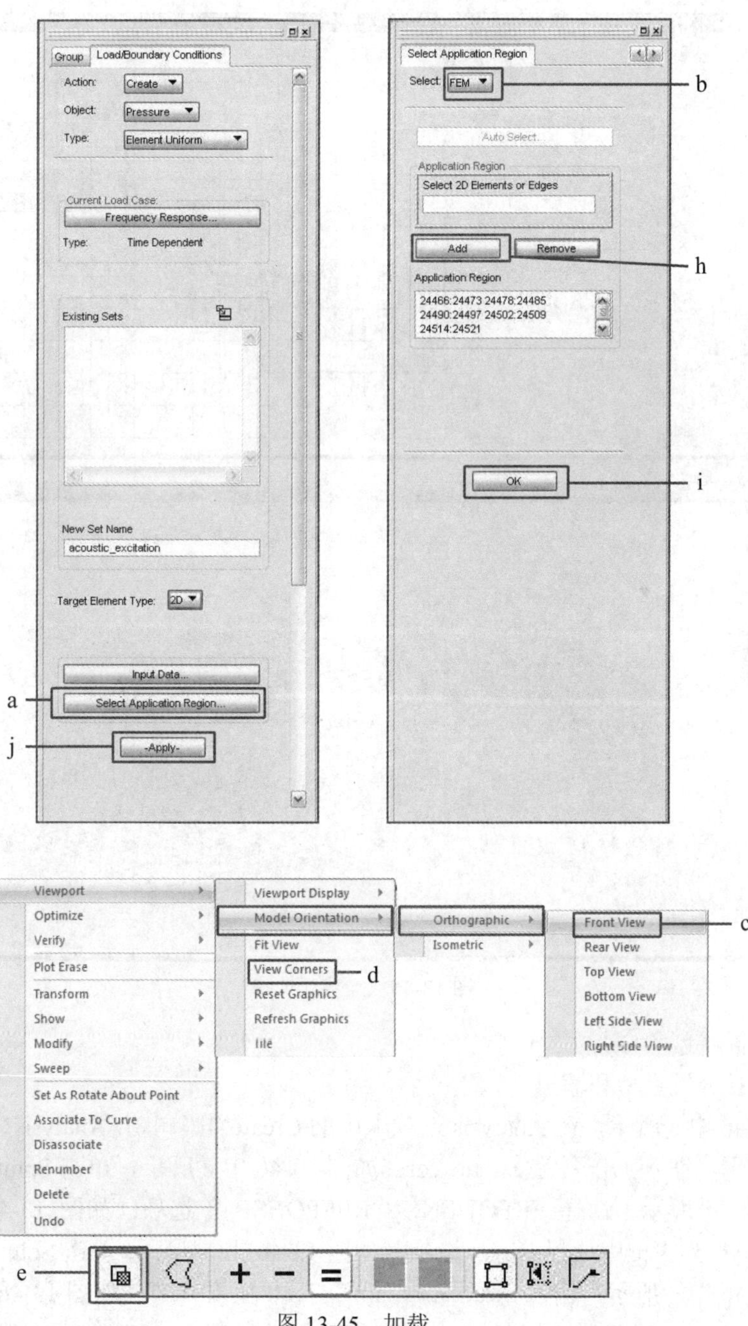

图 13-45 加载

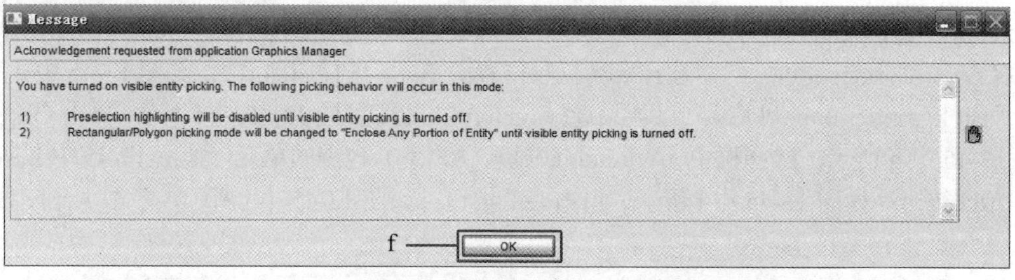

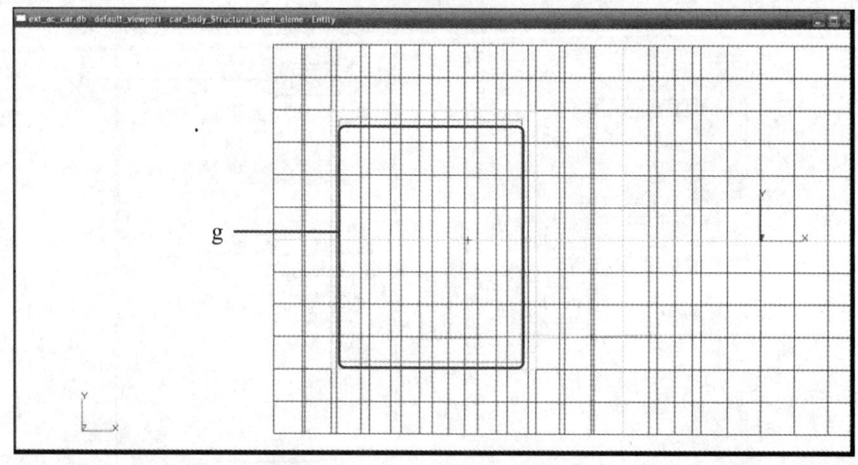

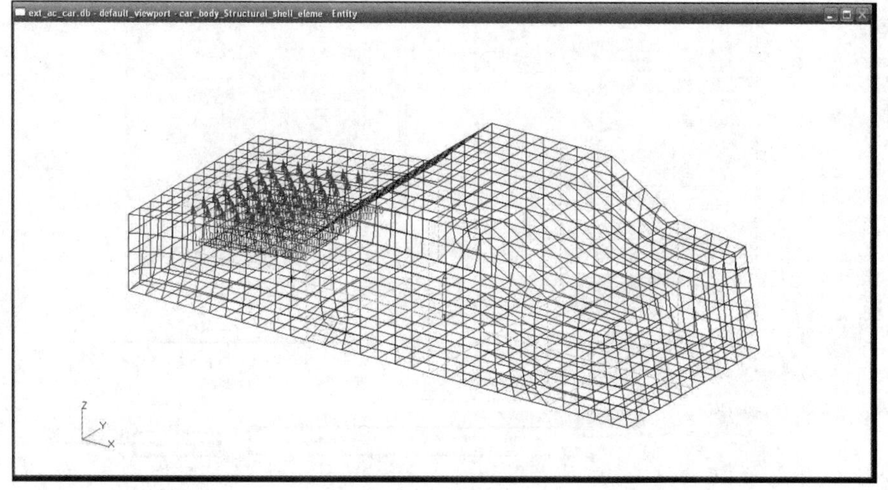

图 13-45 加载（续图）

7. 创建直接频响分析

（1）选择分析类型和输出。

如图 13-46 中 a 所示，在 Analysis 选项卡中的 Create 组中单击 Analysis Deck 按钮；如图 13-46 中 b 所示，输入工作名称 ext_ac_car；如图 13-46 中 c 所示，单击 Solution Type…按钮；如图 13-46 中 d 所示，选择 FREQUENCY RESPONSE 单选项；如图 13-46 中 e 所示，在 Formulation 下拉列表框中选择 Direct 选项；如图 13-46 中 f 所示，单击 Solution Parameters 按钮；如图 13-46 中 g 所示，输入 Struct Damping Coeff 值为 0.06；如图 13-46 中 h 所示，单击 Results Output Format…按钮；如图 13-46 中 i 所示，勾选 XDB 和 Print 复选框；如图 13-46 中 j

所示，单击 OK 按钮；如图 13-46 中 k 所示，单击 OK 按钮；如图 13-46 中 l 所示，单击 OK 按钮。

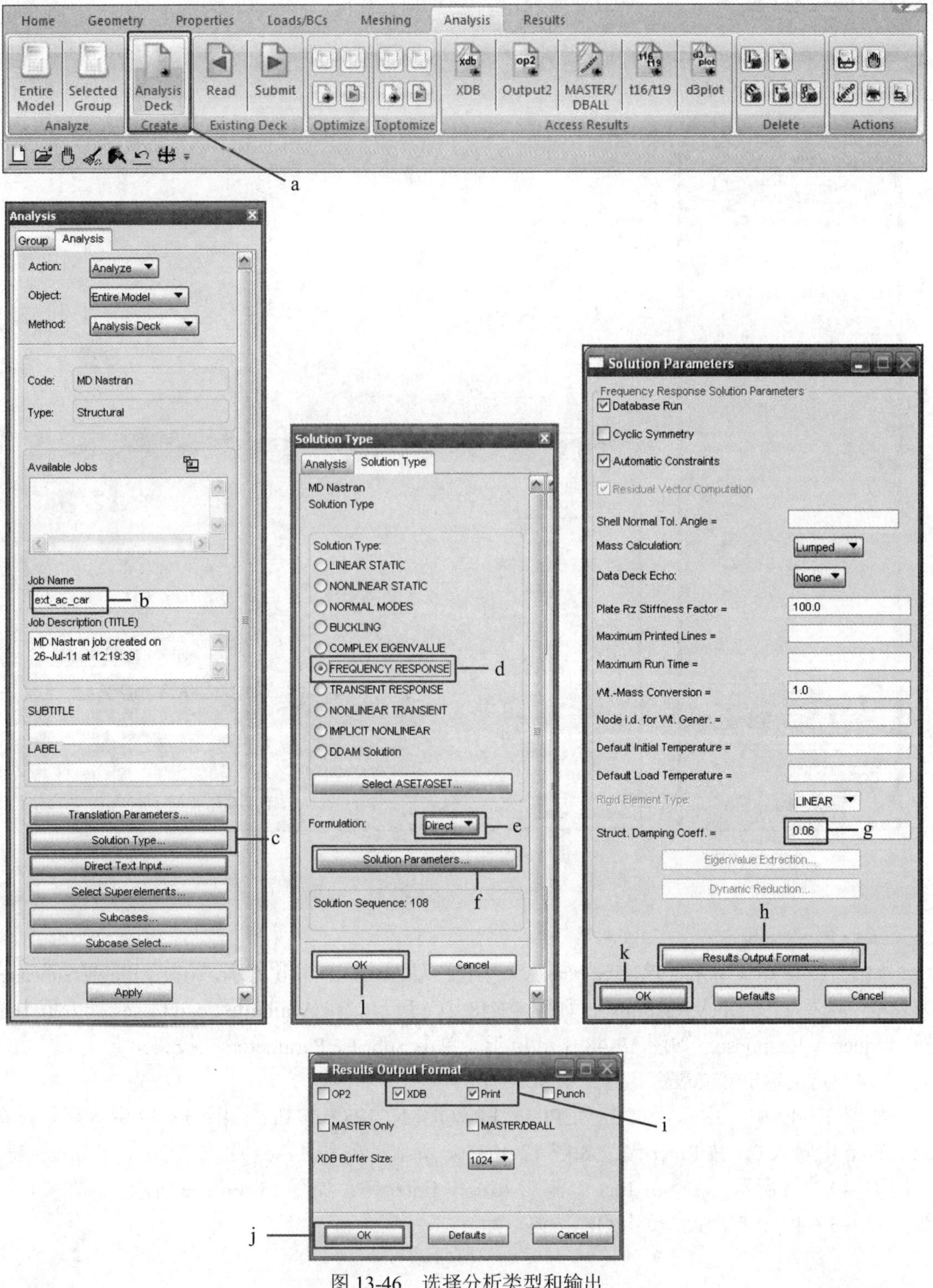

图 13-46　选择分析类型和输出

（2）手动输入参数。

如图 13-47 中 a 所示，单击 Direct Text Input 按钮；如图 13-47 中 b 所示，输入 PARAM, PREFDB,2e-11；如图 13-47 中 c 所示，单击 OK 按钮。

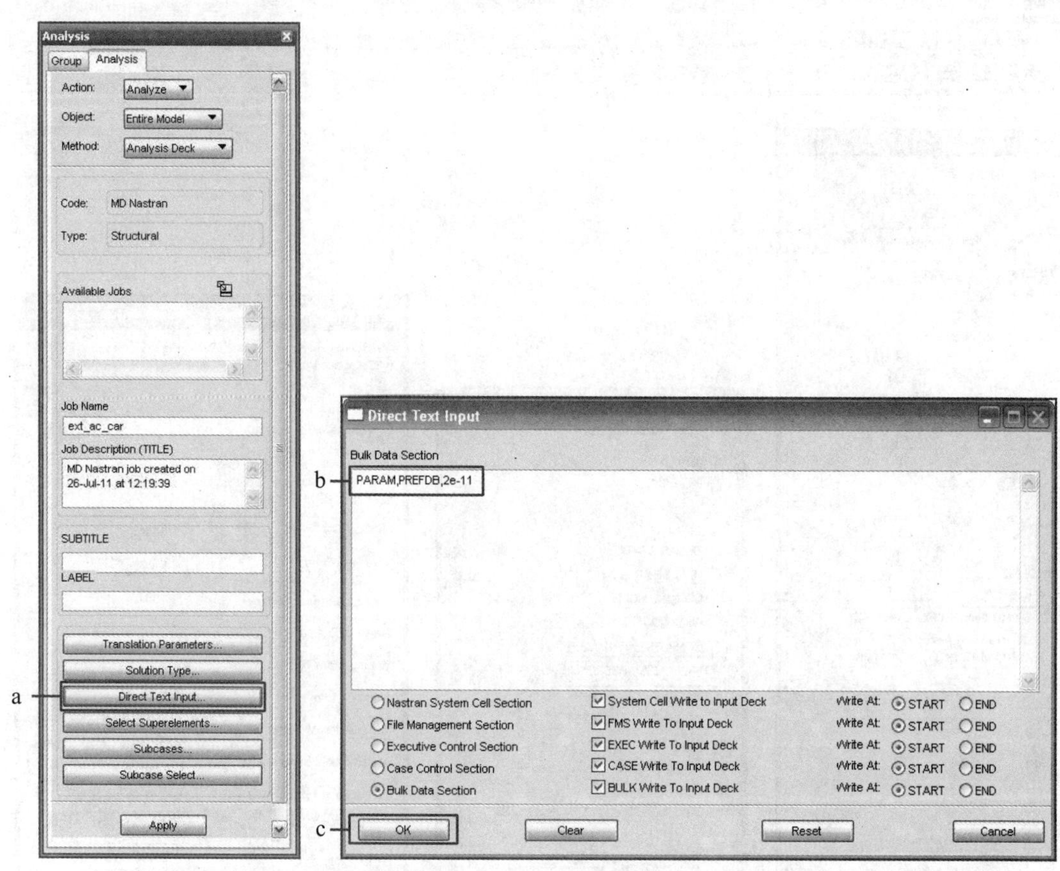

图 13-47　手动输入参数

（3）修改 subcase。

如图 13-48 中 a 所示，单击 Subcases…按钮；如图 13-48 中 b 所示，在 Available Subcases 列表框中选择 Frequency Response；如图 13-48 中 c 所示，在 Available Load Cases 列表框中选择 Frequency Response；如图 13-48 中 d 所示，单击 Subcase Parameters…按钮。

（4）定义输出频率表。

如图 13-49 中 a 所示，单击 DEFINE FREQUENCIES…按钮；如图 13-49 中 b 所示，在 Start Freq 中输入 0，按 Enter 键；如图 13-49 中 c 所示，在 End Freq 中输入 100，按 Enter 键；如图 13-49 中 d 所示，在 No. Incr.中输入 40，按 Enter 键；如图 13-49 中 e 所示，单击 OK 按钮；如图 13-49 中 f 所示，单击 OK 按钮。

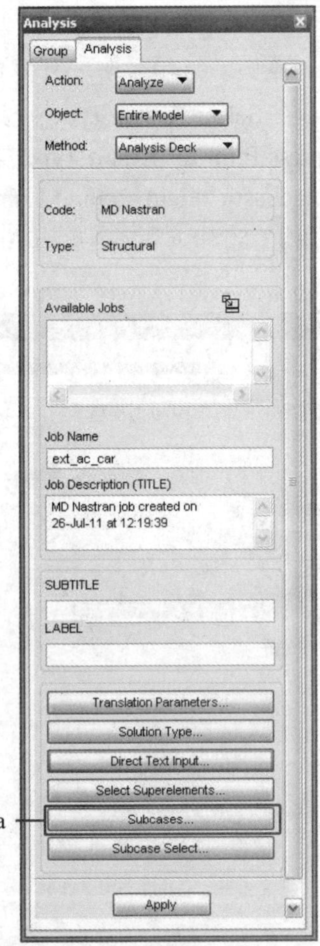

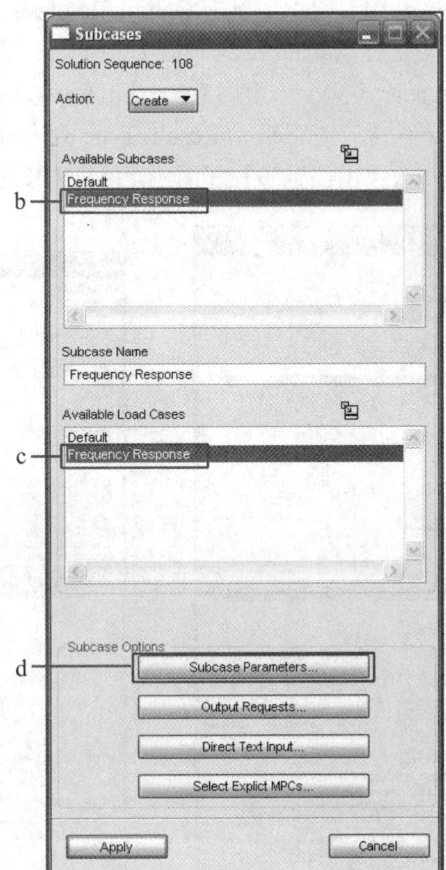

图 13-48　修改 subcase

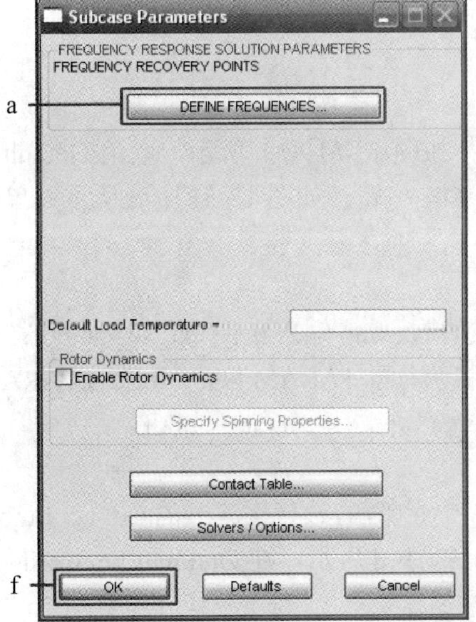

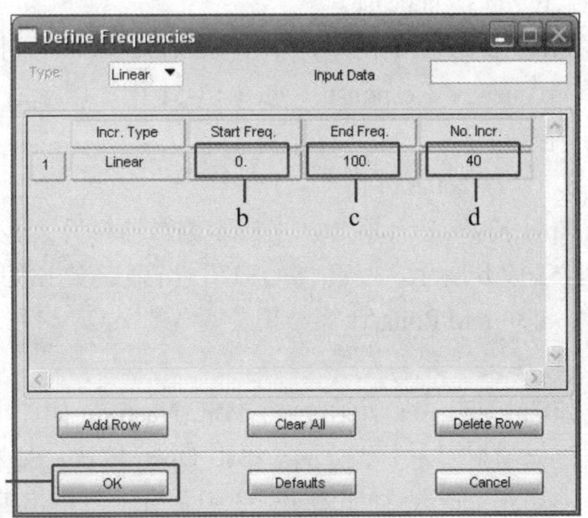

图 13-49　定义输出频率表

（5）选择输出。

如图 13-50 中 a 所示，单击 Output Requests…按钮；如图 13-50 中 b 所示，在 Form Type 下拉列表框中选择 Advanced 选项；如图 13-50 中 c 所示，在 Select Result Type 列表框中选择 Acoustic Intensity 选项；如图 13-50 中 d 所示，勾选 Suppress Print for Result Type 复选框；如图 13-50 中 e 所示，在 Select Result Type 列表框中选择 Acoustic Field Point Mesh Result 和 Acoustic Power；如图 13-50 中 f 所示，单击 OK 按钮；如图 13-50 中 g 所示，单击 Apply 按钮。

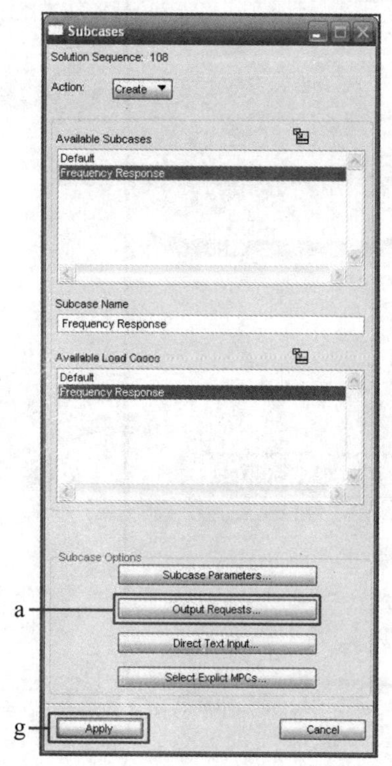

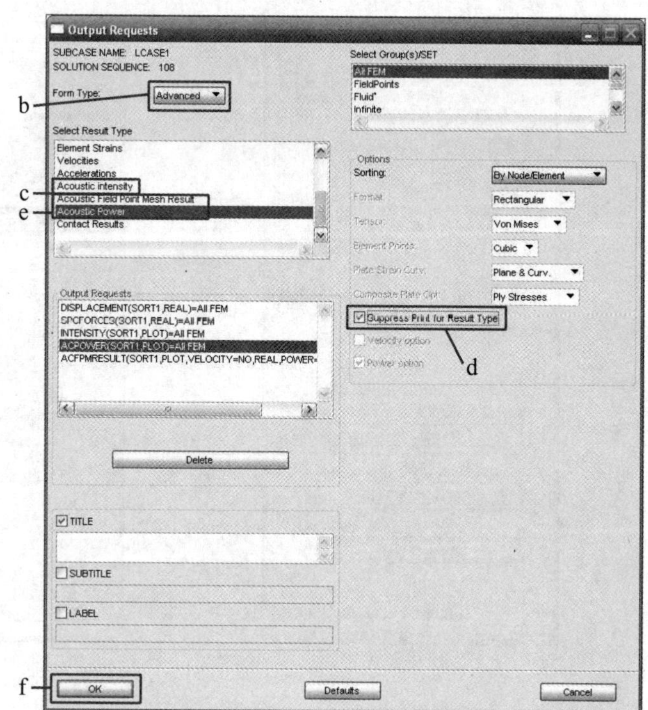

图 13-50　选择输出结果

（6）选择 subcase。

如图 13-51 中 a 所示，单击 Subcase Select…按钮；如图 13-51 中 b 所示，取消 Default，选择 Frequency Response；如图 13-51 中 c 所示，单击 OK 按钮；如图 13-51 中 d 所示，单击 Apply 按钮。

8. 修改 Nastran 输入文件

如图 13-52 中 a 所示，用文本编辑器打开上步生成的 Nastran 输入文件 ext_ac_car.bdf；如图 13-52 中 b 所示，搜索“POST”，当第二次出现时，将该行的 PARAM POST 0 改为 PARAM POST -1（Field Point 计算结果会写入到 op2 文件中）；保存并关闭 ext_ac_car.bdf。

9. 递交计算

如图 13-53 中 a 所示，运行 MSC Nastran；如图 13-53 中 b 所示，选择修改过的 ext_ac_car.bdf 文件；如图 13-53 中 c 所示，单击 Open 按钮；如图 13-53 中 d 所示，在 Optional keywords 文本框中输入 scr=yes；如图 13-53 中 e 所示，单击 Run 按钮。

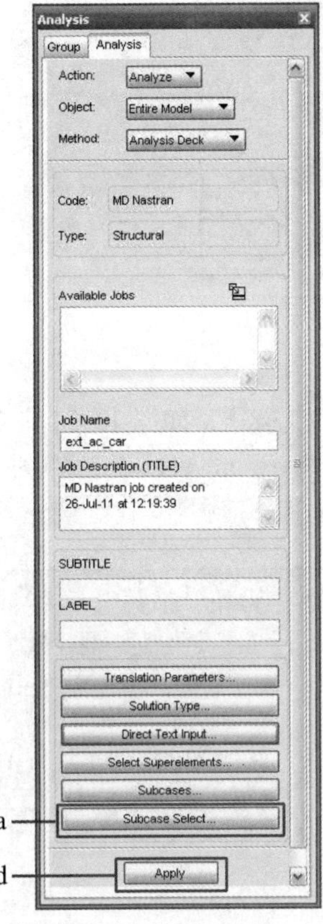

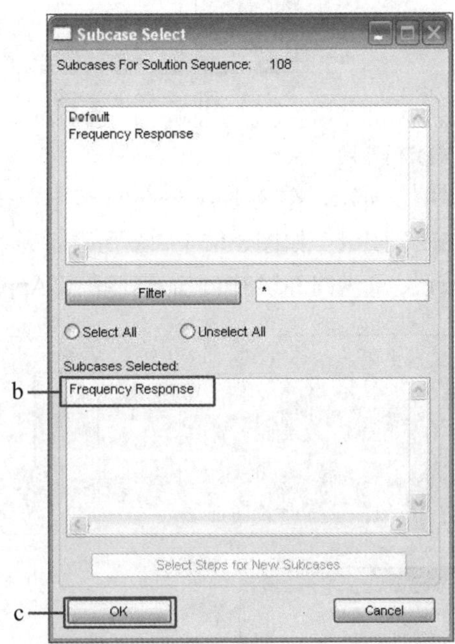

图 13-51　选择 subcase

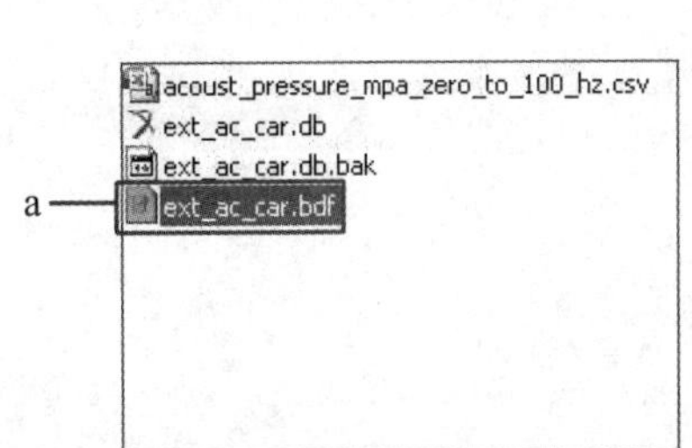


```
BEGIN AFPM =  3
PARAM     POST     -1
$ Field Point Mesh
$Elements for the Acoustic Field Point Mesh:3
CQUAD4   50001    50001    50001    50002    50003    50004
CQUAD4   50002    50001    50005    50006    50007    50008
$Nodes of the Acoustic Field Point Mesh:3
GRID     50001             1250.   -100.   5000.
GRID     50002             1450.   -100.   5000.
GRID     50003             1450.   100.    5000.
GRID     50004             1250.   100.    5000.
GRID     50005             1250.   -100.   6000.
GRID     50006             1450.   -100.   6000.
GRID     50007             1450.   100.    6000.
GRID     50008             1250.   100.    6000.
```

b

图 13-52　修改 dat 文件

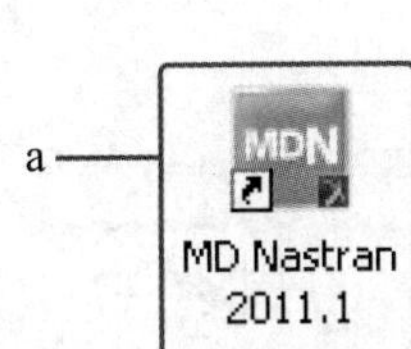

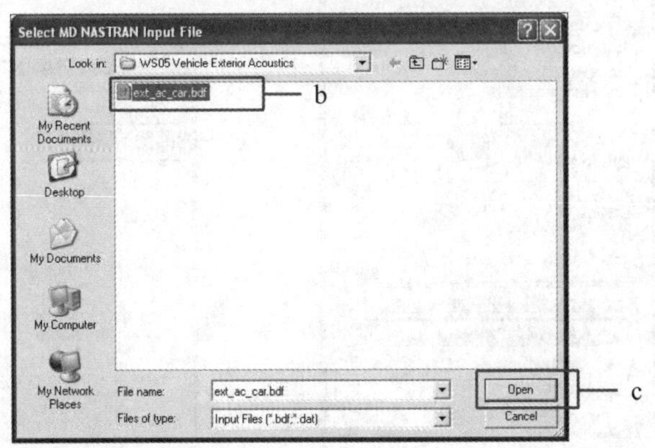

图 13-53　递交作业

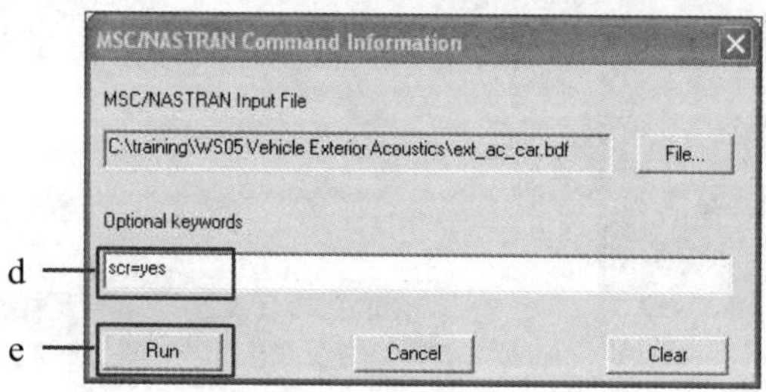

图 13-53　递交作业（续图）

10. 导入 XDB 结果

如图 13-54 中 a 所示，在 Access Results 组中单击 XDB 按钮；如图 13-54 中 b 所示，单击 Select Results File…按钮；如图 13-54 中 c 所示，选择文件 ext_ac_car.xdb；如图 13-54 中 d 所示，单击 OK 按钮；如图 13-54 中 e 所示，单击 Apply 按钮。

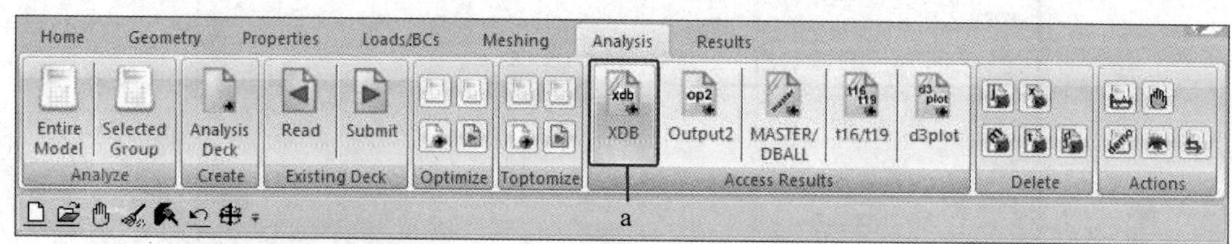

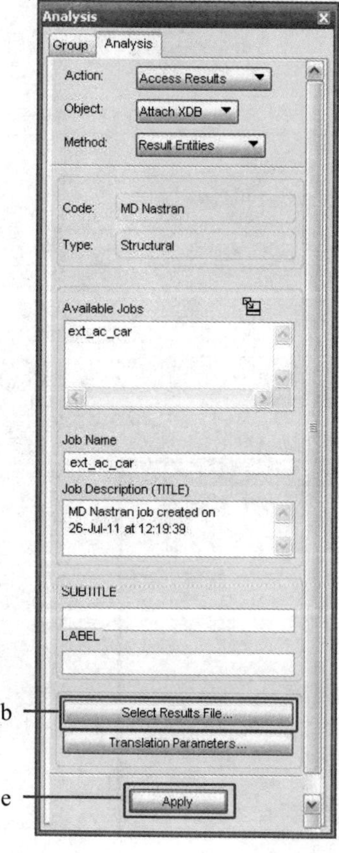

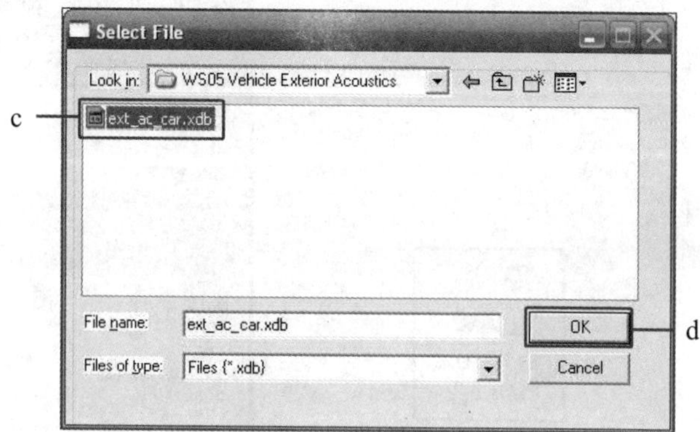

图 13-54　导入计算结果

11. 查看节点 7396 处的位移频率曲线

（1）选择横坐标。

如图 13-55 中 a 所示，在 Results 选项卡的 Results Plots 组中单击 Graph 按钮；如图 13-55 中 b 所示，选择 SC1: 0 of 41 subcases…选项；如图 13-55 中 c 所示，在 Filter Method 下拉列表框中选择 Global Variable 选项；如图 13-55 中 d 所示，在 Variable 下拉列表框中选择 Frequency 选项，在 Values 下拉列表框中选择 Above 选项；如图 13-55 中 e 所示，在 Value 文本框中输入值 0.25；如图 13-55 中 f 所示，单击 Filter 按钮；如图 13-55 中 g 所示，单击 Apply 按钮；如图 13-55 中 h 所示，单击 Close 按钮。

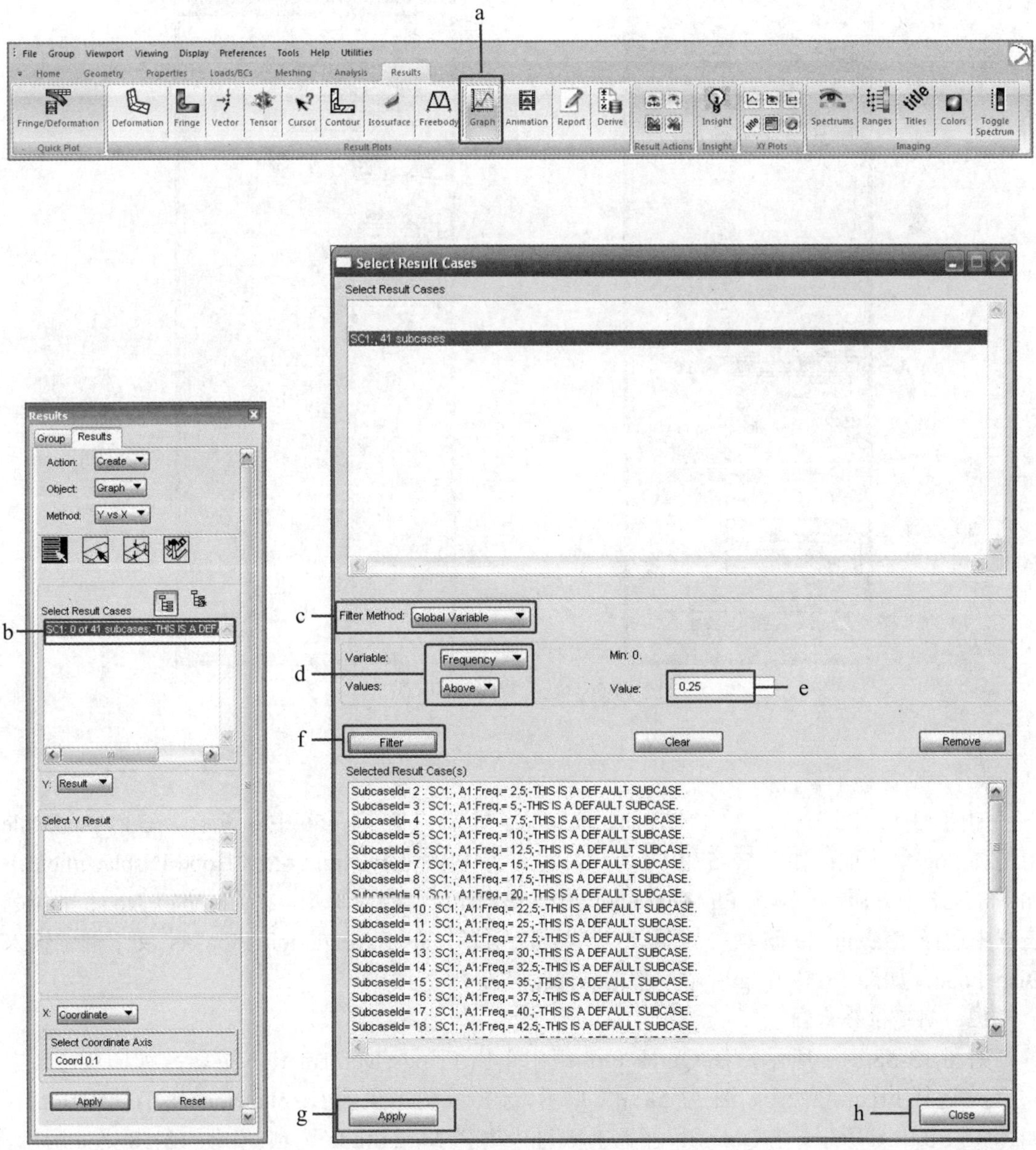

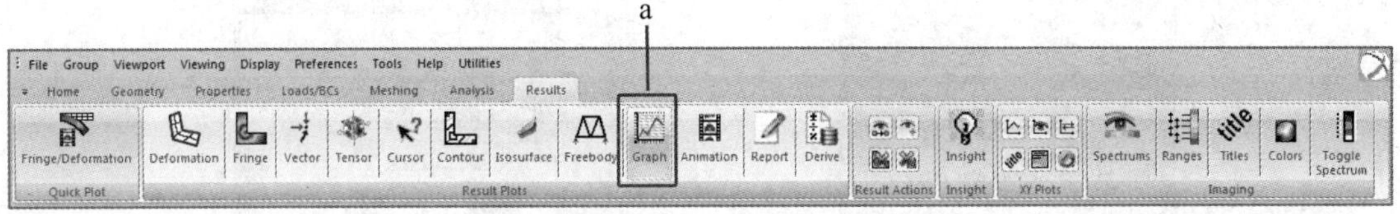

图 13-55　选择横坐标

（2）选择纵坐标和节点。

如图 13-56 中 a 所示，在 Select Y Result 列表框中选择 Displacements,Translational 选项；如图 13-56 中 b 所示，在 X 和 Variable 下拉列表框中分别选择 Global Variable 和 Frequency 选项；如图 13-56 中 c 所示，单击 Target Entities 图标；如图 13-56 中 d 所示，在 Target Entity 下拉列表框中选择 Nodes 选项；如图 13-56 中 e 所示，选择 Node 7396。

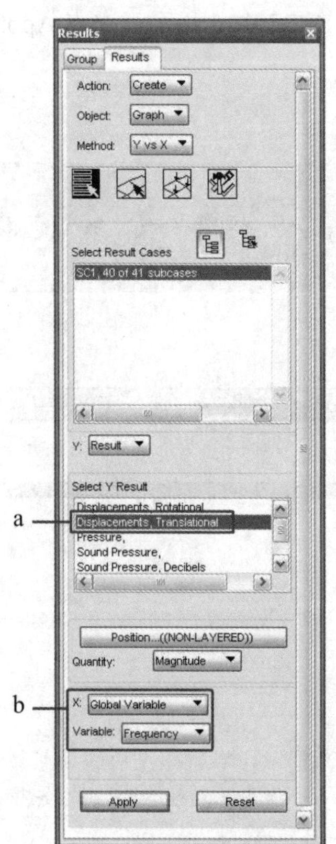

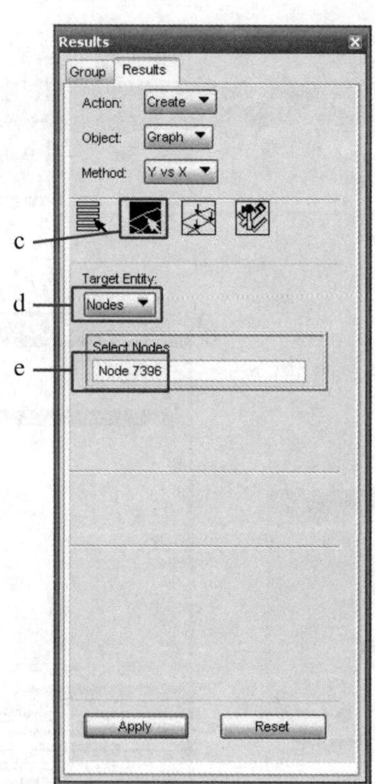

图 13-56　选择纵坐标和节点

（3）设置显示属性。

如图 13-57 中 a 所示，单击 Display attributes 图标；如图 13-56 中 b 所示，在 Y Axis Scale 中选择 Log 单选项；如图 13-57 中 c 所示，输入 XY Window Name 名称 Hood Displacement；如图 13-57 中 d 所示，单击 Plot Options 图标；如图 13-57 中 e 所示，在 Complex No.as 下拉列表框中选择 Magnitude 选项；如图 13-57 中 f 所示，在 Save Graph Plot As 文本框中输入 Disp_hood；如图 13-57 中 g 所示，单击 Apply 按钮。

12. 创建位移云图

如图 13-58 中 a 所示，在 Quick Plot 组中单击 Fringe/Deformation 按钮；如图 13-58 中 b 所示，选择 Freq.= 37.5；如图 13-58 中 c 所示，选择云图结果为 Displacements, Translational；如图 13-58 中 d 所示，在 Quantity 下拉列表框中选择 Magnitude 选项；如图 13-58 中 e 所示，单击 Apply 按钮。

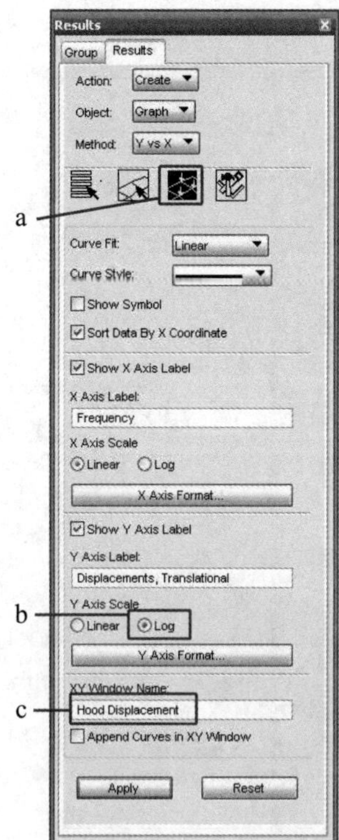

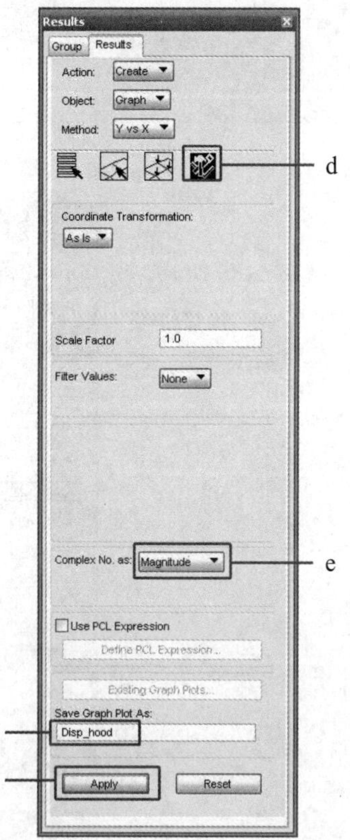

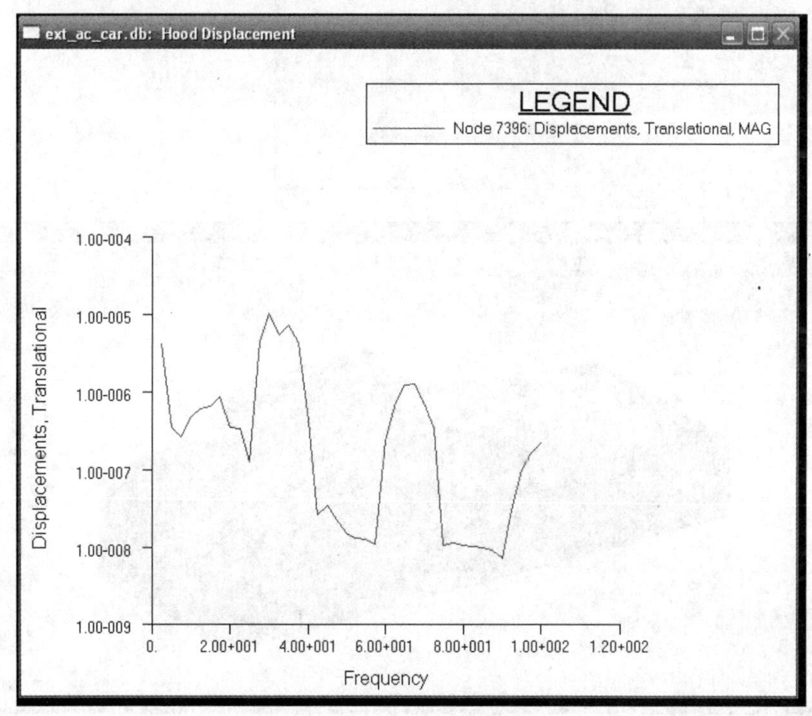

图 13-57　显示曲线结果

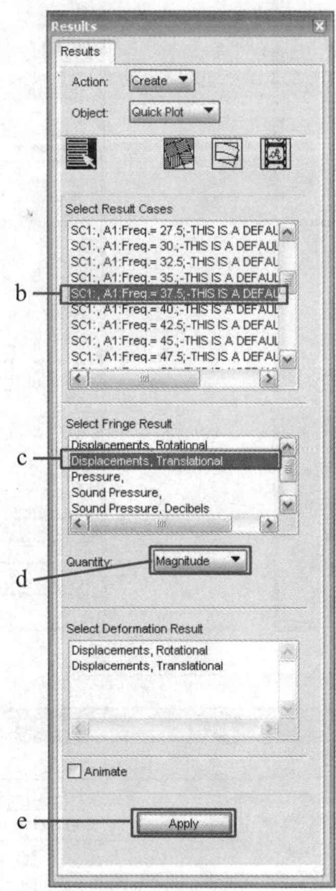

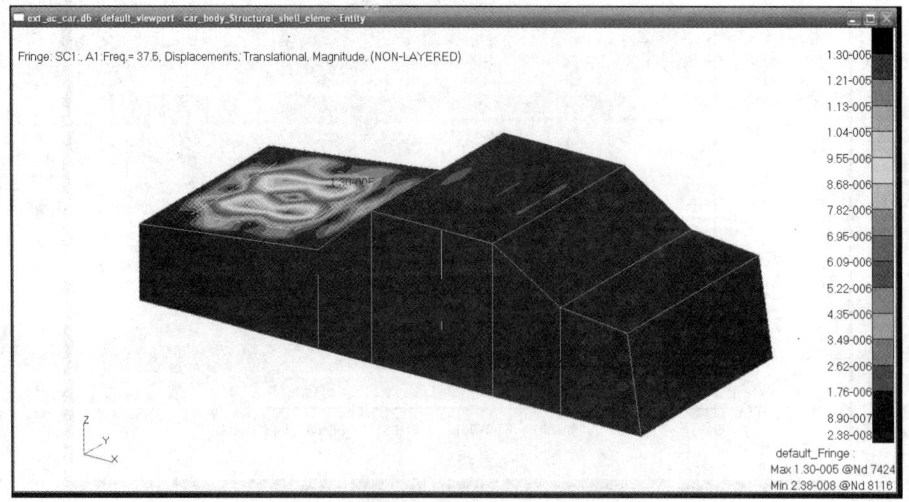

图 13-58 显示位移云图

13. 显示声压频率曲线

（1）选择节点。

如图 13-59 中 a 所示，单击 Results Plots 组中的 Graph 按钮；如图 13-59 中 b 所示，选择 Y Result 为 Sound Pressure,Decibels；如图 13-59 中 c 所示，在 X 和 Variable 下拉列表框中分别选择 Global Variable 和 Frequency 选项；如图 13-59 中 d 所示，单击 Target Entities 图标；如图 13-59 中 e 所示，在 Target Entity 下拉列表框中选择 Nodes 选项；如图 13-59 中 f 所示，选择节点 Node 647。

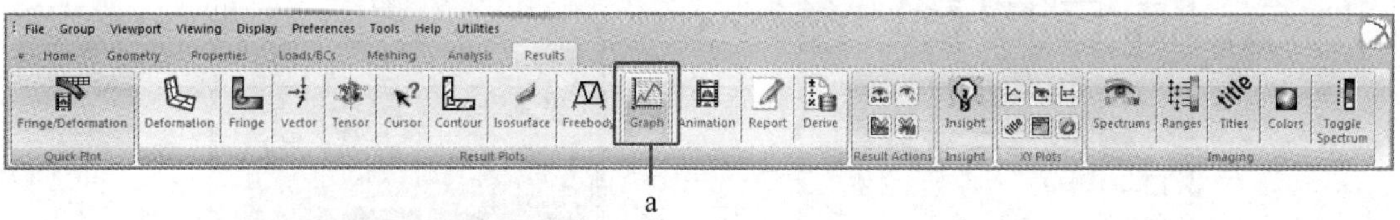

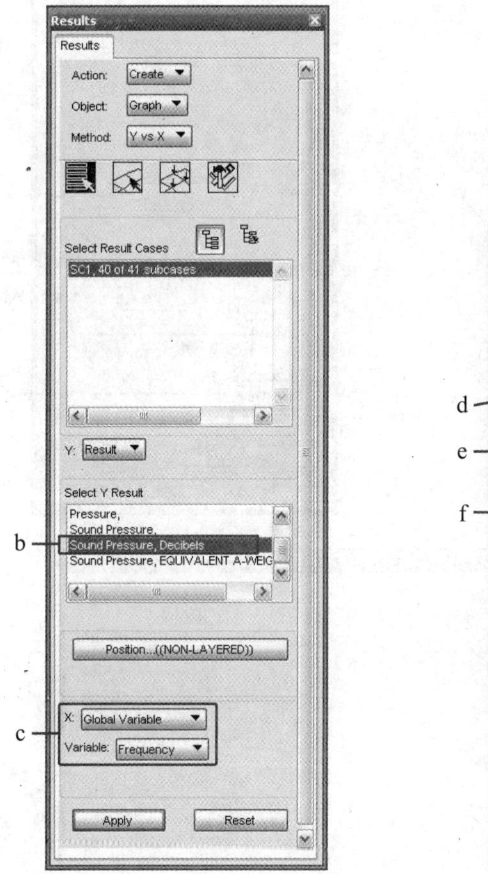

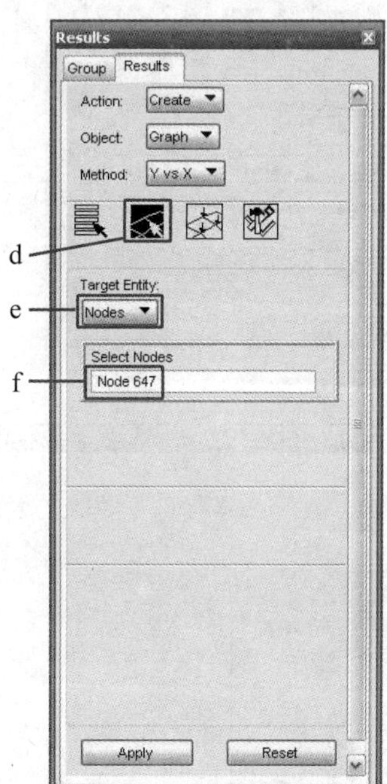

图 13-59 选择节点

（2）设置显示属性。

如图 13-60 中 a 所示，单击 Display attributes 图标；如图 13-60 中 b 所示，在 Y Axis Scale 中选择 Linear 单选项；如图 13-60 中 c 所示，输入 XY Window Name 为 SPL (DB)；如图 13-60 中 d 所示，单击 Plot Options 图标；如图 13-60 中 e 所示，在 Complex No. as 下拉列表框中选择 Magnitude 选项；如图 13-60 中 f 所示，在 Save Graph Plot As 文本框中输入 SPL vs Freq；如图 13-60 中 g 所示，单击 Apply 按钮。

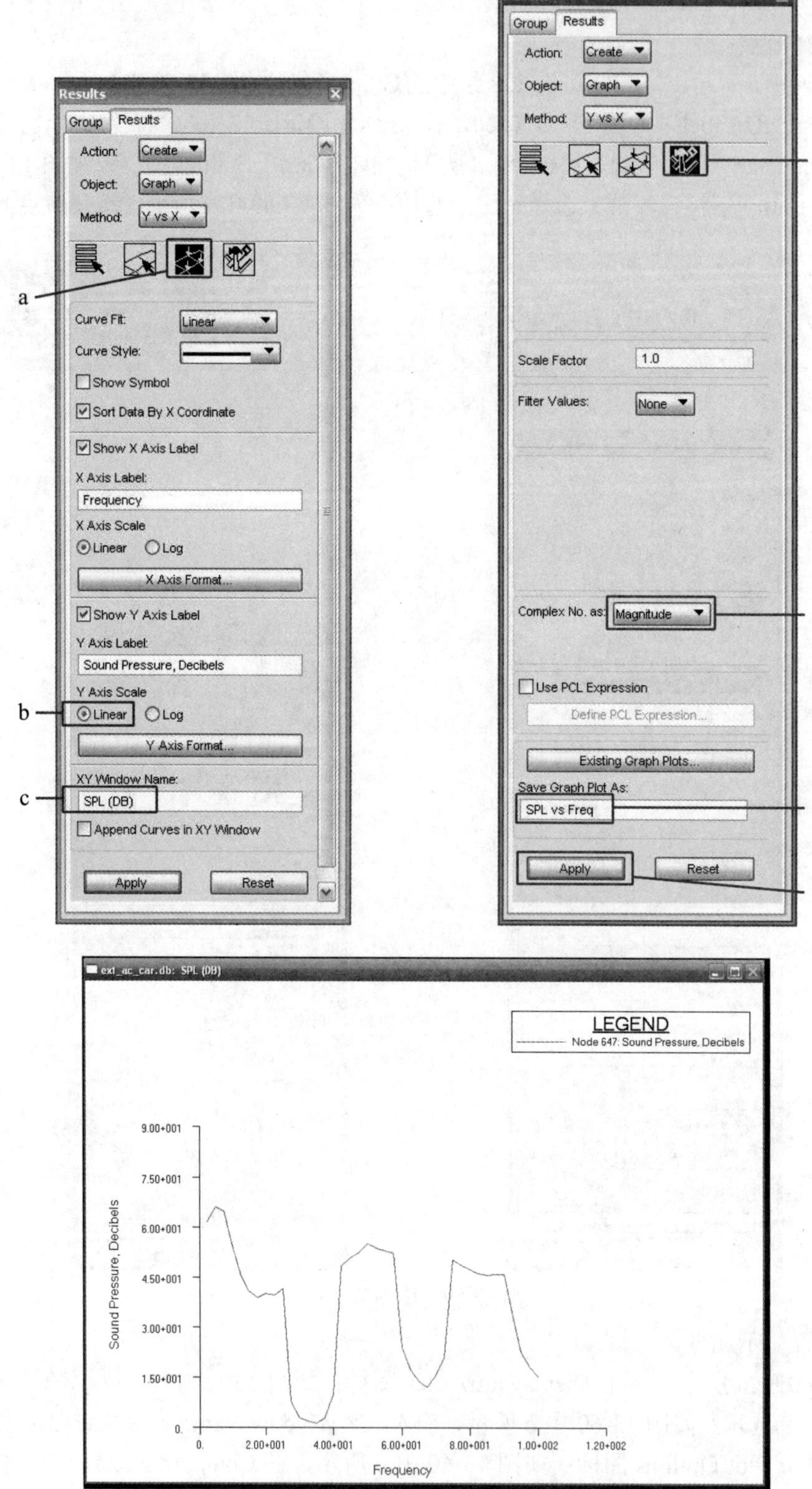

图 13-60　节点 647 的声压结果

14. 显示声压级云图

（1）显示组。

如图 13-61 中 a 所示，选择 Group 选项卡；如图 13-61 中 b 所示，选择 Car_Exterior_Acoustic_Fluid_ele；如图 13-61 中 c 所示，单击 Apply 按钮。

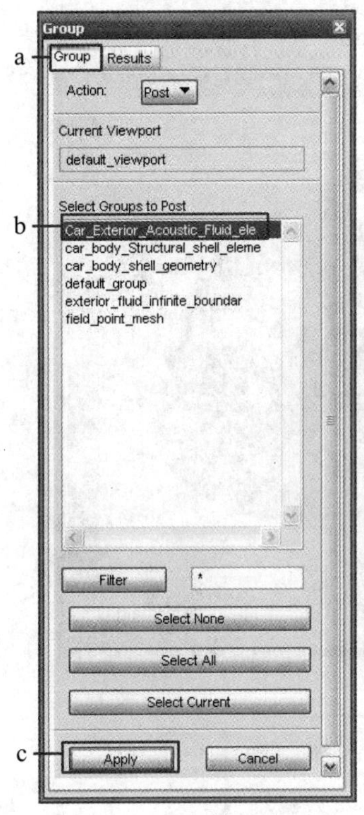

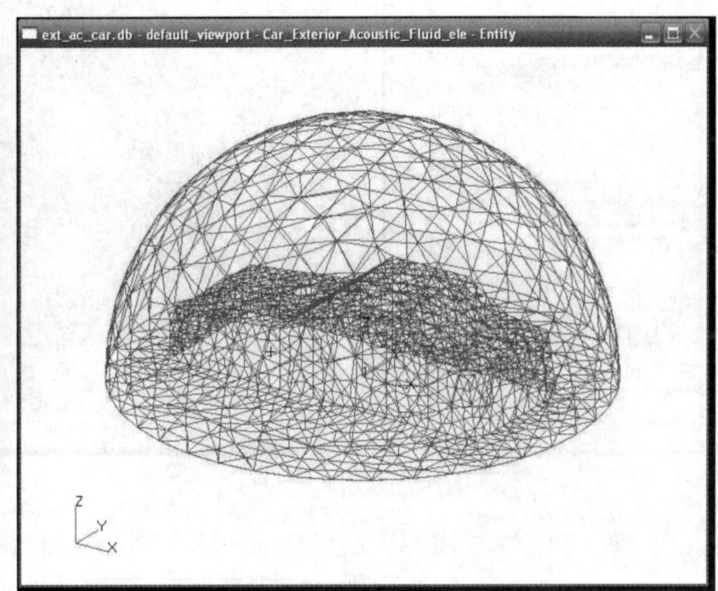

图 13-61　显示组

（2）显示结果。

如图 13-62 中 a 所示，单击 Quick Plot 组中的 Fringe/Deformation 按钮；如图 13-62 中 b 所示，选择 Results 选项卡；如图 13-62 中 c 所示，选择 Freq.= 37.5；如图 13-62 中 d 所示，选择结果 Sound Pressure, Decibels；如图 13-62 中 e 所示，单击 Apply 按钮；如图 13-62 中 f 所示，在主建模窗口空白处右击，选择 Viewport→Model Orientation→Isometric→Iso 4 View 命令。

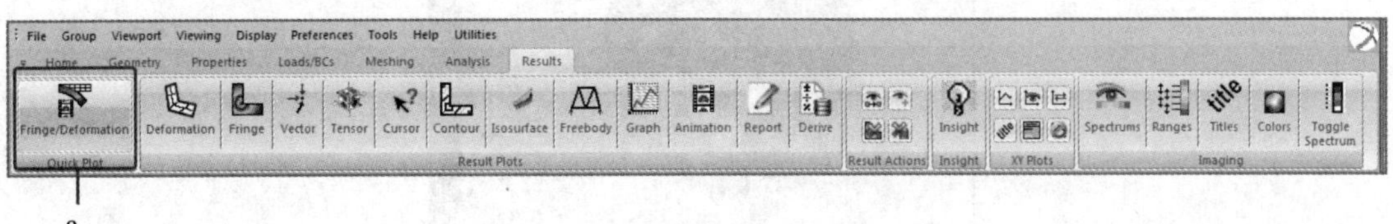

图 13-62　计算结果

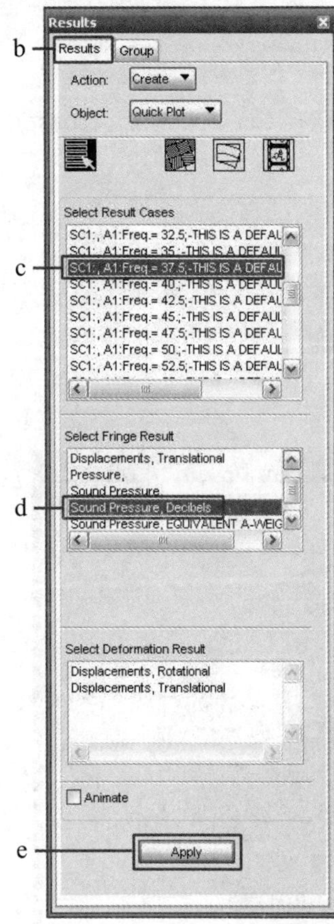

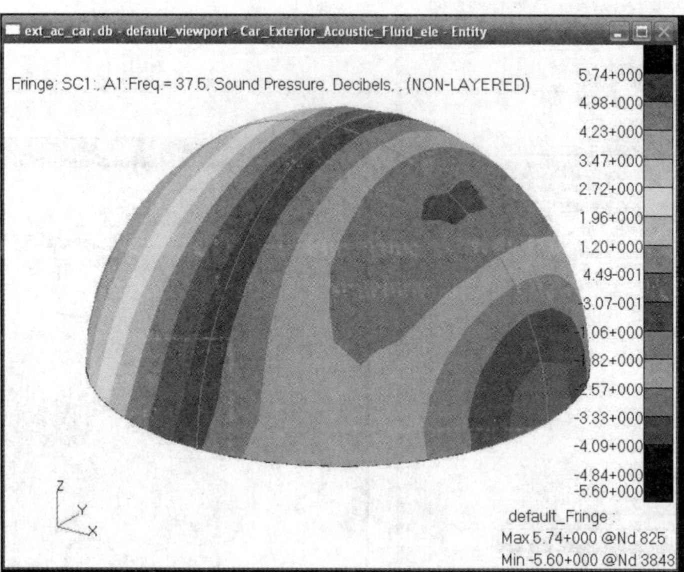

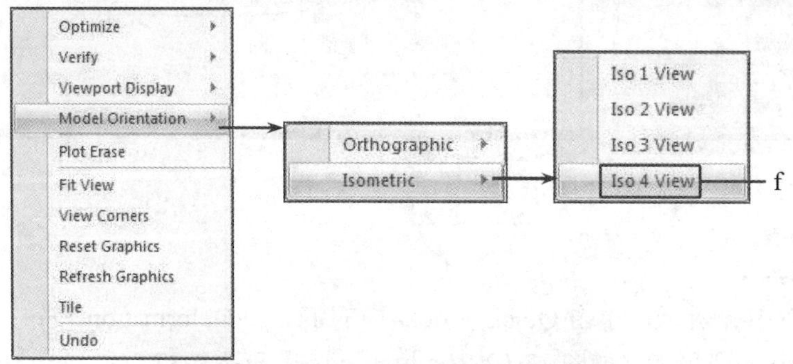

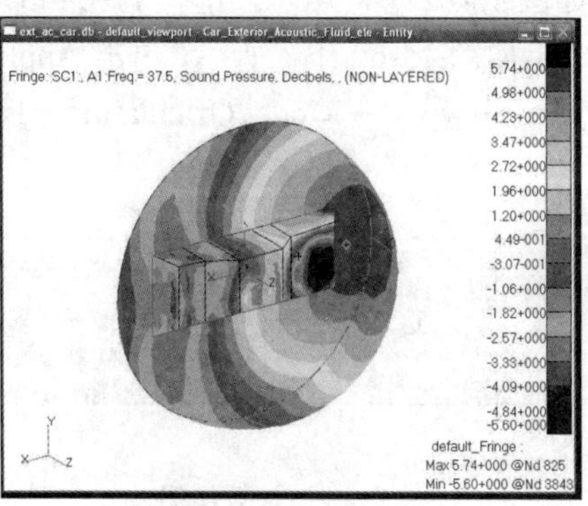

图 13-62　计算结果（续图）

15．导入 OP2 文件

如图 13-63 中 a 所示，在 Analysis 选项卡的 Access Results 组单击 Output2 按钮；如图 13-63 中 b 所示，单击 Select Results File…按钮；如图 13-63 中 c 所示，选择 ext_ac_car.op2；如图 13-63 中 d 所示，单击 OK 按钮；如图 13-63 中 e 所示，单击 Apply 按钮。

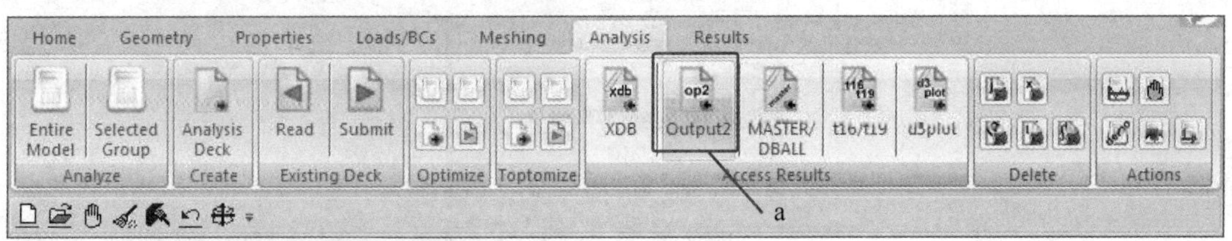

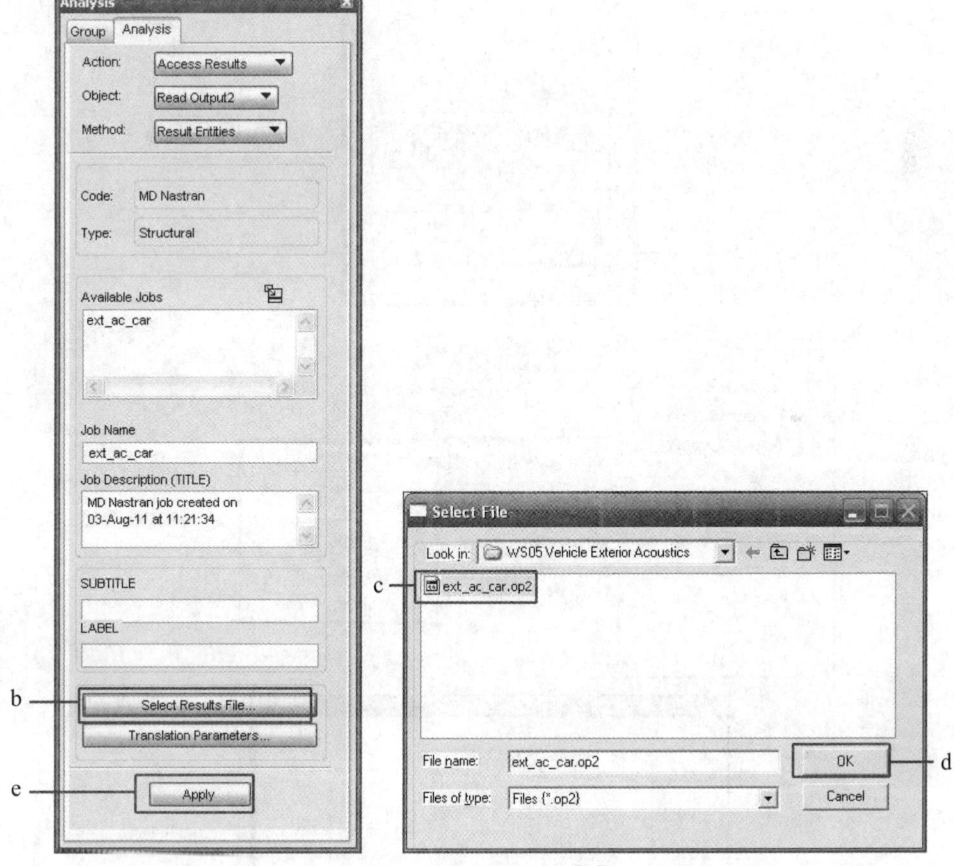

图 13-63　导入 op2 文件

16．显示声功率频率曲线

（1）显示场点组。

如图 13-64 中 a 所示，选择 Group 选项卡；如图 13-64 中 b 所示，选择 field_point_mesh；如图 13-64 中 c 所示，单击 Apply 按钮；如图 13-64 中 d 所示，在主建模窗口空白处右击，选择 Model Orientation→Orthographic→Front View 命令；如图 13-64 中 e 所示，继续空白区域右击，选择 Fit View 命令。

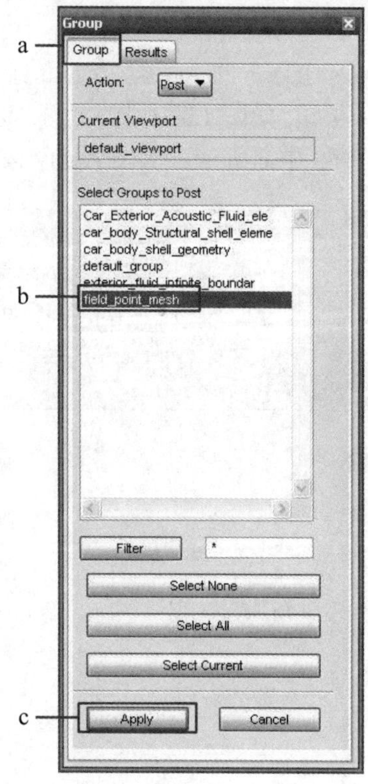

a
b
c
Group
Group
Results
Action:
Post
Current Viewport
default_viewport
Select Groups to Post
Car_Exterior_Acoustic_Fluid_ele
car_body_Structural_shell_eleme
car_body_shell_geometry
default_group
exterior_fluid_infinite_boundar
field_point_mesh
Filter
Select None
Select All
Select Current
Apply
Cancel

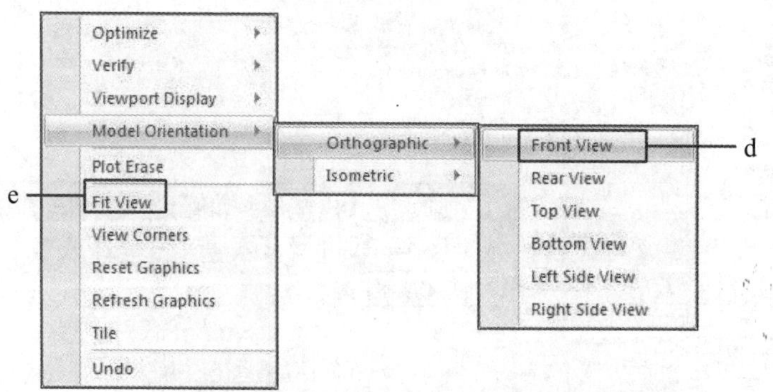

Optimize
Verify
Viewport Display
Model Orientation
Plot Erase
Fit View
View Corners
Reset Graphics
Refresh Graphics
Tile
Undo
Orthographic
Isometric
Front View
Rear View
Top View
Bottom View
Left Side View
Right Side View
d
e

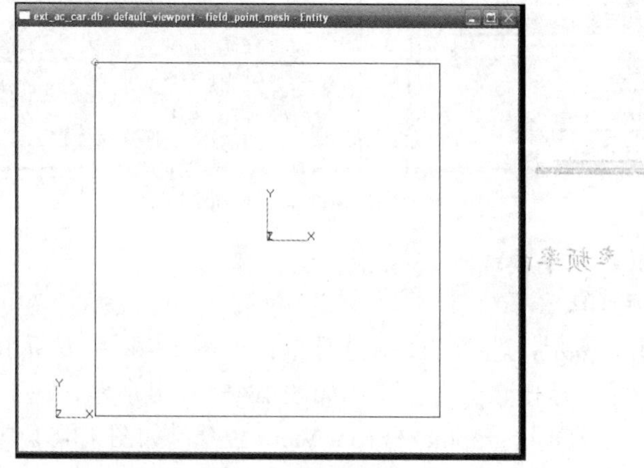

ext_ac_car.db - default_viewport - field_point_mesh - Entity

图 13-64　显示场点组

（2）选择横坐标。

如图 13-65 中 a 所示，在 Results 选项卡的 Results Plots 组中单击 Graph 按钮；如图 13-65 中 b 所示，选择 Frequency Response: 0 of 41 subcases…选项；如图 13-65 中 c 所示，在 Filter Method 下拉列表框中选择 Global Variable 选项；如图 13-65 中 d 所示，在 Variable 和 Values 下拉列表框中分别选择 Frequency 和 Above 选项；如图 13-65 中 e 所示，在 Value 文本框中输入 0.25；如图 13-65 中 f 所示，单击 Filter 按钮；如图 13-65 中 g 所示，单击 Apply 按钮；如图 13-65 中 h 所示，单击 Close 按钮。

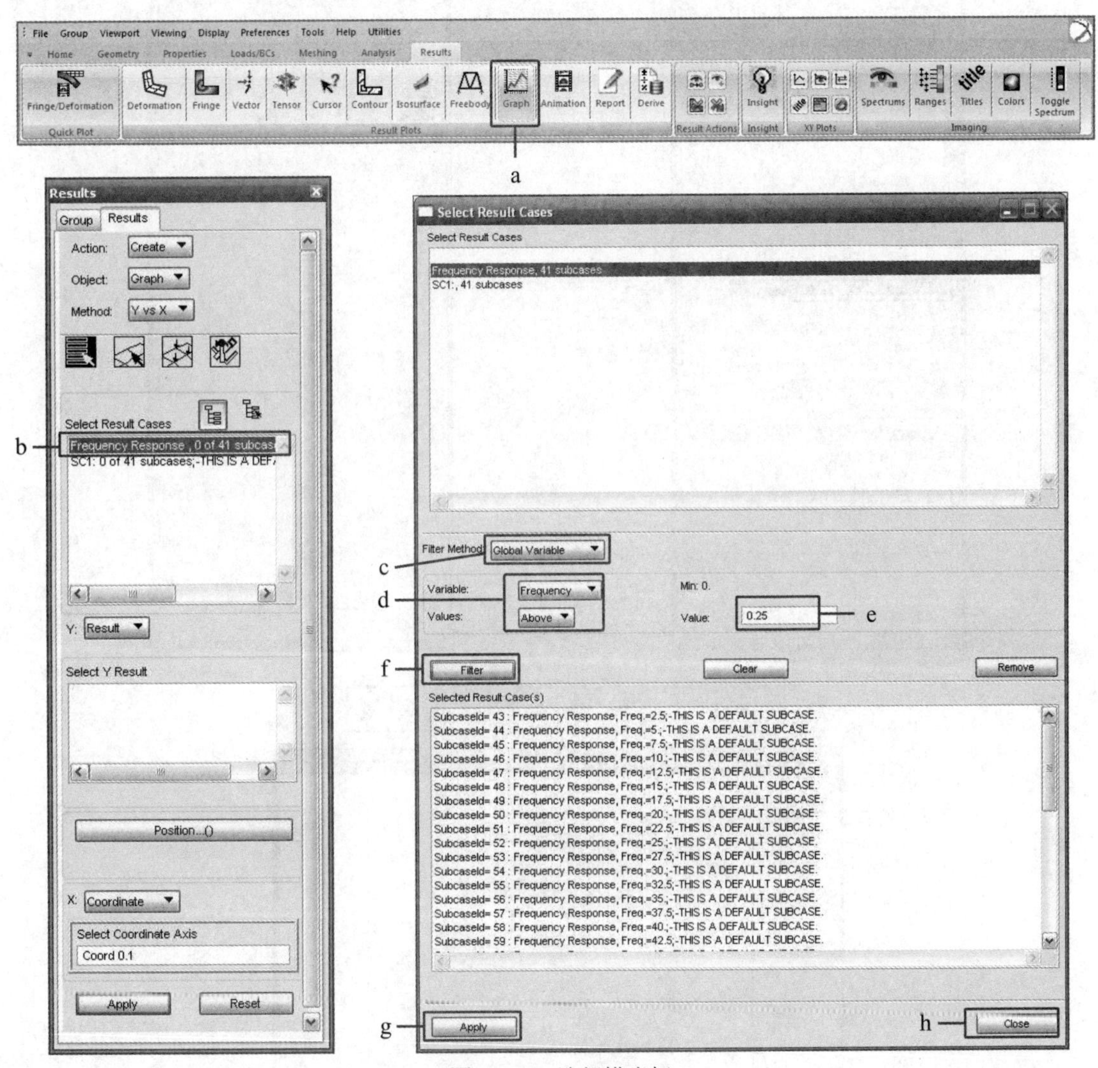

图 13-65　选择横坐标

（3）选择场点。

如图 13-66 中 a 所示，设置 Select Y Results 为 Acoustic, Field Point Mesh；如图 13-66 中 b 所示，在 X 和 Variable 下拉列表框中分别选择为 Global Variable 和 Frequency 选项；如图 13-66 中 c 所示，单击 Target Entities 图标；如图 13-66 中 d 所示，单击 Visible entities only 过滤器（关闭过滤器）；如图 13-66 中 e 所示，框选左上角的两个节点。

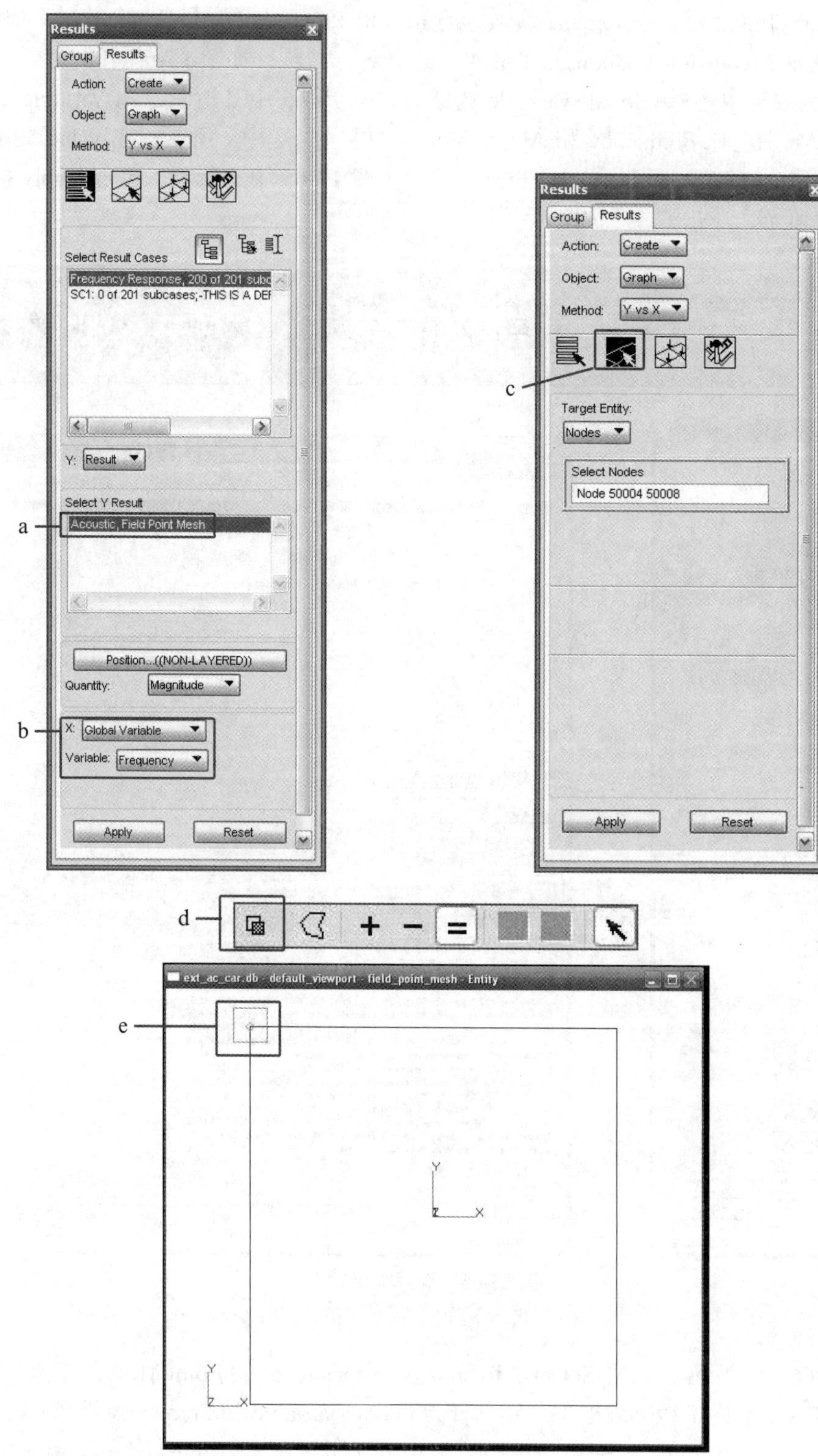
Results
Group
Results
Action:
Create
Object:
Graph
Method:
Y vs X
Select Result Cases
Frequency Response, 200 of 201 subc
SC1: 0 of 201 subcases;-THIS IS A DEF
Y:
Result
Select Y Result
Acoustic, Field Point Mesh
Position...((NON-LAYERED))
Quantity:
Magnitude
X:
Global Variable
Variable:
Frequency
Apply
Reset
a
b
c
d
e
Target Entity:
Nodes
Select Nodes
Node 50004 50008
ext_ac_car.db - default_viewport - field_point_mesh - Entity

图 13-66　选择场点

（4）设置显示属性。

如图 13-67 中 a 所示，单击 Display attributes 图标；如图 13-67 中 b 所示，在 Y Axis Label 文本框中输入名称 Acoustic Power；如图 13-67 中 c 所示，在 Y Axis Scale 中选择 Log 单选项；如图 13-67 中 d 所示，输入 XY Window Name 为 Field Point Mesh；如图 13-67 中 e 所示，单击 Apply 按钮。

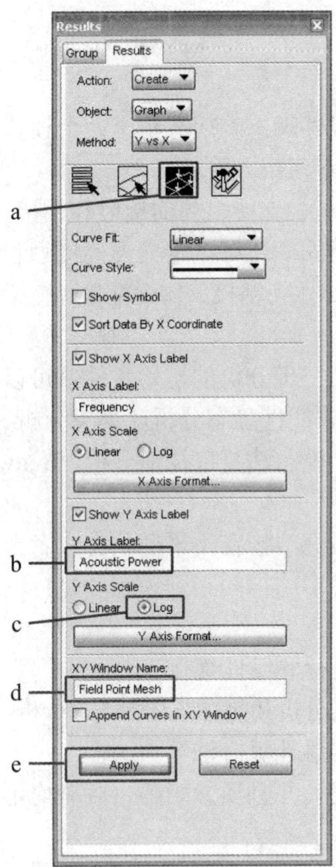

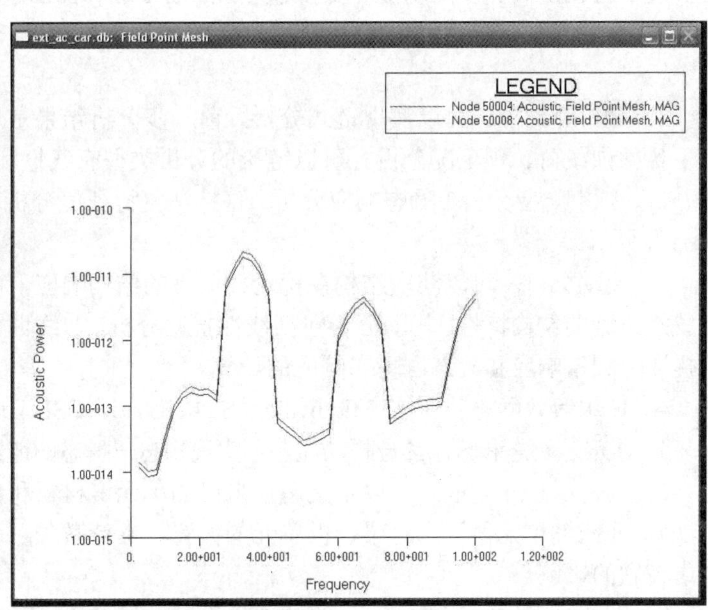

图 13-67　场点结果

第 14 章　高级非线性分析 SOL 400

14.1　概述

SOL 400 模块是在 SOL 600（非线性分析）和 SOL 129（非线性瞬态响应分析）两个模块的基础上进行功能的扩充和增强发展而来的。其分析功能包括以下几个方面。

（1）非线性接触分析功能。SOL 400 模块拓展了接触分析功能，支持多体的接触和粘接，同时扩展了材料定义和单元功能。接触定义除点面接触和面面接触外，还可以定义梁梁接触和壳的边边接触。不同单元类型的粘接可以定义传递力矩的粘接，如体壳粘接、体梁粘接、壳梁粘接等。

（2）分析链功能。可以实现链式分析，前一步分析结果是后一步分析的初始条件。可以应用于各种预载荷、预工况分析。可以链接的分析类型有线性和非线性静态分析、模态分析、屈曲分析、频率响应分析、瞬态响应分析、直接法复特征值分析、模态法复特征值分析、Body Approach 分析等。

（3）扰动分析。可以获取结构在扰动载荷下的结构响应，研究结构在不平衡状态或者在平衡状态附近的结构特性。扰动分析包括线性扰动分析，非线性变形结构的正则模态和复特征值的提取，频率响应和模态法瞬态响应的计算。

（4）使用等效静态载荷法（Equivalent Static Load，ESL）进行非线性优化。

（5）集成了稳态和瞬态热分析功能，可实现稳态－瞬态的链式分析和热－结构的链式分析。

（6）用户子程序功能。可以定义用户自己的单元、材料和接触计算方法等。

（7）非线性单元偏置。对梁、板单元的偏置，支持微分刚度，并且质量矩阵、载荷均可以考虑偏置的影响。

（8）非线性谐波响应功能。计算非线性系统在谐波激励下的周期响应。

14.2　非线性理论

14.2.1　非线性分析

结构的非线性问题是指结构的刚度随其变形而变化。在非线性分析中，结构的刚度矩阵在分析过程中必须进行多次的组集、求逆，这使得非线性分析求解比线性分析的计算代价大得多。非线性分析主要包括几何非线性、材料非线性和边界条件非线性。

（1）几何非线性。几何非线性与结构的几何变形有关，通常几何非线性出现在结构位移的大小影响结构对载荷的响应的情况下。常见的此类情况有大位移或大转动、大应变、结构的失稳与屈曲现象、具有后期压屈特性的结构及预应力结构等。当所有位移大到足够影响结构对载荷的影响时，都会产生几何非线性。

（2）材料非线性。以金属材料为例，大多数金属材料在小应变时都具有良好的线性应力一应变关系，但当应变较大时，尤其材料发生屈服后，材料对载荷的响应变成了非线性和不可逆的。材料的非线性可以与应变之外的其他因素有关。应变率相关材料的材料参数和材料失效都是材料非线性的表现形式。材料性质可以是温度和其他预先确定的场变量的函数。非线性材料可以是各向同性材料、正交各向异性材料和各向异性材料，包括复合材料、阻尼材料和失效材料的模型等。

（3）边界条件非线性。如果边界条件随分析过程的进展发生变化，就会产生边界条件非线性问题。在结构分析中，有较大实际意义且较为复杂的边界条件的非线性是接触问题，尤具多体接触。涉及接触问题的典型领域有金属板料成形过程、密封安装过程、汽车碰撞、齿轮啮合等。

14.2.2　非线性方程组的迭代方法

非线性方程组可表示为：

$$P(a)=Q \tag{14-1}$$

式中：a 为待求的未知量；$P(a)$ 是 a 的非线性函数向量；Q 是独立于 a 的已知向量。在以位移为未知量的有限元分析中，a 是节点位移向量，Q 是节点载荷向量。

上述非线性方程组必须借助于迭代方法才能予以解答。

1. 直接迭代法

假设方程（14-1）式可以改写为：

$$K(a)a=Q \tag{14-2}$$

其中

$$K(a)a=P(a) \tag{14-3}$$

直接迭代法的求解步骤是，首先假定有某个初始的试探解：

$$a=a^{(0)} \tag{14-4}$$

代入上式的 $K(a)$ 中，可以求得被改进的第一次近似解：

$$a^{(1)}=(K^{(0)})^{-1}Q=[K(a^{(0)})]^{-1}Q \tag{14-5}$$

反复迭代，即可得到第 n 次近似解为：

$$a^{(n)}=(K^{(n-1)})^{-1}Q \tag{14-6}$$

直至满足下式：

$$\|e\|=\left\|a^{(n)}-^{(n-1)}\right\|\leqslant error \tag{14-7}$$

上述迭代过程才宣告结束。其中，$error$ 为容差判据。

关于直接迭代法的过程如图 14-1 所示。直接迭代法只适用于与变形历史无关的非线性问题，如非线性弹性问题、弹塑性问题和蠕变问题等。对于这类问题，应力可以由应变或应变率确定，也可以由位移或位移变化率确定。然而，对于依赖于变形历史的非线性问题，由于应力需要由应变或应变率所经历的路径，直接迭代法是不适用的。如非比例加载、循环载荷等，必须采用增量法才能进行求解。

为避免每次迭代需要对新的系数矩阵求逆，可以考虑常系数矩阵进行迭代。即由式（14-5）求得 $a^{(1)}$ 以后，可以利用下式求 $a^{(1)}$ 的修正量 $\Delta a^{(1)}$。

$$\Delta a^{(1)} = (K^{(0)})^{-1}(Q - K^{(1)}a^{(1)}) \tag{14-8}$$

式中，$K^{(1)} = K(a^{(1)})$。

$$a^{(2)} = a^{(1)} + \Delta a^{(1)} \tag{14-9}$$

如此继续迭代，可得：

$$\Delta a^{(n-1)} = (K^{(0)})^{-1}[Q - K^{(n-1)}a^{(n-1)}] \qquad (n=2,3,\ldots) \tag{14-10}$$

$$a^{(n-1)} = a^{(n-1)} + \Delta a^{(n-1)} \qquad (n=2,3,\ldots) \tag{14-11}$$

直至满足迭代的收敛准则（14-7）。因为重新形成 $K^{(n-1)}$ 的工作量远小于对它进行分解求逆的工作量，通常可以使计算效率有较大的改进。此方法在有限元分析中称为常刚度的直接迭代法。对于单自由度系统，此算法的过程可表示为图 14-2。

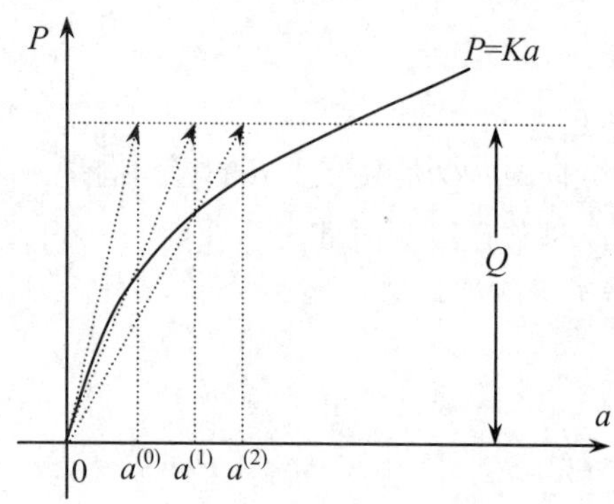

图 14-1　直接迭代法

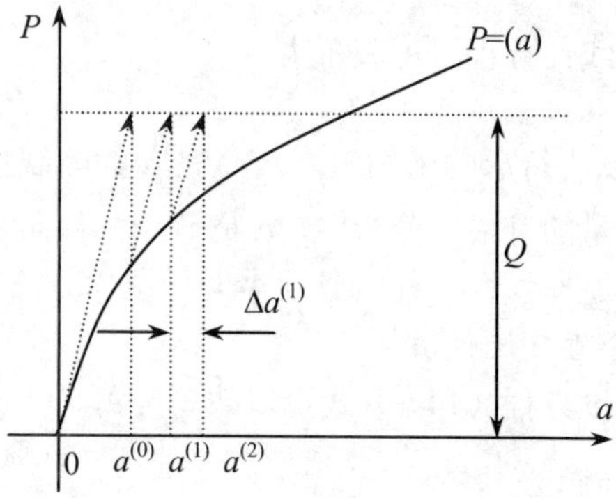

图 14-2　常系数矩阵的直接迭代法

2. 牛顿迭代法

为了进一步得到近似解 $a^{(n+1)}$，可将 $f(a^{(n+1)})$ 表示为在 $a^{(n)}$ 附近的仅保留线性项的 Taylor 展开式，即：

$$f(a^{(n+1)}) = f(a^{(n)}) + \left(\frac{\mathrm{d}f}{\mathrm{d}a}\right)_n \Delta a^{(n)} = 0 \tag{14-12}$$

$$a^{(n+1)} = a^{(n)} + \Delta a^{(n)} \tag{14-13}$$

式中，

$$\frac{\mathrm{d}f}{\mathrm{d}a} = \frac{\mathrm{d}P}{\mathrm{d}a} = K_T(a) \tag{14-14}$$

于是，从（14-12）可以解出 $\Delta a^{(n)}$：

$$\Delta a^{(n)} = -(K_T^{(n)})^{-1} f^{(n)} = -(K_T^{(n)})^{-1}(P^{(n)} - Q) \tag{14-15}$$

其中，

$$K_T^{(n)} = K_T(a^{(n)}) \tag{14-16}$$

$$P = P(a^{(n)}) \tag{14-17}$$

由于泰勒展开式（14-12）仅取线性项，所以 $a^{(n+1)}$ 仍是近似解。重复上述过程，直至满足收敛判据 error。

牛顿迭代方法的求解过程可以表示如图 1-3 所示。一般情形，它具有良好的收敛性。

关于牛顿迭代法中的初始试探解 $a^{(0)}$，可以简单地设 $a^{(0)}=0$。这样一来，$K_T^{(0)}$ 在材料非线性问题中就是弹性刚度矩阵。为了克服牛顿迭代法对每次迭代需要重新形成并求逆一个新的切线矩阵所带来的麻烦，可以采取修正的方案——修正的牛顿迭代法，即通常所说的 mN-R 方法。其中切线矩阵总是采用它的初始值，即令：

$$K_T^{(n)}=K_T^{(0)} \tag{14-18}$$

因此，式（14-15）可以修正为：

$$\Delta a^{(n)}=(K_T^{(0)})^{-1}(Q-P^{(n)}) \tag{14-19}$$

如此，每次迭代求解的是相同的方程组。注意，在用直接迭代法求解非线性方程组时，系数只需要分解一次，每次迭代只进行一次回代即可。很显然，直接迭代法更加经济，但是收敛速度大大降低，与加速收敛的方法相结合往往能收到很好的效果。

另一种折衷方案是在迭代若干次之后更新 K_T 和 $K_T^{(m)}$，再进行之后的迭代，这种方案在某些情形下很有效。修正的 N-R 方法的算法过程如图 14-4 所示。

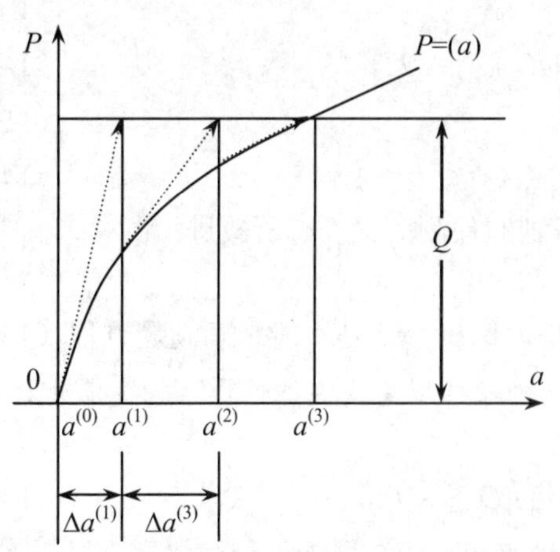

图 14-3　牛顿迭代法

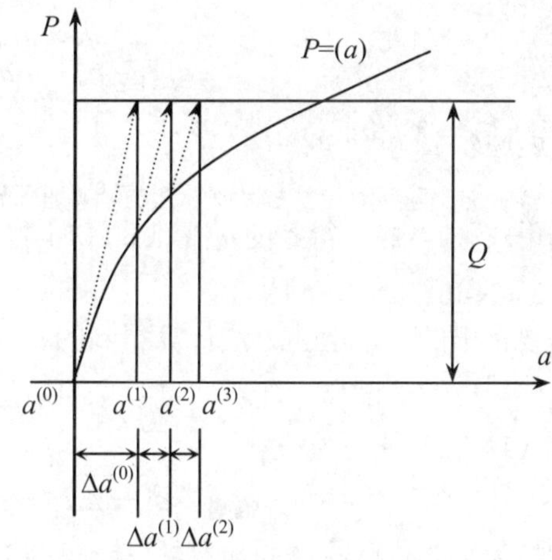

图 14-4　修正的牛顿迭代法

以上讨论的牛顿迭代法和修正的牛顿迭代法也隐含着 K 可以显式地表示为 a 的函数。而将讨论的弹塑性、蠕变、循环非对称应力/应变加载等材料非线性问题，一般情况下由于应力依赖于变形的历史，不能用形变理论，而必须用增量理论进行分析。在这种情况下，不能将 K 表示为 a 的显式函数，因而也就不能直接用上述方法求解，而需要和之后讨论的增量方法相结合进行求解。

3. 增量法

首先将载荷 Q 分为若干个子步，即 $Q_1,Q_2,Q_3,\ldots$。相应的位移也可以分为同样的步数，即 $a_0,a_1,a_2,\ldots$。每两步之间的增长量称为增量。增量解法的一般做法是假设第 m 步的载荷 Q_m 和相应的位移 a_m 为已知，然后将载荷增加为 $Q_{m+1}=Q_m+\Delta Q_m$，再求解位移 $a_{m+1}=a_m+\Delta a_m$。如果每步的载荷增量 ΔQ_m 足够小，则解的收敛性是可以保证的。由于能够得到加载过程中各个阶段的中间数值结果，该方法对于研究结构位移和应力等随载荷变化的情况是方便的。

为了说明这种情况，将式（14-1）改写为：

$$f(a)=P(a)-\lambda Q_0=0 \tag{14-20}$$

式中λ是用以表示载荷变化的参数。以λ为参量对上式进行求导，则可以得到：

$$\frac{\mathrm{d}P}{\mathrm{d}a}\frac{\mathrm{d}a}{\mathrm{d}\lambda}+Q_0=K_T\frac{\mathrm{d}a}{\mathrm{d}\lambda}-Q_0=0 \tag{14-21}$$

式中K_T为切线矩阵。

上述微分方程可用如下两种方法进行求解。

（1）欧拉法。

已知a_m，则可以由下式解出a_{m+1}：

$$a_{m+1}-a_m=\Delta a_m=K_T^{-1}(a)Q_0\Delta\lambda_m=(K_T)_m^{-1}\Delta Q_m \tag{14-22}$$

$$\Delta\lambda_m=\lambda_{m+1}-\lambda_m\text{，}\ \Delta Q_m=Q_{m+1}-Q_m \tag{14-23}$$

上述方法虽然比较简单，但是为了满足精度的要求，必须足够小，这会附加时间的耗费。此时，采用校正的欧拉法是个很好的选择。

首先，按照式（14-22）计算得到a_{m+1}的预测值，并表示为a'_{m+1}；然后按照下式计算a_{m+1}的修正值：

$$a_{m+1}-a_m=\Delta a_m=(K_T)_{m+\theta}^{-1}\Delta Q_m \tag{14-24}$$

式中$(K_T)_{m+\theta}=K_T(a_{m+\theta})$。

$$a_{m+\theta}=(1-\theta)a_m+\theta a'_{m+1}\quad（0\leqslant\theta\leqslant 1） \tag{14-25}$$

利用式（14-24）得到的a_{m+1}比式（14-22）得到的预测值a'_{m+1}有所改进。

（2）N-R 法。

需要指出的是，上述方法计算得到的a_{m+1}均是近似积分，是不能精确满足方程（14-20）的，这将导致解的漂移。随着增量数目的增加，这种漂移现象将更加严重。为克服上述问题，可将式（14-22）改写为：

$$a_{m+1}-a_m=\Delta a_m=K_T^{-1}(a_m)[Q_{m+1}-P(a_m)] \tag{14-26}$$

欧拉为了改进欧拉法的计算精度，可将 N-R 法或 mN-R 法用于每一增量步。采用 N-R 法是在每一增量步内进行迭代，则对于λ的第 m+1 次增量步的第 n+1 次迭代可表示为：

$$f_{m+1}^{(n+1)}=P(a_{m+1}^{(n+1)})-Q_{m+1}=P(a_{m+1}^n)-Q_{m+1}+(K_T^n)_{m+1}\Delta a_m^n=0 \tag{14-27}$$

由上式可以解出Δa_m的第 n 次修正量Δa_m^n，即：

$$\Delta a_m^n=(K_T^n)_{m+1}^{-1}[Q_{m+1}-P(a_{m+1}^n)] \tag{14-28}$$

因此可以得到a_{m+1}的第 n+1 步的改进值为：

$$a_{m+1}^{(n+1)}=a_{m+1}^n+\Delta a_m^n \tag{14-29}$$

从式（14-27）可以看出，当采用 N-R 迭代时，每次迭代后也要重新形成和分解$(K_T^n)_{m+1}$矩阵，无疑会大大增加时间的耗费。此时，可采用 mN-R 法。令：

$$(K_T^n)_{m+1}=(K_T^0)_{m+1}=K_T(a_m) \tag{14-30}$$

若式（14-28）只求解一次而不继续进行迭代，则有：

$$\Delta a_m = \Delta a_{m+1}^0 = (K_T)_m^{-1}(Q_m - P_m) \tag{14-31}$$

此式就是考虑平衡校正的欧拉增量解法。对于单自由度系统，将 N-R 法或 mN-R 法和增量法结合使用时，计算过程如图 14-5 所示。

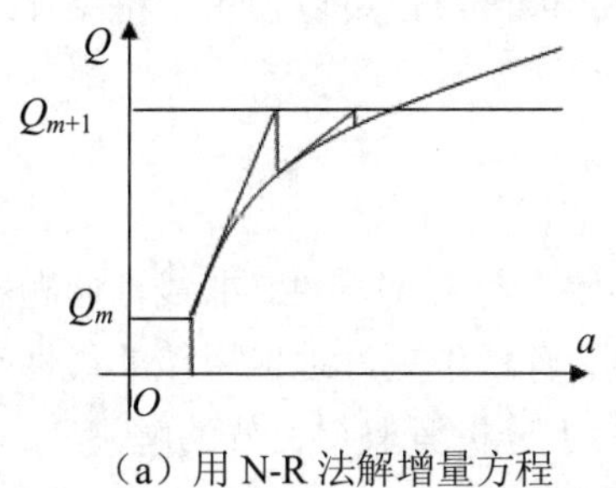

（a）用 N-R 法解增量方程

（b）用 mN-R 法解增量方程

图 14-5　增量法的两种解法

4. 弧长法

在增量法求解非线性方程时，前面的牛顿迭代法假设载荷步增量或位移增量在迭代过程中保持不变，但二者均有各自的局限性。当有限元模型出现局部软化、平衡分叉或极值点时，可能出现无解、不存在唯一解或解无效。过去几十年来，解决临近极值点的新的迭代控制方法应运而生，如人工弹簧法、压缩平衡迭代法和弧长法，其中弧长法最为有名，最初由 Ris 和 Wempner 提出，继而由 Crisfield 和 Ramm 修正。

弧长法是求取与解曲线正交的线簇和解曲线相交的交点。由于解曲线未知，故其正交线簇也是未知的。但在迭代过程中可将上次增量的收敛解或上次迭代解出的路径的切线近似作为下次迭代解的切线。

设载荷参数为 λ^k 时，位移 $\boldsymbol{x}^k$ 已知，载荷参数增量为 $\Delta\lambda^k$ 时，相应的位移量为 $\Delta\boldsymbol{x}^k$，则：

$$\varphi(\boldsymbol{x} + \Delta\boldsymbol{x}^k, \lambda + \Delta\lambda^k) = 0 \tag{14-32}$$

对弧长法来说，上式中的 $\Delta\lambda^k$ 和 $\Delta\boldsymbol{x}^k$ 均未知，有 N+1 个未知量，而方程组只有 N 个，求解需附加一个辅助方程：

$$\boldsymbol{f}(\Delta\boldsymbol{x}^k, \Delta\lambda^k) = \Delta l^k \tag{14-33}$$

式中 Δl^k 为增量弧长。

联立式（14-32）和式（14-33）可求得既满足平衡条件又满足辅助方程的 $\Delta\boldsymbol{x}^k$ 和 $\Delta\lambda^k$。其求解过程如图 14-6 所示。

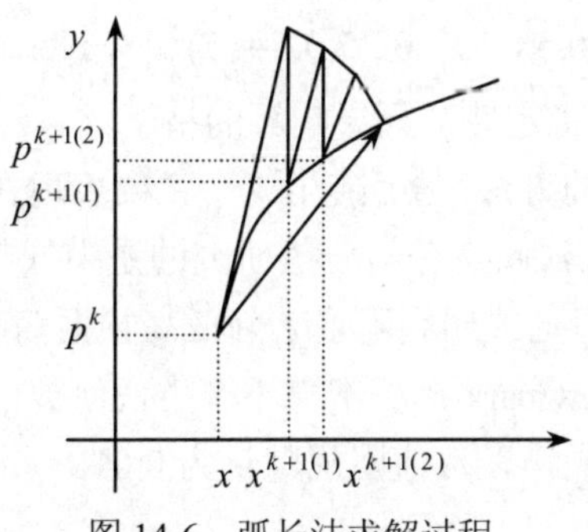

图 14-6　弧长法求解过程

5. 加速收敛法

需要注意，利用 mN-R 方法求解非线性方程组，每次迭代时免去了重新生成切线矩阵，并对该矩阵求逆的工作，但降低了收敛速度。特别是 *P-a* 曲线突然趋于平坦的情况（对于结构分析问题，是结构趋于极限载荷或突然变软），收敛速度会很慢，也可以使用埃特金加速法。

14.2.3 非线性瞬态响应分析的时间积分方法

相对而言，非线性动力学分析的计算难度更大。在非线性动力学问题中，一般特征值分析方法不再适用，适用的方法是直接积分法。由于问题的复杂性和多样性，非线性问题不能给出成功分析的简单原则，但可以给出一些分析的基本原则，有助于更好地应用该非线性动力学求解器。了解问题的性质、理解涉及的物理背景，也有助于分析者取得良好的解。

对于非线性问题，动力方程可以写成下列形式：

$$M\ddot{u} + C\dot{u} + f_{\text{int}} = f \tag{14-34}$$

式中 f_{int} 为内力向量，是位移的非线性函数。

将式（14-34）对时间微分，有

$$M\dddot{u} + C\ddot{u} + K^t\dot{u} = \dot{f} \tag{14-35}$$

式中 K^t 为切向刚度矩阵。在一阶近似中，可以假设方程在有限时间域 Δt 内是有效的，因此，方程可以写为：

$$M \cdot \Delta\ddot{u} + C \cdot \Delta\dot{u} + K^t \cdot \Delta u = \Delta f \tag{14-36}$$

非线性直接积分法就是对方程式（14-36）进行时间积分。许多显式或隐式的算式被推导出来，最常见的方法是有限差分法或龙格-库塔法。

直接积分法就是在特定时间区间内（$\Delta t = t^{n+1} - t^n$）设定位移、速度和加速度的算式。不同的算式决定求解的精度、稳定性和成本。

1. Newmark-β 法

Newmark-β 法假定

$$\dot{u}^{n+1} = \dot{u}^n + [(1-\beta)\ddot{u}^n + \beta \cdot \ddot{u}^{n+1}]\Delta t \tag{14-37}$$

$$u^{n+1} = u^n + \dot{u}^n\Delta t + [(\frac{1}{2} - \gamma)\ddot{u}^n + \gamma \cdot \ddot{u}^{n+1}]\Delta t^2 \tag{14-38}$$

式中 β 和 γ 均为参数，决定算式的精度和稳定性。

当 $\beta = 0.5$，$\gamma = 0.25$ 时，算式为常平均加速度法，即假定从 t 到 $t + \Delta t$ 时刻的加速度不变，取为常值 $(\ddot{u}^n + \ddot{u}^{n+1})/2$。当 $\beta \geqslant 0.5$，$\gamma \geqslant 0.25(0.5+\beta)^2$ 时，Newmark-β 法是无条件稳定的格式，时间步长 Δt 的大小不影响解的稳定性，只影响解的精度。

由于有限元法是空间离散的方法，会引起误差，主要表现在高阶模态和高阶频率的瞬态响应计算精度较低。因此，有限元法瞬态分析一般研究的是中低频激励的响应。使用 Newmark-β 法计算时，一般需要设置数值阻尼或瑞利阻尼来降低高频振荡响应。因为，常平均加速度法会引起高频位移幅值误差，而 Newmark-β 法本身不产生任何数值阻尼。如果没有其他阻尼，计算结果会产生不可接受的数值噪声，数值阻尼默认为 0.01。

2. Houbolt 法

（1）标准 Houbolt 法。

标准 Houbolt 法是基于前 3 个时刻和当前时刻t^{n+1}的位移进行三次拟合。速度和加速度分别为：

$$\dot{u}^{n+1}=\frac{1}{\Delta t}\left\{\frac{11}{6}u^{n+1}-3u^{n}+\frac{3}{2}u^{n-1}-\frac{1}{3}u^{n-2}\right\} \tag{14-39}$$

$$\ddot{u}^{n+1}=\frac{1}{\Delta t^{2}}\left\{2u^{n+1}-5u^{n}+4u^{n-1}-u^{n-2}\right\} \tag{14-40}$$

因为 Houbolt 法仅对常时间步有效，对线性分析，矩阵仅求逆一次，而且在每一个时间步中逆矩阵还可用于计算相应于当前有效载荷的位移增量。有效载荷向量基于前 3 个时刻的已知位移。对于增量步 1 和 2，需要采用 Newmark 法计算位移 u^1 和 u^2。

（2）单步 Houbolt 法。

为了克服标准 Houbolt 法需要特殊启动程序和必须采用固定步长的缺点，Chung 和 Hulbert 于 1994 年提出了单步 Houbolt 法，它具有二阶精度和渐进消失的特点，特别适合于动力接触分析，为 SOL 400 默认的计算动力接触问题的积分方法。

最一般的单步 Houbolt 法可以写成：

$$a_{m1}M\ddot{u}^{n+1}+a_{c1}c\dot{u}^{n+1}+a_{k1}ku^{n+1}+a_{m}M\ddot{u}^{n}+a_{c}c\dot{u}^{n}+a_{k}ku^{n}=a_{f1}F^{n+1}+a_{f}F^{n} \tag{14-41}$$

$$u^{n+1}=u^{n}+\Delta t\cdot\dot{u}^{n}+\beta\cdot\Delta t^{2}\cdot\ddot{u}^{n}+\beta_{1}\cdot\Delta t^{2}\cdot\ddot{u}^{n+1} \tag{14-42}$$

$$\dot{u}^{n+1}=\dot{u}^{n}+\gamma\cdot\Delta t\cdot\ddot{u}^{n}+\gamma_{1}\cdot\Delta t\cdot\ddot{u}^{n+1} \tag{14-43}$$

对于零增量步有：

$$\ddot{u}^{0}=M^{-1}(F_{0}-c\dot{u}^{0}ku^{0}) \tag{14-44}$$

3. HHT 法

HHT 法为 Hilber、Hughes 和 Taylor 于 1977 年提出的时间积分方法，特点是在高频时引入的数值阻尼可以消除噪声，但不会降低计算精度；在低频时，数值阻尼也不会产生过多的影响。HHT 法为 SOL 400 默认的计算动力非接触问题的积分方法。

HHT 法由下式给出：

$$M\left\{\ddot{u}_{n+1-\alpha_{m}}\right\}+C\left\{\dot{u}_{n+1-\alpha_{f}}\right\}+K\left\{u_{n+1-\alpha_{f}}\right\}=\left\{F^{a}_{n+1-\alpha_{f}}\right\} \tag{14-45}$$

其中，

$$\left\{\ddot{u}_{n+1-\alpha_{m}}\right\}=(1-\alpha_{m})\left\{\ddot{u}_{n+1}\right\}+\alpha_{m}\left\{\ddot{u}_{n}\right\} \tag{14-46}$$

$$\left\{\dot{u}_{n+1-\alpha_{f}}\right\}=(1-\alpha_{f})\left\{\dot{u}_{n+1}\right\}+\alpha_{f}\left\{\dot{u}_{n}\right\} \tag{14-47}$$

$$\left\{u_{n+1-\alpha_{f}}\right\}=(1-\alpha_{f})\left\{u_{n+1}\right\}+\alpha_{f}\left\{u_{n}\right\} \tag{14-48}$$

$$\left\{F^{a}_{n+1-a_{f}}\right\}=(1-\alpha_{f})\left\{F^{a}_{n+1}\right\}+\alpha_{f}\left\{F^{a}_{n}\right\} \tag{14-49}$$

4. 通用α法

通用α法是 Chung 和 Hulbert 与 1993 年提出的时间积分方法。它实际上是一个通用格式的时间积分算式，在形式上将以上积分方法统一成一种格式，便于在编程时使用同一段代码实现所有的积分方法。这也是 SOL 400 采用的编程方法。

通用α法与 HHT 法非常相似：

$$M\left\{\ddot{u}_{n+1+\alpha_m}\right\}+C\left\{\dot{u}_{n+1+\alpha_f}\right\}+K\left\{u_{n+1+\alpha_f}\right\}=\left\{F^{ext}_{n+1+\alpha_f}\right\} \tag{14-50}$$

其中，

$$\left\{\ddot{u}_{n+1+\alpha_m}\right\}=(1+\alpha_m)\left\{\ddot{u}_{n+1}\right\}-\alpha_m\left\{\ddot{u}_n\right\} \tag{14-51}$$

$$\left\{\dot{u}_{n+1+\alpha_f}\right\}=(1+\alpha_f)\left\{\dot{u}_{n+1}\right\}-\alpha_f\left\{\dot{u}_n\right\} \tag{14-52}$$

$$\left\{u_{n+1+\alpha_f}\right\}=(1+\alpha_f)\left\{u_{n+1}\right\}-\alpha_f\left\{u_n\right\} \tag{14-53}$$

位移和速度的计算方法与 Newmark 法相同：

$$\dot{u}^{n+1}=\dot{u}^n+[(1-\gamma)\ddot{u}^n+\gamma\cdot\ddot{u}^{n+1}]\Delta t \tag{14-54}$$

$$u^{n+1}=u^n+\dot{u}^n\Delta t+[(\frac{1}{2}-\beta)\ddot{u}^n+\beta\cdot\ddot{u}^{n+1}]\Delta t^2 \tag{14-55}$$

式中，β和γ均为参数，与α_f和α_m相关：

$$\beta=\frac{1}{4}(1+\alpha_{\rm m}-\alpha_f)^2 \tag{14-56}$$

$$\gamma=\frac{1}{2}+\alpha_{\rm m}-\alpha_f \tag{14-57}$$

α_f和α_m可以通过手工修改，在 Nastran 输入文件的 Case Control 段中，使用命令 PARAM, NDAMP, xxx 修改α_f的值；使用命令 PARAM, NDAMP, yyy 修改α_m的值。

α_f的有效范围是[-0.5,0.0]，而α_m的有效范围是[0.0,1.0]。通过改变α_f和α_m的值可以实现不同的时间积分方法。

（1）$\alpha_f=0.0$，$\alpha_m=0.0$：Newmark-β法。

（2）$\alpha_f=-0.05$，$\alpha_m=0.0$：HHT 法。

（3）$\alpha_f=0.0$，$\alpha_m=1.0$：单步 Houbolt 法。

14.3 非线性瞬态响应分析的控制卡片

MSC Nastran SOL 400 的非线性瞬态响应分析主要有两张控制卡片，一张是瞬态响应分析的时间步长控制卡片 TSTEPNL，另一张是非线性分析参数控制卡片 NLPARM。下面分别对这两张卡片作说明。

（1）TSTEPNL 的卡片格式。

1	2	3	4	5	6	7	8	9	10
TSTEPNL	ID	NDT	DT	NO	METHOD	KSTEP	MAXITER	CONV	
	EPSU	EPSP	EPSW	MAXDIV	MAXQN	MAXLS	FSTRESS		
	MAXBIS	ADJUST	MSTEP	RB	MAXR	UTOL	RTOLB	MINITER	

NDT：时间步（增量步）的步数。

DT：增量时间步长。

NO：输出的时间间距步长。

KSTEP：设定采用 ITER 进行刚度矩阵迭代时的迭代次数。

MAXITER：每个时间步内的最大迭代次数。

CONV：收敛准则。包含位移准则、残差准则、应变能准则、矢量分量准则等。

EPSU：位移收敛准则的容差。

EPSP：残差收敛准则的容差。

EPSW：应变能收敛准则的容差。

MAXDIV：每个迭代步中允许的最大发散数。

MAXQN：牛顿法修正量的最大数。

MAXLS：每个迭代步中的最大线性搜索数。

FSTRESS：设定系数因子，用于确定材料计算时的子增量步大小。

MAXBIS：每个迭代步中的最大缩减次数。

ADJUST：用于自适应步长时的步长系数因子。

MAXR：弧长法中当前弧长增量与初始值的最大比值。

UTOL：设定位移或者温度迭代中的容差。

RTOLB：每个迭代步中允许的最大转动惯量。

MINITER：每个时间步中的最小迭代数。

（2）NLPARM 的卡片格式。

1	2	3	4	5	6	7	8	9	10
NLPARM	ID	NINC	DT	KMETHOD	KSTEP	MAXITER	CONV	INTOUT	
	EPSU	EPSP	EPSW	MAXDIV	MAXQN	MAXLS	FSTRESS	LSTOL	
	MAXBIS				MAXR		RTOLB	MINITER	

NINC：时间步（增量步）的步数。

DT：增量时间步长。

KEMETHOD：刚度矩阵更新方法的设定。包括 AUTO、ITER、SEMI、FNT、PFNT 等方法。

KSTEP：设定采用 ITER 进行刚度矩阵迭代时的迭代次数。

MAXITER：每个时间步长内的最大迭代次数。

CONV：收敛准则。包含位移准则、残差准则、应变能准则、矢量分量准则等。

INTOUT：中间结果输出控制。

EPSU：位移收敛准则的容差。

EPSP：残差收敛准则的容差。

EPSW：应变能收敛准则的容差。

MAXDIV：每个迭代步中允许的最大发散数。

MAXQN：牛顿法修正量的最大数。

MAXLS：每个迭代步中的最大线性搜索数。

FSTRESS：设定系数因子，用于确定材料计算时的子增量步大小。

LSTOL：设定线性搜索容差。

MAXBIS：每个迭代步中的最大缩减次数。

MAXR：弧长法中当前弧长增量与初始值的最大比值。

RTOLB：每个迭代步中允许的最大转动惯量。

MINITER：每个时间步中的最小迭代数。

14.4 瞬态动力响应分析实例

本例中悬臂梁长 100 in，高 2 in，宽 1 in，悬臂梁端部施加集中载荷 500lbf。模型采用 2D 平面应力单元，采用 Nastran 中的 SOL 400 求解器进行瞬态动力分析。

1. 创建数据库文件

如图 14-7 所示，新建 MSC Patran 数据文件。在 File name 文本框中输入数据文件名 beam_trans。选择 MSC Nastran 为解算器，设置分析类型为 Structural，单击 OK 按钮完成设置。

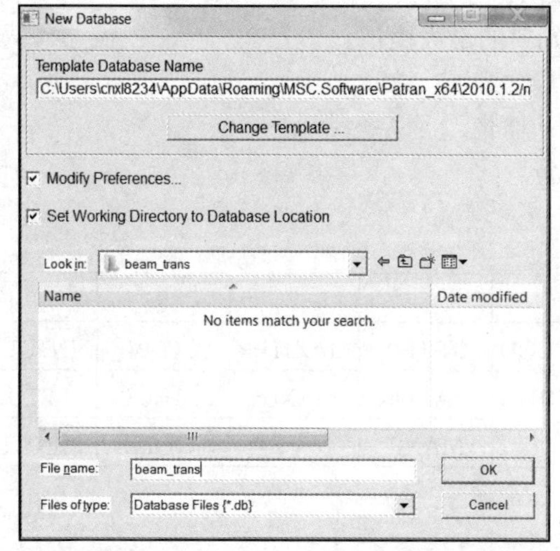

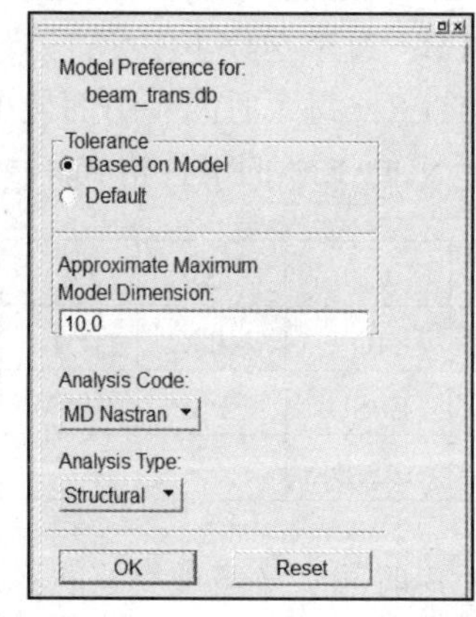

图 14-7 新建数据文件

2. 创建几何模型

单击工具栏中的 Geometry 按钮，打开 Geometry 窗口，如图 14-8 中 a 所示，设置 Action、Object 及 Method 的值为 Create、Surface、XYZ；如图 14-8 中 b 所示，在 Vector Coordinates List 文本框中输入<100 2 0>；如图 14-8 中 c 所示，单击 Apply 按钮，生成面 Surface1；单击如图 14-8 中 d-f 所示的显示开关，模型显示如图 14-8 中 g 所示。

3. 建立有限元模型

（1）如图 14-9 所示，依次设置 Action、Object 及 Type 的值为 Create、Mesh Seed、Uniform；在 Number 文本框中输入 10。在 Curve List 选择框内选择 Surface 1.2；修改 Number 文本框为 1，在 Curve List 选择框内选择 Surface 1.3，单击 Apply 按钮完成种子点的设置。步骤如图 14-9 中 a～h 所示。

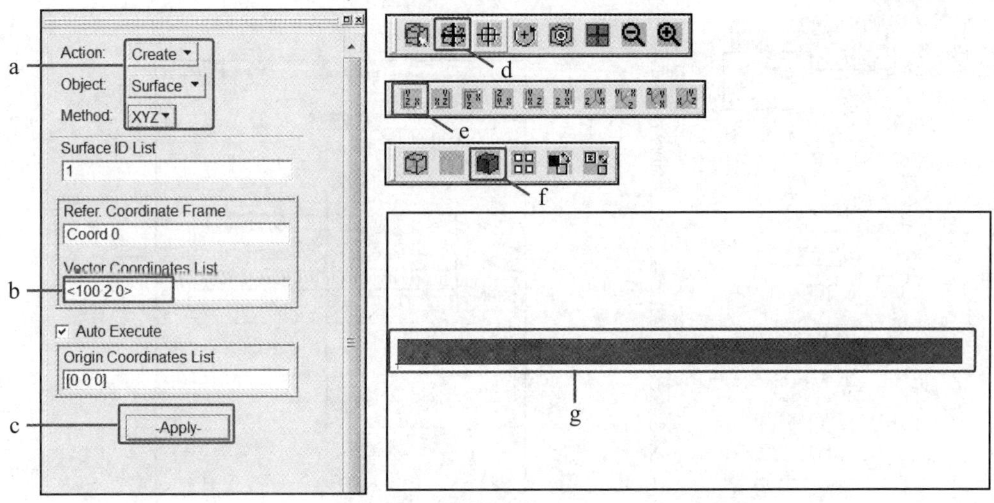

图 14-8　新建几何模型

（2）如图 14-9 中 i 所示，依次设置 Action、Object 及 Type 的值为 Create、Mesh、Surface，选择单元类型 Quad 进行 IsoMesh 网格划分，在 Global Edge Length 框中勾选 Automatic Calculation 复选框；如图 14-9 中 k 所示，在 Surface List 文本框中选择整个模型，单击 Apply 按钮完成网格划分。

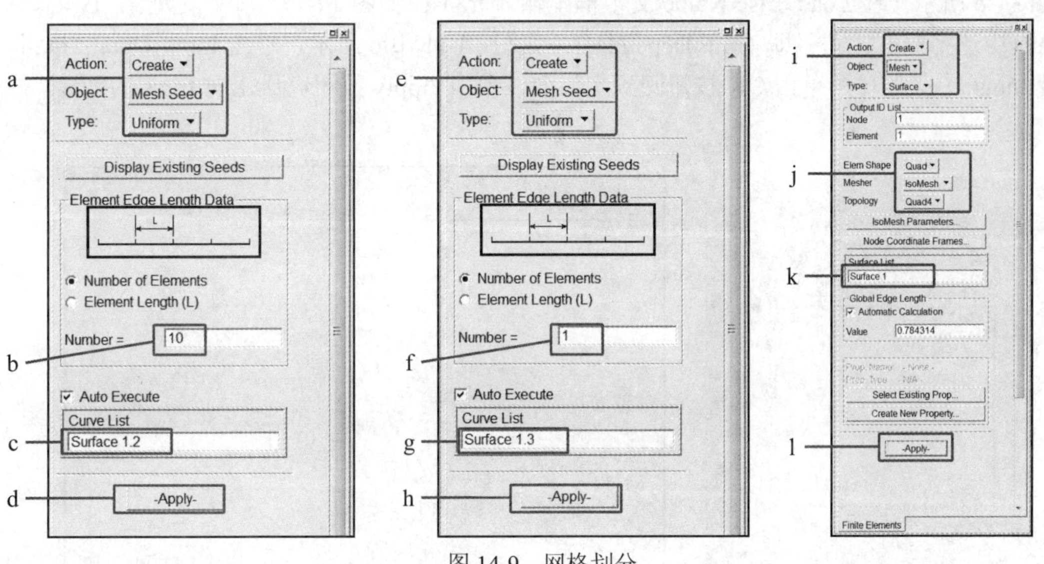

图 14-9　网格划分

4. 定义时间相关场

单击工具栏中的 Fileds 按钮，打开 Fileds 窗口。如图 14-10 中 a 所示，新建非空间场用于定义时间相关场，依次设置 Action、Object 及 Method 的值为 Create、Non Spatial、Tabular Input；如图 14-10 中 b 所示，在 Field Name 文本框中输入 trans_fields 作为新建场的名称；如图 14-10 中 c 所示，勾选 Time 复选框，新建与时间变量相关的场；如图 14-10 中 d 所示，单击 Input Data... 按钮进入参数设置界面；如图 14-10 中 e 所示；如图 14-10 中 f 和 g 所示，输入相关参数，依次单击 OK 和 Apply 按钮完成场的建立。

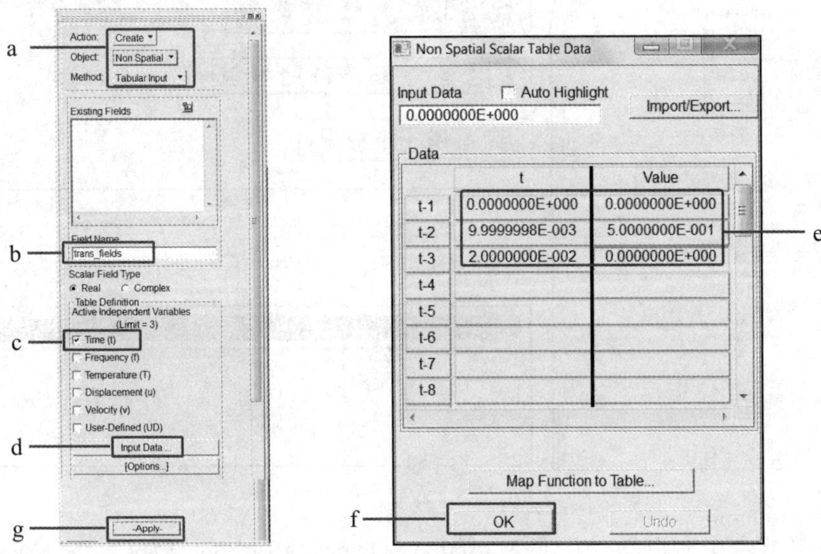

图 14-10　定义时间相关场

5. 工况定义

单击工具栏中的 Load...按钮，如图 14-11 中 a 所示，设置 Action 的属性为 Create；如图 14-11 中 b 所示，在 Load Case Name 文本框中输入 trans；如图 14-11 中 c 所示，在 Type 下拉列表框中选择时间相关，即 Time Dependent；如图 14-11 中 d 所示，单击 Input Data…按钮，打开 Input Data 窗口，单击 OK 按钮回到主界面，单击 Apply 按钮完成工况 trans 的创建。

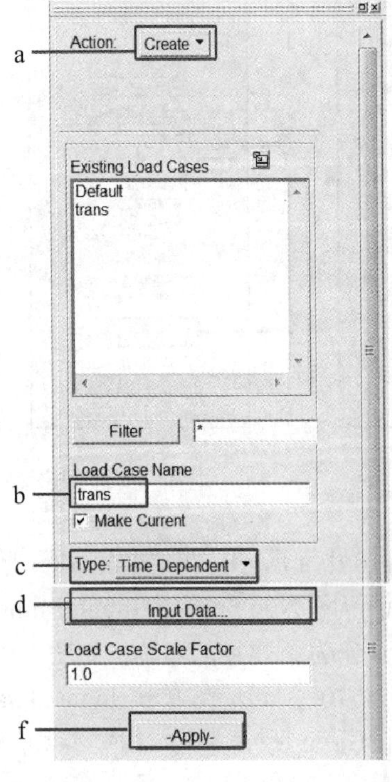

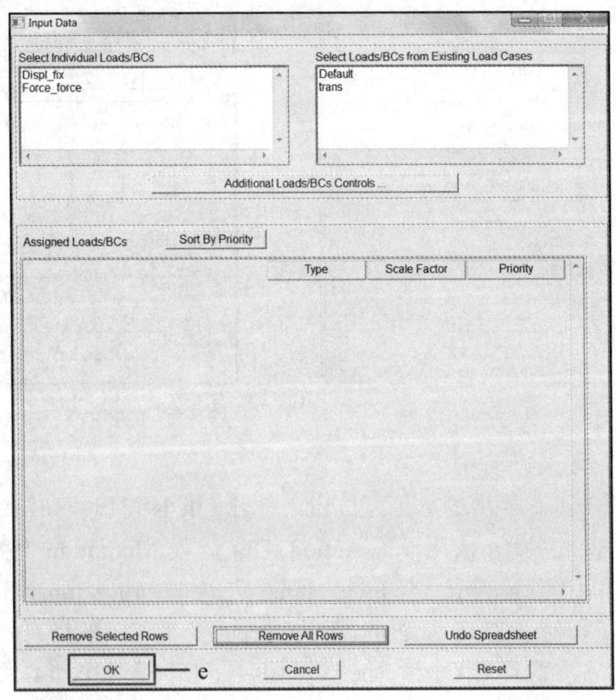

图 14-11　定义工况

6. 定义位移边界

（1）单击工具栏中的 Loads/BCs 按钮，如图 14-12 中 a 所示，依次设置 Action、Object 及 Type 的属性为 Create、Displacement 及 Nodal；如图 14-12 中 b 所示，单击 Input Data…按钮；如图 14-12 中 c 所示，在 New Set Name 文本框中输入 fix；如图 14-12 中 d 所示，单击 Input Data...按钮，弹出 Input Data 窗口；如图 14-12 中 e 所示，约束六个自由度，即在 Translations 文本框中输入<0,0,0>，在 Rotations 文本框中输入<0,0,0>；如图 14-12 中 f 所示，单击 OK 按钮完成输入；如图 14-12 中 g 所示，单击 Select Application Region 按钮；如图 14-12 中 h 所示，在 Application Region 列表框中选择 Surface1.1（即面的左侧边）；如图 14-12 中 i 所示，单击 OK 按钮；如图 14-12 中 j 所示，单击 Apply 按钮完成 fix 的创建。

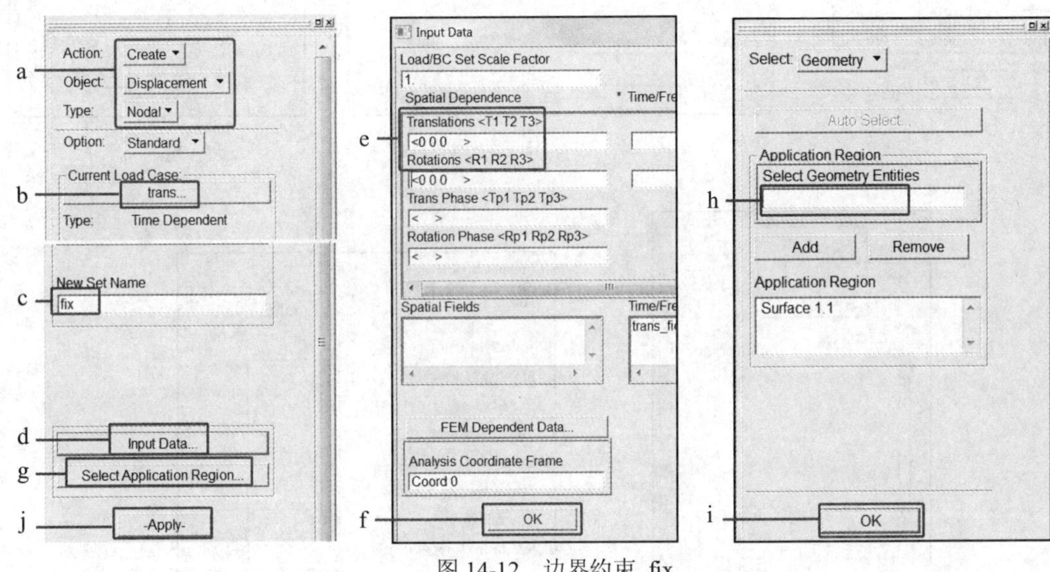

图 14-12　边界约束_fix

（2）单击工具栏中的 Loads/BCs 按钮，如图 14-13 中 a 所示，依次设置 Action、Object 及 Type 的属性为 Create、Force 及 Nodal；如图 14-13 中 b 所示，单击 trans…按钮；如图 14-13 中 c 所示，在 New Set Name 文本框中输入 force；如图 14-13 中 d 所示，单击 Input Data...按钮，弹出 Input Data 窗口；如图 14-13 中 e 所示，在 Force<F_1 F_2 F_3>文本框中输入<0 500 0>，即加载 Y 方向大小 500N 的集中力；如图 14-13 中 f 所示，在 Time/Freq Dependent Fields 列表框内单击 Trans_fields；如图 14-13 中 g 所示，单击 OK 按钮完成输入；如图 14-13 中 h 所示，单击 Select Application Region…按钮；如图 14-13 中 i 所示，在 Application Region 列表框中选择 Surface1.3.1（即面的右下侧顶点）；如图 14-13 中 j 所示，单击 OK 按钮；如图 14-13 中 k 所示，单击 Apply 按钮完成 force 的创建。

7. 定义材料本构关系

单击工具栏中的 Materials 按钮，打开 Materials 窗口。如图 14-14 中 a 所示，依次设置 Action、Object 及 Method 的属性为 Create、Isotropic 及 Manual Input；如图 14-14 中 b 所示，在 Material Name 文本框中输入材料名 mat；如图 14-14 中 c 所示，单击 Input Properties…按钮，弹出 Input Options 对话框；如图 14-14 中 d 所示，依次输入弹性模量 Elastic Modules 为 3e7，泊松比 Poisson Ratio 为 0.3，密度 Density 为 7.45e-6，结构阻尼系数 Structural Damping Coeff 为 0.01；如图 14-14 中 e 所示，单击 OK 按钮；如图 14-14 中 f 所示，单击 Apply 按钮完成材料 mat 的定义。

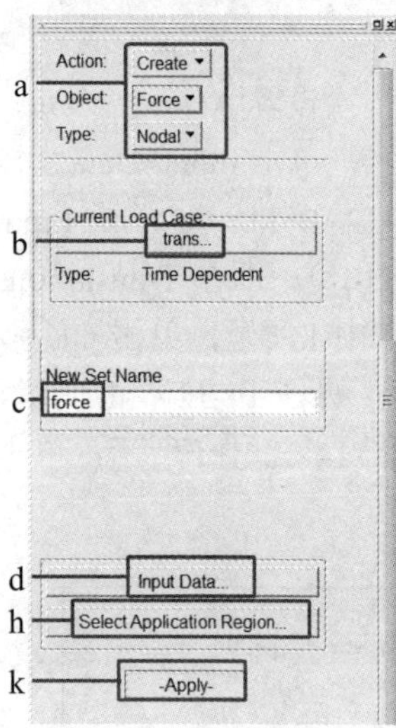

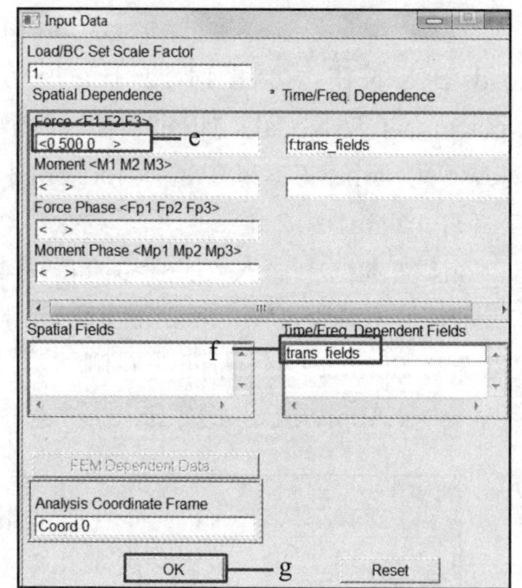

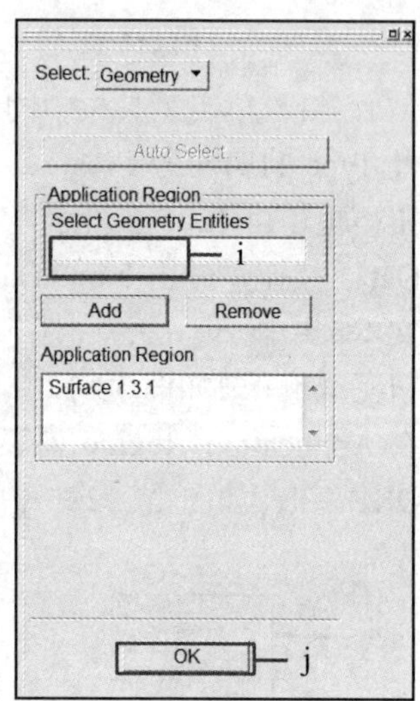

图 14-13　集中力_force

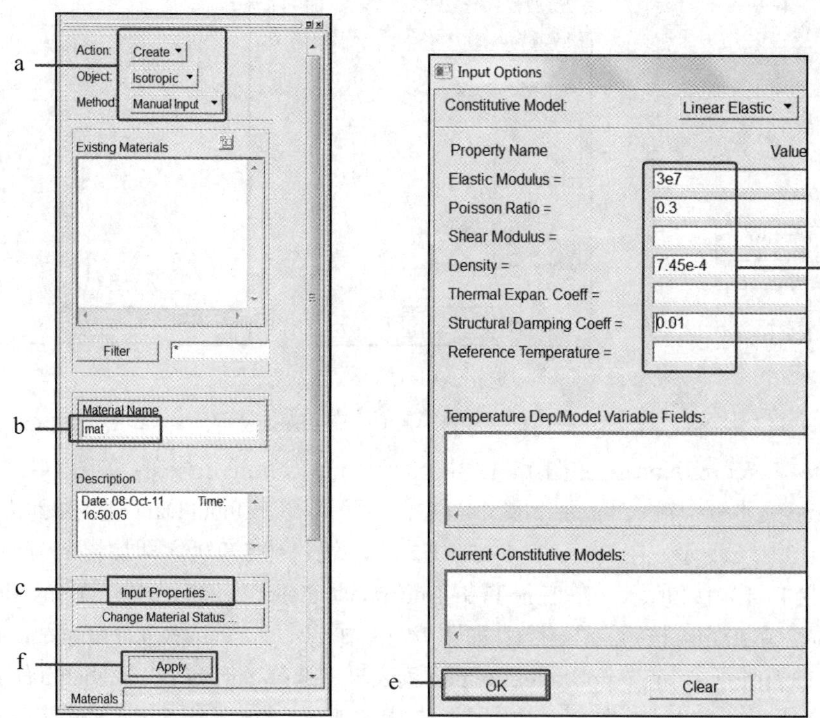

图 14-14　材料定义

8. 定义单元属性

单击工具栏中的 Property 按钮，打开 Property 窗口。如图 14-15 中 a 所示，依次设置 Action、Object 及 Type 的属性为 Create、2D 及 2D Solid；如图 14-15 中 b 所示，在 Property Set Name 文本框中输入 pro_beam；如图 14-15 中 c 所示，选择 Options 为 Plane Strain（此处只能定义为 2D 平面应变单元，但在后面的工况定义时有相应的选项处理为平面应力单元）；如图 14-15 中 d 所示，单击 Input Properties…按钮，弹出 Input Properties 窗口；如图 14-15 中 e 所示，在 Material

Name 列表框中选择 m:mat；如图 14-15 中 f 所示，单击 OK 按钮完成属性参数输入；如图 14-15 中 g 所示，单击 Select Application Region…按钮；如图 14-15 中 h 所示，在 Application Region 列表框中选择 Surface1；如图 14-15 中 i 所示，单击 OK 按钮；如图 14-15 中 j 所示，单击 Apply 按钮完成 pro_beam 单元属性的创建。

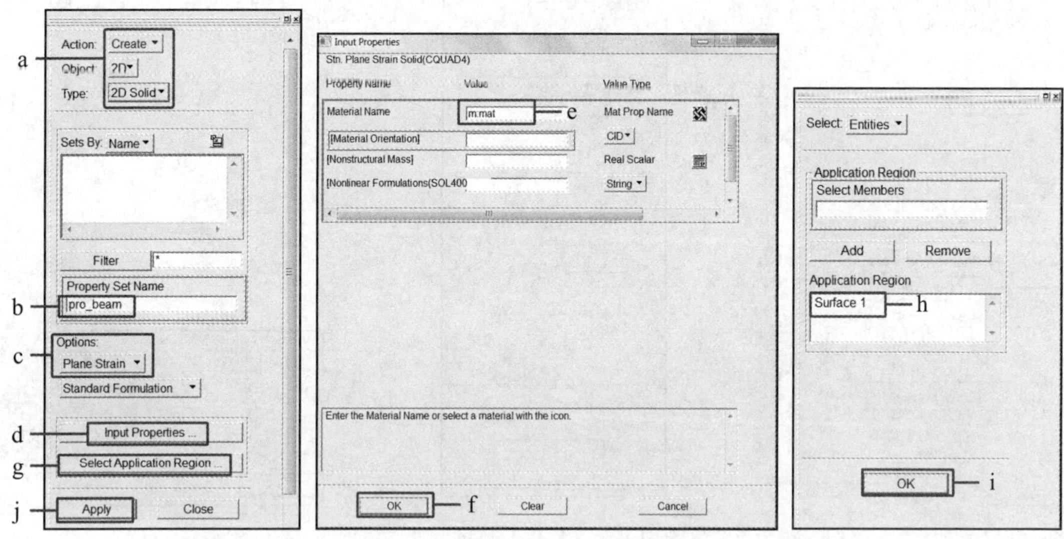

图 14-15　创建单元属性

9. 设置分析参数并提交分析作业

（1）分析类型设置。

单击工具栏中的 Analysis 按钮，如图 14-16 中 a 所示，依次设置 Action、Object 及 Method 的属性为 Analyze、Entire Model 及 Analysis Deck（即生成 Nastran 计算文件）；如图 14-16 中 b 所示，在 Available Jobs 列表框中选择 beam_trans 选项；如图 14-16 中 c 所示，单击 Solution Type…按钮，在弹出的列表框中设置求解类型；如图 14-16 中 d 所示，选择求解类型为 IMPLICIT NONLINEAR（即隐式非线性）；如图 14-16 中 e 所示，单击 Solution Parameters...按钮，弹出对话框；如图 14-16 中 f 所示，可以看到 Plane Stress 和 Reduced Integration 开关是默认点亮的，点亮 SOL 400 开关；如图 14-16 中 g 所示，单击 Results Output Format 按钮，进入结果输出类型内设置；如图 14-16 中 h 所示，勾选 XDB 复选框，关闭 Print 和 MASTER/DBALL 开关；如图 14-16 中 i 和 j 所示，依次单击 OK 按钮回到主界面。

（2）Subcase 设置。

如图 14-17 中 a 所示，单击 Subcases...按钮；如图 14-17 中 b 所示，在弹出的 Available Subcases 列表框中选择 trans 工况；如图 14-17 中 c 所示，在 Analysis Type 下拉列表框中选择 Transient Dynamic（即瞬态动力分析类型）；如图 14-17 中 d 所示，单击 Subcase Parameters...按钮，进入工况属性设置；如图 14-17 中 e 所示，勾选 Follower Forces 复选框（即选择追随力）；如图 14-17 中 f 所示，单击 Load Increment Params 按钮，进入非线性计算时的迭代设置；如图 14-17 中 g 所示，选择 Fixed 为迭代类型，设置时间步长 Time Step Size 为 0.005，Total Time 为 3；如图 14-17 中 h 和 i 所示，单击 OK 按钮；；如图 14-17 中 j 所示，单击 Apply 按钮回到 Analysis 主界面，完成 Subcase 的设置。

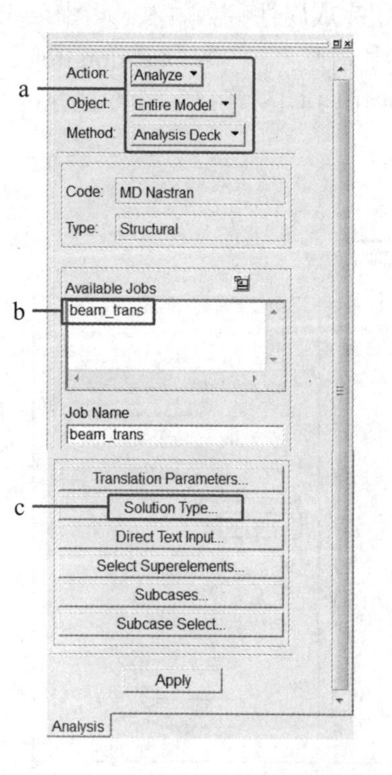

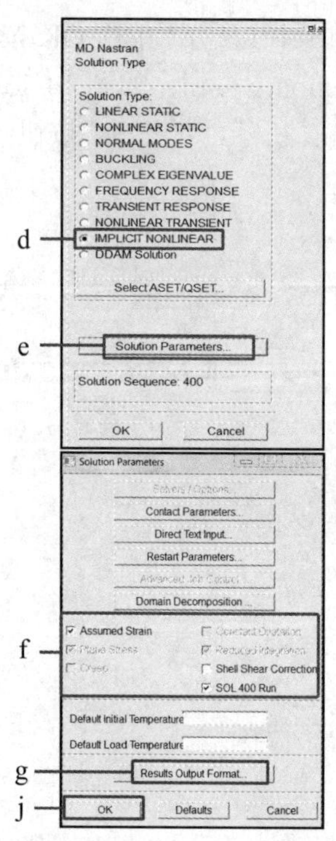

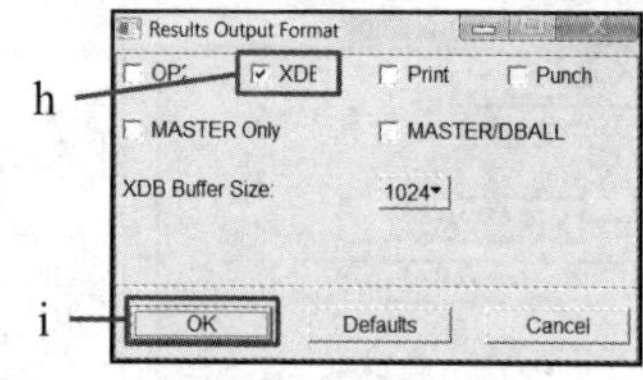

图 14-16　分析参数设置

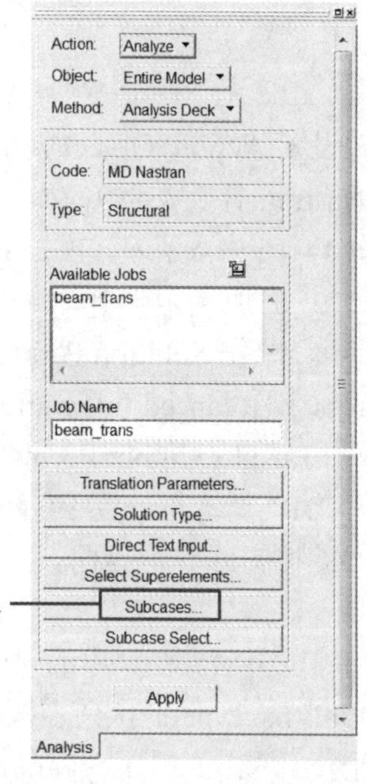

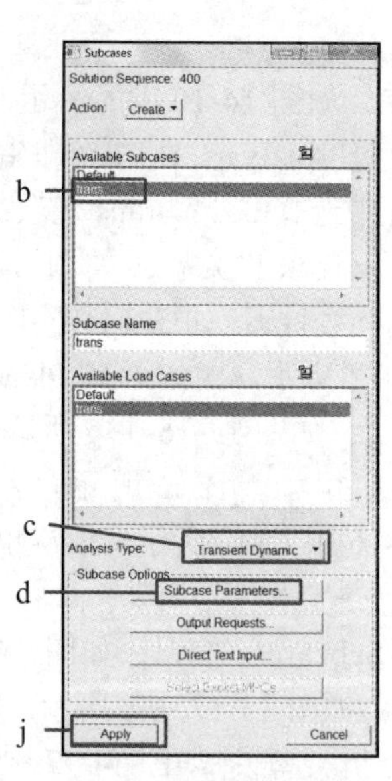

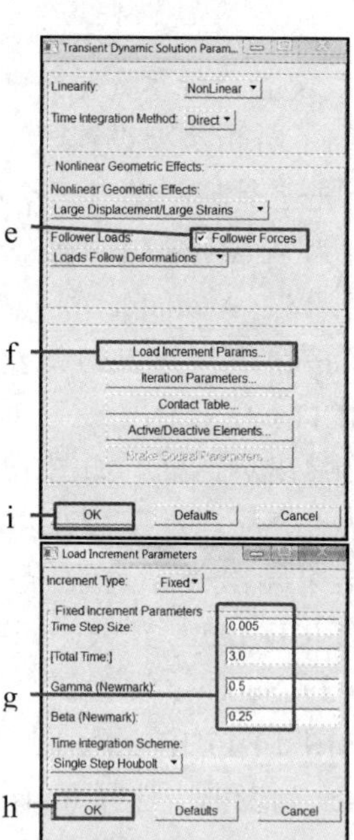

图 14-17　设定 Subcase

（3）单击 XDB 按钮，去掉勾选 Print 和 MASTER/DBALL 复选框，依次单击 OK 按钮回到主界面；如图 14-18 中 e 所示。

（4）如图 14-18 中 c 所示，单击 Subcase Select…按钮，在弹出的 Deraut 列表框中选择 trans 工况。单击 OK 按钮回到 Analysis 主界面；如图 14-18 中 f 所示，单击 Apply 按钮，生成 Nastran

计算文件 beam_trans.bdf。打开 beam_trans.bdf 计算文件，将图 14-18 中的 g 语句段替换为如图 14-18 中的 h 语句，即添加 PARAM,W4,314.5（此卡片用于定义在瞬态动力响应分析中由于材料阻尼产生的阻尼矩阵系数），保存文件并提交 Nastran 运算。

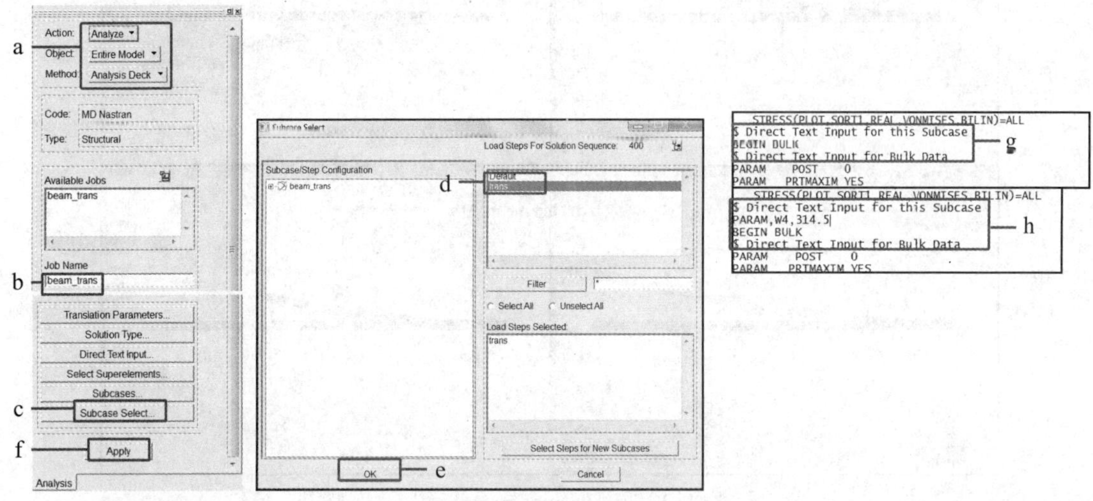

图 14-18　工况选择

10. 结果查看

（1）如图 14-19 中 a 所示，依次设置 Action、Object 及 Method 的属性为 Access Results、Attach XDB 及 Result Entities；如图 14-19 中 b 所示，单击 Apply 按钮读取结果文件；如图 14-19 中 c 所示，依次设置 Action 和 Object 为 Create 和 Quick Plot；如图 14-19 中 d 所示，在 Select Result Cases 列表框中分别选择 Time=0.5、1、2、3 时的计算结果；如图 14-19 中 e 所示，选择 Select Fringe Result 为 Displacement,Transiational；如图 14-19 中 f 所示，选择 Select Deformation Result 为 Displacements,Transiational；如图 14-19 中 g 所示，单击 Apply 按钮完成云图读取。Displacement 云图如图 14-20 所示。

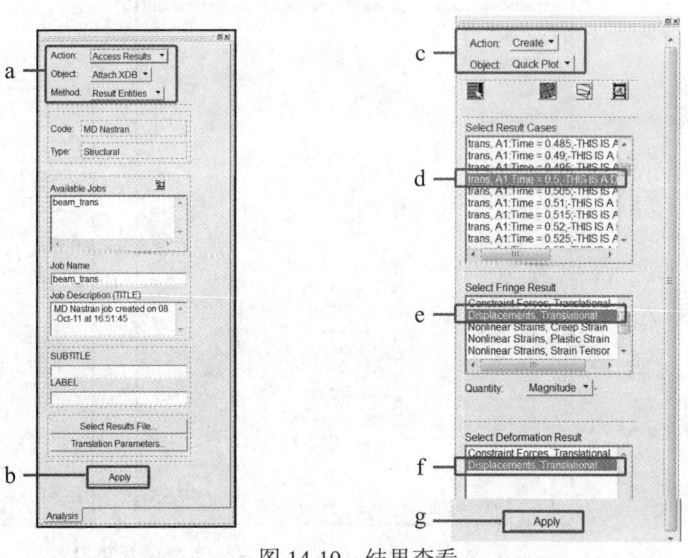

图 14-19　结果查看

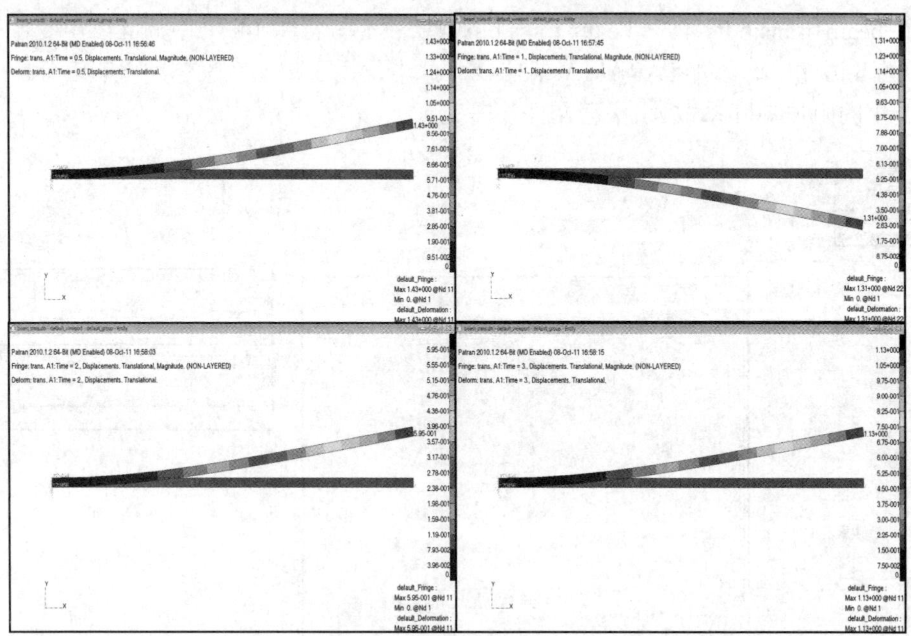

图 14-20　Displacement 云图

（2）如图 14-21 中 a 所示，依次设置 Action、Object 及 Method 的属性为 Create、Graph 及 Y vs X；如图 14-21 中 b 所示，在 Subcase Result Cases 列表框中选取结果文件；如图 14-21 中 c 所示，单击 Filter 按钮；如图 14-21 中 d 所示，单击 Apply 按钮完成结果文件的提取；如图 14-21 中 e 所示，在 Select Y Result 列表框中选择 Displacmente,Transiational；如图 14-21 中 f 所示，选择 Quantity 为 Y Component；如图 14-21 中 g 所示，设置 X 轴为时间变量 Time；如图 14-21 中 h 所示；单击图标；如图 14-21 中 i 所示，选择 Node11 为测量点；如图 14-21 中 j 所示，单击 Apply 按钮完成曲线绘制。结果如图 14-22 所示。

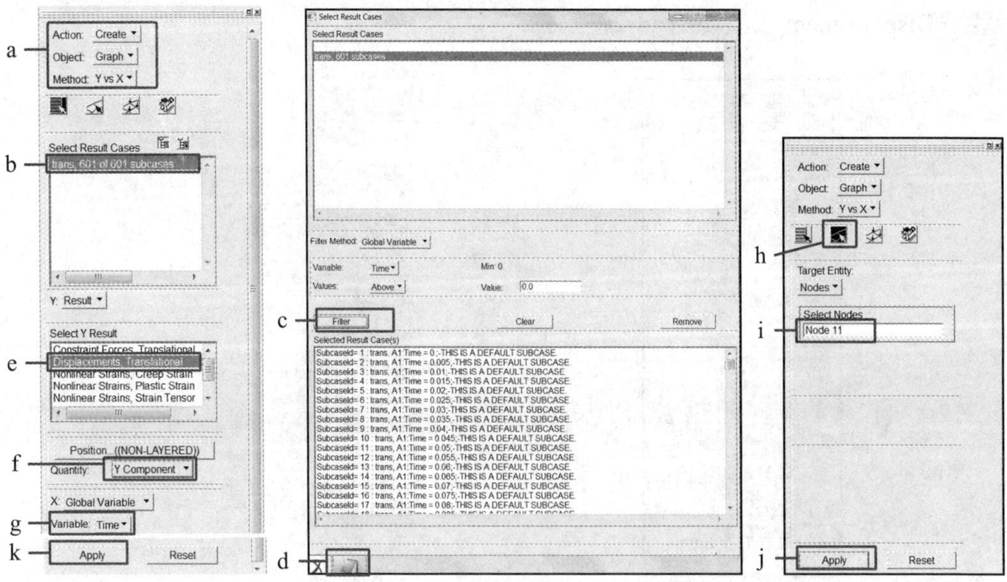

图 14-21　悬臂梁 Node11 在 Y 向的位移—时间关系曲线设置

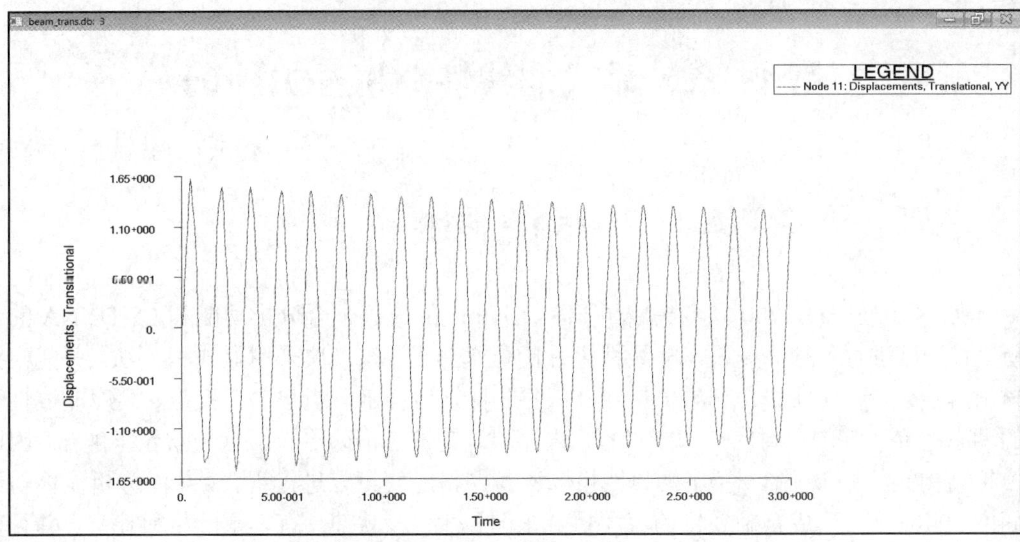

图 14-22　悬臂梁 Node11 在 Y 向位移－时间关系曲线

第 15 章　显式非线性分析 SOL 700

15.1　概述

MSC Nastran SOL 700 完全集成了 MSC Dytran 的流固耦合分析功能和 LS-DYNA 的结构分析功能，可进行各种高度瞬态非线性事件的仿真分析。该模块采用显式积分法，并能模拟各种材料非线性、几何非线性和碰撞接触非线性，特别适合于分析包含大变形、高度非线性和复杂的动态边界条件的短暂的动力学过程。软件同时提供拉格朗日求解器与欧拉求解器，因而既能模拟结构又能模拟流体。拉格朗日网格与欧拉网格之间可以进行耦合，从而分析流体与结构之间的相互作用，形成精确独特的流固耦合求解技术。该软件具有丰富的材料模型，并且提供各种接触的定义模式，能够模拟从金属、非金属（包括土壤、塑料、橡胶，泡沫等）到复合材料，从线弹性、屈服、状态方程、破坏、剥离到爆炸燃烧等各种行为模式，及模拟各种复杂边界条件。对于超大变形问题，SOL 700 提供了独特的无网格 SPH（Smooth Particle Hydrodynamics）技术，保证计算的收敛和精度。同时，SOL 700 还支持链式分析功能，可以进行显式－显式、显式－隐式、隐式－显式－隐式的链式分析，用于多步跌落分析、回弹分析和预应力－回弹分析。

SOL 700 模块支持 160 多种材料模型，具有 50 多种接触类型，接触类型齐全，并具有极好的并行计算能力，包括分布式并行算法（DMP）和共享内存式并行算法（SMP）。DMP 不仅可用于结构分析，而且可用于流固耦合分析，支持含多材料欧拉域的 FSI 分析。目前，SOL 700 已经支持 LSTC 50%分位的三代假人模型。SOL 700 广泛应用在以下领域：

（1）结构的碰撞性分析，如汽车、飞机、火车、轮船等运输工具的碰撞分析、船体搁浅、鸟体撞击飞机结构、航空发动机包容性分析等。

（2）安全防护分析，如安全头盔设计、安全气袋膨胀分析以及汽车－安全气囊－人体三者结合在汽车碰撞过程中的响应，飞行器安全性分析（飞行器坠毁、带气囊着陆等）。

（3）跌落试验，如各种物体（武器弹药、化工产品、仪器设备、电器如遥控器、手机、电视机等）的跌落过程仿真。

（4）金属弹塑性大变形成型，如钣金冲压成型、全三维锻造成型等。

（5）爆炸与冲击，如水下爆炸、地下爆炸、容器中爆炸对结构的影响及破坏、爆炸成型、爆炸分离、爆炸容器的设计优化分析、爆炸对建筑物等设施结构的破坏分析、聚能炸药的能量聚焦设计分析、战斗机结构的设计分析。

（6）水下/空中弹体发射过程，火炮助推器模拟，动态仿真高速、超高速穿甲，如飞弹打击或穿透靶体（单个或复合靶体）及侵彻过程等问题。

（7）流体动力分析，如液体、气体的流动分析、液体晃动分析，水上迫降。

（8）轮胎在积水路面排水性和动平衡分析，高速列车运行系统动力学分析。高速列车穿隧道的冲击波响应，高速列车运行中引起的空气脉动力对声屏障结构的作用，车辆过桥的动态响应以及其他瞬态高速过程仿真。

15.2 显式积分求解算法的原理

1. 建立碰撞运动方程

在总体坐标系下，碰撞的运动方程可以表示为：

$$[\boldsymbol{M}]\{\boldsymbol{a}\}+[\boldsymbol{C}]\{\boldsymbol{v}\}+[\boldsymbol{K}]\{\boldsymbol{d}\}=\{\boldsymbol{F}^{ex}\} \tag{15-1}$$

式中：$[\boldsymbol{M}]$ 为结构的质量矩阵；$[\boldsymbol{C}]$ 为结构的阻尼矩阵；$[\boldsymbol{K}]$ 为结构的刚度矩阵；$\{\boldsymbol{a}\}$ 为加速度向量；$\{\boldsymbol{v}\}$ 为速度向量；$\{\boldsymbol{d}\}$ 为位移向量；$\{\boldsymbol{F}^{ex}\}$ 为包括碰撞力在内的外力向量。

若令 $\{\boldsymbol{F}^{in}\}=[\boldsymbol{C}]\{\boldsymbol{v}\}+[\boldsymbol{K}]\{\boldsymbol{d}\}$，并设 $\{\boldsymbol{F}^{re}\}=\{\boldsymbol{F}^{ex}\}-\{\boldsymbol{F}^{in}\}$，则碰撞方程可以写成为：

$$[\boldsymbol{M}]\{\boldsymbol{a}\}=\{\boldsymbol{F}^{re}\} \tag{15-2}$$

如果采用集中质量，即质量矩阵 $[\boldsymbol{M}]$ 变成对角矩阵，则各个自由度的方程将是相互独立的，即：

$$M_i a_i = F_i^{re} \qquad (i=1,2,\ldots) \tag{15-3}$$

2. 显式积分算法

用显式方法求解碰撞运动方程，首先由方程（15-3）直接求出

$$a_i = F_i^{re}/M_i \tag{15-4}$$

然后对时间积分求得速度 v_i，再积分一次就可获得位移 d_i。这里采用中心差分的显式格式进行时间积分，中心差分的显式格式为：

$$\begin{cases} v_{n+1/2}=v_{n-1/2}+a_n(\Delta t_{n+1/2}+\Delta t_{n-1/2})/2 \\ d_{n+1}=d_n+v_{n+1/2}\cdot\Delta t_{n+1/2} \\ \Delta t_{n+1/2}=(\Delta t_n+\Delta t_{n+1})/2 \end{cases} \tag{15-5}$$

因此在整个时域范围内，可由上述积分递推公式求得各个离散时间点处的位移、速度和加速度。显式积分不需要进行矩阵分解或求逆，无须求解联立方程组，也不存在收敛性问题，因此计算速度快，其稳定性准则能自动控制计算时间步长的大小，保证时间积分的进度。应用显式积分算法求解碰撞问题时，一个特别值得注意的问题就是时间步长不能超过临界时间步长。对于本文的壳元 $t<\alpha(L_{\min}/c)$，式中 α 为时步因子，$L_{\min}$ 为板壳元最小的单元边长度，$c=\sqrt{E/(1-v^2)\rho}$ 为材料的声速。

15.3 侵彻分析实例

本例模拟钢珠穿透钢板的过程，采用 Nastran 中的 SOL 700 拉格朗日求解器进行计算。钢球的弹性模量为 2e11GPa，泊松比为 0.3；板的弹性模量为 2e11GPa，泊松比为 0.3。计算结果主要查看钢珠穿透钢板后，钢板的应力分布及位移分布。

1. 创建数据库文件

如图 15-1 所示，新建 MSC Patran 的空数据文件，在 File name 文本框中输入数据文件名 Penetrate。如图 15-2 所示，选择 MSC Nastran 为解算器，设置分析类型为 Explicit Nonlinear，单击 OK 按钮完成设置。

2. 创建几何模型

（1）单击工具栏中的Geometry按钮，打开Geometry窗口。如图15-3中a所示，设置Action、Object及Method的值为Create、Point、XYZ；如图15-3中b和c所示，依次输入坐标[0 0 0]和[0.043 0 0]，生成点point1和point2。如图15-4中a所示，依次设置Action、Object及Method的值为Create、Curve、Revolve；如图15-4中b所示，设定旋转轴为Z轴；如图15-4中c所示，设定旋转角度为90度；如图15-4中d所示，在Point List框中选择Point 2。单击Apply按钮，生成弧线Curve1。

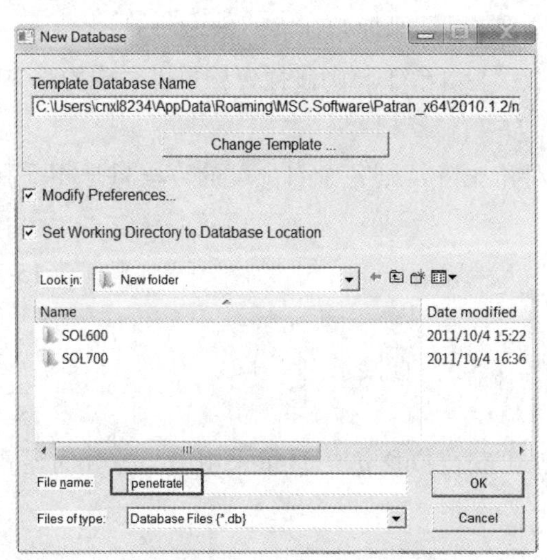

图15-1 新建数据文件

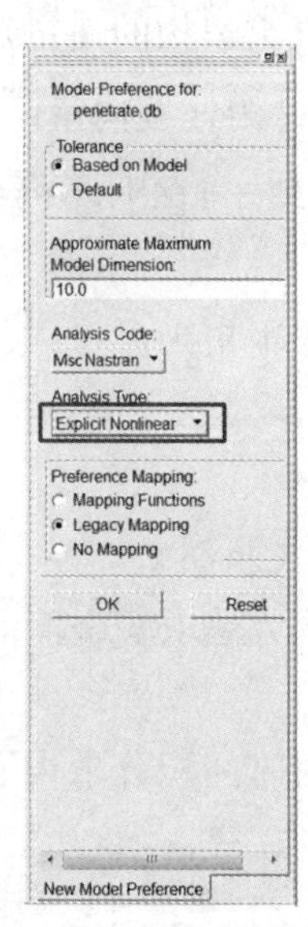

图15-2 设置求解类型

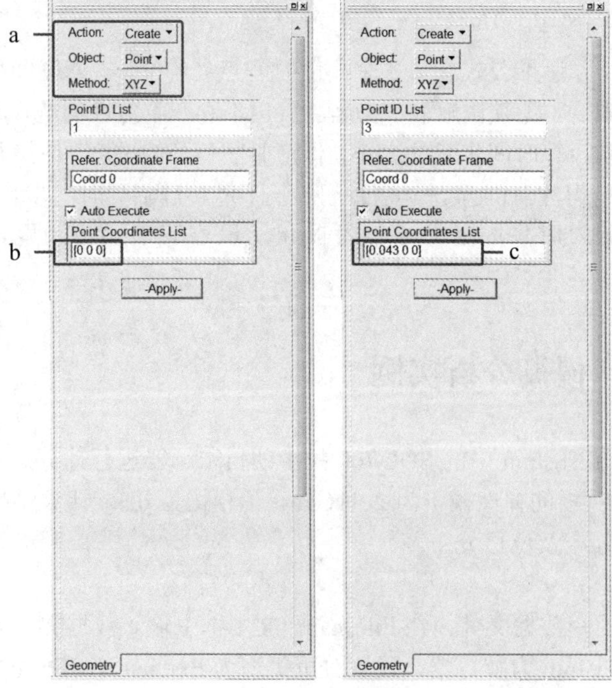

图15-3 新建节点

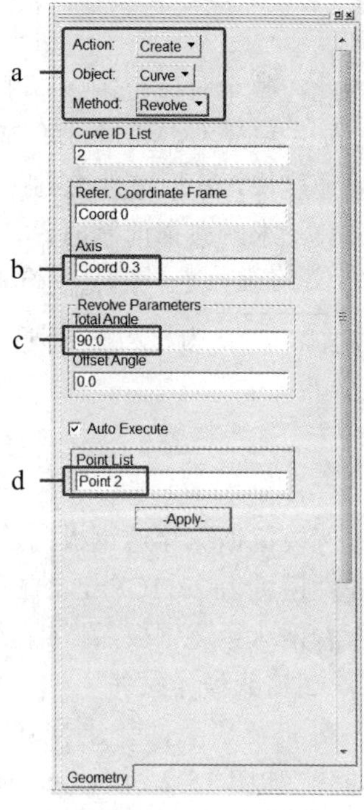

图15-4 新建弧线

（2）如图 15-5 中 a 所示，依次设置 Action、Object 及 Method 的值为 Create、Surface、Revolve；如图 15-5 中 b 所示，设置弧线绕 Y 轴旋转 90 度；如图 15-5 中 c 所示，在 Curve List 框内选择 Curve 1；单击 Apply 按钮生成面 Surface 1。如图 15-6 中 a 所示，依次设置 Action、Object 及 Method 的值为 Transform、Surface、Revolve；如图 15-6 中 b 所示，将面 Surface 1 绕 Y 轴旋转复制 3 份；如图 15-6 中 c 所示，在 Surface List 框中选择 Surfce 1。生成的几何模型如图 15-7 所示。

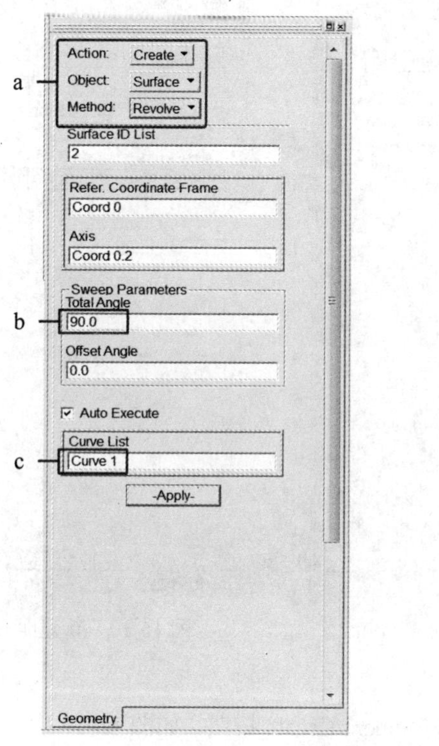

图 15-5　新建面

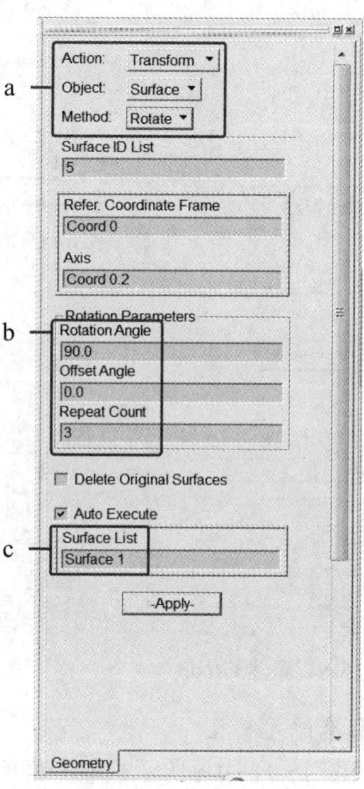

图 15-6　新建面

图 15-7　模型示意图

（3）单击工具栏中的 Group 按钮，打开 Group 窗口。如图 15-8 中 a 所示，设置 Action 和 Method 的值分别为 Create 和 Select Entity；如图 15-8 中 b 所示，输入 New Group Name 为 plate，同时勾选 Unpost All Other Groups 复选框；如图 15-8 中 c 所示，单击 Apply 按钮完成设置。

（4）单击工具栏中的 Geometry 按钮，打开 Geometry 窗口。如图 15-9 中 a 所示，依次设置 Action、Object 及 Method 的值为 Create、Point、XYZ；如图 15-9 中 b 所示，输入坐标[0 -0.045 0]，

单击 Apply 按钮生成点 point7；如图 15-9 中 c 所示，单击 Apply 按钮。如图 15-10 中 a 所示，依次设置 Action、Object 及 Method 的值为 Create、Surface、XYZ；如图 15-10 中 b 所示，创建以 Point 7 为起始点沿 X、Z 方向长为 0.15 的 Surface 5；如图 15-10 中 c 所示，单击 Apply 按钮。

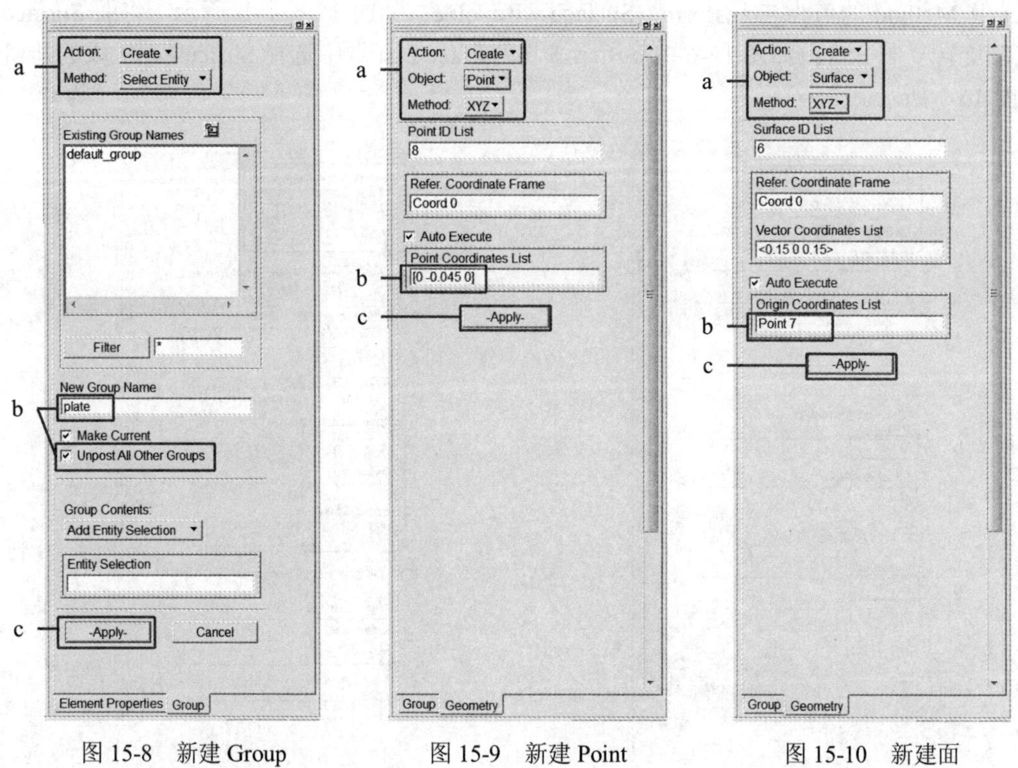

图 15-8　新建 Group　　　图 15-9　新建 Point　　　图 15-10　新建面

3. 建立有限元模型

（1）如图 15-11 中 a 所示，单击菜单栏中的 Element/Create 按钮。如图 15-12 中 a 所示，依次设置 Action、Object 及 Type 的值为 Create、Mesh、Surface；如图 15-12 中 b 所示，选择单元类型 Quad，进行 Isomesh 网格划分，在 Topology 下拉列表框中选择 Quad 4 选项；如图 15-12 中 c 所示，在 Surface List 框中选择 Surface 1:4；如图 15-12 中 d 所示，在 Value 文本框中输入 0.004；如图 15-12 中 e 所示，单击 Apply 按钮。如图 15-13 中 a 所示，依次设置 Action、Object 及 Method 的值为 Transform、Element、Mirror，将生成的单元相对 XZ 平面进行镜像；如图 15-13 中 b 所示，在 Define Mirror Plane Normal 文本框中输入 Coord 0.2；如图 15-13 中 c 所示，在 Element List 框中选择 Elm 1:900；如图 15-13 中 d 所示，单击 Apply 按钮。如图 15-14 中 a 所示依次设置 Action、Object 及 Method 的值为 Equivalence、All、Tolerance Cube；如图 15-14 中 b 所示，设置 Equivalencing Tolerance 为 0.0012；如图 15-14 中 c 所示，单击 Apply 按钮。生成有限元模型如图 15-15 所示。

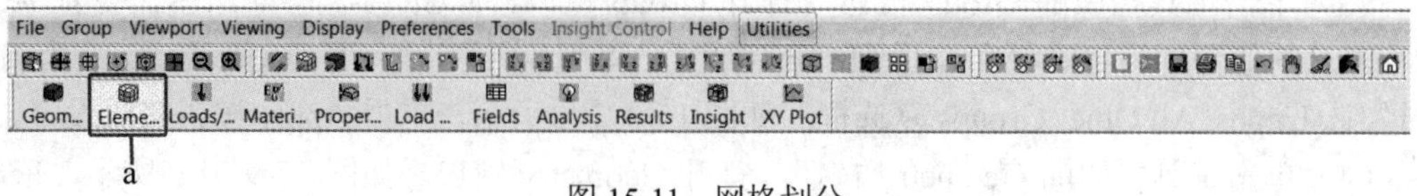

图 15-11　网格划分

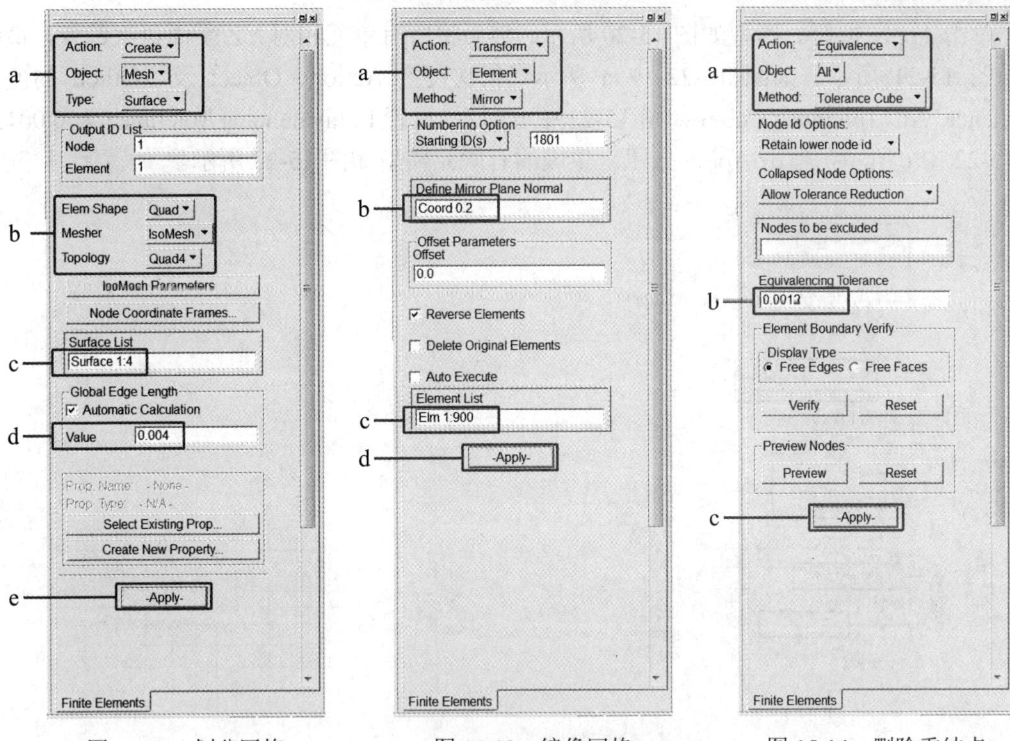

图 15-12　划分网格　　图 15-13　镜像网格　　图 15-14　删除重结点

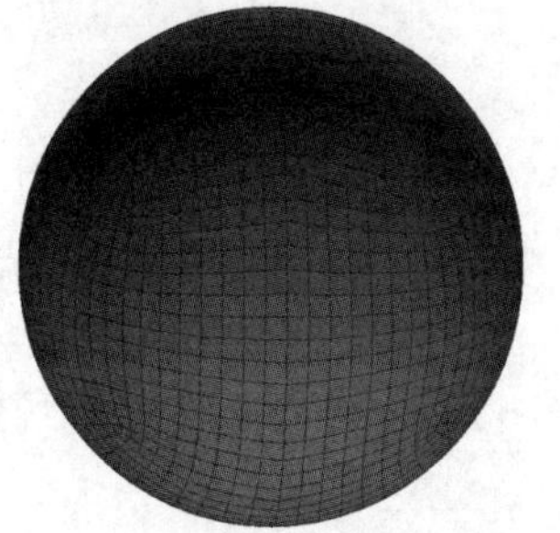

图 15-15　球体有限元模型

（2）如图 15-16 中 a 所示，依次设置 Action、Object 及 Type 的值为 Create、Mesh Seed、One Ways Bias；如图 15-16 中 b 所示，在 Number 文本框中输入 15，L2/L1 文本框中输入 4；如图 15-16 中 c 所示，在 Curve List 框内选择 Surface 5.1 5.4；如图 15-16 中 d 所示，单击 Apply 按钮完成种子点的设置。种子点示意图如图 15-17 所示。

（3）如图 15-18 中 a 所示，依次设置 Action、Object 及 Type 的值为 Create、Mesh、Surface；如图 15-18 中 b 所示，选择单元类型 Quad，进行 Isomesh 网格划分，在 Topology 下拉列表框中选择 Quad 4 选项；如图 15-12 中 c 所示，在 Surface List 框中选择 Surface 1:4；如图 15-18 中 d 所示，在 Value 文本框中输入 0.004；如图 15-18 中 e 所示，单击 Apply 按钮。如图 15-19 中 a 所示，依次设置 Action、Object 及 Method 的值为 Transform、Element、Mirror，将生成的单元相对 XZ 平面进行镜像；如图 15-19 中 b 所示，在 Define Mirror Plane Normal 文本框中输入 Coord 0.1；如图 15-19 中 c 所示，在 Element List 框中选择 Elm 1801:2250；如图 15-19 中 d

所示，单击 Apply 按钮。模型如图 15-20 所示。然后将所有单元相对 YZ 平面再次镜像，最终模型如图 15-21 所示。如图 15-22 中 a 所示，依次设置 Action、Object 及 Method 的值为 Equivalence、All、Tolerance Cube；如图 15-22 中 b 所示，设置 Equivalencing Tolerance 为 0.0012；如图 15-22 中 c 所示，单击 Apply 按钮。生成的有限元模型如图 15-23 所示。

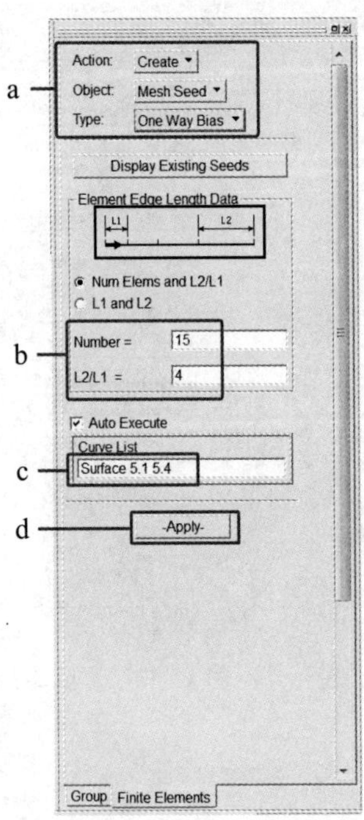

图 15-16　布置种子点

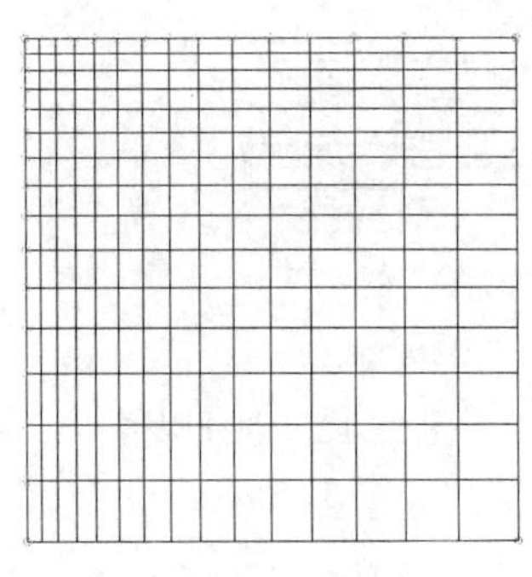

图 15-17　网格种子点示意图

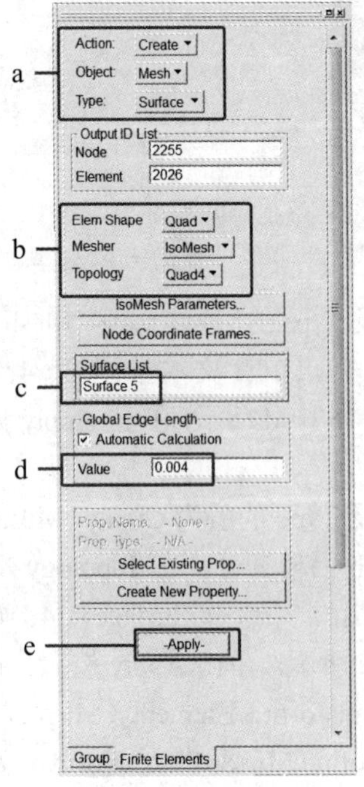

图 15-18　划分网格

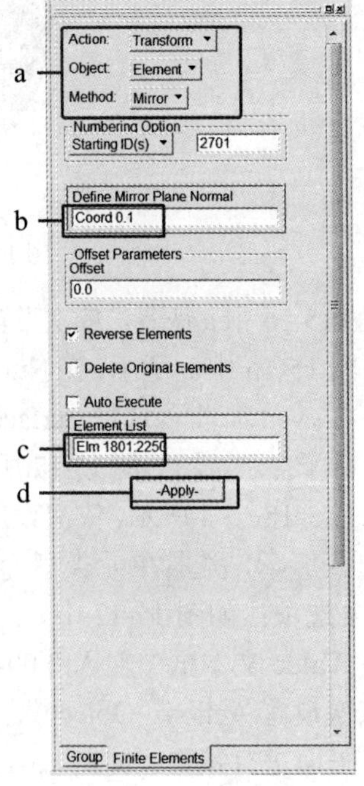

图 15-19　镜像网格

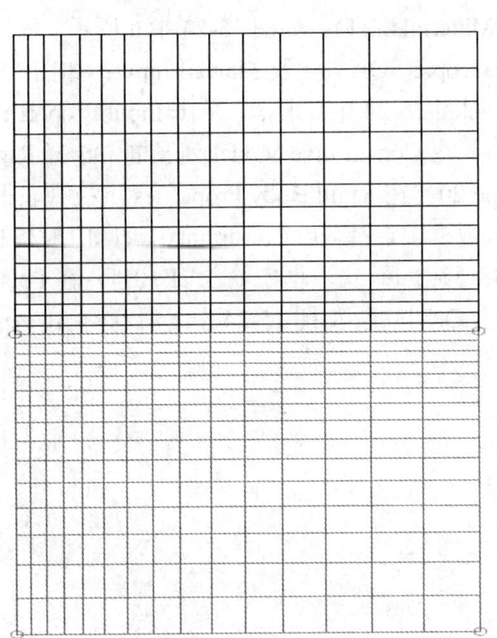

图 15-20　第一次镜像网格

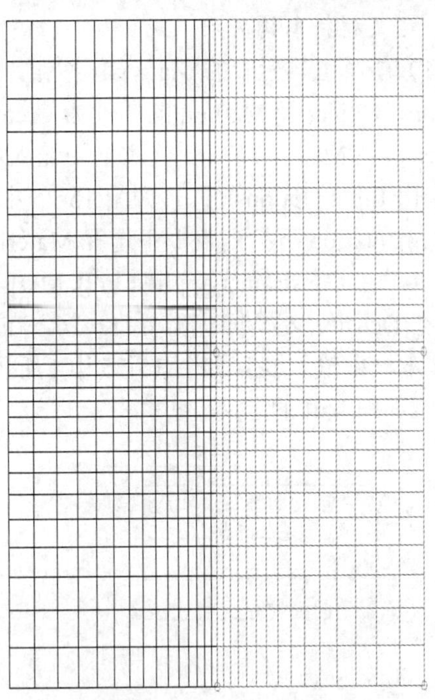

图 15-21　第二次镜像网格

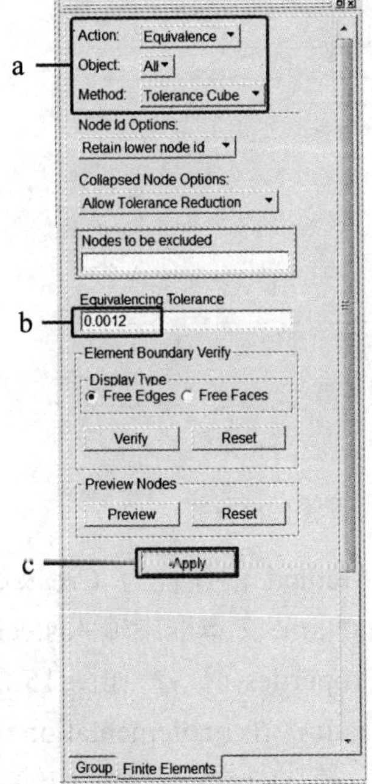

图 15-22　删除重节点

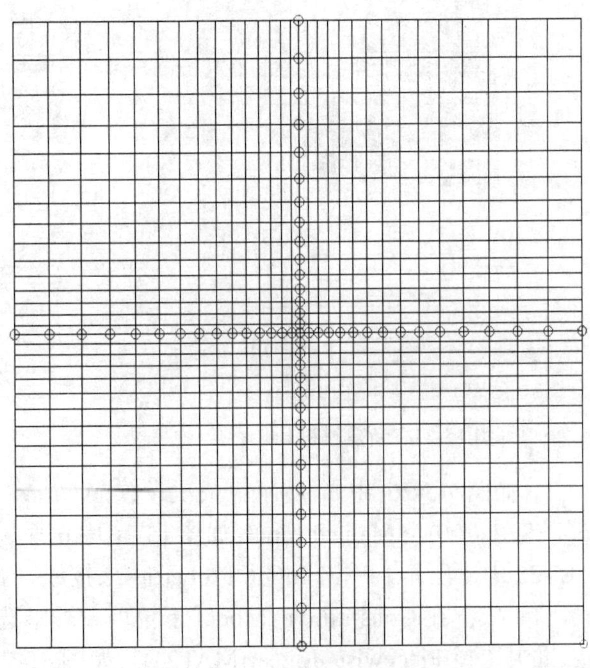

图 15-23　删除重节点示意图

4. 定义材料本构关系

（1）单击工具栏中的 Materials 按钮，打开 Materials 窗口。如图 15-24 中 a 所示，依次设置 Action、Object 及 Method 的属性为 Create、Isotropic(SOL 700)及 Manual Input；如图 15-24 中 b 所示，在 Material Name 文本框中输入 ball；如图 15-24 中 c 所示，单击 Input Properties…按钮，弹出 Input Options 窗口；如图 15-25 中 d 所示，在 Constitutive Model 列表框中选择 Rigid，在 Implementation 下拉列表框中选择 Material Type 20，在 Rigid Body Properties 下拉列表框中选择 N/A，在 Constraints applied in [CMO]下拉列表框中选择 NO Constraints；如图 15-25 中 e 所示，在 Density 文本框中输入 112626，在 Elastic Modulus 文本框中输入 2E+011，在 Poisson Ratio 文本框中输入 0.3；如图 15-25 中 f 所示，单击 OK 按钮；如图 15-24 中 g 所示，单击 Apply 按钮完成材料 ball 的定义。

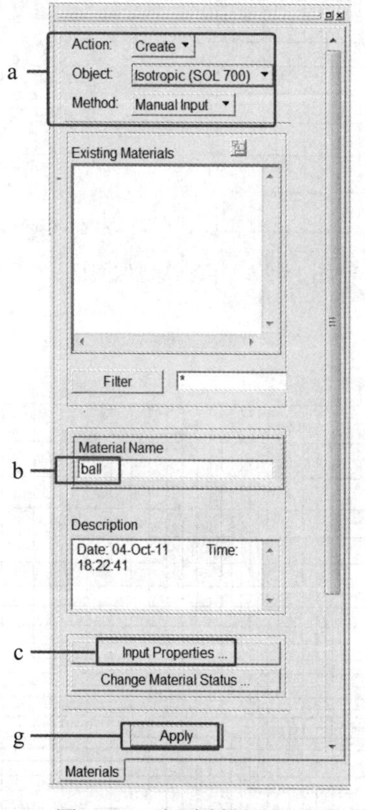

图 15-24 新建材料 ball 参数

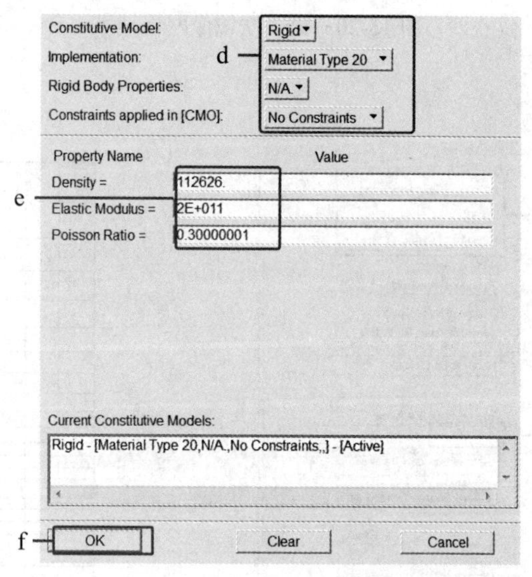

图 15-25 设置材料参数

（2）如图 15-26 中 a 所示，依次设置 Action、Object 及 Method 的属性为 Create、Isotropic(SOL 700)及 Manual Input；如图 15-26 中 b 所示，在 Material Name 文本框中输入 steel；如图 15-26 中 c 所示，单击 Input Properties…按钮，弹出 Input Properties 窗口；如图 15-27 中 d 所示，依次在 Constitutive Model 下拉列表框中选择 Elastoplastic，在 Implementation 下拉列表框中选择 Piecewise Linear(MAT24)；如图 15-27 中 e 所示，在 Density 文本框中输入 7850，在 Elastic Modulus 文本框中输入 2E+011，在 Poisson Ratio 文本框中输入 0.3，在 Yield Stress 文本框中输入 4e8，Maximum Plastic Strain 文本框中输入 0.5；如图 15-27 中 f 所示，单击 OK 按钮；如图 15-26 中 g 所示，单击 Apply 按钮完成材料 steel 的定义。

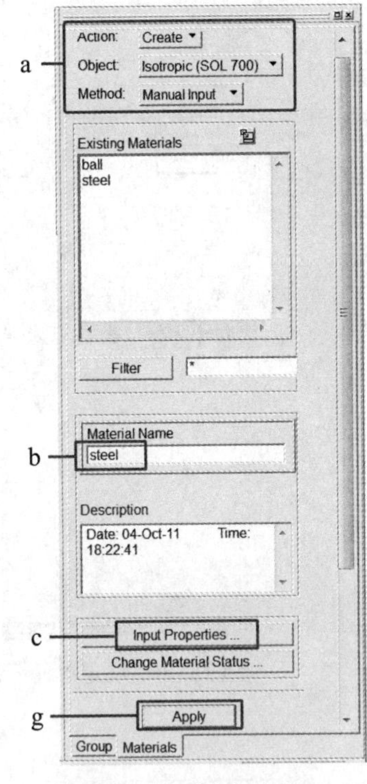

图 15-26 新建材料 steel

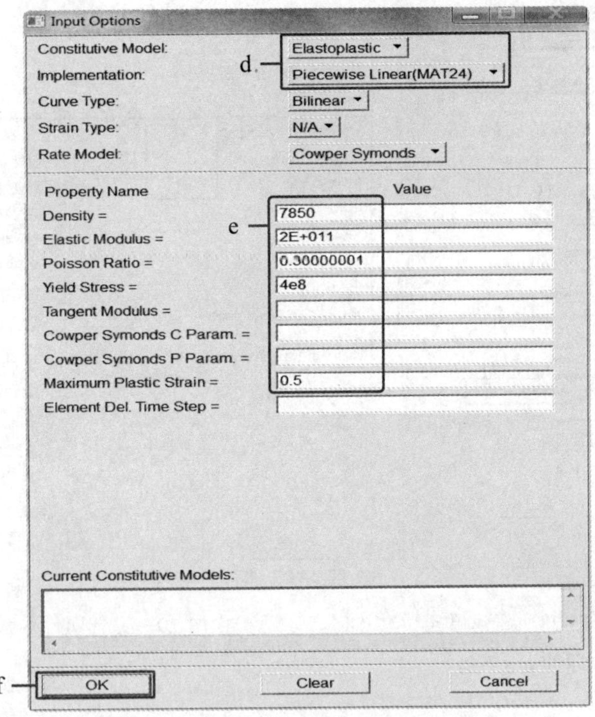

图 15-27 设置材料参数

5. 定义单元属性

（1）单击工具栏中的 Property 按钮，打开 Property 窗口。如图 15-28 中 a 所示，依次设置 Action、Object 及 Type 的属性为 Create、2D 及 Shell；如图 15-28 中 b 所示，在 Property Set Name 文本框中输入 pro_ball；如图 15-28 中 c 所示，单击 Input Properties…按钮，弹出 Input Properties 窗口；如图 15-29 中 d 所示，在 Material Name 框中选择 ball，在 Thickness 文本框中输入 0.001；如图 15-28 中 f 所示，单击 Select Application Region…按钮；如图 15-30 中 g 所示，在 Application Region 列表框中选择 ball 所包含的所有单元；如图 15-30 中 h 所示，单击 OK 按钮；如图 15-28 中 i 所示，单击 Apply 按钮，完成 pro_ball 单元属性的创建。

（2）单击工具栏中的 Property 按钮，打开 Property 窗口。如图 15-31 中 a 所示，依次设置 Action、Object 及 Type 的属性为 Create、2D 及 Shell；如图 15-31 中 b 所示，在 Property Set Name 文本框中输入 pro_plat；如图 15-31 中 c 所示，单击 Input Properties…按钮，弹出 Input Properties 窗口；如图 15-32 中 d 所示，在 Material Name 列表框中选择 steel，在 Thickness 文本框中输入 0.005；如图 15-32 中 e 所示，单击 OK 按钮；如图 15-31 中 f 所示，单击 Select Application Region 按钮；如图 15-33 中 g 所示，在 Application Region 列表框中选择 plat 所包含的所有单元；如图 15-33 中 h 所示，单击 OK 按钮；如图 15-31 中 i 所示，单击 Apply 按钮，完成 pro_plat 单元属性的创建。

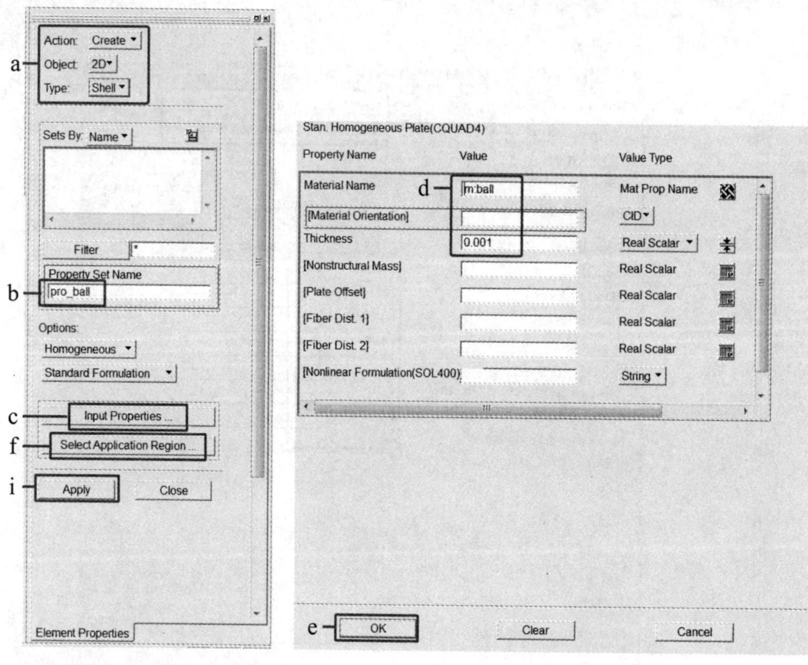

图 15-28　新建单元属性 pro_ball

图 15-29　设置属性参数

图 15-30　设定单元

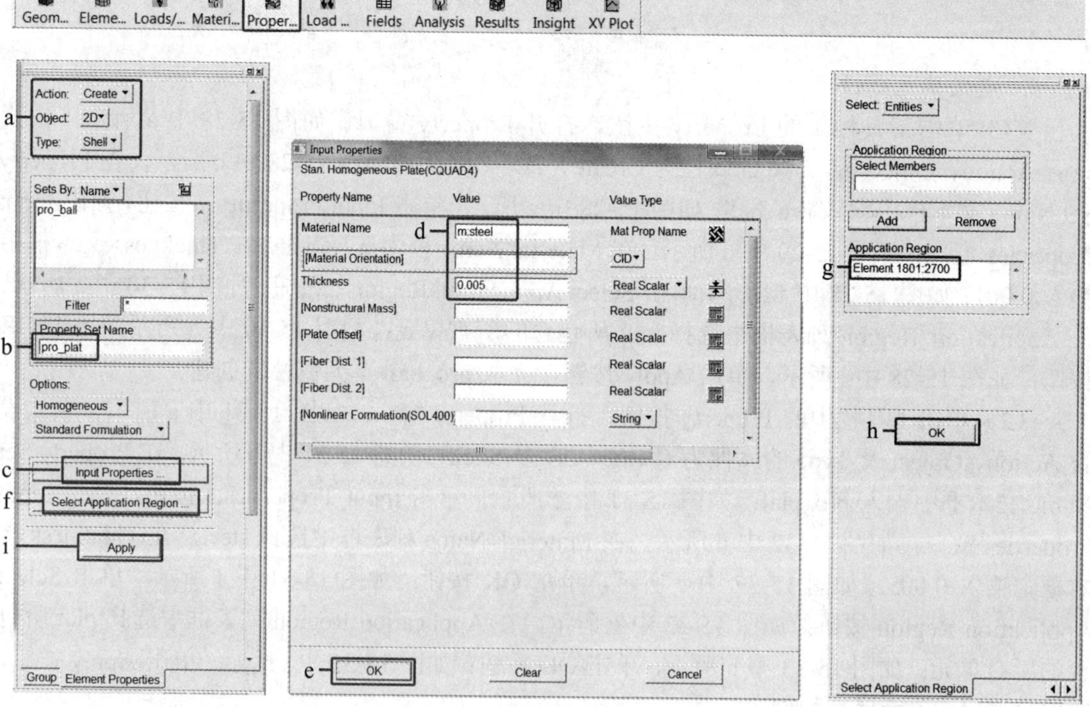

图 15-31　新建单元属性 pro_plat

图 15-32　设置属性参数

图 15-33　设定单元

6. 定义位移边界

（1）单击工具栏中的 Loads/BCs 按钮。如图 15-34 中 a 所示，依次设置 Action、Object 及 Type 的属性为 Create、Displacement 及 Nodal；如图 15-34 中 b 所示，在 New Set Name 文本框中输入 fix；如图 15-34 中 c 所示，单击 Input Data...按钮，弹出 Input Data 窗口；如图 15-35 中 d 所示，在 Translations<T1 T2 T3>文本框中输入<0 0 0>；如图 15-35 中 e 所示，单击 OK 按钮完成输入；如图 15-34 中 f 所示，单击 Select Application Region…按钮；如图 15-36 中 g 所示，在 Application Region 列表框中选择 plat 四条边上的所有节点；如图 15-36 中 h 所示，单击 OK 按钮，然后单击 Apply 按钮完成 fix 的创建。边界约束示意图如图 15-37 所示。

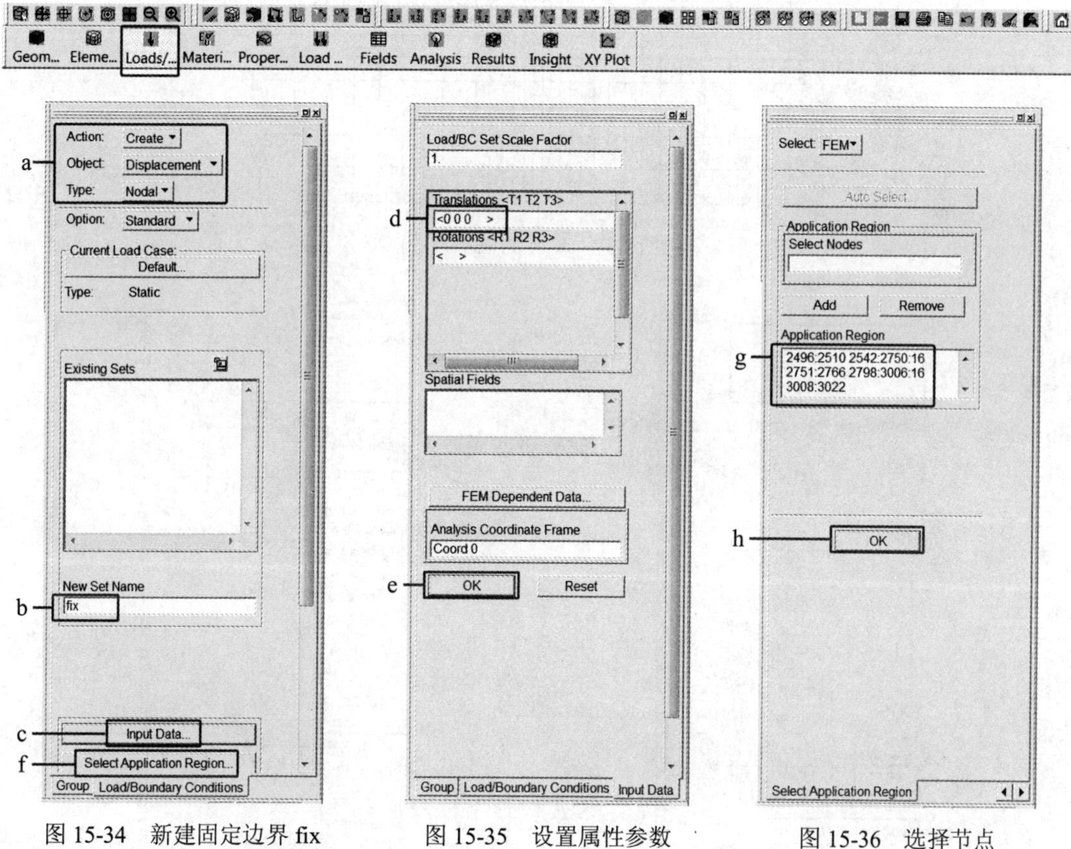

图 15-34　新建固定边界 fix　　图 15-35　设置属性参数　　图 15-36　选择节点

（2）如图 15-38 中 a 所示，依次设置 Object、Type 及 Option 的属性为 Contact、Element Uniform 及 Deformable Body；如图 15-38 中 b 所示，在 New Set Name 文本框中输入 Contact；如图 15-38 中 c 所示，选择 Target Element Type 为 2D；如图 15-38 中 d 所示，单击 Select Application Region…按钮；如图 15-39 中 e 所示，在 Application Region 文本框中选择所有单元（plat 和 ball）；如图 15-39 中 f 所示，单击 OK 按钮，然后单击 Apply 按钮，完成 Contact 的创建。设置完成后的模型如图 15-40 所示。

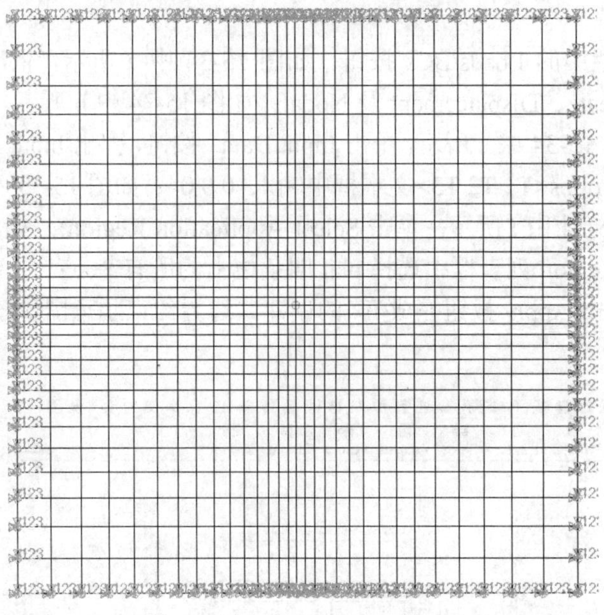

图 15-37 边界约束示意图

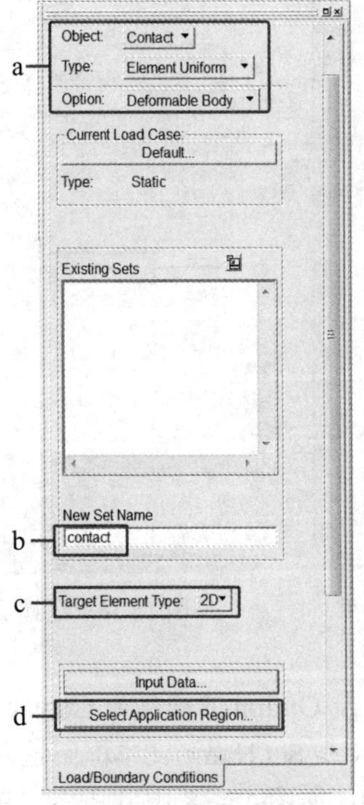

图 15-38 新建接触 Contact

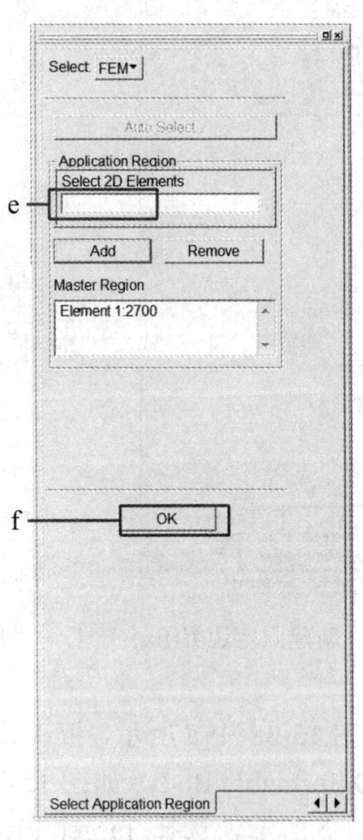

图 15-39 选择节点

（3）如图 15-41 中 a 所示，依次设置 Action、Object 及 Type 的属性为 Create、Initial Velocity 及 Nodal；如图 15-41 中 b 所示，在 New Set Name 文本框中输入 Initial Velocity；如图 15-41 中 c 所示，单击 Input Data...按钮，弹出 Input Data 窗口；如图 15-42 中 d 所示，在 Trans Veloc<V1 V2 V3>文本框中输入<0 -230 0>；如图 15-42 中 e 所示，单击 OK 按钮完成输入；如

图 15-43 中 f 所示，单击 Select Application Region…按钮；如图 15-43 中 g 所示，在 Application Region 列表框中选择 ball 模型中的所有节点；如图 15-43 中 h 所示，单击 OK 按钮，然后单击 Apply 按钮完成 Initial Velocity 的创建。

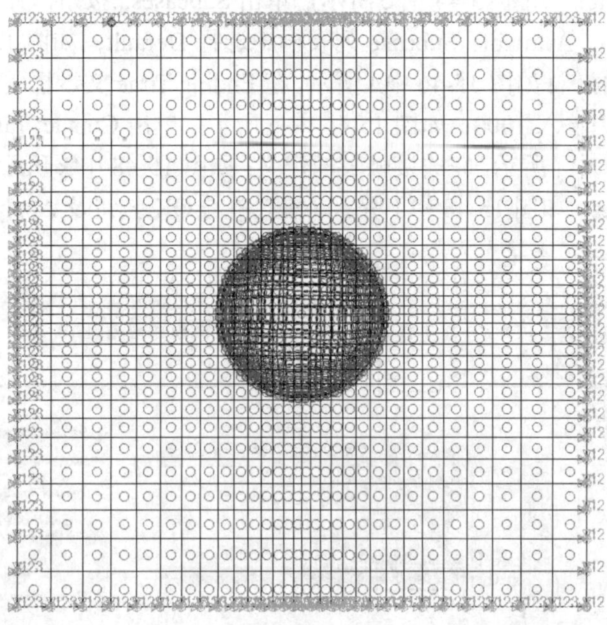

图 15-40 接触定义

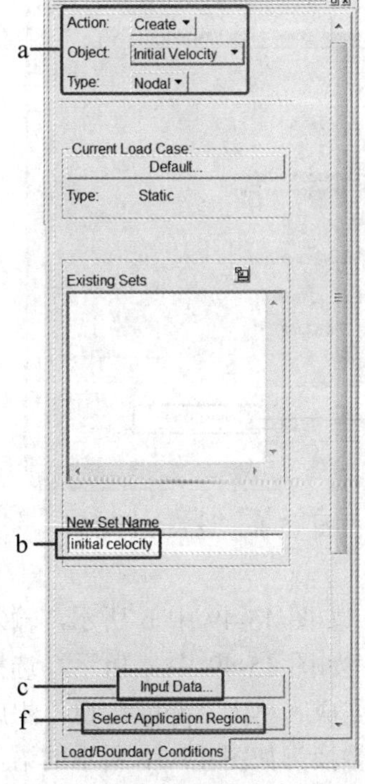

图 15-41 初始速度 Initial Velosity

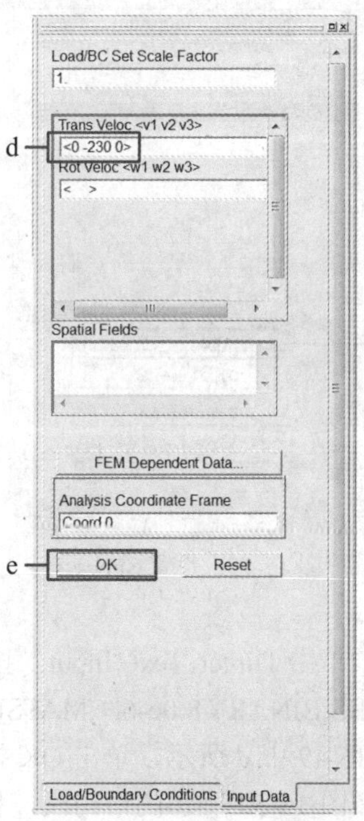

图 15-42 设置属性参数

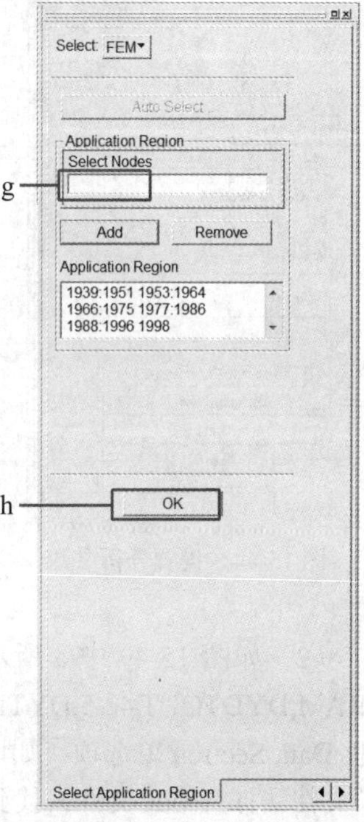

图 15-43 选择节点

7. 设置分析参数并提交分析作业

（1）单击工具栏中的 Analysis 按钮。如图 15-44 中 a 所示，依次设置 Action、Object 及 Method 的属性为 Analyze、Entire Model 及 Analysis Deck；如图 15-44 中 b 所示，在 Job Name 文本框中输入 penetrate；如图 15-44 中 c 所示，单击 Subcases...按钮，弹出 Subcases 窗口；如图 15-45 中 d 所示，在 Available Subcase 列表框中选择 Default；如图 15-45 中 e 所示，单击 Subcase Parameters…按钮；如图 15-46 中 f 所示，在 Ending Time 文本框中输入 8e-4，在 Number of Time Steps 文本框中输入 1000；如图 15-46 中 g 所示，单击 Contact Table…按钮，进入接触表的定义；如图 15-47 中 j 所示，完成接触表的定义；如图 15-48 中 k 所示，在 Adaptive Contact 下拉列表框中选择 Yes；如图 15-48 中 l 所示，依次单击 OK 按钮及 Apply 按钮完成接触定义。

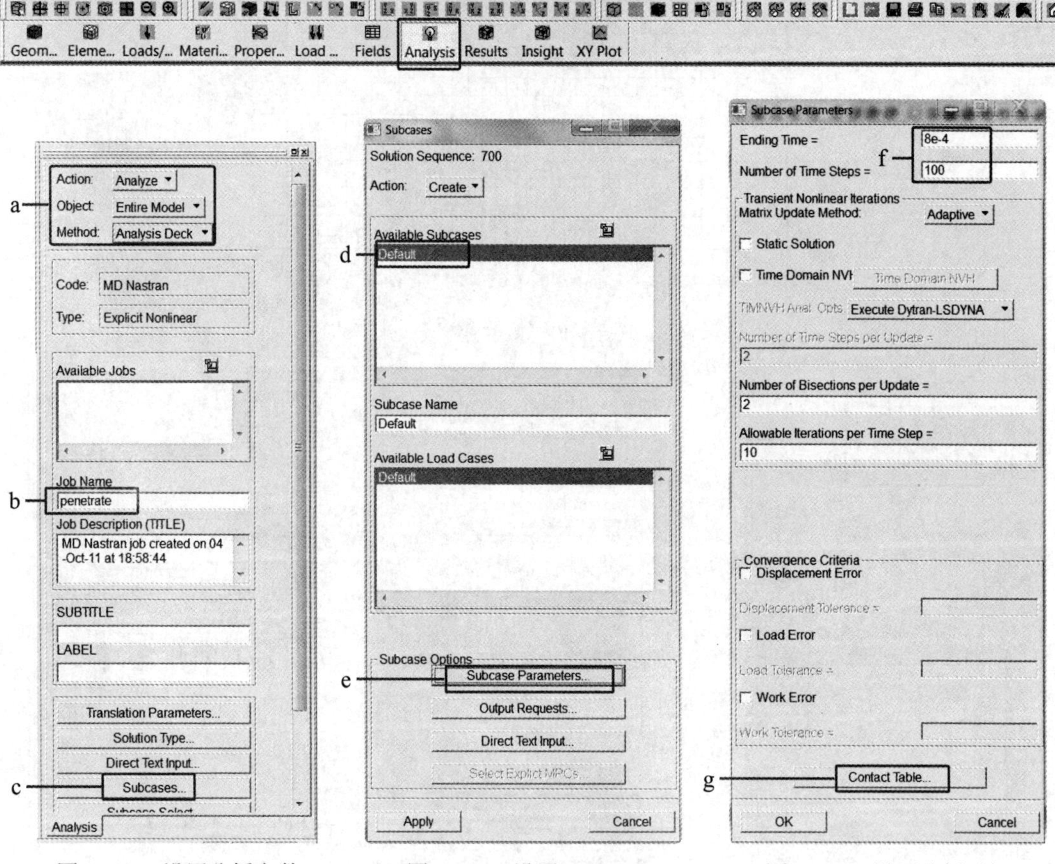

图 15-44　设置分析参数　　图 15-45　设置 Subcase　　图 15-46　设置分析时间

（2）如图 15-49 中 a 所示，单击 Direct Text Input…按钮；如图 15-49 中 b 所示，输入 PARAM,DYDTOUT,4e-5,DYTIMHS,BINARY,8.0e-6,+,MATSUM；如图 15-49 中 c 所示，选择 Bulk Data Section 单选项；如图 15-49 中 d 所示，单击 OK 按钮完成。单击 Apply 按钮，生成 bdf 文件。打开 bdf 文件，找到如图 15-50 所示的语句段，将之替换为如图 15-51 所示的语句段，保存文件后退出。

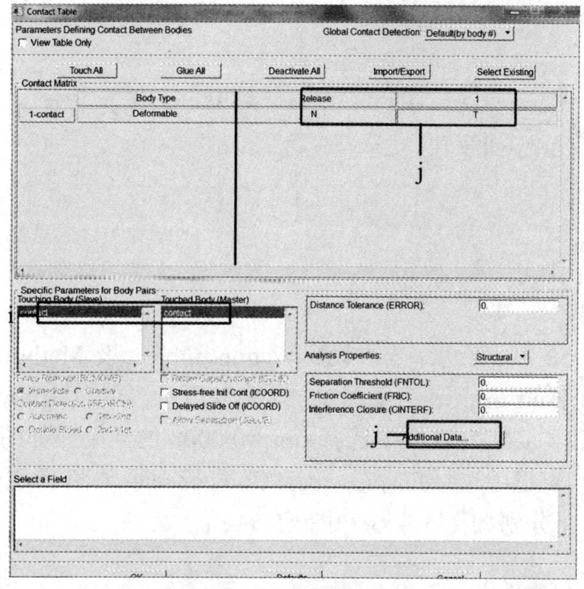

图 15-47　定义接触表

Additional Contact Data for Explicit Nonlinear
Search Algorithm　Default
Adaptive Contact　k　Yes
Erosion at Internal Nodes　Default
Adjacent Material Treatment　Default
Surface Behavior　Default
Shooting Node Logic　Default
Symmetry Plane　Default
Segment Searching Method　Default
Initial Penetration Method　Default
Kinetic Friction Coefficient
Exponential Decay Coefficient
Contact Thickness
Artificial Contact Thickness
l　OK　Defaults　Cancel

图 15-48　定义接触参数

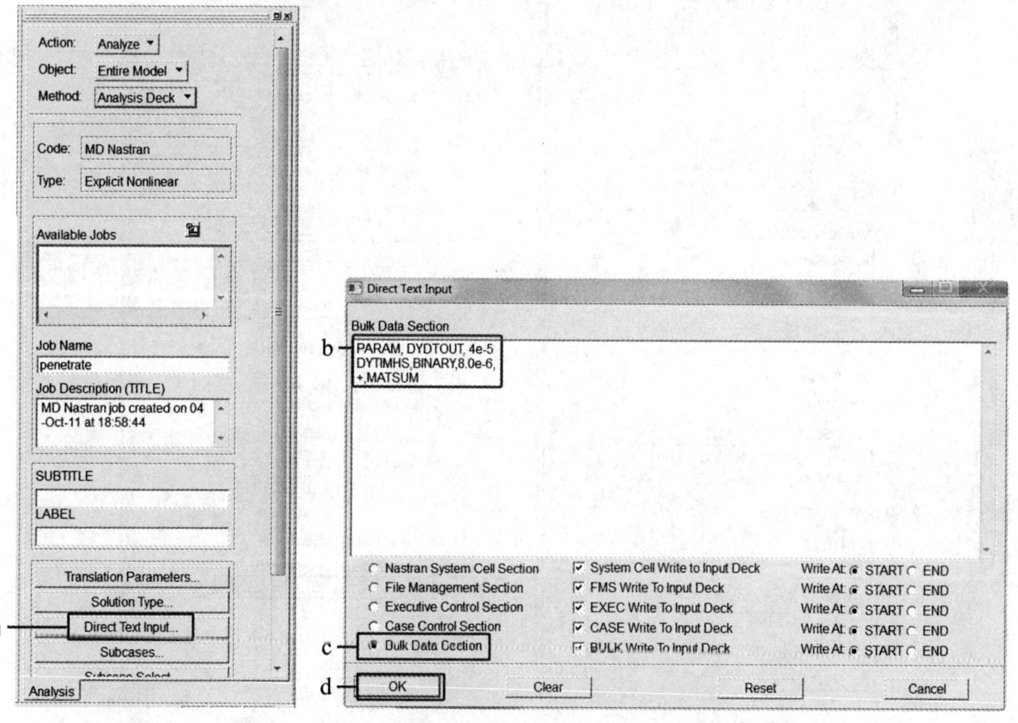

图 15-49　bdf 文件输入

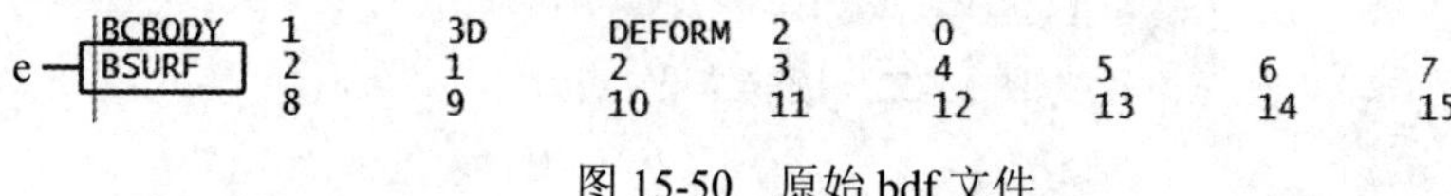

```
  BCBODY  1       3D      DEFORM  2       0
e BSURF   2       1       2       3       4       5       6       7
          8       9       10      11      12      13      14      15
```

图 15-50　原始 bdf 文件

```
     BCBODY   1        3D       DEFORM  2        0
f ─ BCPROP   2        1        2       3        4        5        6        7
              8        9        10      11       12       13       14       15
```

图 15-51　更改 bdf 文件

8. 提交分析作业

将修改后的 bdf 文件提交 Nastran 进行计算。

9. 结果查看

单击工具栏中的 Analyze 按钮。如图 15-52 中 a 所示，依次设置 Action、Object 及 Method 的属性为 Access Results、Attach d3plot 及 Result Entities；如图 15-52 中 b 所示，单击 Apply 按钮；如图 15-52 中 c 所示，在 Select Result Cases 列表框中选择 time=0.0008 的结果；如图 15-52 中 d 所示，在 Select Deformation Result 列表框中选择 Displacement Components；如图 15-52 中 e 所示，单击 Apply 按钮。位移图和应力图分别如图 15-53 和图 15-54 所示。

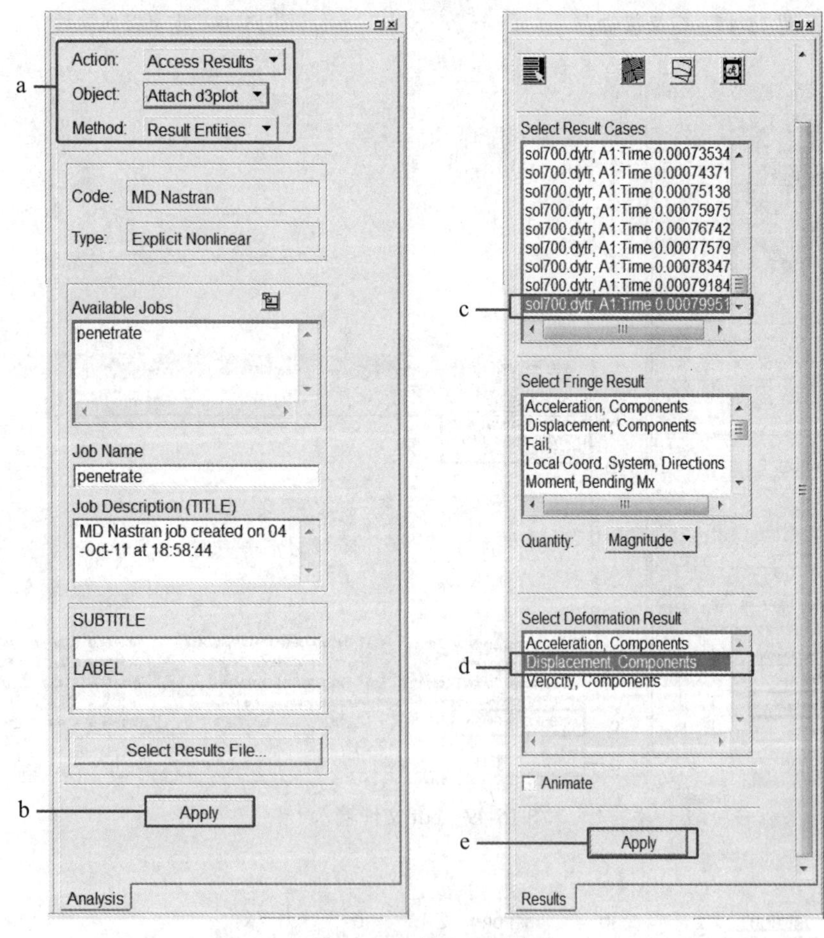

图 15-52　读取结果文件

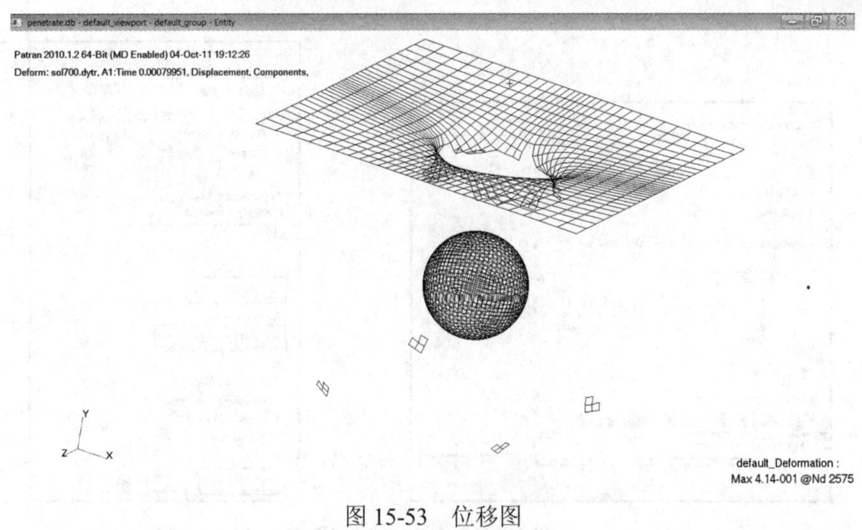

图 15-53　位移图

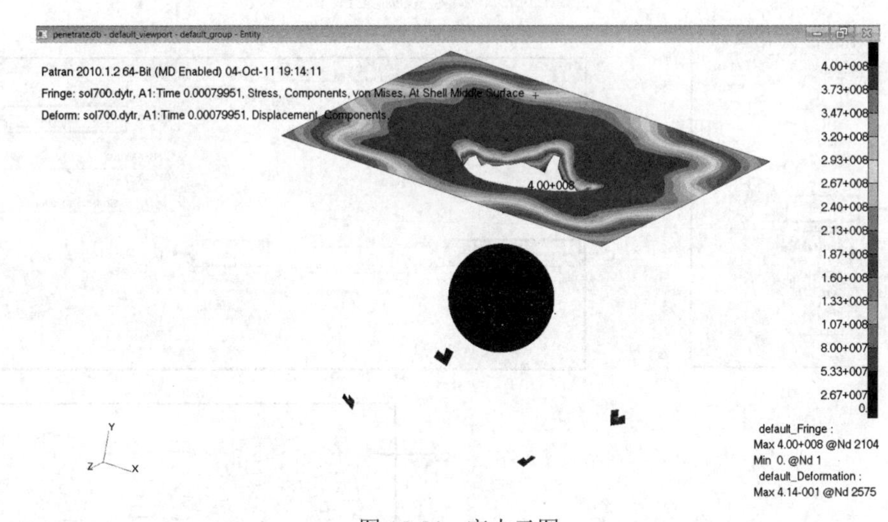

图 15-54　应力云图

15.4　碰撞分析实例

本例主要模拟汽车前盖板在盖合运动中与固定台面的碰撞，设定盖板的旋转中心，在重力场环境下具有初始加速度的碰撞。本例采用 SOL 700 模块中的 MAT24 型材料进行定义，最终使用 Nastran 中的 SOL 700 拉格朗日求解器进行求解运算。

1. 创建数据库文件

（1）如图 15-55 中 a 所示，新建 MSC Patran 的空数据文件，在 File name 文本框中输入数据文件名 hood_plat；如图 15-55 中 b 所示，选择 MSC Nastran 为解算器；如图 15-55 中 c 所示，设置分析类型为 Explicit Nonlinear；如图 15-55 中 d 所示，单击 OK 按钮完成新工作文件的建立。

（2）如图 15-56 中 a 所示，在 File 菜单中选择 Import 命令；如图 15-56 中 b 所示，在 Source 下拉列表框中选择 MSC Nastran Input；如图 15-56 中 c 所示，在 File name 文本框中输入 hood.bdf；如图 15-56 中 d 所示，单击 Apply 按钮完成模型输入，模型如图 15-56 中 e 所示。

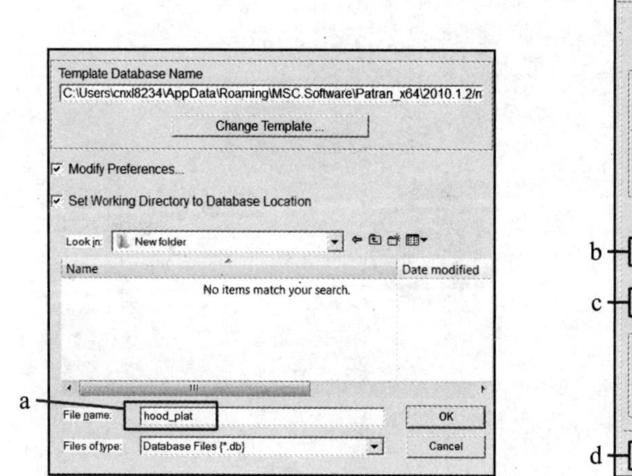

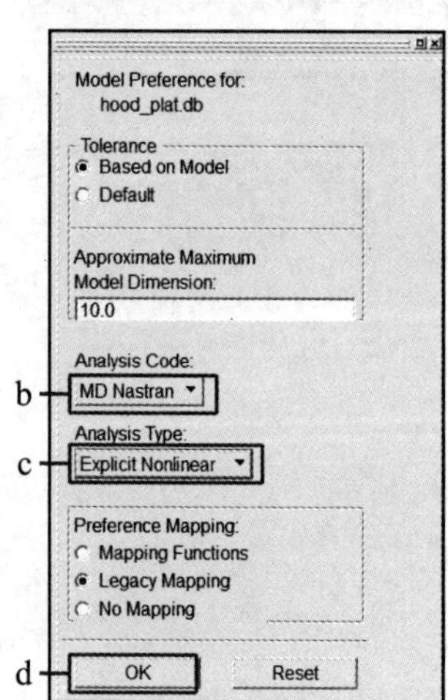

图 15-55　新建数据文件

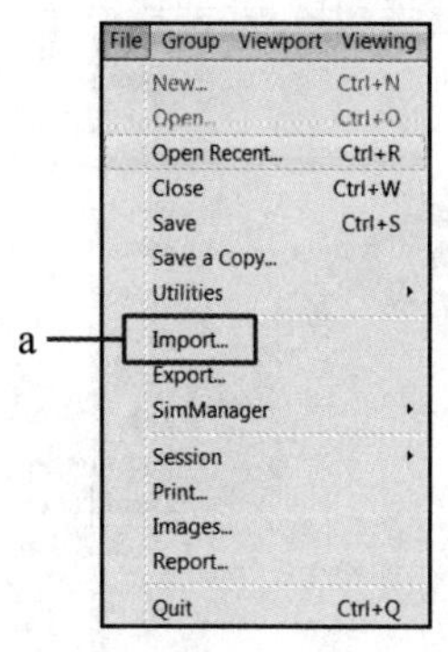

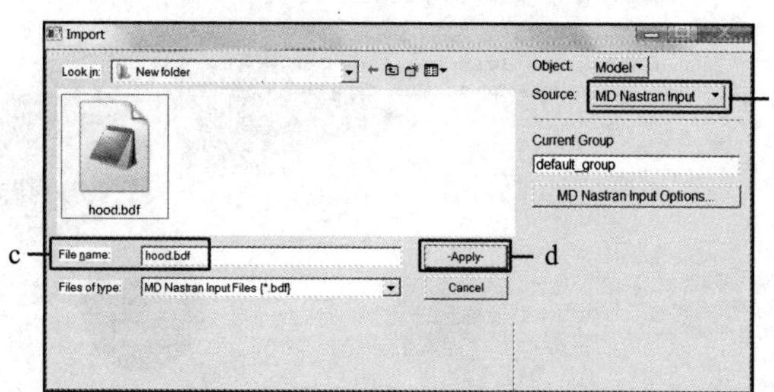

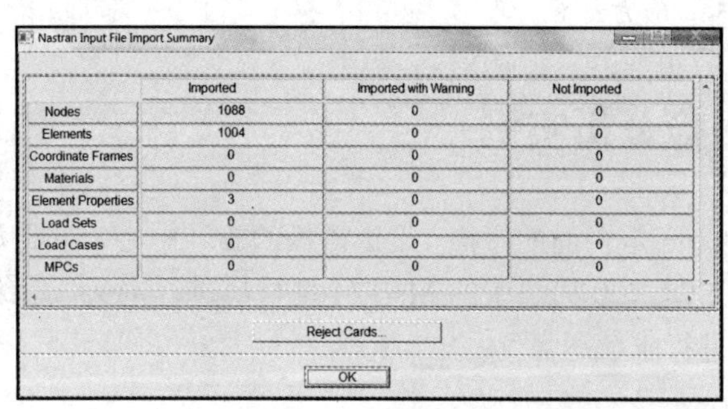
Nastran Input File Import Summary

	Imported	Imported with Warning	Not Imported
Nodes	1088	0	0
Elements	1004	0	0
Coordinate Frames	0	0	0
Materials	0	0	0
Element Properties	3	0	0
Load Sets	0	0	0
Load Cases	0	0	0
MPCs	0	0	0

Reject Cards...

OK

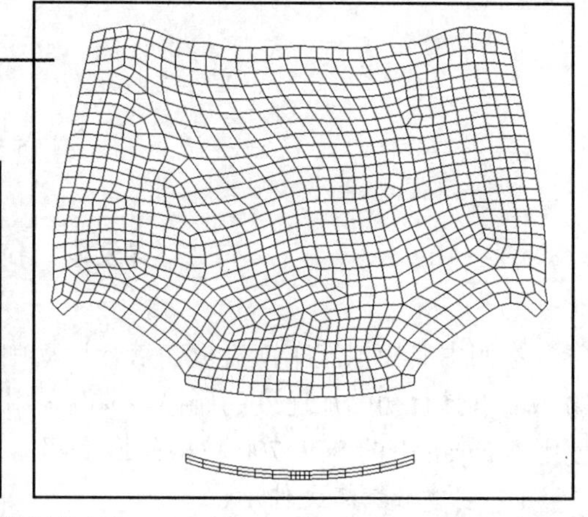

图 15-56　模型数据导入

（3）如图 15-57 中 a 所示，依次设置 Action、Object 及 Mothod 的值为 Create、Node、Edit；如图 15-57 中 b 所示，在 Node ID List 文本框中输入 5001；如图 15-57 中 c 所示，在 Node Location List 文本框内输入[-0.638 -24.65 24.49]；如图 15-57 中 d 所示，单击 Apply 按钮生成 Node 5001。

2. 定义材料本构关系

单击工具栏中的 Materials 按钮，打开 Materials 窗口。如图 15-58 中 a 所示，依次设置 Action、

Object 及 Method 的属性为 Create、Isotropic(SOL 700)及 Manual Input；如图 15-58 中 b 所示，在 Material Name 文本框中输入 hood_mat；如图 15-58 中 c 所示，单击 Input Properties...按钮，弹出 Input Options 窗口；如图 15-58 中 d 所示，依次在 Constitutive Model 下拉列表框中选择 Elastoplastic，在 Implementation 下拉列表框中选择 Piecewise Linear(MAT24)；如图 15-58 中 e 所示，在 Density 文本框中输入 7.5e-4，在 Elastic Modulus 文本框中输入 3e7，在 Poisson Ratio 文本框中输入 0.3，在 Yield Stress 文本框中输入 58000，在 Tangent Modulus 文本框输入 29000；如图 15-58 中 f 所示，单击 OK 按钮；如图 15-58 中 g 所示，单击 Apply 按钮完成材料 hood_mat 的定义。

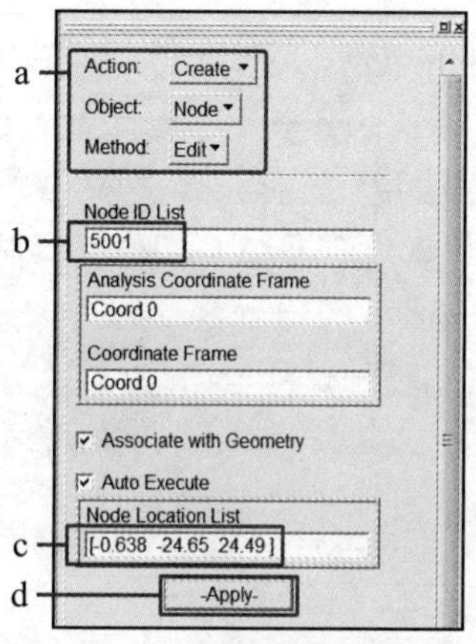

图 15-57　创建旋转控制点

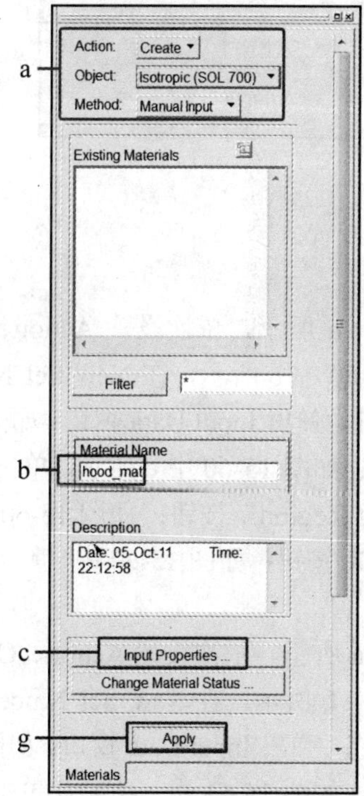

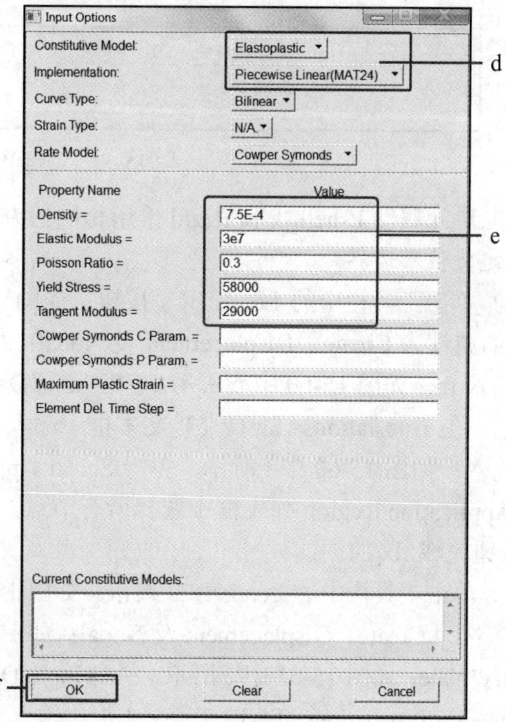

图 15-58　新建材料 hood_mat

3. 定义单元属性

（1）单击工具栏中的 Property 按钮，打开 Property 窗口。如图 15-59 中 a 所示，依次设置 Action、Object 及 Type 的属性为 Create、2D 及 Shell；如图 15-59 中 b 所示，选择 prop2；如图 15-59 中 d 所示，单击 Input Properties…按钮，弹出 Input Properties 窗口；如图 15-59 中 e 所示，在 Material Name 列表框中选择 hood_mat，在[Material Orientation]文本框中输入 0，在 Thickness 文本框中输入 2；如图 15-59 中 f 所示，单击 OK 按钮；如图 15-59 中 g 所示，单击 Apply 按钮；如图 15-59 中 h 所示，在弹出的 Message 窗口中单击 Yes 按钮，完成 prop2 单元属性的创建。

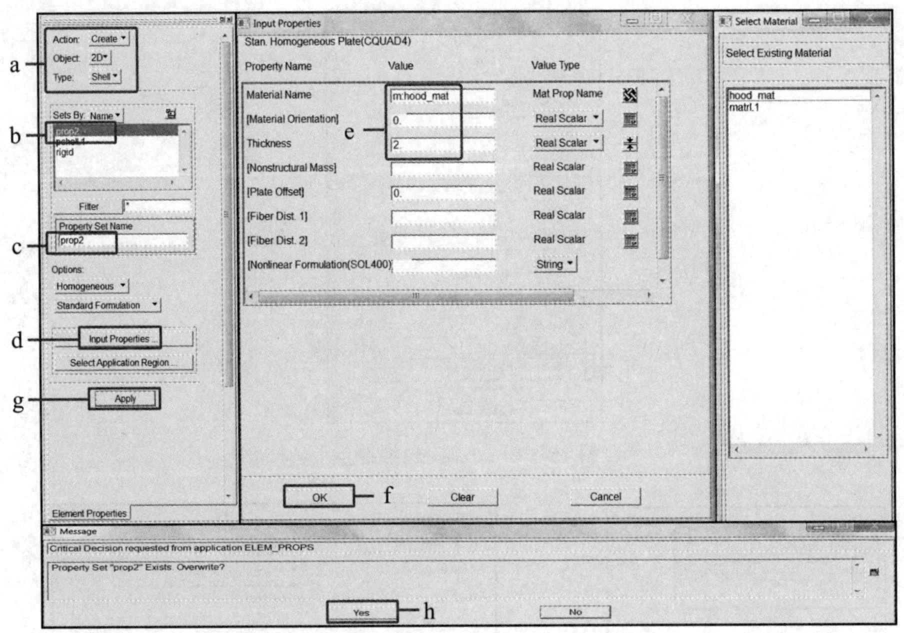

图 15-59　创建单元属性

（2）单元属性 Pshell_1 和 Rigid 采用相同的方法进行设置。

4. 定义位移边界

（1）单击工具栏中的 Loads/BCs 按钮。如图 15-60 中 a 所示，依次设置 Action、Object 及 Type 的属性为 Create、Displacement 及 Nodal；如图 15-60 中 b 所示，在 New Set Name 文本框中输入 fix；如图 15-60 中 c 所示，单击 Input Data...按钮，弹出 Input Data 窗口；如图 15-60 中 d 所示，在 Translations<T1 T2 T3>文本框中输入<0 0 0>；如图 15-60 中 e 所示，单击 OK 按钮完成输入；如图 15-60 中 f 所示，单击 Select Application Region…按钮；如图 15-60 中 h 所示，在 Application Region 列表框中选择所有节点，单击 OK 按钮；如图 15-60 中 i 所示，单击 Apply 按钮完成 fix 的创建。

（2）单击工具栏中的 Loads/BCs 按钮。如图 15-61 中 a 所示，依次设置 Action、Object 及 Type 的属性为 Create、Displacement 及 Nodal；如图 15-61 中 b 所示，在 New Set Name 文本框中输入 fix_plate；如图 15-61 中 c 所示，单击 Input Data...按钮，弹出 Input Data 窗口；如图 15-61 中 d 所示，在 Translations<T1 T2 T3>文本框中输入<0 0 0>；如图 15-61 中 e 所示，单击 OK 按钮完成输入；如图 15-61 中 f 所示，单击 Select Application Region…按钮，如图 15-61 中 h 所示，

在 Application Region 列表框中选择 Node 3017 3098 这两个节点，单击 OK 按钮；如图 15-61 中 i 所示，单击 Apply 按钮完成 fix_plate 的创建。

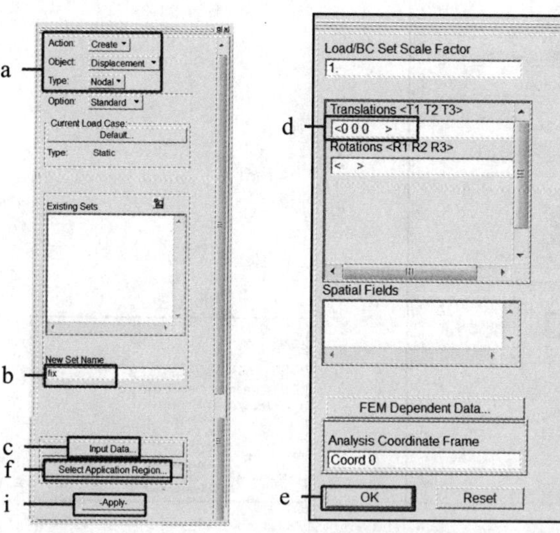

图 15-60　固定位移 fix

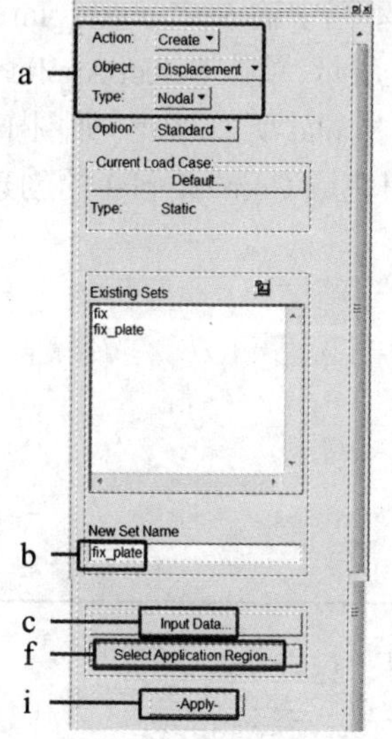

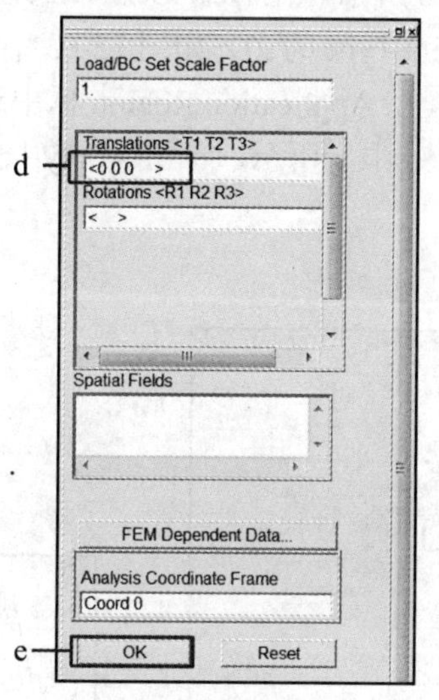

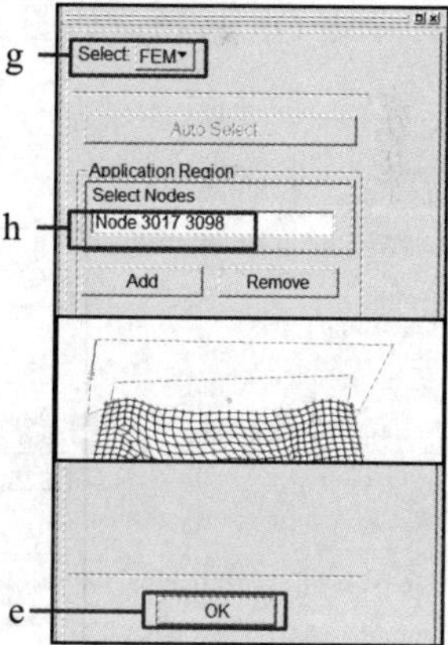

图 15-61　固定位移 fix_plate

（3）如图 15-62 中 a 所示，依次设置 Action、Object 及 Type 的属性为 Create、Inertial Load 及 Element Uniform；如图 15-62 中 b 所示，在 New Set Name 文本框中输入 grv；如图 15-62 中 c 所示，单击 Input Data...按钮，弹出 Input Data 窗口；如图 15-62 中 d 所示，在 Trans Accel <A1 A2 A3>文本框中输入<0 0 -386>；如图 15-62 中 e 所示，单击 OK 按钮完成输入；如图 15-62 中 f 所示，单击 Select Application Region…按钮；如图 15-62 中 g 所示，单击 OK 按钮，然后单击 Apply 按钮完成 grv 的创建。

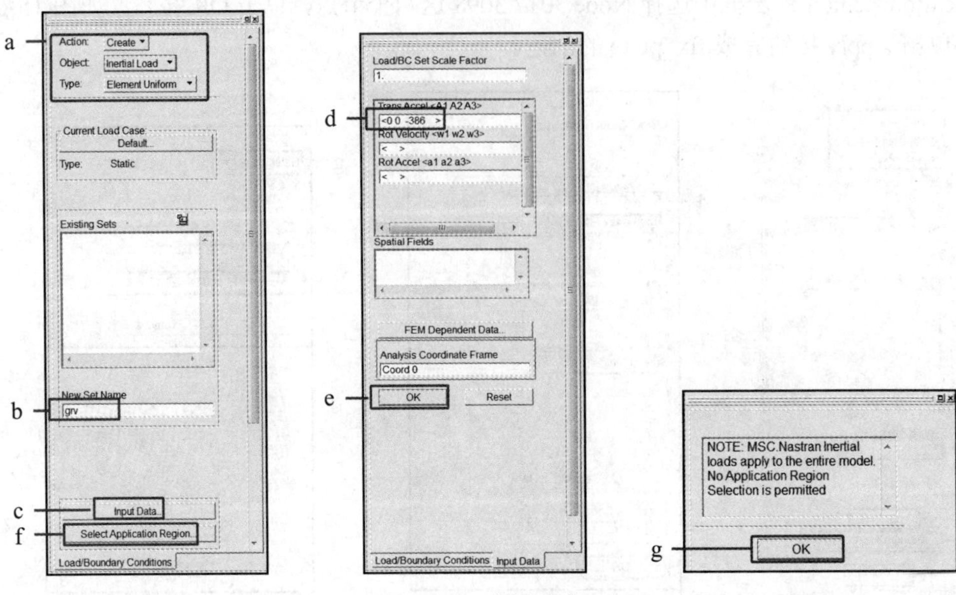

图 15-62　惯性载荷 giv

（4）如图 15-63 中 a 所示，依次设置 Action、Object 及 Type 的属性为 Create、Contact 及 Element Uniform；如图 15-63 中 b 所示，在 New Set Name 文本框中输入 Contact_plat；如图 15-63 中 c 所示，选择 Target Element Type 为 2D；如图 15-63 中 d 所示，单击 Select Application Region…按钮；如图 15-63 中 e 所示，在 Application Region 框中选择 plat 所有单元；如图 15-63 中 f 所示，单击 OK 按钮；如图 15-63 中 g 所示，单击 Apply 按钮完成 Contact_plat 的创建。

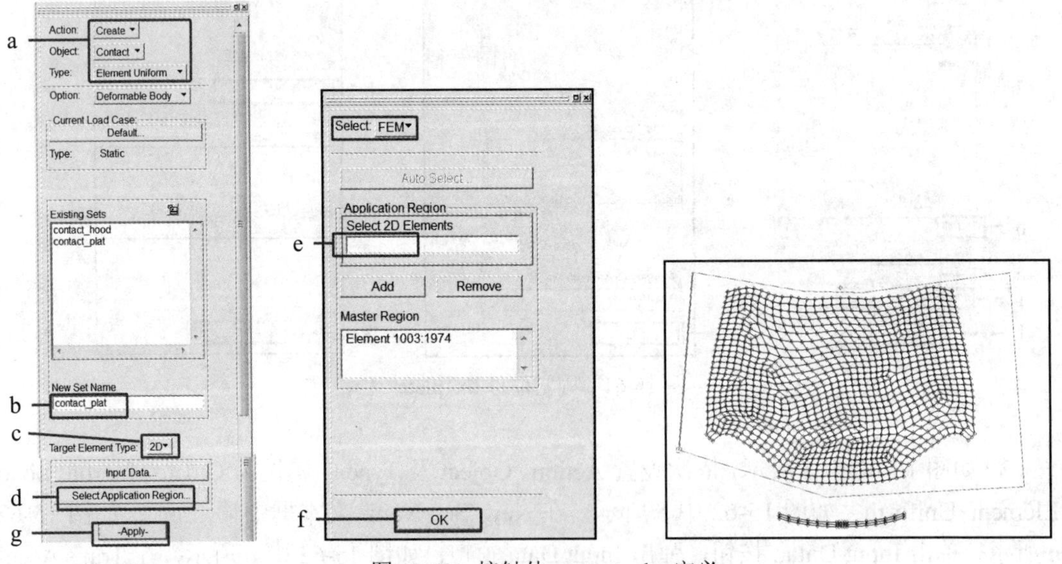

图 15-63　接触体 contact_plat 定义

（5）如图 15-64 中 a 所示，依次设置 Action、Object 及 Type 的属性为 Create、Contact 及 Element Uniform；如图 15-64 中 b 所示，在 New Set Name 文本框中输入 Contact_hood；如图 15-64 中 c 所示，选择 Target Element Type 为 2D；如图 15-64 中 d 所示，单击 Select Application

Region…按钮；如图 15-64 中 e 所示，在 Application Region 框中选择 hood 所有单元；如图 15-64 中 f 所示，单击 OK 按钮；如图 15-64 中 g 所示，单击 Apply 按钮完成 Contact_hood 的创建。

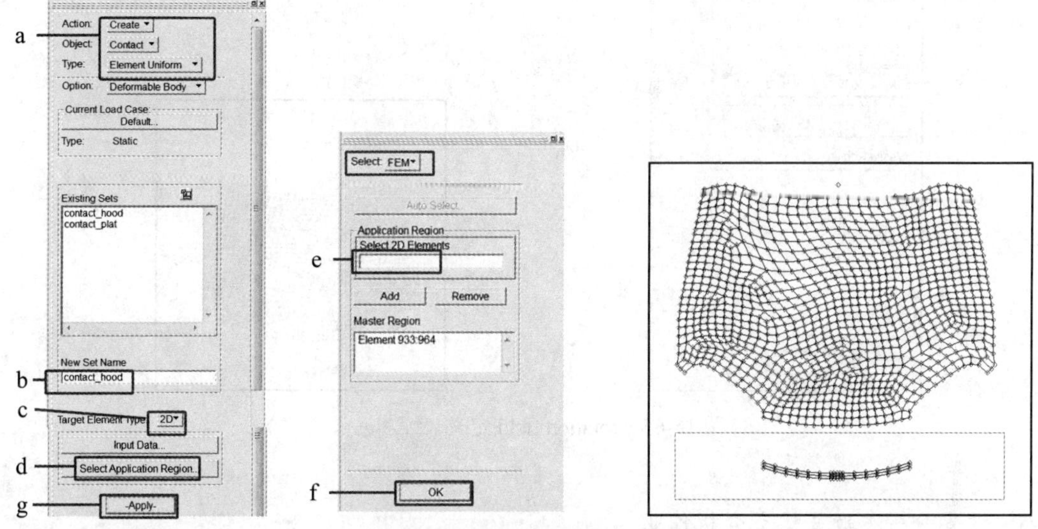

图 15-64　接触体 contact_hood 定义

（6）如图 15-65 中 a 所示，依次设置 Action、Object 及 Type 的属性为 Create、Init.Rotation Field 及 Nodal；如图 15-65 中 b 所示，在 New Set Name 文本框中输入 rotation field；如图 15-65 中 c 所示，单击 Input Data...按钮，弹出 Input Data 窗口；如图 15-65 中 d 所示，在 Transl Veloc <v1 v2 v3>文本框中输入<0 0 0>，在 Rot.Veloc<w1 w2 w3>文本框中输入<6 0 0>；如图 15-65 中 e 所示，选择 node 5001 为 Rotation Center；如图 15-65 中 f 所示，单击 OK 按钮完成输入；如图 15-65 中 g 所示，单击 Select Application Region…按钮；如图 15-65 中 h 所示，在 Application Region 文本框中选择 plat 所有单元；如图 15-65 中 i 所示，单击 OK 按钮；如图 15-65 中 j 所示，单击 Apply 按钮完成 rotation field 的创建。

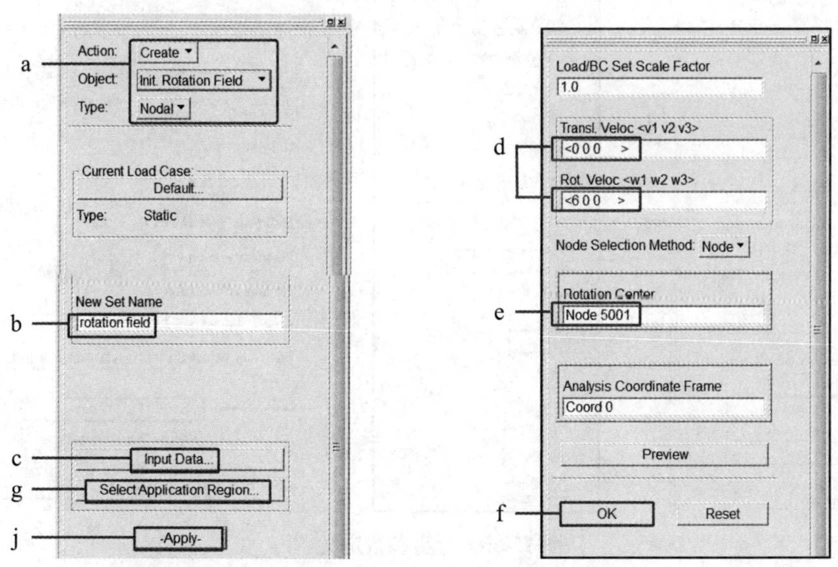

图 15-65　rotation field 定义

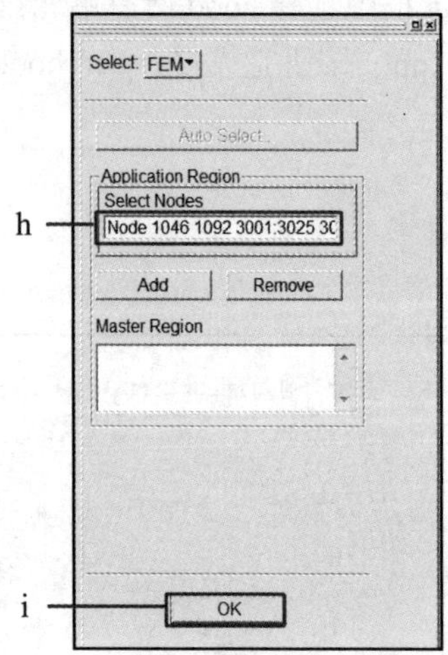

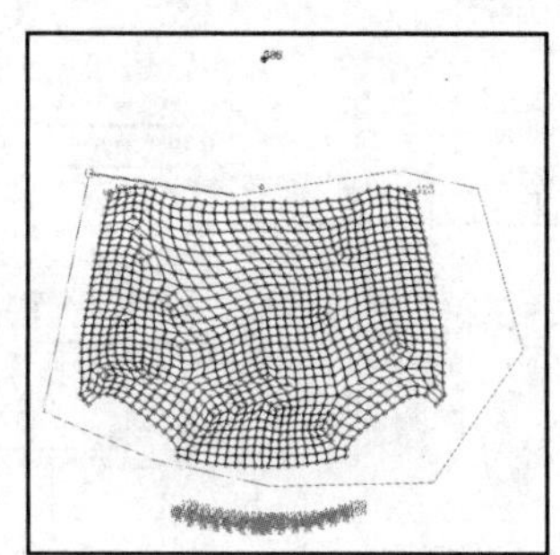

图 15-65　rotation field 定义（续图）

5．设置分析参数并提交分析作业

（1）单击工具栏中的 Analysis 按钮。如图 15-66 中 a 所示，依次设置 Action、Object 及 Method 的属性为 Analyze、Entire Model 及 Analysis Deck；如图 15-66 中 b 所示，单击 Solution Type...按钮，进入分析类型设置窗口；如图 15-66 中 c 所示，单击 Solution Parameters…按钮，打开 Solution Parameters 属性窗口；如图 15-66 中 d 所示，单击 Sol700 Parameters…按钮；如图 15-66 中 e 所示，单击 Execution Control Parameters…按钮；如图 15-66 中 f 所示，设置 Time Step for Output Req.为 0.01；如图 15-66 中 g、h 和 i 所示，多次单击 OK 按钮，回到主界面。

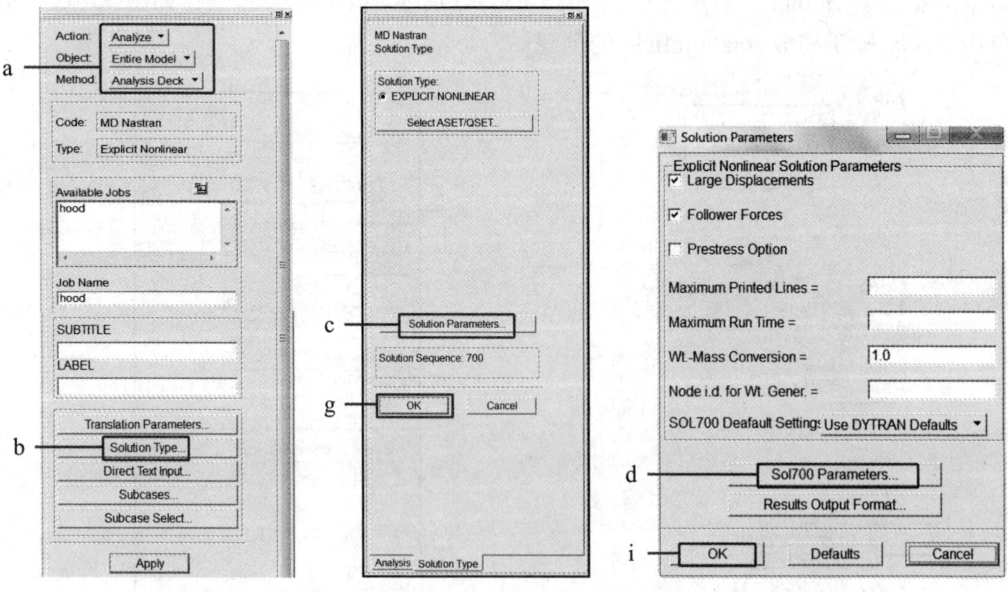

图 15-66　分析参数定义

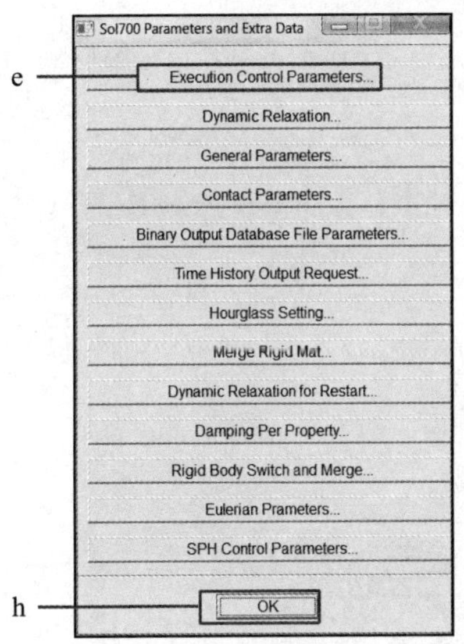

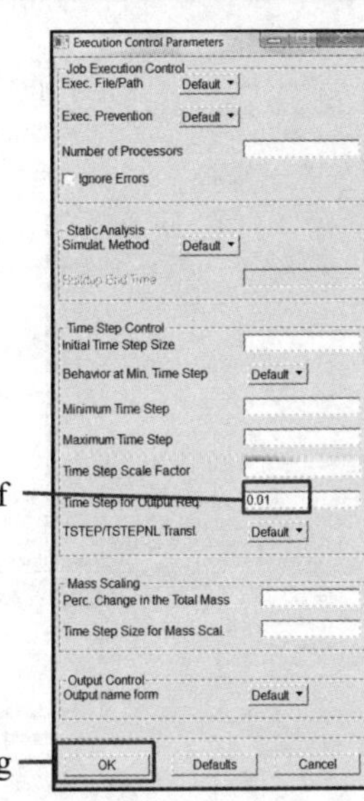

图 15-66　分析参数定义（续图）

（2）如图 15-67 中 a 所示，依次设置 Action、Object 及 Method 的属性为 Analyze、Entire Model 及 Analysis Deck；如图 15-67 中 b 所示，单击 Subcases...按钮，弹出 Subcases 窗口；如图 15-67 中 c 所示，在 Available Subcase 列表框中选择 Default；如图 15-67 中 d 所示，单击 Subcase Parameters…按钮；如图 15-67 中 e 所示，在 Ending Time 文本框中输入 1，设定 Number of Time Steps 为 100；如图 15-67 中 f 所示，单击 Contact Table…按钮进入接触表的定义；如图 15-67 中 g 所示，设置接触表；如图 15-67 中 h 和 i 所示，多次单击 OK 按钮回到主界面；如图 15-67 中 j 和 k 所示，单击 Apply 按钮进行运算求解。

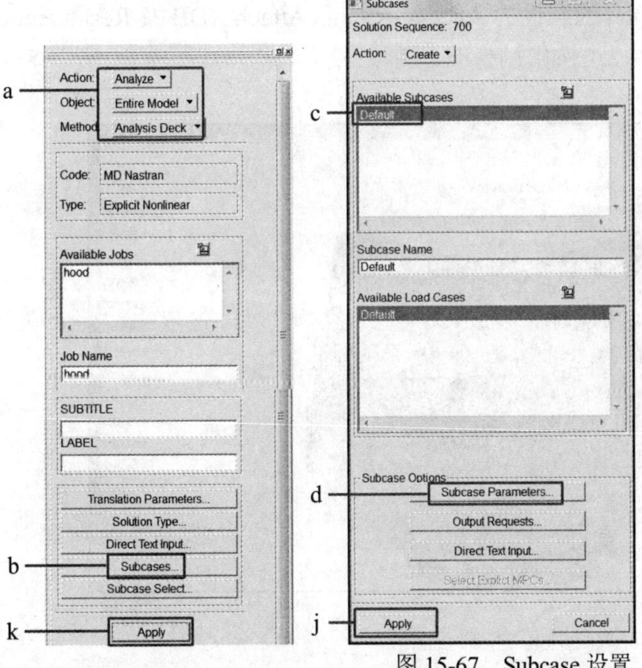

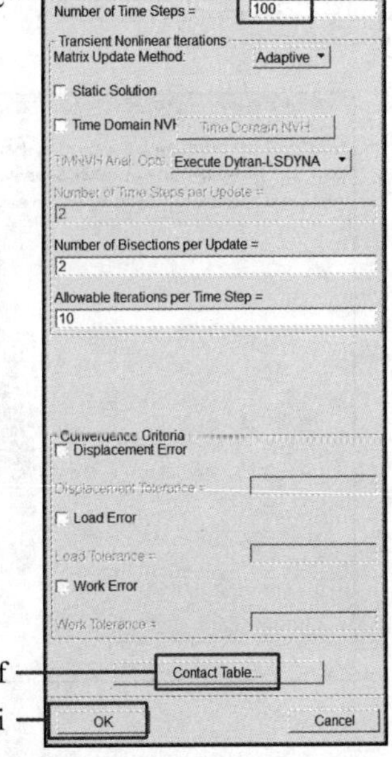

图 15-67　Subcase 设置

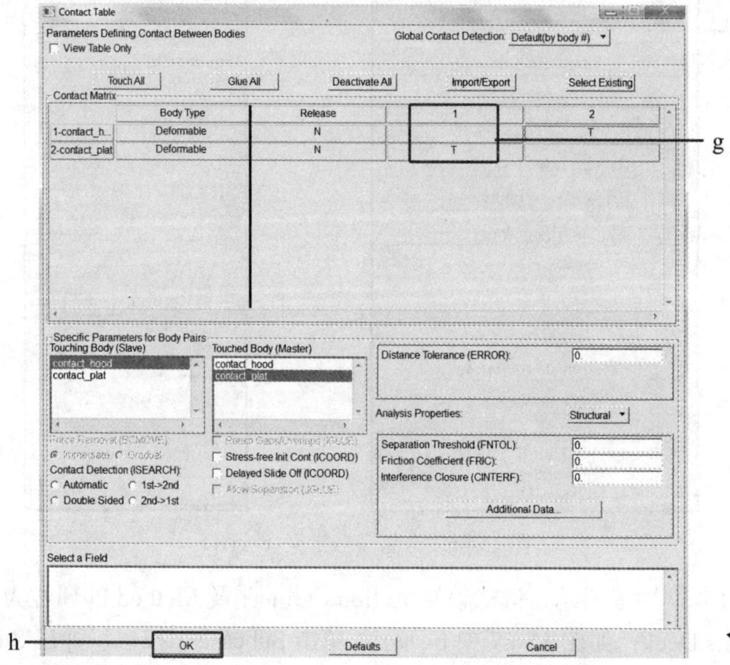

图 15-67　Subcase 设置（续图）

6. 提交分析作业

将修改后的 bdf 文件提交 Nastran 进行计算。

7. 结果查看

依次设置 Action、Object 及 Method 的属性为 Access Results、Attach XDB 及 Result Entities，单击 Apply 按钮读取结果文件，位移云图如图 15-68 所示。

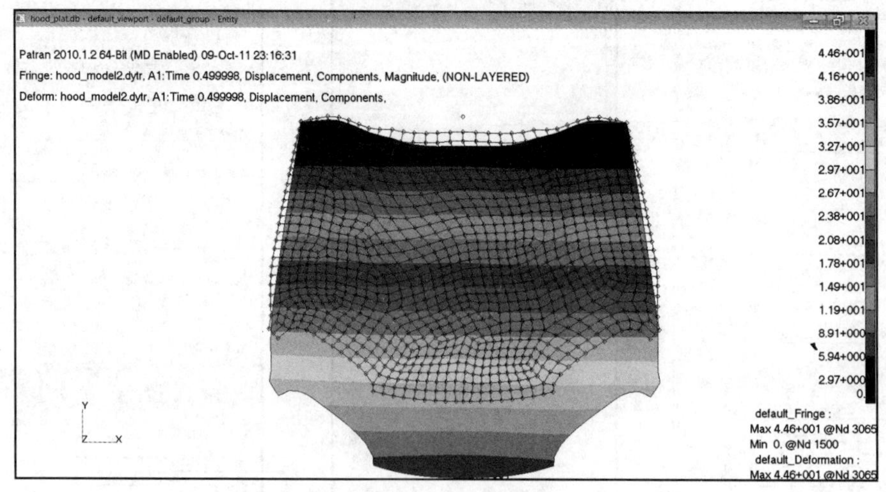

图 15-68　位移云图

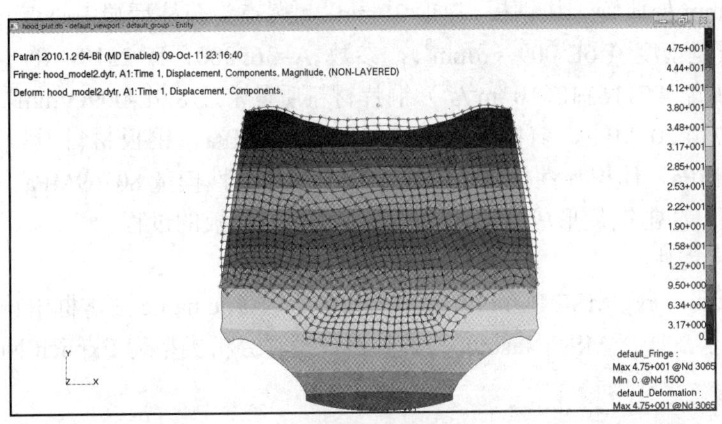

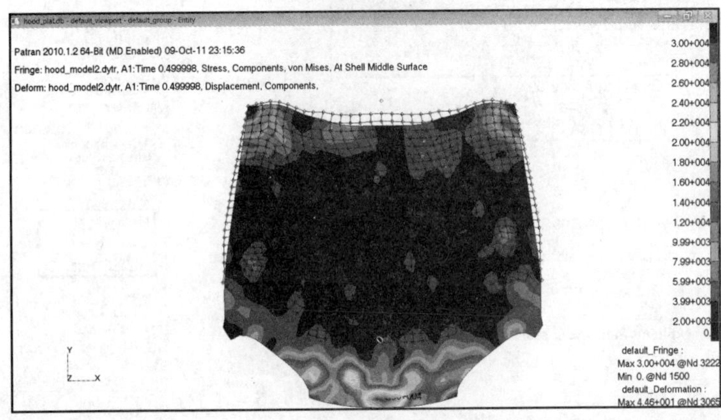

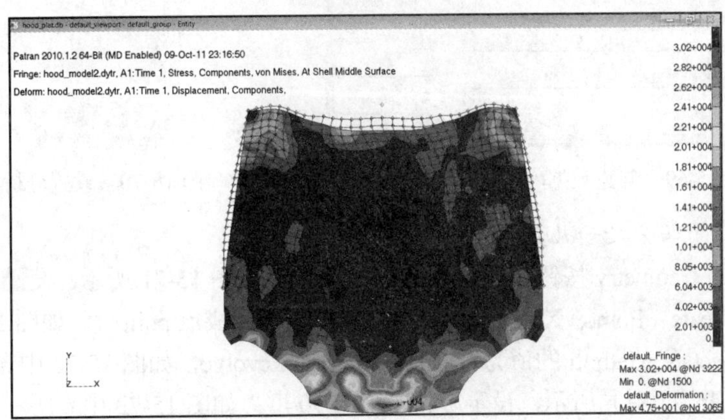

图 15-68 位移云图（续图）

15.5 金属射流分析实例

本例模拟 EFP 射流形成及侵彻钢板的过程，采用 Nastran 中的 SOL 700 欧拉求解器进行计算。聚能药型罩装置为一个圆柱形药筒，内装药柱，直径 90mm，柱长约 180mm，其内部放置一个圆球状的非金属材料物体（用于改变爆轰波传播方向），药柱前端放置一块圆锥形铜片，距离药柱前端 320mm 处放置一块钢板，厚度 30mm。起爆点为药柱后端中心点。炸药采用 JWL 状态方程模拟，质量密度 1.6E-009（t/mm^3），参数 A=365000，B=2310，R1=4.3，R2=1.1，OMEGA=0.28，比内能 4.7116+12（$10^{-6}m^2/s^2$）。铜片材料质量密度 8.9E-009（t/mm^3），σ_b=325MPa，体积弹性模量 85714.203MPa，剪切弹性模量 33962.199MPa。钢板材料质量密度 7.8E-009（t/mm^3），σ_b=500MPa，体积弹性模量 175000MPa，剪切弹性模量 80769MPa。计算结果主要查看炸药爆炸过程、冲击铜片形成射流的过程及射流穿透钢板的过程。

1. 创建数据库文件

如图 15-69 所示，新建 MSC Patran 的空数据文件，在 File name 文本框中输入数据文件名 jet。如图 15-70 所示，选择 MSC Nastran 为解算器，设置分析类型为 Explicit Nonlinear，单击 OK 按钮完成设置。

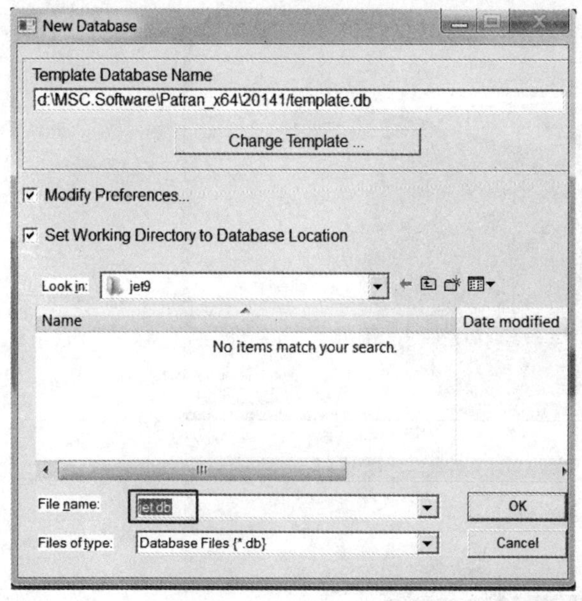

图 15-69　创建数据库文件

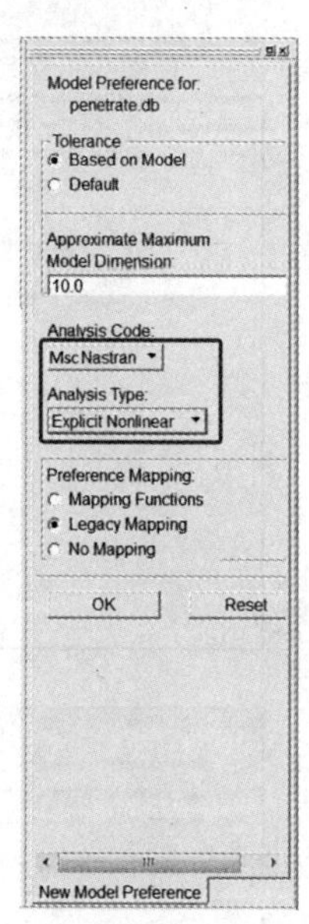

图 15-70　设置分析类型

2. 创建药柱截面四分之一几何模型

单击工具栏中的 Geometry 按钮，打开 Geometry 窗口。如图 15-71 所示，设置 Action、Object 及 Method 的值为 Create、Point、XYZ，输入坐标[0 0 45]，生成点 point 1。如图 15-72 所示，依次设置 Action、Object 及 Method 的值为 Create、Curve、Revolve，如图 15-72 中 a 所示，设定旋转轴为 X 轴；如图 15-72 中 b 所示，设定旋转角度为 90 度；如图 15-72 中 c 所示，在 Point List 框中选择 Point 1；如图 15-72 中 d 所示，单击 Apply 按钮，生成弧线 Curve 1。如图 15-73 所示，依次设置 Action、Object 及 Method 的值为 Create、Curve、Point，设置 Starting Point List=[0 0 0]，设置 Endting Point List=Point 1，单击 Apply 按钮，生成直线 Curve 2。如图 15-74 所示，依次设置 Action、Object 及 Method 的值为 Create、Curve、Point，设置 Starting Point List=[0 0 0]，设置 Endting Point List=Point 2，单击 Apply 按钮，生成直线 Curve 3。如图 15-75 所示，依次设置 Action、Object、Method 及 Option 的值为 Create、Surface、Edge 及 3 Edge，依次输入 Curve 1、Curve 2、Curve 3，单击 Apply 按钮，生成面 Surface 1。

Action: Create
Object: Point
Method: XYZ
Point ID List
1
Refer. Coordinate Frame
Coord 0
Auto Execute
Point Coordinates List
[0 0 45]
-Apply-
Geometry

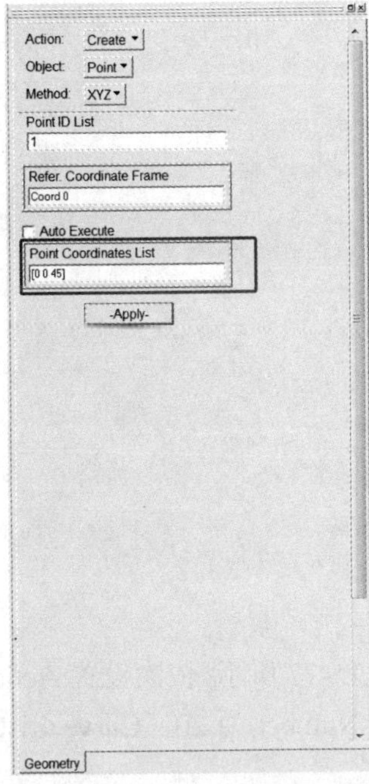

图 15-71　创建几何点

Action: Create
Object: Curve
Method: Revolve
Curve ID List
1
Refer. Coordinate Frame
Coord 0
Axis
Coord 0.1
a
Revolve Parameters
Total Angle
90.0
b
Offset Angle
0.0
Auto Execute
Point List
Point 1
c
-Apply-
d
Geometry

图 15-72　创建弧线

Action: Create
Object: Curve
Method: Point
Curve ID List
2
Option: 2 Point
Auto Execute
Starting Point List
[0 0 0]
Ending Point List
Point 1
-Apply-
Geometry

图 15-73　创建直线

Action: Create
Object: Curve
Method: Point
Curve ID List
3
Option: 2 Point
Auto Execute
Starting Point List
[0 0 0]
Ending Point List
Point 2
-Apply-
Geometry

图 15-74　创建直线

Action: Create
Object: Surface
Method: Edge
Surface ID List
1
Option: 3 Edge
Manifold
Manifold Surface
Auto Execute
Surface Edge 1 List
Curve 1
Surface Edge 2 List
Curve 2
Surface Edge 3 List
Curve 3
-Apply-
Geometry

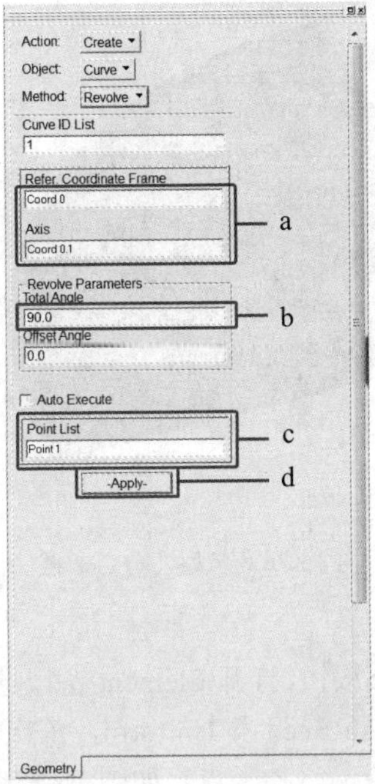

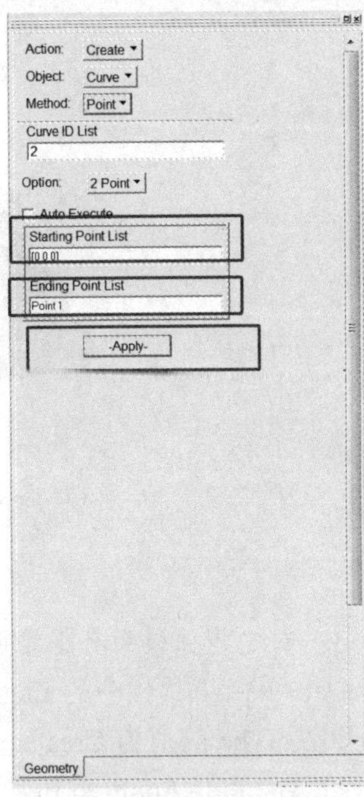

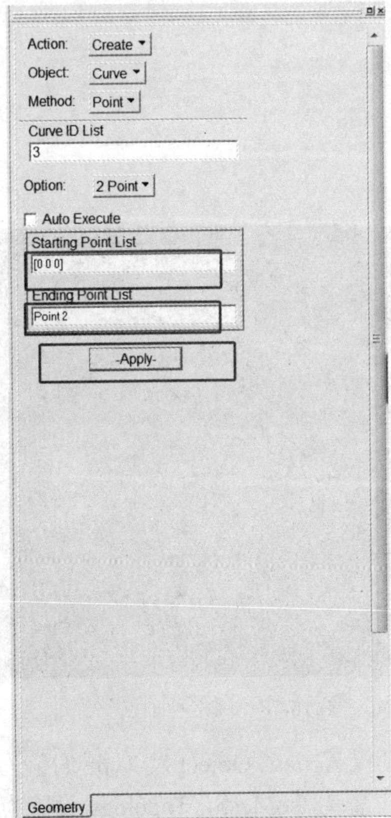

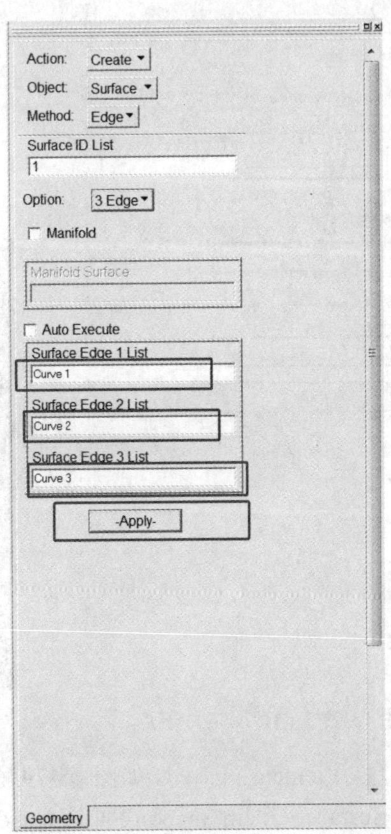

图 15-75　创建四分之一截面

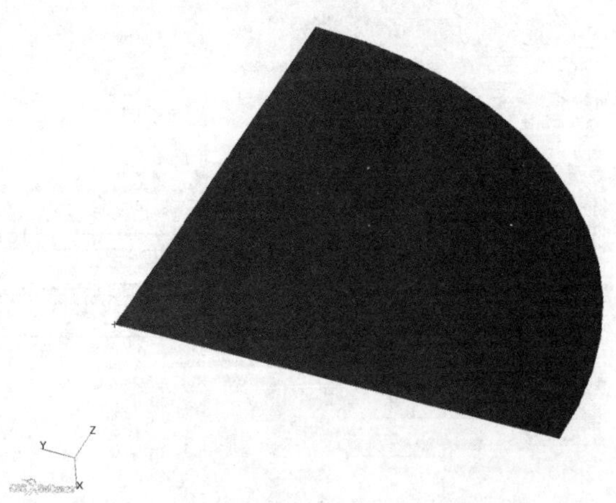

图 15-76　药柱四分之一截面

3. 创建药柱截面有限元网格

（1）单击工具栏中的 Element 按钮，打开 Element 窗口。如图 15-77 所示，依次设置 Action、Object 及 Type 的值为 Create、Mesh Seed 及 Uniform，依次输入 Number 为 20，Curve List 为 Curve 1:3，单击 Apply 按钮，生成网格种子点，如图 15-78 所示。

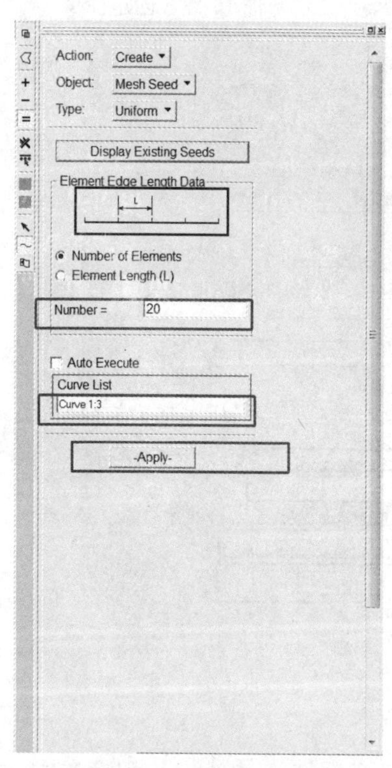

图 15-77　创建网格种子点

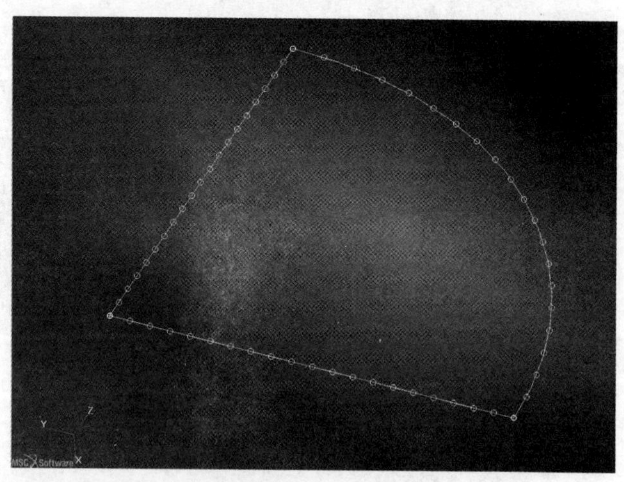

图 15-78　网格种子点

（2）在 Element 窗口中，如图 15-79 所示，依次设置 Action、Object 及 Type 的值为 Create、Mesh 及 Surface，Elem Shape 设置为 Quad，Mesher 设置为 IsoMesh，Topology 设置为 Quad4，输入 Surface List 为 Surface 1，单击 Apply 按钮，生成网格，如图 15-80 所示。

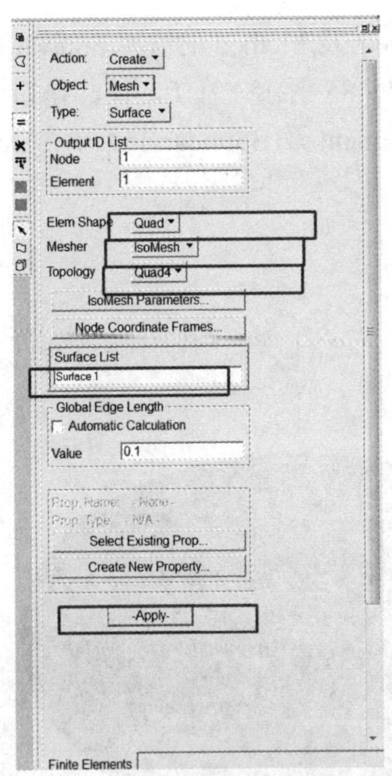

图 15-79　创建网格

图 15-80　网格

（3）在 Element 窗口中，如图 15-81 所示，设置 Action、Object 及 Method 的值为 Transform、Element、Mirror，输入 Define Mirror Plane Normal 为 Coord0.3，Element List 为框选全部单元，单击 Apply 按钮，复制形成截面二分之一有限元网格，然后修改 Define Mirror Plane Normal 为 Coord0.2，Element List 为重新框选全部单元，单击 Apply 按钮，复制形成全截面有限元网格，如图 15-83 所示。

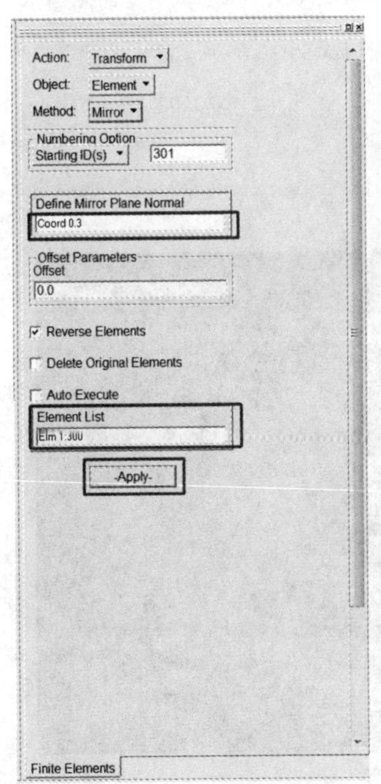

图 15-81　网格镜像复制

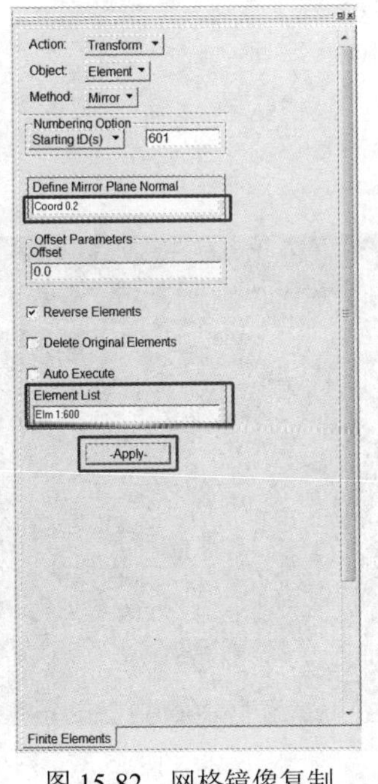

图 15-82　网格镜像复制

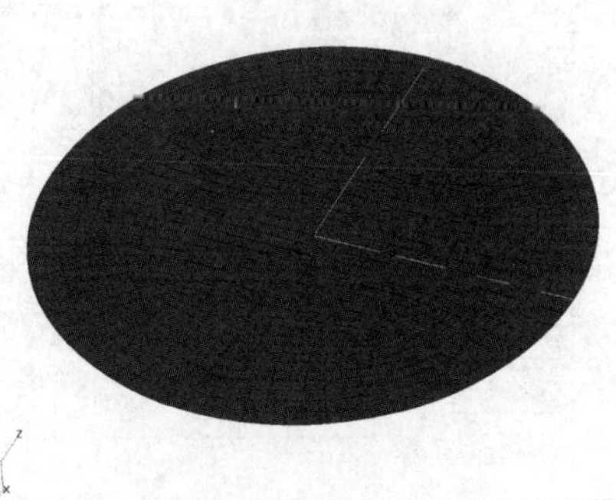

图 15-83　完整截面有限元网格

（4）在 Element 窗口中，如图 15-84 所示，设置 Action、Object 及 Method 的值为 Equivalence、All、Tolerance Cube，单击 Apply 按钮消除重复节点，如图 15-85 所示。在 Element 窗口中，如图 15-86 所示，设置 Action、Object 及 Test 的值为 Verify、Element 及 Boundaryies，单击 Apply 按钮显示自由边，如图 15-87 所示。

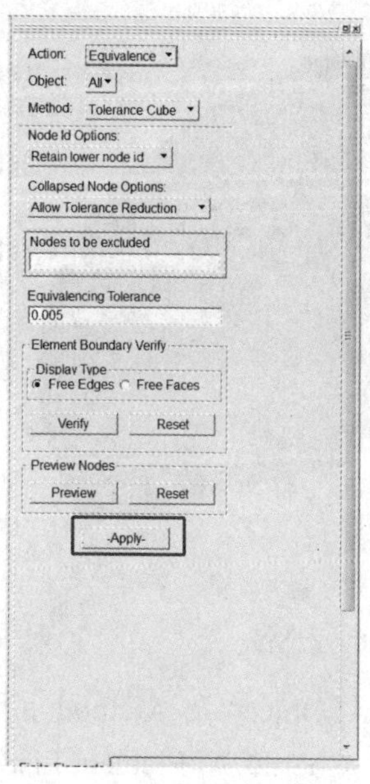

图 15-84　消除网格重复节点

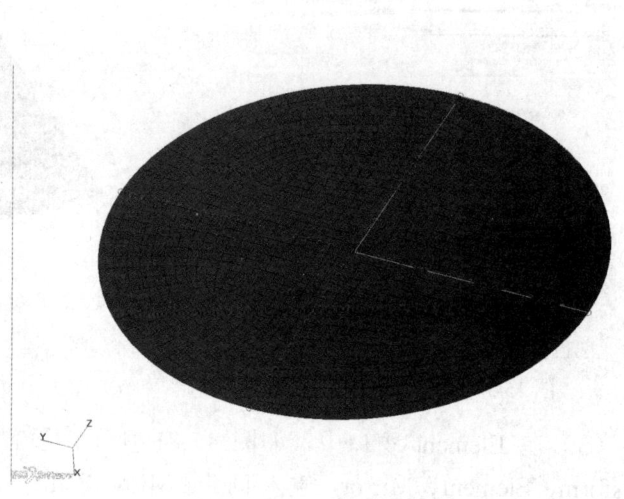

图 15-85　网格重复节点

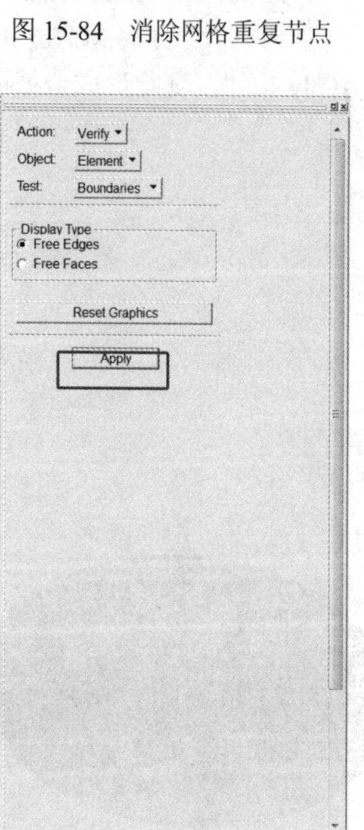

图 15-86　检查网格自由边

图 15-87　网格自由边

（5）单击 Left Side View 图标，如图 15-88 所示，然后单击 Plot/Erase 图标，单击 Geometry Erase 按钮。

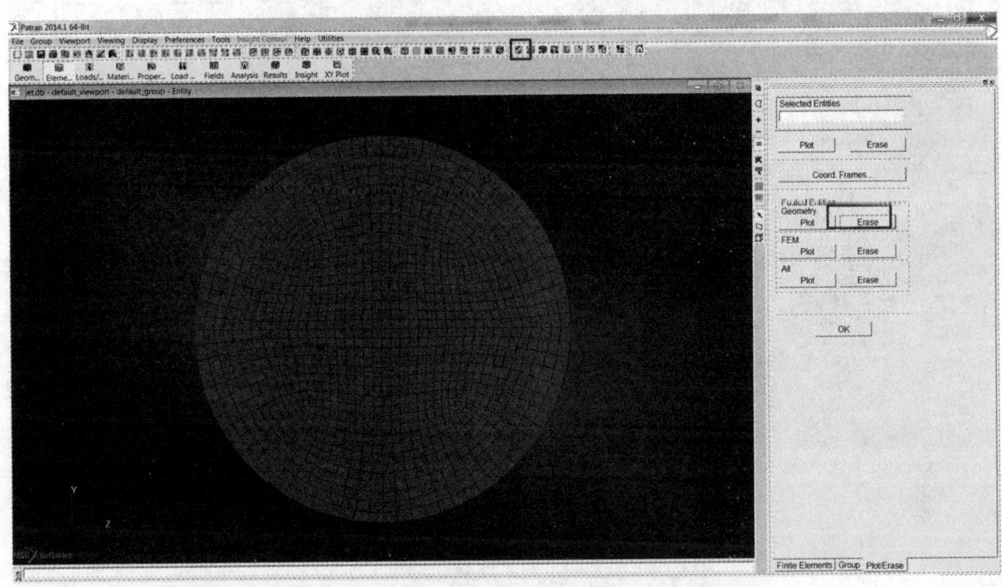

图 15-88　前视图：隐藏几何单独显示有限元网格

（6）如图 15-89 所示，选择菜单项 Group→Create，输入 New Group Name 为 inner，采用多边形框选除最外两层单元外的单元并输入到 Entity Selection 框中，然后单击 Apply 创建包含这部分单元的 inner 组。然后复制 Entity Selection 框中的单元号，然后单击 Geometry Erase 按钮，将单元号粘贴于 Selected Entity 框中，单击 Erase 按钮隐藏这部分单元，然后单击 Group，如图 15-90 所示，返回 Group 菜单，框选显示的所有单元并输入到 Entity Selection 框中，然后单击 Apply 按钮创建包含这部分单元为 outer 组，如图 15-91 所示。

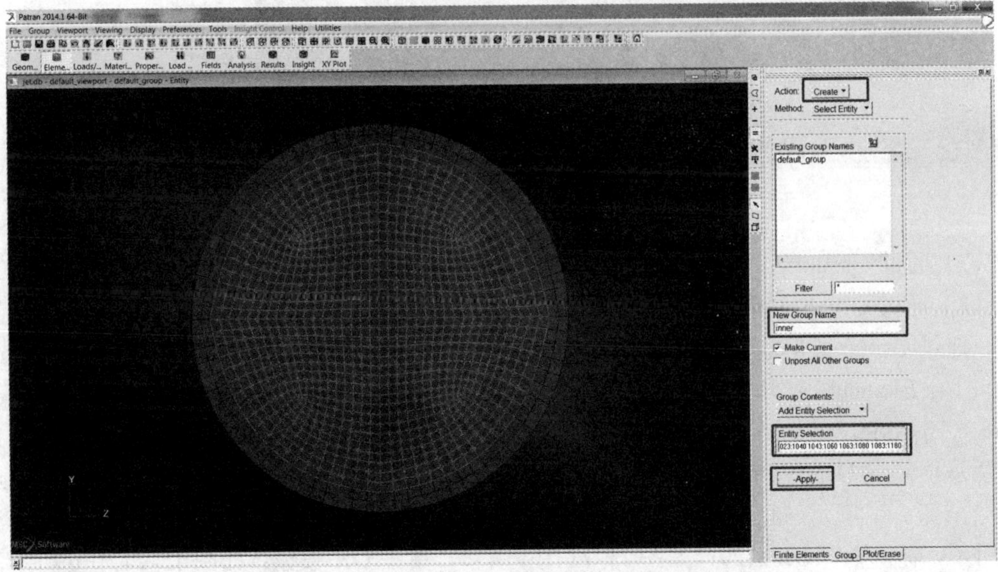

图 15-89　有限元网格分组

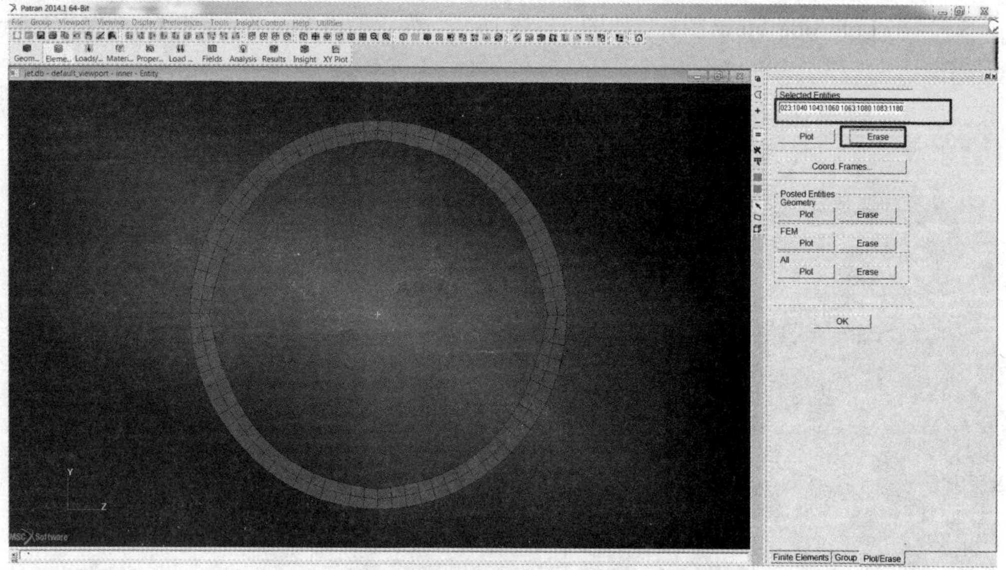

图 15-90　隐藏 inner 组单元

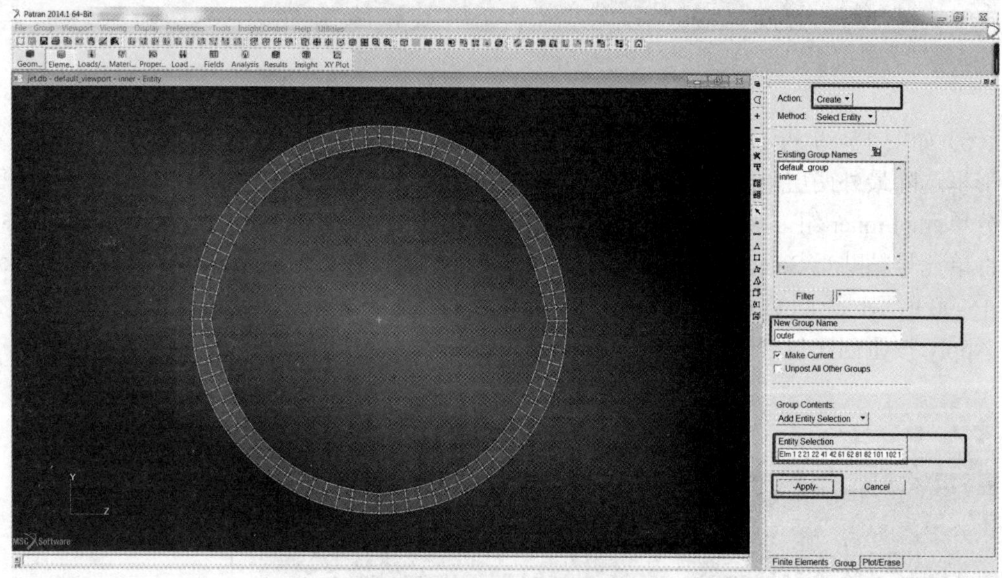

图 15-91　有限元网格分组

（7）通过 Group 菜单创建一个空组 Euler。

（8）通过 Group 菜单张贴（Post）inner 组与 Euler 组，如图 15-92 所示。保持 Euler 为当前组，通过 Group 菜单的 Set Current 确认或设置，如图 15-93 所示。单击工具栏中的 Element 按钮，打开 Element 窗口，如图 15-94 所示，依次设置 Action、Object 及 Method 的值为 Sweep、Element、Extrude，如图 15-94 中 a 所示，在 Direction Vector 文本框中输入<600 0 0>；如图 15-94 中 b 所示，勾选 Delete Original Elements 复选框；如图 15-94 中 c 所示，在 Base Entity List 框中框选全部二维单元；如图 15-94 中 d 所示，单击 Mesh Control…按钮打开相应菜单；如图 15-94 中 e 所示，输入 Number=120；如图 15-94 中 f 所示，单击 OK 按钮；如图 15-94 中 g 所示，单击 Apply 按钮产生三维体单元网格，如图 15-95 所示。

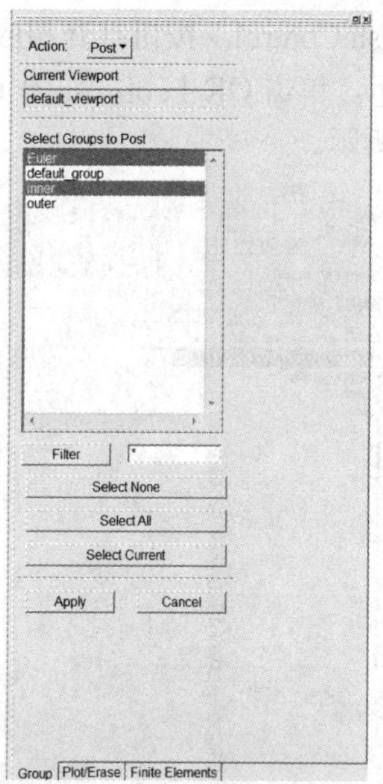

图 15-92 张贴 Euler 组与 inner 组

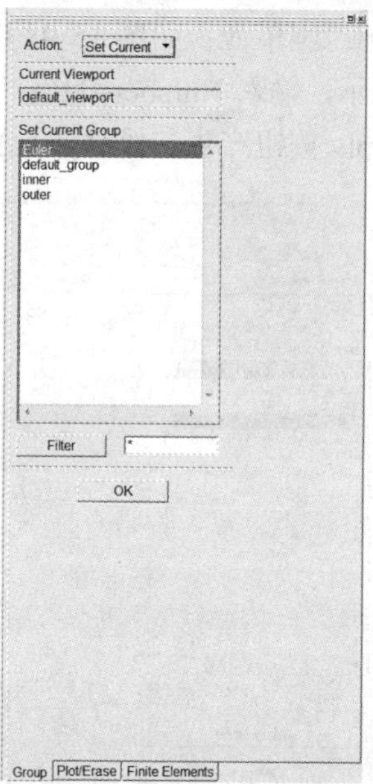

图 15-93 设置或确认 Euler 为当前组

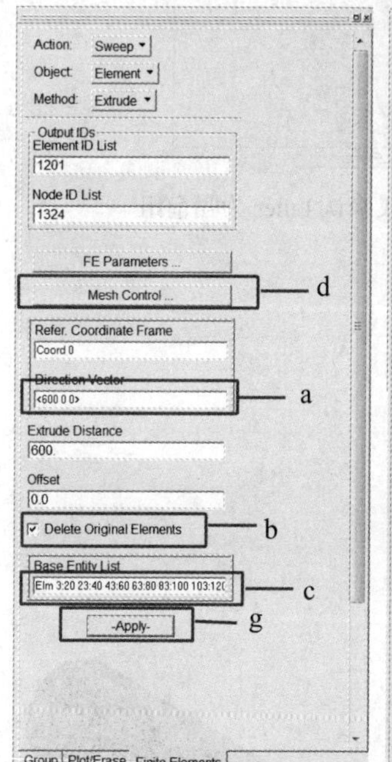

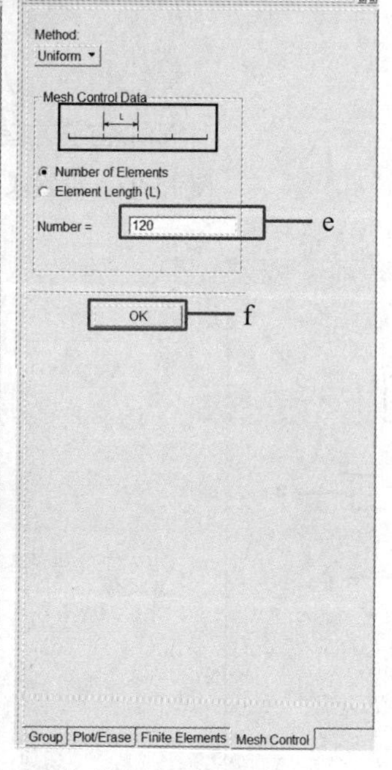

图 15-94 以扫掠方式生成体元网格

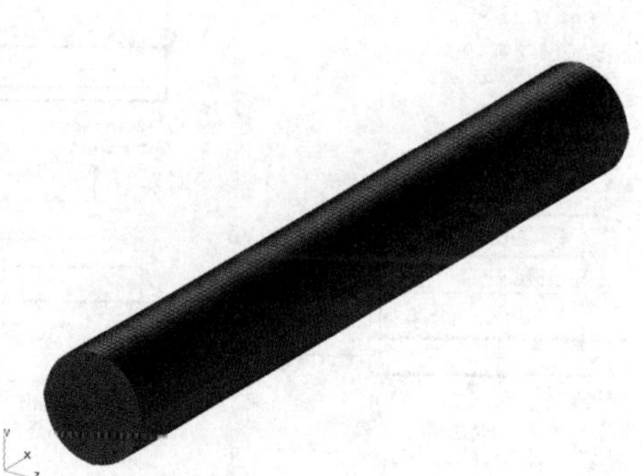

图 15-95 体元网格

（9）通过 Group 菜单张贴（Post）outer 组与 Euler 组，如图 15-96 所示。保持 Euler 为当前组，通过 Group 菜单的 Set Current 确认或设置，如图 15-97 所示。单击工具栏中的 Element 按钮，打开 Element 窗口，如图 15-98 所示，依次设置 Action、Object 及 Method 的值为 Sweep 在 Element、Extrude，如图 15-98 中 a 所示，在 Direction Vector 文本框中输入<550 0 0>；如图 15-98 中 b 所示，勾选 Delete Original Elements 复选框；如图 15-98 中 c 所示，在 Base Entity List

框中框选全部二维单元；如图 15-98 中 d 所示，单击 Mesh Control…按钮打开相应菜单；如图 15-98 中 e 所示，输入 Number=110；如图 15-98 中 f 所示，单击 OK 按钮；如图 15-98 中 g 所示，单击 Apply 按钮产生三维体单元网格，如图 15-99 所示。

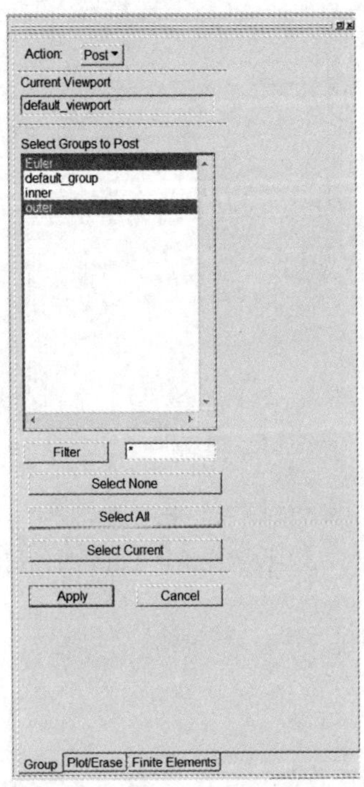

图 15-96 张贴 outer 组与 Euler 组

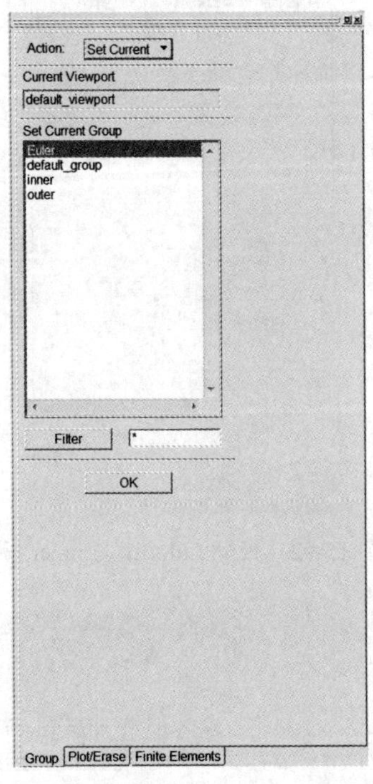

图 15-97 设置或确认 Euler 为当前组

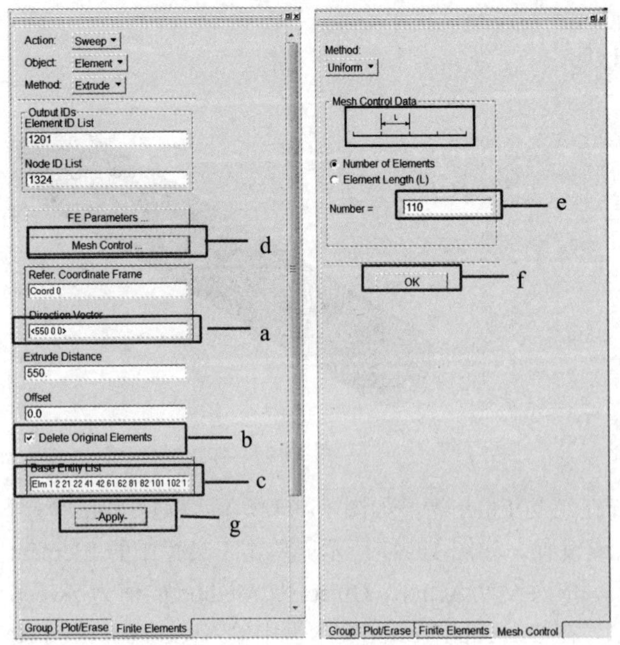

图 15-98 以扫掠方式生成体元网格

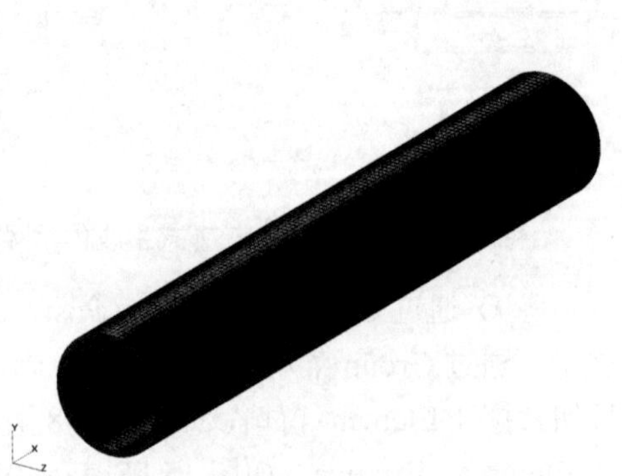

图 15-99 体元网格

（10）通过 Group 菜单单独张贴（Post）Euler 组，如图 15-100 所示。单击工具栏中的 Element 按钮，打开 Element 窗口，设置 Action、Object 及 Method 的值为 Equivalence、Group、Tolerance Cube，在 Select Groups 列表框中选中 Euler 组，单击 Apply 按钮消除重复节点。在 Element 窗口中，如图 15-103 所示，设置 Action、Object 及 Test 的值为 Verify、Element 及 Boundaries，单击 Apply 按钮显示自由边，如图 15-104 所示。

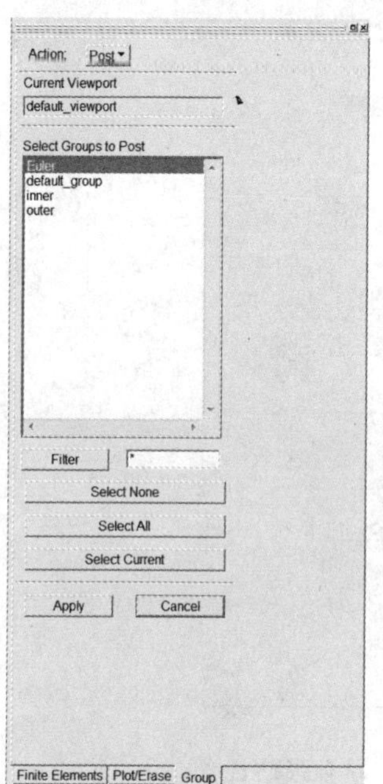

图 15-100　单独张贴 Euler 组

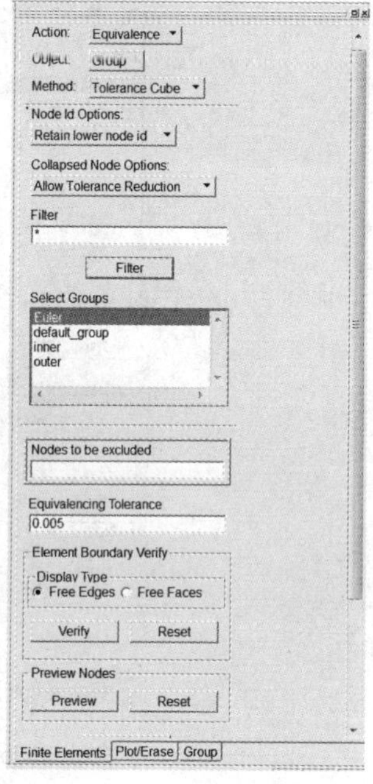

图 15-101　消除重复节点

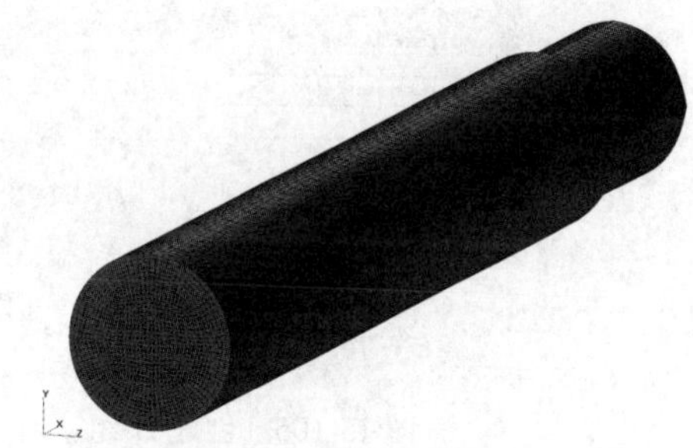

图 15-102　重复节点

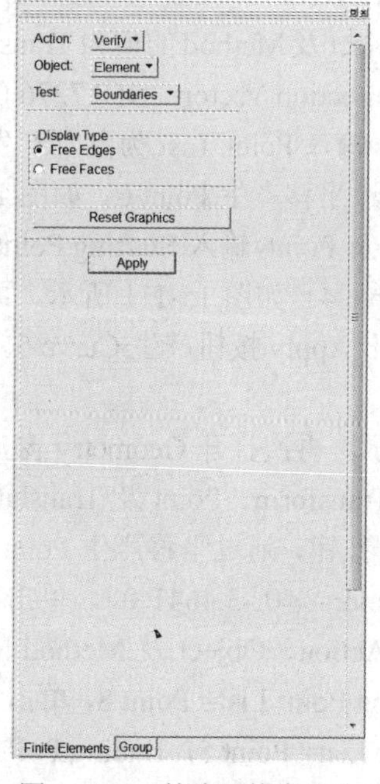

图 15-103　检查网格自由边

图 15-104　网格自由边

4. 创建铜片外形有限元网格

（1）通过 Group 菜单创建一个空组 t1，然后单独张贴该组。如图 15-105 和图 15-106 所示。

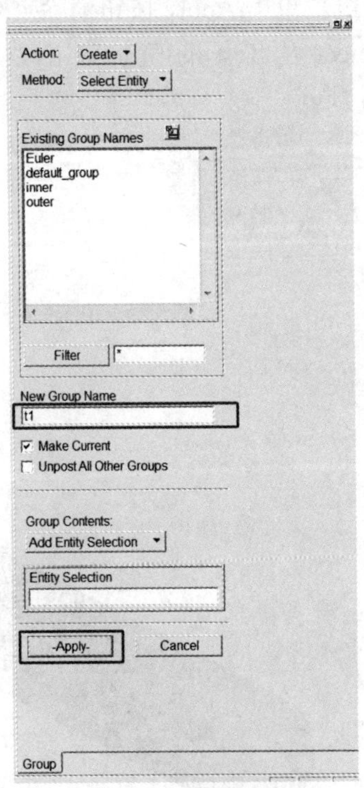

图 15-105　创建 t1 组

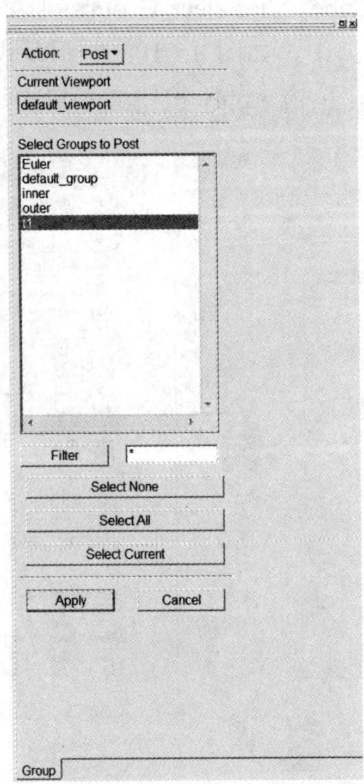

图 15-106　单独张贴 t1 组

（2）单击工具栏中的 Geometry 按钮，打开 Geometry 窗口，如图 15-107 所示，依次设置 Action、Object 及 Method 的值为 Create、Point 及 XYZ，输入 Point Coordinates List=[58.759998 0. 0.]，单击 Apply 按钮产生 Point 4。如图 15-108 所示，设置 Action、Object 及 Method 的值为 Transform、Point 及 Translate，输入 Point List 为刚刚产生的点 Point 4，Direction Vector=<468.7276 0 0>，单击 Apply 按钮，通过平移产生 Point 5。如图 15-109 所示，输入 Point List 为刚刚产生的点 Point 5，Direction Vector=<0 270.62 0>，单击 Apply 按钮，通过平移产生 Point 6。如图 15-110 所示，依设设置 Action、Object 及 Method 的值为 Create、Curve 及 Point，输入 Starting Point List= Point 4，Ending Point List= Point 5，单击 Apply 按钮产生 Curve 4。如图 15-111 所示，再次输入 Starting Point List= Point 5，Ending Point List= Point 6，单击 Apply 按钮产生 Curve 5。t1 组圆锥母线与底部圆周半径线如图 15-112 所示。

（3）通过 Group 菜单创建一个空组 t2，如图 15-113 所示。再次打开 Geometry 窗口，如图 15-114 所示，依次设置 Action、Object 及 Method 的值为 Transform、Point 及 Translate，输入 Point List 为 Point 4，Direction Vector=<6 0 0>，单击 Apply 按钮，通过平移产生 Point 7。如图 15-115 所示，再次输入 Point List 为 Point 6，Direction Vector= <0 -3.4641 0>，单击 Apply 按钮，通过平移产生 Point 8。如图 15-116 所示，依次设置 Action、Object 及 Method 的值为 Create、Curve 及 Point，输入 Starting Point List= Point 7，Ending Point List= Point 8，单击 Apply 按钮产生 Curve 6。如图 15-117 所示，再次输入 Starting Point List= Point 5，Ending Point List= Point 8，单击 Apply 按钮产生 Curve 7。t2 组圆锥母线与底部圆周半径线如图 15-118 所示。

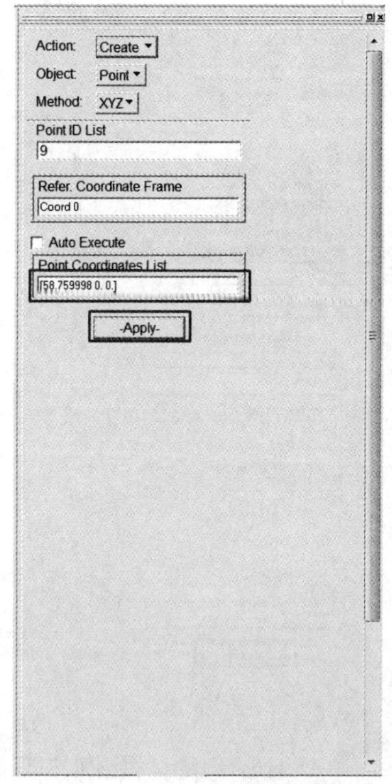

图 15-107　创建圆锥顶点

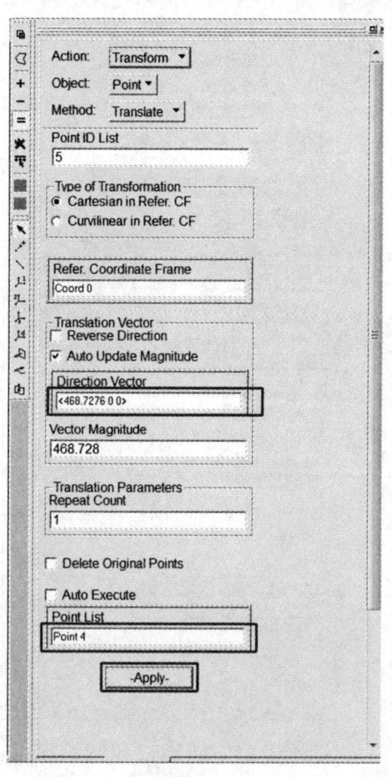

图 15-108　创建圆锥底部中心点

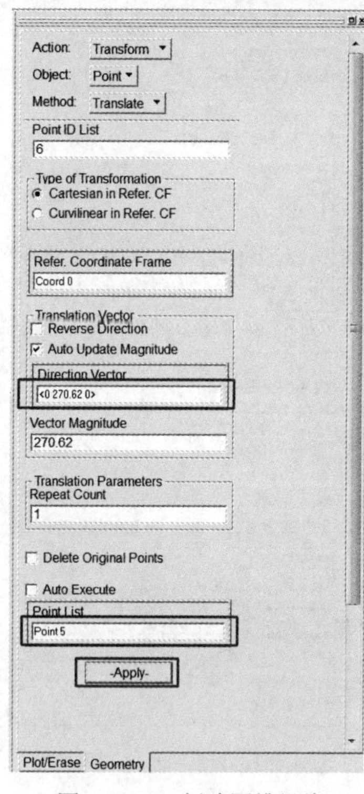

图 15-109　创建圆锥母线与底部圆周交点

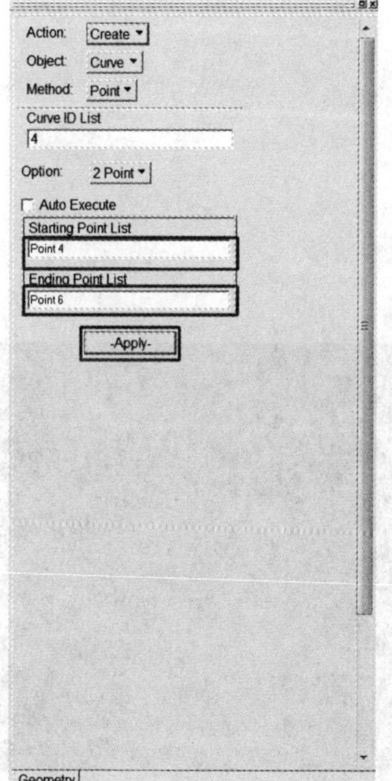

图 15-110　创建圆锥母线

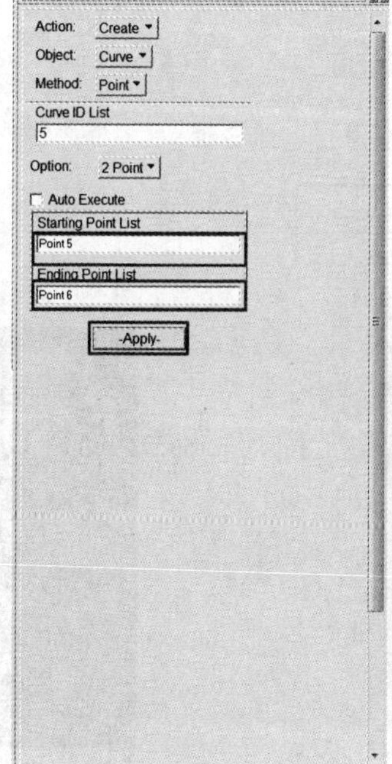

图 15-111　创建圆锥底部圆周半径线

图 15-112　t1 组圆锥母线与底部圆周半径线

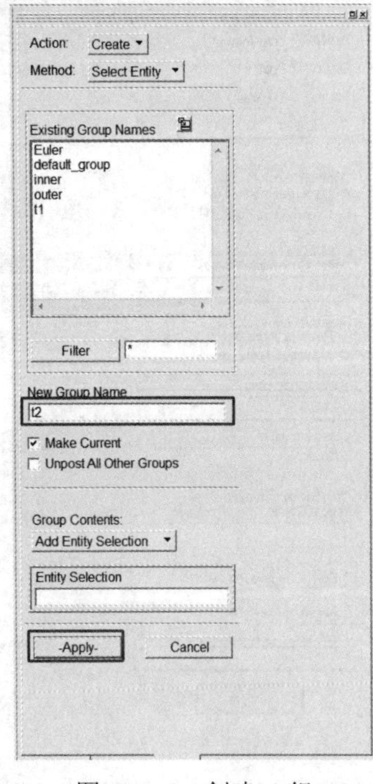

图 15-113　创建 t2 组

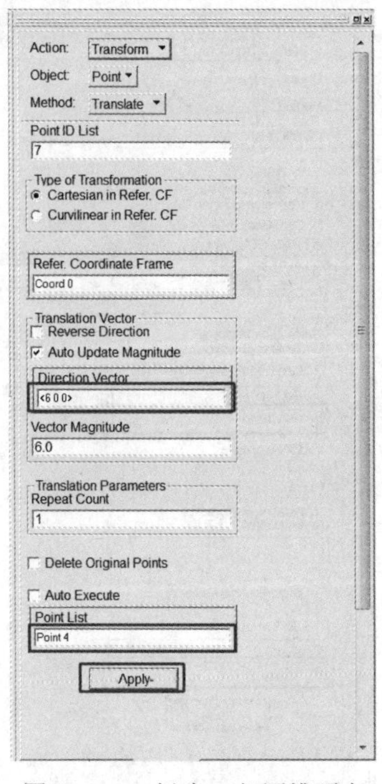

图 15-114　创建 t2 组圆锥顶点

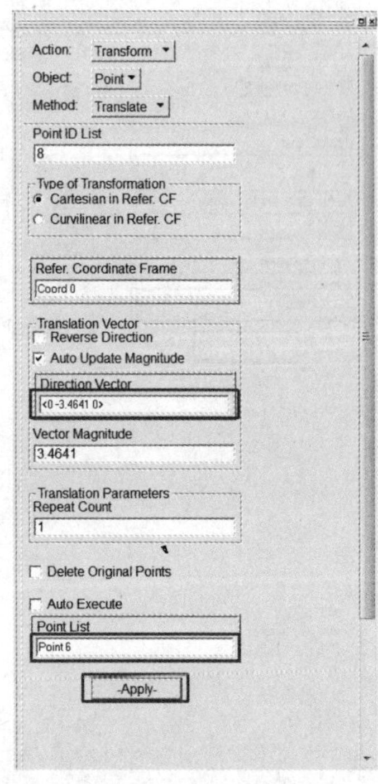

图 15-115　创建 t2 组圆锥母线与底部圆周交点

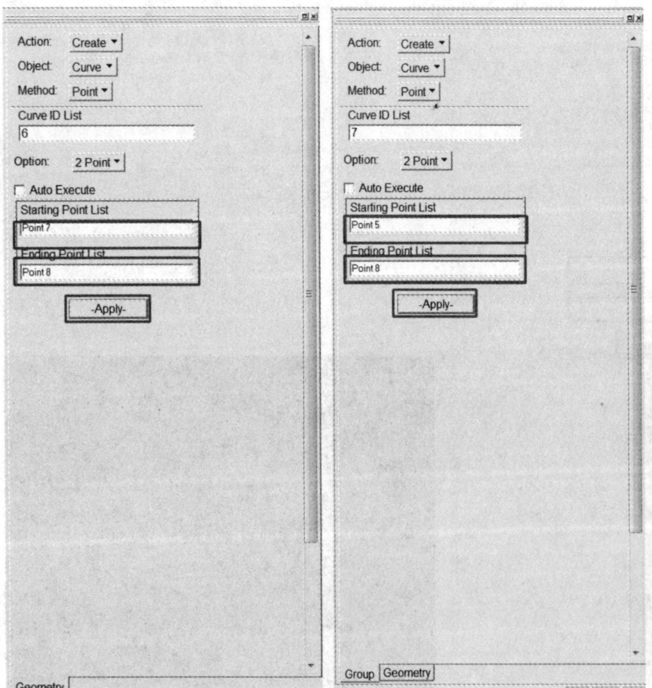

图 15-116　创建 t2 组圆锥母线

图 15-117　创建 t2 组圆锥底部圆周半径线

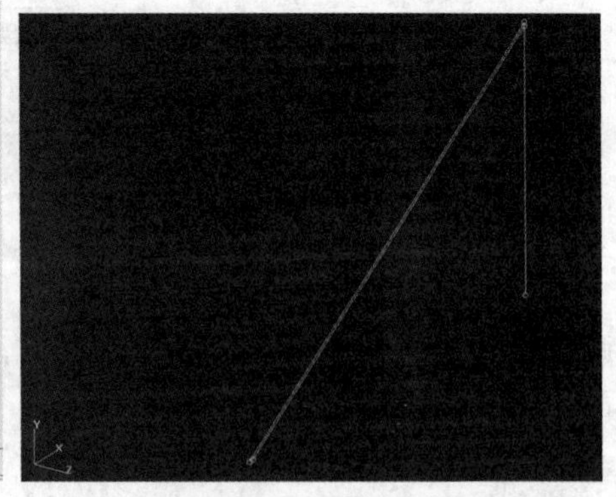

图 15-118　t2 组圆锥母线与底部圆周半径线

（4）通过 Group 菜单单独张贴 t1 组，如图 15-119 所示。再次打开 Geometry 窗口，如图 15-120 所示，依次设置 Action、Object 及 Method 的值为 Create、Vector、2 Point，在 Base Point List 框中输入 Point 4，在 Tip Point List 框中输入 Point 5，单击 Apply 按钮产生矢量 1。如图 15-121 中 a 所示，依次设置 Action、Object 及 Method 的值为 Create、Surface、Revolve；如图 15-121 中 b 所示，在 Axis 文本框中输入 Vector 1；如图 15-121 中 c 所示，Total Angle=360；如图 15-121 中 d 所示，Curve List=Curve 4 5；如图 15-121 中 e 所示，单击 Apply 按钮产生面 2 与面 3。圆锥面及底面如图 15-122 所示。

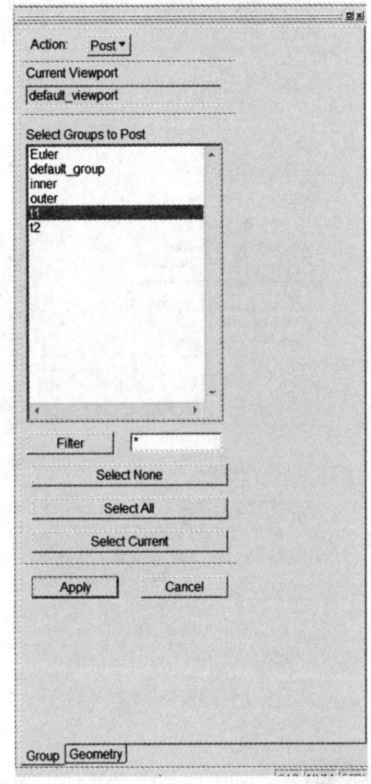

图 15-119　单独张贴 t1 组

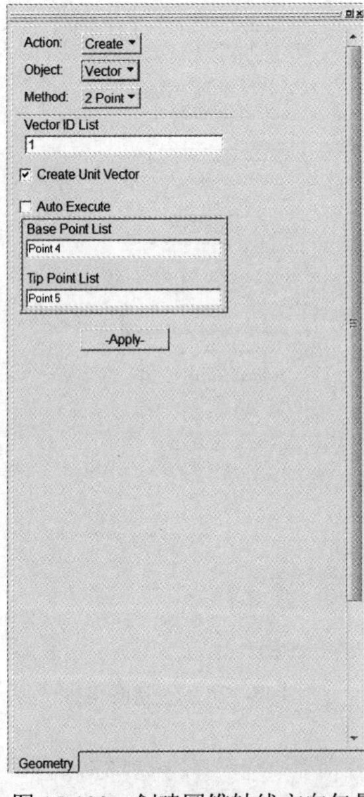

图 15-120　创建圆锥轴线方向矢量

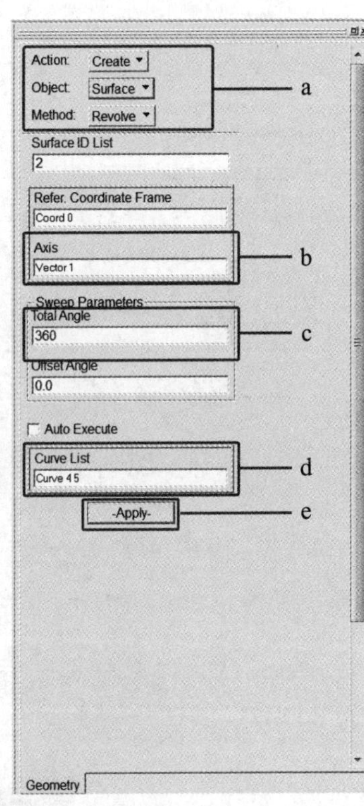

图 15-121　创建圆锥面及底面

图 15-122　圆锥面及底面

（5）打开 Element 窗口，如图 15-123 所示，依次设置 Action、Object 及 Type 的值为 Create、Mesh Seed、Uniform，设置 Number=1，Curve List=Curve 4 5，单击 Apply 按钮产生网格种子点。如图 15-124 所示，设置 Number=128，Curve List=Surface 2.3，单击 Apply 按钮产生网格种子点。如图 15-125 所示，依次设置 Action、Object 及 Type 的值为 Create、Mesh、Surface，设置 Elem Shape 为 Tria，Mesher 为 IsoMesh，Topology 为 Tria3，Surface List=Surface 2 3，单击 Apply 按钮产生网格，如图 15-126 所示。

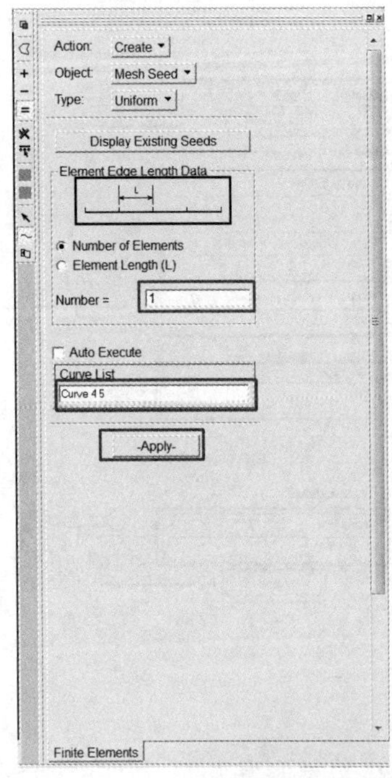

图 15-123　创建网格种子点

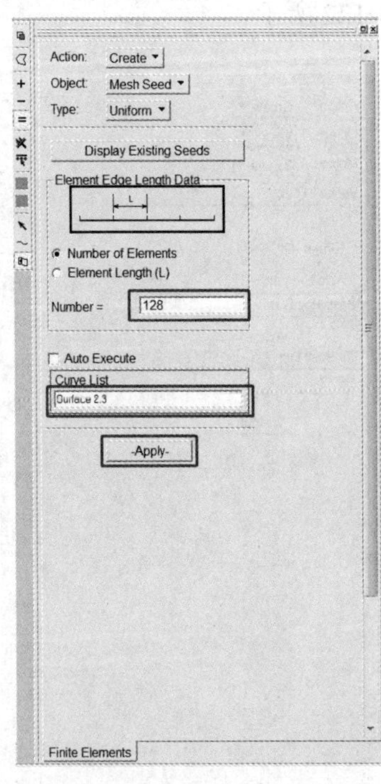

图 15-124　创建网格种子点

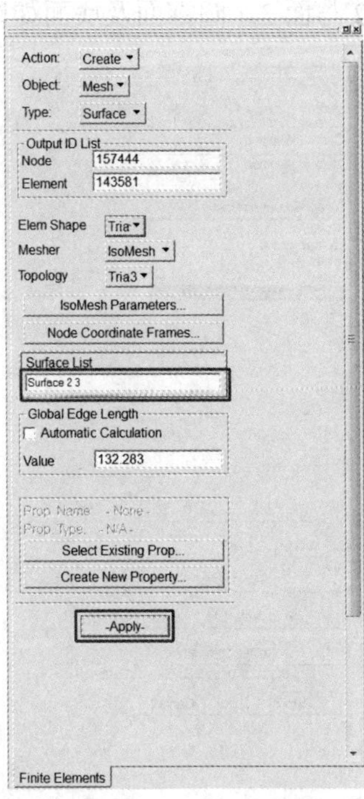

图 15-125　创建网格

图 15-126　圆锥面及底面网格

（6）如图 15-127 所示，在 Element 窗口中，依次设置 Action、Object 及 Method 的值为 Equivalence、Group、Tolerance Cube，在 Select Groups 列表框中选中 t1 组，单击 Apply 按钮消除重复节点，如图 15-128 所示。在 Element 窗口中，如图 15-129 所示，依次设置 Action、Object 及 Test 的值为 Verify、Element 及 Boundaries，单击 Apply 按钮显示自由边，如图 15-130 所示。

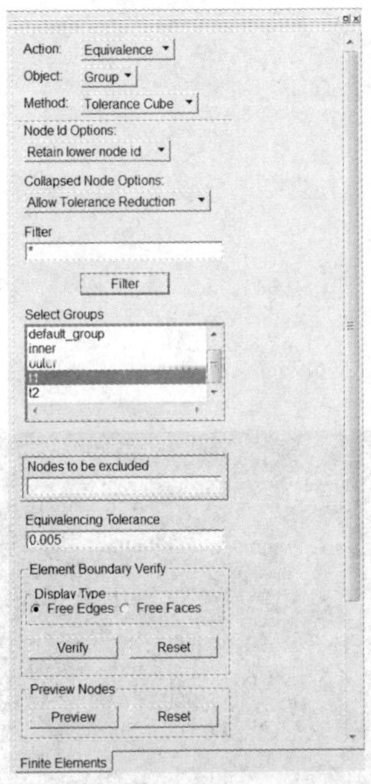

图 15-127　消除重复节点

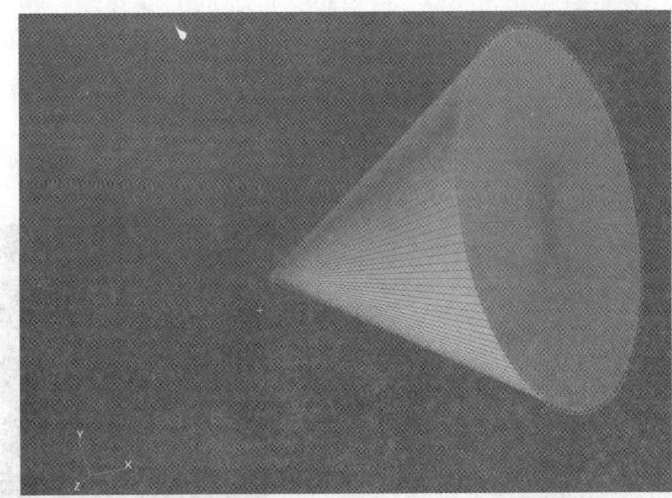

图 15-128　重复节点

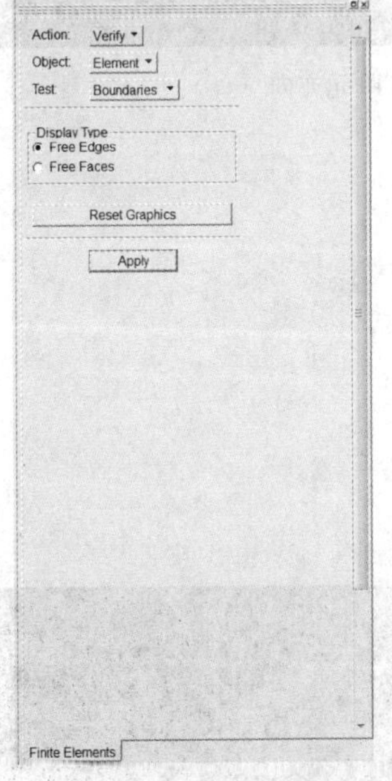

图 15-129　检查自由边

图 15-130　显示无自由边

（7）如图 15-131 所示，在 Element 窗口中，依次设置 Action、Object 及 Test 的值为 Verify、Element 及 Normals，选中 Color Code Elements 单选项，单击 Apply 按钮显示单元方向，如图 15-132 所示。选中 Draw Normal Vectors 单选项，如图 15-133 中 a 所示，单击 Apply 按钮显示单元方向（图 15-134）；如图 15-133 中 b 所示，单击 Test Control 图标，将 Disp Only 切换为 Reverse Elements。然后在底面网格中选一个单元输入 Guiding Element，单击 Apply 按钮完成单元方向调整，如图 15-135 所示。再次检查单元方向，如图 15-137 和图 15-138 所示。

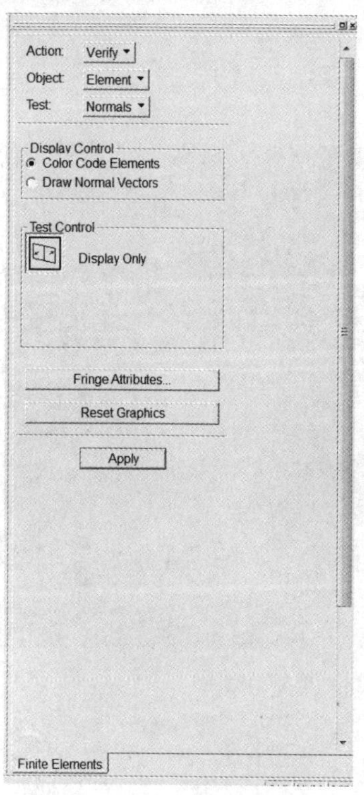

图 15-131　检查单元方向

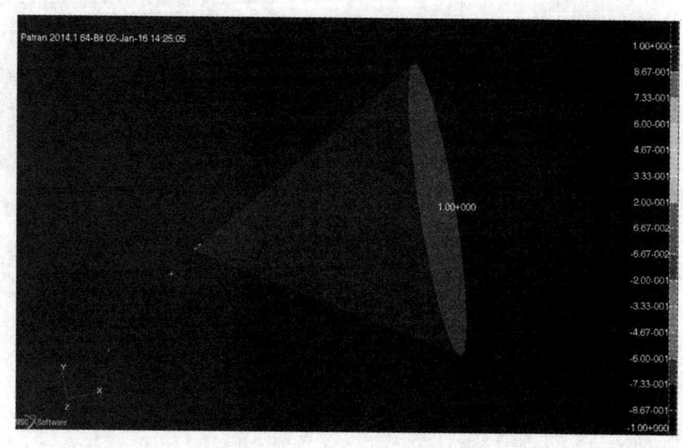

图 15-132　单元方向

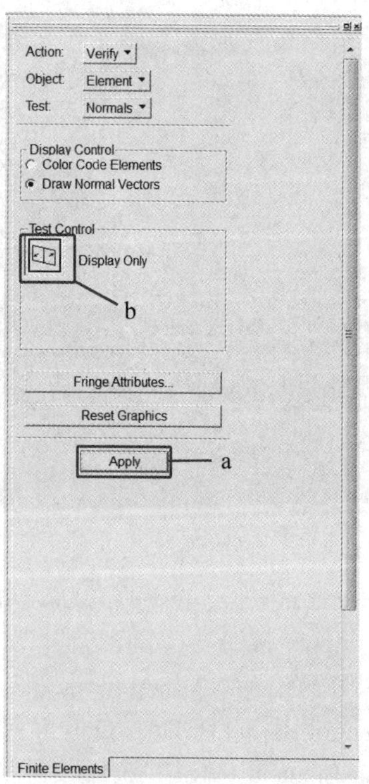

图 15-133　检查单元方向

图 15-134　单元方向

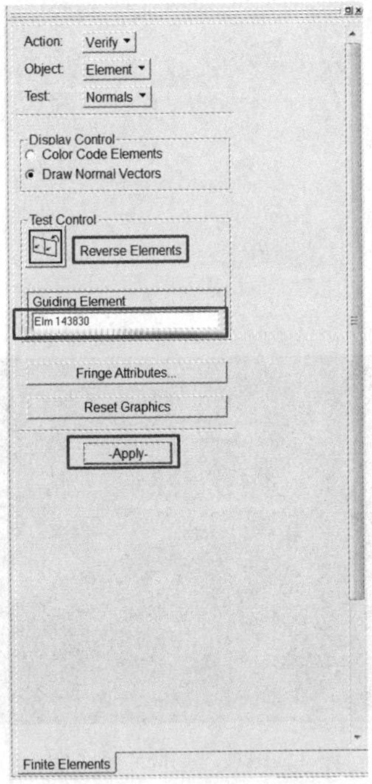

图 15-135　调整单元方向

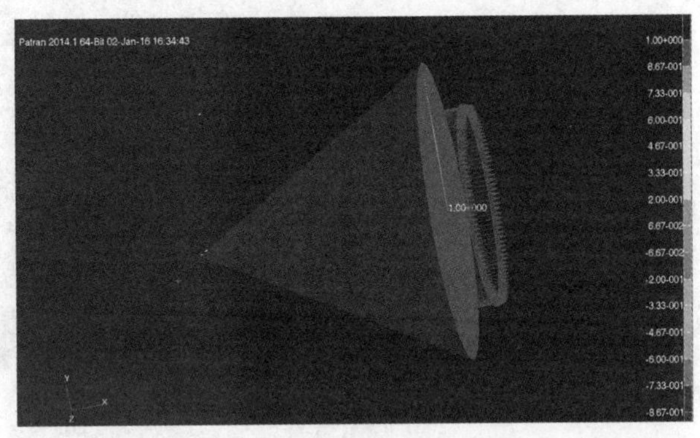

图 15-136　单元方向调整所依据的参考单元

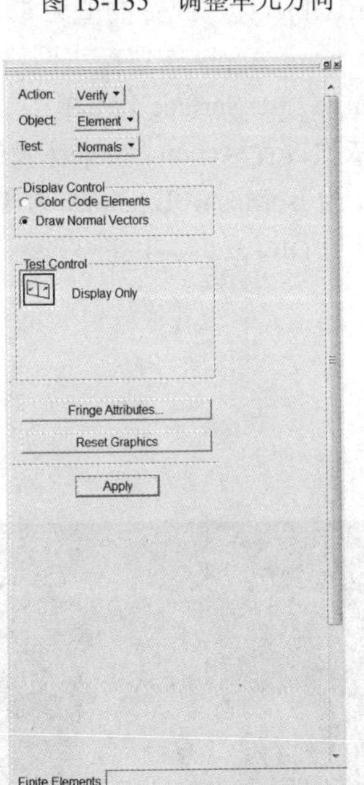

图 15-137　再次检查单元方向

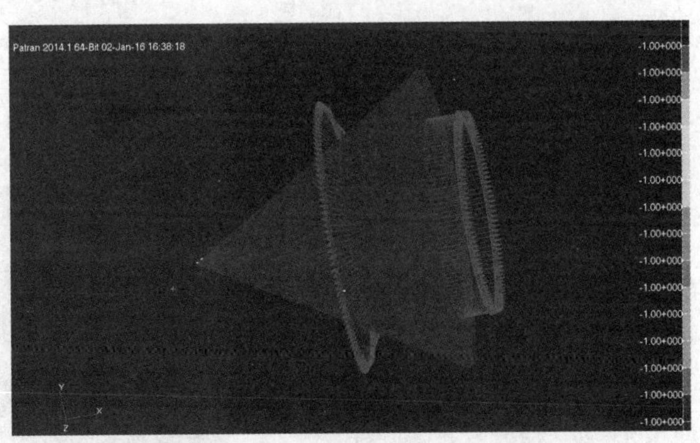

图 15-138　调整后的单元方向

（8）通过 Group 菜单单独张贴 t2 组，如图 15-139 所示。再次打开 Geometry 窗口，如图 15-140 所示，依次设置 Action、Object 及 Method 的值为 Create、Surface、Revolve，在 Axis 文本框中输入 Vector 1，Total Angle=360，Curve List=Curve 6 7，单击 Apply 按钮产生面 4 与面 5，如图 15-141 所示。

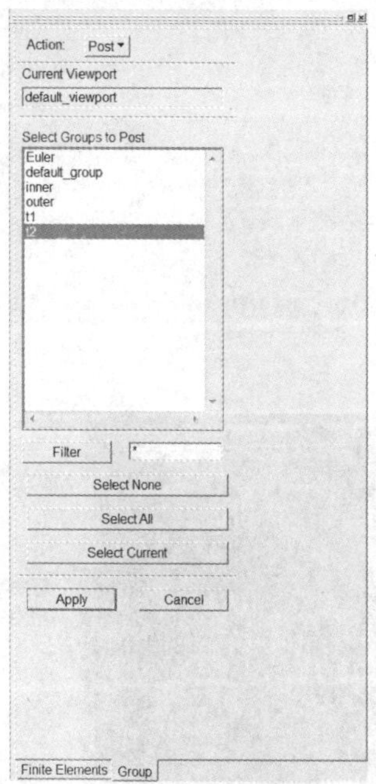

图 15-139 单独张贴 t2 组

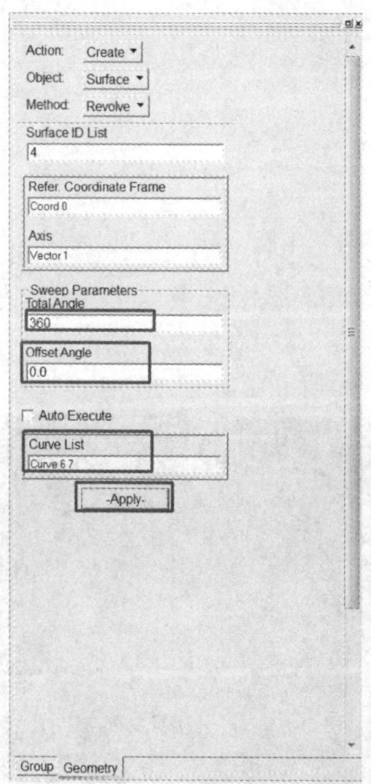

图 15-140 创建曲面

图 15-141 圆锥面与底面

（9）打开 Element 窗口，如图 15-142 所示，依次设置 Action、Object 及 Type 的值为 Create、Mesh Seed、Uniform，设置 Number=1，Curve List=Curve 6 7，单击 Apply 按钮产生网格种子点，如图 15-143 所示。如图 15-144 所示，设置 Number=128，Curve List=Surface 4.3，单击 Apply 按钮产生网格种子点，如图 15-145 所示。如图 15-146 所示，依次设置 Action、Object 及 Type 的值为 Create、Mesh、Surface，设置 Elem Shape 为 Tria，Mesher 为 IsoMesh，Topology 为 Tria3，Surface List=Surface 4 5，单击 Apply 按钮产生网格，如图 15-147 所示。

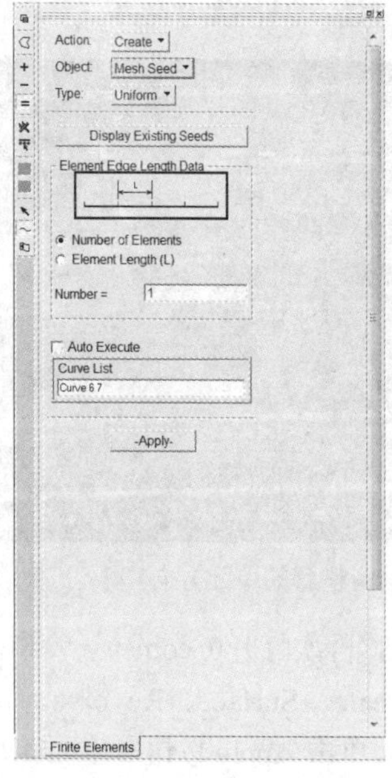

图 15-142 创建网格种子点

图 15-143 网格种子点

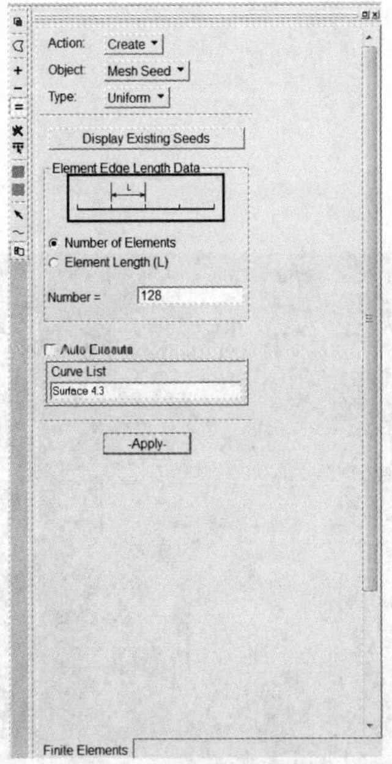

图 15-144　创建网格种子点

图 15-145　网格种子点

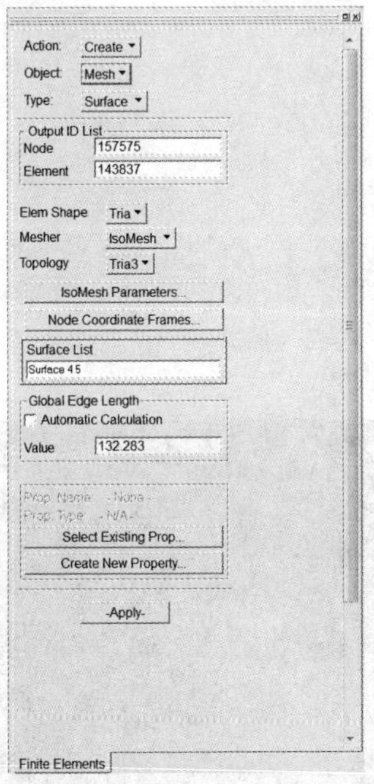

图 15-146　创建网格

图 15-147　显示网格

（10）如图 15-148 所示，在 Element 窗口中，依次设置 Action、Object 及 Method 的值为 Equivalence、Group、Tolerance Cube，在 Select Groups 列表框中选中 t2 组，单击 Apply 按钮消除重复节点，如图 15-149 所示。在 Element 窗口中，如图 15-150 所示，依次设置 Action、Object 及 Test 的值为 Verify、Element 及 Boundaries，单击 Apply 按钮显示自由边，如图 15-151 所示。

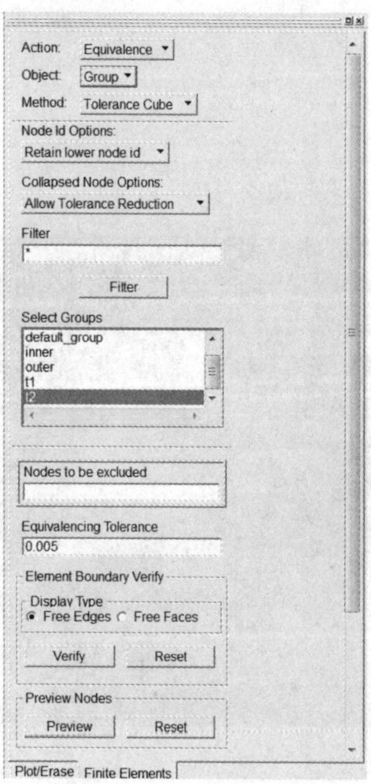

图 15-148 消除重复节点

图 15-149 重复节点

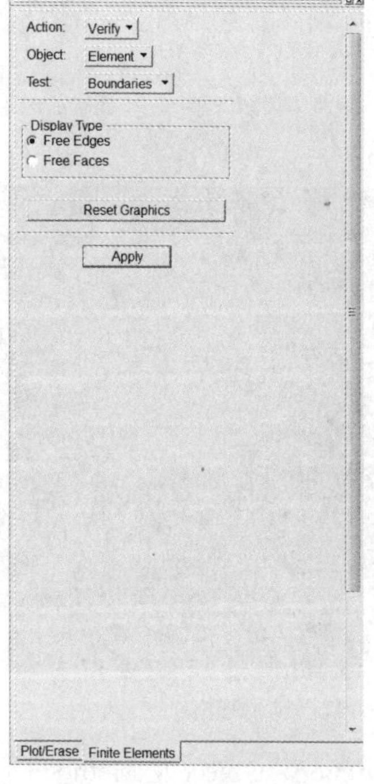

图 15-150 检查自由边

图 15-151 显示无自由边

（11）如图 15-152 所示，在 Element 窗口中，依次设置 Action、Object 及 Test 的值为 Verify、Element 及 Normals，选中 Color Code Elements 单选项，单击 Apply 按钮显示单元方向，如图 15-153 所示。选中 Draw Normal Vectors 单选项，如图 15-154 中 a 所示，单击 Apply 按钮

显示单元方向；如图 15-154 中 b 所示，单击 Test Control 图标，将 Disp Only 切换为 Reverse Elements。然后在底面网格中选一个单元输入 Guiding Element，单击 Apply 按钮完成单元方向调整，如图 15-156 所示。再次检查单元方向，如图 15-158 和图 15-159 所示。

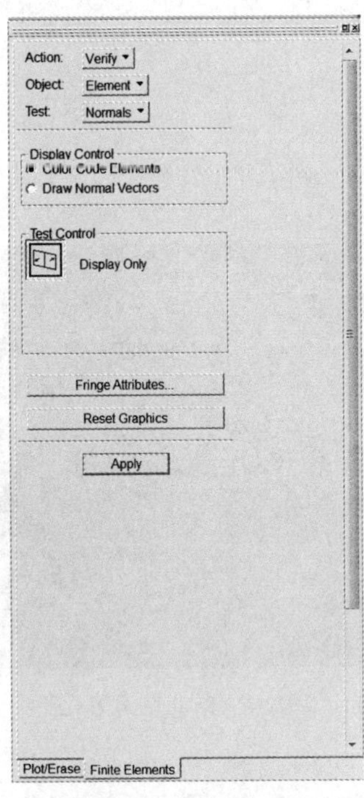

图 15-152　检查单元方向

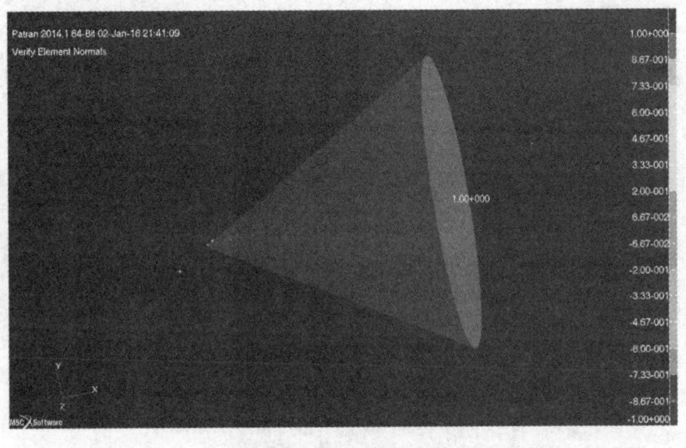

图 15-153　单元方向

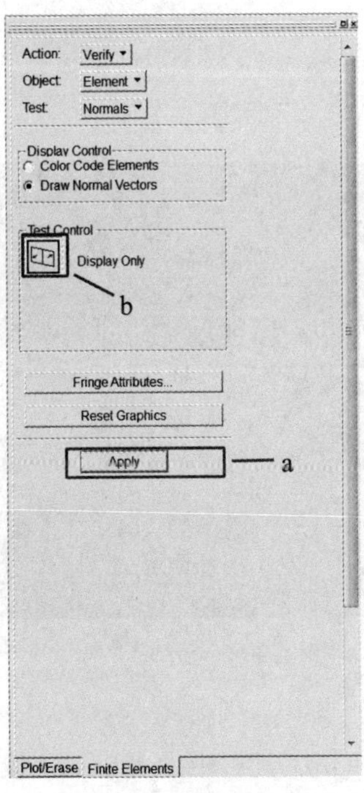

图 15-154　检查单元方向

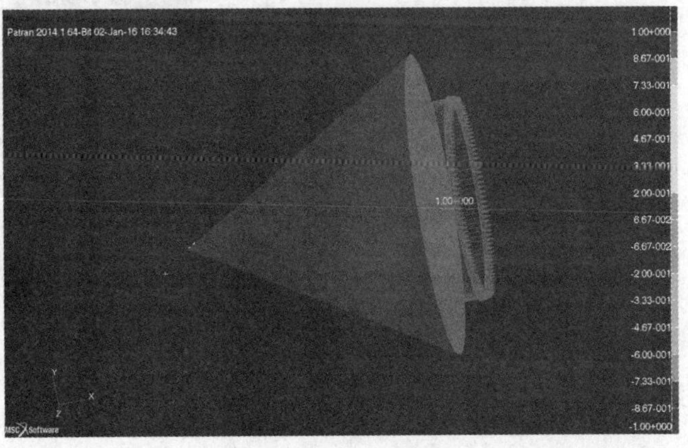

图 15-155　单元方向

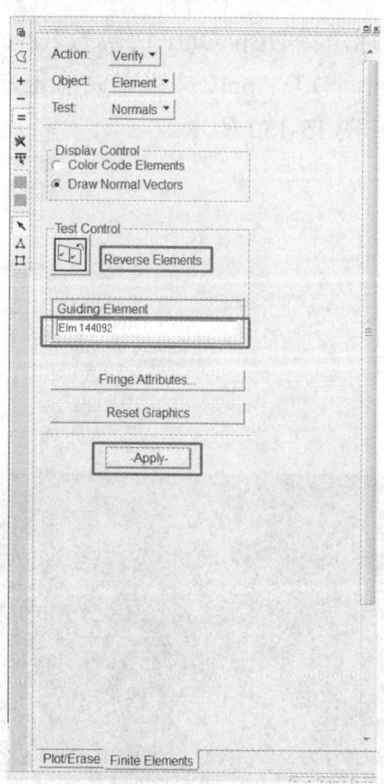

图 15-156　调整单元方向

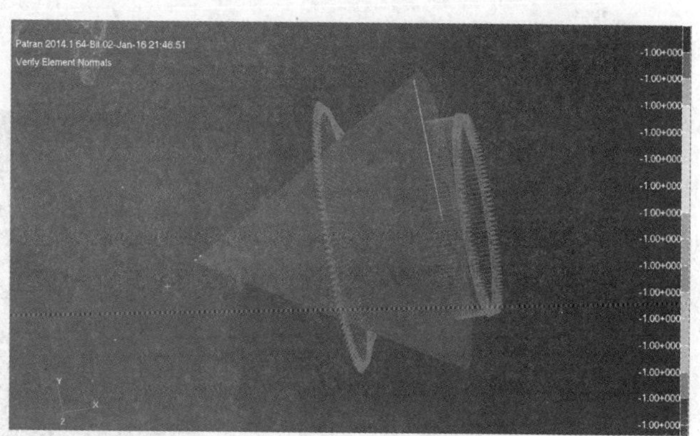

图 15-157　单元方向调整所依据的参考单元

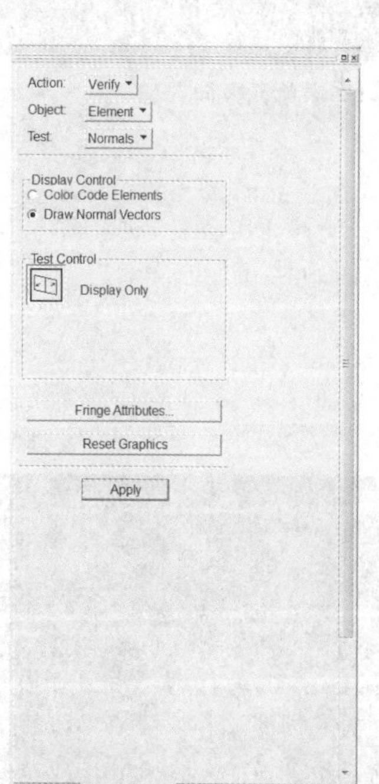

图 15-158　再次检查单元方向

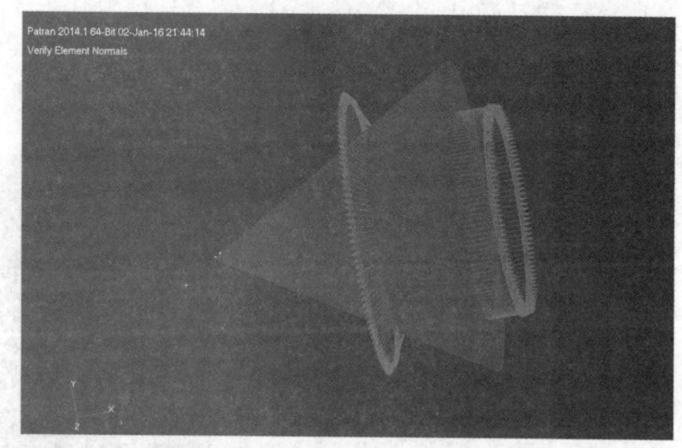

图 15-159　调整后的单元方向

5. 创建材料参数

（1）创建用于铜片外形网格物理属性定义的虚拟材料。单击工具栏中的 Material 按钮，打开 Material 窗口，如图 15-160 所示，依次设置 Action、Object、Method 的值分别为 Create、

Isotropic(SOL 700)、Manual Input，如图 15-160 中 a 所示，输入 Material Name=stvoid；如图 15-160 中 b 所示，单击 Input Properties…按钮，打开 Inout Option 界面；如图 15-161 中 c 所示，依次输入材料的参数；如图 15-161 中 d 所示，单击 OK 按钮；如图 15-160 中 e 所示，单击 Apply 按钮产生材料 stvoid。

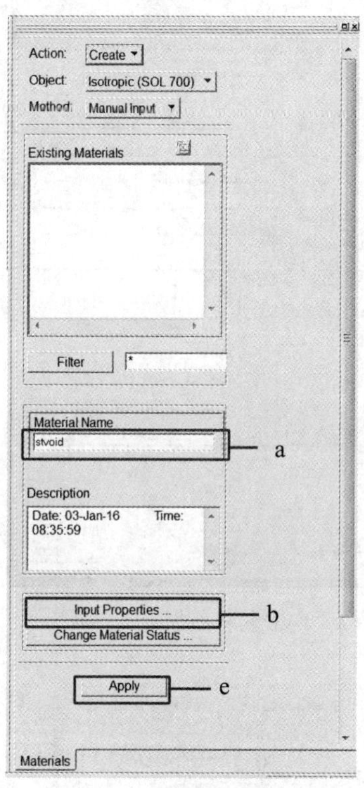

图 15-160　创建线弹性钢材料

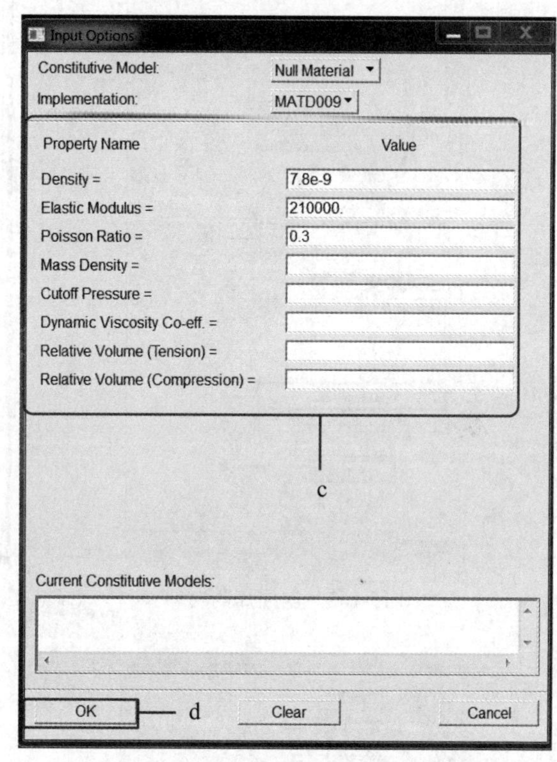

图 15-161　线弹性材料数据定义界面

（2）创建炸药材料。在 Material 窗口中，如图 15-162 所示，依次设置 Action、Object、Method 的值分别为 Create、Explosive、Manual Input，如图 15-162 中 a 所示，输入 Material Name=exp；如图 15-162 中 b 所示，单击 Input Properties…按钮，打开 Input Option 界面；如图 15-163 中 c 所示，依次输入炸药材料的参数；如图 15-163 中 d 所示，单击 OK 按钮；如图 15-162 中 e 所示，单击 Apply 按钮产生材料 exp。

（3）创建铜材料。在 Material 窗口中，如图 15-164 所示，依次设置 Action、Object、Method 的值分别为 Create、Eulerian-Solid、Manual Input，如图 15-164 中 a 所示，输入 Material Name=cu；如图 15-164 中 b 所示，单击 Input Properties…按钮，打开 Input Option 界面；如图 15-165 中 c 所示，依次输入铜材料的参数；如图 15-165 中 d 所示，单击 OK 按钮；如图 15-164 中 e 所示，单击 Apply 按钮产生材料 cu。

（4）创建用于药柱内部障碍物定义的塑料材料。在 Material 窗口中，如图 15-166 所示，依次设置 Action、Object、Method 的值分别为 Create、Eulerian-Solid、Manual Input，如图 15-166 中 a 所示，输入 Material Name=plas；如图 15-166 中 b 所示，单击 Input Properties…按钮，打开 Input Option 界面；如图 15-167 中 c 所示，依次输入该材料的参数；如图 15-167 中 d 所示，单击 OK 按钮；如图 15-166 中 e 所示，单击 Apply 按钮产生材料 plas。

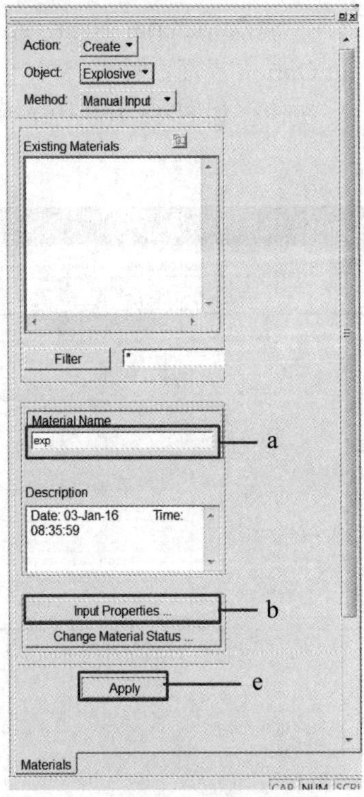

图 15-162 创建炸药材料

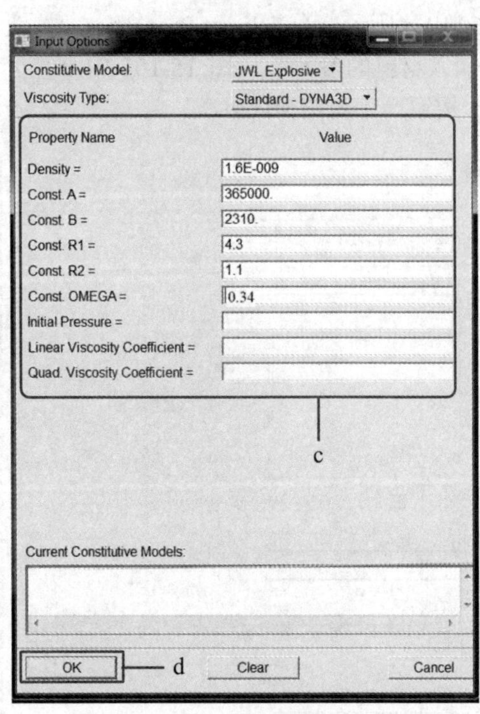

图 15-163 JWL 材料数据定义界面

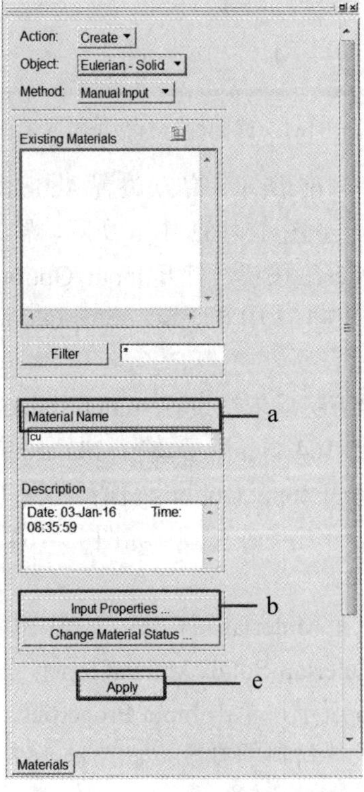

图 15-164 创建铜材料

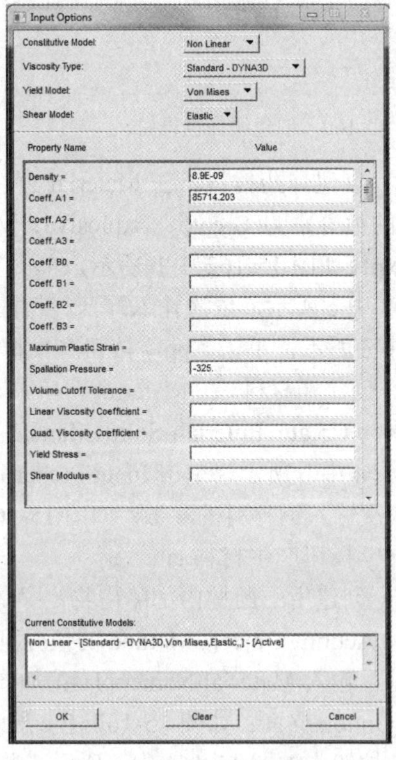

图 15-165 固体欧拉材料数据定义界面

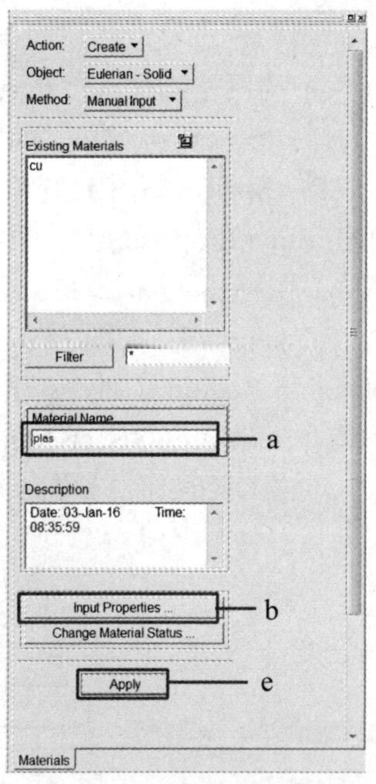

图 15-166　创建塑料材料

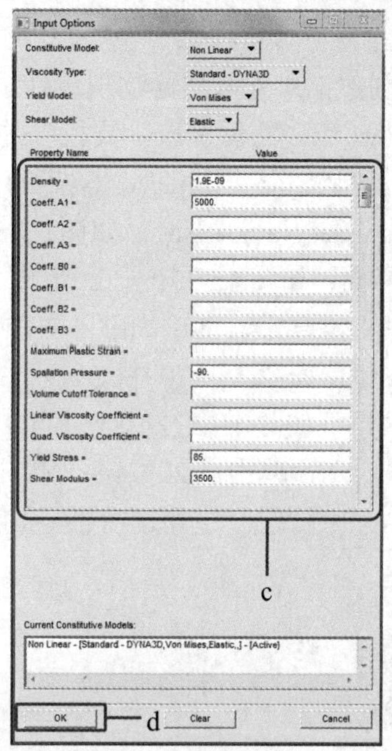

图 15-167　固体欧拉材料数据定义界面

(5)创建用于靶板定义的钢材料。在 Material 窗口中，如图 15-168 所示，依次设置 Action、Object、Method 的值分别为 Create、Eulerian-Solid、Manual Input，如图 15-168 中 a 所示，输入 Material Name=st；如图 15-168 中 b 所示，单击 Input Properties 按钮，打开 Input Option 界面；如图 15-169 中 c 所示，依次输入该材料的参数；如图 15-169 中 d 所示，单击 OK 按钮；如图 15-168 中 e 所示，单击 Apply 按钮产生材料 st。

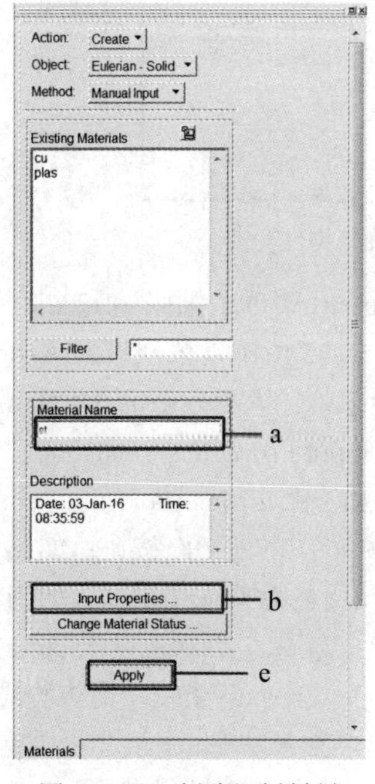

图 15-168　创建钢板材料

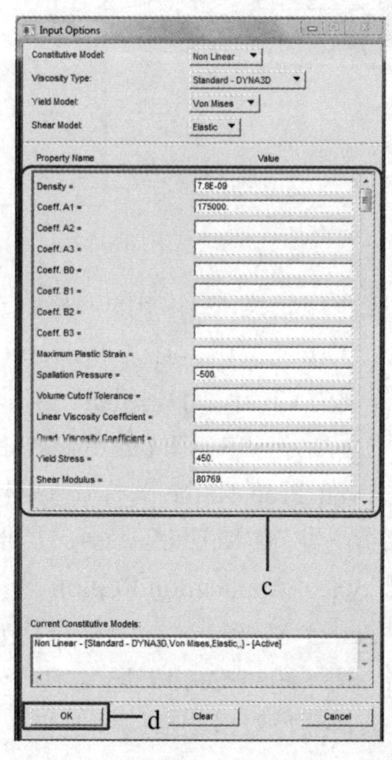

图 15-169　固体欧拉材料数据定义界面

6. 创建网格物理特性

（1）创建铜片外形网格物理属性定义。首先定义 t1 组中的网格物理特性。通过 Group 菜单单独张贴 t1 组。然后单击工具栏中的 Properties 按钮，打开 Properties 窗口，如图 15-170 所示，依次设置 Action、Object、Type 的值分别为 Create、2D、Shell，如图 15-170 中 a 所示，输入 Property Set Name=psh1；如图 15-170 中 b 所示，单击 Input Properties…按钮，打开 Input Properties 界面；如图 15-170 中 c 所示，单击 Mat Prop Name 图标；如图 15-170 中 d 所示，输入 Material Name=m:stvoid；如图 15-170 中 e 所示，输入 Thickness=9；如图 15-170 中 f 所示，单击 OK 按钮；如图 15-170 中 g 所示，单击 Select Application Region 按钮，打开有限元网格对象应用窗口；如图 15-171 中 h 所示，在图形中框选所有单元输入到 Select Members；如图 15-171 中 i 所示，单击 Add 按钮；如图 15-171 中 j 所示，单击 OK 按钮；如图 15-170 中 k 所示，单击 Apply 按钮产生物理特性 psh1。

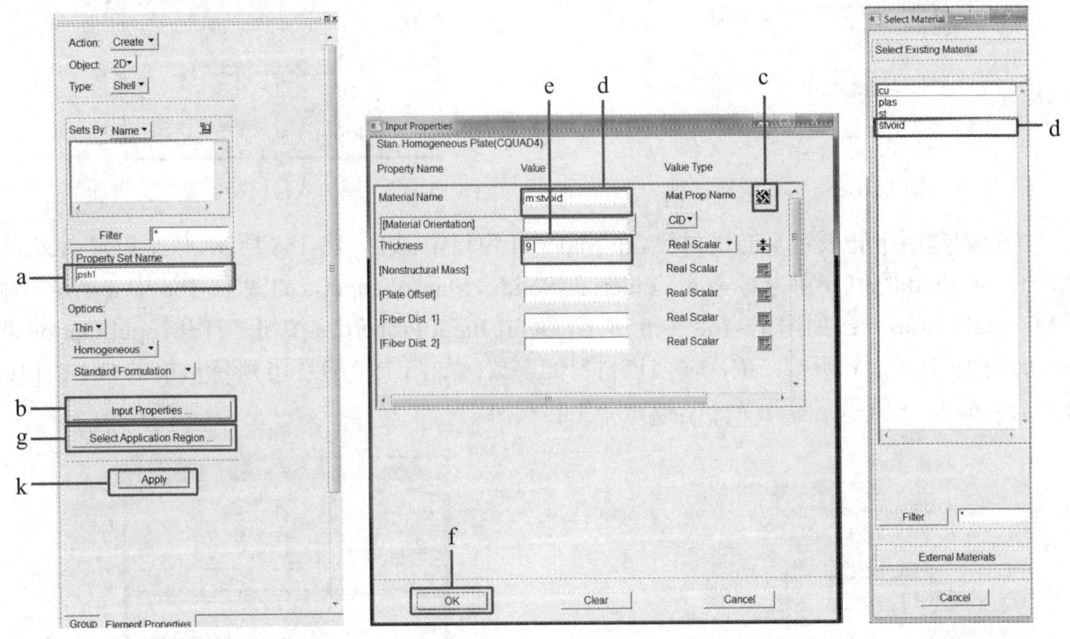

图 15-170　创建铜片外形 t1 组网格物理特性

（2）接下来定义 t2 组中的网格物理特性。通过 Group 菜单单独张贴 t2 组。然后单击工具栏中的 Properties 按钮，打开 Properties 窗口，如图 15-172 所示，依次设置 Action、Object、Type 的值分别为 Creat、2D、Shell，如图 15-172 中 a 所示，输入 Propertis Set Name=psh2；如图 15-172 中 b 所示，单击 Input Properties…按钮，打开 Input Properties 界面；如图 15-172 中 c 所示，单击 Mat Prop Name 图标；如图 15-172 中 d 所示，输入 Material Name=m:stoid；如图 15-172 中 e 所示，输入 Thickness=9；如图 15-172 中 f 所示，单击 OK 按钮；如图 15-172 中 g 所示，单击 Select Application Region…按钮，打开有限元网格对象应用窗口；如图 15-173 中 h 所示，，在 Select Members 框中框选所有单元；如图 15-173 中 i 所示，单击 Add 按钮；如图 15-173 中 j 所示，单击 OK 按钮；如图 15-172 中 k 所示，单击 Apply 按钮，产生物理特性 psh2。

（3）创建欧拉网格物理属性定义。通过 Group 菜单单独张贴 Euler 组。然后单击工具栏中的 Properties 按钮，打开 Properties 窗口，如图 15-174 所示，依次设置 Action、Object、Type 的值分别为 Create、3D、Euler Solid，如图 15-174 中 a 所示，输入 Property Set Name=pe；如图 15-174 中 b 所示，单击 Select Application Region…按钮，打开有限元网格对象应用窗口；如图 15-174 中 c 所示，在 Select Members 框中框选所有单元；如图 15-174 中 d 所示，单击 Add 按钮；如图 15-174 中 e 所示，单击 OK 按钮；如图 15-174 中 f 所示，单击 Apply 按钮产生物理特性 pe。

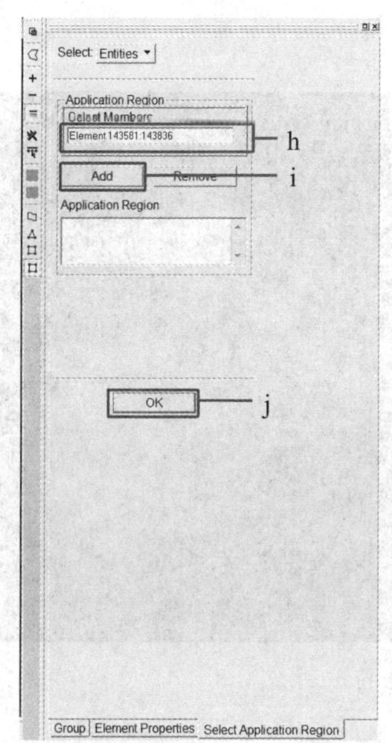

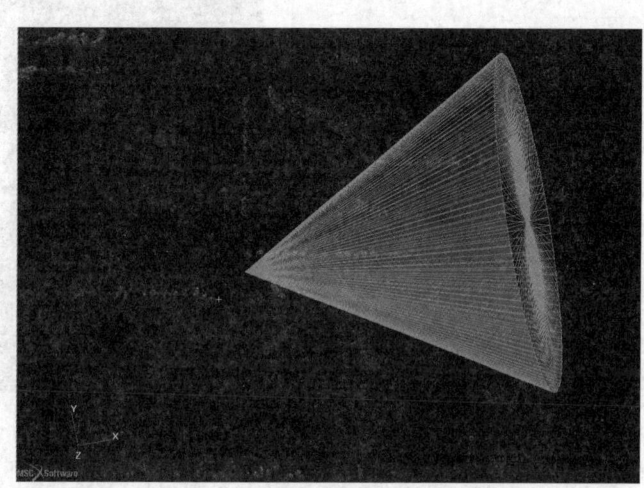

图 15-171　创建铜片外形 t1 组网格物理特性

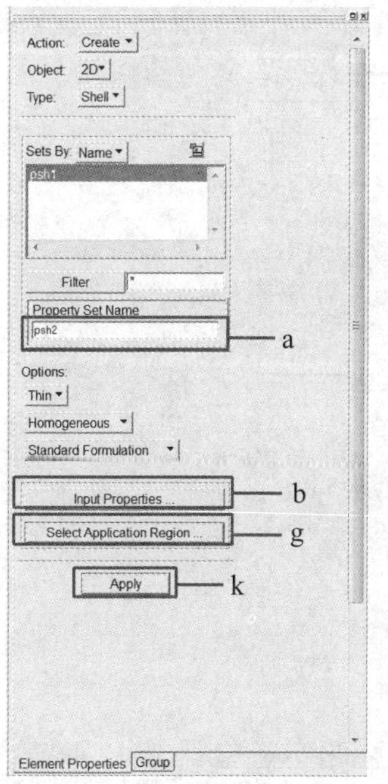

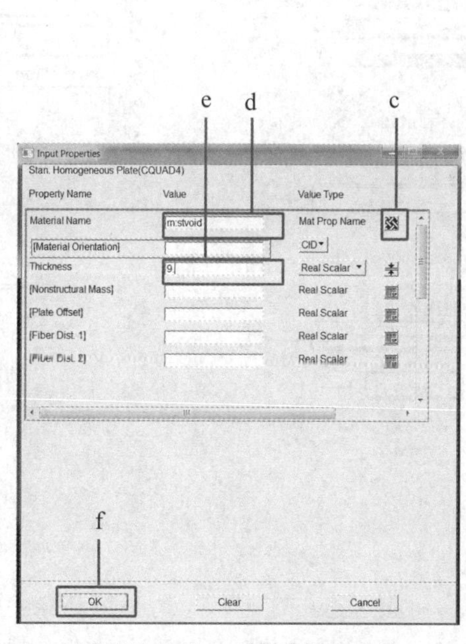

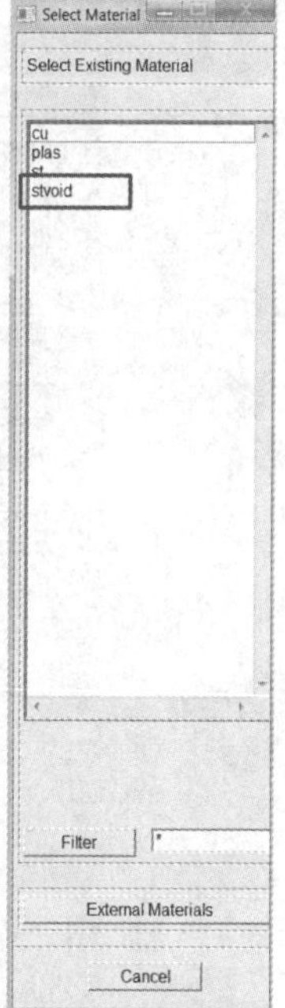

图 15-172　创建铜片外形 t2 组网格物理特性

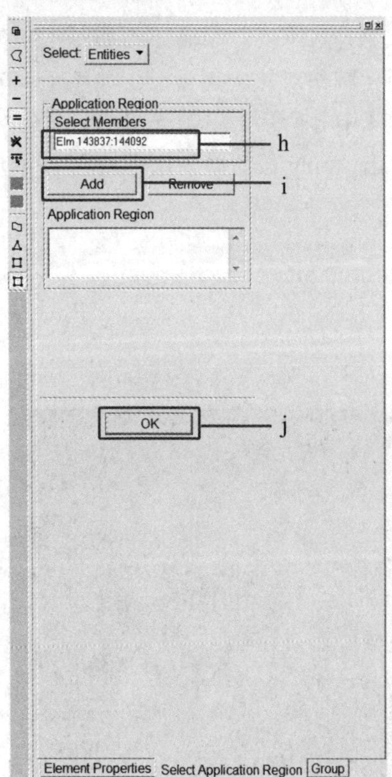

图 15-173　创建铜片外形 t2 组网格物理特性

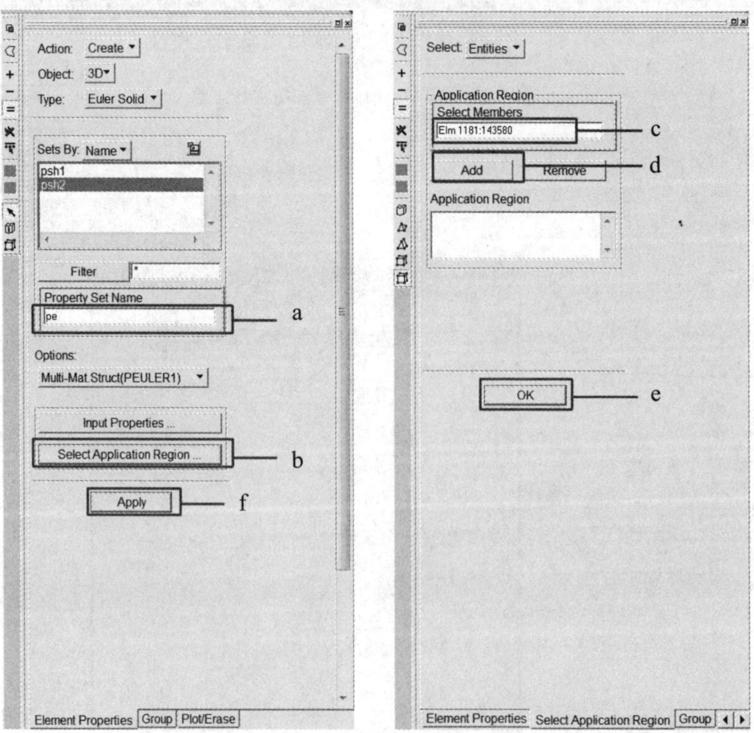

图 15-174　创建欧拉网格物理特性

7. 创建欧拉网格初始状态定义

（1）创建药柱中心、障碍物中心、钢板中心的局部坐标系。单击工具栏中的 Geometry 按钮，打开 Geometry 窗口，如图 15-175 所示，设置 Action、Object、Method 的值分别为 Create、Coord、3Point，输入 Origin=[90 0 0]，Point on Axis 3=[190 0 0]，Point on Plane 1-3=[90 0 100]，单击 Apply 按钮产生局部坐标系 1；输入 Origin=[58 0 0]，Point on Axis 3=[190 0 0]，Point on Plane 1-3=[58 0 100]，单击 Apply 按钮产生局部坐标系 2；输入 Origin=[543.3 0 0]，Point on Axis 3=[590 0 0]，Point on Plane 1-3=[543.3 0 100]，单击 Apply 按钮产生局部坐标系 3。局部坐标系如图 15-176 所示。

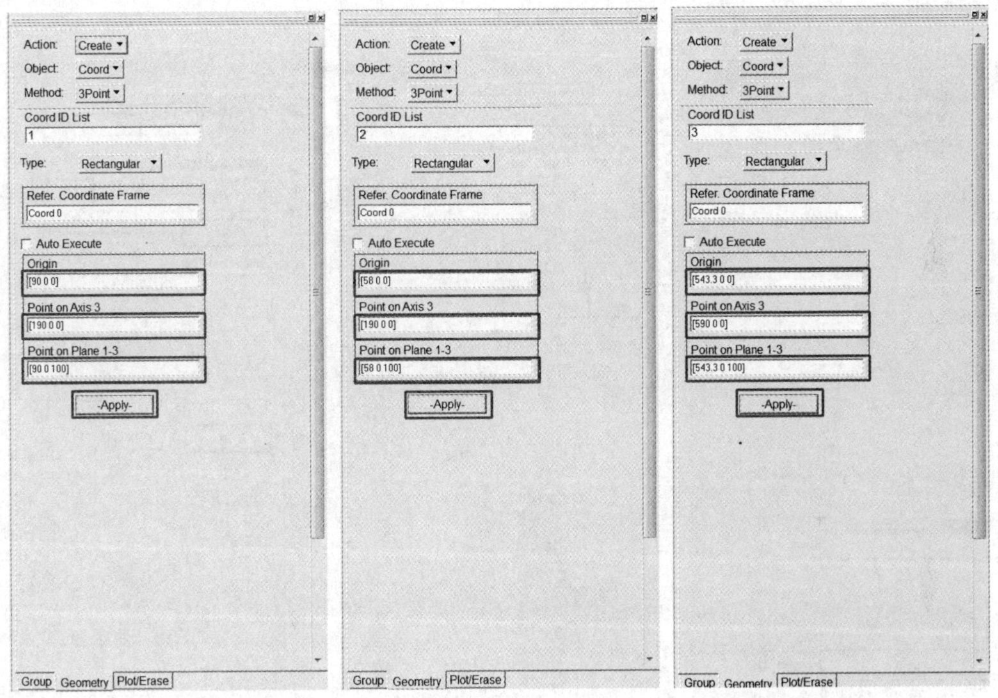

图 15-175　创建用于几何区域定义的局部坐标系

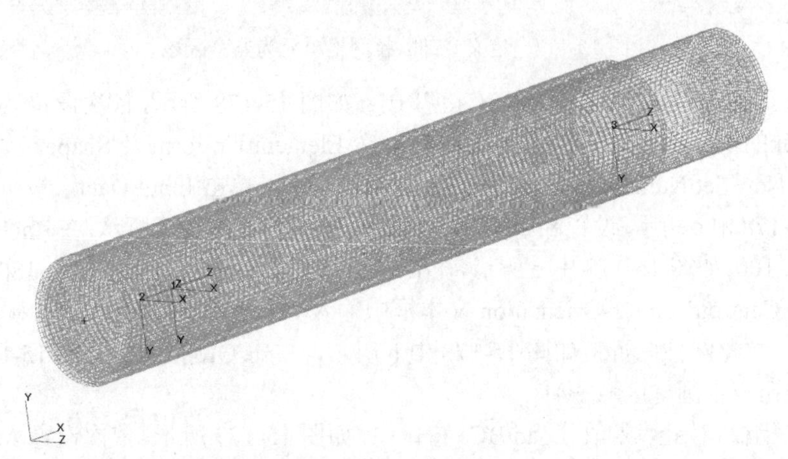

图 15-176　用于几何区域定义的局部坐标系

（2）创建全部欧拉网格单元为一个区域。单击工具栏中的Loads/BCs按钮，打开Loads/BCs窗口，如图15-177所示，设置Action、Object、Type及Option的值分别为Create、Init Cond Euler、Element Uniform及Shape，如图15-177中a所示，输入New Set Name=all；如图15-177中b所示，单击Input Data…按钮，打开Shape窗口；如图15-177中c所示，将shape设置为element；如图15-177中d所示，单击OK按钮；如图15-177中e所示，单击Select Application Region…按钮，打开作用区域定义窗口；如图15-177中f所示，选中FEM单选项；如图15-177中g所示，从图形中选中所有欧拉体单元输入Application Region；如图15-177中h所示，单击Add按钮；如图15-177中i所示，单击OK按钮；如图15-177中j所示，单击Apply按钮产生单元集区域all。

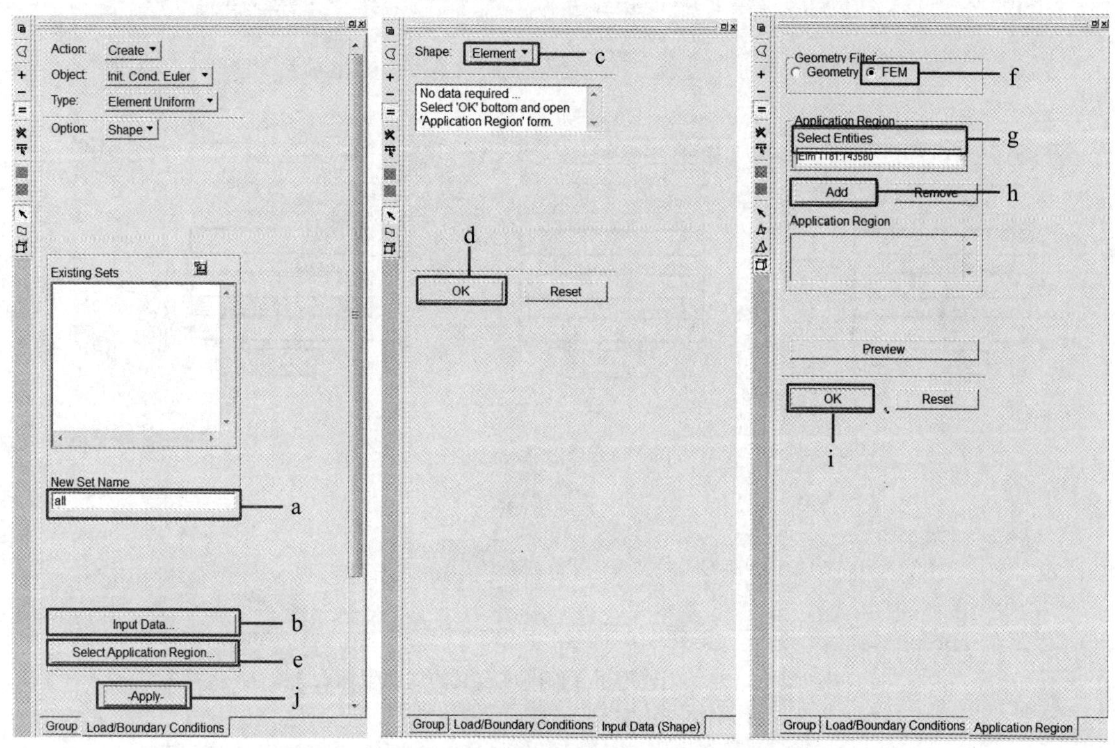

图15-177 定义全部欧拉网格单元为一个区域

（3）定义药柱初始区域。在Load/BCs窗口中，如图15-178所示，依次设置Action、Object、Type及Option的值分别为Creat、Init Cond Euler、Element Uniform及Shape，如图15-178中a所示，输入New Set Name=cyl1；如图15-178中b所示，单击Input Data…按钮，打开Shape窗口；如图15-178中c所示，设置Shape为Cylinder；如图15-178中d所示，在Radius of Cylinder文本框中输入100；如图15-178中e所示，在Length of Cylinder文本框中输入180；如图15-178中f所示，在Centroid and z-Orientation文本框中输入Coord 1；如图15-178中g所示，单击Preview按钮，预览圆柱图形；如图15-178中h所示，单击OK按钮；如图15-178中i所示，单击Apply按钮产生圆柱区域cyl1。

（4）定义钢板初始区域。在Load/BCs窗口中，如图15-179所示，依次设置Action、Object、Type及Option的值分别为Creat、Init Cond Euler、Element Uniform及Shape，如图15-179中

a 所示，输入 New Set Name=cyl2；如图 15-179 中 b 所示，单击 Input Data…按钮，打开 Shape 窗口；如图 15-179 中 c 所示，设置 Shape 为 Cylinder；如图 15-179 中 d 所示，在 Radius of Cylinder 文本框中输入 100；如图 15-179 中 e 所示，在 Length of Cylinder 文本框中输入 30；如图 15-179 中 f 所示，在 Centroid and z-Orientation 文本框中输入 Coord 3；如图 15-179 中 g 所示，单击 Preview 按钮，预览圆柱图形；如图 15-179 中 h 所示，单击 OK 按钮；如图 15-179 中 i 所示，单击 Apply 按钮产生圆柱区域 cyl2。

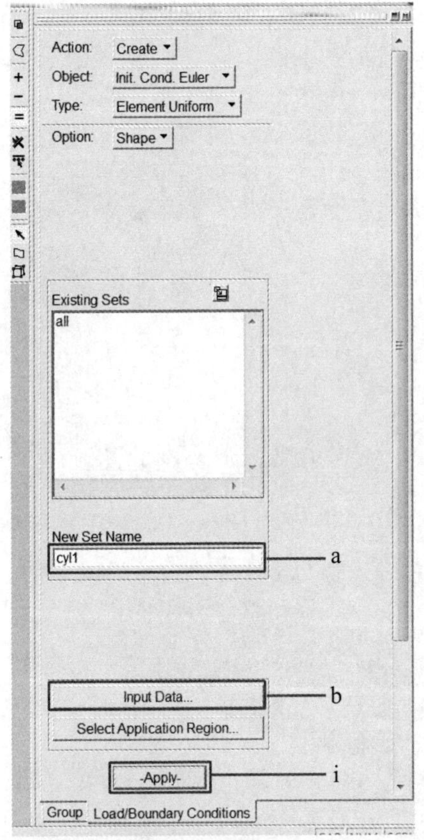

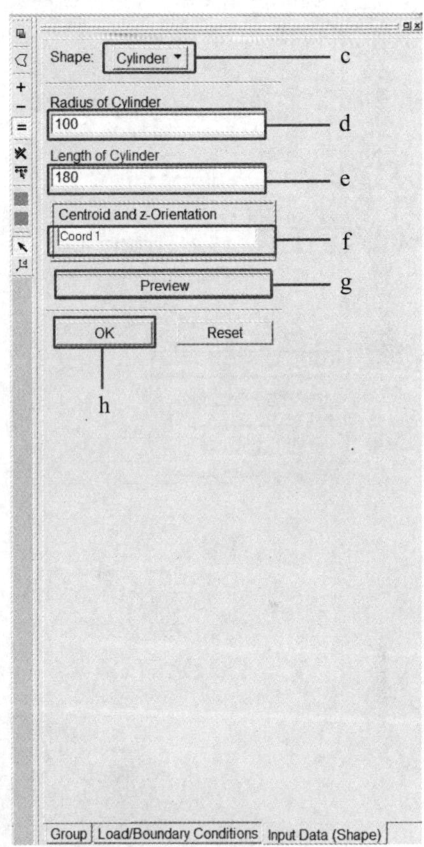

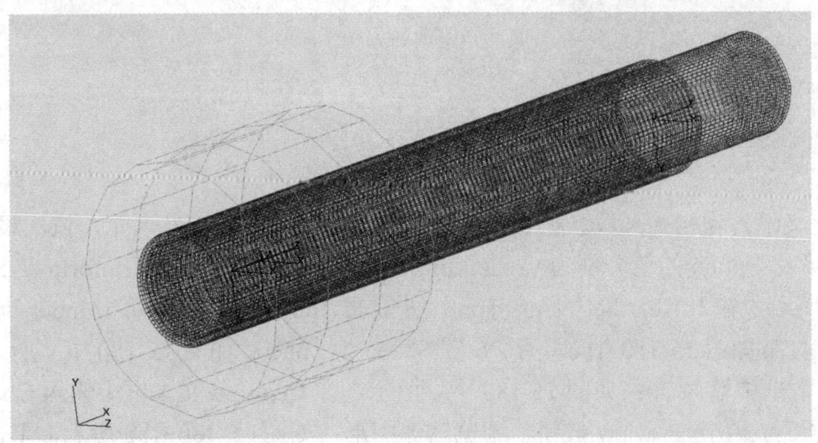

图 15-178　定义药柱初始区域

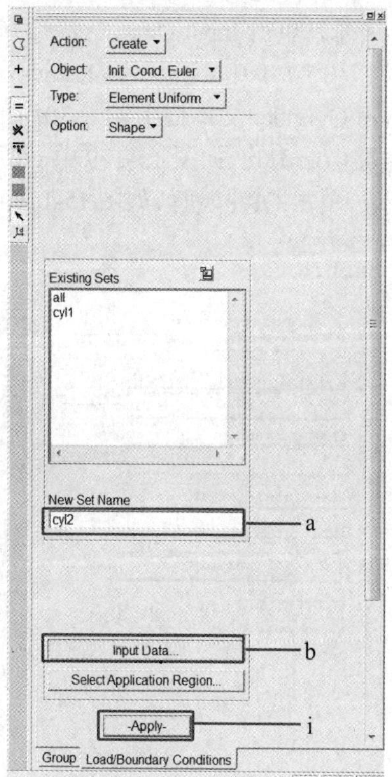

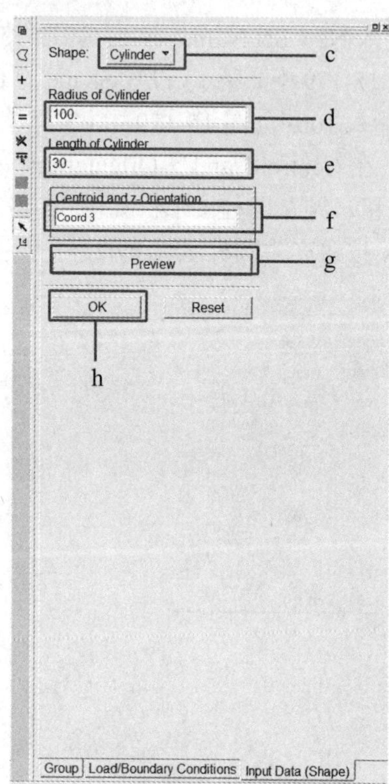

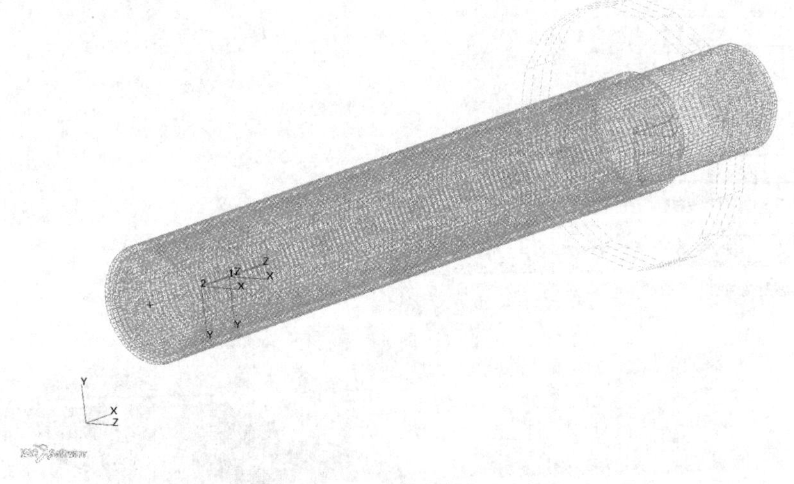

图 15-179　定义药柱初始区域

（5）定义障碍物初始区域。在 Load/BCs 窗口中，如图 15-180 所示，依次设置 Action、Object、Type 及 Option 的值分别为 Creat、Init Cond Euler、Element Uniform 及 Shape，如图 15-180 中 a 所示，输入 New Set Name=sph；如图 15-180 中 b 所示，单击 Input Data…按钮，打开 Shape 窗口；如图 15-180 中 c 所示，设置 Shape 为 Sphere；如图 15-180 中 d 所示，在 Radius of Sphere 文本框中输入 20；如图 15-180 中 e 所示，在 Centroid 文本框中输入 Coord 2；如图 15-180 中 f 所示，单击 Preview 按钮，预览球体图形；如图 15-180 中 g 所示，单击 OK 按钮；如图 15-180 中 h 所示，单击 Apply 按钮产生球形区域 sph。

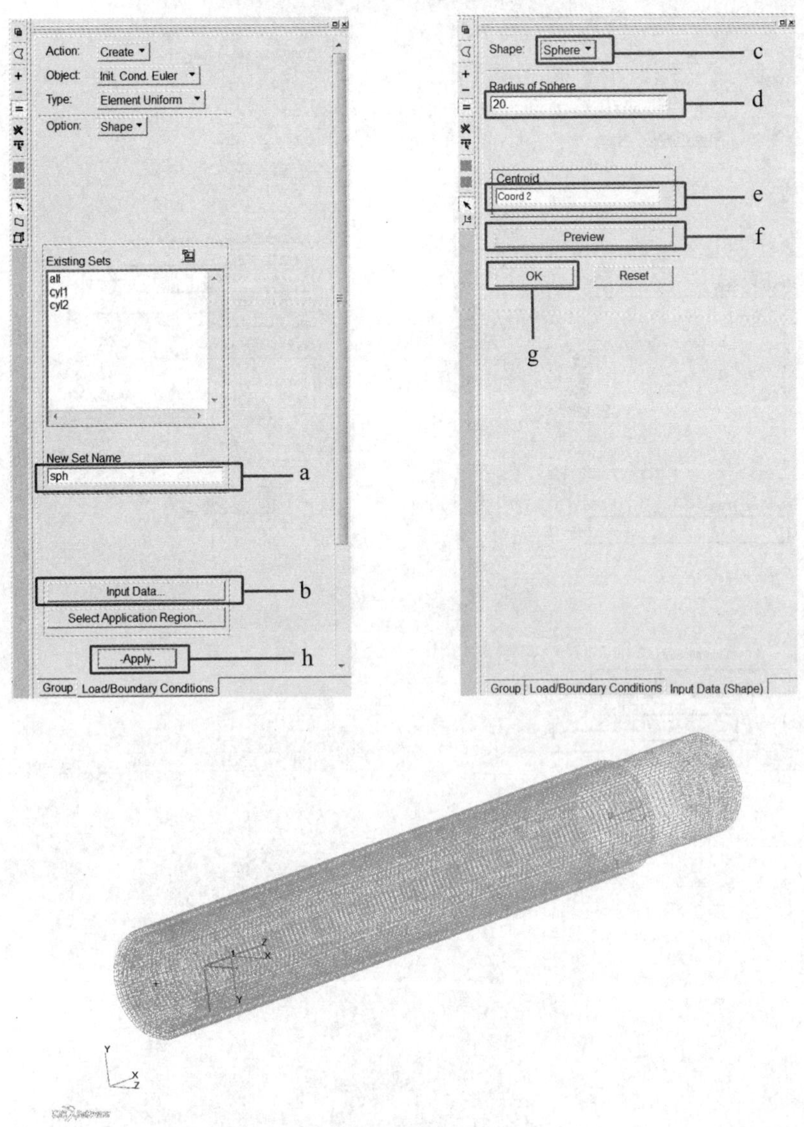

图 15-180 定义障碍物初始区域

（6）定义铜片初始区域。通过 Group 菜单单独张贴 t1 组，然后切换返回 Load/BCs 窗口，如图 15-181 所示，依次设置 Action、Object、Type 及 Option 的值分别为 Creat、Init Cond Euler、Element Uniform 及 Shape/Surface，如图 15-181 中 a 所示，输入 New Set Name=cone1；如图 15-181 中 b 所示，单击 Select Application Region…按钮；如图 15-181 中 c 所示，在 Select Entities 框中框选所有板元；如图 15-181 中 d 所示，单击 Add 按钮；如图 15-181 中 e 所示，单击 OK 按钮；如图 15-181 中 f 所示，单击 Apply 按钮产生锥形区域 cone1。通过 Group 菜单单独张贴 t2 组，然后切换返回 Load/BCs 窗口，如图 15-182 所示，依次设置 Action、Object、Type 及 Option 的值分别为 Creat、Init Cond Euler、Element Uniform 及 Shape/Surface，如图 15-182 中 a 所示，输入 New Set Name=cone2；如图 15-182 中 b 所示，单击 Select Application Region…按钮；如图 15-182 中 c 所示，在 Select Entities 框中框选所有板元；如图 15-182 中 d 所示，单击 Add 按钮；如图 15-182 中 e 所示，单击 OK 按钮；如图 15-182 中 f 所示，单击 Apply 按钮产生锥形区域 cone2。

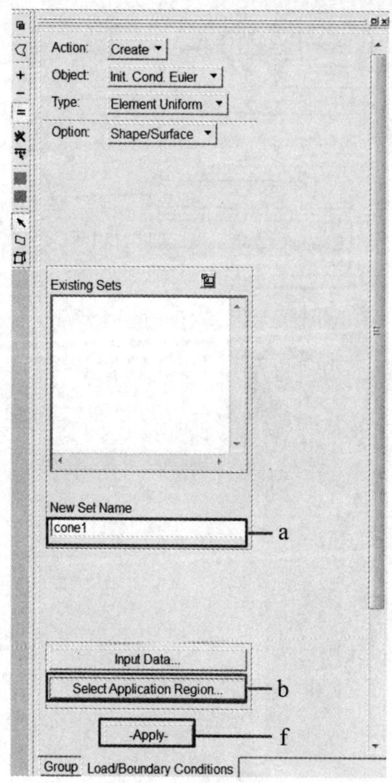

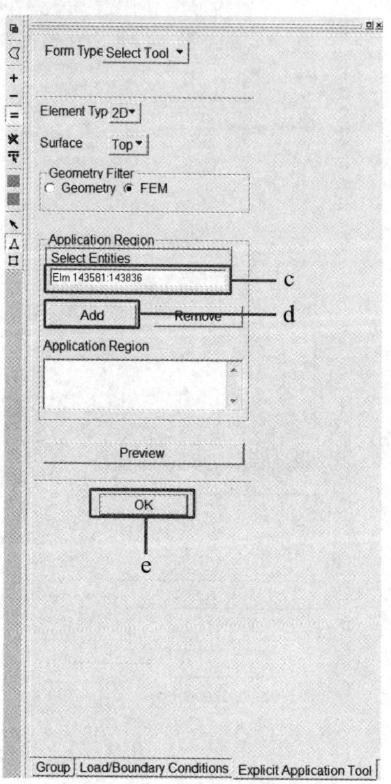

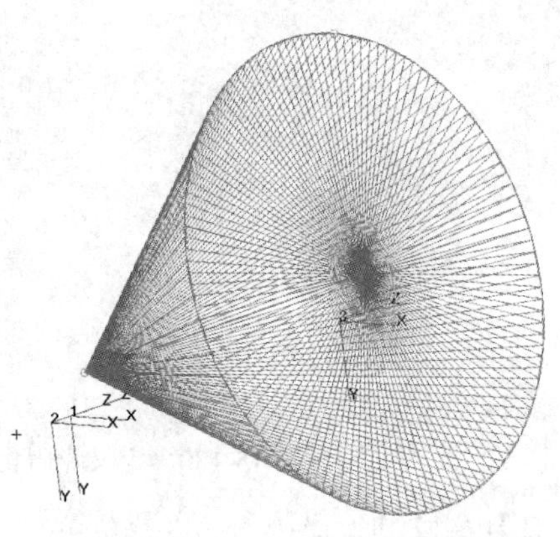

图 15-181　定义铜片初始区域 t1

（7）定义铜片初始物理参数。在 Load/BCs 窗口，如图 15-183 所示，依次设置 Action、Object、Type 及 Option 的值分别为 Creat、Init Cond Euler、Element Uniform 及 Initial Values，如图 15-183 中 a 所示，输入 New Set Name=ticvcu；如图 15-183 中 b 所示，单击 Select Application Region...按钮；如图 15-183 中 c 所示，在材料列表框中选择 cu；如图 15-183 中 d 所示，在 Density 文本框中输入 8.9e-9；如图 15-183 中 e 所示，单击 OK 按钮；如图 15-183 中 f 所示，单击 Apply 按钮产生铜片初始物理参数 ticvcu。

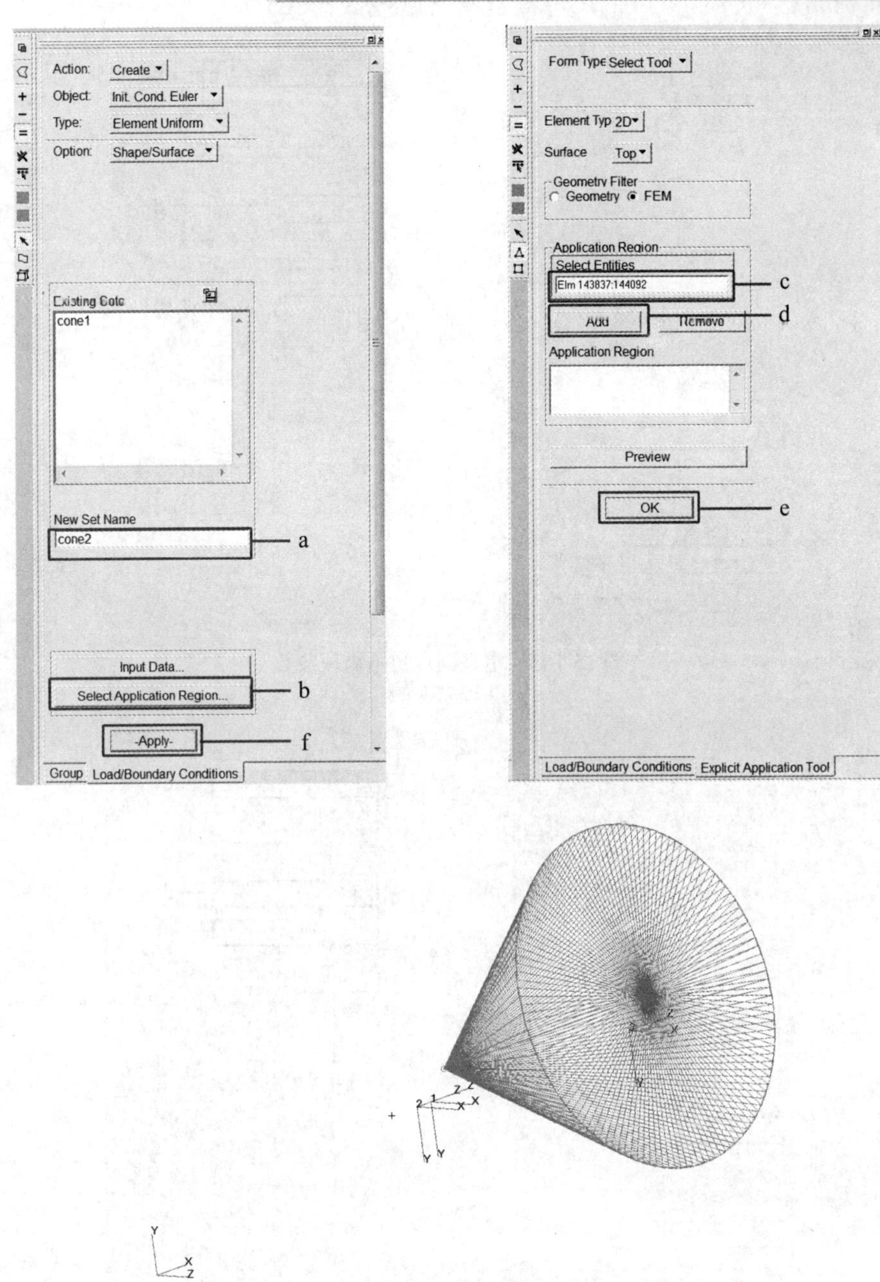

图 15-182　定义铜片初始区域 t2

（8）定义炸药初始物理参数。在 Load/BCs 窗口，如图 15-184 所示，依次设置 Action、Object、Type 及 Option 的值分别为 Creat、Init Cond Euler、Element Uniform 及 Initial Values，如图 15-184 中 a 所示，输入 New Set Name=ticvexp；如图 15-184 中 b 所示，单击 Input Data…按钮；如图 15-184 中 c 所示，在材料列表框中选择 exp；如图 15-184 中 d 所示，在 Density 文本框中输入 1.6e-009；如图 15-184 中 e 所示，在 Specific Internal Energy 文本框中输入 4.7116001E+012；如图 15-184 中 f 所示，单击 OK 按钮；如图 15-184 中 g 所示，单击 Apply 按钮生成炸药初始物理参数 ticvexp。

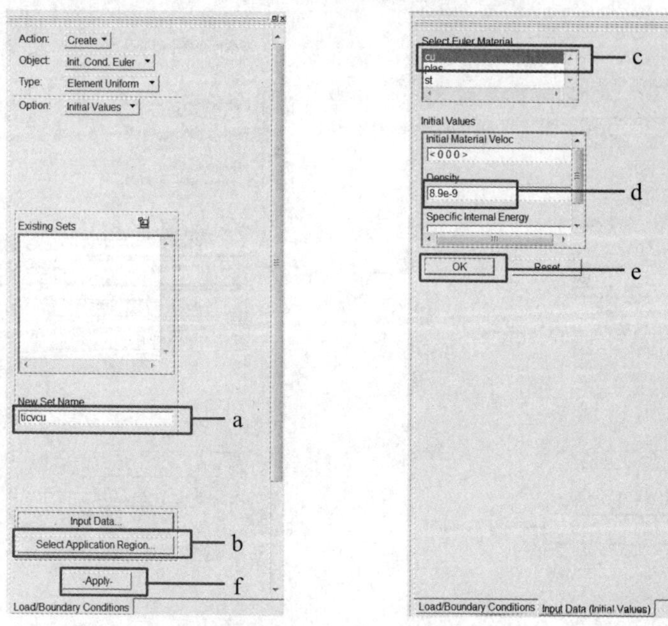

图 15-183　定义铜片初始物理参数

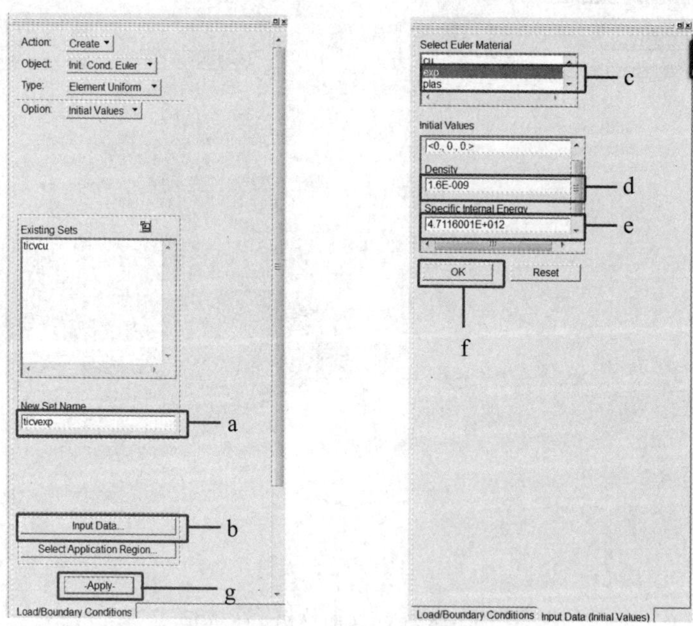

图 15-184　定义炸药初始物理参数

（9）定义障碍物初始物理参数。在 Load/BCs 窗口，如图 15-185 所示，依次设置 Action、Object、Type 及 Option 的值分别为 Creat、Init Cond Euler、Element Uniform 及 Initial Values，如图 15-185 中 a 所示，输入 New Set Name=ticvplas；如图 15-185 中 b 所示，单击 Select Application Region...按钮；如图 15-185 中 c 所示，在材料列表框中选择 plas；如图 15-185 中 d 所示，在 Density 文本框中输入 1.9e-9；如图 15-185 中 e 所示，单击 OK 按钮；如图 15-185 中 f 所示，单击 Apply 按钮产生障碍物初始物理参数 ticvplas。

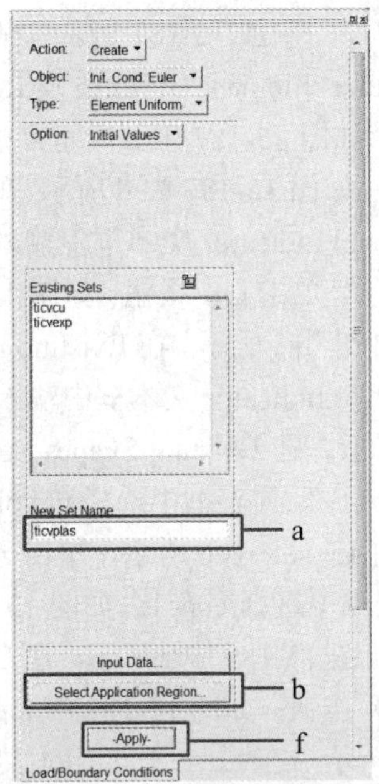

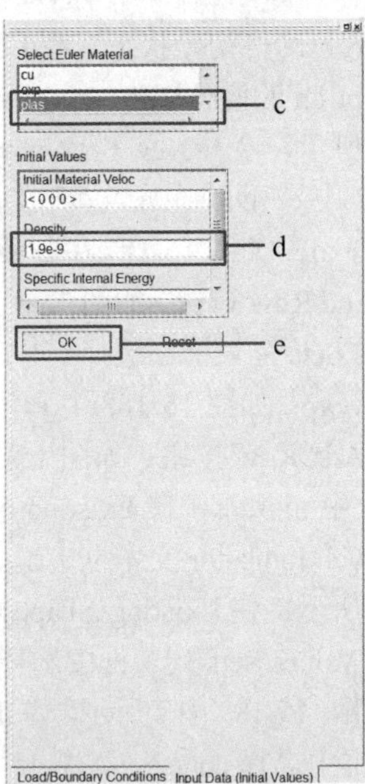

图 15-185　定义障碍物初始物理参数

（10）定义钢板初始物理参数。在 Load/BCs 窗口，如图 15-186 所示，依次设置 Action、Object、Type 及 Option 的值分别为 Creat、Init Cond Euler、Element Uniform 及 Initial Values，如图 15-186 中 a 所示，输入 New Set Name=ticvst；如图 15-186 中 b 所示，单击 Input Data...按钮；如图 15-186 中 c 所示，在材料列表框中选择 st；如图 15-186 中 d 所示，在 Density 文本框中输入 7.8e-9；如图 15-186 中 e 所示，单击 OK 按钮；如图 15-186 中 f 所示，单击 Apply 按钮产生钢板初始物理参数 ticvst。

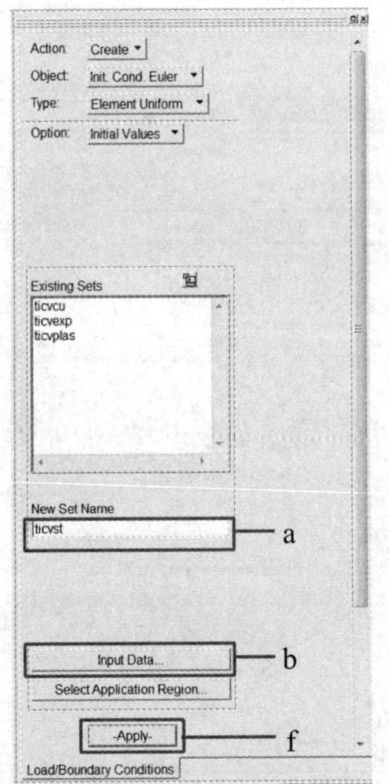

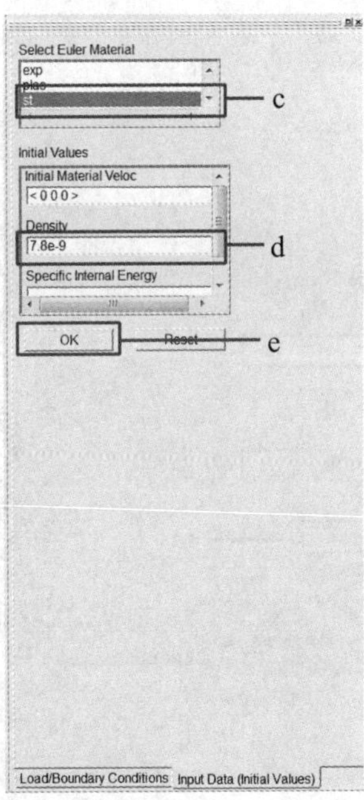

图 15-186　定义钢板初始物理参数

（11）定义欧拉网格初始状态。在 Load/BCs 窗口，如图 15-187 所示，依次设置 Action、Object、Type 及 Option 的值分别为 Creat、Init Cond Euler、Element Uniform 及 Region Definition，如图 15-187 中 a 所示，输入 New Set Name=ticeul1；如图 15-187 中 b 所示，单击 Input Data…按钮；如图 15-187 中 c 所示，在属性列表框中选择 pe；如图 15-187 中 d 所示，在 Existing Shapes Sets 列表框中选择 all；如图 15-187 中 e 所示，在 Level Indicator 文本框中输入 0；如图 15-187 中 f 所示，单击 Add Row 按钮；如图 15-187 中 g 所示，单击 OK 按钮；如图 15-188 中 h 所示，在 Existing Shapes Sets 列表框中选择 cyl1；如图 15-188 中 i 所示，在 Existing Initial Values Sets 列表框中选择 ticvexp；如图 15-188 中 j 所示，在 Level Indicator 文本框中输入 1；如图 15-188 中 k 所示，单击 Add Row 按钮；如图 15-188 中 l 所示，在 Existing Shapes Sets 列表框中选择 sph；如图 15-188 中 m 所示，在 Existing Initial Values Sets 列表框中选择 ticvplas；如图 15-188 中 n 所示，在 Level Indicator 文本框中输入 3；如图 15-188 中 o 所示，单击 Add Row 按钮；如图 15-189 中 p 所示，在 Existing Shapes Sets 列表框中选择 cone1；如图 15-189 中 q 所示，在 Existing Initial Values Sets 列表框中选择 ticvcu；如图 15-189 中 r 所示，在 Level Indicator 文本框中输入 4；如图 15-189 中 s 所示，单击 Add Row 按钮；如图 15-189 中 t 所示，在 Existing Shapes Sets 列表框中选择 cone2；如图 15-189 中 u 所示，在 Level Indicator 文本框中输入 5；如图 15-189 中 v 所示，单击 Add Row 按钮；如图 15-189 中 w 所示，单击 OK 按钮；如图 15-190 中 x 所示，在 Existing Shapes Sets 列表框中选择 cyl2；如图 15-190 中 y 所示，在 Existing Initial Values Sets 列表框中选择 ticvst；如图 15-190 中 z 所示，在 Level Indicator 文本框中输入 6；如图 15-190 中 aa 所示，单击 Add Row 按钮；如图 15-190 中 ab 所示，单击 OK 按钮；如图 15-187 中 ac 所示，单击 Apply 按钮生成 ticeul1。

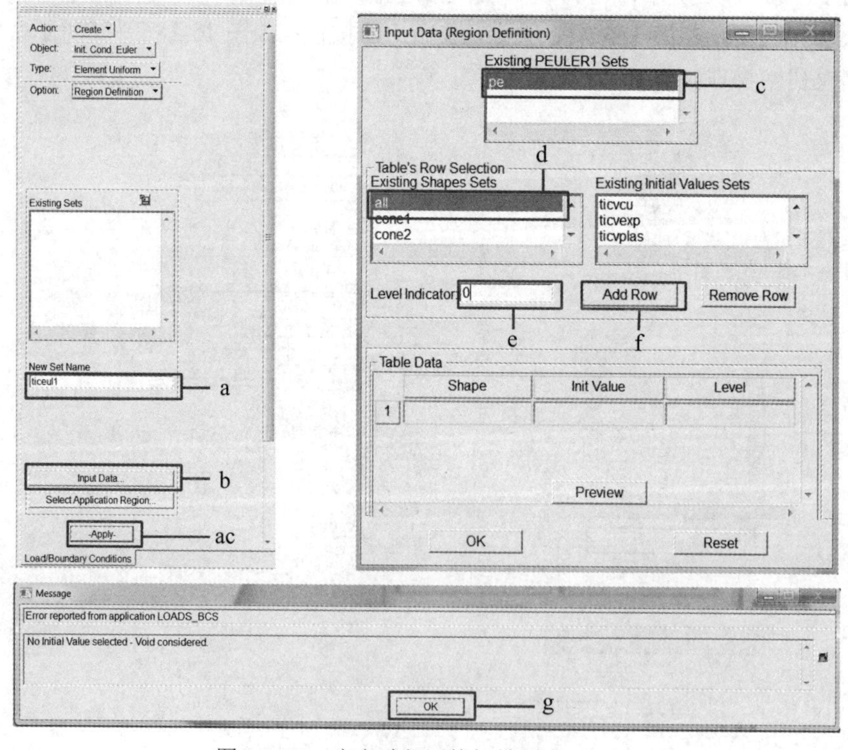

图 15-187　定义欧拉网格初始状态（一）

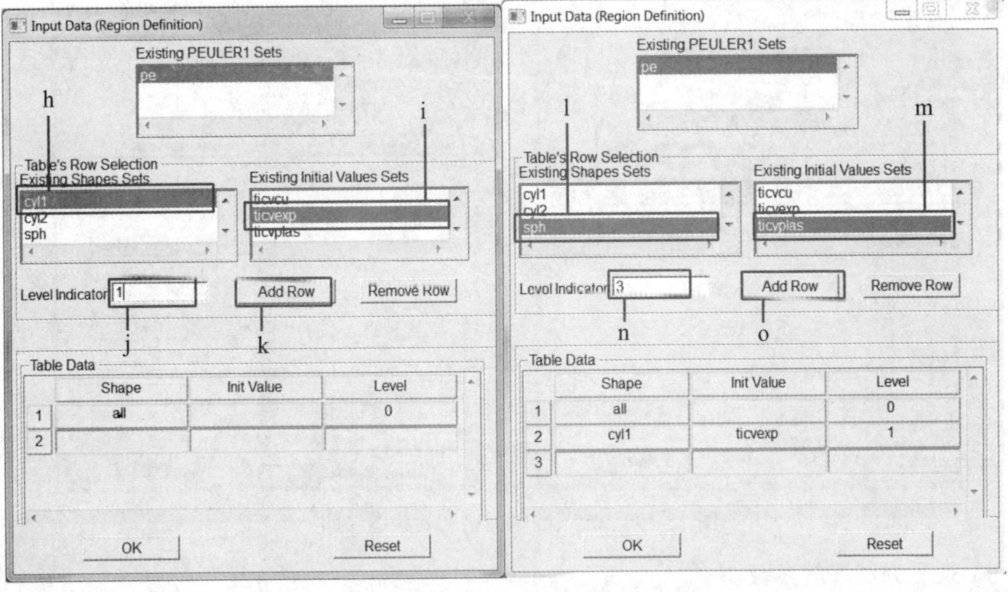

图 15-188 定义欧拉网格初始状态（二）

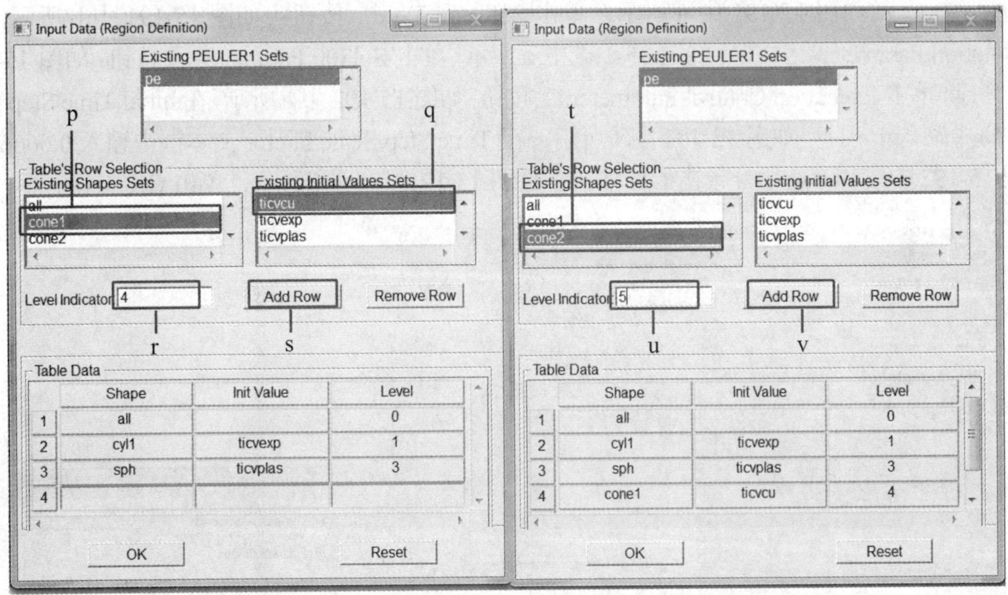

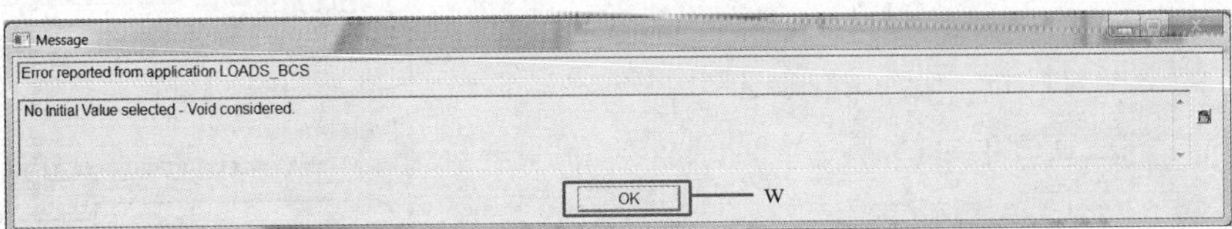

图 15-189 定义欧拉网格初始状态（三）

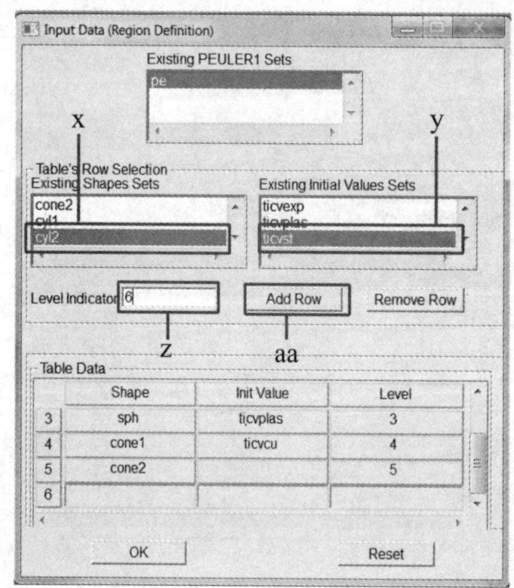

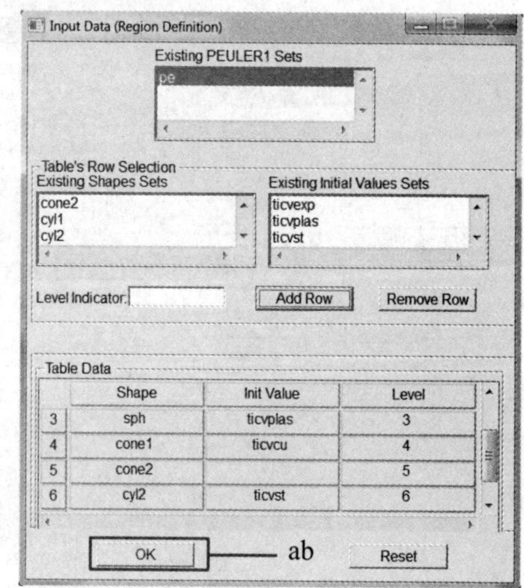

图 15-190　定义欧拉网格初始状态（四）

8. 设置分析求解参数

（1）定义初始时间步长和时间步长因子。单击工具栏中的 Analysis 按钮，打开 Analysis 窗口，如图 15-191 所示，依次设置 Action、Object、Method 的值分别为 Analyze、Entire Model、Analysis Deck；如图 15-191 中 a 所示，单击 Solution Type…按钮；如图 15-191 中 b 所示，单击 Solution Parameters…按钮；如图 15-191 中 c 所示，单击 Sol700 Parameters…按钮；如图 15-192 中 d 所示，单击 Execution Control Parameters…按钮；如图 15-192 中 e 所示，在 Intial Time Step Size 文本框中输入 1.e-11；如图 15-192 中 f 所示，在 Time Step Scale Factor 文本框中输入 0.666666；如图 15-192 中 g 和 h 所示，单击 OK 按钮；如图 15-191 中 i 和 j 所示，单击 OK 按钮。

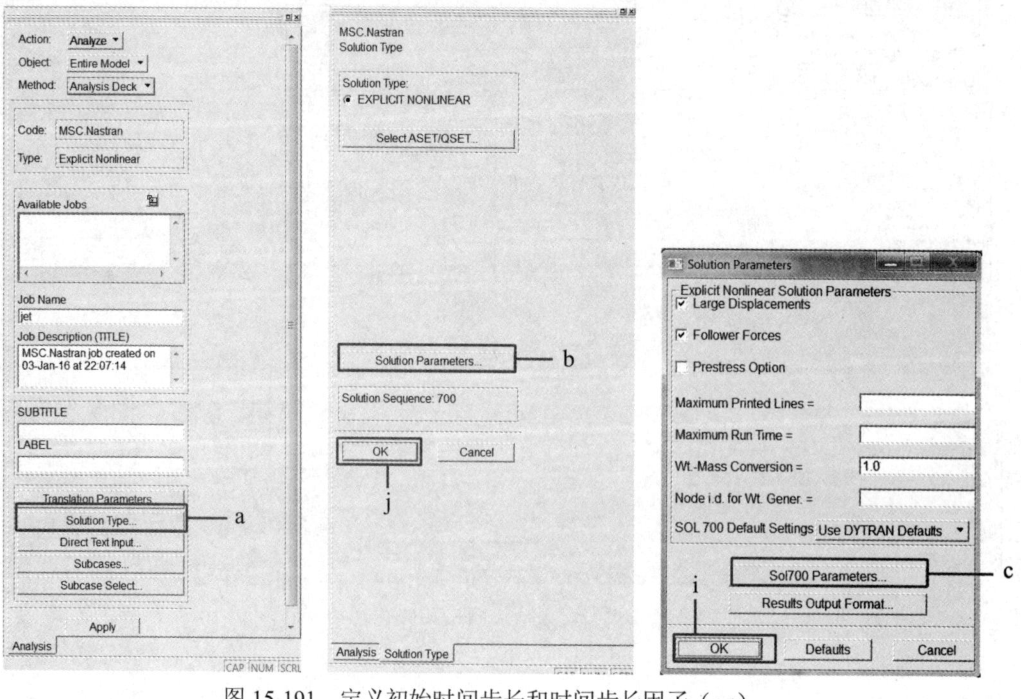

图 15-191　定义初始时间步长和时间步长因子（一）

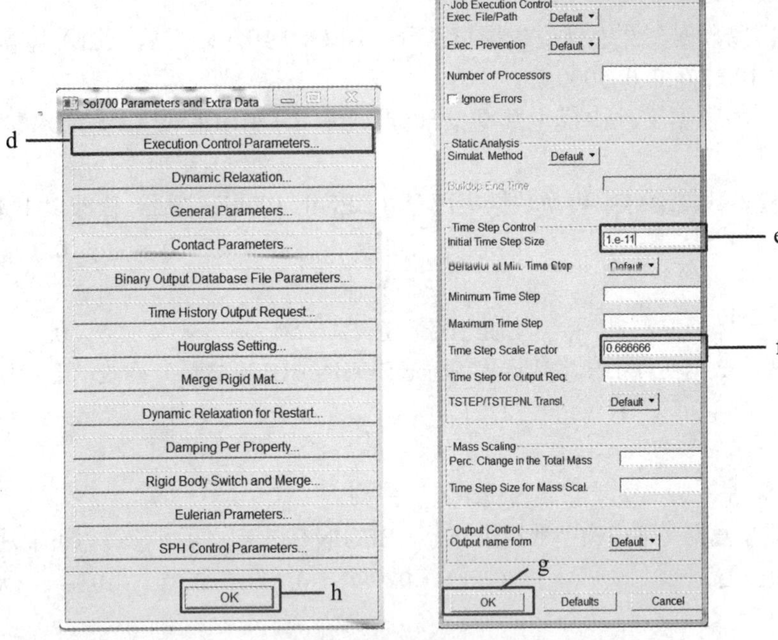

图 15-192　定义初始时间步长和时间步长因子（二）

（2）定义分析时间。在 Analysis 窗口中单击 Subcases 按钮，如图 15-193 中 k 所示，在打开的窗口中单击 Subcases Parameters…按钮；如图 15-193 中 l 所示，在 Ending Time 文本框中输入 0.5-3；如图 15-193 中 m 所示，在 Number of Time Steps 文本框中输入 100；如图 15-193 中 n 所示，单击 OK 按钮；如图 15-193 中 o 和 p 所示，单击 Apply 按钮，生成模型数据文件 jet.bdf。

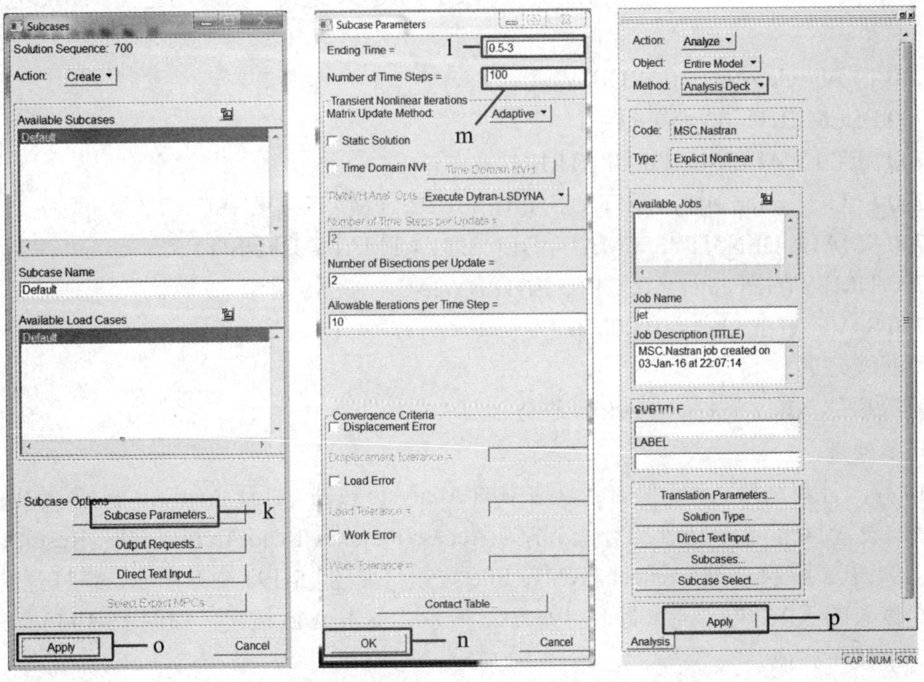

图 15-193　定义分析时间

9. 模型数据文件修改

（1）在模型数据文件中模型数据集部分（BEGIN BULK 之后）加入起爆点定义的数据卡片 DETSPH,100,2,0.,0.,0.,5000.e3。

（2）在模型数据文件中模型数据集部分（BEGIN BULK 之后）加入参数卡 PARAM,VELMAX,1.E。

（3）在模型数据文件中模型数据集部分（BEGIN BULK 之后）修改以下卡片：

```
TICREG   1   11   ELEM   1   0   0   0.
```

修改为：

```
TICREG   1   11   ELEM   1           0.
```

（4）在模型数据文件中模型数据集部分（BEGIN BULK 之后）修改以下卡片：

```
TICREG   5   11   SURF   6   4   0   5.
```

修改为：

```
TICREG   5   11   SURF   6           5.
```

（5）在模型数据文件中模型数据集部分（BEGIN BULK 之后）修改以下卡片：

```
CYLINDR  2   0.   0.   0.   0.     0.   0.
```

修改为：

```
CYLINDR  2   0.   0.   0.   180.   0.   0.
```

（6）在模型数据文件中模型数据集部分（BEGIN BULK 之后）修改以下卡片：

```
CYLINDR  3   0.      0.   0.   0.      0.   0.
```

修改为：

```
CYLINDR  3   528.3   0.   0.   558.3   0.   0.
```

（7）在模型数据文件中工况控制部分（BEGIN BULK 之前，CEND 之后）加入欧拉网格输出定义卡片：

```
$S700 TYPE (elements) = ARCHIVE
$S700 ELEMENTS (elements) = 1
$S700 SET 1 = ALLMULTIEULSTREN
$S700 ELOUT (elements) = EFFSTS, PRESSURE, FMAT2, DENSITY2 ,
$S700 FMAT3, DENSITY3 ,FMAT4, DENSITY4,FMAT5, DENSITY5
$S700 TIMES (elements) = 0,THRU,END,BY,2e-5
$S700 SAVE (elements) = 1000000
```

10. 提交运算

将修改后的 bdf 文件提交 Nastran 进行计算。

11. 后处理

（1）导入计算结果文件。单击工具栏中的 Analysis 按钮，打开 Analysis 窗口，如图 15-194 所示，依次设置 Action、Object、Type 分别为 Access Results、Read Archive File、Result Entities，如图 15-194 中 a 所示，单击 Select Archive File 按钮；如图 15-194 中 b 所示，在打开的窗口中选择需要读入的 ARC 文件；如图 15-194 中 c 所示，单击 Add 按钮；如图 15-194 中 e 所示，单击 Apply 按钮完成结果导入。

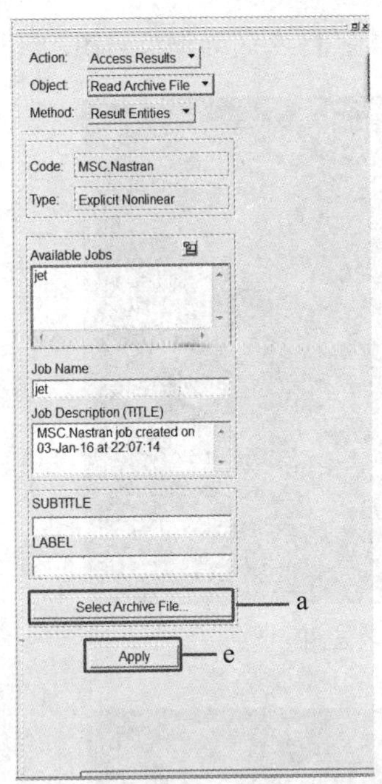

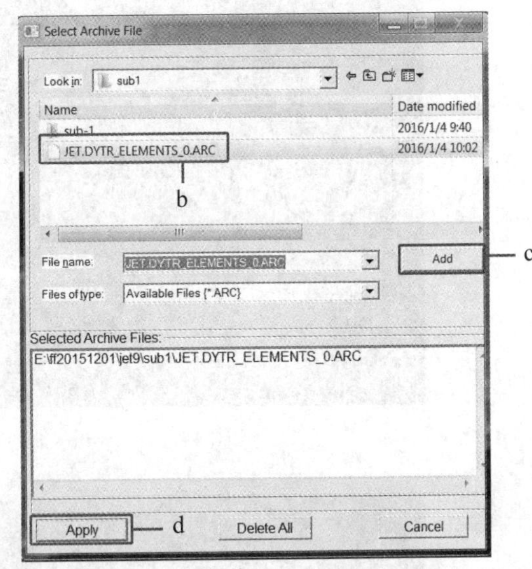

图 15-194　导入计算结果

（2）计算结果云图显示。单击工具栏中的 Results 按钮，打开 Results 窗口，如图 15-195 所示，依次设置 Action 和 Object 分别为 Create 和 Quick Plot，在 Select Result Cases 列表框中选取想看的时刻，在 Select Fringe Result 列表框中选取想看的变量，然后单击 Apply 按钮显示结果云图。如果选取多个时刻，勾选 Animate 复选框，单击 Apply 按钮即可显示动画。

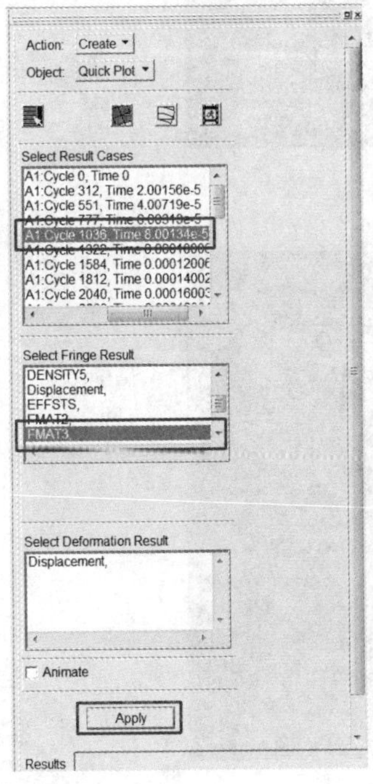

图 15-195　显示计算结果云图

如图 15-196 至图 15-199 为铜片云图，图 15-200 至图 15-203 为铜板云图。

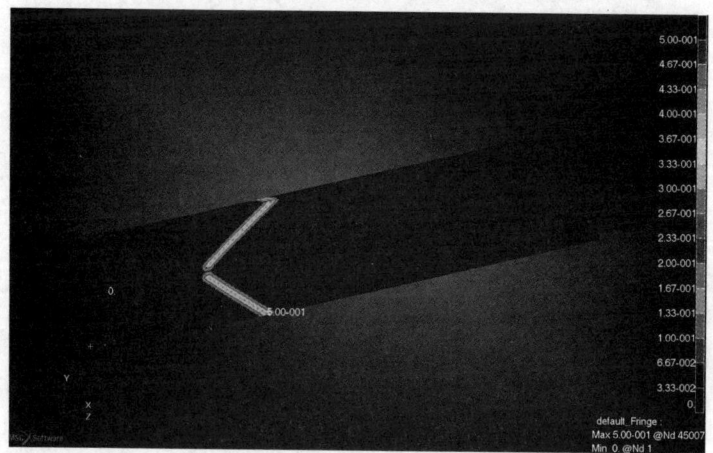

图 15-196 t=0ms 时刻铜片云图

图 15-197 t= 0.1ms 时刻铜片云图

图 15-198 t= 0.18ms 时刻铜片云图

图 15-199　t=0.22ms 时刻铜片云图

图 15-200　t=0ms 时刻钢板云图

图 15-201　t=0.24ms 时刻钢板云图

图 15-202　t=0.34ms 时刻钢板云图

图 15-203　t=0.42ms 时刻钢板云图

15.6　容器中的爆炸分析实例

本例模拟一个金属箱体中炸药爆炸并对结构产生冲击的过程，采用 Nastran 中的 SOL 700 欧拉求解器与拉格朗日求解器进行耦合计算。箱体为 1000mm×1000mm×500mm 的长方体形结构，板厚为 9mm。炸药为球形，放置在箱内空间的正中，起爆点为药球中心点。炸药采用 JWL 状态方程模拟，质量密度 1.6E-009（t/mm^3），参数 A=365000，B=2310，R1=4.3，R2=1.1，OMEGA=0.28，比内能 4.7116+12（10^{-6}m^2/s^2）。钢板材料质量密度 7.8E-009（t/mm^3），σ_b=500MPa，体积弹性模量 175000MPa，剪切弹性模量 80769MPa。计算结果主要查看炸药爆炸过程、冲击结构使其产生响应的过程。

1．创建数据库文件

如图 15-204 所示，新建 MSC Patran 的空数据文件，在 File name 文本框中输入数据文件名 blast。如图 15-205 所示，选择 MSC Nastran 为解算器，设置分析类型为 Explicit Nonlinear，单击 OK 按钮完成设置。

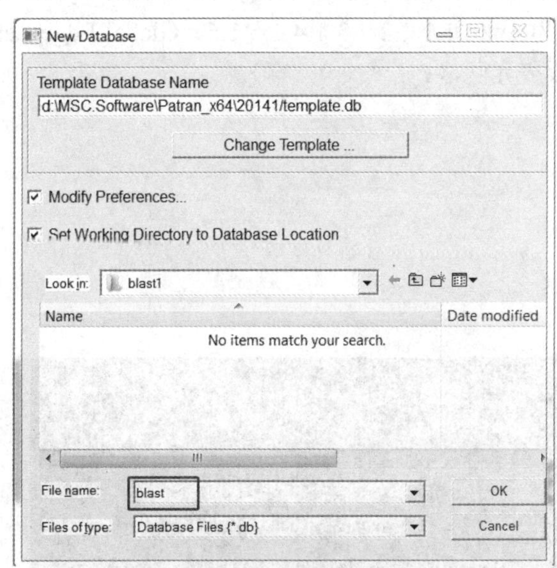

图 15-204　创建数据库文件

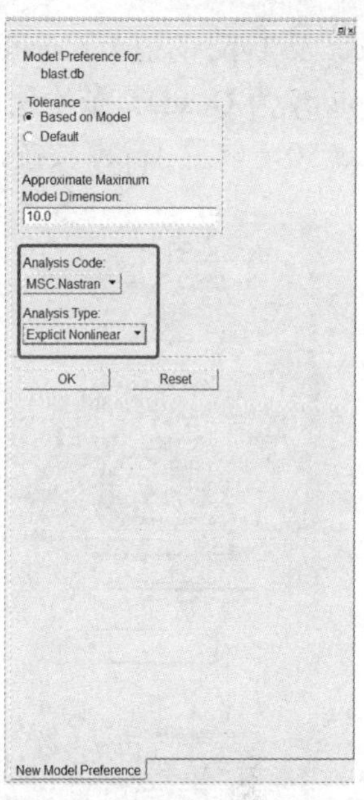

图 15-205　设置分析类型

2. 创建箱体几何模型

单击工具栏中的 Geometry 按钮，打开 Geometry 窗口，如图 15-206 所示，依次设置 Action、Object 及 Method 的值为 Create、Solid、XYZ，输入矢量<1000 1000 500>，输入坐标[-500 -500 -250]，生成点 solid 1，如图 15-206 所示。

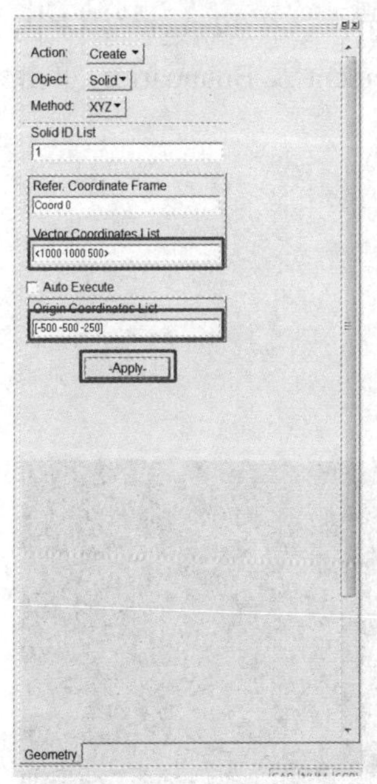

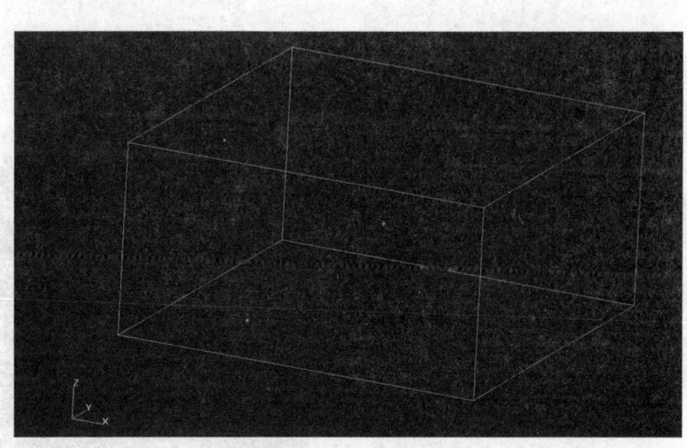

图 15-206　创建箱体几何

3. 创建箱体结构有限元网格

（1）单击工具栏中的 Element 按钮，打开 Element 窗口，如图 15-207 所示，依次设置 Action、

Object 及 Type 的值为 Create、Mesh 及 Surface，设置 Elem Shape 为 Quad，Mesher 为 IsoMesh，Topology 为 Quad4，依次输入 Surface List 为 Solid 1.1 1.2 1.3 1.4 1.5 1.6，Global Edge Length Value=50，单击 Apply 按钮，生成结构的板壳元网格。

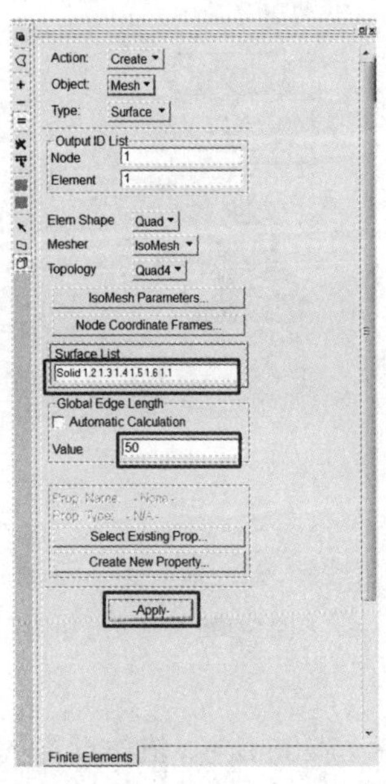

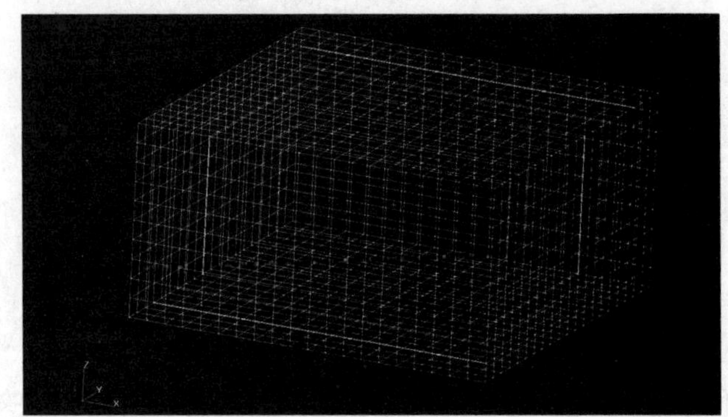

图 15-207　创建箱体有限元网格

（2）在 Element 窗口中，如图 15-208 所示，依次设置 Action、Object 及 Method 的值为 Equivalence、All、Tolerance Cube，单击 Apply 按钮消除重复节点。在 Element 窗口中，如图 15-209 所示，依次设置 Action、Object 及 Test 的值为 Verify、Element 及 Boundaries，单击 Apply 按钮显示自由边。

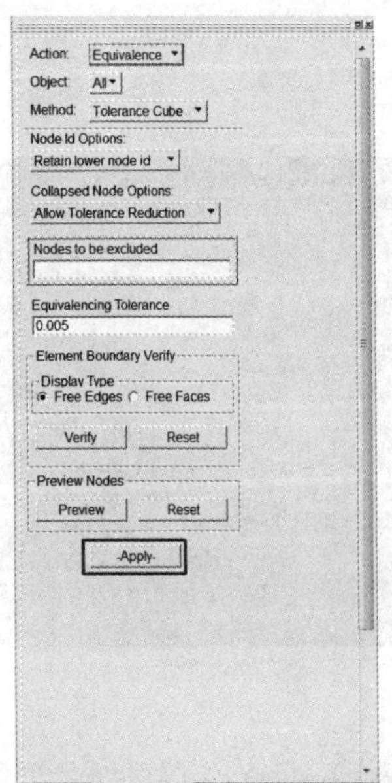

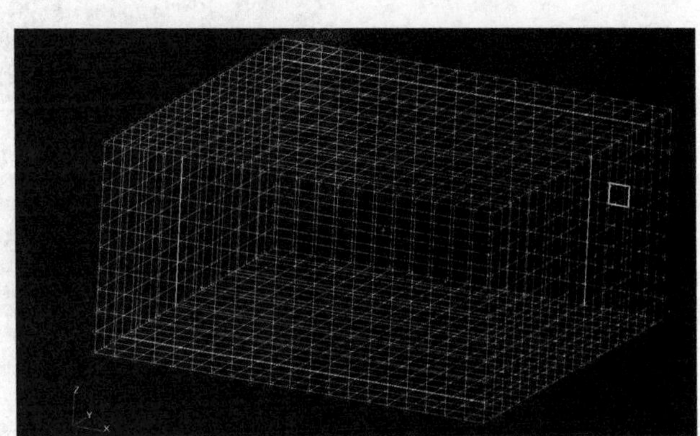

图 15-208　消除箱体有限元网格重复节点

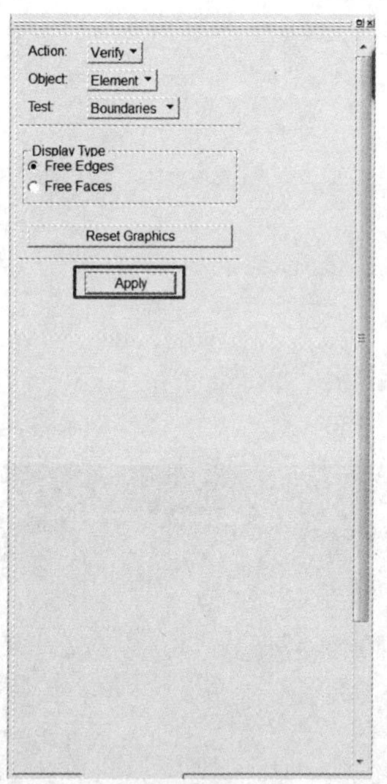

图 15-209　检查箱体有限元网格自由边

（3）如图 15-210 所示，在 Element 窗口中，依次设置 Action、Object 及 Test 的值为 Verify、Element 及 Normals，选中 Color Code Elements 单选项，单击 Apply 按钮显示单元方向。选中 Draw Normal Vectors 单选项，如图 15-211 中 a 所示，单击 Apply 按钮显示单元方向；如图 15-211 中 b 所示，单击 Test Control 图标，将 Display Only 切换为 Reverse Elements。然后在底面网格中选一个单元输入 Guiding Element，单击 Apply 按钮完成单元方向调整，如图 15-212 所示。再次检查单元方向，如图 15-213 所示。

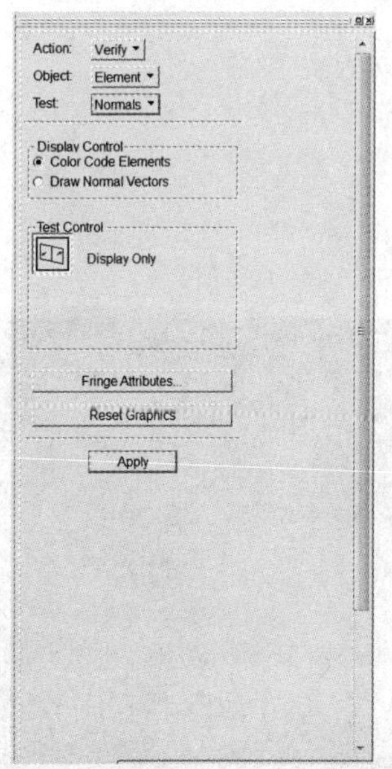

图 15-210　检查箱体有限元网格方向（颜色显示）

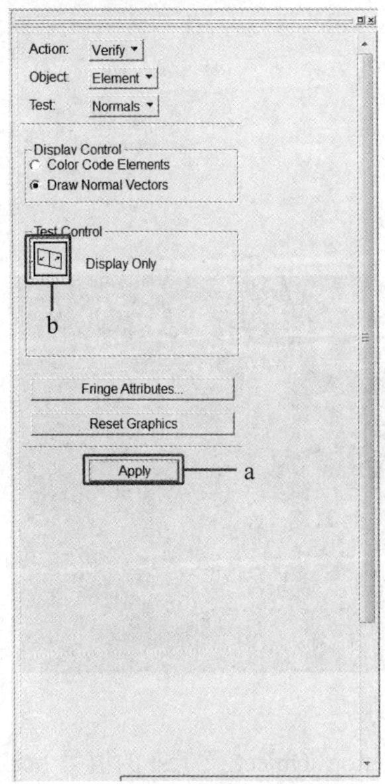

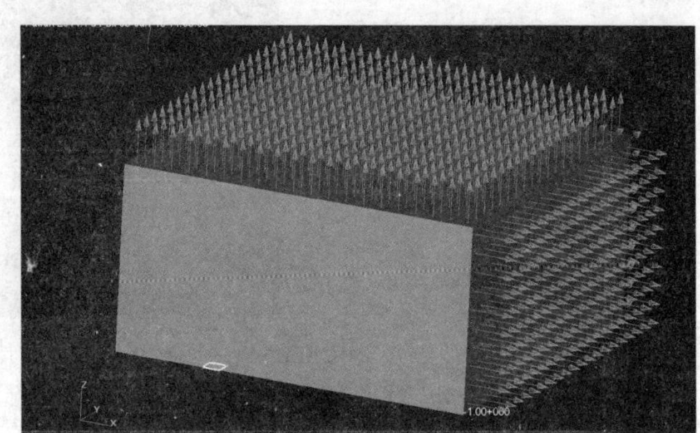

图 15-211　检查箱体有限元网格方向（矢量显示）

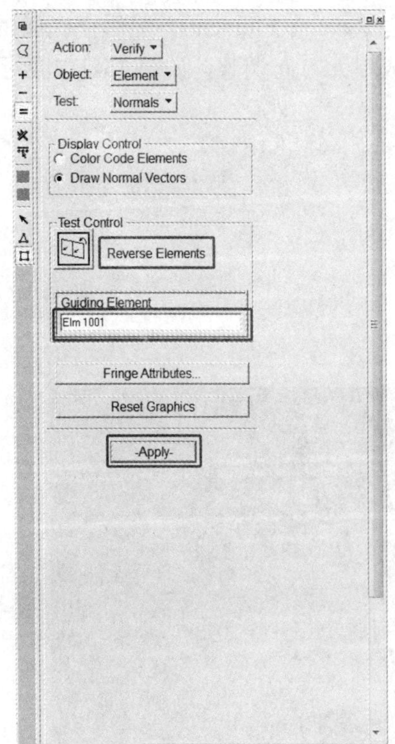

图 15-212　调整箱体有限元网格方向

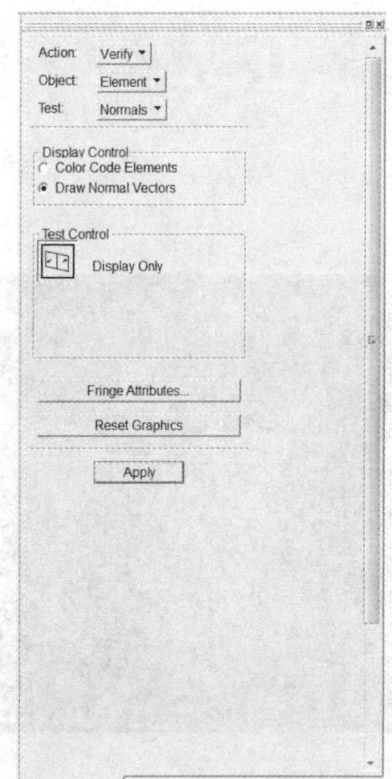

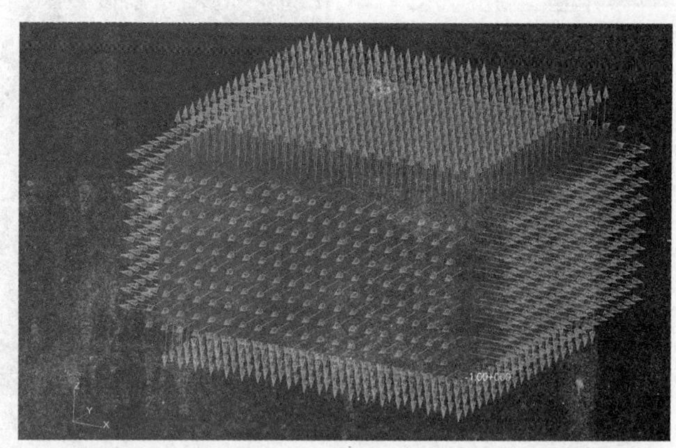

图 15-213　再次显示箱体有限元网格方向（矢量显示）

4. 创建欧拉域几何模型

选择菜单项 Group→Create，输入 New Group Name 为 Euler，然后单击 Apply 按钮创建一个空组 Euler，如图 15-214 所示。单击工具栏中的 Geometry 按钮，打开 Geometry 窗口，如图 15-215 所示，依次设置 Action、Object 及 Method 的值为 Create、Solid、XYZ，输入矢量<1600 1600 1000>，输入坐标[-800 -800 -500]，生成点 solid 2。

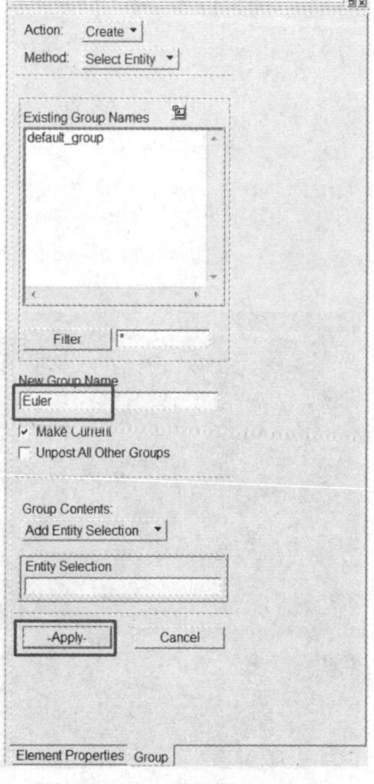

图 15-214　创建 Euler 组

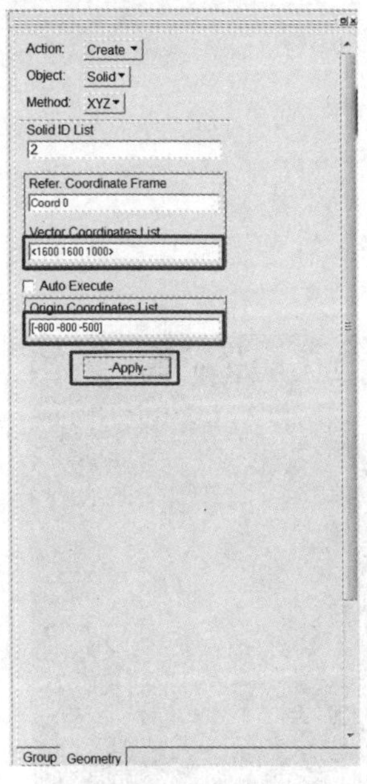

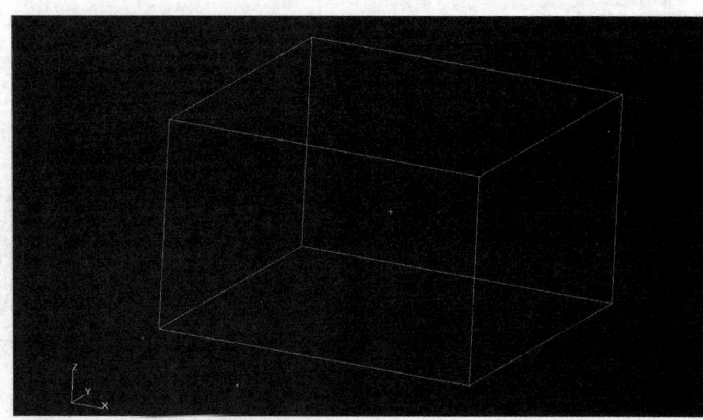

图 15-215　创建欧拉域几何模型

5. 创建欧拉域网格

（1）单击工具栏中的 Element 按钮，打开 Element 窗口，依次设置 Action、Object 及 Type 的值为 Create、Mesh Seed 及 Two Way Bias，选中 Num Elems and L2/L1 单选项，Number=50，L2/L1=0.2，在 Curve List 文本框中依次输入 Solid 2 的沿 x 方向的 4 条棱边，单击 Apply 按钮，生成网格种子点，如图 15-216 所示；在 Curve List 文本框中依次输入 Solid 2 的沿 y 方向的 4 条棱边，单击 Apply 按钮，生成网格种子点，如图 15-217 所示；在 Curve List 文本框中依次输入 Solid 2 的沿 z 方向的 4 条棱边，单击 Apply 按钮，生成网格种子点，如图 15-218 所示。

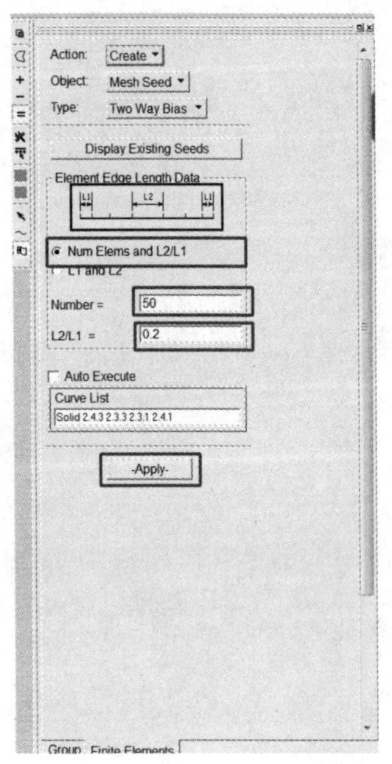

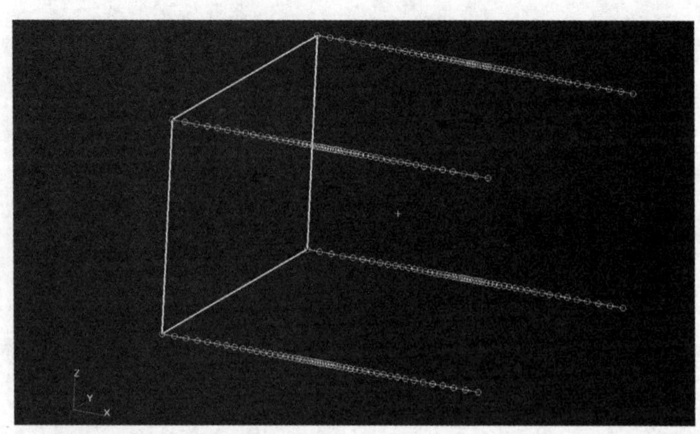

图 15-216　创建欧拉域几何网格种子点（一）

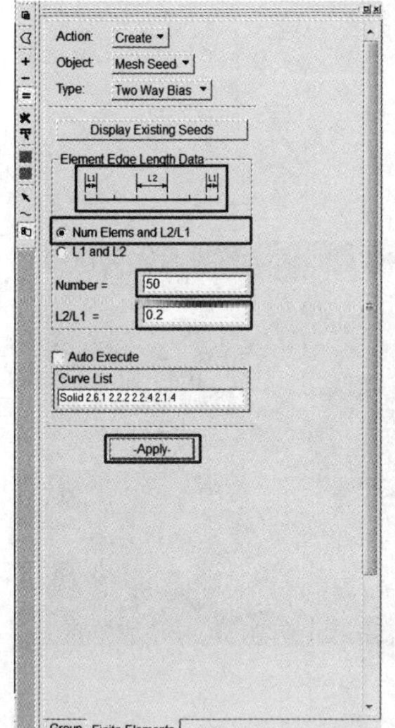

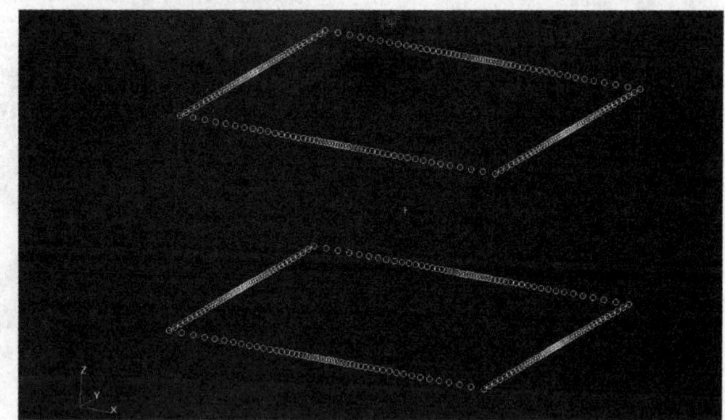

图 15-217　创建欧拉域几何网格种子点（二）

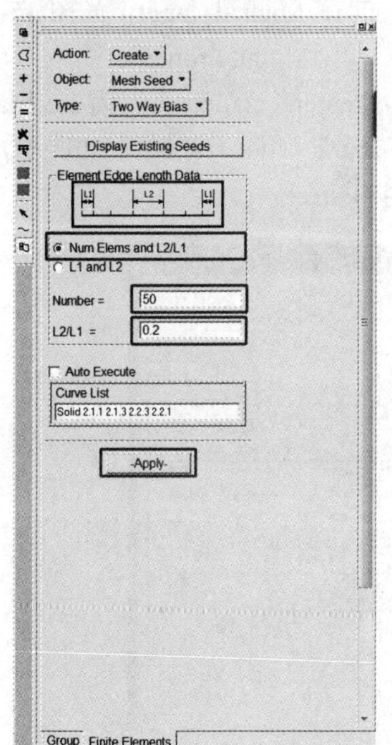

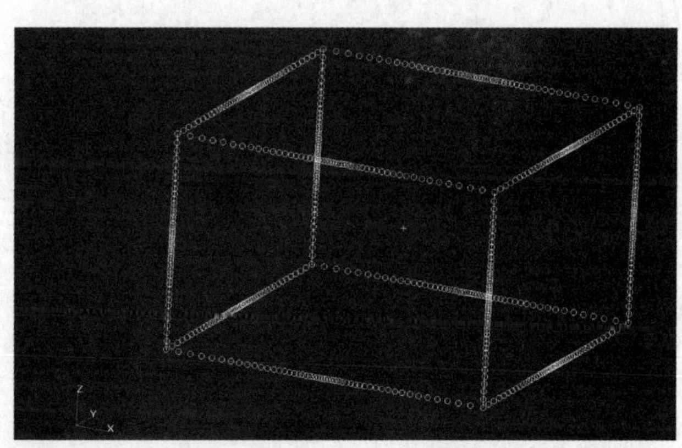

图 15-218　创建欧拉域几何网格种子点（三）

（2）单击工具栏中的 Element 按钮，打开 Element 窗口，如图 15-219 所示，依次设置 Action、Object 及 Type 的值为 Create、Mesh 及 Solid，Elem Shape 设置为 Hex，Mesher 设置为 IsoMesh，Topology 设置为 Hex8，输入 Solid List 为 Solid2，单击 Apply 按钮，生成欧拉域网格。

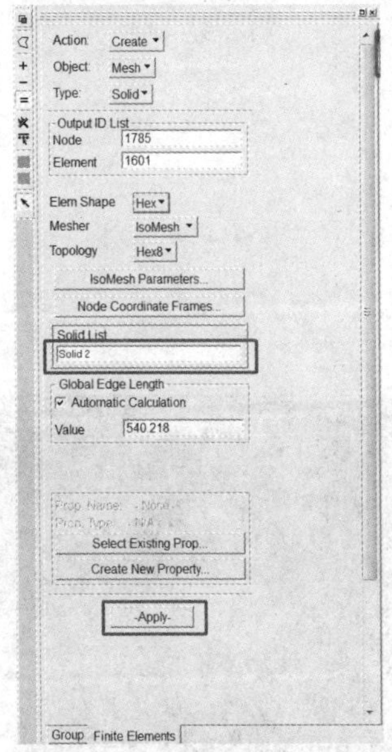

图 15-219 创建欧拉域网格

6. 创建材料参数

（1）创建用于箱体结构定义的钢材料。在 Material 窗口中，如图 15-220 所示，依次设置 Action、Object、Method 的值分别为 Create、Isotropic(SOL 700)、Manual Input，如图 15-220 中 a 所示，输入 Material Name=steel；如图 15-220 中 b 所示，单击 Input Properties…按钮，打开 Input Option 界面，Constituitive Model 设置为 Elaspolastic，Implementation 设置为 Iso Elastic Plastic(MAT12)；如图 15-220 中 c 所示，依次输入该材料的参数；如图 15-220 中 d 所示，单击 OK 按钮；如图 15-220 中 e 所示，单击 Apply 按钮产生材料 steel。

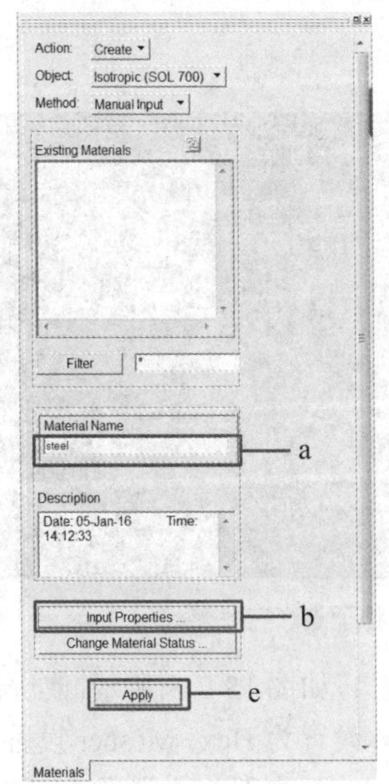

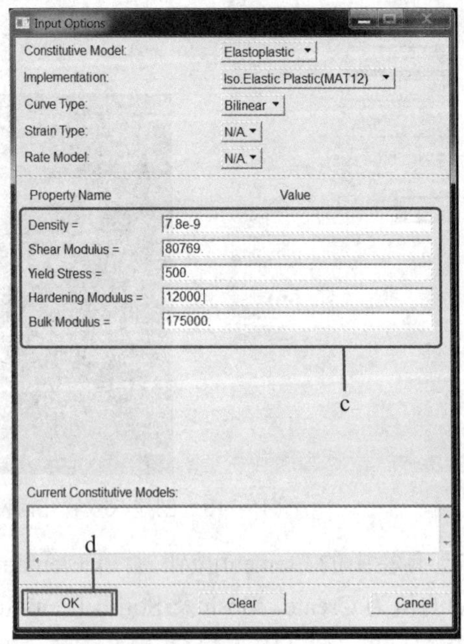

图 15-220 创建用于箱体结构定义的钢材料

（2）创建空气材料。在 Material 窗口中，如图 15-221 所示，依次设置 Action、Object、Method 的值分别为 Create、Elerian-Gas、Manual Input，如图 15-221 中 a 所示，输入 Material Name=air；如图 15-221 中 b 所示，单击 Input Properties…按钮，打开 Input Option 窗口；如图 15-221 中 c 所示，依次输入空气材料的参数；如图 15-221 中 d 所示，单击 OK 按钮；如图 15-221 中 d 所示，单击 Apply 按钮产生材料 air。

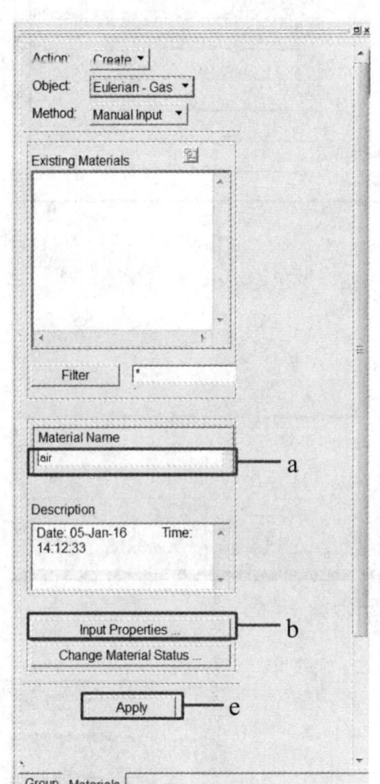

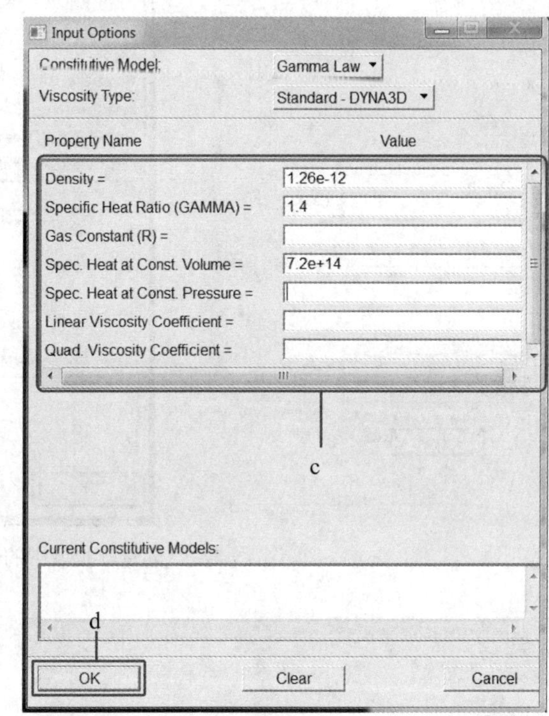

图 15-221　创建欧拉域中的空气材料

（3）创建炸药材料。在 Material 窗口中，如图 15-222 所示，依次设置 Action、Object、Method 的值分别为 Create、Explosive、Manual Input，如图 15-222 中 a 所示，输入 Material Name=exp；如图 15-222 中 b 所示，单击 Input Properties…按钮，打开 Input Option 窗口；如图 15-222 中 c 所示，依次输入炸药材料的参数；如图 15-222 中 d 所示，单击 OK 按钮；如图 15-222 中 e 所示，单击 Apply 按钮产生材料 exp。

7. 创建网格物理特性

（1）创建箱体结构有限元网络物理属性定义。通过 Group 菜单单独张贴 defaul_group 组。然后单击工具栏中的 Properties 按钮，打开 Properties 窗口，如图 15-223 所示，依次设置 Action、Object、Type 的值分别为 Creat、2D、Shell，如图 15-223 中 a 所示，输入 Property Set Name=psh；如图 15-223 中 b 所示，单击 Input Properties…按钮，打开 Input Properties 界面；如图 15-223 中 c 所示，单击 Mat Prop Name 图标；如图 15-223 中 d 所示，输入 Material Name=steel；如图 15-223 中 e 所示，输入 Thickness=9；如图 15-223 中 f 所示，单击 OK 按钮；如图 15-223 中 g 所示，单击 Select Application Region…按钮，打开有限元网格对象应用窗口；如图 15-224 中 h 所示，，在 Select Members 框中框选所有单元；如图 15-224 中 i 所示，单击 Add 按钮；如图 15-224 中 j 所示，单击 OK 按钮；如图 15-223 中 k 所示，单击 Apply 按钮，产生物理特性 psh。

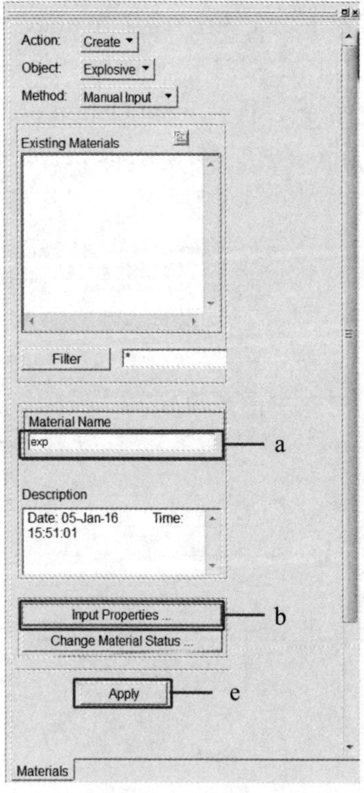

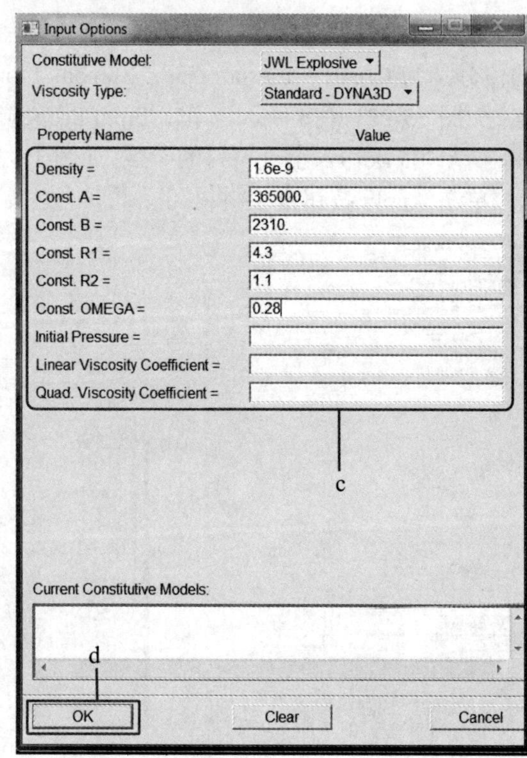

图 15-222　创建欧拉域中的炸药材料

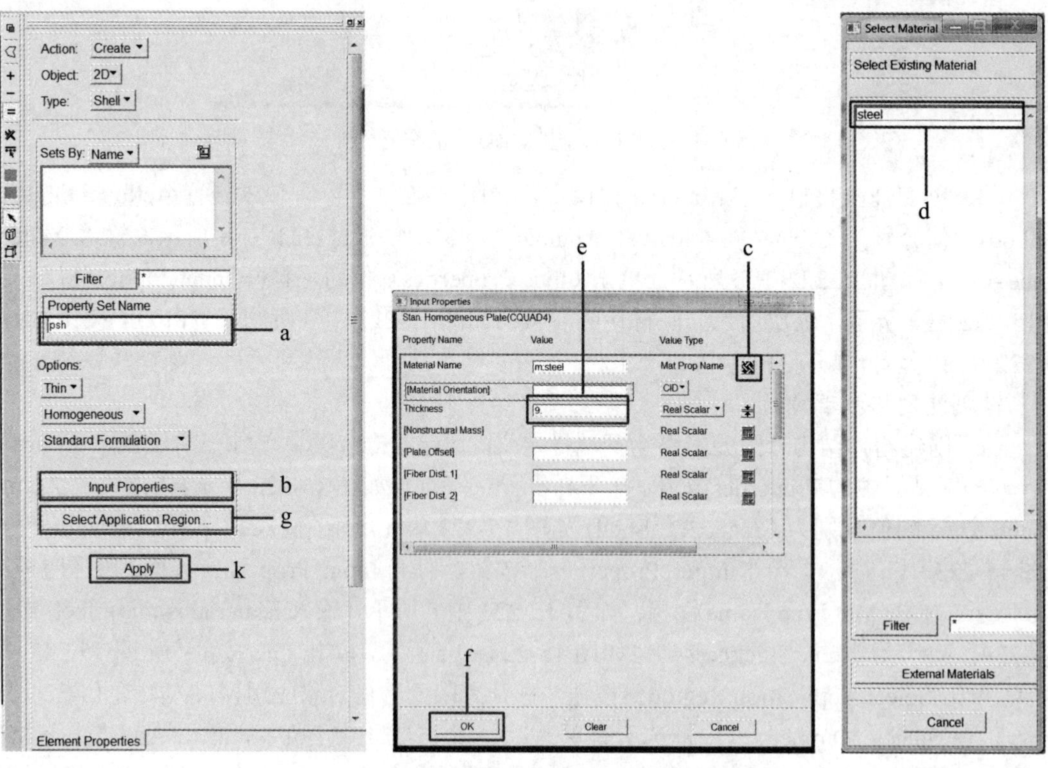

图 15-223　创建箱体结构有限元网格物理特性

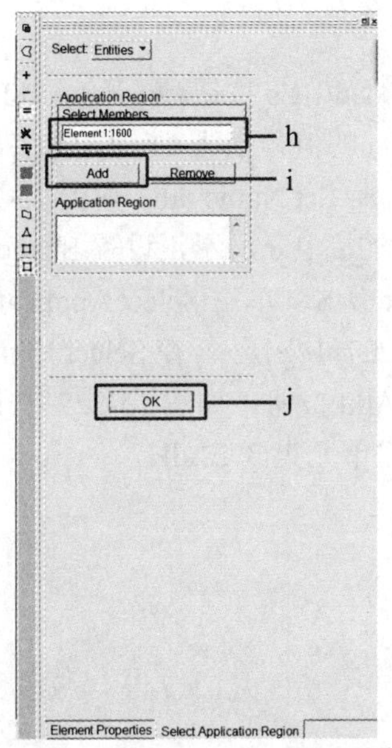

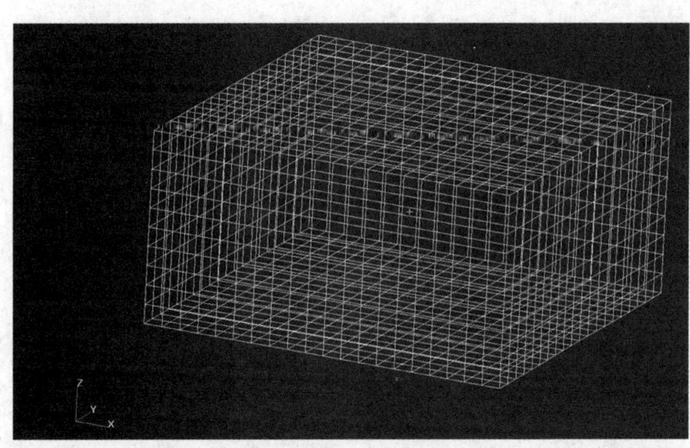

图 15-224 创建箱体结构有限元网格物理特性（续）

（2）创建欧拉域网格物理属性定义。通过 Group 菜单单独张贴 Euler 组。然后单击工具栏中的 Properties 按钮，打开 Properties 窗口，如图 15-225 所示，依次设置 Action、Object、Type 的值分别为 Creat、3D、Euler Solid，如图 15-225 中 a 所示，输入 Property Set Name=pe；如图 15-225 中 b 所示，在 Options 下拉列表框中选择 Multi-Mat.Hydro(PEULER1)选项；如图 15-225 中 c 所示，单击 Select Application Region…按钮；如图 15-225 中 d 所示，在 Select Members 文本框中输入 Elm 1601:126600；如图 15-225 中 e 所示，单击 Add 按钮；如图 15-225 中 f 所示，单击 OK 按钮；如图 15-225 中 g 所示，单击 Apply 按钮产生物理特性 pe。

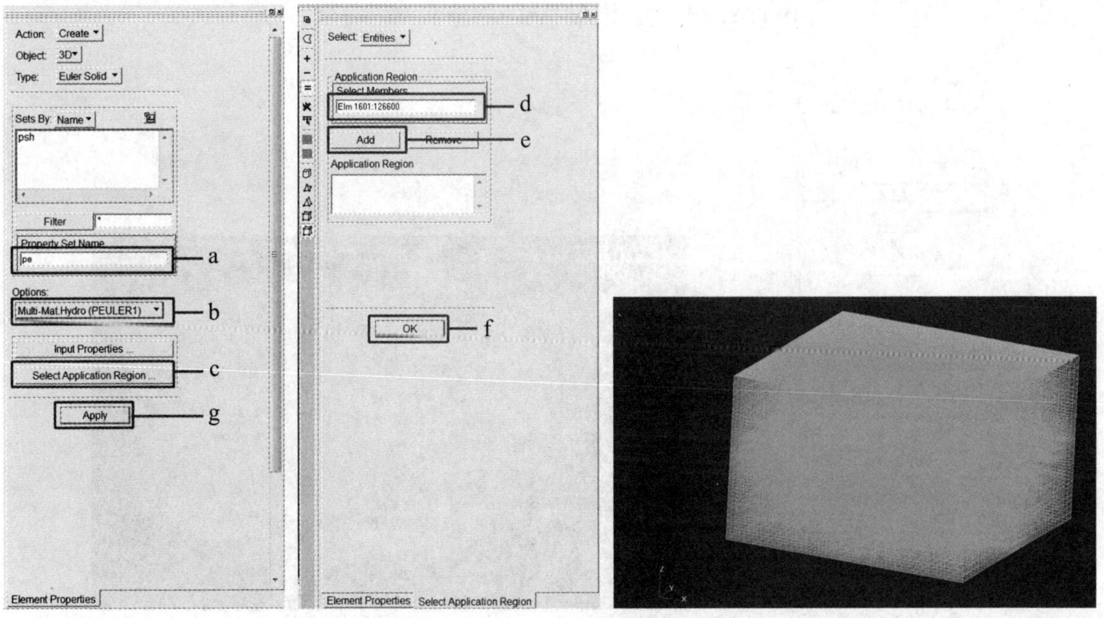

图 15-225 创建欧拉域网格物理特性

8. 创建欧拉网格初始状态定义

（1）创建全部欧拉网格单元为一个区域。单击工具栏中的 Load/BCs 按钮，打开 Load/BCs 窗口，如图 15-226 所示，依次设置 Action、Object、Type 及 Option 的值分别为 Creat、Init Cond Euler、Element Uniform 及 Shape，如图 15-226 中 a 所示，输入 New Set Name=all；如图 15-226 中 b 所示，单击 Input Data…按钮，打开 Shape 窗口；如图 15-226 中 c 所示，设置 Shape 为 Element；如图 15-226 中 d 所示，单击 OK 按钮；如图 15-226 中 e 所示，单击 Select Application Region…按钮；如图 15-227 中 f 所示，选中 FEM 单选项；如图 15-227 中 g 所示，在 Select Entities 文本框中输入 Elm 1601:126600；如图 15-227 中 h 所示，单击 Add 按钮；如图 15-227 中 i 所示，单击 OK 按钮；如图 15-226 中 j 所示，单击 Apply 按钮生成单元集区域 all。

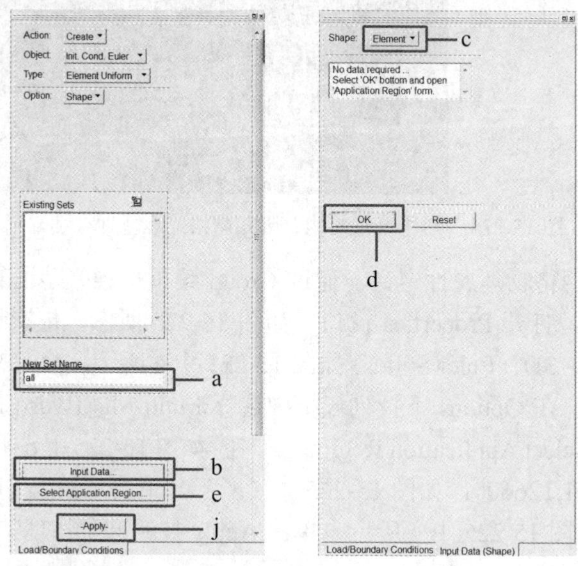

图 15-226　创建全部欧拉单元为一个区域（一）

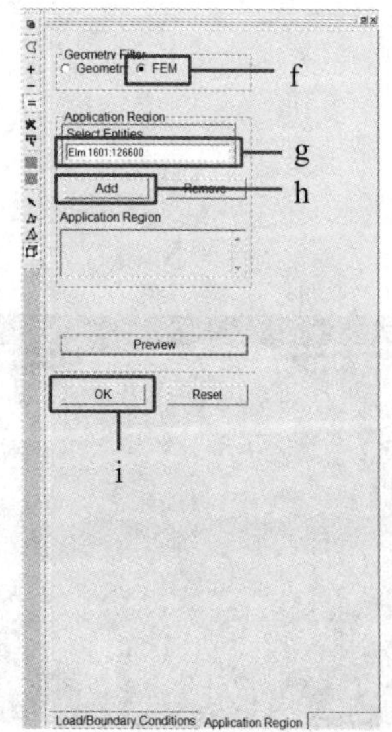

图 15-227　创建全部欧拉单元为一个区域（二）

（2）定义药球初始区域。在 Load/BCs 窗口中，如图 15-228 所示，依次设置 Action、Object、Type 及 Option 的值分别为 Creat、Init Cond Euler、Element Uniform 及 Shape，如图 15-228 中 a 所示，输入 New Set Name=sph；如图 15-228 中 b 所示，单击 Input Data…按钮，打开 Shape 窗口；如图 15-228 中 c 所示，设置 Shape 为 Sphere；如图 15-228 中 d 所示，在 Radius of Sphere 文本框中输入 15；如图 15-228 中 e 所示，在 Centroid 文本框中输入 Coord0；如图 15-228 中 f 所示，单击 Preview 按钮；如图 15-228 中 g 所示，单击 OK 按钮；如图 15-228 中 h 所示，单击 Apply 按钮生成圆柱区域 sph。

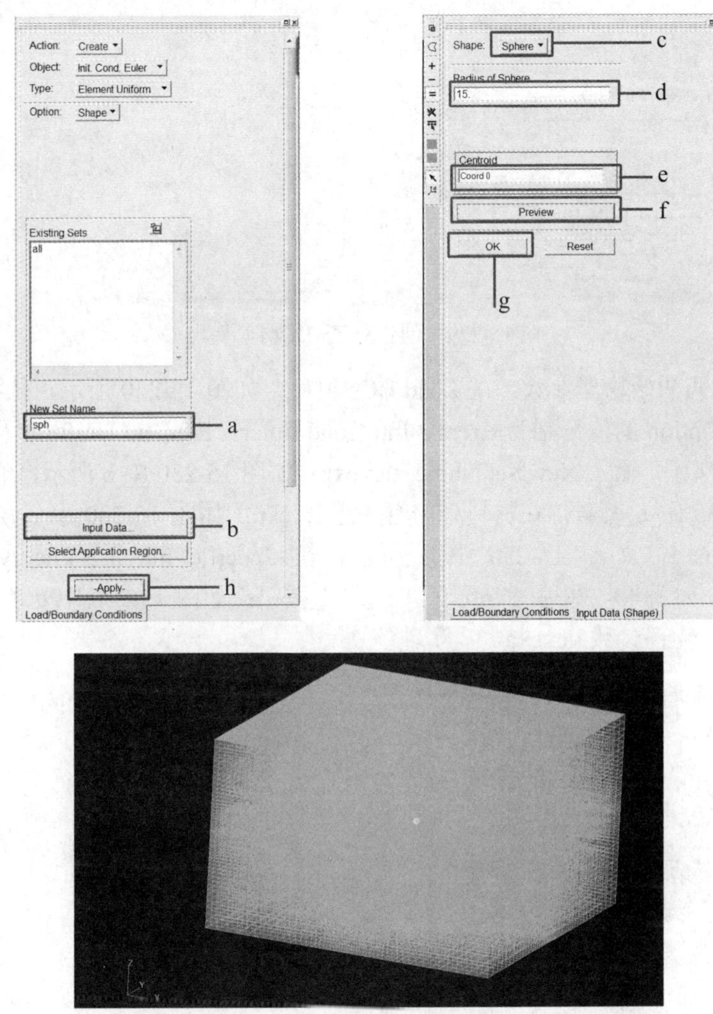

图 15-228　创建炸药球形区域

（3）定义空气初始物理参数。在 Load/BCs 窗口中，如图 15-229 所示，依次设置 Action、Object、Type 及 Option 的值分别为 Creat、Init Cond Euler、Element Uniform 及 Initial Values，如图 15-229 中 a 所示，输入 New Set Name=ticvair；如图 15-229 中 b 所示，单击 Input Data…按钮；如图 15-229 中 c 所示，从材料列表中选择 air；如图 15-229 中 d 所示，在 Density 文本框中输入 1.26e-12；如图 15-229 中 e 所示，单击 OK 按钮；如图 15-229 中 f 所示，单击 Apply 按钮生成空气初始物理参数 ticvair。

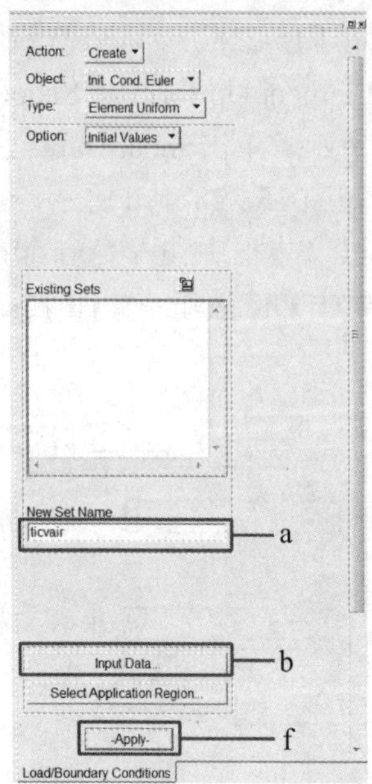

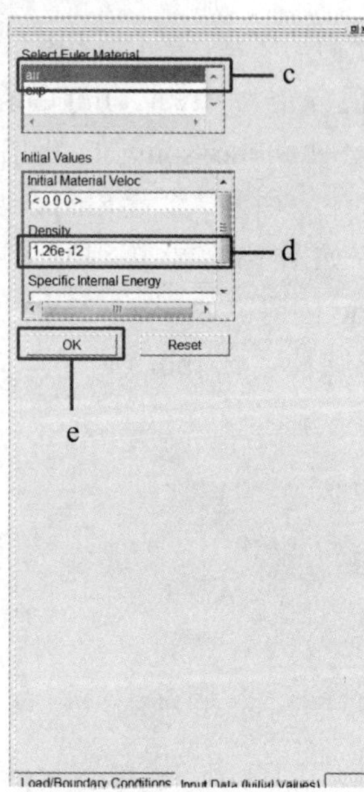

图 15-229　创建空气初始物理参数

（4）定义炸药初始物理参数。在 Load/BCs 窗口，如图 15-230 所示，依次设置 Action、Object、Type 及 Option 的值分别为 Creat、Init Cond Euler、Element Uniform 及 Initial Values，如图 15-230 中 a 所示，输入 New Set Name=ticvexp；如图 15-230 中 b 所示，单击 Input Data…按钮；如图 15-230 中 c 所示，在材料列表框中选择 exp；如图 15-230 中 d 所示，在 Density 文本框中输入 1.6e-9；如图 15-230 中 e 所示，在 Specific Internal Energy 文本框中输入 4.7116001E+012；如图 15-230 中 f 所示，单击 OK 按钮；如图 15-230 中 g 所示，单击 Apply 按钮生成炸药初始物理参数 ticvexp。

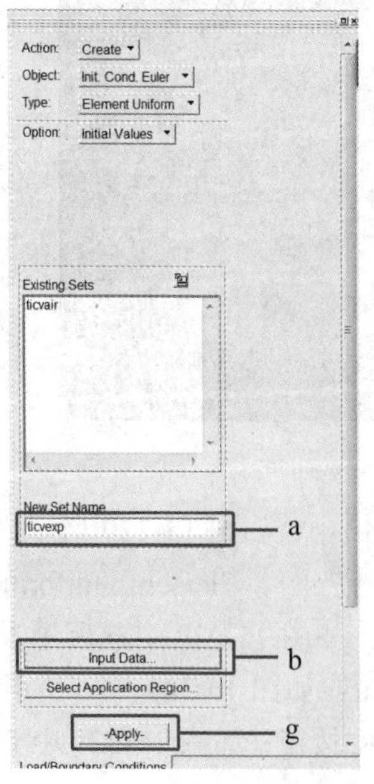

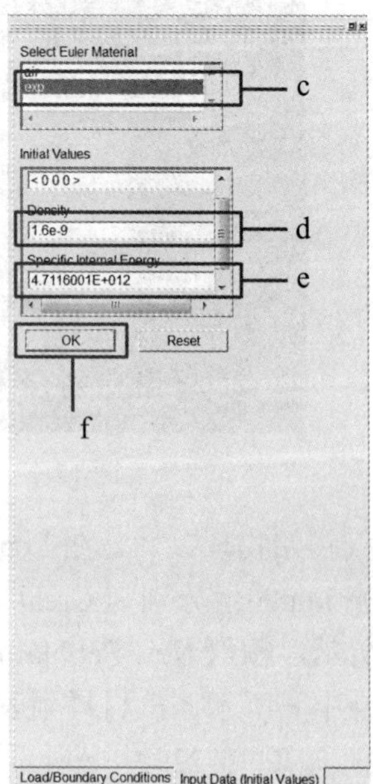

图 15-230　创建炸药初始物理参数

（5）定义欧拉网格初始状态。在 Load/BCs 窗口，如图 15-231 所示，依次设置 Action、Object、Type 及 Option 的值分别为 Creat、Init Cond Euler、Element Uniform 及 Region Definition，如图 15-231 中 a 所示，输入 New Set Name=ticeul1；如图 15-231 中 b 所示，单击 Input Data…按钮；如图 15-231 中 c 所示，在属性列表框中选择 pe；如图 15-231 中 d 所示，在 Existing Shapes Sets 列表框中选择 all；如图 15-231 中 e 所示，在 Existing Initial Values Sets 列表框中选择 ticvair；如图 15-231 中 f 所示，单击 Add Row 按钮；如图 15-231 中 g 所示，单击 Remove Row 按钮；如图 15-231 中 h 所示，在 Existing Shapes Sets 列表框中选择 sph；如图 15-231 中 i 所示，在 Existing Initial Values Sets 列表框中选择 ticvexp；如图 15-231 中 j 所示，单击 Add Row 按钮；如图 15-231 中 k 所示，单击 Remove Row 按钮；如图 15-231 中 l 所示，单击 OK 按钮；如图 15-231 中 m 所示，单击 Apply 按钮。

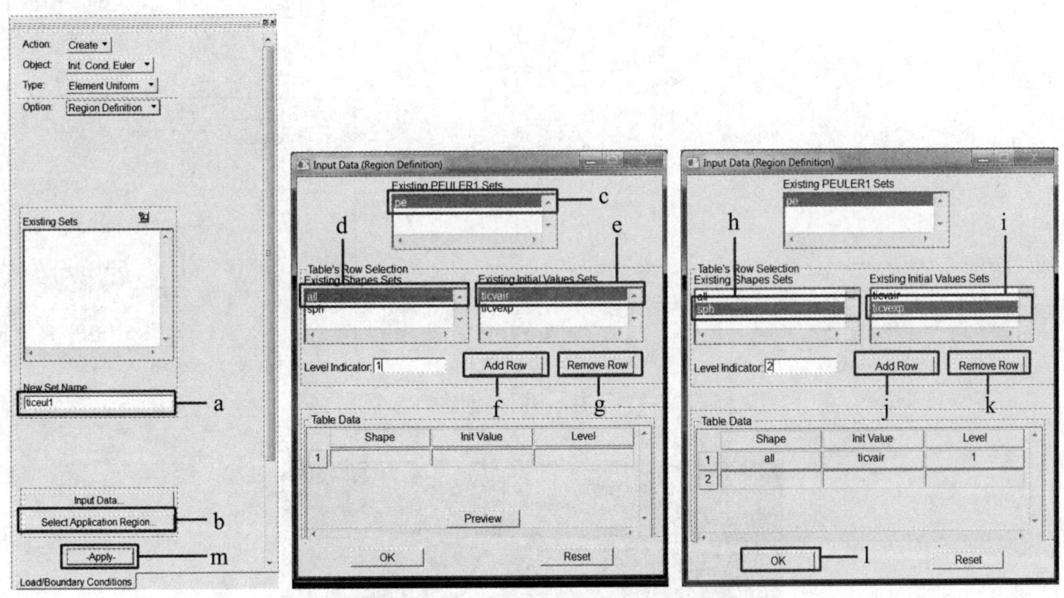

图 15-231　创建欧拉网格初始状态

9. 创建耦合定义

将箱体结构网格创建为一个耦合面。通过 Group 菜单单独张贴 defaul_group 组。单击工具栏中的 Load/BCs 按钮，打开 Load/BCs 窗口，如图 15-232 至图 15-235 所示，依次设置 Action、Object、Type 及 Option 的值分别为 Creat、Coupling、Element Uniform 及 General，如图 15-232 中 a 所示，输入 New Set Name=c1；如图 15-232 中 b 所示，单击 Input Data…按钮；如图 15-232 中 c 所示，在 Cover 下拉列表框中选择 Outside；如图 15-232 中 d 所示，单击 OK 按钮；如图 15-232 中 e 所示，单击 Select Application Region…按钮；如图 12-232 中 f 所示，选中 FEM 单选项；如图 15-232 中 g 所示，在 Select Entities 文本框中输入 Elm 1:1600；如图 15-232 中 h 所示，单击 Add 按钮；如图 15-232 中 i 所示，单击 OK 按钮；如图 15-232 中 j 所示，单击 Apply 按钮生成耦合面 cl。

10. 设置分析求解参数

（1）定义初始时间步长和时间步长因子。单击工具栏中的 Analysis 按钮，打开 Analysis 窗口，如图 15-236 所示，依次设置 Action、Object、Method 的值分别为 Analyze、Entire Model、Analysis Deck；如图 15-236 中 a 所示，单击 Solution Type…按钮；如图 15-236 中 b 所示，单

击 Solution Parameters…按钮；如图 15-236 中 c 所示，单击 Sol700 Parameters…按钮；如图 15-237 中 d 所示，单击 Execution Control Parameters…按钮；如图 15-237 中 e 所示，在 Intial Time Step Size 文本框中输入 1.e-11；如图 15-237 中 f 所示，在 Time Step Scale Factor 文本框中输入 0.666666；如图 15-237 中 g 和 h 所示，单击 OK 按钮；如图 15-236 中 i 和 j 所示，单击 OK 按钮。

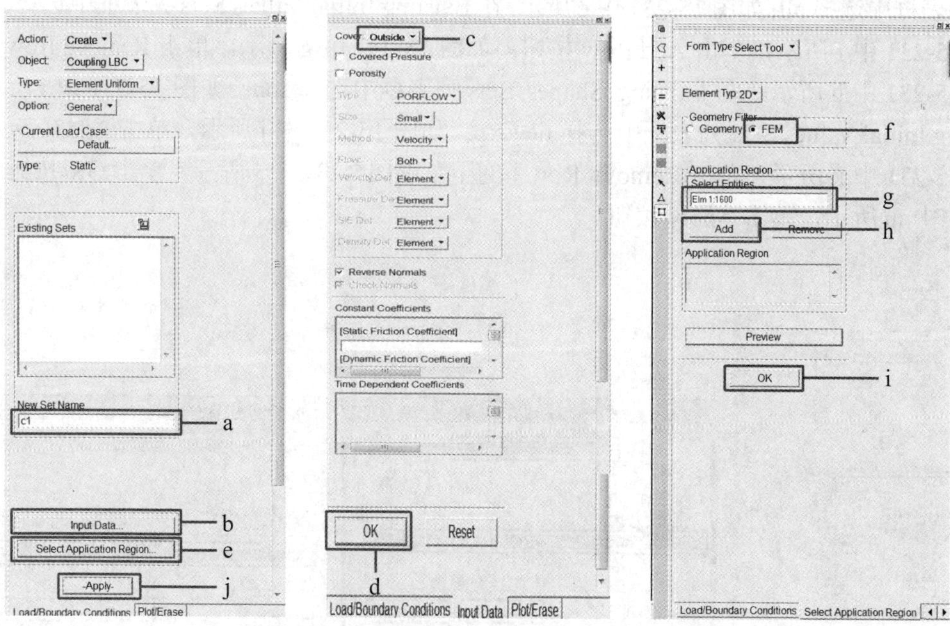

图 15-232　将箱体结构网格创建为一个耦合面

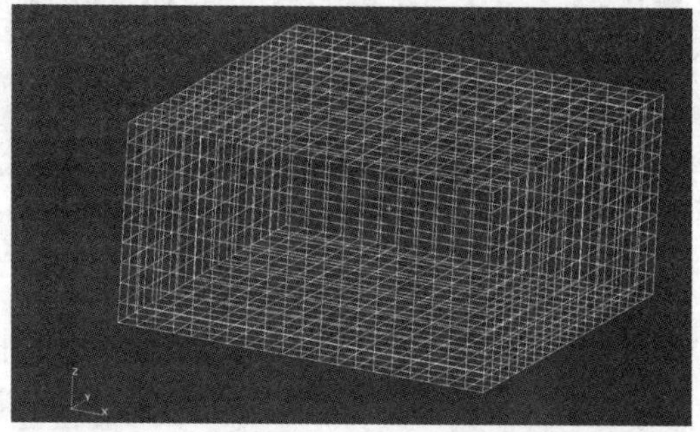

图 15-233　选中所有箱体结构网格单元

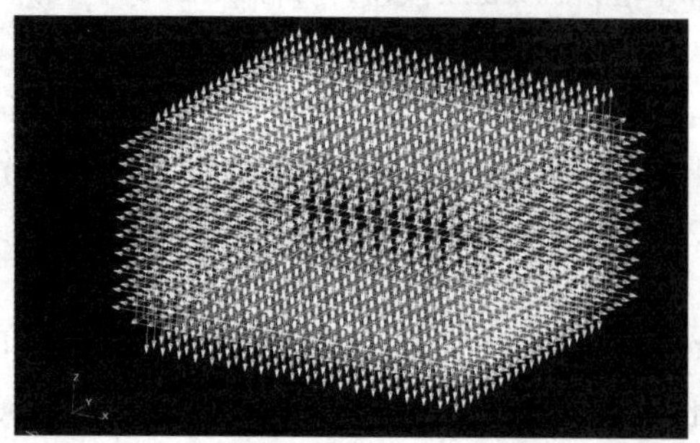

图 15-234　预览耦合面

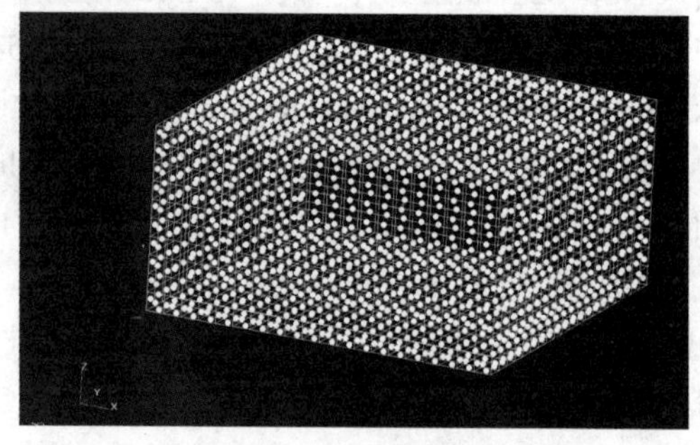

图 15-235　定义好的耦合面

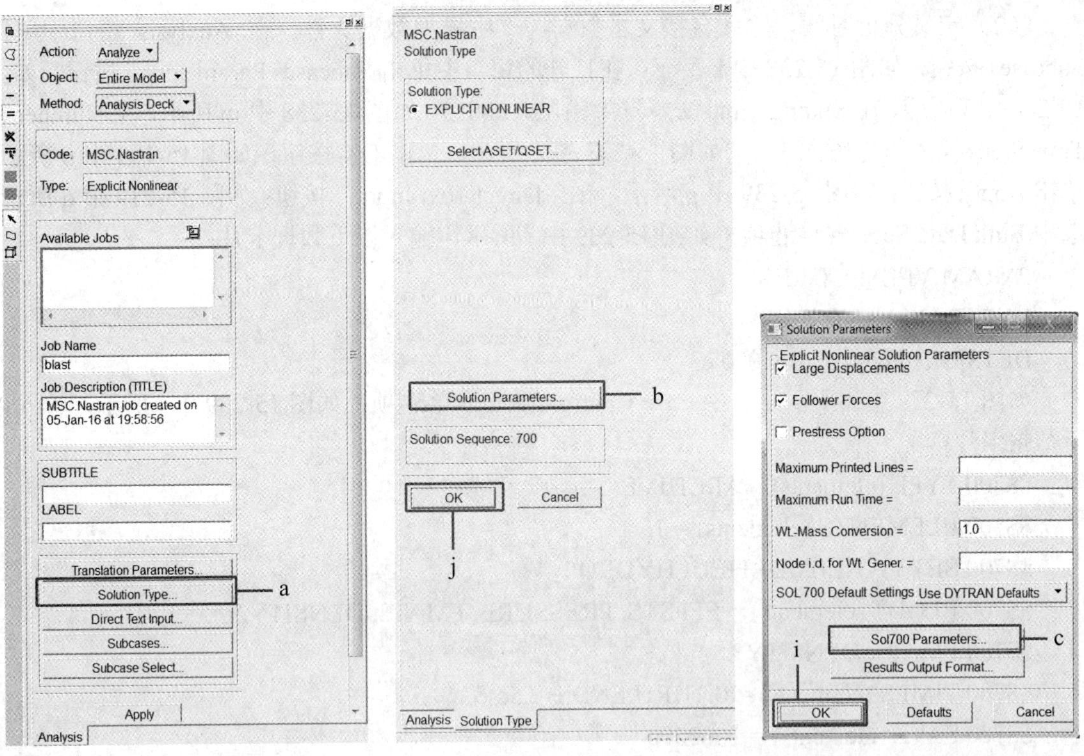

图 15-236　定义初始时间步长和时间步长因子（一）

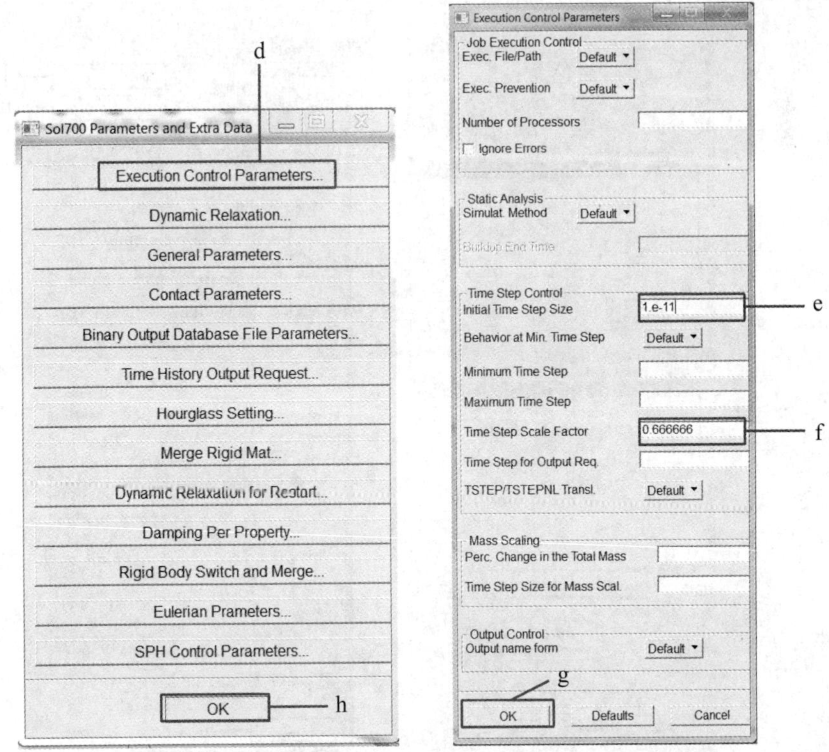

图 15-237　定义初始时间步长和时间步长因子（二）

（2）定义分析时间，输入直接文本数据，产生模型数据文件。在 Analysis 窗口中单击 Subcases 按钮，如图 15-238 中 k 所示，在打开的窗口中单击 Subcases Parameters…按钮；如图 15-238 中 l 所示，在 Ending Time 文本框中输入 0.00055；如图 15-238 中 m 所示，在 Number of Time Steps 文本框中输入 110；如图 15-238 中 n 所示，单击 OK 按钮；如图 15-193 中 o 所示，单击 Apply 按钮；如图 15-239 中 p 所示，单击 Direct Text Input…按钮；如图 15-239 中 q 所示，选中 Bulk Data Section 单选项；如图 15-239 中 r 所示，输入以下数据卡片：

```
PARAM,VELMAX,1.E7
DYPARAM,FASTCOUP
DETSPH,100,3,0.,0.,0.,5000.e3
```

如图 15-239 中 s 所示，选中 Case Control Section 单选项；如图 15-239 中 t 所示，输入以下数据卡片：

```
$S700 TYPE (elements) = ARCHIVE
$S700 ELEMENTS (elements) = 1
$S700 SET 1 = ALLMULTIEULHYDRO
$S700 ELOUT (elements) = EFFSTS, PRESSURE, FMAT2, DENSITY2 ,
$S700 FMAT3, DENSITY3
$S700 TIMES (elements) = 0,THRU,END,BY,5e-6
$S700 SAVE (elements) = 1000000
```

如图 15-239 中 u 所示，单击 OK 按钮；如图 15-239 中 v 所示，单击 Apply 按钮，产生模型数据文件 blast.bdf。

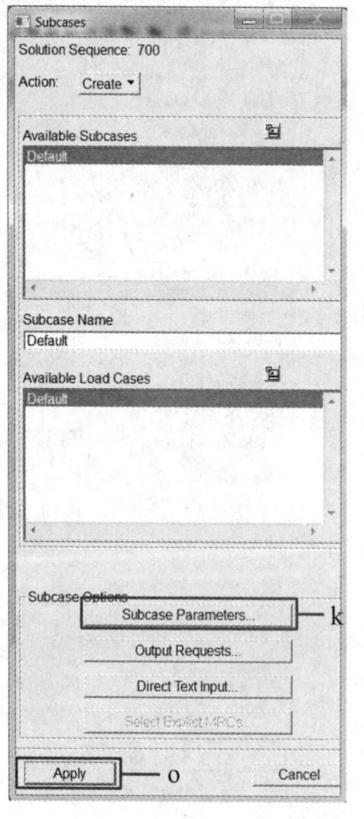

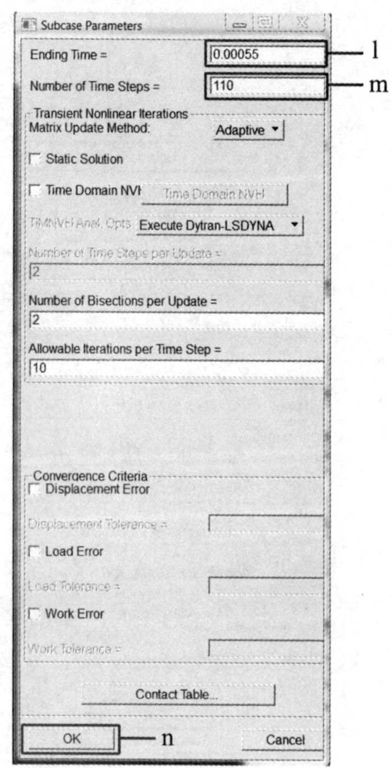

图 15-238　定义分析时间

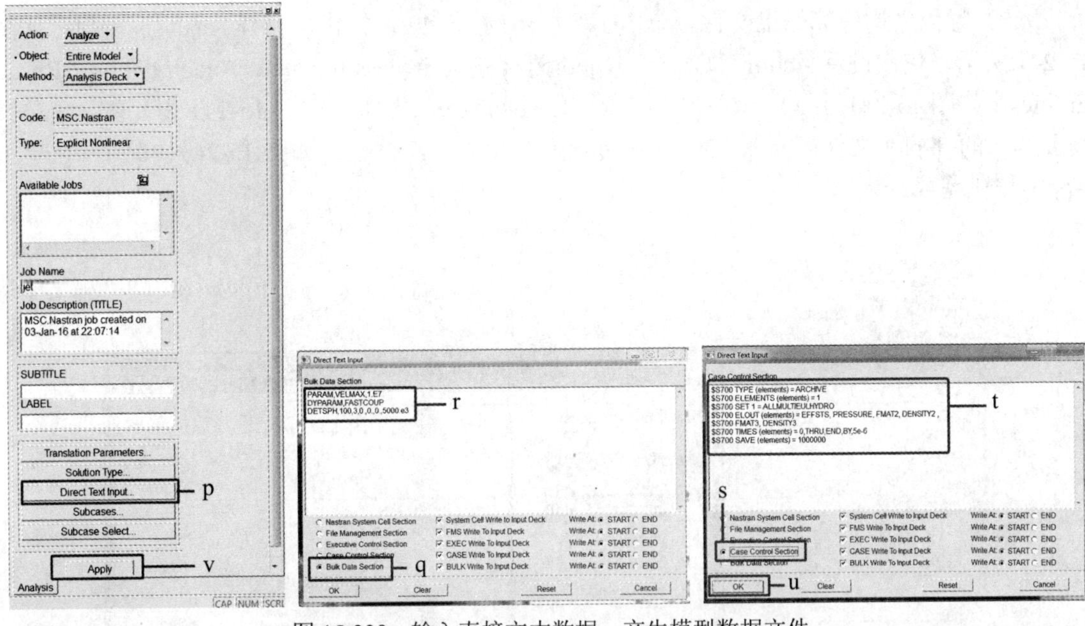

图 15-239　输入直接文本数据、产生模型数据文件

11. 提交运算

将产生的 bdf 文件提交 Nastran 进行计算。

12. 后处理

（1）导入流场计算结果文件。单击工具栏中的 Analysis 按钮，打开 Analysis 窗口，如图 15-240 所示，依次设置 Action、Object、Method 的值分别为 Access Results、Read Archive File、Result Entities，如图 15-240 中 a 所示，单击 Select Archive File...按钮；如图 15-240 中 b 所示，选择需要读入的 ARC 文件；如图 15-240 中 c 和 d 所示，单击 Apply 按钮，完成结果导入。

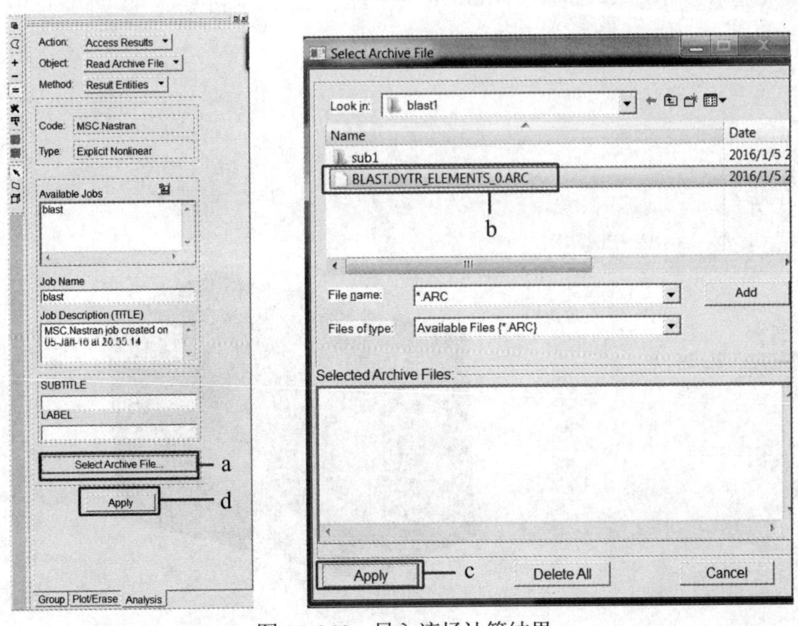

图 15-240　导入流场计算结果

（2）导入结构计算结果文件。单击工具栏中的 Analysis 按钮，打开 Analysis 窗口，如图 15-241 所示，依次设置 Action、Object、Method 分别为 Access Results、Attach d3plot、Result Entities，如图 15-241 中 a 所示，单击 Select Results File...按钮；如图 15-241 中 b 所示，选择需要读入的 d3plot 文件；如图 15-241 中 c 所示，单击 OK 按钮；如图 15-24 中 d 所示，单击 Apply 按钮完成结果导入。

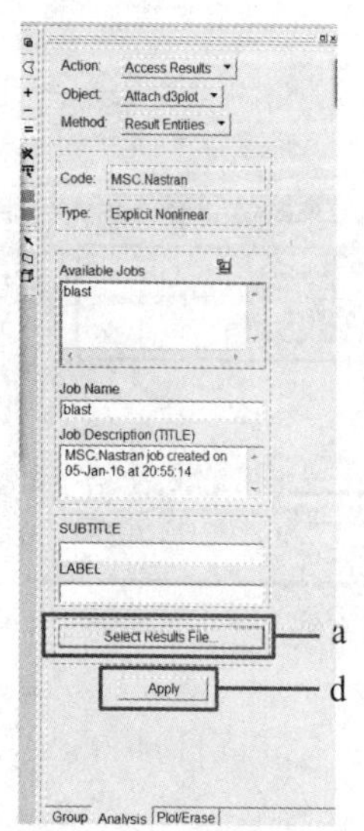

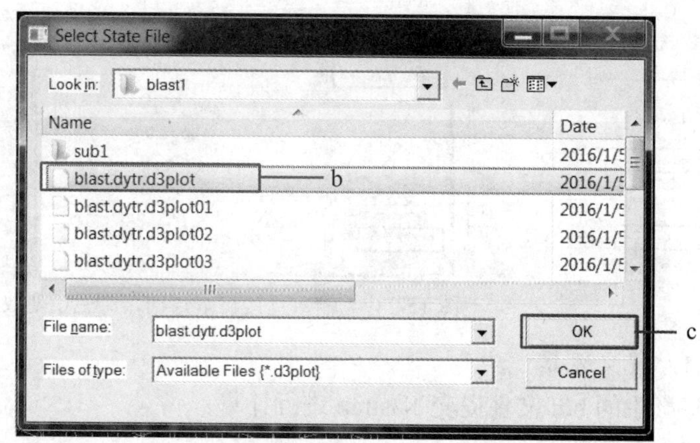

图 15-241　导入结构计算结果

（3）流场计算结果云图显示。单击工具栏中的 Results 按钮，打开 Results 窗口，如图 15-242 所示，依次设置 Action 和 Object 分别为 Create 和 Quick Plot，在 Select Result Cases 列表框中选取想看的时刻，在 Select Fringe Result 列表框中选取想看的变量，然后单击 Apply 按钮即可显示结果云图。如果选取多个时刻并勾选 Animate 复选框，单击 Apply 按钮即可显示动画。

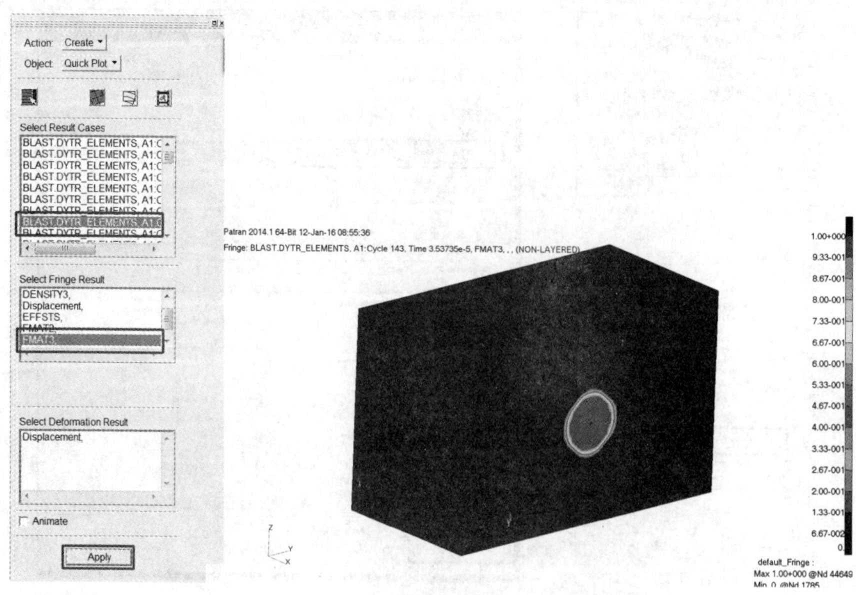

图 15-242　显示流场计算结果云图

（4）结构计算结果变形显示。单击工具栏中的 Results 按钮，打开 Results 窗口，如图 15-243 所示，设置 Action 和 Object 分别为 Create 和 Quick Plot，在 Select Result Cases 列表框中选取想看的时刻，在 Select Deformation Result 列表框中选取想看的变量，然后单击 Apply 按钮即可显示结果变形图。如果选取多个时刻，勾选 Animate 复选框，单击 Apply 按钮即可显示动画。

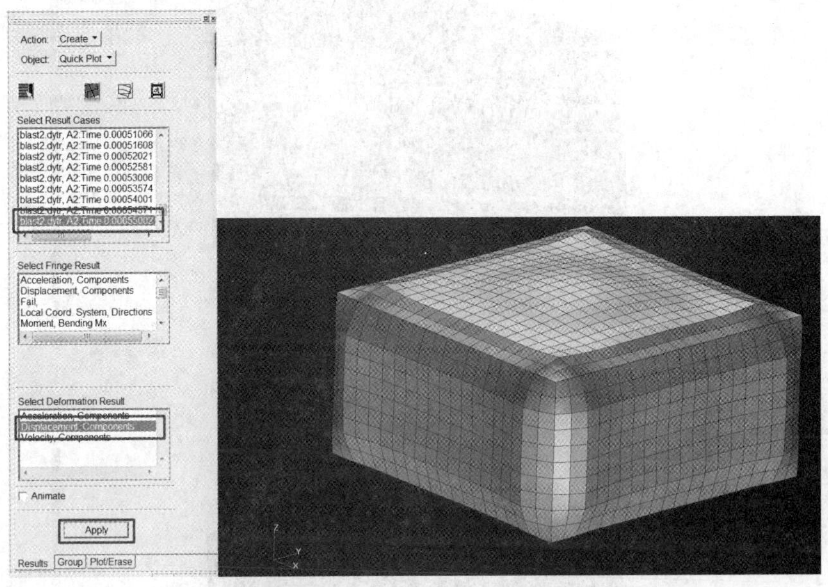

图 15-243　显示结构计算结果变形图

（5）结构计算结果云图显示。单击工具栏中的 Results 按钮，打开 Results 窗口，如图 15-244 所示，设置 Action 和 Object 分别为 Create 和 Quick Plot，在 Select Result Cases 列表框中选取想看的时刻，在 Select Fringe Result 列表框中选取想看的变量，然后单击 Apply 按钮即可显示结果云图。如果选取多个时刻，勾选 Animate 复选框，单击 Apply 按钮即可显示动画。

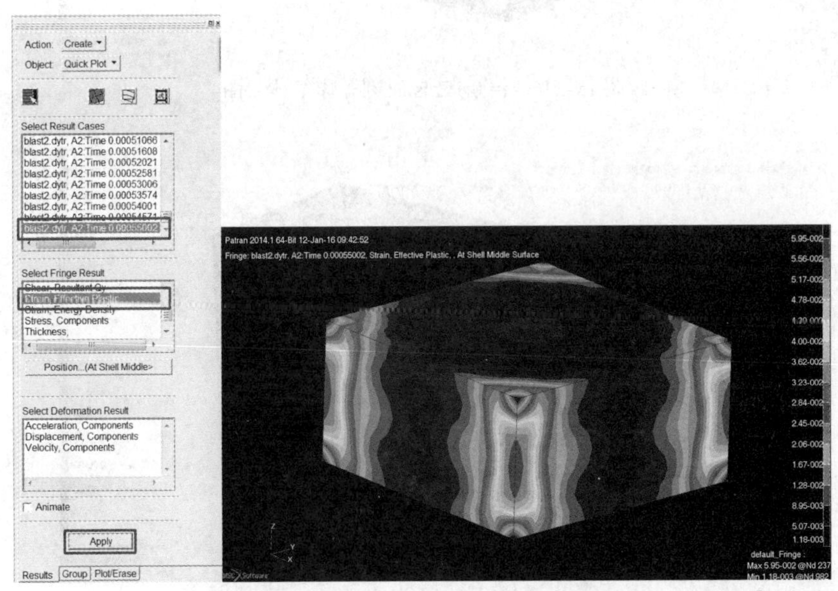

图 15-244　显示结构计算结果云图

如图 15-245 至图 15-249 所示为爆炸气体云图，图 15-250 至图 15-253 为结构变形图及等效塑性应变分布云图。

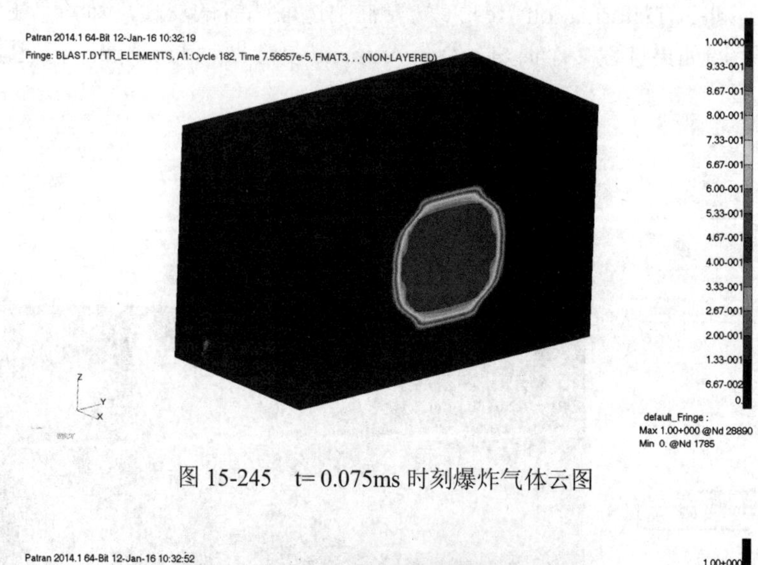

图 15-245　t= 0.075ms 时刻爆炸气体云图

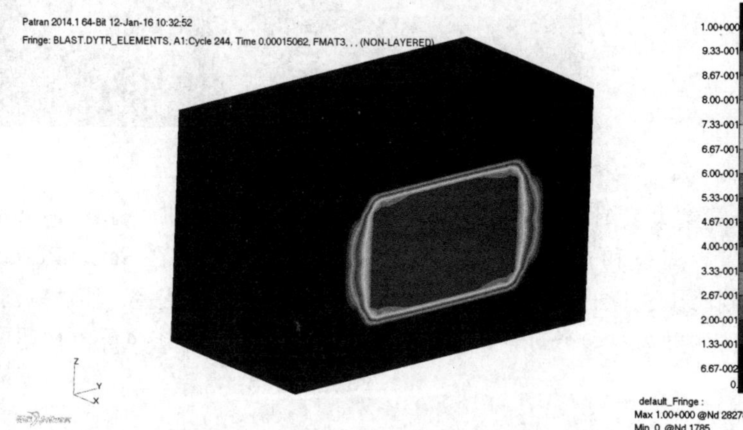

图 15-246　t= 0.15ms 时刻爆炸气体云图

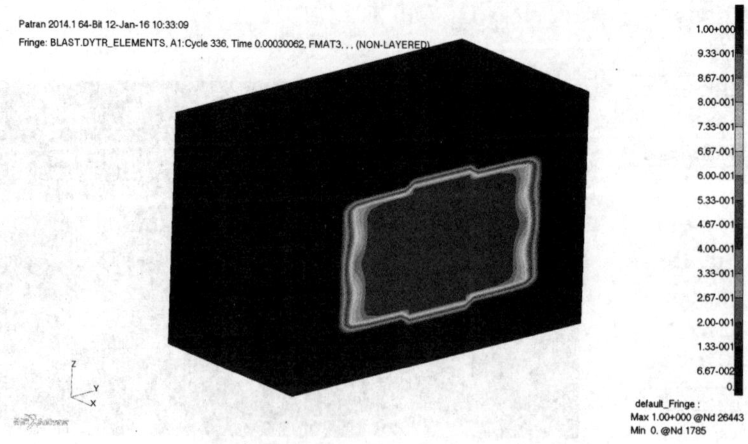

图 15-247　t= 0.3ms 时刻爆炸气体云图

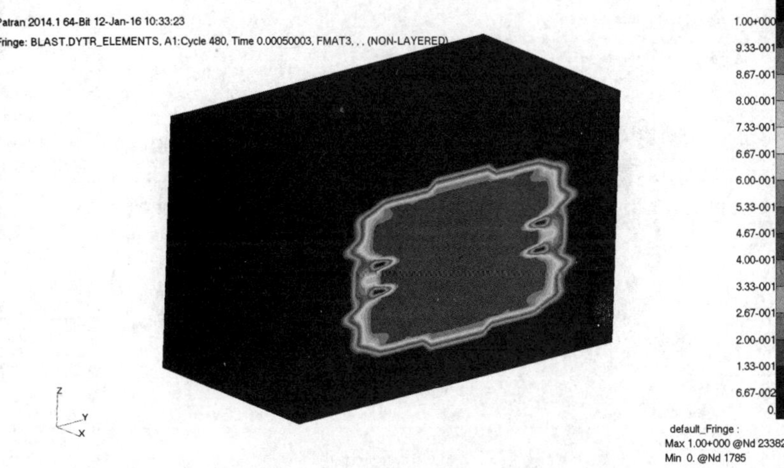

图 15-248　t= 0.5ms 时刻爆炸气体云图

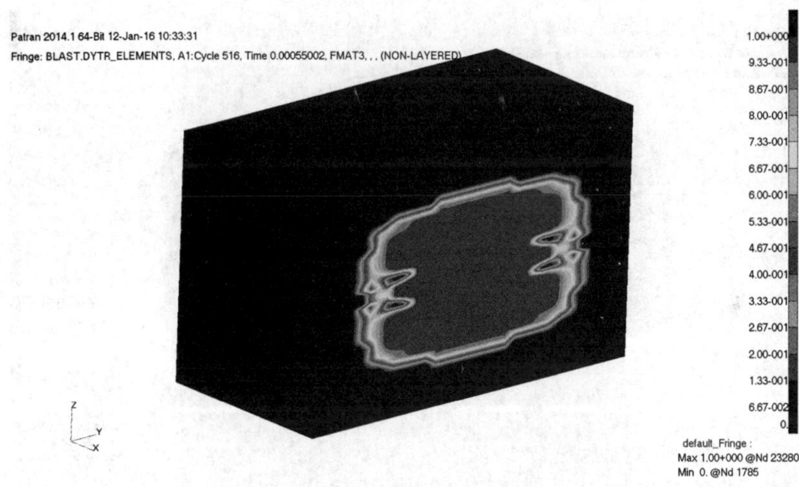

图 15-249　t= 0.55ms 时刻爆炸气体云图

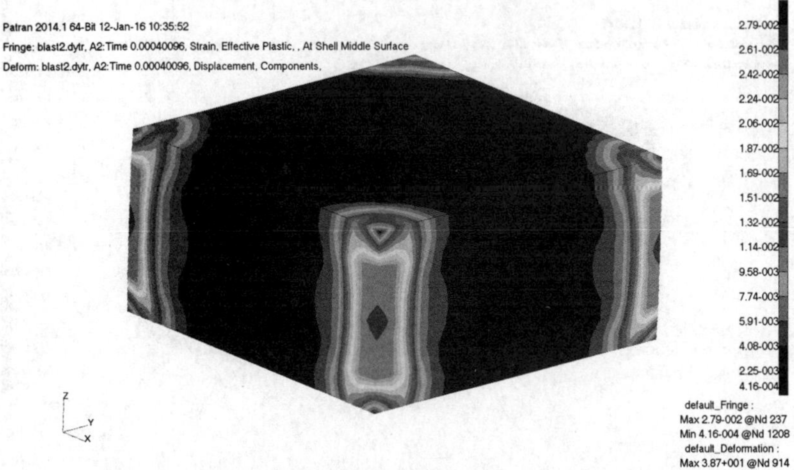

图 15-250　t= 0.4ms 时刻结构变形图及等效塑性应变分布云图

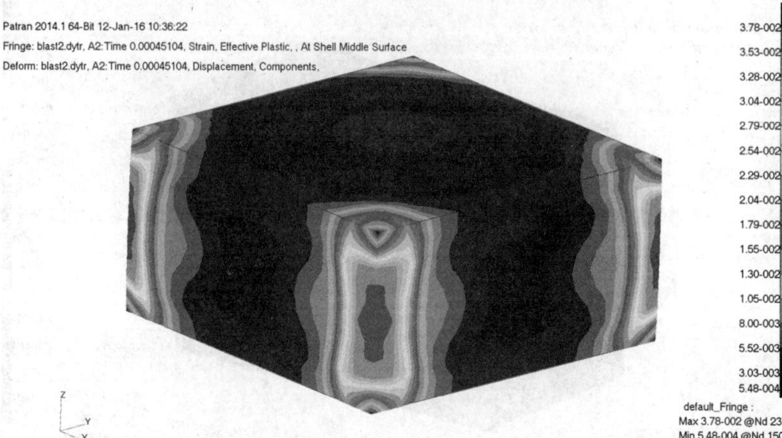

图 15-251　t= 0.45ms 时刻结构变形图及等效塑性应变分布云图

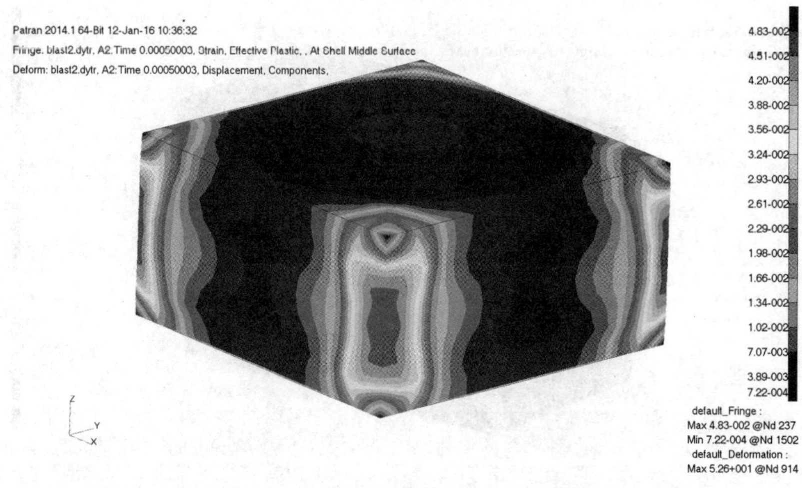

图 15-252　t= 0.5ms 时刻结构变形图及等效塑性应变分布云图

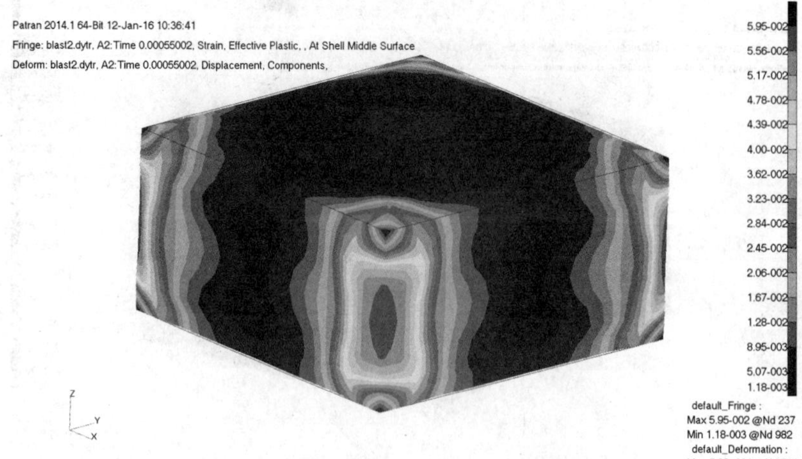

图 15-253　t= 0.55ms 时刻结构变形图及等效塑性应变分布云图